한번에 합격하기

〈위험물산업기사〉 필수 핵심강의!

한 번도 안본 수험생은 있어도, 한 번만 본 수험생은 없다!
여승훈 쌤의 감동적인 동영상
여러분을 쉽고 빠른 자격증 ···········험물안전관리법령까지
친절하고 꼼꼼한 무료강의 ···········

1 기초화학

원소주기율표와 기초화학
원소주기율표 암기법 및 반응식 만드는 방법 등 위험물 공부를 위해 꼭~ 필요한 기초화학 내용입니다. 화학이 이렇게 쉬웠던가 싶을 겁니다.^^

★무료강의GO★

2 위험물의 종류

제6류 위험물과 제1류 위험물의 성질
제6류 위험물에 있는 수소를 빼고 그 자리에 금속을 넣으니 이럴 수가! 갑자기 제1류 위험물이 되네요. 꼭 확인해보세요.

★무료강의GO★

제2류 위험물의 성질
철분과 금속분은 얼마만큼 크기의 체를 통과하는 것이 위험물에 포함되는지, 이들이 물과 반응하면 어떤 반응이 일어나는지 알려드립니다.

★무료강의GO★

제3류 위험물의 성질
제3류 위험물이 물과 반응하면 왜 위험해지는지 그 이유를 반응식을 통해 속 시원~하게 풀어드립니다.

★무료강의GO★

제4류 위험물의 성질
너무나 많은 종류의 제4류 위험물의 화학식과 구조식을 어떻게 외워야 할까요? 이 강의 하나면 고민할 필요 없습니다.

★무료강의GO★

제5류 위험물의 성질
복잡한 TNT의 화학식과 구조식 말인가요?? 이 강의를 본 뒤 그려보시겠어요? 이유는 모르겠지만 내가 TNT의 구조식과 화학식을 아주 쉽~게 그리고 있을 겁니다.

★무료강의GO★

3 위험물안전관리법령

↪ 현장에 있는 실물 사진으로 강의 구성!

옥내저장소의 위치 · 구조 및 설비의 기준

법령에 있는 옥내저장소 필수내용을 완전 압축시켰습니다. 처마높이는 얼마이며, 용기를 겹쳐 쌓는 높이는 또 얼마인지 모두 알려드립니다.

★무료강의GO★

옥외탱크저장소의 위치 · 구조 및 설비의 기준

태어나서 한 번도 본 적이 없는 방유제를 볼 수 있대요. 또 밸브 없는 통기관과 플렉시블 조인트도요. 강의 확인해보세요.

★무료강의GO★

지하탱크저장소의 위치 · 구조 및 설비의 기준

지하저장탱크 전용실에 설치한 탱크는 전용실의 벽과 간격을 얼마만큼 두어야 할까요? 전용실 안에 채우는 자갈분의 지름은 또 얼마 이하일까요? 이 강의에서 알려드립니다.

★무료강의GO★

옥외저장소의 위치 · 구조 및 설비의 기준

옥외저장소에 저장할 수 없는 위험물 종류도 있다고 하네요. 선반은 또 어떻게 생겼을까요? 이 강의에서 모~두 알려드립니다.

★무료강의GO★

주유취급소의 위치 · 구조 및 설비의 기준

주유취급소에서 주유하면서 많이 보던 설비들!! 아~~~ 얘네들이 이런 이유 때문에 거기에 설치되어 있었구나 하실 겁니다.

★무료강의GO★

성안당은 여러분의 합격을 응원합니다!

한번에 합격하기 합격플래너

위험물산업기사 기출문제집 [필기]

저자추천! 3회독 완벽플랜

Plan1 60일 완벽코스

			1회독	2회독	3회독
핵심 써머리	1. 핵심이론		DAY 1	DAY 37	DAY 51
	2. 위험물안전관리법		DAY 2	DAY 38	
7개년 기출문제	2018년 제1회	제1과목. 일반화학	DAY 3	DAY 39	DAY 52
		제2과목. 화재예방과 소화방법	DAY 4		
		제3과목. 위험물의 성질과 취급			
	2018년 제2회	제1과목. 일반화학	DAY 5		
		제2과목. 화재예방과 소화방법	DAY 6		
		제3과목. 위험물의 성질과 취급			
	2018년 제4회	제1과목. 일반화학	DAY 7	DAY 40	
		제2과목. 화재예방과 소화방법	DAY 8		
		제3과목. 위험물의 성질과 취급			
	2019년 제1회	제1과목. 일반화학	DAY 9	DAY 41	DAY 53
		제2과목. 화재예방과 소화방법	DAY 10		
		제3과목. 위험물의 성질과 취급			
	2019년 제2회	제1과목. 일반화학	DAY 11		
		제2과목. 화재예방과 소화방법	DAY 12		
		제3과목. 위험물의 성질과 취급			
	2019년 제4회	제1과목. 일반화학	DAY 13	DAY 42	
		제2과목. 화재예방과 소화방법	DAY 14		
		제3과목. 위험물의 성질과 취급			
	2020년 제1, 2회 통합	제1과목. 일반화학	DAY 15	DAY 43	DAY 54
		제2과목. 화재예방과 소화방법	DAY 16		
		제3과목. 위험물의 성질과 취급			
	2020년 제3회	제1과목. 일반화학	DAY 17		
		제2과목. 화재예방과 소화방법	DAY 18		
		제3과목. 위험물의 성질과 취급			
	2020년 제4회	제1과목. 일반화학	DAY 19	DAY 44	
		제2과목. 화재예방과 소화방법	DAY 20		
		제3과목. 위험물의 성질과 취급			
	2021년 제1회	제1과목. 일반화학	DAY 21	DAY 45	DAY 55
		제2과목. 화재예방과 소화방법			
		제3과목. 위험물의 성질과 취급	DAY 22		
	2021년 제2회	제1과목. 일반화학	DAY 23		
		제2과목. 화재예방과 소화방법			
		제3과목. 위험물의 성질과 취급			
	2021년 제4회	제1과목. 일반화학	DAY 24	DAY 46	
		제2과목. 화재예방과 소화방법			
		제3과목. 위험물의 성질과 취급	DAY 25		
	2022년 제1회	제1과목. 일반화학	DAY 26	DAY 47	DAY 56
		제2과목. 화재예방과 소화방법			
		제3과목. 위험물의 성질과 취급			
	2022년 제2회	제1과목. 일반화학	DAY 27		
		제2과목. 화재예방과 소화방법			
		제3과목. 위험물의 성질과 취급	DAY 28	DAY 48	
	2022년 제4회	제1과목. 일반화학			
		제2과목. 화재예방과 소화방법	DAY 29		
		제3과목. 위험물의 성질과 취급			
	2023년 제1회	제1과목. 제2과목, 제3과목	DAY 30	DAY 49	DAY 57
	2023년 제2회	제1과목. 제2과목, 제3과목	DAY 31		
	2023년 제4회	제1과목. 제2과목, 제3과목	DAY 32		
	2024년 제1회	제1과목. 제2과목, 제3과목	DAY 33	DAY 50	
	2024년 제2회	제1과목. 제2과목, 제3과목	DAY 34		
	2024년 제3회	제1과목. 제2과목, 제3과목	DAY 35		
신경향 예상문제	CBT 대비 저자가 엄선한 신경향 족집게 문제		DAY 36		DAY 58
CBT 온라인모의고사 제1회, 제2회, 제3회					DAY 59
핵심 써머리 1. 핵심이론 / 2. 위험물안전관리법 (시험 전 최종 마무리로 한번 더 반복학습)					DAY 60

한번에 합격하기 합격플래너

위험물산업기사 기출문제집 [필기]

한번에 합격하기 합격플래너

위험물산업기사 기출문제집 [필기]

유일무이! 나만의 합격플랜

Plan5 나의 합격코스

			1 회독	2 회독	3 회독	MEMO
핵심 써머리	1. 핵심이론		● 월 ● 일	☐	☐	☐	
	2. 위험물안전관리법		● 월 ● 일	☐	☐	☐	
7개년 기출문제	**2018년 제1회**	제1과목. 일반화학	● 월 ● 일	☐	☐	☐	
		제2과목. 화재예방과 소화방법	● 월 ● 일	☐	☐	☐	
		제3과목. 위험물의 성질과 취급	● 월 ● 일	☐	☐	☐	
	2018년 제2회	제1과목. 일반화학	● 월 ● 일	☐	☐	☐	
		제2과목. 화재예방과 소화방법	● 월 ● 일	☐	☐	☐	
		제3과목. 위험물의 성질과 취급	● 월 ● 일	☐	☐	☐	
	2018년 제4회	제1과목. 일반화학	● 월 ● 일	☐	☐	☐	
		제2과목. 화재예방과 소화방법	● 월 ● 일	☐	☐	☐	
		제3과목. 위험물의 성질과 취급	● 월 ● 일	☐	☐	☐	
	2019년 제1회	제1과목. 일반화학	● 월 ● 일	☐	☐	☐	
		제2과목. 화재예방과 소화방법	● 월 ● 일	☐	☐	☐	
		제3과목. 위험물의 성질과 취급	● 월 ● 일	☐	☐	☐	
	2019년 제2회	제1과목. 일반화학	● 월 ● 일	☐	☐	☐	
		제2과목. 화재예방과 소화방법	● 월 ● 일	☐	☐	☐	
		제3과목. 위험물의 성질과 취급	● 월 ● 일	☐	☐	☐	
	2019년 제4회	제1과목. 일반화학	● 월 ● 일	☐	☐	☐	
		제2과목. 화재예방과 소화방법	● 월 ● 일	☐	☐	☐	
		제3과목. 위험물의 성질과 취급	● 월 ● 일	☐	☐	☐	
	2020년 제1, 2회 통합	제1과목. 일반화학	● 월 ● 일	☐	☐	☐	
		제2과목. 화재예방과 소화방법	● 월 ● 일	☐	☐	☐	
		제3과목. 위험물의 성질과 취급	● 월 ● 일	☐	☐	☐	
	2020년 제2회	제1과목. 일반화학	● 월 ● 일	☐	☐	☐	
		제2과목. 화재예방과 소화방법	● 월 ● 일	☐	☐	☐	
		제3과목. 위험물의 성질과 취급	● 월 ● 일	☐	☐	☐	
	2020년 제4회	제1과목. 일반화학	● 월 ● 일	☐	☐	☐	
		제2과목. 화재예방과 소화방법	● 월 ● 일	☐	☐	☐	
		제3과목. 위험물의 성질과 취급	● 월 ● 일	☐	☐	☐	
	2021년 제1회	제1과목. 일반화학	● 월 ● 일	☐	☐	☐	
		제2과목. 화재예방과 소화방법	● 월 ● 일	☐	☐	☐	
		제3과목. 위험물의 성질과 취급	● 월 ● 일	☐	☐	☐	
	2021년 제2회	제1과목. 일반화학	● 월 ● 일	☐	☐	☐	
		제2과목. 화재예방과 소화방법	● 월 ● 일	☐	☐	☐	
		제3과목. 위험물의 성질과 취급	● 월 ● 일	☐	☐	☐	
	2021년 제4회	제1과목. 일반화학	● 월 ● 일	☐	☐	☐	
		제2과목. 화재예방과 소화방법	● 월 ● 일	☐	☐	☐	
		제3과목. 위험물의 성질과 취급	● 월 ● 일	☐	☐	☐	
	2022년 제1회	제1과목. 일반화학	● 월 ● 일	☐	☐	☐	
		제2과목. 화재예방과 소화방법	● 월 ● 일	☐	☐	☐	
		제3과목. 위험물의 성질과 취급	● 월 ● 일	☐	☐	☐	
	2022년 제2회	제1과목. 일반화학	● 월 ● 일	☐	☐	☐	
		제2과목. 화재예방과 소화방법	● 월 ● 일	☐	☐	☐	
		제3과목. 위험물의 성질과 취급	● 월 ● 일	☐	☐	☐	
	2022년 제4회	제1과목. 일반화학	● 월 ● 일	☐	☐	☐	
		제2과목. 화재예방과 소화방법	● 월 ● 일	☐	☐	☐	
		제3과목. 위험물의 성질과 취급	● 월 ● 일	☐	☐	☐	
	2023년 제1회	제1과목, 제2과목, 제3과목	● 월 ● 일	☐	☐	☐	
	2023년 제2회	제1과목, 제2과목, 제3과목	● 월 ● 일	☐	☐	☐	
	2023년 제4회	제1과목, 제2과목, 제3과목	● 월 ● 일	☐	☐	☐	
	2024년 제1회	제1과목, 제2과목, 제3과목	● 월 ● 일	☐	☐	☐	
	2024년 제2회	제1과목, 제2과목, 제3과목	● 월 ● 일	☐	☐	☐	
	2024년 제3회	제1과목, 제2과목, 제3과목	● 월 ● 일	☐	☐	☐	
신경향 예상문제	CBT 대비 저자가 엄선한 신경향 족집게 문제		● 월 ● 일	☐	☐	☐	
CBT 온라인모의고사 제1회, 제2회, 제3회			● 월 ● 일	☐	☐	☐	
핵심 써머리 1. 핵심이론/2. 위험물안전관리법 (시험 전 최종 마무리로 한번 더 반복학습)			● 월 ● 일	☐	☐	☐	

저자쌤의 합격 플래너 활용 Tip.

01. Choice

시험대비를 위해 여유 있는 시간을 확보해 제대로 공부하여 시험합격은 물론 고득점을 노리는 수험생들은 Plan 1. 60일 완벽코스를, 폭넓고 깊은 학습은 불가능해도 꼼꼼하게 공부해 한번에 시험합격을 원하시는 수험생들은 Plan 2. 38일 꼼꼼코스를, 시험준비를 늦게 시작하였으나 짧은 기간에 온전히 학습할 수 있는 많은 시간확보가 가능한 수험생들은 Plan 3. 17일 집중코스를, 부족한 시간이지만 열심히 공부하여 60점만 넘어 합격의 영광을 누리고 싶은 수험생들은 Plan 4. 10일 속성코스가 적합합니다!

단, 저자쌤은 위의 학습플랜 중 충분한 학습기간을 가지고 제대로 시험대비를 할 수 있는 Plan 1을 추천합니다!!!

02. Plus

Plan 1~4까지 중 나에게 맞는 학습플랜이 없을 시, Plan 5에 나에게 꼭~ 맞는 나만의 학습계획을 스스로 세워보거나, 또는 Plan 2 + Plan 3, Plan 2 + Plan 4, Plan 3 + Plan 4 등 제시된 코스를 활용하여 나의 시험준비기간에 잘~ 맞는 학습계획을 세워보세요!

03. Unique

유일무이! 나만의 합격 플랜에는 계획에 따라 3회독까지 학습체크를 할 수 있는 공란과, 처음 1회독 시 학습한 날짜를 기입할 수 있는 공간을 따로 두었습니다!

04. Pass

책의 앞부분에 있는 제1장. 핵심 써머리 부분은 분철하여 플래너의 학습일과 상관없이 기출문제를 풀 때 옆에 두고 수시로 참고할 수도 있으며, 모든 학습이 끝난 후 한번 더 반복하여 봐주시길 바랍니다!

※ "합격플래너"를 활용해 계획적으로 시험대비를 하여 필기시험에 합격하신 수험생분께는 「문화상품권(2만원)」을 보내드립니다(단, 선착순(10명)이며, 온라인서점에 플래너 활용사진을 포함한 도서리뷰 or 합격후기를 올려주신 후 인증사진을 보내주신 분에 한합니다). (☎ 문의 : 031-950-6349)

표준 주기율표
(Periodic Table of The Elements)

표기법:

원자 번호
기호
원소명(국문)
원소명(영문)
일반 원자량
표준 원자량

1	2	3	4	5	6	7	8	9	10	11	12	13	14	15	16	17	18
1 **H** 수소 hydrogen 1.008 [1.0078, 1.0082]																	2 **He** 헬륨 helium 4.0026
3 **Li** 리튬 lithium 6.94 [6.938, 6.997]	4 **Be** 베릴륨 beryllium 9.0122											5 **B** 붕소 boron 10.81 [10.806, 10.821]	6 **C** 탄소 carbon 12.011 [12.009, 12.012]	7 **N** 질소 nitrogen 14.007 [14.006, 14.008]	8 **O** 산소 oxygen 15.999 [15.999, 16.000]	9 **F** 플루오린 fluorine 18.998	10 **Ne** 네온 neon 20.180
11 **Na** 소듐 sodium 22.990	12 **Mg** 마그네슘 magnesium 24.305 [24.304, 24.307]											13 **Al** 알루미늄 aluminium 26.982	14 **Si** 규소 silicon 28.085 [28.084, 28.086]	15 **P** 인 phosphorus 30.974	16 **S** 황 sulfur 32.06 [32.059, 32.076]	17 **Cl** 염소 chlorine 35.45 [35.446, 35.457]	18 **Ar** 아르곤 argon 39.95 [39.792, 39.963]
19 **K** 포타슘 potassium 39.098	20 **Ca** 칼슘 calcium 40.078(4)	21 **Sc** 스칸듐 scandium 44.956	22 **Ti** 타이타늄 titanium 47.867	23 **V** 바나듐 vanadium 50.942	24 **Cr** 크로뮴 chromium 51.996	25 **Mn** 망가니즈 manganese 54.938	26 **Fe** 철 iron 55.845(2)	27 **Co** 코발트 cobalt 58.933	28 **Ni** 니켈 nickel 58.693	29 **Cu** 구리 copper 63.546(3)	30 **Zn** 아연 zinc 65.38(2)	31 **Ga** 갈륨 gallium 69.723	32 **Ge** 저마늄 germanium 72.630(8)	33 **As** 비소 arsenic 74.922	34 **Se** 셀레늄 selenium 78.971(8)	35 **Br** 브로민 bromine 79.904 [79.901, 79.907]	36 **Kr** 크립톤 krypton 83.798(2)
37 **Rb** 루비듐 rubidium 85.468	38 **Sr** 스트론튬 strontium 87.62	39 **Y** 이트륨 yttrium 88.906	40 **Zr** 지르코늄 zirconium 91.224(2)	41 **Nb** 나이오븀 niobium 92.906	42 **Mo** 몰리브데넘 molybdenum 95.95	43 **Tc** 테크네튬 technetium	44 **Ru** 루테늄 ruthenium 101.07(2)	45 **Rh** 로듐 rhodium 102.91	46 **Pd** 팔라듐 palladium 106.42	47 **Ag** 은 silver 107.87	48 **Cd** 카드뮴 cadmium 112.41	49 **In** 인듐 indium 114.82	50 **Sn** 주석 tin 118.71	51 **Sb** 안티모니 antimony 121.76	52 **Te** 텔루륨 tellurium 127.60(3)	53 **I** 아이오딘 iodine 126.90	54 **Xe** 제논 xenon 131.29
55 **Cs** 세슘 caesium 132.91	56 **Ba** 바륨 barium 137.33	57-71 란타넘족 lanthanoids	72 **Hf** 하프늄 hafnium 178.49(2)	73 **Ta** 탄탈럼 tantalum 180.95	74 **W** 텅스텐 tungsten 183.84	75 **Re** 레늄 rhenium 186.21	76 **Os** 오스뮴 osmium 190.23(3)	77 **Ir** 이리듐 iridium 192.22	78 **Pt** 백금 platinum 195.08	79 **Au** 금 gold 196.97	80 **Hg** 수은 mercury 200.59	81 **Tl** 탈륨 thallium 204.38 [204.38, 204.39]	82 **Pb** 납 lead 207.2	83 **Bi** 비스무트 bismuth 208.98	84 **Po** 폴로늄 polonium	85 **At** 아스타틴 astatine	86 **Rn** 라돈 radon
87 **Fr** 프랑슘 francium	88 **Ra** 라듐 radium	89-103 악티늄족 actinoids	104 **Rf** 러더포듐 rutherfordium	105 **Db** 두브늄 dubnium	106 **Sg** 시보귬 seaborgium	107 **Bh** 보륨 bohrium	108 **Hs** 하슘 hassium	109 **Mt** 마이트너륨 meitnerium	110 **Ds** 다름슈타튬 darmstadtium	111 **Rg** 뢴트게늄 roentgenium	112 **Cn** 코페르니슘 copernicium	113 **Nh** 니호늄 nihonium	114 **Fl** 플레로븀 flerovium	115 **Mc** 모스코븀 moscovium	116 **Lv** 리버모륨 livermorium	117 **Ts** 테네신 tennessine	118 **Og** 오가네손 oganesson

57 **La** 란타넘 lanthanum 138.91	58 **Ce** 세륨 cerium 140.12	59 **Pr** 프라세오디뮴 praseodymium 140.91	60 **Nd** 네오디뮴 neodymium 144.24	61 **Pm** 프로메튬 promethium	62 **Sm** 사마륨 samarium 150.36(2)	63 **Eu** 유로퓸 europium 151.96	64 **Gd** 가돌리늄 gadolinium 157.25(3)	65 **Tb** 터븀 terbium 158.93	66 **Dy** 디스프로슘 dysprosium 162.50	67 **Ho** 홀뮴 holmium 164.93	68 **Er** 어븀 erbium 167.26	69 **Tm** 툴륨 thulium 168.93	70 **Yb** 이터븀 ytterbium 173.05	71 **Lu** 루테튬 lutetium 174.97
89 **Ac** 악티늄 actinium	90 **Th** 토륨 thorium 232.04	91 **Pa** 프로트악티늄 protactinium 231.04	92 **U** 우라늄 uranium 238.03	93 **Np** 넵투늄 neptunium	94 **Pu** 플루토늄 plutonium	95 **Am** 아메리슘 americium	96 **Cm** 퀴륨 curium	97 **Bk** 버클륨 berkelium	98 **Cf** 캘리포늄 californium	99 **Es** 아인슈타이늄 einsteinium	100 **Fm** 페르뮴 fermium	101 **Md** 멘델레븀 mendelevium	102 **No** 노벨륨 nobelium	103 **Lr** 로렌슘 lawrencium

*표준 원자량은 2011년 IUPAC에서 결정한 새로운 형식을 따른 것으로 [ ] 안에 표시된 숫자는 2종류 이상의 안정한 동위원소가 존재하는 경우에 각 시료에서 발견되는 자연 존재비의 분포를 고려한 표준 원자량의 범위를 나타낸 것임.

출처_© 대한화학회

화학용어 변경사항 정리

표준화 지침에 따라 화학용어가 일부 변경되었습니다.
본 도서는 바뀐 화학용어로 표기되어 있으나, 시험에 변경 전 용어로 출제될 수도 있어 수험생들의
완벽한 시험 대비를 위해 변경 전/후의 화학용어를 정리해 두었습니다.
학습하시는 데 참고하시기 바랍니다.

변경 후	변경 전	변경 후	변경 전
염화 이온	염소 이온	메테인	메탄
염화바이닐	염화비닐	에테인	에탄
이산화황	아황산가스	프로페인	프로판
사이안	시안	뷰테인	부탄
알데하이드	알데히드	헥세인	헥산
황산철(Ⅱ)	황산제일철	셀레늄	셀렌
산화크로뮴(Ⅲ)	삼산화제이크롬	테트라플루오로에틸렌	사불화에틸렌
크로뮴	크롬	실리카겔	실리카겔
다이크로뮴산	중크롬산	할로젠	할로겐
브로민	브롬	녹말	전분
플루오린	불소, 플루오르	아이소뷰틸렌	이소부틸렌
다이클로로메테인	디클로로메탄	아이소사이아누르산	이소시아눌산
1,1-다이클로로에테인	1,1-디클로로에탄	싸이오	티오
1,2-다이클로로에테인	1,2-디클로로에탄	다이	디
클로로폼	클로로포름	트라이	트리
스타이렌	스틸렌	설폰 / 설폭	술폰 / 술폭
1,3-뷰타다이엔	1,3-부타디엔	나이트로 / 나이트릴	니트로 / 니트릴
아크릴로나이트릴	아크릴로니트릴	하이드로	히드로
트라이클로로에틸렌	트리클로로에틸렌	하이드라	히드라
N,N-다이메틸폼아마이드	N,N-디메틸포름아미드	퓨란	푸란
다이에틸헥실프탈레이트	디에틸헥실프탈레이트	아이오딘	요오드
바이닐아세테이트	비닐아세테이트	란타넘	란탄
하이드라진	히드라진	에스터	에스테르
망가니즈	망간	에터	에테르
알케인	알칸	60분+방화문, 60분 방화문	갑종방화문
알카인	알킨	30분 방화문	을종방화문

한번에
합격하기

한번에
합격하는
위험물산업기사

기출문제집 필기

여승훈, 박수경 지음

핵심 써머리 + 7개년 기출

BM (주)도서출판 성안당

■ 도서 A/S 안내

저자 문의 e-mail : antidanger@kakao.com(박수경)

본서 기획자 e-mail : coh@cyber.co.kr(최옥현)

홈페이지 : http://www.cyber.co.kr   전화 : 031) 950-6300

안녕하십니까?

위험물안전관리법에서는 위험물을 취급할 수 있는 자의 자격을 위험물에 관한 국가기술자격을 취득한 자로 규정하고 있어 석유화학단지를 비롯한 대부분의 사업장에서 근무하기 위해서는 위험물을 취급할 수 있는 자격을 갖추어야 합니다.

현재 대한민국은 사회전반에 걸쳐 안전에 대한 요구가 증가하고 있어, 안전과 관련된 자격증의 수요 역시 점차 확산되고 있는 추세입니다. 특히 화학공장에서 발생하는 사고의 규모는 매우 크기 때문에 이에 대한 규제를 더 강화하고 있는 실정이며, 위험물자격 취득의 수요는 앞으로 더 늘어날 수밖에 없을 것입니다. 위험물산업기사는 위험물기능사와 달리 바로 법적으로 안전관리자로 선임할 수 있으므로 수요가 매우 큰 자격증이라 할 수 있습니다.

위험물산업기사를 준비하기 위해 책을 선택하는 기준은 크게 두 가지로 볼 수 있습니다.

첫 번째, **문제에 대한 해설이 이해하기 쉽게 되어 있는 책**을 선택해야 합니다. 기출문제는 같아도 그 문제에 대한 풀이는 책마다 다를 수밖에 없으며, 해설의 길이가 길고 짧음을 떠나 얼마나 이해하기 쉽고 전달력 있게 풀이하는지가 더 중요합니다.

두 번째, **최근 개정된 법령이 반영되어 있는 책**인지를 확인해야 합니다. 위험물안전관리법은 자주 개정되는 편은 아니지만, 개정 시점에는 꼭 개정된 부분에 대해 출제되는 경향이 있습니다. 그렇다고 해서 수험생 여러분들이 개정된 법까지 찾아가며 공부하는 것은 힘들기 때문에 믿고 공부할 수 있는 수험서를 선택해야 합니다.

해마다 도서의 내용을 수정, 보완하고 기출문제를 추가해 나가고 있습니다. 정성을 다하여 하고 있으나 수험생분들이 시험대비를 하는 데 부족한 부분이 있을까 염려됩니다. 혹시라도 내용의 오류나 학습하시는 데 불편한 부분이 있다면 언제든지 말씀해 주시면 개정판 작업 시 반영하여 좀더 나은 수험서로 거듭날 수 있도록 노력하겠습니다.

마지막으로 이 책을 출간하기까지 여러 가지로 도움을 주신 모든 분들께 감사의 말씀을 드립니다.

저자

위험물안전관리법에서는 다음과 같이 위험물을 취급하는 모든 사업장은 위험물의 취급에 관한 자격이 있는 자를 위험물안전관리자로 선임해야 하며, 위험물을 취급할 수 있는 자격이 있는 자만이 위험물을 취급할 수 있다 라고 규정하고 있기 때문에 석유화학단지에서는 필수 자격증을 넘어 필수 면허증의 개념으로 활용되고 있습니다.

(위험물안전관리법 제15조) 제조소등의 관계인은 위험물의 안전관리에 관한 직무를 수행하게 하기 위하여 제조소등마다 대통령령이 정하는 위험물의 취급에 관한 자격이 있는 자(이하 "위험물취급자격자"라 한다)를 위험물안전관리자(이하 "안전관리자"라 한다)로 선임하여야 한다.

① 자격명

위험물산업기사(Industrial Engineer Hazardous material)

② 개요

위험물은 발화성, 인화성, 가연성, 폭발성 때문에 사소한 부주의에도 커다란 재해를 가져올 수 있습니다. 또한 위험물의 용도가 다양해지고, 제조시설도 대규모화되면서 생활공간과 가까이 설치되는 경우가 많아짐에 따라 위험물의 취급과 관리에 대한 안전성을 높이고자 자격제도를 제정하였습니다.

③ 수행직무

위험물제조소등에서 위험물을 제조·저장·취급하고 작업자를 교육·지시·감독하며, 각 설비에 대한 점검과 재해발생 시 사고대응 등의 안전관리 업무를 수행하는 직무이다.

④ 진로 및 전망

- 위험물(제1류~제6류)의 제조, 저장, 취급 전문업체에 종사하거나 도료제조, 고무제조, 금속제련, 유기합성물제조, 염료제조, 화장품제조, 인쇄잉크제조 업체 및 지정수량 이상의 위험물 취급업체에 종사할 수 있습니다.
- 산업체에서 사용하는 발화성, 인화성 물품을 위험물이라 하는데 산업의 고도성장에 따라 위험물의 수요와 종류가 많아지고 있어 위험성 역시 대형화되어가고 있습니다. 이에 따라 위험물을 안전하게 취급·관리하는 전문가의 수요는 꾸준할 것으로 전망됩니다. 또한 위험물산업기사의 경우 위험물안전관리법으로 정한 위험물 제1류~제6류에 속하는 모든 위험물을 관리할 수 있으므로 취업영역이 넓은 편입니다.

⑤ ···· 관련부처 및 시행기관

- 관련부처 – 소방청
- 시행기관 – 한국산업인력공단(http://www.q-net.or.kr)

⑥ ···· 관련학과 및 훈련기관

- 관련학과 – 전문대학 및 대학의 화학공업, 화학공학 등 관련학과
- 훈련기관 – 일반 사설학원

⑦ ···· 원서 접수 방법

시행기관인 한국산업인력공단에서 운영하는 홈페이지 큐넷(http://www.q-net.or.kr)에 회원가입 후, 원하는 지역을 선택하여 원서접수를 할 수 있습니다.

내방접수는 불가능하니, 꼭 온라인사이트를 이용하세요!

⑧ ···· 시험 수수료 및 원서 접수시간

- 시험 수수료 – 위험물산업기사 필기시험 수수료는 19,400원(실기시험은 20,800원) (2024년 9월 기준으로서 추후 변동 가능함)입니다.
- 원서 접수시간 – 원서 접수기간의 첫날 10:00부터 마지막 날 18:00 까지입니다.

가끔 마지막 날 밤 12:00까지로 알고 접수를 놓치는 경우도 있으니, 꼭 해지기 전에 신청하세요!

⑨ ···· 시험 준비물 및 시험 기간

- 시험 준비물 : 신분증, 수험표(또는 수험번호), 수정테이프(실기시험 시), 계산기(공학용의 경우 기종의 제한이 있으니 미리 확인하시기 바랍니다.)
- 시험 기간 : 필기시험은 약 1주의 기간 동안 진행 되는데 그 중 원하는 날짜와 원하는 시간을 선택할 수 있으며 한 회당 한 번만 응시할 수 있습니다.
  – 1부(08:40까지 입실) ~ 8부(16:40까지 입실)

시험장 입실 시간은 시험 시작 20분 전이고, 문제를 빨리 풀면 즉시 완료하고 언제든지 시험장에서 나올 수 있습니다!

⑩ ···· 시험문제 형식 (CBT 형식)

문제은행에서 무작위로 선별된 문제들로 구성되며, 응시자 모두가 다른 형태로 구성된 문제를 풀게 됩니다.

문제 구성은 공평한 난이도로 이뤄지기 때문에 어려운 문제들만 집중되지 않을까 걱정하지 마세요!

⑪ ···· **합격 여부**

CBT 시험은 시험을 완료하면 화면을 통해 본인의 점수를 즉시 확인할 수 있습니다.

⑫ ···· **과락 유의사항**

1과목 물질의 물리·화학적 성질, 2과목 화재예방과 소화방법, 3과목 위험물의 성상 및 취급은 각 20문제씩 출제되며, 총 60문제 중 36개 이상, 또한 각 과목마다 8개 이상 맞혀야 합격할 수 있습니다. 다시 말해 총 36개 이상을 맞혔다 하더라도 3과목 중 한 과목이라도 7개 이하로 맞히면 불합격됩니다(즉, 100점을 만점으로 하여 과목 당 40점 이상, 전 과목 평균 60점 이상이 되어야 합격합니다).

⑬ ···· **연도별 검정현황**

연 도	필 기			실 기		
	응시자	합격자	합격률	응시자	합격자	합격률
2023	31,065명	16,007명	51.5%	19,896명	9,116명	45.8%
2022	25,227명	13,416명	53.2%	17,393명	8,412명	48.4%
2021	25,076명	13,886명	55.4%	18,232명	8,691명	47.7%
2020	21,597명	11,622명	53.8%	15,985명	8,544명	53.5%
2019	23,292명	11,567명	49.7%	14,473명	9,450명	65.3%
2018	20,662명	9,390명	45.4%	12,114명	6,635명	54.8%
2017	20,764명	9,818명	47.3%	11,200명	6,490명	57.9%
2016	19,475명	7,251명	37.2%	9,239명	6,564명	71%

⑭ ···· **시험 일정**

회 별	필기 원서접수 (인터넷)	필기 시험	필기 합격 (예정자) 발표	실기 원서접수 (인터넷)	실기 시험	최종 합격자 발표
제1회	1월 말	2월 중	3월 중	3월 말	4월 말	6월 중
제2회	4월 중	5월 초	6월 초	6월 말	7월 말	9월 초
제3회	6월 중	7월 초	8월 초	9월 중	10월 중	12월 중

[비고] 1. 원서접수 시간은 원서접수 첫날 10:00부터 마지막 날 18:00까지입니다.
　　　 2. 최종합격자 발표시간은 해당 발표일 09:00입니다.
　　　 3. 해마다 시험 일정이 조금씩 상이하니 자세한 시험 일정은 Q-net 홈페이지(www.q-net.co.kr) 를 참고하시기 바랍니다.

⑮ ····· 응시자격

(1) 학력

관련학과의 2년제 또는 3년제 전문대학 졸업자(최종학년 재학 중인 자 또는 졸업예정자 포함), 그리고 관련학과의 대학졸업자(최종학년 재학 중인 자 또는 졸업예정자 또는 전 이수과정의 1/2 이상 수료자 포함)의 전공이 화학, 화공, 기계, 환경, 안전, 소방, 재료 등의 공과계열의 학과인 경우 응시할 수 있으며, 자세한 사항은 큐넷 사이트 (www.q-net.or.kr)에서 로그인 후 마이페이지 – 응시자격 – 응시자격 자가진단을 통해 학교와 학과를 입력 후 진단결과로 응시 가능 여부를 확인할 수 있습니다.

(2) 경력

응시하려는 종목이 속하는 동일 및 유사 직무분야의 다른 종목의 산업기사 등급 이상의 자격을 취득한 사람이나 동일 및 유사 직무분야의 산업기사 수준 기술훈련 과정 이수자 또는 그 이수예정자, 그리고 고용노동부령으로 정하는 기능경기대회 입상자는 응시 가능하며, 다음과 같은 직종에 종사한 경력이 2년(어떤 종목이든 상관없이 기능사를 취득 후 1년) 이상인 경우에 응시가 가능합니다.

1. 화학 및 화공
2. 경영 · 회계 · 사무 중 생산관리
3. 광업자원 중 채광
4. 기계
5. 재료
6. 섬유 · 의복
7. 안전관리
8. 환경 · 에너지

(3) 군경력(병사 기준)

훈련소 기간을 제외하고 병적증명서 주특기 코드(주특기명)에 해당하는 경력이 2년 (어떤 종목이든 상관없이 기능사를 취득 후 1년) 이상인 경우 응시가 가능합니다.

[시험접수에서 자격증 수령까지 안내]

☑ **원서접수 안내 및 유의사항입니다.**

- 원서접수 확인 및 수험표 출력기간은 접수당일부터 시험시행일까지 출력 가능(이외 기간은 조회불가)합니다. 또한 출력장애 등을 대비하여 사전에 출력 보관하시기 바랍니다.
- 원서접수는 온라인(인터넷, 모바일앱)에서만 가능합니다.
- 스마트폰, 태블릿 PC 사용자는 모바일앱 프로그램을 설치한 후 접수 및 취소/환불 서비스를 이용하시기 바랍니다.

STEP 01	STEP 02	STEP 03	STEP 04
필기시험 원서접수	필기시험 응시	필기시험 합격자 확인	실기시험 원서접수

- 필기시험은 온라인 접수만 가능
- Q-net(www.q-net.or.kr) 사이트 회원 가입
- 응시자격 자가진단 확인 후 원서 접수 진행
- 반명함 사진 등록 필요 (6개월 이내 촬영 / 3.5cm×4.5cm)

- 입실시간 미준수 시 시험 응시 불가 (시험시작 20분 전에 입실 완료)
- 수험표, 신분증, 계산기 지참

- 2020년 4회 시험부터 CBT로 시행되고 있으므로 시험 완료 즉시 본인 점수 확인 가능
- 인터넷 게시 공고, ARS를 통한 확인 (단, CBT 시험은 인터넷 게시 공고)

- Q-net(www.q-net.or.kr) 사이트에서 원서 접수
- 응시자격서류 제출 후 심사에 합격 처리된 사람에 한하여 원서 접수 가능 (응시자격서류 미제출 시 필기시험 합격예정 무효)

★ **실기 시험정보**

1. **문항 수 및 문제당 배점**
   20문제(한 문제당 5점)로 출제되며, 출제방식에 따라 문항 수와 배점이 달라질 수 있습니다.
2. **시험시간**
   2시간이며, 시험시간의 2분의 1이 지나 퇴실할 수 있습니다.
3. **가답안 공개여부**
   시험문제 및 가답안은 공개되지 않습니다.

"성안당은 여러분의 합격을 기원합니다"

STEP 05	STEP 06	STEP 07	STEP 08
실기시험 응시	실기시험 합격자 확인	자격증 교부 신청	자격증 수령

- 수험표, 신분증, 필기구, 공학용 계산기, 종목별 수험자 준비물 지참 (공학용 계산기(일반 계산기도 가능)는 허용된 종류에 한하여 사용 가능하며 반드시 포맷 사용)

- 문자 메시지, SNS 메신저를 통해 합격 통보 (합격자만 통보)
- Q-net(www.q-net. or.kr) 사이트 및 ARS (1666-0100)를 통해서 확인 가능

- 상장형 자격증, 수첩형 자격증 형식 신청 가능
- Q-net(www.q-net. or.kr) 사이트를 통해 신청

- 상장형 자격증은 합격자 발표 당일부터 인터넷으로 발급 가능 (직접 출력하여 사용)
- 수첩형 자격증은 인터넷 신청 후 우편수령만 가능 (수수료 : 3,100원 / 배송비 : 3,010원)

★ 필기/실기 시험 시 허용되는 공학용 계산기 기종
1. 카시오(CASIO) FX-901~999
2. 카시오(CASIO) FX-501~599
3. 카시오(CASIO) FX-301~399
4. 카시오(CASIO) FX-80~120
5. 샤프(SHARP) EL-501~599
6. 샤프(SHARP) EL-5100, EL-5230, EL-5250, EL-5500
7. 캐논(CANON) F-715SG, F-788SG, F-792SGA
8. 유니원(UNIONE) UC-400M, UC-600E, UC-800X
9. 모닝글로리(MORNING GLORY) ECS-101

※ 1. 직접 초기화가 불가능한 계산기는 사용 불가
2. 사칙연산만 가능한 일반 계산기는 기종 상관없이 사용 가능
3. 허용군 내 기종 번호 말미의 영어 표기(ES, MS, EX 등)는 무관

*자세한 사항은 Q-net 홈페이지(www.q-net.or.kr)를 참고하시기 바랍니다.

CBT란 Computer Based Test의 약자로, 컴퓨터 기반 시험을 의미한다. 정보기기운용기능사, 정보처리기능사, 굴삭기운전기능사, 지게차운전기능사, 제과기능사, 제빵기능사, 한식조리기능사, 양식조리기능사, 일식조리기능사, 중식조리기능사, 미용사(일반), 미용사(피부) 등 12종목은 이미 오래 전부터 CBT로 시행하고 있으며, 위험물기능사는 2016년 5회부터, **위험물산업기사는 2020년 4회부터 CBT로 시행**되었다.

【CBT 시험 과정】

한국산업인력공단에서 운영하는 홈페이지 **큐넷(Q-net)**에서는 누구나 쉽게 **CBT 시험**을 볼 수 있도록 실제 자격시험 환경과 동일하게 구성한 **가상 웹 체험 서비스를 제공**하고 있으며, 그 과정을 요약한 내용은 아래와 같다.

① ···· 시험시작 전 신분 확인절차

수험자가 자신에게 배정된 좌석에 앉아 있으면 신분 확인절차가 진행된다.
이것은 시험장 감독위원이 컴퓨터에 나온 수험자 정보와 신분증이 일치하는지를 확인하는 단계이다.

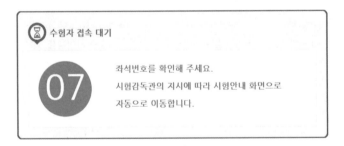

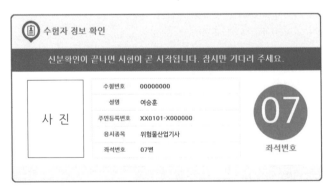

② ···· CBT 시험안내 진행

신분 확인이 끝난 후 시험시작 전 CBT 시험안내가 진행된다.

안내사항 > 유의사항 > 메뉴 설명 > 문제풀이 연습 > 시험준비 완료

(1) 시험 [안내사항]을 확인한다.

• 시험은 총 5문제로 구성되어 있으며, 5분간 진행된다.
  ※ 자격종목별로 시험문제 수와 시험시간은 다를 수 있다.
  (위험물산업기사 필기 – 60문제/1시간)
• 시험도중 수험자 PC 장애 발생 시 손을 들어 시험감독관에게 알리면 긴급장애조치 또는 자리이동을 할 수 있다.
• 시험이 끝나면 합격여부를 바로 확인할 수 있다.

(2) 시험 [유의사항]을 확인한다.

시험 중 금지되는 행위 및 저작권 보호에 관한 유의사항이 제시된다.

(3) 문제풀이 [메뉴 설명]을 확인한다.

문제풀이 기능 설명을 유의해서 읽고 기능을 숙지해야 한다.

(4) 자격검정 CBT [문제풀이 연습]을 진행한다.

실제 시험과 동일한 방식의 문제풀이 연습을 통해 CBT 시험을 준비한다.

• CBT 시험 문제화면의 기본 글자크기는 150%이다. 글자가 크거나 작을 경우 크기를 변경할 수 있다.
• 화면배치는 1단 배치가 기본 설정이다. 더 많은 문제를 볼 수 있는 2단 배치와 한 문제씩 보기 설정이 가능하다.

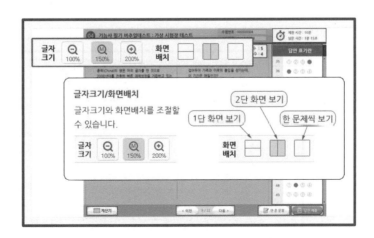

- 답안은 문제의 보기번호를 클릭하거나 답안표기 칸의 번호를 클릭하여 입력할 수 있다.
- 입력된 답안은 문제화면 또는 답안표기 칸의 보기번호를 클릭하여 변경할 수 있다.

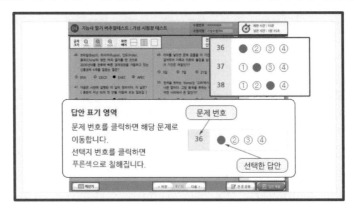

- 페이지 이동은 아래의 페이지 이동 버튼 또는 답안표기 칸의 문제번호를 클릭하여 이동할 수 있다.

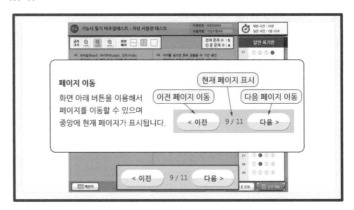

- 응시종목에 계산문제가 있을 경우 좌측 하단의 계산기 기능을 이용할 수 있다.

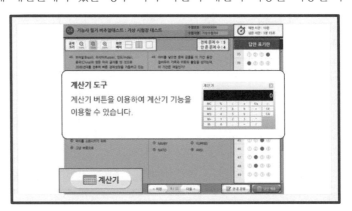

• 안 푼 문제 확인은 답안 표기란 좌측에 안 푼 문제 수를 확인하거나 답안 표기란 하단 [안 푼 문제] 버튼을 클릭하여 확인할 수 있다. 안 푼 문제번호 보기 팝업창에 안 푼 문제번호가 표시된다. 번호를 클릭하면 해당 문제로 이동한다.

• 시험문제를 다 푼 후 답안 제출을 하거나 시험시간이 모두 경과되었을 경우 시험이 종료되며 시험결과를 바로 확인할 수 있다.
• [답안 제출] 버튼을 클릭하면 답안 제출 승인 알림창이 나온다. 시험을 마치려면 [예] 버튼을 클릭하고 시험을 계속 진행하려면 [아니오] 버튼을 클릭하면 된다. 답안 제출은 실수 방지를 위해 두 번의 확인 과정을 거친다. 이상이 없으면 [예] 버튼을 한 번 더 클릭하면 된다.

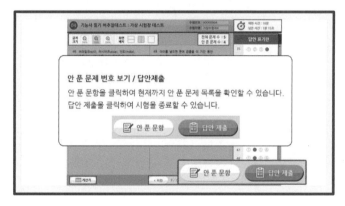

(5) [시험준비 완료]를 한다.

시험 안내사항 및 문제풀이 연습까지 모두 마친 수험자는 [시험준비 완료] 버튼을 클릭한 후 잠시 대기한다.

③ ···· CBT 시험 시행

④ ···· 답안 제출 및 합격 여부 확인

출제기준

- **자격종목** : 위험물산업기사
- **직무/중직무 분야** : 화학/위험물
- **수행직무** : 위험물을 저장 · 취급 · 제조하는 제조소등에서 위험물을 안전하게 저장 · 취급 · 제조하고 일반 작업자를 지시 · 감독하며, 각 설비에 대한 점검과 재해발생 시 응급조치 등의 안전관리 업무를 수행하는 직무
- **검정방법** : 〈필기〉 객관식(4지택일형)
  　　　　　　〈실기〉 필답형

① ┈ 필기 출제기준

- 적용기간 : 2025.1.1. ~ 2029.12.31.
- 필기 과목명 : 물질의 물리 · 화학적 성질, 화재예방과 소화방법, 위험물의 성상 및 취급
- 필기 검정방법 : 객관식(문제 수 – 60문항 / 시험시간 – 1시간)

〈물질의 물리 · 화학적 성질〉

주요항목	세부항목	세세항목
1 기초화학	(1) 물질의 상태와 화학의 기본법칙	① 물질의 상태와 변화 ② 화학의 기초법칙 ③ 화학 결합
	(2) 원자의 구조와 원소의 주기율	① 원자의 구조 ② 원소의 주기율표
	(3) 산, 염기	① 산과 염기 ② 염 ③ 수소이온농도
	(4) 용액	① 용액 ② 용해도 ③ 용액의 농도
	(5) 산화, 환원	① 산화 ② 환원
2 유기화합물 위험성 파악	(1) 유기화합물 종류 · 특성 및 위험성	① 유기화합물의 개념 ② 유기화합물의 종류 ③ 유기화합물의 명명법 ④ 유기화합물의 특성 및 위험성
3 무기화합물 위험성 파악	(1) 무기화합물 종류 · 특성 및 위험성	① 무기화합물의 개념 ② 무기화합물의 종류 ③ 무기화합물의 명명법 ④ 무기화합물의 특성 및 위험성 ⑤ 방사성 원소

〈화재예방과 소화방법〉

주요항목	세부항목	세세항목
1 위험물 사고 대비 · 대응	(1) 위험물 사고 대비	① 위험물의 화재예방 ② 취급 위험물의 특성 ③ 안전장비의 특성
	(2) 위험물 사고 대응	① 위험물시설의 특성 ② 초동조치 방법 ③ 위험물의 화재 시 조치
2 위험물 화재예방 · 소화방법	(1) 위험물 화재예방 방법	① 위험물과 비위험물 판별 ② 연소이론 ③ 화재의 종류 및 특성 ④ 폭발의 종류 및 특성
	(2) 위험물 소화방법	① 소화이론 ② 위험물 화재 시 조치방법 ③ 소화설비에 대한 분류 및 작동방법 ④ 소화약제의 종류 ⑤ 소화약제별 소화원리
3 위험물 제조소등의 안전계획	(1) 소화설비 적응성	① 유별 위험물의 품명 및 지정수량 ② 유별 위험물의 특성 ③ 대상물 구분별 소화설비의 적응성
	(2) 소화 난이도 및 소화설비 적용	① 소화설비의 설치기준 및 구조 · 원리 ② 소화난이도별 제조소등 소화설비 기준
	(3) 경보설비 · 피난설비 적용	① 제조소등 경보설비의 설치대상 및 종류 ② 제조소등 피난설비의 설치대상 및 종류 ③ 제조소등 경보설비의 설치기준 및 구조 · 원리 ④ 제조소등 피난설비의 설치기준 및 구조 · 원리

〈위험물의 성상 및 취급〉

주요항목	세부항목	세세항목
1 제1류 위험물 취급	(1) 성상 및 특성	① 제1류 위험물의 종류 ② 제1류 위험물의 성상 ③ 제1류 위험물의 위험성 · 유해성
	(2) 저장 및 취급방법의 이해	① 제1류 위험물의 저장방법 ② 제1류 위험물의 취급방법
2 제2류 위험물 취급	(1) 성상 및 특성	① 제2류 위험물의 종류 ② 제2류 위험물의 성상 ③ 제2류 위험물의 위험성 · 유해성
	(2) 저장 및 취급방법의 이해	① 제2류 위험물의 저장방법 ② 제2류 위험물의 취급방법

주요항목	세부항목	세세항목
3 제3류 위험물 취급	(1) 성상 및 특성	① 제3류 위험물의 종류 ② 제3류 위험물의 성상 ③ 제3류 위험물의 위험성·유해성
	(2) 저장 및 취급방법의 이해	① 제3류 위험물의 저장방법 ② 제3류 위험물의 취급방법
4 제4류 위험물 취급	(1) 성상 및 특성	① 제4류 위험물의 종류 ② 제4류 위험물의 성상 ③ 제4류 위험물의 위험성·유해성
	(2) 저장 및 취급방법의 이해	① 제4류 위험물의 저장방법 ② 제4류 위험물의 취급방법
5 제5류 위험물 취급	(1) 성상 및 특성	① 제5류 위험물의 종류 ② 제5류 위험물의 성상 ③ 제5류 위험물의 위험성·유해성
	(2) 저장 및 취급방법의 이해	① 제5류 위험물의 저장방법 ② 제5류 위험물의 취급방법
6 제6류 위험물 취급	(1) 성상 및 특성	① 제6류 위험물의 종류 ② 제6류 위험물의 성상 ③ 제6류 위험물의 위험성·유해성
	(2) 저장 및 취급방법의 이해	① 제6류 위험물의 저장방법 ② 제6류 위험물의 취급방법
7 위험물 운송·운반	(1) 위험물 운송기준	① 위험물운송자의 자격 및 업무 ② 위험물 운송방법 ③ 위험물 운송 안전조치 및 준수사항 ④ 위험물 운송차량 위험성 경고 표지
	(2) 위험물 운반기준	① 위험물운반자의 자격 및 업무 ② 위험물 용기기준, 적재방법 ③ 위험물 운반방법 ④ 위험물 운반 안전조치 및 준수사항 ⑤ 위험물 운반차량 위험성 경고 표지
8 위험물 제조소등의 유지관리	(1) 위험물제조소	① 제조소의 위치기준 ② 제조소의 구조기준 ③ 제조소의 설비기준 ④ 제조소의 특례기준
	(2) 위험물저장소	① 옥내저장소의 위치, 구조, 설비 기준 ② 옥외탱크저장소의 위치, 구조, 설비 기준 ③ 옥내탱크저장소의 위치, 구조, 설비 기준 ④ 지하탱크저장소의 위치, 구조, 설비 기준 ⑤ 간이탱크저장소의 위치, 구조, 설비 기준 ⑥ 이동탱크저장소의 위치, 구조, 설비 기준 ⑦ 옥외저장소의 위치, 구조, 설비 기준 ⑧ 암반탱크저장소의 위치, 구조, 설비 기준

주요항목	세부항목	세세항목
	(3) 위험물취급소	① 주유취급소의 위치, 구조, 설비 기준 ② 판매취급소의 위치, 구조, 설비 기준 ③ 이송취급소의 위치, 구조, 설비 기준 ④ 일반취급소의 위치, 구조, 설비 기준
	(4) 제조소등의 소방시설 점검	① 소화난이도 등급 ② 소화설비 적응성 ③ 소요단위 및 능력단위 산정 ④ 옥내소화전설비 점검 ⑤ 옥외소화전설비 점검 ⑥ 스프링클러설비 점검 ⑦ 물분무소화설비 점검 ⑧ 포소화설비 점검 ⑨ 불활성가스소화설비 점검 ⑩ 할로겐화물소화설비 점검 ⑪ 분말소화설비 점검 ⑫ 수동식 소화기설비 점검 ⑬ 경보설비 점검 ⑭ 피난설비 점검
9 위험물 저장 · 취급	(1) 위험물 저장기준	① 위험물 저장의 공통기준 ② 위험물 유별 저장의 공통기준 ③ 제조소등에서의 저장기준
	(2) 위험물 취급기준	① 위험물 취급의 공통기준 ② 위험물 유별 취급의 공통기준 ③ 제조소등에서의 취급기준
10 위험물안전관리 감독 및 행정처리	(1) 위험물시설 유지관리 감독	① 위험물시설 유지관리 감독 ② 예방규정 작성 및 운영 ③ 정기검사 및 정기점검 ④ 자체소방대 운영 및 관리
	(2) 위험물안전관리법상 행정 사항	① 제조소등의 허가 및 완공검사 ② 탱크안전 성능검사 ③ 제조소등의 지위승계 및 용도폐지 ④ 제조소등의 사용정지, 허가취소 ⑤ 과징금, 벌금, 과태료, 행정명령

② ····· 실기 출제기준

- 적용기간 : 2025.1.1. ～ 2029.12.31.
- 실기 과목명 : 위험물 취급 실무
- 실기 검정방법 : 필답형(시험시간 2시간)
- 수행준거
  1. 위험물을 안전하게 관리하기 위하여 성상·위험성·유해성 조사, 운송·운반 방법, 저장·취급 방법, 소화방법을 수립할 수 있다.
  2. 사고예방을 위하여 운송·운반 기준과 시설을 파악할 수 있다.
  3. 위험물의 저장·취급과 위험물시설에 대한 유지·관리, 교육·훈련 및 안전감독 등에 대한 계획을 수립하고, 사고대응 매뉴얼을 작성할 수 있다.
  4. 사업장 내의 위험물로 인한 화재의 예방과 소화방법에 대한 계획을 수립할 수 있다.
  5. 관련 물질자료를 수집하여 성상을 파악하고, 유별로 분류하여 위험성을 표시할 수 있다.
  6. 위험물제조소의 위치·구조·설비 기준을 파악하고 시설을 점검할 수 있다.
  7. 위험물저장소의 위치·구조·설비 기준을 파악하고 시설을 점검할 수 있다.
  8. 위험물취급소의 위치·구조·설비 기준을 파악하고 시설을 점검할 수 있다.
  9. 사업장의 법적 기준을 준수하기 위하여 허가신청서류, 예방규정, 신고서류에 대한 작성과 안전관리 인력을 관리할 수 있다.

주요항목	세부항목
1 제4류 위험물 취급	(1) 성상·유해성 조사하기 (2) 저장방법 확인하기 (3) 취급방법 파악하기 (4) 소화방법 수립하기
2 제1류, 제6류 위험물 취급	(1) 성상·유해성 조사하기 (2) 저장방법 확인하기 (3) 취급방법 파악하기 (4) 소화방법 수립하기
3 제2류, 제5류 위험물 취급	(1) 성상·유해성 조사하기 (2) 저장방법 확인하기 (3) 취급방법 파악하기 (4) 소화방법 수립하기
4 제3류 위험물 취급	(1) 성상·유해성 조사하기 (2) 저장방법 확인하기 (3) 취급방법 파악하기 (4) 소화방법 수립하기
5 위험물 운송·운반 시설 기준 파악	(1) 운송기준 파악하기 (2) 운송시설 파악하기 (3) 운반기준 파악하기 (4) 운반시설 파악하기

주요항목	세부항목
6 위험물 안전계획 수립	(1) 위험물 저장·취급 계획 수립하기 (2) 시설 유지·관리 계획 수립하기 (3) 교육·훈련 계획 수립하기 (4) 위험물 안전감독 계획 수립하기 (5) 사고대응 매뉴얼 작성하기
7 위험물 화재예방·소화방법	(1) 위험물 화재예방방법 파악하기 (2) 위험물 화재예방계획 수립하기 (3) 위험물 소화방법 파악하기 (4) 위험물 소화방법 수립하기
8 위험물제조소 유지·관리	(1) 제조소의 시설기술기준 조사하기 (2) 제조소의 위치 점검하기 (3) 제조소의 구조 점검하기 (4) 제조소의 설비 점검하기 (5) 제조소의 소방시설 점검하기
9 위험물저장소 유지·관리	(1) 저장소의 시설기술기준 조사하기 (2) 저장소의 위치 점검하기 (3) 저장소의 구조 점검하기 (4) 저장소의 설비 점검하기 (5) 저장소의 소방시설 점검하기
10 위험물취급소 유지·관리	(1) 취급소의 시설기술기준 조사하기 (2) 취급소의 위치 점검하기 (3) 취급소의 구조 점검하기 (4) 취급소의 설비 점검하기 (5) 취급소의 소방시설 점검하기
11 위험물 행정처리	(1) 예방규정 작성하기 (2) 허가 신청하기 (3) 신고서류 작성하기 (4) 안전관리인력 관리하기

Contents

제1장 핵심 써머리(핵심이론 & 위험물안전관리법)

제2장 과년도 출제문제

※ 위험물산업기사 필기시험은 2020년 제4회부터 CBT(Computer Based Test)로 시행되고 있으므로 2020년 제4회부터는 복원된 문제임을 알려드립니다.

부록 신경향 예상문제

》》 **저자가 엄선한 신경향 족집게 문제** 신경향 3
(앞으로 출제될 가능성이 높은 예상문제 60선)

Industrial Engineer Hazardous material

| 위험물산업기사 필기 |

www.cyber.co.kr

제1장. 핵심 써머리

핵심이론 & 위험물안전관리법

1. 핵심이론 정리
   1 물질의 물리 · 화학적 성질
   2 화재예방과 소화방법
   3 위험물의 성상 및 취급
2. 위험물안전관리법 요약
   1 위험물안전관리법의 행정규칙
   2 위험물제조소등의 시설기준
   3 제조소등의 소화설비
   4 위험물의 저장 · 취급 기준
   5 위험물의 운반기준

1. 핵심이론

1. 물질의 물리 · 화학적 성질

📑 원소주기율표

1 주기율표의 구성

(1) 주기율표(periodic table)

족 / 주기	1	2	13	14	15	16	17	18
1	1 H	2	13	14	15	16	17	2 He
2	3 Li	4 Be	5 B	6 C	7 N	8 O	9 F	10 Ne
3	11 Na	12 Mg	13 Al	14 Si	15 P	16 S	17 Cl	18 Ar
4	19 K	20 Ca					35 Br / 53 I	

알칼리 금속   알칼리 토금속   할로젠 원소   불활성 기체

① 주기 : 주기율표의 가로줄
  ㉠ 1주기 : H(수소), He(헬륨)
  ㉡ 2주기 : Li(리튬), Be(베릴륨), B(붕소), C(탄소), N(질소), O(산소), F(플루오린), Ne(네온)
  ㉢ 3주기 : Na(나트륨), Mg(마그네슘), Al(알루미늄), Si(규소), P(인), S(황), Cl(염소), Ar(아르곤)
  ㉣ 4주기 : K(칼륨), Ca(칼슘), Br(브로민)
  ※ I(아이오딘)은 5주기에 속하는 원소이다.
② 족 : 주기율표의 세로줄로서 비슷한 화학적 성질을 가진 원소들끼리의 묶음
  ㉠ 1족(알칼리금속) : H(1족 원소이지만 알칼리금속은 아님), Li, Na, K
  ㉡ 2족(알칼리토금속) : Be, Mg, Ca
  ㉢ 17족 또는 7족(할로젠원소) : F, Cl, Br(브로민), I(아이오딘)
  ㉣ 18족 또는 0족(불활성 기체) : He, Ne, Ar

(2) 원자의 구성

원자는 원자핵과 그 주위를 돌고 있는 전자로 구성

① 원자핵 : 양성자와 중성자로 구성

    ㉠ 양성자 : 양(+)의 전하를 띠는 것

    ㉡ 중성자 : 전기적 성질이 없는 것

② 전자 : 음(−)의 전하를 띠는 것

(3) 원자량(질량수)

C(탄소)를 기준으로 한 원소들의 상대적인 질량

① 원자번호를 이용한 원자량 구하기

    ㉠ 원자번호가 짝수인 원소 : 원자번호×2

    ㉡ 원자번호가 홀수인 원소 : 원자번호×2+1

    ㉢ 예외적인 원소의 원자량

        ⓐ 수소(H) : 1   ⓑ 질소(N) : 14   ⓒ 염소(Cl) : 35.5

② 양성자수와 중성자수를 이용한 원자량 구하기

$$원자량(질량수) = 양성자수 + 중성자수$$

여기서, 양성자수 = 원자번호 = 전자수

(4) 동위원소

원자번호(양성자수)는 동일하지만 중성자 수가 달라 질량수가 다른 원소

① ^1_1H(수소) : 원자번호(양성자수)=1, 중성자수=0, 질량수=1

② ^2_1H(중수소) : 원자번호(양성자수)=1, 중성자수=1, 질량수=2

③ ^3_1H(삼중수소) : 원자번호(양성자수)=1, 중성자수=2, 질량수=3

2 원소의 성질

(1) 원소의 금속성(알칼리성)과 비금속성(산성)

① 금속성 원소 : 주기율표의 왼쪽에 분포

② 비금속성 원소 : 주기율표의 오른쪽에 분포

(2) 원자의 반지름

① 같은 주기 : 원자번호가 증가할수록 원자의 반지름은 작아진다.

② 같은 족 : 원자번호가 증가할수록 원자의 반지름은 커진다.

(3) 이온화경향

① 원자가 전자를 잃고 양(+)이온이 되려는 성질

② 이온화경향의 세기

$$K > Ca > Na > Mg > Al > Zn > Fe > Ni > Sn > Pb > H > Cu > Hg > Ag > Pt > Au$$

칼륨 칼슘 나트륨 마그 알루 아연 철 니켈 주석 납 수소 구리 수은 은 백금 금
네슘 미늄

(4) 이온화에너지

중성인 원자로부터 전자 1개를 떼어 양이온으로 만드는 데 필요한 에너지를 말한다.

① 같은 주기 : 0족(오른쪽)으로 갈수록 크고, 1족(왼쪽)으로 갈수록 작다.

② 같은 족 : 원자번호가 증가(아래쪽)할수록 작고, 원자번호가 감소(위쪽)할수록 크다.

3 화학식의 종류

(1) 시성식

화합물의 성질을 알 수 있도록 작용기를 표시하여 나타낸 식

예 아세트산의 시성식 : CH_3COOH

(2) 분자식

화합물을 구성하는 각 원소의 수를 나타낸 식

예 아세트산의 분자식 : $C_2H_4O_2$

(3) 실험식

화합물을 구성하는 원소들을 가장 간단한 정수비로 나타낸 식

예 아세트산의 실험식 : CH_2O

(4) 구조식

화합물을 구성하는 원소들의 결합상태를 선으로 나타낸 식

예 아세트산의 구조식 :

$$H-\overset{\overset{\displaystyle H}{|}}{\underset{\underset{\displaystyle H}{|}}{C}}-C\overset{\displaystyle O}{\underset{\displaystyle O-H}{\diagdown}}$$

4 동소체와 이성질체

(1) 동소체

하나의 원소로 이루어진 것으로서 그 성질은 다르지만 연소 후 최종생성물이 동일한 물질

① 황(S) : 사방황(S), 단사황(S), 고무상황(S)은 서로 동소체로서 연소 시 모두 이산화
황(SO₂) 발생
② 인(P) : 적린(P)과 황린(P₄)은 서로 동소체로서 연소 시 모두 오산화인(P₂O₅) 발생

(2) 이성질체

물질의 분자식 또는 시성식은 같고 그 성질 및 구조는 다른 화합물

① 이성질체의 관계

㉠ 크실렌(xylene)

ⓐ 시성식 : $C_6H_4(CH_3)_2$

ⓑ 구조식

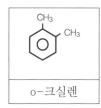

o-크실렌

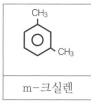

m-크실렌

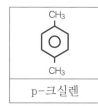

p-크실렌

㉡ 크레졸(cresol)

ⓐ 시성식 : $C_6H_4CH_3OH$

ⓑ 구조식

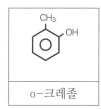

o-크레졸

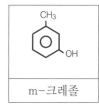

m-크레졸

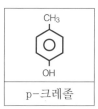

p-크레졸

② 이성질체의 종류

㉠ 기하이성질체 : 이중결합의 탄소원자에 결합된 원자 또는 원자단의 공간적 위치
가 다른 것

㉡ 광학이성질체 : 거울에 비치는 것과 같은 구조로서 두 개를 포갰을 때 결코 겹쳐
지지 않는 구조

5 오비탈(orbital)

(1) 오비탈(궤도함수)

① 전자가 채워지는 공간을 의미

② 종류

㉠ s오비탈 : 전자를 최대 2개 채울 수 있다.

ⓛ p오비탈 : 전자를 최대 6개 채울 수 있다.

ⓒ d오비탈 : 전자를 최대 10개 채울 수 있다.

ⓔ ƒ오비탈 : 전자를 최대 14개 채울 수 있다.

③ 오비탈의 표시

㉠ 오비탈 앞에 있는 숫자는 주기율표의 주기를 의미한다.

ⓛ 오비탈의 오른쪽 위에 있는 수를 모두 합하면 원소의 전자수 즉, 원자번호가 된다.

④ 원소의 오비탈

㉠ 원자번호 6인 C(탄소)를 나타내는 오비탈

$$1 s^2 \; 2 s^2 \; 2 p^2$$

ⓐ 전자가 채워진 주기 : 1주기와 2주기

ⓑ 전자수의 합 : $2+2+2=6$

ⓒ 원자번호 : 전자수와 같으므로 6

ⓛ 원자번호 12인 Mg(마그네슘)을 나타내는 오비탈

$$1 s^2 \; 2 s^2 \; 2 p^6 \; 3 s^2$$

ⓐ 전자가 채워진 주기 : 1주기, 2주기, 3주기

ⓑ 전자수의 합 : $2+2+6+2=12$

ⓒ 원자번호 : 전자수와 같으므로 12

(2) 훈트(Hund)의 규칙

오비탈에 들어가는 전자는 각 오비탈마다 분산되어 들어가려고 하는 성질을 갖는다.

☑ 물질의 변화와 화학적 결합

1 물질의 변화

(1) 물리적 변화

① 고체와 액체의 변화

㉠ 고체 → 액체 : 융해 또는 용융

ⓛ 액체 → 고체 : 응고

② 액체와 기체의 변화

　　㉠ 액체 → 기체 : 기화 또는 증발

　　㉡ 기체 → 액체 : 액화

③ 고체와 기체의 변화

　　고체 → 기체 또는 기체 → 고체 : 승화

(2) 화학적 변화

① **화합** : 두 가지 이상의 물질이 반응하여 한 가지의 새로운 물질을 만드는 반응

　　예 $A + B \rightarrow AB$

② **분해** : 한 가지의 물질이 반응하여 두 가지 이상의 새로운 물질을 만드는 반응

　　예 $AB \rightarrow A + B$

③ **치환** : 화합된 물질에 포함된 원소 하나가 다른 원소와 위치를 바꾸는 반응을 하여 새로운 물질을 만드는 반응

　　예 $AB + C \rightarrow AC + B$

④ **복분해** : 하나의 화합된 물질에 포함된 원소가 다른 화합된 물질에 포함된 원소와 각각 위치를 바꾸는 반응을 하여 새로운 물질을 만드는 반응

　　예 $AB + CD \rightarrow AD + BC$

2 화학적 결합

(1) 화학적 결합의 종류

① **이온결합** : 금속과 비금속의 결합

　　예 $Na^+ + Cl^- \rightarrow NaCl$

② **금속결합** : 금속과 금속의 결합

　　예 자유전자를 이용한 금속끼리의 결합

③ **공유결합** : 비금속과 비금속의 결합

　　예 $C + O_2 \rightarrow CO_2$

④ **수소결합** : F(플루오린), O(산소), N(질소)와 H(수소) 원자와의 결합

⑤ **배위결합** : 비공유전자쌍을 다른 원자에게 제공하여 그 원자와 결합하는 방식

　　예 $NH_3 + H^+ \rightarrow NH_4^+$

⑥ **반 데르 발스(van der Waals) 결합** : 분자와 분자 간의 끌어당기는 힘에 의해 결합하는 방식

(2) 결합력의 세기

> 원자결합 > 공유결합 > 이온결합 > 금속결합 > 수소결합 > 반 데르 발스 결합

☑ 물질의 용해도와 농도

1 물질의 용해도

(1) 용해도

어떤 온도에서 용매 100g에 녹아있는 용질의 g수
① 용질 : 녹는 물질
② 용매 : 녹이는 물질
③ 용액 : 용질＋용매

(2) 헨리(Henry)의 법칙

액체에 녹아 있는 기체의 양은 내부 압력에 비례한다.
예 사이다의 병마개를 열면 사이다에 녹아 있던 기체가 거품이 되어 밖으로 나오는 현상

2 물질의 농도

(1) 물질의 g당량

① 원소의 g당량 : 원자량을 원자가로 나눈 값

　예 Cu의 원자량은 64이고, 원자가는 2이므로 Cu의 g당량＝$\dfrac{64}{2}$＝32이다.

② 산(H를 가진 것)의 g당량 : 분자량을 포함된 수소(H)의 개수로 나눈 값

　예 H_2SO_4의 분자량은 98이고, 포함된 H의 개수는 2이므로 H_2SO_4의 g당량＝$\dfrac{98}{2}$＝49이다.

③ 염기(OH를 가진 것)의 g당량 : 분자량을 포함된 수산기(OH)의 개수로 나눈 값

　예 NaOH의 분자량은 40이고, 포함된 OH의 개수는 1이므로 NaOH의 g당량＝$\dfrac{40}{1}$＝40이다.

(2) 농도의 종류

① 몰농도(M) : 용액 1L에 녹아 있는 용질의 몰수
　예 1몰농도(M)＝용액 1L에 H_2SO_4가 98g 녹아 있는 상태(H_2SO_4 1몰＝98g)
② 노르말농도(N) : 용액 1L에 녹아 있는 용질의 당량수
　예 1노르말농도(N)＝용액 1L에 H_2SO_4가 49g 녹아 있는 상태(H_2SO_4 1g당량＝49g)

③ 몰랄농도(m) : 용매 1kg에 녹아 있는 용질의 몰수

　　예 1몰랄농도(m)＝용매 1kg에 H_2SO_4가 98g 녹아 있는 상태(H_2SO_4 1몰＝98g)

④ ppm농도 : 용액 1L에 녹아 있는 용질의 mg수

⑤ 퍼센트(%)농도 : 용액 100g에 녹아 있는 용질의 g수를 백분율로 나타낸 것

　　예 1퍼센트(%)농도＝용액 100g에 H_2SO_4가 1g 녹아 있는 상태×100

⑥ %농도의 환산

　　㉠ %농도를 몰농도(M)로 환산 : $\dfrac{10 \times d(\text{비중}) \times S(\text{농도})}{\text{분자량}}$

　　㉡ %농도를 노르말농도(N)로 환산 : $\dfrac{10 \times d(\text{비중}) \times S(\text{농도})}{\text{g당량}}$

(3) 빙점강하

용매에 녹아 있는 용질의 질량 및 분자량을 이용하여 용액의 온도변화(처음 온도와 내린 온도와의 차이)를 나타낸 것

$$\Delta t = \frac{1,000 \times w \times K_f}{M \times a}$$

여기서, Δt : 빙점강하(℃)

　　　　w : 용질의 질량(g)

　　　　K_f : 빙점강하상수(℃ · kg/mol)

　　　　M : 용질의 분자량(g)

　　　　a : 용매의 질량(g)

3 중화적정과 이온농도

(1) 중화적정

농도를 알고 있는 산 또는 염기의 용액을 이용하여 농도를 모르는 일정량의 산이나 염기의 농도를 결정하는 방법

$$N_1 V_1 = N_2 V_2$$

여기서, N_1, N_2 : 각 불실의 노르말농노

　　　　V_1, V_2 : 각 물질의 부피

(2) 수소이온농도지수(pH)

용액 1L 중에 존재하는 H^+이온의 몰수를 다음의 식으로 나타낸 것

$$pH = -\log[H^+]$$

여기서, $[H^+]$: 수소이온의 농도

(3) 수산화이온농도지수(pOH)

용액 1L 중에 존재하는 OH^-이온의 몰수를 다음의 식으로 나타낸 것

$$pOH = -\log[OH^-]$$

여기서, $[OH^-]$: 수산화이온의 농도

(4) pH와 pOH

① $pH + pOH = 14$가 성립한다.
② pH는 7이 중성이며, pH의 값이 7보다 작으면 산성, 7보다 크면 알칼리(염기)성이다.
③ pH의 값은 작을수록 강산성, 클수록 강알칼리(강염기)성이다.

4 지시약

지시약의 명칭	산성	중성	알칼리성
메틸오렌지	적색	황색	황색
메틸레드	적색	주황	황색
리트머스	적색	보라	청색
페놀프탈레인	무색	무색	적색

☑ 물질에 관한 기본법칙

(1) 질량보존의 법칙

반응 전 물질의 전체 질량은 반응 후에 생성된 물질의 전체 질량과 항상 같다.

예 $C + O_2 \rightarrow CO_2$
 $12g + 32g = 44g$

(2) 배수비례의 법칙

A와 B 두 원소가 화합하여 2가지 이상의 화합물을 만들 때 A 원소의 일정량과 결합하는 다른 원소의 질량에는 간단한 정수비가 성립한다.

예 CO에서 C와 결합하는 산소는 16g이고 CO_2에서 C와 결합하는 산소는 32g이므로 C와 결합하는 산소의 질량은 16g : 32g, 즉 1 : 2의 정수비가 성립한다.

(3) 보일(Boyle)의 법칙

온도가 일정할 때 기체의 압력과 부피는 반비례한다.

$$P_1 V_1 = P_2 V_2$$

여기서, P_1, P_2 : 기체의 압력, V_1, V_2 : 기체의 부피

(4) 샤를의 법칙

일정한 압력에서 기체의 부피는 절대온도에 비례한다.

$$\frac{V_1}{T_1} = \frac{V_2}{T_2}$$

여기서, V_1, V_2 : 기체의 부피, T_1, T_2 : 기체의 절대온도(273+실제온도)

(5) 보일-샤를의 법칙

기체의 부피는 압력에 반비례하고, 절대온도에는 비례한다.

$$\frac{P_1 V_1}{T_1} = \frac{P_2 V_2}{T_2}$$

여기서, P_1, P_2 : 기체의 압력, V_1, V_2 : 기체의 부피
T_1, T_2 : 기체의 절대온도(273+실제온도)

(6) 아보가드로(Avogadro)의 법칙

같은 온도와 같은 압력에서 같은 부피 속에 들어있는 모든 기체의 분자수는 같다.
예 표준상태(0℃, 1기압)에서 모든 기체 1몰의 부피는 22.4L이며, 1몰에는 6.02×10^{23}개의 기체 분자가 들어있다.

(7) 그레이엄(Graham)의 기체확산속도의 법칙

같은 온도와 같은 압력에서 두 기체의 확산속도는 분자량의 제곱근에 반비례한다.

$$\frac{V_1}{V_2} = \sqrt{\frac{M_2}{M_1}}$$

여기서, V_1, V_2 : 각 기체의 확산속도, M_1, M_2 : 각 기체의 분자량

(8) 몰분율

두 개 이상의 물질로 구성된 혼합물에서 그 안에 포함된 각각의 물질을 몰수의 비로 나타낸 것을 말한다.

(9) 분압법칙

혼합기체의 전체 압력은 각 성분기체의 분압을 합한 것과 같다.

(10) 이상기체상태방정식

물질이 기체상태인 경우 압력, 부피, 몰수, 온도 간의 관계를 나타내는 방정식이다.

$$PV = \frac{w}{M}RT = nRT$$

여기서, P : 압력(기압), V : 부피(L), w : 질량(g), M : 분자량(g/mol)

n : 몰수(mol), R : 이상기체상수(0.082atm · L/K · mol)

T : 절대온도(273 + 실제온도)(K)

(11) 삼투압

서로 다른 농도를 가진 두 용액 중 높은 농도의 분자가 반투막을 통과하여 낮은 농도의 분자쪽으로 이동함으로써 용액의 농도가 같아지는 현상을 삼투현상이라고 하는데, 이 삼투현상을 막기 위해 가해지는 최소압력을 삼투압이라 하며 공식은 이상기체상태방정식과 같다.

$$\pi V = \frac{w}{M}RT$$

여기서, π : 삼투압(기압), V : 부피(L), w : 질량(g), M : 분자량(g)

R : 이상기체상수(0.082atm · L/K · mol), T : 절대온도(273 + 실제온도)(K)

☑ 콜로이드

(1) 콜로이드의 정의

거름종이는 통과하지만 반투막은 통과하지 못하는 정도의 크기를 가진 입자가 물에 분산되어 있는 상태

(2) 콜로이드의 현상

① 틴들현상 : 입자가 큰 콜로이드가 녹아 있는 용액에 센 빛을 비추면 빛의 진로가 보이는 현상

② 브라운운동 : 콜로이드 입자가 불규칙하게 지속적으로 움직이는 현상

③ 투석 : 콜로이드와 콜로이드보다 더 작은 입자를 가진 물질을 반투막에 통과시켜 통과되지 않는 콜로이드를 남기는 현상

(3) 콜로이드의 종류

① 소수 콜로이드 : 물과 친화력이 약한 콜로이드로서, 수산화철, 금, 은 등의 콜로이드가 있다.

② 친수 콜로이드 : 물과 친화력이 큰 콜로이드로서, 아교, 녹말, 단백질 등의 콜로이드가 있다.

③ 보호 콜로이드 : 불안정한 소수 콜로이드에 첨가하는 친수 콜로이드를 말하며, 먹물 속의 아교, 잉크 속의 아라비아 고무 등의 콜로이드가 있다.

✔ 산화와 환원

(1) 산화와 환원의 정의

① 산화 : 산소를 얻는 것, 수소를 잃는 것, 전자를 잃는 것, 산화수가 증가하는 것

② 환원 : 수소를 얻는 것, 산소를 잃는 것, 전자를 얻는 것, 산화수가 감소하는 것

(2) 산화제와 환원제

① 산화제 : 가연물을 연소시키는 물질(산소공급원)

② 환원제 : 직접 탈 수 있는 물질(가연물)

(3) 산화수 구하는 방법

① 단독으로 존재하는 원소의 산화수는 0이다.

② 산화수를 구하고자 하는 원소(x)와 나머지의 원소들의 원자가의 합은 0이며, 이 때의 x값이 산화수를 구하고자 하는 원소의 산화수이다.

   예 $HClO_4$에서 Cl의 산화수는 H   Cl O_4
   $$(+1)+x+(-2)\times 4=0, \ x=+7 \text{이다.}$$

(4) 산화물의 종류

① 산성 산화물 : 비금속과 산소가 결합된 물질

   예 CO_2, SO_2

② 염기성 산화물 : 금속과 산소가 결합된 물질

   예 K_2O, MgO

③ 양쪽성 산화물 : 양쪽성 원소(Al, Zn, Sn, Pb)와 산소가 결합된 물질

   예 Al_2O_3, ZnO

(5) 아레니우스(Arrhenius)의 산과 염기

① 산 : H^+가 존재하는 물질

② 염기 : OH^-가 존재하는 물질

(6) 루이스(Lewis)의 산과 염기

① 산 : 비공유전자쌍을 받는 물질

② 염기 : 비공유전자쌍을 주는 물질

(7) 브뢴스테드(Brönsted)의 산과 염기

① 산 : H^+를 잃는 물질

② 염기 : H^+를 얻는 물질

③ H와 O 외의 원소가 포함된 물질끼리, 그리고 그 외의 물질끼리 선으로 연결했을 때 반응 후 H^+를 잃은 물질은 산이고 H^+를 얻는 물질은 염기이다.

$H_2O \rightarrow OH^-$: H_2O는 H가 2개였는데 반응 후 H 1개를 잃어 OH^-가 되었으므로 산이고,
OH^-는 산인 H_2O와 선으로 연결되었으므로 염기이다.

예 $H_2O + NH_3 \rightleftarrows OH^- + NH_4^+$

$NH_3 \rightarrow NH_4^+$: NH_3는 H가 3개였는데 반응 후 H 1개를 얻어 NH_4^+가 되었으므로 염기이고,
NH_4^+는 염기인 NH_3와 선으로 연결되었으므로 산이다.

여기서, H_2O와 NH_4^+는 산이고, NH_3와 OH^-는 염기이다.

☑ 전기화학과 전지

(1) 전지에서 전류와 전자의 이동

① 전류 : 이온화경향이 작은 금속이 존재하는 (+)극에서 이온화경향이 큰 금속이 존재하는 (−)극으로 이동한다.

② 전자 : 이온화경향이 큰 금속이 존재하는 (−)극에서 이온화경향이 작은 금속이 존재하는 (+)극으로 이동한다.

(2) 패러데이(Faraday)의 법칙

1F를 물질 1g당량을 석출하는 데 필요한 전기량으로서 96,500C과 같으며, 전류와 시간과의 관계는 다음과 같다.

$$1F = 96,500C, \quad C = A \times s$$

여기서, F(패럿)과 C(쿨롬) : 전기량
A(암페어) : 전류
s(초) : 시간

☑ 반응속도와 화학평형

(1) 반응속도

반응식 $aA + bB \rightarrow cC + dD$에서 반응 전 물질과 반응 후 물질의 반응속도는 다음과 같다.

① 반응 전 물질의 반응속도(V_1)

$$V_1 = k_1[A]^a[B]^b$$

여기서, k_1 : 반응계수
  $[A]$: A의 농도
  $[B]$: B의 농도
  a : A의 몰수(계수)
  b : B의 몰수(계수)

② 반응 후 물질의 반응속도(V_2)

$$V_2 = k_2[C]^c[D]^d$$

여기서, k_2 : 반응계수
  $[C]$: C의 농도
  $[D]$: D의 농도
  c : C의 몰수(계수)
  d : D의 몰수(계수)

(2) 평형이동의 법칙

기체의 반응식 $aA + bB \rightarrow cC + dD$에서 화학평형은 온도, 압력, 농도를 증가시킴에 따라 다음과 같이 이동한다.

① 온도를 상승시키면 흡열반응 쪽으로 이동
② 압력을 증가시키면 기체몰수의 합이 적은 쪽으로 이동
③ 농도를 증가시키면 농도가 적은 쪽으로 이동

☑ 방사선 원소

(1) 방사선의 투과력 세기

α선, β선, γ선의 투과력 세기는 α선 $<$ β선 $<$ γ선의 순으로 γ선이 가장 크다.

(2) 방사성 원소의 자연붕괴

① α붕괴 : 1회 발생 시 원자번호는 2 감소하고, 원자량(질량수)은 4 감소한다.

② β붕괴 : 1회 발생 시 원자번호는 1 증가하고, 원자량(질량수)은 불변이다.

(3) 반감기

방사성 원소의 붕괴 시 그 양이 처음의 반(1/2)으로 감소하는 데 걸리는 기간

☑ 물질의 반응에 따른 열

(1) 열의 종류

물질이 갖고 있거나 내놓을 수 있는 열의 물리적인 양을 의미하며, 현열과 잠열로 구분한다.

① 현열 : 온도변화가 존재하는 구간에서의 열을 말하며, 현열의 열량을 구하는 공식은 다음과 같다.

$$Q_1 = cm\Delta t$$

여기서, Q_1 : 현열의 열량(cal)

c : 비열(물질 1g의 온도를 1℃ 올리는 데 필요한 열량)(cal/g · ℃)

m : 질량(g)

Δt : 온도차(℃)

② 잠열 : 온도변화는 없고 상태가 변하는 구간에서의 열을 말하며, 잠열의 열량을 구하는 공식은 다음과 같다.

$$Q_2 = m\gamma$$

여기서, Q_2 : 잠열의 열량(cal)

m : 질량(g)

γ : 잠열상수

(얼음의 잠열상수=80cal/g, 수증기의 잠열상수=539cal/g)

(2) 발열반응과 흡열반응

① 발열반응 : 반응과정에서 열이 발생하여 반응 후 온도가 높아진 반응으로 표시방법은 다음과 같다.

$$A + B \rightarrow C + Q(\text{cal}) \ \text{또는} \ A + B \rightarrow C, \ \Delta H = -Q(\text{cal})$$

② 흡열반응 : 반응과정에서 열이 흡수되어 반응 후 온도가 낮아진 반응으로 표시방법은 다음과 같다.

$$A + B \rightarrow C - Q(\text{cal}) \ \ \text{또는} \ \ A + B \rightarrow C, \ \Delta H = + Q(\text{cal})$$

☑️ 유기화합물

(1) 알케인(Alkane)

① 메테인계 또는 파라핀계라고도 하며, 단일결합 물질이다.

② 일반식은 C_nH_{2n+2}이며, CH_4(메테인), C_2H_6(에테인), C_3H_8(프로페인) 등이 있다.

(2) 알킬(Alkyl)

① 단독으로는 존재할 수 없는 원자단이다.

② 일반식은 C_nH_{2n+1}이며, CH_3(메틸), C_2H_5(에틸), C_3H_7(프로필) 등이 있다.

(3) 알켄(Alkene)

① 에틸렌계 또는 올레핀계라고도 하며 이중결합 물질이다.

② 일반식은 C_nH_{2n}이며, C_2H_4(에틸렌)이 대표적인 물질이다.

(4) 알카인(Alkyne)

① 아세틸렌계라고도 하며, 삼중결합 물질이다.

② 일반식은 C_nH_{2n-2}이며, C_2H_2(아세틸렌)이 대표적인 물질이다.

2. 화재예방과 소화방법

☑ 연소이론

1 연소의 4요소 (점화원, 가연물, 산소공급원, 연쇄반응)

(1) 점화원

전기불꽃, 정전기, 산화열, 마찰, 충격 등이 있다.

① 전기불꽃에너지 공식

$$E = \frac{1}{2}QV = \frac{1}{2}CV^2$$

여기서, E : 전기불꽃에너지
Q : 전기량
V : 방전전압
C : 전기용량

② 정전기 방지방법
- ㉠ 접지할 것
- ㉡ 공기 중 상대습도를 70% 이상으로 할 것
- ㉢ 공기를 이온화할 것

(2) 가연물

① 가연물이 될 수 있는 조건
- ㉠ 발열량이 클 것
- ㉡ 열전도율이 작을 것
- ㉢ 활성화에너지가 작을 것
- ㉣ 산소와 친화력이 좋을 것
- ㉤ 표면적이 넓을 것

② 고온체의 온도와 색상 : 고온체의 온도가 높아질수록 색상이 밝아지며, 낮아질수록 색상은 어두워진다.

암적색(700℃) < 적색(850℃) < 휘적색(950℃) < 황적색(1,100℃) < 백적색(1,300℃)

③ 고체가연물의 연소형태
ㄱ 분해연소 : 석탄, 종이, 목재, 플라스틱
ㄴ 표면연소 : 목탄(숯), 코크스, 금속분
ㄷ 증발연소 : 황, 나프탈렌, 양초(파라핀)
ㄹ 자기연소 : 피크린산, TNT 등의 제5류 위험물

(3) 산소공급원

① 공기 중 산소
② 제1류 위험물
③ 제5류 위험물
④ 제6류 위험물
⑤ 원소주기율표상 7족 원소인 할로젠원소로 이루어진 분자(F_2, Cl_2, Br_2, I_2)

(4) 연쇄반응

외부로부터 별도의 에너지 공급 없이도 진행 중인 반응은 계속 지속되는 현상을 말한다.

2 연소 용어의 정리

(1) 인화점

① 외부의 점화원에 의해서 연소할 수 있는 최저온도를 의미한다.
② 가연성 가스가 연소범위의 하한에 도달했을 때의 온도를 의미한다.

(2) 착화점(발화점)

외부의 점화원에 관계없이 직접적인 점화원에 의한 발화가 아닌 스스로 열의 축적에 의하여 발화 또는 연소되는 최저온도를 의미하며, 착화점이 낮아지는 조건은 다음과 같다.
① 압력이 클수록
② 발열량이 클수록
③ 화학적 활성이 클수록
④ 산소와 친화력이 좋을수록

3 자연발화

(1) 자연발화의 인자
① 열의 축적   ② 열전도율
③ 공기의 이동   ④ 수분
⑤ 발열량   ⑥ 퇴적방법

(2) 자연발화 방지법
① 습도가 높은 곳을 피할 것
② 저장실의 온도를 낮출 것
③ 통풍을 잘 시킬 것
④ 퇴적 및 수납할 때 열이 쌓이지 않게 할 것

4 물질의 위험성

(1) 위험도

$$위험도 = \frac{연소상한 - 연소하한}{연소하한}$$

(2) 폭발과 폭굉
① 전파속도
     ㉠ 폭발 : 0.1~10m/sec
     ㉡ 폭굉 : 1,000~3,500m/sec
② 폭굉유도거리(DID)가 짧아지는 조건
     ㉠ 정상연소속도가 큰 혼합가스일수록
     ㉡ 압력이 높을수록
     ㉢ 관 속에 방해물이 있거나 관 지름이 좁을수록
     ㉣ 점화원의 에너지가 강할수록

(3) 분진폭발
① 분진폭발을 일으키는 물질 : 밀가루, 담배가루, 커피가루, 석탄분, 금속분
② 분진폭발을 일으키지 않는 물질 : 대리석분말, 시멘트분말, 마른 모래

☞ 소화이론

1 화재의 종류 및 소화기

(1) 화재의 종류 및 소화기의 표시색상

적응화재	화재의 종류	소화기의 표시색상
A급 (일반화재)	목재, 종이 등의 화재	백색
B급 (유류화재)	기름, 유류 등의 화재	황색
C급 (전기화재)	전기 등의 화재	청색
D급 (금속화재)	금속분말 등의 화재	무색

(2) 소화방법

① 물리적 소화방법

  ㉠ 제거소화 : 가연물을 제거하여 소화한다.

  ㉡ 질식소화 : 산소공급원을 제거하여 소화한다.

  ㉢ 냉각소화 : 열을 흡수하여 연소면의 온도를 발화점 미만으로 낮추어 소화한다.

② 화학적 소화방법

  – 억제소화(부촉매소화) : 연소반응을 느리게 만들어 소화한다.

(3) 소화기의 종류

① 냉각소화기

  ㉠ 물소화기 : 물을 소화약제로 사용한다.

  ㉡ 산·알칼리소화기 : 탄산수소나트륨($NaHCO_3$)과 황산(H_2SO_4)을 소화약제로 이용한다.

  ㉢ 강화액소화기 : 물에 탄산칼륨(K_2CO_3)을 첨가하여 한랭지 또는 겨울철에 사용한다.

② 질식소화기

  ㉠ 포소화기

  ㉡ 이산화탄소소화기

  ㉢ 분말소화기

③ 억제소화기

  – 할로젠화합물소화기

2 소화약제의 종류

(1) 포소화약제

① 수성막포 : 분말소화약제의 사용 시 발생하는 재발화현상을 예방하기 위하여 분말 소화약제와 병용한다.

② 단백질포 : 유류화재용으로 흔히 사용한다.

③ 내알코올포 : 수용성 물질의 화재 시 사용한다.

(2) 불활성가스소화약제

① 이산화탄소

② 불활성가스

ㄱ IG-100 : 질소 100%

ㄴ IG-55 : 질소 50%와 아르곤 50%

ㄷ IG-541 : 질소 52%와 아르곤 40%와 이산화탄소 8%

(3) 할로젠화합물소화약제

① Halon 1301 : CF_3Br

② Halon 2402 : $C_2F_4Br_2$

③ Halon 1211 : CF_2ClBr

(4) 분말소화약제

분 류	약제의 주성분	색 상	화학식	적응화재
제1종 분말	탄산수소나트륨	백색	$NaHCO_3$	B, C
제2종 분말	탄산수소칼륨	보라(담회)색	$KHCO_3$	B, C
제3종 분말	인산암모늄	담홍색	$NH_4H_2PO_4$	A, B, C
제4종 분말	탄산수소칼륨+요소의 부산물	회색	$KHCO_3+(NH_2)_2CO$	B, C

3 소화약제의 분해반응식

소화기 및 소화약제	반응의 종류	반응식
화학포소화기	화학포소화기의 반응식	$6NaHCO_3 + Al_2(SO_4)_3 \cdot 18H_2O$ 탄산수소나트륨　　황산알루미늄　물(결정수) $\rightarrow 3Na_2SO_4 + 2Al(OH)_3 + 6CO_2 + 18H_2O$ 황산나트륨　　수산화알루미늄　이산화탄소　　물

소화기 및 소화약제	반응의 종류	반응식
분말소화기	제1종 분말 열분해반응식	$2NaHCO_3 \longrightarrow Na_2CO_3 + CO_2 + H_2O$ 탄산수소나트륨 탄산나트륨 이산화탄소 물
	제2종 분말 열분해반응식	$2KHCO_3 \longrightarrow K_2CO_3 + CO_2 + H_2O$ 탄산수소칼륨 탄산칼륨 이산화탄소 물
	제3종 분말 열분해반응식	$NH_4H_2PO_4 \longrightarrow HPO_3 + NH_3 + H_2O$ 인산암모늄 메타인산 암모니아 물
산·알칼리소화기	산·알칼리소화기의 반응식	$2NaHCO_3 + H_2SO_4 \longrightarrow Na_2SO_4 + 2CO_2 + 2H_2O$ 탄산수소나트륨 황산 황산나트륨 이산화탄소 물
할로젠화합물소화기	연소반응식	$2CCl_4 + O_2 \longrightarrow 2COCl_2 + 2Cl_2$ 사염화탄소 산소 포스겐 염소
	물과의 반응식	$CCl_4 + H_2O \longrightarrow COCl_2 + 2HCl$ 사염화탄소 물 포스겐 염화수소

☑ 소화설비의 기준

(1) **방호대상물로부터 수동식 소화기까지의 보행거리**
  ① 소형 수동식 소화기 : 20m 이하
  ② 대형 수동식 소화기 : 30m 이하

(2) **전기설비의 소화설비**
  전기설비가 설치된 제조소등에는 면적 100m²마다 소형 수동식 소화기를 1개 이상 설치한다.

(3) **소요단위 및 능력단위**
  ① 소요단위

구 분	외벽이 내화구조	외벽이 비내화구조
제조소 또는 취급소	연면적 100m²	연면적 50m²
저장소	연면적 150m²	연면적 75m²
위험물	지정수량의 10배	

1. 핵심이론

② 기타소화설비의 능력단위

소화설비	용 량	능력단위
소화전용 물통	8L	0.3
수조 (소화전용 물통 3개 포함)	80L	1.5
수조 (소화전용 물통 6개 포함)	190L	2.5
마른 모래 (삽 1개 포함)	50L	0.5
팽창질석 또는 팽창진주암 (삽 1개 포함)	160L	1.0

(4) 옥내소화전설비와 옥외소화전설비

구 분	옥내소화전설비	옥외소화전설비
수원의 양	옥내소화전이 가장 많이 설치되어 있는 층의 소화전의 수(소화전의 수가 5개 이상이면 최대 5개의 옥내소화전 수)$\times 7.8m^3$	옥외소화전의 수(소화전의 수가 4개 이상이면 최대 4개의 옥외소화전 수)$\times 13.5m^3$
방수량	260L/min 이상	450L/min 이상
방수압	350kPa 이상	350kPa 이상
호스 접속구까지의 수평거리	25m 이하	40m 이하
비상전원	45분 이상	45분 이상
방사능력 범위	–	건축물의 1층 및 2층
옥외소화전과 소화전함의 거리	–	5m 이내

(5) 스프링클러설비

스프링클러헤드 부착장소의 평상시 최고주위온도에 따른 표시온도

부착장소의 최고주위온도(℃)	표시온도(℃)
28 미만	58 미만
28 이상 39 미만	58 이상 79 미만
39 이상 64 미만	79 이상 121 미만
64 이상 106 미만	121 이상 162 미만
106 이상	162 이상

(6) 불활성가스소화설비

① 이산화탄소소화설비 분사헤드의 방사압력
- ㉠ 고압식(20℃로 저장) : 2.1MPa 이상
- ㉡ 저압식(-18℃ 이하로 저장) : 1.05MPa 이상

② 이산화탄소소화약제 저장용기의 충전비
- ㉠ 고압식 : 1.5 이상 1.9 이하
- ㉡ 저압식 : 1.1 이상 1.4 이하

③ 이산화탄소소화약제 저압식 저장용기의 설치기준
- ㉠ 액면계 및 압력계를 설치할 것
- ㉡ 2.3MPa 이상의 압력 및 1.9MPa 이하의 압력에서 작동하는 압력경보장치를 설치할 것
- ㉢ 용기 내부의 온도를 영하 20℃ 이상 영하 18℃ 이하로 유지할 수 있는 자동냉동기를 설치할 것
- ㉣ 파괴판을 설치할 것
- ㉤ 방출밸브를 설치할 것

④ 불활성가스소화약제 저장용기의 설치기준
- ㉠ 방호구역 외의 장소에 설치할 것
- ㉡ 온도가 40℃ 이하이고 온도 변화가 적은 장소에 설치할 것
- ㉢ 직사일광 및 빗물이 침투할 우려가 적은 장소에 설치할 것
- ㉣ 저장용기에는 안전장치를 설치할 것
- ㉤ 저장용기의 외면에 소화약제의 종류와 양, 제조년도 및 제조자를 표시할 것

(7) 포소화설비

① 포헤드방식의 포헤드 기준
- ㉠ 방호대상물의 표면적 $9m^2$당 1개 이상의 헤드를 설치할 것
- ㉡ 방호대상물의 표면적 $1m^2$당 방사량은 6.5L/min 이상으로 할 것

② 포소화약제의 혼합장치
- ㉠ 라인프로포셔너 방식 : 펌프와 발포기의 중간에 설치된 벤투리관의 벤투리작용에 의하여 포소화약제를 흡입 및 혼합하는 방식
- ㉡ 프레셔프로포셔너 방식 : 펌프와 발포기의 중간에 설치된 벤부리관의 벤두리작용과 펌프가압수의 포소화약제 저장탱크에 대한 압력에 의하여 포소화약제를 흡입 및 혼합하는 방식
- ㉢ 프레셔사이드프로포셔너 방식 : 펌프의 토출관에 압입기를 설치하여 포소화약제 압입용 펌프로 포소화약제를 압입시켜 혼합하는 방식

ⓔ 펌프프로포셔너 방식 : 펌프의 토출관과 흡입관 사이의 배관 도중에 설치한 흡입 기에 펌프에서 토출된 물의 일부를 보내고 농도조절밸브에서 조정된 포소화약제 의 필요량을 포소화약제 탱크에서 펌프 흡입측으로 보내어 이를 혼합하는 방식

☑ 경보설비의 기준

(1) 경보설비의 종류

① 자동화재탐지설비   ② 자동화재속보설비   ③ 비상방송설비
④ 비상경보설비   ⑤ 확성장치

(2) 경보설비의 설치기준

① 자동화재탐지설비만을 설치해야 하는 경우

제조소 및 일반취급소	옥내저장소	옥내탱크저장소	주유취급소
• 연면적이 500m² 이 상인 것 • 지정수량의 100배 이상을 취급하는 것	• 지정수량의 100배 이상을 저장하는 것 • 연면적이 150m²를 초과하는 것 • 처마높이가 6m 이상 인 단층건물의 것	• 단층 건물 외의 건축 물에 설치한 옥내탱크 저장소로서 소화난이도 등급 I에 해당하는 것	• 옥내주유취급소

② 자동화재탐지설비 및 자동화재속보설비를 설치해야 하는 경우 : 특수인화물, 제1석유류 및 알코올류를 저장 또는 취급하는 탱크의 용량이 1,000만L 이상인 옥외탱크저장소
③ 경보설비(자동화재속보설비 제외) 중 1개 이상을 설치할 수 있는 경우 : 지정수량의 10배 이상을 취급하는 제조소 등

(3) 자동화재탐지설비의 경계구역의 기준

① 건축물의 2 이상의 층에 걸치지 아니하도록 할 것(단, 하나의 경계구역이 500m² 이 하는 제외)
② 하나의 경계구역의 면적은 600m² 이하로 할 것(단, 건축물의 주요한 출입구에서 그 내부 전체를 볼 수 있는 경우는 면적 1,000m² 이하)
③ 경계구역의 한 변의 길이는 50m(광전식 분리형 감지기를 설치한 경우에는 100m) 이하로 할 것
④ 자동화재탐지설비의 감지기는 지붕 또는 벽의 옥내에 면한 부분에 유효하게 화재의 발생을 감지할 수 있도록 설치할 것
⑤ 자동화재탐지설비에는 비상전원을 설치할 것

3. 위험물의 성상 및 취급

☑ 위험물의 유별

(1) 대통령령이 정하는 위험물

유 별 (성질)	위험 등급	품 명		지정 수량	소화방법	주의사항 (운반용기 외부)	주의사항 (제조소등)
제1류 위험물 (산화성 고체)	I	아염소산염류 염소산염류 과염소산염류		50kg	냉각소화	화기 · 충격주의, 가연물접촉주의	게시판 필요 없음
		무기 과산화물	알칼리금속 무기과산화물		질식소화	물기엄금, 화기 · 충격주의, 가연물접촉주의	물기엄금
			그 밖의 것		냉각소화	화기 · 충격주의, 가연물접촉주의	게시판 필요 없음
	II	브로민산염류 질산염류 아이오딘산염류		300kg	냉각소화	화기 · 충격주의, 가연물접촉주의	게시판 필요 없음
	III	과망가니즈산염류 다이크로뮴산염류		1,000kg			
제2류 위험물 (가연성 고체)	II	황화인 적린 황		100kg	냉각소화	화기주의	화기주의
	III	철분 마그네슘 금속분		500kg	질식소화	화기주의, 물기엄금	
		인화성 고체		1,000kg	냉각소화	화기엄금	화기엄금
제3류 위험물 (자연 발화성 및 금수성 물질)	I	칼륨 나트륨 알킬리튬 알킬알루미늄		10kg	질식소화	물기엄금	물기엄금
		황린		20kg	냉각소화	화기엄금, 공기접촉엄금	화기엄금
	II	알칼리금속(칼륨, 나트륨 제외) 및 알칼리토금속 유기금속화합물 (알킬리튬, 알킬알루미늄 제외)		50kg	질식소화	물기엄금	물기엄금
	III	금속의 수소화물 금속의 인화물 칼슘 또는 알루미늄의 탄화물		300kg			

1. 핵심이론

유별 (성질)	위험 등급	품 명		지정 수량	소화방법	주의사항 (운반용기 외부)	주의사항 (제조소등)
제4류 위험물 (인화성 액체)	Ⅰ	특수인화물		50L	질식소화	화기엄금	화기엄금
	Ⅱ	제1석유류	비수용성	200L			
			수용성	400L			
		알코올류		400L			
	Ⅲ	제2석유류	비수용성	1,000L			
			수용성	2,000L			
		제3석유류	비수용성	2,000L			
			수용성	4,000L			
		제4석유류		6,000L			
		동식물유류		10,000L			
제5류 위험물 (자기 반응성 물질)	Ⅰ, Ⅱ	유기과산화물 질산에스터류 나이트로화합물 나이트로소화합물 아조화합물 다이아조화합물 하이드라진유도체 하이드록실아민 하이드록실아민염류		제1종 : 10kg, 제2종 : 100kg	냉각소화	화기엄금, 충격주의	화기엄금
제6류 위험물 (산화성 액체)	Ⅰ	과염소산 과산화수소 질산		300kg	냉각소화	가연물접촉주의	게시판 필요 없음

※ 주의사항(제조소등) 게시판 – 물기엄금(청색바탕 백색문자) / 화기주의, 화기엄금(적색바탕 백색문자)

(2) 행정안전부령이 정하는 위험물

유 별	품 명	지정수량
제1류 위험물	과아이오딘산염류, 과아이오딘산, 크로뮴·납 또는 아이오딘의 산화물, 아질산염류, 염소화아이소사이아누르산, 퍼옥소이황산염류, 퍼옥소붕산염류	300kg
	차아염소산염류	50kg
제3류 위험물	염소화규소화합물	300kg
제5류 위험물	금속의 아지화합물, 질산구아니딘	제1종 : 10kg, 제2종 : 100kg
제6류 위험물	할로젠간화합물	300kg

✔️ 위험물의 구분과 중요반응식

(1) 제1류 위험물

① 위험물의 구분

품 명	물질명	지정수량
아염소산염류	아염소산칼륨 아염소산나트륨 아염소산암모늄	50kg
염소산염류	염소산칼륨 염소산나트륨 염소산암모늄	50kg
과염소산염류	과염소산칼륨 과염소산나트륨 과염소산암모늄	50kg
무기과산화물	과산화칼륨 과산화나트륨 과산화리튬	50kg
브로민산염류	브로민산칼륨 브로민산나트륨 브로민산암모늄	300kg
질산염류	질산칼륨 질산나트륨 질산암모늄	300kg
아이오딘산염류	아이오딘산칼륨 아이오딘산나트륨 아이오딘산암모늄	300kg
과망가니즈산염류	과망가니즈산칼륨 과망가니즈산나트륨 과망가니즈산암모늄	1,000kg
다이크로뮴산염류	다이크로뮴산칼륨 다이크로뮴산나트륨 다이크로뮴산암모늄	1,000kg

② 위험물의 중요반응식

물질명 (지정수량)	반응의 종류	반응식
염소산칼륨 **[KClO₃]** (50kg)	열분해반응식	$2KClO_3 \rightarrow 2KCl + 3O_2$ 염소산칼륨　　염화칼륨　　산소

물질명 (지정수량)	반응의 종류	반응식
과산화칼륨 [K_2O_2] (50kg)	열분해반응식	$2K_2O_2 \rightarrow 2K_2O + O_2$ 과산화칼륨　　산화칼륨　산소
	물과의 반응식	$2K_2O_2 + 2H_2O \rightarrow 4KOH + O_2$ 과산화칼륨　　물　　수산화칼륨　산소
	이산화탄소와의 반응식	$2K_2O_2 + 2CO_2 \rightarrow 2K_2CO_3 + O_2$ 과산화칼륨 이산화탄소　탄산칼륨　산소
	초산과의 반응식	$K_2O_2 + 2CH_3COOH \rightarrow 2CH_3COOK + H_2O_2$ 과산화칼륨　　초산　　　초산칼륨　　과산화수소
질산칼륨 [KNO_3] (300kg)	열분해반응식	$2KNO_3 \rightarrow 2KNO_2 + O_2$ 질산칼륨　　아질산칼륨　산소
질산암모늄 [NH_4NO_3] (300kg)	열분해반응식	$2NH_4NO_3 \rightarrow 2N_2 + 4H_2O + O_2$ 질산암모늄　　질소　　물　　　산소
과망가니즈산칼륨 [$KMnO_4$] (1,000kg)	열분해반응식 (240℃)	$2KMnO_4 \rightarrow K_2MnO_4 + MnO_2 + O_2$ 과망가니즈산칼륨 망가니즈산칼륨 이산화망가니즈　산소
다이크로뮴산칼륨 [$K_2Cr_2O_7$] (1,000kg)	열분해반응식 (500℃)	$4K_2Cr_2O_7 \rightarrow 4K_2CrO_4 + 2Cr_2O_3 + 3O_2$ 다이크로뮴산칼륨 크로뮴산칼륨　산화크로뮴(Ⅲ)　산소

(2) 제2류 위험물

① 위험물의 구분

품 명	물질명	지정수량
황화인	삼황화인 오황화인 칠황화인	100kg
적린	적린	100kg
황	황	100kg
철분	철분	500kg
마그네슘	마그네슘	500kg
금속분	알루미늄분 아연분	500kg
인화성 고체	고형알코올	1,000kg

② 위험물의 중요반응식

물질명 (지정수량)	반응의 종류	반응식
삼황화인 [P₄S₃] (100kg)	연소반응식	$P_4S_3 + 8O_2 \rightarrow 3SO_2 + 2P_2O_5$ 삼황화인　산소　이산화황　오산화인
오황화인 [P₂S₅] (100kg)	연소반응식	$2P_2S_5 + 15O_2 \rightarrow 10SO_2 + 2P_2O_5$ 오황화인　산소　　이산화황　오산화인
	물과의 반응식	$P_2S_5 + 8H_2O \rightarrow 5H_2S + 2H_3PO_4$ 오황화인　물　　황화수소　　인산
적린 [P] (100kg)	연소반응식	$4P + 5O_2 \rightarrow 2P_2O_5$ 적린　산소　　오산화인
황 [S] (100kg)	연소반응식	$S + O_2 \rightarrow SO_2$ 황　산소　이산화황
철 [Fe] (500kg)	물과의 반응식	$Fe + 2H_2O \rightarrow Fe(OH)_2 + H_2$ 철　물　　수산화철(Ⅱ)　수소
	염산과의 반응식	$Fe + 2HCl \rightarrow FeCl_2 + H_2$ 철　염산　염화철(Ⅱ)　수소
마그네슘 [Mg] (500kg)	물과의 반응식	$Mg + 2H_2O \rightarrow Mg(OH)_2 + H_2$ 마그네슘　물　　수산화마그네슘　수소
	염산과의 반응식	$Mg + 2HCl \rightarrow MgCl_2 + H_2$ 마그네슘　염산　염화마그네슘　수소
알루미늄 [Al] (500kg)	물과의 반응식	$2Al + 6H_2O \rightarrow 2Al(OH)_3 + 3H_2$ 알루미늄　물　　수산화알루미늄　수소
	염산과의 반응식	$2Al + 6HCl \rightarrow 2AlCl_3 + 3H_2$ 알루미늄　염산　염화알루미늄　수소

(3) 제3류 위험물

① 위험물의 구분

품 명	물질명	상 태	지정수량
칼륨	칼륨	고체	10kg
나트륨	나트륨	고체	10kg
알킬알루미늄	트라이메틸알루미늄 트라이에틸알루미늄	액체	10kg
알킬리튬	메틸리튬 에틸리튬	액체	10kg
황린	황린	고체	20kg
알칼리금속 (칼륨 및 나트륨 제외) 및 알칼리토금속	리튬 칼슘	고체	50kg
유기금속화합물 (알킬알루미늄 및 알킬리튬 제외)	다이메틸마그네슘 에틸나트륨	고체 또는 액체	50kg
금속의 수소화물	수소화칼륨 수소화나트륨 수소화리튬 수소화알루미늄	고체	300kg
금속의 인화물	인화칼슘 인화알루미늄	고체	300kg
칼슘 또는 알루미늄의 탄화물	탄화칼슘 탄화알루미늄	고체	300kg

② 위험물의 중요반응식

물질명 (지정수량)	반응의 종류	반응식
칼륨[K] (10kg)	물과의 반응식	$2K + 2H_2O \rightarrow 2KOH + H_2$ 칼륨　　물　　수산화칼륨　수소
	연소반응식	$4K + O_2 \rightarrow 2K_2O$ 칼륨　산소　　산화칼륨
	에틸알코올과의 반응식	$2K + 2C_2H_5OH \rightarrow 2C_2H_5OK + H_2$ 칼륨　　에틸알코올　　칼륨에틸레이트　　수소
	이산화탄소와의 반응식	$4K + 3CO_2 \rightarrow 2K_2CO_3 + C$ 칼륨　이산화탄소　　탄산칼륨　　탄소

물질명 (지정수량)	반응의 종류	반응식
나트륨[Na] (10kg)	물과의 반응식	$2Na + 2H_2O \rightarrow 2NaOH + H_2$ 나트륨　　물　　　수산화나트륨　수소
트라이에틸알루미늄 [(C₂H₅)₃Al] (10kg)	물과의 반응식	$(C_2H_5)_3Al + 3H_2O \rightarrow Al(OH)_3 + 3C_2H_6$ 트라이에틸알루미늄　　물　　수산화알루미늄　　에테인
	연소반응식	$2(C_2H_5)_3Al + 21O_2 \rightarrow 12CO_2 + Al_2O_3 + 15H_2O$ 트라이에틸알루미늄　산소　　이산화탄소　산화알루미늄　　물
	에틸알코올과의 반응식	$(C_2H_5)_3Al + 3C_2H_5OH \rightarrow (C_2H_5O)_3Al + 3C_2H_6$ 트라이에틸알루미늄　　에틸알코올　　알루미늄에틸레이트　　에테인
황린[P₄] (20kg)	연소반응식	$P_4 + 5O_2 \rightarrow 2P_2O_5$ 황린　　산소　　오산화인
칼슘[Ca] (50kg)	물과의 반응식	$Ca + 2H_2O \rightarrow Ca(OH)_2 + H_2$ 칼슘　　물　　　수산화칼슘　　수소
수소화칼륨[KH] (300kg)	물과의 반응식	$KH + H_2O \rightarrow KOH + H_2$ 수소화칼륨　물　　수산화칼륨　수소
인화칼슘[Ca₃P₂] (300kg)	물과의 반응식	$Ca_3P_2 + 6H_2O \rightarrow 3Ca(OH)_2 + 2PH_3$ 인화칼슘　　물　　　수산화칼슘　　　포스핀
탄화칼슘[CaC₂] (300kg)	물과의 반응식	$CaC_2 + 2H_2O \rightarrow Ca(OH)_2 + C_2H_2$ 탄화칼슘　　물　　　수산화칼슘　　아세틸렌
탄화알루미늄[Al₄C₃] (300kg)	물과의 반응식	$Al_4C_3 + 12H_2O \rightarrow 4Al(OH)_3 + 3CH_4$ 탄화알루미늄　　물　　　수산화알루미늄　　메테인

(4) 제4류 위험물

① 위험물의 구분

구 분	물질명	수용성 여부	지정수량
특수인화물	디이에틸에터	비수용성	50L
	이황화탄소	비수용성	50L
	아세트알데하이드	수용성	50L
	산화프로필렌	수용성	50L
	아이소프로필아민	수용성	50L

구 분	물질명	수용성 여부	지정수량
제1석유류	가솔린	비수용성	200L
	벤젠	비수용성	200L
	톨루엔	비수용성	200L
	사이클로헥세인	비수용성	200L
	에틸벤젠	비수용성	200L
	메틸에틸케톤	비수용성	200L
	아세톤	수용성	400L
	피리딘	수용성	400L
	사이안화수소	수용성	400L
	초산메틸	비수용성	200L
	초산에틸	비수용성	200L
	의산메틸	수용성	400L
	의산에틸	비수용성	200L
	염화아세틸	비수용성	200L
알코올류	메틸알코올	수용성	400L
	에틸알코올	수용성	400L
	프로필알코올	수용성	400L
제2석유류	등유	비수용성	1,000L
	경유	비수용성	1,000L
	송정유	비수용성	1,000L
	송근유	비수용성	1,000L
	크실렌	비수용성	1,000L
	클로로벤젠	비수용성	1,000L
	스타이렌	비수용성	1,000L
	뷰틸알코올	비수용성	1,000L
	폼산	수용성	2,000L
	아세트산	수용성	2,000L
	하이드라진	수용성	2,000L
	아크릴산	수용성	2,000L
제3석유류	중유	비수용성	2,000L
	크레오소트유	비수용성	2,000L
	아닐린	비수용성	2,000L
	나이트로벤젠	비수용성	2,000L
	메타크레졸	비수용성	2,000L
	글리세린	수용성	4,000L
	에틸렌글리콜	수용성	4,000L
제4석유류	기어유(윤활유)	비수용성	6,000L
	실린더유	비수용성	6,000L
동식물유류	건성유	–	10,000L
	반건성유		10,000L
	불건성유		10,000L

② 위험물의 중요반응식

물질명 (지정수량)	반응의 종류	반응식
다이에틸에터[C₂H₅OC₂H₅] (50L)	제조법	$2C_2H_5OH \xrightarrow[\text{탈수}]{c-H_2SO_4} C_2H_5OC_2H_5 + H_2O$ 에틸알코올 　　　　　　　다이에틸에터 　　물
이황화탄소[CS₂] (50L)	연소반응식	$CS_2 + 3O_2 \rightarrow CO_2 + 2SO_2$ 이황화탄소 　산소 　　이산화탄소 이산화황
	물과의 반응식 (150℃ 가열 시)	$CS_2 + 2H_2O \rightarrow CO_2 + 2H_2S$ 이황화탄소 　물 　　이산화탄소 　황화수소
아세트알데하이드[CH₃CHO] (50L)	산화를 이용한 제조법	$C_2H_4 \xrightarrow{+O} CH_3CHO$ 에틸렌 　　　　아세트알데하이드
벤젠[C₆H₆] (200L)	연소반응식	$2C_6H_6 + 15O_2 \rightarrow 12CO_2 + 6H_2O$ 벤젠 　　산소 　　이산화탄소 　　물
톨루엔[C₆H₅CH₃] (200L)	연소반응식	$C_6H_5CH_3 + 9O_2 \rightarrow 7CO_2 + 4H_2O$ 톨루엔 　　산소 　　이산화탄소 　　물
초산메틸[CH₃COOCH₃] (200L)	제조법	$CH_3COOH + CH_3OH \rightarrow CH_3COOCH_3 + H_2O$ 초산 　　　메틸알코올 　　　초산메틸 　　물
의산메틸[HCOOCH₃] (400L)	제조법	$HCOOH + CH_3OH \rightarrow HCOOCH_3 + H_2O$ 의산 　　메틸알코올 　　의산메틸 　　물
메틸알코올[CH₃OH] (400L)	산화반응식	$CH_3OH \xrightarrow{-H_2} HCHO \xrightarrow{+O} HCOOH$ 메틸알코올 　　폼알데하이드 　　폼산
에틸알코올[C₂H₅OH] (400L)	산화반응식	$C_2H_5OH \xrightarrow{-H_2} CH_3CHO \xrightarrow{+O} CH_3COOH$ 에틸알코올 　　아세트알데하이드 　　아세트산

(5) 제5류 위험물

① 위험물의 구분

품 명	물질명	상 태	지정수량
유기과산화물	과산화벤조일	고체	
	과산화메틸에틸케톤	액체	
	아세틸퍼옥사이드	고체	제1종 : 10kg 제2종 : 100kg
질산에스터류	질산메틸	액체	
	질산에틸	액체	
	나이트로글리콜	액체	
	나이트로글리세린	액체	
	나이트로셀룰로오스	고체	
	셀룰로이드	고체	

품 명	물질명	상 태	지정수량
나이트로화합물	트라이나이트로페놀(피크린산) 트라이나이트로톨루엔(TNT) 테트릴	고체 고체 고체	
나이트로소화합물	파라다이나이트로소벤젠 다이나이트로소레조르신	고체 고체	
아조화합물	아조다이카본아마이드 아조비스아이소뷰티로나이트릴	고체 고체	제1종 : 10kg, 제2종 : 100kg
다이아조화합물	다이아조아세토나이트릴 다이아조다이나이트로페놀	액체 고체	
하이드라진유도체	염산하이드라진 황산하이드라진	고체 고체	
하이드록실아민	하이드록실아민	액체	
하이드록실아민염류	황산하이드록실아민 나트륨하이드록실아민	고체 고체	

② 위험물의 중요반응식

물질명	반응의 종류	반응식
질산메틸 [CH₃ONO₂]	제조법	$HNO_3 + CH_3OH \rightarrow CH_3ONO_2 + H_2O$ 질산　　메틸알코올　　질산메틸　　물
트라이나이트로톨루엔 [C₆H₂CH₃(NO₂)₃]	제조법	$C_6H_5CH_3 + 3HNO_3 \xrightarrow[탈수]{c-H_2SO_4} C_6H_2CH_3(NO_2)_3 + 3H_2O$ 톨루엔　　　질산　　　트라이나이트로톨루엔　　물

(6) 제6류 위험물

① 위험물의 구분

품 명	물질명	지정수량
과염소산	과염소산	300kg
과산화수소	과산화수소	300kg
질산	질산	300kg

② 위험물의 중요반응식

물질명 (지정수량)	반응의 종류	반응식
과염소산 [HClO₄] (300kg)	열분해반응식	$HClO_4 \rightarrow HCl + 2O_2$ 과염소산　염화수소　산소
과산화수소 [H₂O₂] (300kg)	열분해반응식	$2H_2O_2 \rightarrow 2H_2O + O_2$ 과산화수소　　물　　산소
질산 [HNO₃] (300kg)	열분해반응식	$4HNO_3 \rightarrow 2H_2O + 4NO_2 + O_2$ 질산　　　물　　이산화질소　산소

📋 위험물의 유별에 따른 대표적 성질

(1) 제1류 위험물

① 성질

  ㉠ 모두 물보다 무겁다.

  ㉡ 가열하면 열분해하여 산소를 발생한다.

  ㉢ 알칼리금속의 과산화물(과산화칼륨, 과산화나트륨, 과산화리튬)

    ⓐ 물과 반응 시 산소를 발생한다.

    ⓑ 초산 또는 염산 등의 산과 반응 시 제6류 위험물인 과산화수소를 발생한다.

② 색상

  ㉠ 과망가니즈산염류 : 흑자색(흑색과 보라색의 혼합)

  ㉡ 다이크로뮴산염류 : 등적색(오렌지색)

  ㉢ 그 밖의 것 : 무색 또는 백색

③ 소화방법

  ㉠ 알칼리금속의 과산화물 : 탄산수소염류 분말소화약제, 마른 모래, 팽창질석 또는 팽창진주암으로 질식소화

  ㉡ 그 밖의 것 : 냉각소화

(2) 제2류 위험물

① 위험물의 조건

  ㉠ 황 : 순도 60중량% 이상인 것

  ㉡ 철분 : 철의 분말로서 53마이크로미터의 표준체를 통과하는 것이 50중량% 이상인 것

      ⓒ 마그네슘 : 직경이 2mm 이상이거나 2mm의 체를 통과하지 못하는 덩어리상태를 제외한 것

      ⓔ 금속분 : 금속의 분말로서 150마이크로미터의 체를 통과하는 것이 50중량% 이상인 것으로서 알칼리금속, 알칼리토금속, 철분 및 마그네슘, 니켈(Ni)분 및 구리(Cu)분을 제외한 것

      ⓜ 인화성 고체 : 고형알코올, 그 밖에 1기압에서 인화점이 40℃ 미만인 고체인 것

  ② 성질

      ㉠ 모두 물보다 무겁다.

      ㉡ 오황화인(P_2S_5) : 연소 시 이산화황(SO_2)을 발생하고, 물과 반응 시 황화수소(H_2S)를 발생한다.

      ㉢ 적린(P) : 연소 시 오산화인(P_2O_5)이라는 백색 기체를 발생한다.

      ㉣ 황(S) : 사방황, 단사황, 고무상황 3가지의 동소체가 존재하며, 연소 시 이산화황을 발생한다.

      ㉤ 철분, 마그네슘, 금속분 : 물과 반응 시 수소(H_2)를 발생한다.

  ③ 소화방법

      ㉠ 철분, 금속분, 마그네슘 : 탄산수소염류 분말소화약제, 마른 모래, 팽창질석 또는 팽창진주암으로 질식소화

      ㉡ 그 밖의 것 : 냉각소화

(3) 제3류 위험물

  ① 위험물의 구분

      ㉠ 자연발화성 물질 : 황린(P_4)

      ㉡ 금수성 물질 : 그 밖의 것

  ② 보호액

      ㉠ 칼륨(K) 및 나트륨(Na) : 석유(등유, 경유, 유동파라핀)

      ㉡ 황린(P_4) : pH=9인 약알칼리성의 물

  ③ 성질

      ㉠ 비중 : 칼륨, 나트륨, 리튬, 알킬리튬, 알킬알루미늄, 금속의 수소화물은 물보다 가볍고, 그 외의 물질은 물보다 무겁다.

      ㉡ 불꽃반응색

         ⓐ 칼륨 : 보라색

         ⓑ 나트륨 : 황색

         ⓒ 리튬 : 적색

      ㉢ 황린(P_4) : 연소 시 오산화인(P_2O_5)이라는 백색 기체를 발생한다.

④ 물과 반응 시 발생기체

    ㉠ 칼륨(K) 및 나트륨(Na) : 수소(H_2)

    ㉡ 트라이메틸알루미늄[$(CH_3)_3Al$] : 메테인(CH_4)

    ㉢ 트라이에틸알루미늄[$(C_2H_5)_3Al$] : 에테인(C_2H_6)

    ㉣ 수소화칼륨(KH) 및 수소화나트륨(NaH) : 수소(H_2)

    ㉤ 인화칼슘(Ca_3P_2) : 포스핀(PH_3)

    ㉥ 탄화칼슘(CaC_2) : 아세틸렌(C_2H_2)

    ㉦ 탄화알루미늄(Al_4C_3) : 메테인(CH_4)

⑤ 소화방법

    ㉠ 황린 : 냉각소화

    ㉡ 그 밖의 것 : 탄산수소염류 분말소화약제, 마른 모래, 팽창질석 또는 팽창진주암으로 질식소화

(4) 제4류 위험물

① 품명의 구분

    ㉠ 특수인화물 : 이황화탄소, 다이에틸에터, 그 밖에 1기압에서 발화점 100℃ 이하이거나 인화점 −20℃ 이하이고 비점 40℃ 이하인 것

    ㉡ 제1석유류 : 아세톤, 휘발유, 그 밖에 1기압에서 인화점 21℃ 미만인 것

    ㉢ 알코올류 : 탄소수 1개에서 3개까지의 포화 1가 알코올(인화점으로 구분하지 않음)

    ㉣ 제2석유류 : 등유, 경유, 그 밖에 1기압에서 인화점 21℃ 이상 70℃ 미만인 것 (단, 도료류, 그 밖의 물품에 있어서 가연성 액체량이 40중량% 이하이면서 인화점이 40℃ 이상인 동시에 연소점이 60℃ 이상인 것은 제외)

    ㉤ 제3석유류 : 중유, 크레오소트유, 그 밖에 1기압에서 인화점 70℃ 이상 200℃ 미만인 것(단, 도료류, 그 밖의 물품에 있어서 가연성 액체량이 40중량% 이하인 것은 제외)

    ㉥ 제4석유류 : 기어유, 실린더유, 그 밖에 1기압에서 인화점 200℃ 이상 250℃ 미만인 것(단, 도료류, 그 밖의 물품에 있어서 가연성 액체량이 40중량% 이하인 것은 제외)

    ㉦ 동식물유류 : 동물의 지육 등 또는 식물의 종자나 과육으로부터 추출한 것으로서 1기압에서 인화점 250℃ 미만인 것

② 성질

    ㉠ 대부분 물보다 가볍고, 발생하는 증기는 공기보다 무겁다.

    ㉡ 다이에틸에터 : 아이오딘화칼륨(KI) 10% 용액을 첨가하여 과산화물을 검출한다.

    ㉢ 이황화탄소 : 물보다 무겁고 비수용성으로 물속에 보관한다.

   ㄹ 벤젠 : 비수용성으로 독성이 강하다.

   ㅁ 알코올 : 대부분 수용성이다.

   ㅂ 동식물유류 : 아이오딘값의 범위에 따라 건성유, 반건성유, 불건성유로 구분한다.

  ③ 중요 인화점

   ㉠ 특수인화물

    ⓐ 다이에틸에터($C_2H_5OC_2H_5$) : $-45℃$

    ⓑ 이황화탄소(CS_2) : $-30℃$

    ⓒ 아세트알데하이드(CH_3CHO) : $-38℃$

    ⓓ 산화프로필렌(CH_3CHOCH_2) : $-37℃$

   ㉡ 제1석유류

    ⓐ 아세톤(CH_3COCH_3) : $-18℃$

    ⓑ 휘발유(C_8H_{18}) : $-43\sim-38℃$

    ⓒ 벤젠(C_6H_6) : $-11℃$

    ⓓ 톨루엔($C_6H_5CH_3$) : $4℃$

   ㉢ 알코올류

    ⓐ 메틸알코올(CH_3OH) : $11℃$

    ⓑ 에틸알코올(C_2H_5OH) : $13℃$

   ㉣ 제3석유류

    ⓐ 글리세린[$C_3H_5(OH)_3$] : $160℃$

    ⓑ 에틸렌글리콜[$C_2H_4(OH)_2$] : $111℃$

    ⓒ 아닐린($C_6H_5NH_2$) : $75℃$

    ⓓ 나이트로벤젠($C_6H_5NO_2$) : $88℃$

  ④ **소화방법** : 이산화탄소, 할로젠화합물, 분말, 포소화약제를 이용하여 질식소화

(5) 제5류 위험물

  ① 액체와 고체의 구분

   ㉠ 액체

    ⓐ 질산메틸(CH_3ONO_2) : 품명은 질산에스터류이며, 분자량은 77이다.

    ⓑ 질산에틸($C_2H_5ONO_2$) : 품명은 질산에스터류이며, 분자량은 91이다.

    ⓒ 나이트로글리세린[$C_3H_5(ONO_2)_3$] : 품명은 질산에스터류이며, 규조토에 흡수시켜 다이너마이트를 제조한다.

   ㉡ 고체

    ⓐ 과산화벤조일[$(C_6H_5CO)_2O_2$] : 품명은 유기과산화물이며, 수분함유 시 폭발성이 감소한다.

ⓑ 나이트로셀룰로오스 : 품명은 질산에스터류이며, 함수알코올에 습면시켜 취급한다.

ⓒ 피크린산[$C_6H_2OH(NO_2)_3$] : 트라이나이트로페놀이라고 불리는 물질로서 품명은 나이트로화합물이며, 단독으로는 마찰, 충격 등에 안정하지만 금속과 반응하면 위험하다.

ⓓ TNT[$C_6H_2CH_3(NO_2)_3$] : 트라이나이트로톨루엔이라고 불리는 물질로서 품명은 나이트로화합물이며, 폭발력의 표준으로 사용한다.

② 성질

㉠ 모두 물보다 무겁고 물에 녹지 않는다.

㉡ 고체들은 저장 시 물에 습면시키면 안정하다.

㉢ '나이트로'를 포함하는 물질의 명칭이 많다.

③ 소화방법 : 냉각소화

(6) 제6류 위험물

① 위험물의 조건

㉠ 과산화수소 : 농도 36중량% 이상

㉡ 질산 : 비중 1.49 이상

② 성질

㉠ 물보다 무겁고 물에 잘 녹으며, 가열하면 분해하여 산소를 발생한다.

㉡ 불연성과 부식성이 있으며, 물과 반응 시 열을 발생한다.

㉢ 과염소산은 열분해 시 독성가스인 염화수소(HCl)를 발생한다.

㉣ 과산화수소

ⓐ 저장용기에 미세한 구멍이 뚫린 마개를 사용하며, 인산, 요산 등의 분해방지 안정제를 첨가한다.

ⓑ 물, 에터, 알코올에는 녹지만, 벤젠과 석유에는 녹지 않는다.

㉤ 질산

ⓐ 열분해 시 이산화질소(NO_2)라는 적갈색 기체와 산소(O_2)를 발생한다.

ⓑ 염산 3, 질산 1의 부피비로 혼합하면 왕수(금과 백금도 녹임)를 생성한다.

ⓒ 철(Fe), 코발트(Co), 니켈(Ni), 크로뮴(Cr), 알루미늄(Al)에서 부동태한다.

ⓓ 피부에 접촉 시 단백질과 반응하여 노란색으로 변하는 크산토프로테인반응을 일으킨다.

③ 소화방법 : 냉각소화

2. 위험물안전관리법

Industrial Engineer Hazardous material

1. 위험물안전관리법의 행정규칙

(1) 위험물제조소등

① 제조소 : 위험물을 제조할 목적으로 지정수량 이상의 위험물을 취급하기 위하여 허가를 받은 장소

② 저장소 : 지정수량 이상의 위험물을 저장하기 위한 대통령령이 정하는 장소

③ 취급소 : 지정수량 이상의 위험물을 제조 외의 목적으로 취급하기 위한 대통령령이 정하는 장소

(2) 위험물저장소 및 위험물취급소

① 위험물저장소

저장소의 구분	지정수량 이상의 위험물을 저장하기 위한 장소
옥내저장소	옥내(건축물 내부)에 위험물을 저장하는 장소
옥외탱크저장소	옥외(건축물 외부)에 있는 탱크에 위험물을 저장하는 장소
옥내탱크저장소	옥내에 있는 탱크에 위험물을 저장하는 장소
지하탱크저장소	지하에 매설한 탱크에 위험물을 저장하는 장소
간이탱크저장소	간이탱크에 위험물을 저장하는 장소
이동탱크저장소	차량에 고정된 탱크에 위험물을 저장하는 장소
옥외저장소	옥외에 위험물을 저장하는 장소
암반탱크저장소	암반 내의 공간을 이용한 탱크에 액체 위험물을 저장하는 장소

② 위험물취급소

취급소의 구분	위험물을 제조 외의 목적으로 취급하기 위한 장소
이송취급소	배관 및 이에 부속된 설비에 의하여 위험물을 이송하는 장소
주유취급소	고정주유설비에 의하여 자동차, 항공기 또는 선박 등에 직접 연료를 주유하기 위하여 위험물을 취급하는 장소
일반취급소	주유취급소, 판매취급소, 이송취급소 외의 위험물을 취급하는 장소
판매취급소	점포에서 위험물을 용기에 담아 판매하기 위하여 지정수량의 40배 이하의 위험물을 취급하는 장소(페인트점 또는 화공약품점)

(3) 위험물제조소등의 시설·설비의 신고

① 시·도지사에게 신고해야 하는 경우
  ㉠ 제조소등의 위치·구조 또는 설비의 변경 없이 위험물의 품명·수량 또는 지정수량의 배수를 변경하고자 하는 자 : 변경하고자 하는 날의 1일 전까지 신고
  ㉡ 제조소등의 설치자의 지위를 승계한 자 : 승계한 날부터 30일 이내에 신고
  ㉢ 제조소등의 용도를 폐지한 때 : 제조소등의 용도를 폐지한 날부터 14일 이내에 신고

② 허가나 신고 없이 제조소등을 설치하거나 위치·구조 또는 설비를 변경할 수 있고 위험물의 품명·수량 또는 지정수량의 배수를 변경할 수 있는 경우
  ㉠ 주택의 난방시설(공동주택의 중앙난방시설을 제외한다)을 위한 저장소 또는 취급소
  ㉡ 농예용·축산용 또는 수산용으로 필요한 난방시설 또는 건조시설을 위한 지정수량 20배 이하의 저장소

③ 안전관리자의 선임 및 해임의 신고기간
  ㉠ 안전관리자의 선임기한 : 안전관리자가 해임되거나 퇴직한 날부터 30일 이내
  ㉡ 안전관리자의 선임신고 : 선임한 날로부터 14일 이내
  ㉢ 대리자의 직무대행기간 : 30일 이내

(4) 1인의 안전관리자를 중복 선임할 수 있는 저장소

동일구내에 있거나 상호 100m 이내의 거리에 있는 다음의 저장소
① 10개 이하의 옥내저장소
② 30개 이하의 옥외탱크저장소
③ 옥내탱크저장소
④ 지하탱크저장소
⑤ 간이탱크저장소
⑥ 10개 이하의 옥외저장소
⑦ 10개 이하의 암반탱크저장소

(5) 자체소방대의 기준

① 사제소방내의 실치기준 : 제4류 위험물을 지정수량의 3천배 이상으로 취급하는 제조소 및 일반취급소와 50만배 이상 저장하는 옥외탱크저장소에 설치

② 자체소방대에 두는 화학소방자동차의 기준

사업소의 구분	화학소방자동차의 수	자체소방대원의 수
지정수량의 3천배 이상 12만배 미만으로 취급하는 제조소 또는 일반취급소	1대	5인
지정수량의 12만배 이상 24만배 미만으로 취급하는 제조소 또는 일반취급소	2대	10인
지정수량의 24만배 이상 48만배 미만으로 취급하는 제조소 또는 일반취급소	3대	15인
지정수량의 48만배 이상으로 취급하는 제조소 또는 일반취급소	4대	20인
지정수량의 50만배 이상으로 저장하는 옥외탱크저장소	2대	10인

③ 화학소방자동차에 갖추어야 하는 소화능력 및 설비의 기준

소방차의 구분	소화능력 및 설비의 기준
포수용액방사차	포수용액의 방사능력이 매분 2,000L 이상일 것
	소화약액탱크 및 소화약액혼합장치를 비치할 것
	10만L 이상의 포수용액을 방사할 수 있는 양의 소화약제를 비치할 것
분말방사차	분말의 방사능력이 매초 35kg 이상일 것
	분말탱크 및 가압용 가스설비를 비치할 것
	1,400kg 이상의 분말을 비치할 것
할로젠화합물 방사차	할로젠화합물의 방사능력이 매초 40kg 이상일 것
	할로젠화합물탱크 및 가압용 가스설비를 비치할 것
	1,000kg 이상의 할로젠화합물을 비치할 것
이산화탄소방사차	이산화탄소의 방사능력이 매초 40kg 이상일 것
	이산화탄소 저장용기를 비치할 것
	3,000kg 이상의 이산화탄소를 비치할 것
제독차	가성소다 및 규조토를 각각 50kg 이상 비치할 것

※ 포수용액을 방사하는 화학소방자동차의 대수는 화학소방자동차 대수의 3분의 2 이상으로 하여야 한다.

(6) 위험물 운송의 기준

① 위험물안전카드를 휴대해야 하는 위험물
　㉠ 제4류 위험물 중 특수인화물 및 제1석유류
　㉡ 제1류・제2류・제3류・제5류・제6류 위험물 전부

② 위험물운송자의 기준
　㉠ 운전자를 2명 이상으로 하는 경우
　　ⓐ 고속국도에서 340km 이상에 걸치는 운송을 할 때
　　ⓑ 일반도로에서 200km 이상에 걸치는 운송을 할 때

ⓛ 운전자를 1명으로 할 수 있는 경우

    ⓐ 운송책임자를 동승시킨 경우

    ⓑ 제2류 위험물, 제3류 위험물(칼슘 또는 알루미늄의 탄화물에 한한다) 또는 제4류 위험물(특수인화물 제외)을 운송하는 경우

    ⓒ 운송 도중에 2시간 이내마다 20분 이상씩 휴식하는 경우

③ 운송 시 운송책임자의 감독·지원을 받아야 하는 위험물

    ㉠ 알킬알루미늄

    ㉡ 알킬리튬

(7) 제조소등의 설치허가 취소와 사용정지 등

① 제조소등의 설치허가 취소와 사용정지 등에 해당하는 경우

    ㉠ 수리·개조 또는 이전의 명령을 위반한 때

    ㉡ 저장·취급 기준 준수명령을 위반한 때

    ㉢ 완공검사를 받지 아니하고 제조소등을 사용한 때

    ㉣ 위험물안전관리자를 선임하지 아니한 때

    ㉤ 변경허가를 받지 아니하고 제조소등의 위치·구조 또는 설비를 변경한 때

    ㉥ 대리자를 지정하지 아니한 때

    ㉦ 정기점검을 실시하지 아니한 때

    ㉧ 정기검사를 받지 아니한 때

② 제조소등에 대한 행정처분기준

위반사항	행정처분기준		
	1차	2차	3차
수리·개조 또는 이전의 명령에 위반한 때	사용정지 30일	사용정지 90일	허가취소
저장·취급 기준 준수명령을 위반한 때	사용정지 30일	사용정지 60일	허가취소
완공검사를 받지 아니하고 제조소등을 사용한 때	사용정지 15일	사용정지 60일	허가취소
위험물안전관리자를 선임하지 아니한 때			
변경허가를 받지 아니하고 제조소등의 위치·구조 또는 설비를 변경한 때	경고 또는 사용정지 15일	사용정지 60일	허가취소
대리자를 지정하지 아니한 때	사용정지 10일	사용정지 30일	허가취소
정기점검을 실시하지 아니한 때			
정기검사를 받지 아니한 때			

(8) 탱크의 종류별 공간용적

탱크의 용량은 탱크 내용적에서 다음의 공간용적을 뺀 용적으로 한다.

① 일반탱크 : 탱크의 내용적의 100분의 5 이상 100분의 10 이하
② 소화약제 방출구를 탱크 안의 윗부분에 설치한 탱크 : 소화약제 방출구 아래의 0.3m 이상 1m 미만 사이의 면으로부터 윗부분의 용적
③ 암반탱크 : 탱크 안에 용출하는 7일간의 지하수의 양에 상당하는 용적과 그 탱크 내용적의 100분의 1의 용적 중에서 보다 큰 용적

(9) 예방규정 작성대상

① 지정수량의 10배 이상의 위험물을 취급하는 제조소
② 지정수량의 100배 이상의 위험물을 저장하는 옥외저장소
③ 지정수량의 150배 이상의 위험물을 저장하는 옥내저장소
④ 지정수량의 200배 이상의 위험물을 저장하는 옥외탱크저장소
⑤ 암반탱크저장소
⑥ 이송취급소
⑦ 지정수량의 10배 이상의 위험물을 취급하는 일반취급소

(10) 정기점검

① 정의 : 제조소등이 자체적으로 기술수준에 적합한지의 여부를 정기적으로 점검하고 결과를 기록 및 보존하는 것
② 정기점검의 대상이 되는 제조소등
   ㉠ 예방규정대상에 해당하는 것
   ㉡ 지하탱크저장소
   ㉢ 이동탱크저장소
   ㉣ 위험물을 취급하는 탱크로서 지하에 매설된 탱크가 있는 제조소, 주유취급소 또는 일반취급소
③ 정기점검의 횟수 : 연 1회 이상

(11) 정기검사

① 정의 : 소방본부장 또는 소방서장으로부터 제조소등이 기술수준에 적합한지 여부를 정기적으로 검사받는 것
② 정기검사의 대상이 되는 제조소등 : 특정·준특정옥외탱크저장소(위험물을 저장 또는 취급하는 50만L 이상의 옥외탱크저장소)

2. 위험물제조소등의 시설기준

안전거리

(1) 제조소등의 안전거리

건축물의 구분	안전거리
주거용 건축물	10m 이상
학교·병원·극장	30m 이상
지정문화재	50m 이상
고압가스·액화석유가스 취급시설	20m 이상
7,000V 초과 35,000V 이하의 특고압가공전선	3m 이상
35,000V를 초과하는 특고압가공전선	5m 이상

(2) 안전거리를 제외할 수 있는 조건

① 제6류 위험물을 취급하는 제조소, 취급소 또는 저장소
② 주유취급소
③ 판매취급소
④ 지하탱크저장소
⑤ 옥내탱크저장소
⑥ 이동탱크저장소
⑦ 간이탱크저장소
⑧ 암반탱크저장소

보유공지

(1) 제조소의 보유공지

위험물의 지정수량의 배수	보유공지의 너비
지정수량의 10배 이하	3m 이상
지정수량의 10배 초과	5m 이상

(2) 옥내저장소의 보유공지

위험물의 지정수량의 배수	보유공지의 너비	
	벽·기둥·바닥이 내화구조인 건축물	그 밖의 건축물
지정수량의 5배 이하	–	0.5m 이상
지정수량의 5배 초과 10배 이하	1m 이상	1.5m 이상
지정수량의 10배 초과 20배 이하	2m 이상	3m 이상
지정수량의 20배 초과 50배 이하	3m 이상	5m 이상
지정수량의 50배 초과 200배 이하	5m 이상	10m 이상
지정수량의 200배 초과	10m 이상	15m 이상

(3) 옥외탱크저장소의 보유공지

위험물의 지정수량의 배수	보유공지의 너비
지정수량의 500배 이하	3m 이상
지정수량의 500배 초과 1,000배 이하	5m 이상
지정수량의 1,000배 초과 2,000배 이하	9m 이상
지정수량의 2,000배 초과 3,000배 이하	12m 이상
지정수량의 3,000배 초과 4,000배 이하	15m 이상

(4) 옥외저장소의 보유공지

위험물의 지정수량의 배수	보유공지의 너비
지정수량의 10배 이하	3m 이상
지정수량의 10배 초과 20배 이하	5m 이상
지정수량의 20배 초과 50배 이하	9m 이상
지정수량의 50배 초과 200배 이하	12m 이상
지정수량의 200배 초과	15m 이상

☑ 위험물제조소의 기준

(1) 표지 및 게시판의 기준

① 표지의 기준

　㉠ 내용 : 위험물제조소

　㉡ 크기 : 한 변 0.3m 이상, 다른 한 변 0.6m 이상인 직사각형

　㉢ 색상 : 백색 바탕, 흑색 문자

② 방화에 관하여 필요한 사항을 게시한 게시판의 기준
   ㉠ 내용 : 위험물의 유별·품명, 저장최대수량(취급최대수량), 지정수량의 배수, 안전관리자의 성명(직명)
   ㉡ 크기 : 한 변 0.3m 이상, 다른 한 변 0.6m 이상인 직사각형
   ㉢ 색상 : 백색 바탕, 흑색 문자
③ 주의사항 게시판의 기준
   ㉠ 크기 : 한 변 0.3m 이상, 다른 한 변 0.6m 이상인 직사각형
   ㉡ 위험물에 따른 주의사항 내용 및 색상

위험물의 종류	주의사항 내용	색 상	게시판 형태
• 제2류 위험물 중 인화성 고체 • 제3류 위험물 중 자연발화성 물질 • 제4류 위험물 • 제5류 위험물	화기엄금	적색 바탕, 백색 문자	0.6m 이상 / 화기엄금 / 0.3m 이상
• 제2류 위험물 (인화성 고체 제외)	화기주의	적색 바탕, 백색 문자	0.6m 이상 / 화기주의 / 0.3m 이상
• 제1류 위험물 중 알칼리금속의 과산화물 • 제3류 위험물 중 금수성 물질	물기엄금	청색 바탕, 백색 문자	0.6m 이상 / 물기엄금 / 0.3m 이상
• 제1류 위혐물 (알칼리금속의 과산화물 제외) • 제6류 위험물	게시판을 설치할 필요 없음		

(2) 건축물의 구조

① 벽, 기둥, 바닥, 보, 서까래 및 계단 : 불연재료로 만든다.

② 연소의 우려가 있는 외벽 : 내화구조로 만든다.

③ 출입구의 방화문(옥내저장소에도 동일하게 적용)

    ㉠ 출입구 : 60분＋방화문, 60분 방화문 또는 30분 방화문

    ㉡ 연소의 우려가 있는 외벽에 설치하는 출입구 : 수시로 열 수 있는 자동폐쇄식 60분＋방화문, 60분 방화문

(3) 환기설비 및 배출설비

① 환기설비의 설치기준(옥내저장소에도 동일하게 적용)

구 분	환기설비	배출설비
배기 방식	자연배기방식	강제배기방식
급기구의 수 및 면적	바닥면적 150m^{2}마다 급기구는 면적 800cm^2 이상의 것 1개 이상 설치	
급기구의 위치/장치	낮은 곳에 설치 /인화방지망 설치	높은 곳에 설치 /인화방지망 설치
환기구 및 배출구 높이	지붕 위 또는 지상 2m 이상 높이에 설치	지상 2m 이상 높이에 설치

② 배출설비의 설치조건

    ㉠ 제조소 : 가연성의 증기 또는 미분이 체류할 우려가 있는 장소

    ㉡ 옥내저장소 : 인화점 70℃ 미만의 위험물을 저장하는 장소

(4) 제조소의 위험물취급탱크의 방유제 기준

① 위험물제조소의 옥외에 설치하는 위험물취급탱크의 방유제 용량

    ㉠ 하나의 취급탱크의 방유제 용량 : 탱크 용량의 50% 이상

    ㉡ 2개 이상의 취급탱크의 방유제 용량 : 탱크 중 용량이 최대인 것의 50%에 나머지 탱크 용량 합계의 10%를 가산한 양 이상

② 위험물제조소의 옥내에 설치하는 위험물취급탱크의 방유턱 용량

    ㉠ 하나의 취급탱크의 방유턱 용량 : 탱크에 수납하는 위험물 양의 전부

    ㉡ 2개 이상의 취급탱크의 방유턱 용량 : 탱크 중 실제로 수납하는 위험물 양이 최대인 탱크의 양의 전부

☑️ 옥내저장소의 기준

(1) 옥내저장소의 안전거리를 제외할 수 있는 조건

① 지정수량 20배 미만의 제4석유류 또는 동식물유류를 저장하는 경우
② 제6류 위험물을 저장하는 경우
③ 지정수량의 20배 이하로서 다음의 기준을 동시에 만족하는 경우
　㉠ 저장창고의 벽, 기둥, 바닥, 보 및 지붕을 내화구조로 할 것
　㉡ 저장창고의 출입구에 수시로 열 수 있는 자동폐쇄식의 60분+ 방화문, 60분 방화문을 설치할 것
　㉢ 저장창고에 창을 설치하지 아니할 것

(2) 건축물의 구조

① 지면에서 처마까지의 높이는 6m 미만인 단층 건물로 해야 한다.

> 제2류 또는 제4류의 위험물만을 저장하는 창고로서 아래의 기준에 적합한 창고인 경우에는 처마까지의 높이를 20m 이하로 할 수 있다.
> 1. 벽, 기둥, 바닥 및 보를 내화구조로 한 것
> 2. 출입구에 60분+ 방화문, 60분 방화문을 설치한 것
> 3. 피뢰침을 설치한 것

② 벽, 기둥, 바닥 : 내화구조로 만든다.
③ 보, 서까래, 계단 : 불연재료로 만든다.
④ 지붕 : 폭발력이 위로 방출될 정도의 가벼운 불연재료로 만든다.

> 제2류 위험물(분상의 것과 인화성 고체 제외)과 제6류 위험물만의 저장창고에 있어서는 지붕을 내화구조로 할 수 있다.

⑤ 천장 : 기본적으로는 설치하지 않는다. 다만, 제5류 위험물만의 저장창고는 창고 내의 온도를 저온으로 유지하기 위하여 난연재료 또는 불연재료로 된 천장을 설치할 수 있다.
⑥ 바닥
　㉠ 물이 스며나오거나 스며들지 아니하는 바닥구조로 해야 하는 위험물
　　ⓐ 제1류 위험물 중 알칼리금속의 과산화물
　　ⓑ 제2류 위험물 중 철분, 금속분, 마그네슘
　　ⓒ 제3류 위험물 중 금수성 물질
　　ⓓ 제4류 위험물
　㉡ 액상 위험물의 저장창고 바닥 : 위험물이 스며들지 아니하는 구조로 하고, 적당히 경사지게 하여 그 최저부에 집유설비를 해야 한다.

(3) 위험물의 종류에 따른 옥내저장소의 바닥면적

바닥면적 1,000m^2 이하에 저장 가능한 위험물	
제1류 위험물	아염소산염류, 염소산염류, 과염소산염류, 무기과산화물
제3류 위험물	칼륨, 나트륨, 알킬알루미늄, 알킬리튬, 황린
제4류 위험물	특수인화물, 제1석유류, 알코올류
제5류 위험물	유기과산화물, 질산에스터류
제6류 위험물	과염소산, 과산화수소, 질산
바닥면적 2,000m^2 이하에 저장 가능한 위험물	
바닥면적 1,000m^2 이하에 저장 가능한 위험물 이외의 것	

(4) 다층 건물 옥내저장소의 기준

① 저장 가능한 위험물 : 제2류(인화성 고체 제외) 또는 제4류(인화점 70℃ 미만 제외)

② 층고(바닥으로부터 상층 바닥까지의 높이) : 6m 미만

③ 하나의 저장창고의 모든 층의 바닥면적 합계 : 1,000m^2 이하

(5) 지정과산화물 옥내저장소의 기준

① 지정과산화물의 정의 : 제5류 위험물 중 유기과산화물 또는 이를 함유한 것으로서 지정수량이 10kg인 것을 말한다.

② 격벽의 기준 : 바닥면적 150m^2 이내마다 격벽으로 구획한다.

　ㄱ 격벽의 두께

　　ⓐ 철근콘크리트조 또는 철골철근콘크리트조 : 30cm 이상

　　ⓑ 보강콘크리트블록조 : 40cm 이상

　ㄴ 격벽의 돌출길이

　　ⓐ 창고 양측의 외벽으로부터 1m 이상

　　ⓑ 창고 상부의 지붕으로부터 50cm 이상

③ 저장창고 외벽 두께의 기준

　ㄱ 철근콘크리트조 또는 철골철근콘크리트조 : 20cm 이상

　ㄴ 보강콘크리트블록조 : 30cm 이상

④ 저장창고의 문 및 창의 기준

　ㄱ 출입구의 방화문 : 60분+방화문, 60분 방화문

　ㄴ 창의 높이 : 바닥으로부터 2m 이상

　ㄷ 창 한 개의 면적 : 0.4m^2 이내

　ㄹ 벽면에 부착된 모든 창의 면적 : 창이 부착되어 있는 벽면 면적의 80분의 1 이내

⑤ 담 또는 토제(흙담)의 기준

지정과산화물 옥내저장소의 안전거리 또는 보유공지를 단축시키고자 할 때 설치한다.

  ㉠ 담 또는 토제와 저장창고 외벽까지의 거리 : 2m 이상으로 하며 지정과산화물 옥내저장소의 보유공지 너비의 5분의 1을 초과할 수 없다.

  ㉡ 담의 두께 : 15cm 이상의 철근콘크리트조나 철골철근콘크리트조 또는 두께 20cm 이상의 보강콘크리트블록조

⑥ 토제의 경사도 : 60° 미만

☑ 옥외탱크저장소의 기준

(1) 보유공지의 단축

① 제6류 위험물을 저장하는 옥외저장탱크 : 보유공지의 1/3 이상(최소 1.5m 이상)

② 동일한 방유제 안에 있는 2개 이상 탱크의 상호간 거리

  ㉠ 제6류 위험물 외의 위험물을 저장하는 옥외저장탱크 : 보유공지의 1/3 이상(최소 3m 이상)

  ㉡ 제6류 위험물을 저장하는 옥외저장탱크 : 보유공지 너비의 1/9 이상(최소 1.5m 이상)

(2) 특정옥외저장탱크 및 준특정옥외저장탱크

① 특정옥외저장탱크 : 저장 또는 취급하는 액체 위험물의 최대수량이 100만L 이상의 것

② 준특정옥외저장탱크 : 저장 또는 취급하는 액체 위험물의 최대수량이 50만L 이상 100만L 미만의 것

(3) 탱크의 시험압력

① 압력탱크 : 최대상용압력의 1.5배 압력으로 10분간 실시하는 수압시험

② 압력탱크 외의 탱크 : 충수시험

(4) 옥외저장탱크 통기관의 기준

① 밸브 없는 통기관

  ㉠ 직경은 30mm 이상으로 할 것

  ㉡ 선단은 수평면보다 45도 이상 구부려 빗물 등의 침투를 막을 것

  ㉢ 인화점이 38℃ 미만인 위험물만을 저장, 취급하는 탱크의 통기관에는 화염방지장치를 설치하고, 인화점이 38℃ 이상 70℃ 미만인 위험물을 저장, 취급하는 탱크의 통기관에는 40mesh 이상의 구리망으로 된 인화방지장치를 설치할 것

② 대기밸브부착 통기관 : 5kPa 이하의 압력 차이로 작동할 수 있을 것

(5) 옥외저장탱크의 주입구
① 게시판의 설치기준 : 인화점이 21℃ 미만인 위험물을 주입하는 주입구 주변에 설치
② 주입구 게시판의 기준
  ㉠ 게시판의 크기 : 한 변 0.3m 이상, 다른 한 변 0.6m 이상인 직사각형
  ㉡ 게시판의 내용 : "옥외저장탱크 주입구", 유별, 품명, 주의사항
  ㉢ 게시판의 색상
    ⓐ 게시판의 내용(주의사항 제외) : 백색 바탕, 흑색 문자
    ⓑ 주의사항 : 백색 바탕, 적색 문자

(6) 이황화탄소 옥외저장탱크
방유제가 필요 없으며, 벽 및 바닥의 두께가 0.2m 이상인 철근콘크리트의 수조에 보관

(7) 옥외탱크저장소의 방유제
① 방유제의 용량
  ㉠ 인화성이 있는 위험물 옥외저장탱크의 방유제
    ⓐ 옥외저장탱크를 1개만 포함하는 경우 : 탱크 용량의 110% 이상
    ⓑ 옥외저장탱크를 2개 이상 포함하는 경우 : 탱크 중 용량이 최대인 것의 110% 이상
  ㉡ 인화성이 없는 위험물 옥외저장탱크의 방유제
    ⓐ 옥외저장탱크를 1개만 포함하는 경우 : 탱크 용량의 100% 이상
    ⓑ 옥외저장탱크를 2개 이상 포함하는 경우 : 탱크 중 용량이 최대인 것의 100% 이상
② 방유제의 높이 : 0.5m 이상 3m 이하
③ 방유제의 두께 : 0.2m 이상
④ 방유제의 지하매설깊이 : 1m 이상
⑤ 하나의 방유제의 면적 : 8만m^2 이하
⑥ 방유제의 재질 : 철근콘크리트
⑦ 하나의 방유제 안에 설치할 수 있는 옥외저장탱크의 수
  ㉠ 10개 이하 : 인화점 70℃ 미만의 위험물을 저장하는 옥외저장탱크의 경우
  ㉡ 20개 이하 : 인화점이 70℃ 이상 200℃ 미만인 위험물을 저장하는 옥외저장탱크의 용량의 합이 20만L 이하인 경우
  ㉢ 개수 무제한 : 인화점이 200℃ 이상인 위험물을 저장하는 옥외저장탱크의 경우
⑧ 소방차 및 자동차의 통행을 위한 도로 설치기준 : 방유제 외면의 2분의 1 이상은 3m 이상의 폭을 확보한 도로에 접하도록 설치한다.

⑨ 방유제로부터 옥외저장탱크의 옆판까지의 거리
  ㉠ 탱크 지름이 15m 미만 : 탱크 높이의 3분의 1 이상
  ㉡ 탱크 지름이 15m 이상 : 탱크 높이의 2분의 1 이상
⑩ 간막이둑을 설치하는 기준 : 방유제 내에 설치된 용량이 1,000만L 이상인 옥외저장탱크에는 각각의 탱크마다 간막이둑을 설치한다.
  ㉠ 간막이둑의 높이 : 0.3m 이상(방유제 높이보다 0.2m 이상 낮게)
  ㉡ 간막이둑의 용량 : 탱크 용량의 10% 이상
  ㉢ 간막이둑의 재질 : 흙 또는 철근콘크리트
⑪ 계단 또는 경사로의 기준 : 높이가 1m를 넘는 방유제의 안팎에는 약 50m마다 계단 또는 경사로 설치

☑ 옥내저장탱크의 기준

(1) 옥내저장소의 구조

① 탱크의 두께 : 3.2mm 이상의 강철판
② 옥내저장탱크와 전용실과의 간격 및 옥내저장탱크 상호간의 간격 : 모두 0.5m 이상

(2) 옥내저장탱크에 저장할 수 있는 위험물의 종류

① 탱크전용실을 단층 건축물에 설치한 옥내저장탱크에 저장할 수 있는 위험물 : 모든 유별의 위험물
② 탱크전용실을 단층 건물 외의 건축물에 설치한 옥내저장탱크에 저장할 수 있는 위험물
  ㉠ 건축물의 1층 또는 지하층
    ⓐ 제2류 위험물 중 황화인, 적린 및 덩어리 황
    ⓑ 제3류 위험물 중 황린
    ⓒ 제6류 위험물 중 질산
  ㉡ 건축물의 모든 층 : 제4류 위험물 중 인화점이 38℃ 이상인 위험물

(3) 옥내저장탱크의 용량

① 단층 건물에 탱크전용실을 설치하는 경우 : 지정수량의 40배 이하(단, 제4석유류 및 동식물유류 외의 제4류 위험물의 저장탱크는 20,000L 이하)
② 단층 건물 외의 건축물에 탱크전용실을 설치하는 경우
  ㉠ 1층 이하의 층에 탱크전용실을 설치하는 경우 : 지정수량의 40배 이하(단, 제4석유류 및 동식물유류 외의 제4류 위험물의 저장탱크는 20,000L 이하)
  ㉡ 2층 이상의 층에 탱크전용실을 설치하는 경우 : 지정수량의 10배 이하(단, 제4석유류 및 동식물유류 외의 제4류 위험물의 저장탱크는 5,000L 이하)

(4) 옥내저장탱크의 통기관

① 밸브 없는 통기관

    ㉠ 통기관의 선단(끝단)과 건축물의 창, 출입구와의 거리 : 옥외의 장소로 1m 이상

    ㉡ 지면으로부터 통기관의 선단까지의 높이 : 4m 이상

    ㉢ 인화점 40℃ 미만인 위험물을 저장하는 탱크의 통기관과 부지경계선까지의 거리 : 1.5m 이상

    ㉣ 통기관의 선단은 옥외에 설치할 것

    ㉤ 직경은 30mm 이상으로 할 것

    ㉥ 선단은 수평면보다 45도 이상 구부려 빗물 등의 침투를 막을 것

    ㉦ 인화점이 38℃ 미만인 위험물만을 저장, 취급하는 탱크의 통기관에는 화염방지장치를 설치하고, 인화점이 38℃ 이상 70℃ 미만인 위험물을 저장, 취급하는 탱크의 통기관에는 40mesh 이상의 구리망으로 된 인화방지장치를 설치할 것

② 대기밸브부착 통기관 : 5kPa 이하의 압력 차이로 작동할 수 있을 것

☑️ 지하탱크저장소의 기준

(1) 지하저장탱크의 시험

① 압력탱크 : 최대상용압력의 1.5배 압력으로 10분간 실시하는 수압시험

② 압력탱크 외의 탱크 : 70kPa의 압력으로 10분간 실시하는 수압시험

(2) 지하저장탱크의 설치기준

① 탱크전용실에 설치하는 지하저장탱크

    ㉠ 전용실의 내부 : 입자지름 5mm 이하의 마른 자갈분 또는 마른 모래를 채울 것

    ㉡ 지면으로부터 지하탱크의 윗부분까지의 거리 : 0.6m 이상

    ㉢ 지하저장탱크를 2개 이상 인접해 설치할 때 상호거리 : 1m 이상

        ※ 탱크 용량의 합계가 지정수량의 100배 이하일 경우 : 0.5m 이상

    ㉣ 탱크전용실로부터 안쪽과 바깥쪽으로의 거리

        ⓐ 지하의 벽, 가스관, 대지경계선으로부터 탱크전용실 바깥쪽과의 거리 : 0.1m 이상

        ⓑ 지하저장탱크와 탱크전용실 안쪽과의 거리 : 0.1m 이상

    ㉤ 탱크전용실의 기준 : 벽, 바닥 및 뚜껑의 두께는 0.3m 이상의 철근콘크리트로 할 것

    ㉥ 지면으로부터 통기관의 선단까지의 높이 : 4m 이상

② 제4류 위험물을 저장하는 지하저장탱크를 탱크전용실에 설치하지 않을 수 있는 경우
  ㉠ 탱크를 지하철, 지하가 또는 지하터널로부터 수평거리 10m 이상에 설치할 것
  ㉡ 탱크의 세로 및 가로보다 각각 0.6m 이상 크고 두께가 0.3m 이상인 철근콘크리트조의 뚜껑으로 덮을 것
  ㉢ 뚜껑에 걸리는 중량이 직접 탱크에 걸리지 않는 구조로 할 것
  ㉣ 탱크를 견고한 기초 위에 고정시킬 것
  ㉤ 탱크를 지하의 벽, 가스관, 대지경계선으로부터 0.6m 이상 떨어진 곳에 설치할 것

(3) 지하저장탱크의 통기관

① 밸브 없는 통기관
  ㉠ 직경은 30mm 이상으로 할 것
  ㉡ 선단은 수평면보다 45도 이상 구부려 빗물 등의 침투를 막을 것
  ㉢ 가는 눈의 구리망 등으로 인화방지장치를 설치할 것
  ㉣ 지면으로부터 통기관의 선단까지의 높이 : 4m 이상
② 대기밸브부착 통기관 : 5kPa 이하의 압력 차이로 작동할 수 있을 것

(4) 누설(누유)검사관

① 누설(누유)검사관의 설치개수 : 하나의 탱크에 대해 4군데 이상 설치
② 누설(누유)검사관의 설치기준
  ㉠ 이중관으로 할 것. 다만 소공이 없는 상부는 단관으로 할 것
  ㉡ 재료는 금속관 또는 경질합성수지관으로 할 것
  ㉢ 관의 밑부분으로부터 탱크의 중심높이까지에는 소공이 뚫려 있을 것. 다만, 지하수위가 높은 장소에 있어서는 지하수위 높이까지의 부분에 소공이 뚫려 있을 것
  ㉣ 상부는 물이 침투하지 아니하는 구조로 하고, 뚜껑은 검사 시에 쉽게 열 수 있도록 할 것

(5) 과충전 방지장치

① 탱크 용량을 초과하는 위험물이 주입될 때 자동으로 주입구를 폐쇄하거나 위험물의 공급을 차단하는 방법을 사용할 것
② 탱크 용량의 90%가 찰 때 경보음을 울리는 방법을 사용할 것

✔️ 간이탱크저장소의 기준

(1) 보유공지

① 옥외에 설치하는 경우 : 1m 이상

② 전용실 안에 설치하는 경우 : 탱크와 전용실의 벽까지 0.5m 이상

(2) 간이탱크저장소의 구조 및 설치기준

① 하나의 간이탱크저장소에 설치할 수 있는 간이저장탱크의 수 : 3개 이하

② 하나의 간이저장탱크 용량 : 600L 이하

③ 간이저장탱크의 두께 : 3.2mm 이상의 강철판

④ 탱크의 시험방법 : 70kPa의 압력으로 10분간 수압시험 실시

(3) 통기관 기준

① 밸브 없는 통기관

㉠ 직경은 25mm 이상으로 할 것

㉡ 통기관의 선단은 옥외에 설치할 것

㉢ 선단은 지상 1.5m 이상의 높이에 수평면보다 45도 이상 구부려 빗물 등의 침투를 막을 것

㉣ 가는 눈의 구리망 등으로 인화방지장치를 설치할 것

② 대기밸브부착 통기관 : 5kPa 이하의 압력 차이로 작동할 수 있을 것

✔️ 이동탱크저장소의 기준

(1) 표지 및 게시판의 기준

구 분	위 치	규격 및 색상	내 용	실제 모양
표지	이동탱크저장소의 전면 상단 및 후면 상단	60cm 이상×30cm 이상의 가로형 사각형으로 흑색 바탕에 황색 문자	위험물	**위험물**
UN번호	이동탱크저장소의 후면 및 양 측면	30cm 이상×12cm 이상의 가로형 사각형으로 흑색 테두리선(굵기 1cm)과 오렌지색 바탕에 흑색 문자	UN번호의 숫자 (글자 높이 6.5cm 이상)	1223

그림문자	이동탱크저장소의 후면 및 양 측면	25cm 이상×25cm 이상의 마름모꼴로 분류기호에 따라 바탕과 문자의 색을 다르게 할 것	심벌 및 분류·구분의 번호 (글자 높이 2.5cm 이상)	

(2) 이동저장탱크의 구조

① 탱크(맨홀 및 주입관의 뚜껑 포함)의 두께 : 3.2mm 이상의 강철판
② 칸막이
　㉠ 하나로 구획된 칸막이의 용량 : 4,000L 이하
　㉡ 칸막이의 두께 : 3.2mm 이상의 강철판
③ 안전장치의 작동압력 : 안전장치는 다음의 압력에서 작동할 것
　㉠ 상용압력이 20kPa 이하인 탱크 : 20kPa 이상 24kPa 이하의 압력
　㉡ 상용압력이 20kPa을 초과하는 탱크 : 상용압력의 1.1배 이하의 압력
④ 방파판
　㉠ 칸막이로 구획된 부분의 용량이 2,000L 미만인 부분에는 설치하지 않을 수 있다.
　㉡ 두께 및 재질 : 1.6mm 이상의 강철판
　㉢ 개수 : 하나의 구획부분에 2개 이상 설치
　㉣ 면적의 합 : 구획부분의 최대 수직단면의 50% 이상

(3) 측면틀 및 방호틀

① 측면틀
　㉠ 측면틀의 최외측과 탱크 최외측의 연결선과 수평면이 이루는 내각 : 75도 이상
　㉡ 탱크 중심점과 측면틀 최외측선을 연결하는 선과 중심점을 지나는 직선 중 최외
　　측선과 직각을 이루는 선과의 내각 : 35도 이상
　㉢ 탱크 상부의 네 모퉁이로부터 탱크의 전단 또는 후단까지의 거리 : 각각 1m 이내
② 방호틀
　㉠ 두께 : 2.3mm 이상의 강철판
　㉡ 높이 : 방호틀의 정상부분을 부속장치보다 50mm 이상 높게 유지

(4) 이동저장탱크의 접지도선

제4류 위험물 중 특수인화물, 제1석유류 또는 제2석유류를 저장하는 이동저장탱크에
설치할 것

(5) 이동저장탱크의 외부도장 색상

① 제1류 위험물 : 회색
② 제2류 위험물 : 적색
③ 제3류 위험물 : 청색
④ 제4류 위험물 : 적색(색상에 대한 제한은 없으나 적색을 권장)
⑤ 제5류 위험물 : 황색
⑥ 제6류 위험물 : 청색

(6) 상치장소(주차장으로 허가받은 장소)

① 옥외에 있는 상치장소 : 화기를 취급하는 장소 또는 인근의 건축물로부터 5m(인근의 건축물이 1층인 경우에는 3m) 이상의 거리를 확보할 것
② 옥내에 있는 상치장소 : 벽·바닥·보·서까래 및 지붕이 내화구조 또는 불연재료로 된 건축물의 1층에 설치할 것

(7) 컨테이너식 이동탱크

① 탱크의 본체·맨홀 및 주입구 뚜껑의 두께
　㉠ 직경이나 장경이 1.8m를 초과하는 경우 : 6mm 이상의 강철판
　㉡ 직경이나 장경이 1.8m 이하인 경우 : 5mm 이상의 강철판
② 칸막이 두께 : 3.2mm 이상의 강철판
③ 부속장치의 간격 : 상자틀의 최외측과 50mm 이상의 간격을 유지할 것
④ 개폐밸브 : 탱크 배관의 선단부에 설치할 것

(8) 알킬알루미늄등을 저장하는 이동탱크

① 탱크·맨홀 및 주입구 뚜껑의 두께 : 10mm 이상의 강철판
② 탱크의 시험방법 : 1MPa 이상의 압력으로 10분간 실시하는 수압시험
③ 탱크의 용량 : 1,900L 미만
④ 안전장치의 작동압력 : 이동저장탱크의 수압시험의 3분의 2를 초과하고 5분의 4를 넘지 않는 범위의 압력
⑤ 탱크의 배관 및 밸브의 위치 : 탱크의 윗부분
⑥ 탱크 외면의 색상 : 적색 바탕
⑦ 주의사항 색상 : 백색 문자

☑ 옥외저장소의 저장기준

(1) 보유공지를 3분의 1로 단축할 수 있는 위험물
① 제4류 위험물 중 제4석유류
② 제6류 위험물

(2) 불연성 또는 난연성의 천막 등을 설치해야 하는 위험물
① 과산화수소
② 과염소산

(3) 옥외저장소에 선반을 설치하는 기준
① 선반은 불연재료로 만들고 견고한 지반면에 고정할 것
② 선반은 당해 선반 및 그 부속설비의 자중·저장하는 위험물의 중량·풍하중·지진의 영향 등에 의하여 생기는 응력에 대하여 안전할 것
③ 선반의 높이는 6m를 초과하지 아니할 것
④ 선반에는 위험물을 수납한 용기가 쉽게 낙하하지 아니하는 조치를 강구할 것

(4) 덩어리상태의 황만을 경계표시의 안쪽에 저장하는 기준
① 하나의 경계표시의 내부면적 : $100m^2$ 이하
② 2 이상의 경계표시 내부면적의 합 : $1,000m^2$ 이하
③ 인접하는 경계표시와 경계표시와의 간격 : 보유공지의 너비의 1/2 이상으로 하되 저장하는 위험물의 최대수량이 지정수량 200배 이상의 경계표시끼리의 간격은 10m 이상
④ 경계표시의 높이 : 1.5m 이하
⑤ 경계표시의 재료 : 불연재료
⑥ 천막고정장치의 설치간격 : 경계표시의 길이 2m마다 설치

(5) 옥외저장소에 저장 가능한 위험물
① 제2류 위험물 : 황 또는 인화성 고체(인화점이 섭씨 0도 이상인 것에 한함)
② 제4류 위험물
  ㉠ 제1석유류(인화점이 섭씨 0도 이상인 것에 한함)
  ㉡ 알코올류
  ㉢ 제2석유류
  ㉣ 제3석유류
  ㉤ 제4석유류
  ㉥ 동식물유류

③ 제6류 위험물

④ 시·도조례로 정하는 제2류 또는 제4류 위험물

⑤ 국제해상위험물규칙(IMDG Code)에 적합한 용기에 수납된 위험물

(6) 황을 저장 또는 취급하는 장소의 주위에는 배수구와 분리장치를 설치해야 한다.

(7) 인화성 고체(인화점이 21℃ 미만인 것), 제1석유류 또는 알코올류의 옥외저장소의 특례

① 인화성 고체, 제1석유류 또는 알코올류의 장소에는 살수설비 등을 설치할 것

② 제1석유류 또는 알코올류의 장소의 주위에는 배수구 및 집유설비를 설치할 것

③ 비수용성의 제1석유류의 장소에는 집유설비에 유분리장치를 설치할 것

☑ 주유취급소의 기준

(1) 주유공지

너비 15m 이상, 길이 6m 이상

(2) 주유취급소의 탱크 용량

① 고정주유설비 및 고정급유설비에 직접 접속하는 전용탱크 : 각각 50,000L 이하

② 보일러 등에 직접 접속하는 전용탱크 : 10,000L 이하

③ 폐유, 윤활유 등의 위험물을 저장하는 탱크 : 2,000L 이하

④ 고정주유설비 또는 고정급유설비용 간이탱크 : 600L 이하의 탱크 3기 이하

⑤ 고속도로의 주유취급소 탱크 : 60,000L 이하

(3) 게시판

① 내용 : 주유 중 엔진정지

② 색상 : 황색바탕, 흑색문자

③ 규격 : 한 변의 길이 0.3m 이상, 다른 한 변의 길이 0.6m 이상

(4) 주유관의 길이

① 고정식 주유관 : 5m 이내

② 현수식 주유관 : 지면 위 0.5m의 수평면에 수직으로 내려 만나는 점을 중심으로 반경 3m 이내

(5) 고정주유설비 및 고정급유설비의 설치기준

① 고정주유설비의 설치기준

  ㉠ 주유설비의 중심선으로부터 도로경계선까지의 거리 : 4m 이상

  ㉡ 주유설비의 중심선으로부터 부지경계선, 담 및 벽까지의 거리 : 2m 이상

  ㉢ 주유설비의 중심선으로부터 개구부가 없는 벽까지의 거리 : 1m 이상

② 고정급유설비의 설치기준

  ㉠ 고정급유설비의 중심선을 기점으로 하여 도로경계선까지의 거리 : 4m 이상

  ㉡ 고정급유설비의 중심선을 기점으로 하여 부지경계선 및 담까지의 거리 : 1m 이상

  ㉢ 고정급유설비의 중심선을 기점으로 하여 건축물의 벽까지의 거리 : 2m 이상

  ㉣ 고정급유설비의 중심선을 기점으로 하여 개구부가 없는 벽까지의 거리 : 1m 이상

③ 고정주유설비와 고정급유설비 사이의 거리 : 4m 이상

(6) 고정주유설비 및 고정급유설비의 기준

① 셀프용 외의 고정주유설비 및 고정급유설비의 최대토출량

  ㉠ 제1석유류 : 분당 50L 이하

  ㉡ 경유 : 분당 180L 이하

  ㉢ 등유 : 분당 80L 이하

② 셀프용 고정주유설비

  ㉠ 1회 연속주유량의 상한 : 휘발유는 100L 이하, 경유는 200L 이하

  ㉡ 1회 연속주유시간의 상한 : 4분 이하

③ 셀프용 고정급유설비

  ㉠ 1회 연속급유량의 상한 : 100L 이하

  ㉡ 1회 연속주유시간의 상한 : 6분 이하

(7) 건축물등의 기준

① 주유취급소에 설치할 수 있는 건축물의 용도

  ㉠ 주유 또는 등유, 경유를 옮겨 담기 위한 작업장

  ㉡ 주유취급소의 업무를 행하기 위한 사무소

  ㉢ 자동차 등의 점검 및 간이정비를 위한 작업장

  ㉣ 자동차 등의 세정을 위한 작업장

  ㉤ 주유취급소에 출입하는 사람을 대상으로 한 점포, 휴게음식점 또는 전시장

  ㉥ 주유취급소의 관계자가 거주하는 주거시설

  ㉦ 전기자동차용 충전설비

② 건축물 중 용도에 따른 면적의 합 : 주유취급소의 직원 외의 자가 출입하는 다음의 용도에 제공하는 부분의 면적의 합은 1,000m²를 초과할 수 없다.
  ㉠ 주유취급소의 업무를 행하기 위한 사무소
  ㉡ 자동차 등의 점검 및 간이정비를 위한 작업장
  ㉢ 주유취급소에 출입하는 사람을 대상으로 한 점포, 휴게음식점 또는 전시장
③ 건축물등의 구조
  ㉠ 벽·기둥·바닥·보 및 지붕 : 불연재료 또는 내화구조
  ㉡ 사무실, 그 밖에 화기를 사용하는 장소의 출입구 또는 사이 통로의 문턱 높이 : 15cm 이상

(8) 담 또는 벽

① 담 또는 벽의 설치기준
  ㉠ 설치장소 : 주유취급소의 자동차 등이 출입하는 쪽 외의 부분
  ㉡ 설치높이 : 2m 이상
  ㉢ 담 또는 벽의 구조 : 내화구조 또는 불연재료
② 담 또는 벽에 유리를 부착하는 기준
  ㉠ 유리의 부착위치 : 주입구, 고정주유설비 및 고정급유설비로부터 4m 이상 이격할 것
  ㉡ 유리의 부착방법
    ⓐ 주유취급소 내의 지반면으로부터 70cm를 초과하는 부분에 한하여 유리를 부착할 것
    ⓑ 하나의 유리판의 가로의 길이는 2m 이내일 것
    ⓒ 유리판의 테두리를 금속제의 구조물에 견고하게 고정하고 해당 구조물을 담 또는 벽에 견고하게 부착할 것
    ⓓ 유리의 구조는 접합유리로 하되, 비차열 30분 이상의 방화성능이 인정될 것
③ 유리의 부착범위 : 전체의 담 또는 벽의 길이의 10분의 2를 초과하지 아니할 것

(9) 캐노피(주유소의 지붕)의 기준

① 배관이 캐노피 내부를 통과할 경우 : 1개 이상의 점검구를 설치할 것
② 캐노피 외부의 점검이 곤란한 장소에 배관을 설치하는 경우 : 용접이음으로 할 것
③ 캐노피 외부의 배관이 일광열의 영향을 받을 우려가 있는 경우 : 단열재로 피복할 것

☑️ 판매취급소의 기준

(1) 제1종 판매취급소와 제2종 판매취급소의 구분

구 분	제1종 판매취급소	제2종 판매취급소
위치	건축물의 1층	건축물의 1층
취급량	지정수량의 20배 이하	지정수량의 40배 이하
판매취급소의 용도로 사용되는 건축물의 부분	내화구조 또는 불연재료	벽·기둥·바닥·보를 내화구조
다른 부분과의 격벽	내화구조	내화구조
보	불연재료	내화구조
천장	불연재료	불연재료
상층바닥	내화구조	내화구조로 하는 동시에 상층으로의 연소방지 조치
지붕	내화구조 또는 불연재료	내화구조
방화문의 종류	60분+방화문, 60분 방화문 또는 30분 방화문	60분+방화문, 60분 방화문 또는 30분 방화문(연소의 우려가 있는 출입구에는 자동폐쇄식 60분+방화문, 60분 방화문)
창 또는 출입구에 이용하는 유리	망입유리	망입유리

(2) 위험물 배합실의 기준

① 바닥면적은 $6m^2$ 이상 $15m^2$ 이하로 할 것
② 내화구조 또는 불연재료로 된 벽으로 구획할 것
③ 바닥은 적당한 경사를 두고 집유설비를 할 것
④ 출입구에는 자동폐쇄식 60분+방화문, 60분 방화문을 설치할 것
⑤ 출입구 문턱의 높이는 바닥면으로부터 0.1m 이상으로 할 것
⑥ 가연성의 증기 또는 미분을 지붕 위로 방출하는 설비를 할 것

☑️ 이송취급소

(1) 배관의 설치기준

배관을 설치하는 기준은 다음과 같다.
① 지하 매설
② 도로 밑 매설

③ 철도부지 밑 매설
④ 하천 홍수관리구역 내 매설
⑤ 지상 설치
⑥ 해저 설치
⑦ 해상 설치
⑧ 도로 횡단 설치
⑨ 철도 밑 횡단 매설
⑩ 하천 등 횡단 설치

(2) 압력안전장치의 설치기준

배관계에는 배관 내의 압력이 최대상용압력을 초과하거나 유격작용 등에 의하여 생긴 압력이 최대상용압력의 1.1배를 초과하지 아니하도록 제어하는 장치(압력안전장치)를 설치한다.

(3) 경보설비의 설치기준

이송취급소에는 다음의 기준에 의하여 경보설비를 설치하여야 한다.
① 이송기지에는 비상벨장치 및 확성장치를 설치한다.
② 가연성 증기를 발생하는 위험물을 취급하는 펌프실 등에는 가연성 증기 경보설비를 설치한다.

☑ 일반취급소

(1) 안전거리 및 보유공지

'충전하는 일반취급소'는 제조소의 안전거리 및 보유공지와 동일하며, 그 외의 일반취급소는 안전거리 및 보유공지를 제외하거나 단축시킬 수 있다.

(2) 일반취급소의 종류

① 분무도장작업 등의 일반취급소 : 도장, 인쇄 또는 도포를 위하여 제2류 위험물 또는 제4류 위험물(특수인화물을 제외)을 지정수량의 30배 미만으로 취급하는 장소
② 세정작업의 일반취급소 : 세정을 위하여 인화점이 40℃ 이상인 제4류 위험물을 지정수량의 30배 미만으로 취급하는 장소
③ 열처리작업 등의 일반취급소 : 열처리작업 또는 방전가공을 위하여 인화점이 70℃ 이상인 제4류 위험물을 지정수량의 30배 미만으로 취급하는 장소
④ 보일러 등으로 위험물을 소비하는 일반취급소 : 보일러, 버너 등으로 인화점이 38℃ 이상인 제4류 위험물을 지정수량의 30배 미만으로 소비하는 장소

⑤ 충전하는 일반취급소 : 이동저장탱크에 액체 위험물(알킬알루미늄등, 아세트알데히이드등 및 하이드록실아민등을 제외)을 주입하는 장소

⑥ 옮겨 담는 일반취급소 : 고정급유설비에 의하여 인화점이 38℃ 이상인 제4류 위험물을 지정수량의 40배 미만으로 용기에 옮겨 담거나 4,000L 이하의 이동저장탱크에 주입하는 장소

⑦ 유압장치 등을 설치하는 일반취급소 : 위험물을 이용한 유압장치 또는 윤활유 순환장치를 설치하는 장소(지정수량의 50배 미만의 고인화점 위험물만을 100℃ 미만의 온도로 취급하는 것에 한함)

⑧ 절삭장치 등을 설치하는 일반취급소 : 절삭유의 위험물을 이용한 절삭장치, 연삭장치 등을 설치하는 장소(지정수량의 30배 미만의 고인화점 위험물만을 100℃ 미만의 온도로 취급하는 것에 한함)

⑨ 열매체유 순환장치를 설치하는 일반취급소 : 위험물 외의 물건을 가열하기 위하여 지정수량의 30배 미만의 고인화점 위험물을 이용한 열매체유 순환장치를 설치하는 장소

⑩ 화학실험의 일반취급소 : 화학실험을 위하여 지정수량의 30배 미만으로 위험물을 취급하는 장소

3. 제조소등의 소화설비

☑ 소화난이도 등급 Ⅰ

(1) 소화난이도 등급 Ⅰ에 해당하는 제조소등

제조소등의 구분	제조소등의 규모, 저장 또는 취급하는 위험물의 품명 및 최대수량 등
제조소 및 일반취급소	연면적 1,000m² 이상인 것
	지정수량의 100배 이상인 것(고인화점 위험물만을 100℃ 미만의 온도에서 취급하는 것은 제외)
	지반면으로부터 6m 이상의 높이에 위험물취급설비가 있는 것(고인화점 위험물만을 100℃ 미만의 온도에서 취급하는 것은 제외)
	일반취급소로 사용되는 부분 외의 부분을 갖는 건축물에 설치된 것(내화구조로 개구부 없이 구획된 것 및 고인화점 위험물만을 100℃ 미만의 온도에서 취급하는 것 및 화학실험의 일반취급소 제외)
주유취급소	주유취급소의 직원 외의 자가 출입하는 부분의 면적의 합이 500m²를 초과하는 것

제조소등의 구분	제조소등의 규모, 저장 또는 취급하는 위험물의 품명 및 최대수량 등
옥내저장소	지정수량의 150배 이상인 것(고인화점 위험물만을 저장하는 것은 제외)
	연면적 150m^{2}를 초과하는 것(150m^2 이내마다 불연재료로 개구부 없이 구획된 것 및 인화성 고체 외의 제2류 위험물 또는 인화점 70℃ 이상의 제4류 위험물만을 저장하는 것은 제외)
	처마높이가 6m 이상인 단층 건물의 것
	옥내저장소로 사용되는 부분 외의 부분이 있는 건축물에 설치된 것(내화구조로 개구부 없이 구획된 것 및 인화성 고체 외의 제2류 위험물 또는 인화점 70℃ 이상의 제4류 위험물만을 저장하는 것은 제외)
옥외탱크저장소	액표면이 40m^2 이상인 것(제6류 위험물을 저장하는 것 및 고인화점 위험물만을 100℃ 미만의 온도에서 저장하는 것은 제외)
	지반면으로부터 탱크 옆판의 상단까지 높이가 6m 이상인 것(제6류 위험물을 저장하는 것 및 고인화점 위험물만을 100℃ 미만의 온도에서 저장하는 것은 제외)
	지중탱크 또는 해상탱크로서 지정수량의 100배 이상인 것(제6류 위험물을 저장하는 것 및 고인화점 위험물만을 100℃ 미만의 온도에서 저장하는 것은 제외)
	고체 위험물을 저장하는 것으로서 지정수량의 100배 이상인 것
옥내탱크저장소	액표면적이 40m^2 이상인 것(제6류 위험물을 저장하는 것 및 고인화점 위험물만을 100℃ 미만의 온도에서 저장하는 것은 제외)
	바닥면으로부터 탱크 옆판의 상단까지 높이가 6m 이상인 것(제6류 위험물을 저장하는 것 및 고인화점 위험물만을 100℃ 미만의 온도에서 저장하는 것은 제외)
	탱크전용실이 단층 건물 외의 건축물에 있는 것으로서 인화점 38℃ 이상 70℃ 미만의 위험물을 지정수량의 5배 이상 저장하는 것(내화구조로 개구부 없이 구획된 것은 제외한다)
옥외저장소	덩어리상태의 황을 저장하는 것으로서 경계표시 내부의 면적(2 이상의 경계표시가 있는 경우에는 각 경계표시의 내부의 면적을 합한 면적)이 100m^2 이상인 것
	인화성 고체(인화점 21℃ 미만), 제1석유류 또는 알코올류를 저장하는 것으로서 지정수량의 100배 이상인 것
암반탱크저장소	액표면적이 40m^2 이상인 것(제6류 위험물을 저장하는 것 및 고인화점 위험물만을 100℃ 미만의 온도에서 저장하는 것은 제외)
	고체 위험물만을 저장하는 것으로서 지정수량의 100배 이상인 것
이송취급소	모든 대상

(2) 소화난이도 등급 I 의 제조소등에 설치해야 하는 소화설비

제조소등의 구분			소화설비
제조소 및 일반취급소			옥내소화전설비, 옥외소화전설비, 스프링클러설비 또는 물분무등 소화설비(화재발생 시 연기가 충만할 우려가 있는 장소에는 스프링클러설비 또는 이동식 외의 물분무등 소화설비에 한한다)
주유취급소			스프링클러설비(건축물에 한정한다), 소형 수동식 소화기 등(능력단위의 수치가 건축물, 그 밖의 공작물 및 위험물의 소요단위의 수치에 이르도록 설치한다)
옥내 저장소	처마높이가 6m 이상인 단층 건물 또는 다른 용도의 부분이 있는 건축물에 설치한 옥내저장소		스프링클러설비 또는 이동식 외의 물분무등 소화설비
	그 밖의 것		옥외소화전설비, 스프링클러설비, 이동식 외의 물분무등 소화설비 또는 이동식 포소화설비(포소화전을 옥외에 설치하는 것에 한한다)
옥외 탱크 저장소	지중탱크 또는 해상탱크 외의 것	황만을 저장·취급하는 것	물분무소화설비
		인화점 70℃ 이상의 제4류 위험물만을 저장·취급하는 것	물분무소화설비 또는 고정식 포소화설비
		그 밖의 것	고정식 포소화설비(포소화설비가 적응성이 없는 경우에는 분말소화설비)
	지중탱크		고정식 포소화설비, 이동식 이외의 불활성가스소화설비 또는 이동식 이외의 할로젠화합물소화설비
	해상탱크		고정식 포소화설비, 물분무포소화설비, 이동식 이외의 불활성가스소화설비 또는 이동식 이외의 할로젠화합물소화설비
옥내 탱크 저장소	황만을 저장·취급하는 것		물분무소화설비
	인화점 70℃ 이상의 제4류 위험물만을 저장·취급하는 것		물분무소화설비, 고정식 포소화설비, 이동식 이외의 불활성가스소화설비, 이동식 이외의 할로젠화합물소화설비 또는 이동식 이외의 분말소화설비
	그 밖의 것		고정식 포소화설비, 이동식 이외의 불활성가스소화설비, 이동식 이외의 할로젠화합물소화설비 또는 이동식 이외의 분말소화설비

제조소등의 구분		소화설비
옥외저장소 및 이송취급소		옥내소화전설비, 옥외소화전설비, 스프링클러설비 또는 물분무등 소화설비(화재발생 시 연기가 충만할 우려가 있는 장소에는 스프링클러설비 또는 이동식 이외의 물분무등 소화설비에 한한다)
암반 탱크 저장소	황만을 저장·취급하는 것	물분무소화설비
	인화점 70℃ 이상의 제4류 위험물 만을 저장·취급하는 것	물분무소화설비 또는 고정식 포소화설비
	그 밖의 것	고정식 포소화설비(포소화설비가 적응성이 없는 경우에는 분말소화설비)

※ 제4류 위험물을 저장 또는 취급하는 옥외탱크저장소 또는 옥내탱크저장소에는 소형 수동식 소화기 등을 2개 이상 설치하여야 한다.

☑ 소화난이도 등급 Ⅱ

(1) 소화난이도 등급 Ⅱ에 해당하는 제조소등

제조소등의 구분	제조소등의 규모, 저장 또는 취급하는 위험물의 품명 및 최대수량 등
제조소 및 일반취급소	연면적 600m^2 이상인 것
	지정수량의 10배 이상인 것(고인화점 위험물만을 100℃ 미만의 온도에서 취급하는 것은 제외)
	소화난이도 등급 Ⅰ의 제조소등에 해당하지 아니하는 것(고인화점 위험물만을 100℃ 미만의 온도에서 취급하는 것은 제외)
옥내저장소	단층 건물 이외의 것
	다층 건물의 옥내저장소 또는 소규모 옥내저장소
	지정수량의 10배 이상인 것(고인화점 위험물만을 저장하는 것은 제외)
	연면적 150m^2 초과인 것
	복합용도건축물의 옥내저장소로서 소화난이도 등급 Ⅰ의 제조소등에 해당하지 아니하는 것
옥외탱크저장소, 옥내탱크저장소	소화난이도 등급 Ⅰの 제조소등 외의 것(고인화점 위험물만을 100℃ 미만의 온도로 저장하는 것 및 제6류 위험물만을 저장하는 것은 제외)

제조소등의 구분	제조소등의 규모, 저장 또는 취급하는 위험물의 품명 및 최대수량 등
옥외저장소	덩어리상태의 황을 저장하는 것으로서 경계표시 내부의 면적(2 이상의 경계표시가 있는 경우에는 각 경계표시의 내부의 면적을 합한 면적)이 5m² 이상 100m² 미만인 것
	인화성 고체(인화점이 21℃ 미만), 제1석유류 또는 알코올류를 저장하는 것으로서 지정수량의 10배 이상 100배 미만인 것
	지정수량의 100배 이상인 것(덩어리상태의 황 또는 고인화점 위험물을 저장하는 것은 제외)
주유취급소	옥내주유취급소로서 소화난이도 등급 Ⅰ의 제조소등에 해당하지 아니하는 것
판매취급소	제2종 판매취급소

(2) 소화난이도 등급 Ⅱ의 제조소등에 설치하여야 하는 소화설비

제조소등의 구분	소화설비
제조소, 옥내저장소, 옥외저장소, 주유취급소, 판매취급소, 일반취급소	방사능력범위 내에 해당 건축물, 그 밖의 공작물 및 위험물이 포함되도록 대형 수동식 소화기를 설치하고, 해당 위험물의 소요단위의 1/5 이상에 해당되는 능력단위의 소형 수동식 소화기등을 설치할 것
옥외탱크저장소, 옥내탱크저장소	대형 수동식 소화기 및 소형수동식 소화기 등을 각각 1개 이상 설치할 것

☑ 소화난이도 등급 Ⅲ

(1) 소화난이도 등급 Ⅲ의 제조소등

제조소등의 구분	제조소등의 규모, 저장 또는 취급하는 위험물의 품명 및 최대수량 등
제조소 및 일반취급소	소화난이도 등급 Ⅰ 또는 소화난이도 등급 Ⅱ의 제조소등에 해당하지 아니하는 것
옥내저장소	소화난이도 등급 Ⅰ 또는 소화난이도 등급 Ⅱ의 제조소등에 해당하지 아니하는 것
지하탱크저장소, 간이탱크저장소, 이동탱크저장소	모든 대상

제조소등의 구분	제조소등의 규모, 저장 또는 취급하는 위험물의 품명 및 최대수량 등
옥외저장소	덩어리상태의 황을 저장하는 것으로서 경계표시 내부의 면적(2 이상의 경계표시가 있는 경우에는 각 경계표시의 내부의 면적을 합한 면적)이 5m² 미만인 것
	덩어리상태의 황 외의 것을 저장하는 것으로서 소화난이도 등급 Ⅰ 또는 소화난이도 등급 Ⅱ의 제조소등에 해당하지 아니하는 것
주유취급소	옥내주유취급소 외의 것으로서 소화난이도 등급 Ⅰ의 제조소등에 해당하지 아니하는 것
제1종 판매취급소	모든 대상

(2) 소화난이도 등급 Ⅲ의 제조소등에 설치하여야 하는 소화설비

제조소등의 구분	소화설비	설치기준	
지하탱크저장소	소형수동식 소화기등	능력단위의 수치가 3 이상	2개 이상
이동탱크저장소	자동차용 소화기	무상의 강화액 8L 이상	2개 이상
		이산화탄소 3.2kg 이상	
		일브로민화일염화이플루오린화메테인(CF_2ClBr) 2L 이상	
		일브로민화삼플루오린화메테인(CF_3Br) 2L 이상	
		이브로민화사플루오린화에테인($C_2F_4Br_2$) 1L 이상	
		소화분말 3.3kg 이상	
	마른 모래 및 팽창질석 또는 팽창진주암	마른 모래 150L 이상	
		팽창질석 또는 팽창진주암 640L 이상	
그 밖의 제조소등	소형수동식 소화기등	능력단위의 수치가 건축물, 그 밖의 공작물 및 위험물의 소요단위의 수치에 이르도록 설치할 것(다만, 옥내소화전설비, 옥외소화전설비, 스프링클러설비, 물분무등 소화설비 또는 대형 수동식 소화기를 설치한 경우에는 해당 소화설비의 방사능력범위 내의 부분에 대하여는 수동식 소화기등을 그 능력단위의 수치가 해당 소요단위의 수치의 1/5 이상이 되도록 하는 것으로 족하다)	

※ 알킬알루미늄등을 저장 또는 취급하는 이동탱크저장소에 있어서는 자동차용 소화기를 설치하는 것 외에 마른 모래나 팽창질석 또는 팽창진주암을 추가로 설치하여야 한다.

소화설비의 적응성

소화설비의 구분	건축물·그 밖의 공작물	전기설비	제1류 위험물 알칼리금속의 과산화물등	제1류 위험물 그 밖의 것	제2류 위험물 철분·금속분·마그네슘 등	제2류 위험물 인화성 고체	제2류 위험물 그 밖의 것	제3류 위험물 금수성 물품	제3류 위험물 그 밖의 것	제4류 위험물	제5류 위험물	제6류 위험물
옥내소화전 또는 옥외소화전 설비	○			○		○	○		○		○	○
스프링클러설비	○			○		○	○		○	△	○	○
물분무등소화설비 — 물분무소화설비	○	○		○		○	○		○	○	○	○
물분무등소화설비 — 포소화설비	○			○		○	○		○	○	○	○
물분무등소화설비 — 불활성가스소화설비		○				○				○		
물분무등소화설비 — 할로젠화합물소화설비		○				○				○		
물분무등소화설비 — 분말소화설비 — 인산염류등	○	○		○		○				○		○
물분무등소화설비 — 분말소화설비 — 탄산수소염류등		○	○		○	○		○		○		
물분무등소화설비 — 분말소화설비 — 그 밖의 것			○		○			○				
대형·소형 수동식 소화기 — 봉상수(棒狀水)소화기	○			○		○	○		○		○	○
대형·소형 수동식 소화기 — 무상수(霧狀水)소화기	○	○		○		○	○		○		○	○
대형·소형 수동식 소화기 — 봉상강화액소화기	○			○		○	○		○		○	○
대형·소형 수동식 소화기 — 무상강화액소화기	○	○		○		○	○		○	○	○	○
대형·소형 수동식 소화기 — 포소화기	○			○		○	○		○	○	○	○
대형·소형 수동식 소화기 — 이산화탄소소화기		○				○				○		△
대형·소형 수동식 소화기 — 할로젠화합물소화기		○				○				○		
대형·소형 수동식 소화기 — 분말소화기 — 인산염류소화기	○	○		○		○				○		○
대형·소형 수동식 소화기 — 분말소화기 — 탄산수소염류소화기		○	○		○	○		○		○		
대형·소형 수동식 소화기 — 분말소화기 — 그 밖의 것			○		○			○				
기타 — 물통 또는 수조	○			○		○	○		○		○	○
기타 — 건조사(마른 모래)			○	○	○	○	○	○	○	○	○	○
기타 — 팽창질석 또는 팽창진주암			○	○	○	○	○	○	○	○	○	○

※ "△"의 의미

    ㉠ 스프링클러설비 : 제4류 위험물 화재에는 사용할 수 없지만 취급장소의 살수기
    준면적에 따라 스프링클러설비의 살수밀도가 다음 [표]의 기준 이상이면 제4류
    위험물 화재에 사용할 수 있다.

살수기준면적(m^2)	방사밀도($L/m^2 \cdot$ 분)	
	인화점 38℃ 미만	인화점 38℃ 이상
279 미만	16.3 이상	12.2 이상
279 이상 372 미만	15.5 이상	11.8 이상
372 이상 465 미만	13.9 이상	9.8 이상
465 이상	12.2 이상	8.1 이상

    ㉡ 이산화탄소소화기 : 폭발의 위험이 없는 장소에 한하여 이산화탄소소화기가 제6류
    위험물의 화재에 적응성이 있음을 의미한다.

4. 위험물의 저장 · 취급 기준

☑ 위험물의 저장기준

(1) 유별이 다른 위험물끼리 동일한 저장소에 저장할 수 있는 경우

옥내저장소 또는 옥외저장소에서는 서로 다른 유별끼리 함께 저장할 수 없지만 다음의
조건을 만족하면서 유별로 정리하여 서로 1m 이상의 간격을 두는 경우에는 저장할 수
있다.

① 제1류 위험물(알칼리금속의 과산화물 제외)과 제5류 위험물

② 제1류 위험물과 제6류 위험물

③ 제1류 위험물과 제3류 위험물 중 자연발화성 물질(황린)

④ 제2류 위험물 중 인화성 고체와 제4류 위험물

⑤ 제3류 위험물 중 알킬알루미늄등과 제4류 위험물(알킬알루미늄 또는 알킬리튬을 함
    유한 것)

⑥ 제4류 위험물 중 유기과산화물과 제5류 위험물 중 유기과산화물

(2) 유별이 같은 위험물이라도 동일한 저장소에 저장할 수 없는 경우

① 제3류 위험물 중 황린과 같이 물속에 저장하는 물품과 금수성 물질은 동일한 저장
    소에서 저장하지 아니하여야 한다.

② 동일 품명의 위험물이라도 자연발화할 우려가 있거나 재해가 현저하게 증대할 우려가 있는 위험물을 다량 저장하는 경우에는 지정수량의 10배 이하마다 구분하여 상호간 0.3m 이상의 간격을 두어 저장하여야 한다.

(3) 옥내저장소 또는 옥외저장소의 저장용기를 쌓는 높이의 기준

① 기계에 의하여 하역하는 구조로 된 용기 : 6m 이하
② 제4류 위험물 중 제3석유류, 제4석유류 및 동식물유류의 용기 : 4m 이하
③ 그 밖의 경우 : 3m 이하
④ 용기를 선반에 저장하는 경우
　㉠ 옥내저장소에 설치한 선반 : 높이의 제한 없음
　㉡ 옥외저장소에 설치한 선반 : 6m 이하

(4) 탱크에 저장할 때 위험물의 저장온도

구 분	옥외저장탱크, 옥내저장탱크, 지하저장탱크		이동저장탱크	
	압력탱크에 저장하는 경우	압력탱크 외의 탱크에 저장하는 경우	보냉장치가 있는 이동저장탱크에 저장하는 경우	보냉장치가 없는 이동저장탱크에 저장하는 경우
아세트알데하이드등	40℃ 이하	15℃ 이하	비점 이하	40℃ 이하
산화프로필렌 및 다이에틸에터등	40℃ 이하	30℃ 이하	비점 이하	40℃ 이하

☑ 위험물의 취급기준

(1) 제조에 관한 기준

① 증류공정에 있어서는 위험물을 취급하는 설비의 내부압력의 변동 등에 의하여 액체 또는 증기가 새지 아니하도록 할 것
② 추출공정에 있어서는 추출관의 내부압력이 비정상으로 상승하지 아니하도록 할 것
③ 건조공정에 있어서는 위험물의 온도가 국부적으로 상승하지 아니하는 방법으로 가열 또는 건조할 것
④ 분쇄공정에 있어서는 위험물의 분말이 현저하게 부유하고 있거나 위험물의 분말이 현저하게 기계·기구 등에 부착하고 있는 상태로 그 기계·기구를 취급하지 아니할 것

(2) 소비에 관한 기준

① 분사도장작업은 방화상 유효한 격벽 등으로 구획된 안전한 장소에서 실시할 것

② 담금질 또는 열처리작업은 위험물이 위험한 온도에 이르지 아니하도록 하여 실시할 것

③ 버너를 사용하는 경우에는 버너의 역화를 방지하고 위험물이 넘치지 아니하도록 할 것

(3) 주유취급소 · 이동탱크저장소 · 판매취급소에서의 기준

① 위험물을 주유할 때 자동차 등의 원동기를 정지시켜야 하는 위험물 : 인화점 40℃ 미만의 위험물

② 이동저장탱크에 위험물을 주입할 때의 기준

　㉠ 이동저장탱크의 상부로부터 위험물을 주입할 때 : 위험물의 액표면이 주입관의 선단을 넘는 높이가 될 때까지 주입관 내의 유속을 초당 1m 이하로 한다.

　㉡ 이동저장탱크의 밑부분으로부터 위험물을 주입할 때 : 위험물의 액표면이 주입관의 정상부분을 넘는 높이가 될 때까지 주입관 내의 유속을 초당 1m 이하로 한다.

③ 이동탱크저장소에 봉입하는 불활성 기체의 압력

　㉠ 알킬알루미늄등의 이동탱크로부터 알킬알루미늄을 꺼낼 때 : 동시에 200kPa 이하의 압력으로 불활성 기체 봉입

　㉡ 알킬알루미늄등의 이동탱크에 알킬알루미늄을 저장할 때 : 20kPa 이하의 압력으로 불활성 기체 봉입

　㉢ 아세트알데하이드등의 이동탱크로부터 아세트알데하이드를 꺼낼 때 : 동시에 100kPa 이하의 압력으로 불활성 기체 봉입

④ 이동저장탱크로부터 위험물을 저장 또는 취급하는 탱크에 위험물을 주입할 때 원동기를 정지시켜야 하는 위험물 : 인화점이 40℃ 미만인 위험물

⑤ 판매취급소에서 배합하거나 옮겨 담을 수 있는 위험물의 종류

　㉠ 도료류

　㉡ 제1류 위험물 중 염소산염류

　㉢ 황

　㉣ 제4류 위험물(단, 인화점 38℃ 이상인 것)

5. 위험물의 운반기준

(1) 운반용기의 재질

강판, 알루미늄판, 양철판, 유리, 금속판, 종이, 플라스틱, 섬유판, 고무류, 합성섬유, 삼, 짚 또는 나무

(2) 운반용기의 수납률

① 고체 위험물 : 운반용기 내용적의 95% 이하

② 액체 위험물 : 운반용기 내용적의 98% 이하
        (55℃에서 누설되지 않도록 공간용적 유지)

③ 알킬알루미늄 또는 알킬리튬 : 운반용기 내용적의 90% 이하
        (50℃에서 5% 이상의 공간용적 유지)

(3) 운반용기 외부에 표시해야 하는 사항

① 품명, 위험등급, 화학명 및 수용성

② 위험물의 수량

③ 위험물에 따른 주의사항

유 별	품 명	운반용기의 주의사항
제1류	알칼리금속의 과산화물	화기 · 충격주의, 가연물접촉주의, 물기엄금
	그 밖의 것	화기 · 충격주의, 가연물접촉주의
제2류	철분, 금속분, 마그네슘	화기주의, 물기엄금
	인화성 고체	화기엄금
	그 밖의 것	화기주의
제3류	금수성 물질	물기엄금
	자연발화성 물질	화기엄금, 공기접촉엄금
제4류	인화성 액체	화기엄금
제5류	자기반응성 물질	화기엄금, 충격주의
제6류	산화성 액체	가연물접촉주의

(4) 운반용기의 최대용적 또는 중량

① 고체 위험물

운반용기				수납위험물의 종류 및 위험등급									
내장용기		외장용기		제1류			제2류		제3류			제5류	
용기의 종류	최대용적 (중량)	용기의 종류	최대용적 (중량)	I	II	III	II	III	I	II	III	I	II
유리용기 또는 플라스틱 용기	10L	나무상자 또는 플라스틱상자	125kg	○	○	○	○	○	○	○	○	○	○
			225kg		○	○		○		○			○
		파이버판상자	40kg	○	○	○	○	○	○	○	○	○	○
			55kg					○		○			○
금속제 용기	30L	나무상자 또는 플라스틱상자	125kg	○	○	○	○	○	○	○	○	○	○
			225kg		○	○		○		○			○
		파이버판상자	40kg	○	○	○	○	○	○	○	○	○	○
			55kg					○		○			○
플라스틱 필름포대 또는 종이포대	5kg	나무상자 또는 플라스틱상자	50kg	○	○	○							○
	50kg		50kg	○	○	○							○
	125kg		125kg		○	○		○					
	225kg		225kg			○		○					
	5kg	파이버판상자	40kg	○	○	○				○	○		○
	40kg		40kg	○	○	○							○
	55kg		55kg			○		○					
		금속제용기 (드럼 제외)	60L	○	○	○	○	○	○	○	○	○	○
		플라스틱용기 (드럼 제외)	10L		○	○	○	○		○	○		○
			30L					○					○
		금속제드럼	250L	○	○	○	○	○	○	○	○	○	○
		플라스틱드럼 또는 파이버드럼 (방수성이 있는 것)	60L	○	○	○	○	○	○	○	○		○
			250L		○	○	○	○					○
		합성수지포대 (방수성이 있는 것), 플라스틱필름포대, 섬유포대 (방수성이 있는 것) 또는 종이포대 (여러 겹으로서 방수성이 있는 것)	50kg		○	○		○		○			○

② 액체 위험물

운반용기				수납위험물의 종류 및 위험등급								
내장용기		외장용기		제3류			제4류			제5류		제6류
용기의 종류	최대용적(중량)	용기의 종류	최대용적(중량)	I	II	III	I	II	III	I	II	I
유리용기	5L	나무 또는 플라스틱상자 (불활성의 완충재를 채울 것)	75kg	○	○	○	○	○	○	○	○	○
	10L		125kg		○	○		○	○		○	
			225kg						○			
	5L	파이버판상자	40kg	○	○	○	○	○	○	○	○	○
	10L		55kg						○			
플라스틱 용기	10L	나무 또는 플라스틱상자	75kg	○	○	○	○	○	○	○	○	○
			125kg		○	○		○	○		○	
			225kg						○			
		파이버판상자	40kg	○	○	○	○	○	○	○	○	○
			55kg						○			
금속제 용기	30L	나무 또는 플라스틱상자	125kg	○	○	○	○	○	○	○	○	○
			225kg						○			
		파이버판상자	40kg	○	○	○	○	○	○	○	○	○
			55kg		○	○		○	○		○	
		금속제용기 (금속제드럼 제외)	60L		○	○		○	○		○	
		플라스틱용기 (플라스틱드럼 제외)	10L		○	○		○	○		○	
			20L					○	○		○	
			30L						○		○	
		금속제드럼 (뚜껑고정식)	250L	○	○	○	○	○	○	○	○	○
		금속제드럼 (뚜껑탈착식)	250L					○	○			
		플라스틱 또는 파이버드럼 (플라스틱내용기 부착의 것)	250L		○	○			○		○	

(5) 운반 시 피복기준

① 차광성 피복으로 가려야 하는 위험물

㉠ 제1류 위험물

㉡ 제3류 위험물 중 자연발화성 물질

㉢ 제4류 위험물 중 특수인화물

㉣ 제5류 위험물

㉤ 제6류 위험물

② 방수성 피복으로 가려야 하는 위험물

㉠ 제1류 위험물 중 알칼리금속의 과산화물

㉡ 제2류 위험물 중 철분, 금속분, 마그네슘

㉢ 제3류 위험물 중 금수성 물질

③ 차광성 피복과 방수성 피복을 모두 사용해서 가려야 하는 위험물

– 제1류 위험물 중 알칼리금속의 과산화물

(6) 운반에 관한 위험등급

① 위험등급 I

㉠ 제1류 위험물 : 아염소산염류, 염소산염류, 과염소산염류, 무기과산화물 등 지정수량이 50kg인 위험물

㉡ 제3류 위험물 : 칼륨, 나트륨, 알킬알루미늄, 알킬리튬, 황린 등 지정수량이 10kg 또는 20kg인 위험물

㉢ 제4류 위험물 : 특수인화물

㉣ 제5류 위험물 : 유기과산화물, 질산에스터류 등 지정수량이 10kg인 위험물

㉤ 제6류 위험물

② 위험등급 II

㉠ 제1류 위험물 : 브로민산염류, 질산염류, 아이오딘산염류 등 지정수량이 300kg인 위험물

㉡ 제2류 위험물 : 황화인, 적린, 황 등 지정수량이 100kg인 위험물

㉢ 제3류 위험물 : 알칼리금속(칼륨 및 나트륨을 제외한다) 및 알칼리토금속, 유기금속화합물(알킬알루미늄 및 알킬리튬을 제외한다) 등 지정수량이 50kg인 위험물

㉣ 제4류 위험물 : 제1석유류 및 알코올류

㉤ 제5류 위험물 : 위험등급 I 외의 것

③ 위험등급 III : 위험등급 I, 위험등급 II 외의 것

(7) 유별을 달리하는 위험물의 혼재기준

위험물의 구분	제1류	제2류	제3류	제4류	제5류	제6류
제1류		×	×	×	×	○
제2류	×		×	○	○	×
제3류	×	×		○	×	×
제4류	×	○	○		○	×
제5류	×	○	×	○		×
제6류	○	×	×	×	×	

※ 이 [표]는 지정수량의 1/10 이하의 위험물에 대하여는 적용하지 않는다.

Industrial Engineer Hazardous material

| 위험물산업기사 필기 |

www.cyber.co.kr

제2장. 과년도 출제문제

최근의 기출문제 수록

* 2025년부터 적용되는 출제기준의 변경으로 인해 필기시험 과목명 중 일부가 아래와 같이 바뀌었으나, 전체적인 내용은 이전과 같음을 알려드립니다.

~ 2024년 출제기준
제1과목. 일반화학
제2과목. 화재예방과 소방방법
제3과목. 위험물의 성질과 취급

(변경) 2025년 출제기준
제1과목. 물질의 물리 · 화학적 성질
제2과목. 화재예방과 소화방법
제3과목. 위험물의 성상 및 취급

| 위험물산업기사 필기 |

www.cyber.co.kr

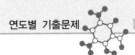

2018 제1회 위험물산업기사

2018년 3월 4일 시행

제1과목   일반화학

01 다음 중 CH₃COOH와 C₂H₅OH의 혼합물에 소량의 진한 황산을 가하여 가열하였을 때 주로 생성되는 물질은?

① 아세트산에틸   ② 메탄산에틸
③ 글리세롤   ④ 다이에틸에터

》》 아세트산(CH_3COOH)과 에틸알코올(C_2H_5OH)에 황산을 촉매로 가하면 탈수반응을 일으켜 다음과 같이 **아세트산에틸**($CH_3COOC_2H_5$)과 물(H_2O)이 생성된다.

$$CH_3COOH + C_2H_5OH \xrightarrow{H_2SO_4} CH_3COOC_2H_5 + H_2O$$

02 다음 중 비극성 분자는 어느 것인가?

① HF   ② H₂O
③ NH₃   ④ CH₄

》》 대칭관계에 있는 분자들을 양쪽에서 같은 힘으로 서로 잡아당기면 어느 쪽으로도 치우치지 않는데 이러한 분자를 비극성 분자라고 부른다. 만약 양쪽의 힘의 크기가 다르면 힘이 큰 쪽의 분자의 성질만 나타나기 때문에 이러한 경우 극이 발생하게 되고 이런 분자를 극성 분자라고 한다.
① HF : 서로 힘이 다른 H와 F가 잡아 당기고 있어 한쪽으로 힘이 치우치므로 극성 분자이다.
② H₂O : H 2개가 O 1개를 양쪽에서 같은 힘으로 당기고 있는 대칭구조처럼 보이지만 O가 갖고 있는 공유전자쌍이 반발력을 가짐으로써 양쪽의 H를 밀어내 각도가 형성된 극이 만들어지므로 극성 분자이다.

```
        O
      /   \
     H     H
```

③ NH₃ : N 1개를 H 3개가 서로 다른 3개의 방향에서 잡아 당기고 있어 대칭구조가 아니므로 극성 분자이다.
④ CH₄ : C 1개를 N 4개가 4개의 방향에서 같은 힘으로 잡아 당기고 있기 때문에 극성이 생기지 않아 비극성 분자이다.

03 다음 중 전리도가 가장 커지는 경우는 어느 것인가?

① 농도와 온도가 일정할 때
② 농도가 진하고 온도가 높을수록
③ 농도가 묽고 온도가 높을수록
④ 농도가 진하고 온도가 낮을수록

》》 전리도는 이온화도라고도 하며 물질이 용액에 녹아 이온으로 분리되는 정도를 말한다. 어떤 물질이 용액에서 잘 녹거나 쉽게 분리되기 위한 조건은, 용액의 **농도는 묽고** 용액에 가해지는 **온도는 높아야 한다.**

04 산소의 산화수가 가장 큰 것은?

① O₂   ② KClO₄
③ H₂SO₄   ④ H₂O₂

》》 ① O_2에는 O 외에는 다른 원소가 존재하지 않기 때문에 단체(하나의 원소로 이루어진 것)인 O의 산화수는 0이다.
② $KClO_4$에서 O가 4개이므로 O_4를 $+4x$로 두고 K의 원자가 +1과 Cl의 원자가 +7을 더한 합이 0이 될 때 x의 값이 산화수이다.
※ 만약 여기서 Cl의 원자가를 −1로 대입하면 O의 산화수는 0이 된다. 단체가 아닌 $KClO_4$의 산화수는 0이 될 수 없으므로 Cl의 원자가를 +7로 대입해야 한다.

K	Cl	O₄
+1	+7	$+4x$

$+4x + 8 = 0$
$x = -2$이므로 O의 산화수는 −2이다.
③ H_2SO_4에서 O가 4개이므로 O_4를 $+4x$로 두고 H의 원자가 +1에 2를 곱하고 S의 원자가 +6을 더한 합이 0이 될 때 x의 값이 산화수이다.
※ 만약 여기서 S의 원자가를 −2로 대입하면 O의 산화수는 0이 된다. 단체가 아닌 H_2SO_4의 산화수는 0이 될 수 없으므로 S의 원자가를 +6으로 대입해야 한다.

$$\begin{array}{ccc} H_2 & S & O_4 \end{array}$$
$+1\times2 \ +6 \ +4x = 0$
$+4x+8 = 0$
$x = -2$이므로 O의 산화수는 -2이다.
④ H_2O_2에서 O가 2개이므로 O_2를 $+2x$로 두고 H의 원자가 $+1$에 2를 곱한 후 그 합이 0이 될 때 x의 값이 산화수이다.
$$\begin{array}{cc} H_2 & O_2 \end{array}$$
$+1\times2 \ +2x = 0$
$+2x+2 = 0$
$x = -1$이므로 O의 산화수는 -1이다.
따라서 산소의 산화수가 가장 큰 것은 O_2이다.

05 어떤 기체의 확산속도가 $SO_2(g)$의 2배이다. 이 기체의 분자량은 얼마인가? (단, 원자량은 S = 32, O = 16이다.)

① 8
② 16
③ 32
④ 64

PLAY ▶ 풀이

》》 그레이엄의 기체확산속도의 법칙은 "기체의 확산속도는 기체의 분자량의 제곱근에 반비례한다."이고, 이 공식을 두 가지의 기체에 대해 적용하면 $\dfrac{V_x}{V_{SO_2}} = \sqrt{\dfrac{M_{SO_2}}{M_x}}$ 이다.

여기서, V_x : 구하고자 하는 기체의 확산속도
V_{SO_2} : SO_2기체의 확산속도
M_{SO_2} : SO_2기체의 분자량
M_x : 구하고자 하는 기체의 분자량

〈문제〉에서 구하고자 하는 기체의 확산속도 V_x는 V_{SO_2}의 2배라고 하였으므로 $V_x = 2V_{SO_2}$이고 기체의 확산속도 공식에 V_x 대신 $2V_{SO_2}$를 대입하면 $\dfrac{2V_{SO_2}}{V_{SO_2}} = \sqrt{\dfrac{M_{SO_2}}{M_x}}$ 가 되며, 여기서 V_{SO_2}를 약분하면 공식은 $2 = \sqrt{\dfrac{M_{SO_2}}{M_x}}$ 가 된다.

양 변을 제곱하여 $\sqrt{}$를 없애면 $4 = \dfrac{M_{SO_2}}{M_x}$ 가 되는데 SO_2의 분자량 M_{SO_2}는 64이므로 M_{SO_2}에 64를 대입하면 공식은 $4 = \dfrac{64}{M_x}$ 로 나타낼 수 있다.

따라서 구하고자 하는 기체의 분자량 $M_x = \dfrac{64}{4}$ $= 16$이 된다.

06 결합력이 큰 것부터 작은 순서로 나열한 것은?

① 공유결합 > 수소 결합 > 반 데르 발스 결합
② 수소결합 > 공유결합 > 반 데르 발스 결합
③ 반 데르 발스 결합 > 수소결합 > 공유결합
④ 수소결합 > 반 데르 발스 결합 > 공유결합

》》 결합력의 세기
원자결합 > 공유결합 > 이온결합 > 금속결합 > 수소결합 > 반 데르 발스 결합

톡톡튀는 암기법 원숭이는 물을 싫어하니까 물을 금지하는 반에 넣으라는 의미로 원숭이금수반이라고 암기하세요. "원(원자) 숭(공유) 이(이온) 금(금속) 수(수소) 반(반 데르 발스)"

07 반투막을 이용해서 콜로이드 입자를 전해질이나 작은 분자로부터 분리 정제하는 것을 무엇이라 하는가?

① 틴들현상
② 브라운운동
③ 투석
④ 전기영동

》》 콜로이드보다 더 작은 입자와 콜로이드를 반투막에 통과시키면 콜로이드보다 작은 입자는 통과되고 콜로이드는 통과되지 않아 두 입자가 서로 분리되는데 이러한 현상을 투석이라 한다.

08 다음 중 배수비례의 법칙이 성립되는 화합물을 나열한 것은?

① CH_4, CCl_4
② SO_2, SO_3
③ H_2O, H_2S
④ NH_3, BH_3

》》 배수비례의 법칙이란 원소 2종류를 화합하여 두 가지 이상의 물질을 만들 때 각 물질에 속한 원소 한 개의 질량과 결합하는 다른 원소의 질량은 각 물질에서 항상 일정한 정수비를 나타내는 것을 말한다. 〈보기〉 ②에서 SO_2는 S와 결합하는 O_2의 질량이 16g × 2 = 32g이고 SO_3는 S와 결합하는 O_3의 질량이 16g × 3 = 48g이므로 SO_2와 SO_3에 포함된 O는 32 : 48, 즉 2 : 3의 정수비를 나타내므로 이 두 물질 사이에는 배수비례의 법칙이 성립하는 것을 알 수 있다.

정답 05. ② 06. ① 07. ③ 08. ②

09 다음 중 양쪽성 산화물에 해당하는 것은?

① NO_2 ② Al_2O_3

③ MgO ④ Na_2O

»» 산소(O)를 포함하고 있는 물질을 산화물이라 하며, 산화물에는 다음의 3종류가 있다.
1) 산성 산화물 : 비금속 + 산소
2) 염기성 산화물 : 금속 + 산소
3) 양쪽성 산화물 : Al(알루미늄), Zn(아연), Sn(주석), Pb(납) + 산소
① NO_2 : 비금속에 속하는 N(질소) + 산소 → 산성 산화물
② Al_2O_3 : 양쪽성에 속하는 Al(알루미늄) + 산소 → **양쪽성 산화물**
③ MgO : 알칼리토금속에 속하는 Mg(마그네슘) + 산소 → 염기성 산화물
④ Na_2O : 알칼리금속에 속하는 Na(나트륨) + 산소 → 염기성 산화물

10 지시약으로 사용되는 페놀프탈레인 용액은 산성에서 어떤 색을 띠는가?

① 적색 ② 청색

③ 무색 ④ 황색

»» 물질의 성질에 따른 지시약의 종류와 변색

종 류	산성	중성	염기성 (알칼리성)
페놀프탈레인	**무색**	무색	적색
메틸오렌지	적색	황색	황색
리트머스종이	청색 → 적색	보라색	적색 → 청색

11 1기압에서 2L의 부피를 차지하는 어떤 이상 기체를 온도의 변화 없이 압력을 4기압으로 하면 부피는 얼마가 되겠는가?

① 8L ② 2L

③ 1L ④ 0.5L

»» 온도변화 없이 기체의 압력과 부피를 활용하는 문제이므로 다음과 같이 보일의 법칙을 이용한다. 어떤 기체의 압력과 부피의 곱은 다른 상태의 압력과 부피의 곱과 같으므로
$$P_1 V_1 = P_2 V_2$$
1기압 × 2L = 4기압 × V_2
$$V_2 = \frac{1 \times 2}{4} = 0.5\text{L이다.}$$

12 다음 중 방향족 화합물이 아닌 것은?

① 톨루엔

② 아세톤

③ 크레졸

④ 아닐린

»» 다음의 구조식과 같이 ① 톨루엔, ③ 크레졸, ④ 아닐린은 모두 벤젠을 포함하는 구조이므로 방향족화합물로 분류되며, ② 아세톤은 사슬구조이므로 지방족화합물로 분류된다.

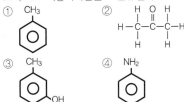

13 어떤 금속(M) 8g을 연소시키니 11.2g의 산화물이 얻어졌다. 이 금속의 원자량이 140이라면 이 산화물의 화학식은?

① M_2O_3 ② MO

③ MO_2 ④ M_2O_7

»» 금속 M의 원자가는 알 수 없으므로 +x라 하고 산소 O의 원자가는 −2이므로 금속 M이 산소 O와 결합하여 만들어진 산화물의 화학식은 M_2O_x이다. 〈문제〉에서 산화물 M_2O_x는 11.2g이고 금속 M_2가 8g이라 하였으므로 산소 O_x는 산화물 M_2O_x의 질량 11.2g에서 금속 M_2의 질량 8g을 뺀 3.2g이 된다. 이는 산화물 M_2O_x가 금속 M_2 8g, 산소 O_x 3.2g으로 구성되어 있다는 것을 의미하며 이러한 비율로 구성된 산화물의 화학식을 알기 위해서는 금속 M의 원자량 140g을 대입해 금속 M_2를 140g × 2 = 280g으로 하였을 때 산소 O_x의 질량이 얼마인지를 구하면 된다.

$$\begin{matrix} M_2 & & O_x \\ 8\text{g} & \diagdown\diagup & 3.2\text{g} \\ 280\text{g} & \diagup\diagdown & x(\text{g}) \end{matrix}$$

$8 \times x = 280 \times 3.2$

$x = 112\text{g이다.}$

여기서 x는 O_x의 질량으로서 $O_x = 112$g이므로 O_x가 112g이 되려면 16g × x = 112에서 x = 7이 된다. 따라서 x는 산소 O의 개수를 나타내는 것이므로 이 산화물의 화학식은 M_2O_7이다.

14 다음 중 밑줄 친 원자의 산화수 값이 나머지 셋과 다른 하나는?

① $\underline{Cr}_2O_7^{2-}$

② $H_3\underline{P}O_4$

③ $H\underline{N}O_3$

④ $HC\underline{l}O_3$

≫ ① $\underline{Cr}_2O_7^{2-}$에서 Cr이 2개이므로 Cr_2를 $+2x$로 두고 O의 원자가 -2에 개수 7을 곱한 후 그 합을 -2로 하였을 때 x의 값이 산화수이다.

$\quad \underline{Cr_2} \quad O_7$

$+2x \;-2\times7 = -2$

$+2x - 14 = -2$

$2x = +12$이므로 Cr의 산화수는 $+6$이다.

② $H_3\underline{P}O_4$에서 P를 $+x$로 두고 H의 원자가 $+1$에 개수 3을 곱하고 O의 원자가 -2에 개수 4를 곱한 후 그 합이 0이 될 때 x의 값이 산화수이다.

$\quad H_3 \quad \underline{P} \quad O_4$

$+1\times3 \;+x \;-2\times4 = 0$

$+x - 5 = 0$

$x = +5$이므로 P의 산화수는 $+5$다.

③ $H\underline{N}O_3$에서 N을 $+x$로 두고 H의 원자가 $+1$을 더한 후 O의 원자가 -2에 개수 3을 곱한 값의 합이 0이 될 때 x의 값이 산화수이다.

$\quad H \quad \underline{N} \quad O_3$

$+1 \;+x \;-2\times3 = 0$

$+x - 5 = 0$

$x = +5$이므로 N의 산화수는 $+5$이다.

④ $HC\underline{l}O_3$에서 Cl을 $+x$로 두고 H의 원자가 $+1$을 더한 후 O의 원자가 -2에 개수 3을 곱한 값의 합이 0이 될 때 x의 값이 산화수이다.

$\quad H \quad C\underline{l} \quad O_3$

$+1 \;+x \;-2\times3 = 0$

$+x - 5 = 0$

$x = +5$이므로 Cl의 산화수는 $+5$이다.

15 Rn은 α선 및 β선을 2번씩 방출하고 다음과 같이 변했다. 마지막 Po의 원자번호는 얼마인가? (단, Rn의 원자번호는 86, 원자량은 222이다.)

$Rn \xrightarrow{\alpha} Po \xrightarrow{\alpha} Pb \xrightarrow{\beta} Bi \xrightarrow{\beta} Po$

① 78　　　　　② 81

③ 84　　　　　④ 87

≫ 1) α선 방출(붕괴) : 원자번호 2 감소, 원자량 4 감소

2) β선 방출(붕괴) : 원자번호 1 증가, 원자량 불변

〈문제〉는 다음과 같은 단계로 α선 붕괴와 β선 붕괴를 진행하고 있다.

㉠ 1단계 : 원자번호 86번인 Rn이 α선 붕괴했으므로 원자번호가 2 감소하여 원자번호 84번인 Po가 생성되었다.

㉡ 2단계 : 원자번호 84번인 Po가 α선 붕괴했으므로 원자번호가 2 감소하여 원자번호 82번인 Pb가 생성되었다.

㉢ 3단계 : 원자번호 82번인 Pb가 β선 붕괴했으므로 원자번호가 1 증가하여 원자번호 83번인 Bi가 생성되었다.

㉣ 4단계 : 원자번호 83번인 Bi가 β선 붕괴했으므로 원자번호가 1 증가하여 원자번호 84번인 Po가 생성되었다.

따라서 마지막 원소인 Po의 원자번호는 84번이다.

16 에탄올 20.0g과 물 40.0g을 함유한 용액에서 에탄올의 몰분율은 약 얼마인가?

① 0.090　　　　② 0.164

③ 0.444　　　　④ 0.896

≫ 몰분율이란 각 물질을 몰수로 나타내었을 때 전체 물질 중 해당 물질이 차지하는 몰수의 비율을 말한다.

C_2H_5OH(에탄올) 1몰은 $12(C)g \times 2 + 1(H)g \times 6 + 16(O)g = 46g$이므로 에탄올 20g은 $\dfrac{20}{46} = 0.435$몰이고 H_2O(물) 1몰은 $1(H)g \times 2 + 16(O)g = 18g$이므로 물 40g은 $\dfrac{40}{18} = 2.22$몰이다.

따라서 에탄올 0.435몰과 물 2.22몰을 합한 몰수에 대해 에탄올이 차지하는 몰분율은

$\dfrac{0.435}{0.435 + 2.22} = 0.164$이다.

17 구리를 석출하기 위해 $CuSO_4$ 용액에 0.5F의 전기량을 흘렸을 때 약 몇 g의 구리가 석출되겠는가? (단, 원자량은 Cu 64, S 32, O 16이다.)

① 16　　　　　② 32

③ 64　　　　　④ 128

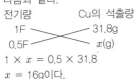

≫ 1F(패럿)이란 물질 1g당량을 석출하는 데 필요한 전기량이다.

여기서, 1g당량이란 $\dfrac{원자량}{원자가}$인데, Cu(구리)는 원자량이 63.6g이고 원자가는 2가인 원소이기 때문에 Cu의 1g당량 = $\dfrac{63.6g}{2}$ = 31.8g이다.

1F(패럿)의 전기량으로는 $CuSO_4$ 용액에 녹아 있는 Cu를 31.8g 석출할 수 있는데 〈문제〉는 0.5F(패럿)의 전기량으로는 몇 g의 Cu를 석출할 수 있는지를 묻는 것이므로 비례식으로 구하면 다음과 같다.

```
전기량            Cu의 석출량
  1F    ╳        31.8g
 0.5F    ╳        x(g)
```
$1 \times x = 0.5 \times 31.8$
$x = 16g$이다.

18 불순물로 식염을 포함하고 있는 NaOH 3.2g을 물에 녹여 100mL로 한 다음 그 중 50mL를 중화하는 데 1N의 염산이 20mL 필요했다. 이 NaOH의 농도(순도)는 약 몇 wt%인가?

① 10 ② 20
③ 33 ④ 50

≫ NaOH 용액을 중화하는 데 필요한 염산의 농도는 1N(노르말농도)이므로 〈문제〉에 주어진 NaOH 용액의 질량 3.2g과 부피 100mL는 몇 N(노르말농도)인지를 구하면 다음과 같다.
NaOH 용액의 1N(노르말농도)은 용액 1,000mL에 용질 NaOH가 1g당량 녹아 있는 상태를 말하고 여기서 염기인 NaOH의 1g당량을 구하는 공식은 $\dfrac{분자량}{OH \ 수}$이므로

1g당량 = $\dfrac{23(Na)g + 16(O)g + 1(H)g}{1개} = \dfrac{40}{1} = $

40g이다. 다시 말해 NaOH 1N(노르말농도)은 용액 1,000mL에 NaOH가 40g 녹아 있다는 것을 의미한다.
그런데 〈문제〉는 용액 100mL에 NaOH가 3.2g만 녹아 있는 상태이므로 이 상태의 NaOH의 N(노르말농도)은 다음과 같이 비례식으로 구할 수 있다.

```
N(노르말농도)  g당량(g)    용액(mL)
   1     ╳   40    ╳   1,000
   x     ╳   3.2   ╳   100
```
$100 \times 40 \times x = 1 \times 3.2 \times 1,000$
$x = 0.8N$, 즉 염산 1N(노르말농도)와 중화하는

NaOH 용액의 농도는 0.8N(노르말농도)이다.
〈문제〉는 0.8N(노르말농도)의 NaOH 용액 100mL 중 50mL만을 1N(노르말농도)의 염산 20mL와 중화하는 상태이므로 다음과 같이 중화적정 공식을 이용할 수 있다.
$N_1 V_1 = N_2 V_2$
여기서, N_1 : NaOH 용액의 노르말농도 = 0.8N
V_1 : NaOH 용액의 부피 = 50mL
N_2 : 염산의 노르말농도 = 1N
V_2 : 염산의 부피 = 20mL

$0.8(N_1) \times 50(V_1) = 1(N_2) \times 20(V_2)$
그런데 NaOH 용액의 $N_1 V_1$은 0.8 × 50 = 40이고, $N_2 V_2$는 1 × 20 = 20이므로 NaOH 용액의 $N_1 V_1$이 염산의 $N_2 V_2$보다 2배 더 많아 이 상태로는 중화되지 않는다.
따라서 이 두 수를 같게 만들어 중화하려면 NaOH 용액을 절반으로 줄여 주어야 하므로 NaOH 용액의 농도(순도)를 50wt%로 한다.

19 다음 중 아르곤(Ar)과 같은 전자수를 갖는 양이온과 음이온으로 이루어진 화합물은?

① NaCl ② MgO
③ KF ④ CaS

≫ 원소의 원자번호와 전자수는 같다. 따라서 아르곤(Ar)의 원자번호는 18번이므로 전자수도 18개이다.
① NaCl : Na^+과 Cl^- 이온으로 이루어져 있으며 여기서, Na^+은 Na이 전자 1개를 잃은 상태이므로 Na^+의 전자수는 Na의 전자수 11에서 전자 1개를 뺀 11 − 1 = 10개이며, Cl^-는 Cl가 전자 1개를 얻은 상태이므로 Cl^-의 전자수는 Cl의 전자수 17에서 전자 1개를 얻은 17 + 1 = 18개이다.
② MgO : Mg^{2+}과 O^{2-} 이온으로 이루어져 있으며 여기서, Mg^{2+}는 Mg이 전자 2개를 잃은 상태이므로 Mg^{2+}의 전자수는 Mg의 전자수 12에서 전자 2개를 뺀 12 − 2 = 10개이며, O^{2-}는 O가 전자 2개를 얻은 상태이므로 O^{2-}의 전자수는 O의 전자수 8에서 전자 2개를 얻은 8 + 2 = 10개이다.
③ KF : K^+과 F^- 이온으로 이루어져 있으며 여기서, K^+는 K이 전자 1개를 잃은 상태이므로 K^+의 전자수는 K의 전자수 19에서 전자 1개를 뺀 19 − 1 = 18개이며, F^-는 F가 전자 1개를 얻은 상태이므로 F^-의 전자수는 F의 전자수 9에서 전자 1개를 얻은 9 + 1 = 10개이다.

④ CaS : Ca²⁺과 S²⁻ 이온으로 이루어져 있으며 여기서, Ca²⁺는 Ca이 전자 2개를 잃은 상태이므로 Ca²⁺의 전자수는 Ca의 전자수 20에서 전자 2개를 뺀 20 − 2 = 18개이며, S²⁻는 S이 전자 2개를 얻은 상태이므로 S²⁻의 전자수는 S의 전자수 16에서 전자 2개를 얻은 16 + 2 = 18개이다.
보기 중 ④ CaS(황화칼슘)에는 양이온인 Ca²⁺의 전자수도 18개가 존재하고 음이온인 S²⁻의 전자수도 18개가 존재하므로 전자수가 18개인 **아르곤과 같은 전자수를 갖는 양이온과 음이온으로 이루어진 화합물은 CaS이다.**

20 다음 물질 중 비점이 약 197℃인 무색 액체이고, 약간 단맛이 있으며 부동액의 원료로 사용하는 것은?

① CH₃CHCl₂ ② CH₃COCH₃
③ (CH₃)₂CO ④ C₂H₄(OH)₂

➤➤ 제4류 위험물 중 제3석유류(수용성)인 에틸렌글리콜[C₂H₄(OH)₂]은 무색투명하고 단맛이 있는 액체로서 주로 부동액의 원료로 사용한다.

| 제2과목 | 화재예방과 소화방법 |

21 칼륨, 나트륨, 탄화칼슘의 공통점으로 옳은 것은?

① 연소생성물이 동일하다.
② 화재 시 대량의 물로 소화한다.
③ 물과 반응하면 가연성 가스를 발생한다.
④ 위험물안전관리법령에서 정한 지정수량이 같다.

➤➤ ① 칼륨은 연소시키면 산화칼륨이 되고 나트륨은 산화나트륨, 탄화칼슘은 산화칼슘이 이산화탄소가 발생하므로 이 물질들의 연소생성물은 모두 다르다.
② 모두 제3류 위험물 중 금수성 물질로서 물로 소화할 수 없다.
③ 칼륨과 나트륨은 물과 반응 시 수소가스를 발생하고, 탄화칼슘은 물과 반응 시 아세틸렌가스를 발생하므로 이들은 모두 **물과 반응 시 가연성 가스를 발생하는 공통점을** 갖고 있다.

④ 위험물안전관리법령상 칼륨과 나트륨의 지정수량은 10kg이며 탄화칼슘의 지정수량은 300kg으로 이들의 지정수량은 다르다.

22 CO₂에 대한 설명으로 옳지 않은 것은?

① 무색, 무취 기체로서 공기보다 무겁다.
② 물에 용해 시 약 알칼리성을 나타낸다.
③ 농도에 따라서 질식을 유발할 위험성이 있다.
④ 상온에서도 압력을 가해 액화시킬 수 있다.

➤➤ ① 무색, 무취의 기체로서 분자량은 12(C) + 16(O) × 2 = 44이고 증기비중 = $\frac{44}{29}$ = 1.52이므로 증기는 공기보다 무겁다.
② CO₂는 비금속성 물질로서 물에 용해 시에도 금속성은 존재하지 않으므로 알칼리성이 아닌 **산성을 나타낸다.**
③ 산소를 제거하는 역할을 하므로 농도에 따라서 질식을 유발할 위험성이 있다.
④ 이산화탄소소화기에는 가압에 의해 액화된 상태의 CO₂가 저장되어 있다.

23 위험물안전관리법령상 옥내소화전설비의 설치기준에 따르면 수원의 수량은 옥내소화전이 가장 많이 설치된 층의 옥내소화전 설치개수(설치개수가 5개 이상인 경우는 5개)에 몇 m³를 곱한 양 이상이 되도록 설치하여야 하는가?

① 2.3 ② 2.6
③ 7.8 ④ 13.5

➤➤ 위험물제조소등에 설치된 옥내소화전설비의 수원의 양은 옥내소화전이 가장 많이 설치된 층의 **옥내소화전의 설치개수(설치개수가 5개 이상이면 5개)에 7.8m³를 곱한 값 이상**의 양으로 정한다.

Check
옥외소화전설비의 수원의 양은 옥외소화전의 설치개수(설치개수가 4개 이상이면 4개)에 13.5m³를 곱한 값 이상의 양으로 한다.

24 공기포 발포배율을 측정하기 위해 중량 340g, 용량 1,800mL의 포수집용기에 가득히 포를 채취하여 측정한 용기의 무게가 540g이었다면 발포배율은? (단, 포 수용액의 비중은 1로 가정한다.)

① 3배   ② 5배

③ 7배   ④ 9배

》》 포수집용기 자체의 중량은 340g이고 용기에 들어갈 수 있는 포의 용량(부피)은 1,800mL이다. 포수집용기에 가득히 포를 채취하여 측정한 용기의 무게가 540g이므로 여기서 포수집용기의 중량 340g을 빼면 포의 질량은 200g이고 포의 부피는 여전히 1,800mL이다.
발포배율이란 용기에 가득찬 상태의 포가 반대로 발포되는 의미로서 다음과 같이 포의 밀도를 역수로 표현한 값으로 나타낼 수 있다.

밀도 $= \dfrac{\text{질량(g)}}{\text{부피(mL)}} = \dfrac{200(g)}{1,800(mL)}$ 이므로

발포배율은 밀도의 역수인 $\dfrac{1,800}{200} = 9$배이다.

25 수소의 공기 중 연소범위에 가장 가까운 값을 나타내는 것은?

① 2.5 ~ 82.0vol%

② 5.3 ~ 13.9vol%

③ 4.0 ~ 74.5vol%

④ 12.5 ~ 55.0vol%

》》 수소가스의 연소범위는 4.0 ~ 74.5vol%이다.

26 가연성 고체위험물의 화재에 대한 설명으로 틀린 것은?

① 적린과 황은 물에 의한 냉각소화를 한다.

② 금속분, 철분, 마그네슘이 연소하고 있을 때에는 주수해서는 안 된다.

③ 금속분, 철분, 마그네슘, 황화인은 마른 모래, 팽창질석 등으로 소화를 한다.

④ 금속분, 철분, 마그네슘의 연소 시에는 수소와 유독가스가 발생하므로 충분한 안전거리를 확보해야 한다.

》》 ① 제2류 위험물 중 황화인과 적린 및 황의 화재 시에는 물로 냉각소화 한다.
② 금속분, 철분, 마그네슘의 화재 시에는 주수소화해서는 안 되고 질식소화 한다.
③ 마른 모래 또는 팽창질석 등은 금속분, 철분, 마그네슘, 황화인뿐만 아니라 그 외의 모든 위험물의 화재에 사용할 수 있는 소화약제이다.
④ 금속분, 철분, 마그네슘의 연소 시에는 각 물질들의 산화물이 생성되며, **수소와 유독가스는 발생하지 않는다.**

27 인화성 액체의 화재의 분류로 옳은 것은?

① A급 화재

② B급 화재

③ C급 화재

④ D급 화재

》》 인화성 액체(제4류 위험물)의 화재는 B급(유류) 화재로 구분된다.
① A급 화재 : 일반화재
② **B급 화재 : 유류화재**
③ C급 화재 : 전기화재
④ D급 화재 : 금속화재

28 할로젠화합물 청정소화약제 중 HFC-23의 화학식은?

① CF_3I ② CHF_3

③ $CF_3CH_2CF_3$ ④ C_4F_{10}

》》 할로젠화합물 청정소화약제의 화학식을 만드는 방법은 다음과 같다.
트라이플루오로메테인(HFC-23)의 숫자 23에 90을 더하면 113이 되는데 이 숫자에서 첫 번째 수 1은 C의 개수이며, 두 번째 수 1은 H의 개수, 세 번째 수 3은 F의 개수를 나타낸다. 따라서 HFC-23의 화학식은 CHF_3이다.

Check

클로로테트라플루오로에테인(HCFC-124)은 플루오린(F)을 포함한 물질이므로 다음과 같이 화학식을 만들 수 있다.
HCFC-124의 숫자 124에 90을 더하면 214가 되는데 이 숫자에서 첫 번째 수 2는 C의 개수이며, 두 번째 수 1은 H의 개수, 세 번째 수 4는 F의 개수를 나타내는데 이 상태의 구조를 보면 다음과 같이 빈칸이 1개 존재한다.

정답   24. ④   25. ③   26. ④   27. ②   28. ②

$$H - \overset{\overset{\displaystyle F}{|}}{\underset{\underset{\displaystyle F}{|}}{C}} - \overset{\overset{\displaystyle F}{|}}{\underset{\underset{\displaystyle F}{|}}{C}} - \text{빈칸}$$

이렇게 빈칸이 생기는 경우 염소(Cl)를 추가해야 하므로 HCFC-124의 화학식은 C_2HClF_4이다.

29 다음 중 보통의 포소화약제보다 알코올형 포소화약제가 더 큰 소화효과를 볼 수 있는 대상물은?

① 경유
② 메틸알코올
③ 등유
④ 가솔린

>> 수용성 물질의 화재에는 보통의 포소화약제로 소화할 경우 포가 소멸되어 소화효과가 없기 때문에 포가 소멸되지 않는 알코올형 포소화약제를 사용해야 한다. 따라서 보통의 포소화약제보다 알코올형 포소화약제가 더 큰 소화효과를 볼 수 있는 것은 〈보기〉 중 유일한 수용성 물질인 메틸알코올이다.

30 위험물안전관리법령상 전역방출방식 또는 국소방출방식의 불활성가스소화설비 저장용기의 설치기준으로 틀린 것은?

① 온도가 40℃ 이하이고 온도 변화가 적은 장소에 설치할 것
② 저장용기의 외면에 소화약제의 종류와 양, 제조년도 및 제조자를 표시할 것
③ 직사일광 및 빗물이 침투할 우려가 적은 장소에 설치할 것
④ 방호구역 내의 장소에 설치할 것

>> 불활성가스소화설비 저장용기의 설치기준
  1) **방호구역 외부에 설치**한다.
  2) 온도가 40℃ 이하이고 온도변화가 적은 장소에 설치한다.
  3) 직사광선 및 빗물이 침투할 우려가 없는 장소에 설치한다.
  4) 저장용기에는 안전장치를 설치한다.
  5) 용기 외면에 소화약제의 종류와 양, 제조년도 및 제조자를 표시한다.

31 물리적 소화에 의한 소화효과(소화방법)에 속하지 않는 것은?

① 제거효과
② 질식효과
③ 냉각효과
④ 억제효과

>> 소화방법의 구분
  1) 물리적 소화방법 : 제거소화, 질식소화, 냉각소화
  2) **화학적 소화방법 : 억제소화**(부촉매소화)

32 위험물안전관리법령상 간이소화용구(기타소화설비)인 팽창질석은 삽을 상비한 경우 몇 L가 능력단위 1.0인가?

① 70L
② 100L
③ 130L
④ 160L

>> 기타 소화설비의 능력단위

소화설비	용량	능력단위
소화전용 물통	8L	0.3
수조 (소화전용 물통 3개 포함)	80L	1.5
수조 (소화전용 물통 6개 포함)	190L	2.5
마른 모래 (삽 1개 포함)	50L	0.5
팽창질석 또는 팽창진주암 (삽 1개 포함)	**160L**	**1.0**

33 위험물안전관리법령상 위험물저장소 건축물의 외벽이 내화구조인 것은 연면적 얼마를 1소요단위로 하는가?

① 50m²
② 75m²
③ 100m²
④ 150m²

>> 외벽이 내화구조인 저장소의 건축물은 연면적 150m²를 1소요단위로 한다.

Check **1소요단위의 기준**

구 분	외벽이 내화구조	외벽이 비내화구조
제조소 및 취급소	연면적 100m²	연면적 50m²
저장소	**연면적 150m²**	연면적 75m²
위험물	지정수량의 10배	

34 위험물안전관리법령상 소화설비의 구분에서 물분무등소화설비에 속하는 것은?

① 포소화설비
② 옥내소화전설비
③ 스프링클러설비
④ 옥외소화전설비

》》 물분무등소화설비의 종류
　1) 물분무소화설비
　2) **포소화설비**
　3) 불활성가스소화설비
　4) 할로젠화합물소화설비
　5) 분말소화설비

35 위험물안전관리법령상 제3류 위험물 중 금수성 물질에 적응성이 있는 소화기는?

① 할로젠화합물소화기
② 인산염류분말소화기
③ 이산화탄소소화기
④ 탄산수소염류분말소화기

》》 〈보기〉의 소화기들 중 제1류 위험물 중 알칼리금속의 과산화물, 제2류 위험물 중 철분, 마그네슘, 금속분, **제3류 위험물 중 금수성 물질**에 공통적으로 적응성이 있는 것은 **탄산수소염류분말소화기** 뿐이며, 그 외의 소화기는 사용할 수 없다.

대상물의 구분 / 소화설비의 구분	건축물·그 밖의 공작물	전기설비	알칼리금속의 과산화물등	그 밖의 것	철분·금속분·마그네슘등	인화성 고체	그 밖의 것	금수성 물품	그 밖의 것	제4류 위험물	제5류 위험물	제6류 위험물
봉상수(棒狀水)소화기	○			○		○	○		○		○	○
무상수(霧狀水)소화기	○	○		○		○	○		○		○	○
봉상강화액소화기	○			○		○	○		○		○	○
무상강화액소화기	○	○		○		○	○		○	○	○	○
포소화기	○			○		○	○		○	○	○	○
이산화탄소소화기		○				○				○		△
할로젠화합물소화기		○				○				○		
인산염류소화기	○	○		○		○				○		○
탄산수소염류소화기		○	◎			○		◎		○		
그 밖의 것						○				○		

36 연소의 3요소 중 하나에 해당하는 역할이 나머지 셋과 다른 위험물은?

① 과산화수소
② 과산화나트륨
③ 질산칼륨
④ 황린

》》 연소의 3요소는 점화원, 가연물, 산소공급원이다.
　① 과산화수소(제6류 위험물) : 산소공급원
　② 과산화나트륨(제1류 위험물) : 산소공급원
　③ 질산칼륨(제1류 위험물) : 산소공급원
　④ **황린**(제3류 위험물 중 자연발화성 물질) : **가연물**

37 질식효과를 위해 포의 성질로서 갖추어야 할 조건으로 가장 거리가 먼 것은?

① 기화성이 좋을 것
② 부착성이 있을 것
③ 유동성이 좋을 것
④ 바람 등에 견디고 응집성과 안정성이 있을 것

》》 포소화약제의 기화성이 좋으면 포가 모두 증발해 버리기 때문에 기화성은 포의 성질이 될 수 없다.

Check　**포소화약제가 갖추어야 할 조건**
(1) 부착성　　(2) 응집성
(3) 유동성　　(4) 안정성

38 마그네슘 분말이 이산화탄소 소화약제와 반응하여 생성될 수 있는 유독기체의 분자량은?

① 28　　② 32
③ 40　　④ 44

>>> 마그네슘(Mg)은 이산화탄소(CO_2)와 반응하여 산화마그네슘(MgO)과 함께 가연성 물질인 탄소(C) 또는 유독성 기체인 일산화탄소(CO)를 생성한다. 이 유독기체 일산화탄소(CO)의 분자량은 12(C) + 16(O) = 28이다.

• 마그네슘과 이산화탄소의 반응식

$2Mg + CO_2 \rightarrow 2MgO + C$

$Mg + CO_2 \rightarrow MgO + CO$

39 물이 일반적인 소화약제로 사용될 수 있는 특징에 대한 설명 중 틀린 것은?

① 증발잠열이 크기 때문에 냉각시키는 데 효과적이다.

② 물을 사용한 봉상수소화기는 A급, B급 및 C급 화재진압에 적응성이 뛰어나다.

③ 비교적 쉽게 구해서 이용이 가능하다.

④ 펌프, 호스 등을 이용하여 이송이 비교적 용이하다.

>>> ② 물을 소화약제로 사용하는 봉상수소화기는 A급(건축물 · 그 밖의 공작물) 화재에는 적응성이 있지만, B급(제4류 위험물) 화재 및 C급(전기설비) 화재에는 적응성이 없다.

소화설비의 구분 \ 대상물의 구분		건축물·그 밖의 공작물	전기설비	제1류 위험물: 알칼리금속의 과산화물 등	제1류 위험물: 그 밖의 것	제2류 위험물: 철분·금속분·마그네슘 등	제2류 위험물: 인화성 고체	제2류 위험물: 그 밖의 것	제3류 위험물: 금수성 물품	제3류 위험물: 그 밖의 것	제4류 위험물	제5류 위험물	제6류 위험물
대형·소형 수동식 소화기	봉상수(棒狀水)소화기	◎	×		○		○	○		○	×	○	○
	무상수(霧狀水)소화기	○	○		○		○	○		○		○	○
	봉상강화액소화기	○			○		○	○		○		○	○
	무상강화액소화기	○	○		○		○	○		○	○	○	○
	포소화기	○			○		○	○		○	○	○	○
	이산화탄소소화기		○				○				○		△
	할로젠화합물소화기		○				○				○		
	분말소화기: 인산염류소화기	○	○		○		○	○			○		○
	분말소화기: 탄산수소염류소화기		○	○		○	○		○		○		
	분말소화기: 그 밖의 것			○		○			○				

40 과산화칼륨이 다음과 같이 반응하였을 때 공통적으로 포함된 물질(기체)의 종류가 나머지 셋과 다른 하나는?

① 가열하여 열분해하였을 때

② 물(H_2O)과 반응하였을 때

③ 염산(HCl)과 반응하였을 때

④ 이산화탄소(CO_2)와 반응하였을 때

>>> ① 가열하여 열분해하였을 때 산화칼륨(K_2O)과 산소를 발생한다.

• 열분해 반응식

$2K_2O_2 \rightarrow 2K_2O + O_2$

② 물과 반응하였을 때 수산화칼륨(KOH)과 산소를 발생한다.

• 물과의 반응식

$2K_2O_2 + 2H_2O \rightarrow 4KOH + O_2$

③ **염산과 반응하였을 때 염화칼륨(KCl)과 과산화수소(H_2O_2)를 발생**한다.

• 염산과의 반응식

$K_2O_2 + 2HCl \rightarrow 2KCl + H_2O_2$

④ 이산화탄소와 반응하였을 때 탄산칼륨(K_2CO_3)과 산소를 발생한다.

• 이산화탄소와의 반응식

$2K_2O_2 + 2CO_2 \rightarrow 2K_2CO_3 + O_2$

제3과목 위험물의 성질과 취급

41 다음 위험물 중 보호액으로 물을 사용하는 것은?

① 황린 ② 적린

③ 루비듐 ④ 오황화인

>>> 제3류 위험물 중 자연발화성 물질인 황린은 자연발화의 방지를 위해 물속에 보관한다.

정답 39. ② 40. ③ 41. ①

42 다음 제4류 위험물 중 연소범위가 가장 넓은 것은?

① 아세트알데하이드

② 산화프로필렌

③ 휘발유

④ 아세톤

≫ 〈보기〉의 위험물의 연소범위는 다음과 같다.
① **아세트알데하이드 : 4.1 ~ 57%**
② 산화프로필렌 : 2.5 ~ 38.5%
③ 휘발유 : 1.4 ~ 7.6%
④ 아세톤 : 2.6 ~ 12.8%

43 이황화탄소를 물속에 저장하는 이유로 가장 타당한 것은?

① 공기와 접촉하면 즉시 폭발하므로

② 가연성 증기의 발생을 방지하므로

③ 온도의 상승을 방지하므로

④ 불순물을 물에 용해시키므로

≫ 이황화탄소(CS_2)는 물에 녹지 않고 물보다 무거운 제4류 위험물로서 공기 중에 노출되었을 때 공기에 포함된 산소와 반응하여 이산화탄소와 함께 이산화황(SO_2)이라는 **가연성 증기를 발생하므로 이를 방지하기 위해 물속에 저장**한다.
• 이황화탄소와 물과의 반응식
$$CS_2 + 3O_2 \rightarrow CO_2 + 2SO_2$$

44 다음 중 황린의 연소생성물은?

① 삼황화인 ② 인화수소
③ 오산화인 ④ 오황화인

≫ 제3류 위험물 중 자연발화성 물질인 황린(P_4)은 연소 시 오산화인(P_2O_5)이라는 백색기체를 발생한다.
• 황린의 연소반응식
$$P_4 + 5O_2 \rightarrow 2P_2O_5$$

45 과산화벤조일에 대한 설명으로 틀린 것은?

① 벤조일퍼옥사이드라고도 한다.

② 상온에서 고체이다.

③ 산소를 포함하지 않는 환원성 물질이다.

④ 희석제를 첨가하여 폭발성을 낮출 수 있다.

≫ ① 과산화벤조일[$(C_6H_5CO)_2O_2$]은 벤조일퍼옥사이드라고도 불린다.
② 제5류 위험물 중 품명이 유기과산화물에 속하며 상온에서 고체인 물질이다.
③ 물질이 "과산화"상태이므로 **산소를 과하게 포함하는 자기반응성 물질**이다.
④ 희석제 또는 물을 첨가하면 폭발성을 낮출 수 있다.

46 질산염류의 일반적인 성질에 대한 설명으로 옳은 것은?

① 무색 액체이다.

② 물에 잘 녹는다.

③ 물에 녹을 때 흡열반응을 나타내는 물질은 없다.

④ 과염소산염류보다 충격, 가열에 불안정하여 위험성이 크다.

≫ ① 제1류 위험물로서 무색 또는 백색의 고체이다.
② 질산염류에 속하는 질산칼륨, 질산나트륨, 질산암모늄은 **모두 물에 잘 녹는다.**
③ 질산염류 중 질산암모늄은 물에 녹을 때 열을 흡수하는 흡열반응을 한다.
④ 지정수량이 50kg인 과염소산염류는 하루에 50kg만 취급해도 허가를 받아야 하고, 지정수량이 300kg인 질산염류는 하루에 300kg을 취급했을 때 허가를 받아야 하므로 지정수량은 적을수록 위험성은 더 커진다. 따라서 상대적으로 지정수량이 더 적은 과염소산염류가 질산염류보다 충격 및 가열에도 불안정하고 위험성도 더 크다.

47 다음 중 금속칼륨의 보호액으로 적당하지 않은 것은?

① 유동파라핀 ② 등유
③ 경유 ④ 에탄올

➤➤ 제3류 위험물인 금속칼륨(K)은 석유류(등유, 경유, 유동파라핀)를 보호액으로 사용하며 〈보기〉④의 에탄올은 칼륨과 반응하여 수소가스를 발생하므로 보호액이 아니라 위험성을 증가시키는 물질이다.

48 제조소에서 위험물을 취급함에 있어서 정전기를 유효하게 제거할 수 있는 방법으로 가장 거리가 먼 것은?

① 접지에 의한 방법
② 공기 중의 상대습도를 70% 이상으로 하는 방법
③ 공기를 이온화하는 방법
④ 부도체 재료를 사용하는 방법

➤➤ 정전기 제거방법
1) 접지에 의한 방법
2) 공기 중의 상대습도를 70% 이상으로 하는 방법
3) 공기를 이온화하는 방법
※ 그 외에도 전기를 통과시키는 **도체 재료를 사용하여 정전기를 제거**하는 방법도 있다.

49 다음 위험물안전관리법령에서 정한 지정수량이 가장 작은 것은?

① 염소산염류
② 브로민산염류
③ 나이트로화합물
④ 금속의 인화물

➤➤ 〈보기〉의 위험물의 지정수량은 다음과 같다.
① **염소산염류(제1류 위험물) : 50kg**
② 브로민산염류(제1류 위험물) : 300kg
③ 나이트로화합물(제5류 위험물) : 제1종 10kg, 제2종 100kg
④ 금속의 인화물(제3류 위험물) : 300kg

50 다음 중 아이오딘값이 가장 작은 것은?

① 아마인유
② 들기름
③ 정어리기름
④ 야자유

➤➤ 동식물유류 중 건성유에 속하는 아마인유, 들기름, 정어리기름은 아이오딘값이 130 이상이며, 불건성유에 속하는 야자유는 아이오딘값이 100 이하이다.

51 위험물안전관리법령상 옥내저장소의 안전거리를 두지 않을 수 있는 경우는?

① 지정수량의 20배 이상의 동식물유류
② 지정수량의 20배 미만의 특수인화물
③ 지정수량의 20배 미만의 제4석유류
④ 지정수량의 20배 이상의 제5류 위험물

➤➤ 옥내저장소의 안전거리를 두지 않을 수 있는 경우
1) **지정수량의 20배 미만의 제4석유류** 및 동식물유류를 저장하는 경우
2) 제6류 위험물을 저장하는 경우
3) 지정수량의 20배 이하로서 다음의 기준을 만족하는 경우
ⓐ 저장창고의 벽, 기둥, 바닥, 보 및 지붕을 내화구조로 할 것
ⓑ 저장창고의 출입구에 수시로 열 수 있는 자동폐쇄식의 60분+방화문, 60분 방화문을 설치할 것
ⓒ 저장창고에 창을 설치하지 아니할 것

52 다음 중 발화점이 가장 높은 것은?

① 등유
② 벤젠
③ 다이에틸에터
④ 휘발유

➤➤ 〈보기〉의 위험물의 발화점은 다음과 같다.
① 등유 : 220℃
② **벤젠 : 562℃**
③ 다이에틸에터 : 180℃
④ 휘발유 : 300℃

53 인화칼슘이 물과 반응하였을 때 발생하는 기체는?

① 수소
② 산소
③ 포스핀
④ 포스겐

➤➤ 제3류 위험물인 인화칼슘(Ca_3P_2)은 물과 반응 시 수산화칼슘$[Ca(OH)_2]$과 함께 독성이면서 가연성인 **포스핀(PH_3)가스를 발생**한다.
• 인화칼슘의 물과의 반응식
$Ca_3P_2 + 6H_2O \rightarrow 3Ca(OH)_2 + 2PH_3$

Check
유사품에 주의하세요!
포스겐($COCl_2$)은 할로젠화합물소화약제인 사염화탄소(CCl_4)가 물과 반응하거나 연소할 때 발생하는 독성가스이다.

정답 48. ④ 49. ① 50. ④ 51. ③ 52. ② 53. ③

- 사염화탄소와 물과의 반응식
  $$CCl_4 + H_2O \rightarrow COCl_2 + 2HCl$$
- 사염화탄소의 연소반응식
  $$2CCl_4 + O_2 \rightarrow 2COCl_2 + 2Cl_2$$

54 위험물안전관리법령에 따른 질산에 대한 설명으로 틀린 것은?

① 지정수량은 300kg이다.
② 위험등급은 Ⅰ이다.
③ 농도가 36wt% 이상인 것에 한하여 위험물로 간주된다.
④ 운반 시 제1류 위험물과 혼재할 수 있다.

» ① 제6류 위험물로서 지정수량은 300kg이다.
② 질산을 포함한 제6류 위험물은 모두 위험등급 Ⅰ이다.
③ 질산은 **비중이 1.49 이상인 것에 한하여 위험물로 정하며** 농도가 36wt% 이상인 것에 한하여 위험물로 정하는 것은 과산화수소(H_2O_2)이다.
④ 질산은 제6류 위험물이므로 운반 시 제1류 위험물과 혼재할 수 있다.

55 휘발유의 일반적인 성질에 대한 설명으로 틀린 것은?

① 인화점은 0℃보다 낮다.
② 액체비중은 1보다 작다.
③ 증기비중은 1보다 작다.
④ 연소범위는 약 1.4 ~ 7.6%이다.

» ① 인화점은 −43 ~ −38℃이므로 0℃보다 낮다.
② 액체비중은 0.7 ~ 0.8로서 1보다 작다.
③ C(탄소) 수가 5개 이상 9개 이하이므로 **증기비중은 1보다 크다.**
④ 연소범위는 약 1.4 ~ 7.6%이다.

56 다음 위험물의 지정수량 배수의 총합은?

• 휘발유 : 2,000L
• 경유 : 4,000L
• 등유 : 40,000L

① 18   ② 32
③ 46   ④ 54

» 제1석유류 비수용성인 휘발유의 지정수량은 200L이며, 제2석유류 비수용성인 경유의 지정수량은 1,000L, 제2석유류 비수용성인 등유의 지정수량도 1,000L이므로 이들의 지정수량 배수의 합은 $\dfrac{2,000L}{200L} + \dfrac{4,000L}{1,000L} + \dfrac{40,000L}{1,000L} = 10 + 4 + 40 = 54$배이다.

57 위험물안전관리법령상 위험물의 지정수량이 틀리게 짝지어진 것은?

① 황화인 − 50kg   ② 적린 − 100kg
③ 철분 − 500kg   ④ 금속분 − 500kg

» 제2류 위험물의 지정수량
1) **황화인**, 적린, 황 : **100kg**
2) 철분, 마그네슘, 금속분 : 500kg
3) 인화성 고체 : 1,000kg

58 휘발유를 저장하던 이동저장탱크에 탱크의 상부로부터 등유나 경유를 주입할 때 액표면이 주입관의 선단을 넘는 높이가 될 때까지 그 주입관 내의 유속을 몇 m/s 이하로 하여야 하는가?

① 1   ② 2
③ 3   ④ 5

» 휘발유를 저장하던 이동저장탱크에 탱크의 상부로부터 등유나 경유를 주입할 때 액표면이 주입관의 선단을 넘는 높이가 될 때까지 그 주입관 내의 **유속은 1m/s 이하**로 해야 한다.

59 취급하는 장치가 구리나 마그네슘으로 되어 있을 때 반응을 일으켜서 폭발성의 아세틸라이드를 생성하는 물질은?

① 이황화탄소   ② 아이소프로필알코올
③ 산화프로필렌   ④ 아세톤

» 제4류 위험물 중 특수인화물에 속하는 **산화프로필렌** 또는 아세트알데하이드는 수은, 은, 구리 및 마그네슘과 반응을 일으켜 폭발성의 아세틸라이드를 생성한다.

톡톡튀는 암기법 수은, 은, 구리, 마그네슘 → <u>수은구루마</u>

60 과산화수소 용액의 분해를 방지하기 위한 방법으로 가장 거리가 먼 것은?

① 햇빛을 차단한다.

② 암모니아를 가한다.

③ 인산을 가한다.

④ 요산을 가한다.

≫ 산소공급원의 역할을 하는 제6류 위험물인 과산화수소(H_2O_2)에 가연성 가스인 암모니아(NH_3)를 가하면 위험성이 커진다.

Check 과산화수소의 저장방법

(1) 햇빛을 차단시킨 장소에 보관한다.

(2) 작은 구멍이 뚫린 갈색병에 저장한다.

(3) 분해방지 안정제인 인산, 요산 등을 첨가한다.

정답 60. ②

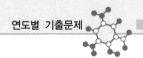

2018 제2회 위험물산업기사

2018년 4월 28일 시행

---

01 A는 B 이온과 반응하나 C 이온과는 반응하지 않고, D는 C 이온과 반응한다고 할 때 A, B, C, D의 환원력 세기를 큰 것부터 차례대로 나타낸 것은? (단, A, B, C, D는 모두 금속이다.)

① A > B > D > C
② D > C > A > B
③ C > D > B > A
④ B > A > C > D

》》 환원력의 세기에서 A는 B 이온과 반응한다는 것은 A > B라는 의미이고, A는 C 이온과 반응하지 않는다는 것은 C > A라는 의미이며, D는 C 이온과 반응한다는 것은 D > C라는 의미이다. 따라서 A, B, C, D의 환원력 세기는 D > C > A > B의 순서로 나타낼 수 있다.

02 1패럿(Farad)의 전기량으로 물을 전기분해하였을 때 생성되는 기체 중 산소기체는 0℃, 1기압에서 몇 L인가?

① 5.6　　　　② 11.2
③ 22.4　　　　④ 44.8

》》 1F(패럿)이란 물질 1g당량을 석출하는 데 필요한 전기량이므로 1F(패럿)의 전기량으로 물(H_2O)을 전기분해하면 수소(H_2) 1g당량과 산소(O_2) 1g당량이 발생한다.

여기서, 1g당량이란 $\dfrac{원자량}{원자가}$인데, O(산소)는 원자가가 2이고 원자량이 16g이기 때문에 O의 1g당량은 $\dfrac{16g}{2}$ = 8g이다.

0℃, 1기압에서 산소기체(O_2) 1몰 즉, 32g의 부피는 22.4L이지만 1F(패럿)의 전기량으로 얻는 산소기체 1g당량 즉, 산소기체 8g은 $\dfrac{1}{4}$몰이므로 부피는 $\dfrac{1}{4}$몰 × 22.4L =5.6L이다.

Check **수소기체의 부피**

H(수소)는 원자가가 1이고 원자량도 1이기 때문에 H의 1g당량은 $\dfrac{1g}{1}$ =1g이다.

0℃, 1기압에서 수소기체(H_2) 1몰 즉, 2g의 부피는 22.4L이지만 1F(패럿)의 전기량으로 얻는 수소기체 1g당량, 즉 수소기체 1g은 0.5몰이므로 수소의 부피는 0.5몰×22.4L = 11.2L이다.

03 메테인에 직접 염소를 작용시켜 클로로폼을 만드는 반응을 무엇이라 하는가?

① 환원반응
② 부가반응
③ 치환반응
④ 탈수소반응

》》 클로로폼($CHCl_3$)이란 삼염화메틸이라고도 하며, 메테인(CH_4)의 수소 3개를 염소(Cl)원자로 직접 **치환반응**시킨 것으로 비위험물이다.

04 다음 물질 중 감광성이 가장 큰 것은?

① HgO
② CuO
③ $NaNO_3$
④ AgCl

》》 감광성이란 물질이 빛을 감지해 변화하는 성질을 말하며, 염화은(AgCl)은 빛에 의해 검은색으로 변하는 특성이 있어 감광성이 큰 물질로 분류된다.

05 다음 중 산성 산화물에 해당하는 것은?

① BaO
② CO_2
③ CaO
④ MgO

➤➤ 산소(O)를 포함하고 있는 물질을 산화물이라 하며, 산화물에는 다음의 3종류가 있다.
1) 산성 산화물 : 비금속 + 산소
2) 염기성 산화물 : 금속 + 산소
3) 양쪽성 산화물 : Al(알루미늄), Zn(아연), Sn(주석), Pb(납) + 산소
① BaO : 알칼리토금속에 속하는 Ba(바륨) + 산소 → 염기성 산화물
② CO₂ : 비금속에 속하는 C(탄소) + 산소 → **산성 산화물**
③ CaO : 알칼리토금속에 속하는 Ca(칼슘) + 산소 → 염기성 산화물
④ MgO : 알칼리토금속에 속하는 Mg(마그네슘) + 산소 → 염기성 산화물

06 배수비례의 법칙이 적용 가능한 화합물을 올바르게 나열한 것은?

① CO, CO_2

② HNO_3, HNO_2

③ H_2SO_4, H_2SO_3

④ O_2, O_3

➤➤ 배수비례의 법칙이란 원소 2종류를 화합하여 두 가지 이상의 물질을 만들 때 각 물질에 속한 원소 한 개의 질량과 결합하는 다른 원소의 질량은 각 물질에서 항상 일정한 정수비를 나타내는 것을 말한다. 〈보기〉①에서 CO는 C와 결합하는 O의 질량이 16g이고 CO₂는 C와 결합하는 O₂의 질량이 16g × 2 = 32g이므로 CO와 CO₂에 포함된 O는 16 : 32, 즉 1 : 2의 정수비를 나타내므로 이 두 물질 사이에는 배수비례의 법칙이 성립하는 것을 알 수 있다.

07 엿당을 포도당으로 변화시키는 데 필요한 효소는?

① 말타아제

② 아밀라아제

③ 치마아제

④ 리파아제

➤➤ ① **말타아제 : 엿당을 포도당으로 분해**
② 아밀라아제 : 녹말을 엿당으로 분해
③ 치마아제 : 단당류를 알코올과 이산화탄소로 분해
④ 리파아제 : 지방을 글리세린과 지방산으로 분해

08 다음 중 가수분해가 되지 않는 염은?

① $NaCl$

② NH_4Cl

③ CH_3COONa

④ CH_3COONH_4

➤➤ 강염기(강한 금속성)와 강산(강한 비금속성)의 결합물은 가수분해가 되지 않는다.
① **$NaCl$: 강염기(Na^+)와 강산(Cl^-)**
② NH_4Cl : 약염기(NH_4^+)와 강산(Cl^-)
③ CH_3COONa : 약산(CH_3COO^-)과 강염기(Na^+)
④ CH_3COONH_4 : 약산(CH_3COO^-)과 약염기(NH_4^+)

09 다음의 반응 중 평형상태가 압력의 영향을 받지 않는 것은?

① $N_2 + O_2 \rightleftharpoons 2NO$

② $NH_3 + HCl \rightleftharpoons NH_4Cl$

③ $2CO + O_2 \rightleftharpoons 2CO_2$

④ $2NO_2 \rightleftharpoons N_2O_4$

➤➤ 반응이 평형상태에 있을 때 압력을 높이면 기체의 몰수의 합이 적은 쪽으로 반응이 진행되고 압력을 낮추면 기체의 몰수의 합이 많은 쪽으로 반응이 진행되며 반응 전과 반응 후의 기체의 몰수의 합이 같다면 이 반응은 압력의 영향을 받지 않는다.
① $N_2 + O_2 \rightleftharpoons 2NO$
반응식의 왼쪽의 기체 몰수의 합은 1몰(N₂) + 1몰(O₂) = 2몰이고 오른쪽의 기체 몰수도 2몰(NO)이므로 반응 전과 반응 후의 기체 몰수의 합은 같다. 따라서 이 반응은 평형상태에서 **압력의 영향을 받지 않는다.**
② $NH_3 + HCl \rightleftharpoons NH_4Cl$
반응식의 왼쪽의 기체 몰수의 합은 1몰(NH₃) + 1몰(HCl) = 2몰이고 오른쪽에는 염화암모늄(NH₄Cl)이라는 기체가 아닌 고체가 존재하므로 여기에 존재하는 기체는 0몰이다. 따라서 이 반응은 반응 전과 반응 후의 기체 몰수의 합이 서로 달라 압력의 영향을 받는다.
③ $2CO + O_2 \rightleftharpoons 2CO_2$
반응식의 왼쪽의 기체 몰수의 합은 2몰(CO) + 1몰(O₂) = 3몰이고 오른쪽에는 2몰(CO₂)의 기체가 존재한다. 따라서 이 반응은 반응 전과 반응 후의 기체 몰수의 합이 서로 달라 압력의 영향을 받는다.
④ $2NO_2 \rightleftharpoons N_2O_4$
반응식의 왼쪽의 기체 몰수는 2몰(NO₂)이고 오른쪽에는 1몰(N₂O₄)의 기체가 존재한다. 따라서 이 반응은 반응 전과 반응 후의 기체 몰수의 합이 서로 달라 압력의 영향을 받는다.

정답 06. ① 07. ① 08. ① 09. ①

10 공업적으로 에틸렌을 $PdCl_2$ 촉매하에서 산화시킬 때 주로 생성되는 물질은?

① CH_3OCH_3
② CH_3CHO
③ $HCOOH$
④ C_3H_7OH

➠ $PdCl_2$(염화팔라듐) 촉매하에서 C_2H_4(에틸렌)에 O(산소)를 첨가하여 산화시키면 CH_3CHO(아세트알데하이드)가 생성된다.
   • 에틸렌의 산화반응식
   $$C_2H_4 + O \xrightarrow{PdCl_2(촉매)} CH_3CHO$$

11 아래와 같은 전자배치를 갖는 원자 A와 원자 B에 대한 설명으로 옳은 것은 다음 중 어느 것인가?

> • A : $1s^2\ 2s^2\ 2p^6\ 3s^2$
> • B : $1s^2\ 2s^2\ 2p^6\ 3s^1\ 3p^1$

① A와 B는 다른 종류의 원자이다.
② A는 홑원자이고, B는 이원자상태인 것을 알 수 있다.
③ A와 B는 동위원소로서 전자배열이 다르다.
④ A에서 B로 변할 때 에너지를 흡수한다.

➠ ① 원자 A와 B의 전자배치는 서로 다르지만 A의 전자수는 2+2+6+2 = 12개이고 B의 전자수도 2+2+6+1+1 = 12개이므로 A와 B는 둘 다 원자번호가 12인 마그네슘(Mg) 원자이다.
   ④ 원자 A에 에너지를 가해 3s오비탈에 있던 전자 2개 중 하나를 3p오비탈로 이동시켜 원자 B를 만드는 과정이므로 이때 원자 B는 **에너지를 흡수**하게 된다.

12 1N-NaOH 100mL 수용액으로 10wt% 수용액을 만들려고 할 때의 방법으로 다음 중 가장 적합한 것은?

① 36mL의 증류수 혼합
② 40mL의 증류수 혼합
③ 60mL의 수분 증발
④ 64mL의 수분 증발

➠ NaOH 1N(노르말농도)은 수용액 1,000mL에 NaOH가 40g 녹아 있는 것을 말하는데 만약 〈문제〉의 조건과 같이 NaOH 수용액의 부피가 100mL라면 NaOH는 4g만 녹아 있게 된다. 〈문제〉는 물 100mL에 NaOH 4g이 녹아 있는 수용액을 10wt% 수용액으로 만드는 것인데 이 말은 전체 수용액의 질량 중 10wt%가 NaOH 4g이 되어야 하는 것을 의미하므로 이 경우 전체 수용액의 질량은 40g이 되어야 하고 여기에는 NaOH 4g과 물 36g이 들어있는 상태가 된다. 〈문제〉는 이 상태로 만드는 방법을 묻는 것으로 물을 36g만 남게 하기 위해서는 처음 물의 질량 100g에서 64g의 물을 증발시키면 된다.
   ※ 수용액은 비중이 1인 물이므로 64g의 물의 질량은 64mL의 물의 부피와 같은 양이다.

13 다음 반응식에 관한 사항 중 옳은 것은?

> $$SO_2 + 2H_2S \rightarrow 2H_2O + 3S$$

① SO_2는 산화제로 작용
② H_2S는 산화제로 작용
③ SO_2는 촉매로 작용
④ H_2S는 촉매로 작용

➠ 산화제란 산소 또는 산소공급원을 갖고 있는 물질이므로 반응 시 산소 또는 산소공급원을 내주어 다른 가연물을 연소시키는 역할을 한다. 반응식에서 SO_2가 반응 후에 S로 된 이유는 다음과 같이 SO_2가 산소(O_2)를 내놓았기 때문이고 산소(O_2)를 내놓은 **SO_2는 산화제로 작용**한다.

   • $SO_2 + 2H_2S \rightarrow 2H_2O + 3S$
   SO_2가 반응 후 O_2를 내놓았으므로 S만 남았다.

14 주기율표에서 3주기 원소들의 일반적인 물리·화학적 성질 중 오른쪽으로 갈수록 감소하는 성질로만 이루어진 것은?

① 비금속성, 선사흡수성, 이온화에너지
② 금속성, 전자방출성, 원자반지름
③ 비금속성, 이온화에너지, 전자친화도
④ 전자친화도, 전자흡수성, 원자반지름

>> 주기율표에서 같은 주기에 있는 원소들은 오른쪽으로 갈수록 비금속성이 강한 원소들이 배치되어 있어 **금속성은 감소**하며, 음이온인 전자를 갖고 있는 원소들이 배치되어 있어 전자흡수성은 증가하나 **전자방출성은 감소**한다. 그리고 주기율표의 오른쪽으로 갈수록 그 주기에 전자수는 증가하게 되고 전자가 많아질수록 양성자가 전자를 당기는 힘이 강해져 전자가 내부로 당겨지면서 **원자의 반지름은 감소**한다.

15 30wt%인 진한 HCl의 비중은 1.1이다. 진한 HCl의 몰농도는 얼마인가? (단, HCl의 화학식량은 36.5이다.)

① 7.21   ② 9.04

③ 11.36   ④ 13.08

>> %농도를 몰(M)농도로 나타내는 공식은 다음과 같다.

$$몰농도(M) = \frac{10 \cdot d \cdot s}{M}$$

여기서, d(비중) : 1.1
s(농도) : 30wt%
M(분자량) : 36.5g

따라서, HCL의 몰농도$(M) = \dfrac{10 \times 1.1 \times 30}{36.5}$
= 9.04이다.

16 방사성 원소에서 방출되는 방사선 중 전기장의 영향을 받지 않아 휘어지지 않는 선은 어느 것인가?

① α선

② β선

③ γ선

④ α, β, γ선

>> 방사선 중 γ(감마)선은 전기장의 영향을 받지 않아 휘어지지 않기 때문에 어디든 투과할 수 있으며, α(알파), β(베타), γ(감마) 선 중 투과력이 가장 센 방사선이다.

17 다음 중 산성염으로만 나열된 것은?

① $NaHSO_4$, $Ca(HCO_3)_2$

② $Ca(OH)Cl$, $Cu(OH)Cl$

③ $NaCl$, $Cu(OH)Cl$

④ $Ca(OH)Cl$, $CaCl_2$

>> 산성염이란 H(수소)와 금속이 결합되어 있는 물질을 말하며, 염기성염이란 OH(수산기)와 금속이 결합되어 있는 물질을 말한다. 따라서 〈보기〉 중 산성염은 H만 포함되고 OH는 포함되지 않는 ① $NaHSO_4$, $Ca(HCO_3)_2$이다.

18 어떤 기체의 확산속도는 SO_2의 2배이다. 이 기체의 분자량은 얼마인가? (단, SO_2의 분자량은 64이다.)

① 4

② 8

③ 16

④ 32

>> 그레이엄의 기체확산속도의 법칙은 "기체의 확산속도는 기체의 분자량의 제곱근에 반비례한다."이고, 이 공식을 두 가지의 기체에 대해 적용하면 $\dfrac{V_x}{V_{SO_2}} = \sqrt{\dfrac{M_{SO_2}}{M_x}}$ 이다.

여기서, V_x : 구하고자 하는 기체의 확산속도
V_{SO_2} : SO_2기체의 확산속도
M_{SO_2} : SO_2기체의 분자량
M_x : 구하고자 하는 기체의 분자량

〈문제〉에서 구하고자 하는 기체의 확산속도 V_x는 V_{SO_2}의 2배라고 하였으므로 $V_x = 2V_{SO_2}$이고 기체의 확산속도 공식에 V_x 대신 $2V_{SO_2}$를 대입하면 $\dfrac{2V_{SO_2}}{V_{SO_2}} = \sqrt{\dfrac{M_{SO_2}}{M_x}}$ 가 되며, 여기서 V_{SO_2}를 약분하면 공식은 $2 = \sqrt{\dfrac{M_{SO_2}}{M_x}}$ 가 된다.

양 변을 제곱하여 $\sqrt{\ }$를 없애면 $4 = \dfrac{M_{SO_2}}{M_x}$ 가 되는데 SO_2의 분자량 M_{SO_2}는 64이므로 M_{SO_2}에 64를 대입하면 공식은 $4 = \dfrac{64}{M_x}$로 나타낼 수 있다.

따라서 구하고자 하는 기체의 분자량 $M_x = \dfrac{64}{4}$ = 16이 된다.

19 다음 중 물의 끓는점을 높이기 위한 방법으로 가장 타당한 것은?

① 순수한 물을 끓인다.

② 물을 저으면서 끓인다.

③ 감압하에 끓인다.

④ 밀폐된 그릇에서 끓인다.

》 산 정상은 기압이 낮고 끓는점도 낮아 산에서 밥을 지으면 낮은 온도에서 쉽게 끓어 밥이 설익게 된다. 이때 냄비 위에 돌을 얹어 냄비를 밀폐시키는데 그 이유는 물의 끓는점을 높여 밥을 천천히 익게 하기 위해서이다. 따라서 〈보기〉 중 물의 끓는점을 높이기 위한 방법으로 가장 타당한 것은 밀폐된 그릇에서 물을 끓이는 것이다.

20 한 분자 내에 배위결합과 이온결합을 동시에 가지고 있는 것은?

① NH_4Cl

② C_6H_6

③ CH_3OH

④ $NaCl$

》 배위결합이란 비공유전자쌍을 갖고 있는 분자나 이온이 비공유전자쌍을 다른 이온에게 제공함으로써 다른 이온이 이 전자쌍을 공유하는 결합을 말한다.

① NH_4에 포함된 NH_3는 최외각전자수(원자가)가 5개인 N의 전자를 "●"으로 표시하고 최외각전자수(원자가)가 1개인 H의 전자를 "x"로 표시하여 다음 그림과 같이 전자점식으로 나타낼 수 있으며 N이 갖고 있는 비공유전자쌍 1개를 H^+ 이온에게 제공함으로써 H^+ 이온이 이 비공유전자쌍을 공유해 배위결합을 이룬다.

따라서 〈보기〉 중 ① NH_4Cl은 NH_3의 비공유전자쌍을 H^+이온과 공유하는 배위결합과 NH_4^+(양이온)와 Cl^-(음이온)가 결합하는 이온결합을 동시에 갖고 있는 물질이다.

21 어떤 가연물의 착화에너지가 24cal일 때, 이것을 일에너지의 단위로 환산하면 몇 Joule인가?

① 24
② 42
③ 84
④ 100

》 1Joule이라는 일에너지의 단위는 0.24cal로 나타낼 수 있다. 즉, 0.24cal = 1Joule이므로 24cal는 100Joule과 같다.

22 위험물제조소등에 옥내소화전설비를 압력수조를 이용한 가압송수장치로 설치하는 경우 압력수조의 최소압력은 몇 MPa인가? (단, 소방용 호스의 마찰손실수두압은 3.2MPa, 배관의 마찰손실수두압은 2.2MPa, 낙차의 환산수두압은 1.79MPa이다.)

① 5.4

② 3.99

③ 7.19

④ 7.54

》 옥내소화전설비의 압력수조를 이용한 가압송수장치에서 압력수조의 압력은 다음 식에 의하여 구한 수치 이상으로 한다.

$P = p_1 + p_2 + p_3 + 0.35MPa$

여기서, P : 필요한 압력(MPa)

p_1 : 소방용 호스의 마찰손실수두압(MPa) = 3.2MPa

p_2 : 배관의 마찰손실수두압(MPa) = 2.2MPa

p_3 : 낙차의 환산수두압(MPa) = 1.79MPa

P = 3.2MPa + 2.2MPa + 1.79MPa + 0.35MPa = 7.54MPa

Check 옥내소화전설비의 또 다른 가압송수장치

(1) 고가수조를 이용한 가압송수장치

낙차(수조의 하단으로부터 호스접속구까지의 수직거리)는 다음 식에 의하여 구한 수치 이상으로 한다.

$$H = h_1 + h_2 + 35m$$

여기서, H : 필요낙차(m)

h_1 : 소방용 호스의 마찰손실수두(m)

h_2 : 배관의 마찰손실수두(m)

(2) 펌프를 이용한 가압송수장치에서 펌프의 전양정은 다음 식에 의하여 구한 수치 이상으로 한다.

$$H = h_1 + h_2 + h_3 + 35m$$

여기서, H : 펌프의 전양정(m)

h_1 : 소방용 호스의 마찰손실수두(m)

h_2 : 배관의 마찰손실수두(m)

h_3 : 낙차(m)

23 다이에틸에터 2,000L와 아세톤 4,000L를 옥내저장소에 저장하고 있다면 총 소요단위는 얼마인가?

① 5　　　　　　② 6

③ 50　　　　　　④ 60

◈ 제4류 위험물 중 특수인화물에 속하는 다이에틸에터의 지정수량은 50L이고 제1석유류 수용성 물질인 아세톤의 지정수량은 400L이다. 위험물은 지정수량의 10배가 1소요단위이므로 다이에틸에터 2,000L와 아세톤 4,000L의 합은 $\dfrac{2,000L}{50L \times 10}$ +

$\dfrac{4,000L}{400L \times 10}$ =5소요단위이다.

Check 1소요단위의 기준

구 분	외벽이 내화구조	외벽이 비내화구조
제조소 및 취급소	연면적 100m²	연면적 50m²
저장소	연면적 150m²	연면적 75m²
위험물	지정수량의 10배	

24 연소이론에 대한 설명으로 가장 거리가 먼 것은?

① 착화온도가 낮을수록 위험성이 크다.

② 인화점이 낮을수록 위험성이 크다.

③ 인화점이 낮은 물질은 착화점도 낮다.

④ 폭발한계가 넓을수록 위험성이 크다.

◈ ① 착화온도가 낮다는 것은 낮은 온도에서도 스스로 불이 쉽게 붙을 수 있다는 의미이므로 착화온도가 낮을수록 위험성은 크다.

② 인화점이 낮다는 것은 낮은 온도에서도 점화원에 의해 불이 쉽게 붙을 수 있다는 의미이므로 인화점이 낮을수록 위험성은 크다.

③ 인화점이 낮은 물질이라도 착화점이 높을 수도 있으므로 **인화점과 착화점이 서로 비례관계에 있는 것은 아니다.**

④ 폭발한계(연소범위)가 넓으면 넓을수록 위험성은 크다.

25 위험물안전관리법령상 염소산염류에 대해 적응성이 있는 소화설비는?

① 탄산수소염류 분말소화설비

② 포소화설비

③ 불활성가스소화설비

④ 할로젠화합물소화설비

◈ 염소산염류는 제1류 위험물로서 냉각소화가 효과적인 소화방법이므로 물이 소화약제인 소화설비가 적응이 있으며 〈보기〉 중 물이 포함된 소화설비는 포소화설비뿐이다.

대상물의 구분 / 소화설비의 구분		건축물·그 밖의 공작물	전기설비	제1류 위험물		제2류 위험물			제3류 위험물		제4류 위험물	제5류 위험물	제6류 위험물
				알칼리금속의 과산화물등	그 밖의 것	철분·금속분·마그네슘등	인화성고체	그 밖의 것	금수성물품	그 밖의 것			
옥내소화전 또는 옥외소화전 설비		○			○		○	○	○		○	○	○
스프링클러설비		○			○		○	○	○		△	○	○
물분무등소화설비	물분무소화설비	○	○		○		○	○	○		○	○	○
	포소화설비	○			◎		○	○	○		○	○	○
	불활성가스소화설비		○	×			○				○		
	할로젠화합물소화설비		○	×			○				○		
	분말소화설비 인산염류등	○	○				○	○			○		○
	분말소화설비 탄산수소염류등		○	○	×		○		○		○		
	분말소화설비 그 밖의 것			○			○		○				

26 분말소화약제의 착색 색상으로 옳은 것은?

① $NH_4H_2PO_4$: 담홍색

② $NH_4H_2PO_4$: 백색

③ $KHCO_3$: 담홍색

④ $KHCO_3$: 백색

≫ 제3종 분말소화약제인 $NH_4H_2PO_4$(인산암모늄)은 담홍색이며, 제2종 분말소화약제인 $KHCO_3$(탄산수소칼륨)은 보라(담회)색이다.

구 분	주성분	주성분의 화학식	색 상
제1종 분말소화약제	탄산수소 나트륨	$NaHCO_3$	백색
제2종 분말소화약제	탄산수소 칼륨	$KHCO_3$	연보라 (담회)색
제3종 분말소화약제	**인산암모늄**	$NH_4H_2PO_4$	**분홍 (담홍)색**
제4종 분말소화약제	탄산수소칼륨 + 요소의 반응생성물	$KHCO_3$ + $(NH_2)_2CO$	회색

27 불활성가스소화설비에 의한 소화적응성이 없는 것은?

① $C_3H_5(ONO_2)_3$

② $C_6H_4(CH_3)_2$

③ CH_3COCH_3

④ $C_2H_5OC_2H_5$

≫ 〈보기〉 중 ① $C_3H_5(ONO_2)_3$(나이트로글리세린)은 제5류 위험물이므로 불활성가스소화설비에 의한 질식소화는 적응성이 없고 물을 소화약제로 하는 소화설비로 냉각소화 해야 하며 그 외 $C_6H_4(CH_3)_2$(크실렌), CH_3COCH_3(아세톤), $C_2H_5OC_2H_5$(다이에틸에터)는 모두 제4류 위험물이므로 불활성가스소화설비에 의한 질식소화가 적응성이 있다.

28 벤젠에 관한 일반적 성질로 틀린 것은?

① 무색투명한 휘발성 액체로 증기는 마취성과 독성이 있다.

② 불을 붙이면 그을음을 많이 내고 연소한다.

③ 겨울철에는 응고하여 인화의 위험이 없지만, 상온에서는 액체상태로 인화의 위험이 높다.

④ 진한 황산과 질산으로 나이트로화시키면 나이트로벤젠이 된다.

≫ ① 제4류 위험물 중 제1석유류에 속하는 무색투명한 휘발성 액체로 증기는 마취성과 독성이 있다.

② 탄소(C)가 많이 함유되어 있어 불을 붙이면 그을음을 많이 내면서 연소한다.

③ 융점이 5.5℃이므로 5.5℃ 이상의 온도에서는 녹아서 액체상태로 존재하고 5.5℃ 미만에서는 고체로 존재하며, 인화점은 −11℃이므로 −11℃ 이상의 온도에서 불이 붙을 수 있는 위험물이다. 따라서 벤젠은 영하의 온도인 겨울철에 응고되어 고체상태로 되더라도 −11℃ 이상의 온도를 가진 점화원이 있으면 인화할 수 있으므로 **겨울철에도 인화의 위험이 높다.**

④ 어떤 물질에 진한 황산과 진한 질산을 반응시키면 그 물질은 나이트로화(−NO_2)된다. 벤젠에 진한 황산과 진한 질산을 반응시키면 벤젠은 나이트로화되어 제4류 위험물 중 제3석유류인 나이트로벤젠($C_6H_5NO_2$)이 된다.

29 다음은 위험물안전관리법령상 위험물제조소 등에 설치하는 옥내소화전설비의 설치표시 기준 중 일부이다. ( )에 알맞은 수치를 차례대로 올바르게 나타낸 것은?

> 옥내소화전함의 상부의 벽면에 적색의 표시등을 설치하되, 당해 표시등의 부착면과 ( ) 이상의 각도가 되는 방향으로 ( ) 떨어진 곳에서 용이하게 식별이 가능하도록 할 것

① 5°, 5m

② 5°, 10m

③ 15°, 5m

④ 15°, 10m

≫ 위험물제조소등에 실지하는 옥내소화전설비의 옥내소화전함의 상부의 벽면에는 적색의 표시등을 설치하되, 당해 표시등의 부착면과 **15° 이상의 각도**가 되는 방향으로 **10m 떨어진 곳**에서 용이하게 식별이 가능하도록 해야 한다.

정답 26. ① 27. ① 28. ③ 29. ④

30 벤조일퍼옥사이드의 화재예방상 주의사항에 대한 설명으로 틀린 것은?

① 열, 충격 및 마찰에 의해 폭발할 수 있으므로 주의한다.

② 진한 질산, 진한 황산과의 접촉을 피한다.

③ 비활성의 희석제를 첨가하면 폭발성을 낮출 수 있다.

④ 수분과 접촉하면 폭발의 위험이 있으므로 주의한다.

≫ ① 과산화벤조일[(C₆H₅CO)₂O₂]이라고도 불리는 제5류 위험물로서 열, 충격 및 마찰에 의해 폭발할 수 있다.
② 질산과 황산 등의 강산과의 접촉으로 위험성이 커진다.
③ 희석제의 첨가로 폭발성을 낮출 수 있다.
④ 제5류 위험물 중 고체상태의 물질로서 **수분 함유 시에는 폭발성이 현저히 줄어든다**.

31 전역방출방식의 할로젠화물소화설비의 분사헤드에서 Halon 1211을 방사하는 경우의 방사압력은 얼마 이상으로 하여야 하는가?

① 0.1MPa
② 0.2MPa
③ 0.5MPa
④ 0.9MPa

≫ 할로젠화물소화설비의 분사헤드의 방사압력
1) Halon 1301 : 0.9MPa 이상
2) **Halon 1211 : 0.2MPa 이상**
3) Halon 2402 : 0.1MPa 이상

32 이산화탄소소화약제의 소화작용을 올바르게 나열한 것은?

① 질식소화, 부촉매소화
② 부촉매소화, 제거소화
③ 부촉매소화, 냉각소화
④ 질식소화, 냉각소화

≫ 이산화탄소소화약제의 주된 소화작용은 질식소화이며 일부 냉각소화 효과도 있다.

33 금속나트륨의 연소 시 소화방법으로 가장 적절한 것은?

① 팽창질석을 사용하여 소화한다.
② 분무상의 물을 뿌려 소화한다.
③ 이산화탄소를 방사하여 소화한다.
④ 물로 적신 헝겊으로 피복하여 소화한다.

≫ 금속나트륨(Na)은 제3류 위험물 중 금수성 물질로서 화재 시 탄산수소염류 분말소화약제와 마른 모래, **팽창질석** 및 팽창진주암이 적응성 있는 소화약제이다.

34 이산화탄소소화기에 대한 설명으로 옳은 것은?

① C급 화재에는 적응성이 없다.
② 다량의 물질이 연소하는 A급 화재에 가장 효과적이다.
③ 밀폐되지 않은 공간에서 사용할 때 가장 소화효과가 좋다.
④ 방출용 동력이 별도로 필요치 않다.

≫ ① 이산화탄소소화약제는 전기절연성이 있으므로 C급(전기)화재에 적응성이 있다.
② A급(일반)화재는 물에 의한 냉각소화가 효과적이며, 이산화탄소소화기는 적응성이 없다.
③ 밀폐되지 않은 공간에서는 공기가 유동하므로 질식소화작용을 하는 이산화탄소소화기는 효과가 없다.
④ 이산화탄소소화기는 방출용 동력인 이산화탄소를 소화약제로 직접 이용하므로 **방출용 동력이 별도로 필요치 않다**.

35 위험물안전관리법령상 제5류 위험물에 적응성이 있는 소화설비는?

① 분말을 방사하는 대형 소화기
② CO₂를 방사하는 소형 소화기
③ 할로젠화합물을 방사하는 대형 소화기
④ 스프링클러설비

≫ 자기반응성 물질인 제5류 위험물은 자체적으로 산소공급원을 가지고 있으므로 분말, CO₂, 할로젠화합물소화기는 효과가 없고, 스프링클러설비와 같이 수분을 포함한 소화설비로 냉각소화를 해야 한다.

소화설비의 구분 \ 대상물의 구분	건축물·그 밖의 공작물	전기설비	제1류 위험물 알칼리금속의 과산화물등	제1류 위험물 그 밖의 것	제2류 위험물 철분·금속분·마그네슘 등	제2류 위험물 인화성고체	제2류 위험물 그 밖의 것	제3류 위험물 금수성물품	제3류 위험물 그 밖의 것	제4류 위험물	제5류 위험물	제6류 위험물
옥내소화전 또는 옥외소화전 설비	○			○		○	○		○		○	○
스프링클러설비	○			○		○	○		○	△	◎	○
물분무등소화설비 — 물분무소화설비	○	○		○		○	○		○	○	○	○
물분무등소화설비 — 포소화설비	○			○		○	○		○	○	○	○
물분무등소화설비 — 불활성가스소화설비		○				○				○		
물분무등소화설비 — 할로겐화합물소화설비		○				○				○		
물분무등소화설비 — 분말소화설비 인산염류등	○	○		○		○	○			○		○
물분무등소화설비 — 분말소화설비 탄산수소염류등		○	○		○	○		○		○		
물분무등소화설비 — 분말소화설비 그 밖의 것			○		○			○				
대형·소형수동식소화기 — 봉상수(棒狀水)소화기	○			○		○	○		○		○	○
대형·소형수동식소화기 — 무상수(霧狀水)소화기	○	○		○		○	○		○		○	○
대형·소형수동식소화기 — 봉상강화액소화기	○			○		○	○		○	○	○	○
대형·소형수동식소화기 — 무상강화액소화기	○	○		○		○	○		○	○	○	○
대형·소형수동식소화기 — 포소화기	○			○		○	○		○	○	○	○
대형·소형수동식소화기 — 이산화탄소소화기		○				○				○	×	△
대형·소형수동식소화기 — 할로겐화합물소화기		○				○				○	×	
대형·소형수동식소화기 — 분말소화기 인산염류소화기	○	○		○		○	○			○	×	○
대형·소형수동식소화기 — 분말소화기 탄산수소염류소화기		○	○		○	○		○		○	×	
대형·소형수동식소화기 — 분말소화기 그 밖의 것			○		○			○			×	

36 다음 중 자연발화의 원인으로 가장 거리가 먼 것은?

① 기화열에 의한 발열
② 산화열에 의한 발열
③ 분해열에 의한 발열
④ 흡착열에 의한 발열

≫ 기화열이란 물이 증발할 때 발생하는 잠열로서 화재 시 연소면의 열을 흡수하여 온도를 착화점 미만으로 낮춰 소화하는 역할을 하므로 자연발화와는 관계가 없다.

Check 자연발화의 형태

(1) 분해열에 의한 발열
(2) 산화열에 의한 발열
(3) 중합열에 의한 발열
(4) 미생물에 의한 발열
(5) 흡착열에 의한 발열

37 과산화나트륨 저장장소에서 화재가 발생하였다. 과산화나트륨을 고려하였을 때 다음 중 가장 적합한 소화약제는?

① 포소화약제　　　② 할로젠화합물
③ 건조사　　　　　④ 물

≫ 과산화나트륨은 제1류 위험물 중 알칼리금속의 과산화물로서 화재 시 탄산수소염류 분말소화약제와 **마른 모래(건조사)**, 팽창질석 및 팽창진주암이 적응성 있는 소화약제이다.

38 10℃의 물 2g을 100℃의 수증기로 만드는 데 필요한 열량은?

① 180cal　　　　　② 340cal
③ 719cal　　　　　④ 1,258cal

≫ 1) 현열 : 10℃부터 100℃까지의 온도변화가 존재하는 구간의 열량

$$Q_{현열} = c \times m \times \Delta t$$

 톡톡 튀는 암기법 시(c)멘(m)트(Δt)

여기서, $Q_{현열}$: 물의 열량(cal)
　　　　c : 비열(물질 1g의 온도를 1℃ 올리는 데 필요한 열량)
　　　　　※ 물의 비열 : 1cal/g·℃

m : 질량(g) = 2g

Δt : 온도차(℃) = 100℃ − 10℃

　　　 = 90℃

$Q_{현열(물)}$ = 1 × 2 × 90 = 180cal

2) 증발잠열 : 온도변화 없이 상태만 변하는 기체상태의 열량

$Q_{증발잠열} = m \times \gamma$

여기서, $Q_{증발잠열}$: 수증기의 열량(cal)

　　　　 m : 질량(g) = 2g

　　　　 γ : 잠열상수값 = 539cal/g

$Q_{증발잠열(수증기)}$ = 2 × 539 = 1,078cal

∴ $Q = Q_{물} + Q_{수증기}$

　 = 180cal + 1,078cal

　 = 1,258cal

39 위험물안전관리법상 마른 모래(삽 1개 포함) 50L의 능력단위는?

① 0.3　　　　② 0.5

③ 1.0　　　　④ 1.5

≫ 기타 소화설비의 능력단위

소화설비	용 량	능력단위
소화전용 물통	8L	0.3
수조 (소화전용 물통 3개 포함)	80L	1.5
수조 (소화전용 물통 6개 포함)	190L	2.5
마른 모래 (삽 1개 포함)	**50L**	**0.5**
팽창질석 또는 팽창진주암 (삽 1개 포함)	160L	1.0

40 불활성가스소화약제 중 IG-541의 구성성분이 아닌 것은?

① N_2

② Ar

③ Ne

④ CO_2

≫ 불활성가스의 종류별 구성 성분

1) IG-100 : 질소(N_2) 100%

2) IG-55 : 질소(N_2) 50%와 아르곤(Ar) 50%

3) IG-541 : **질소(N_2) 52%와 아르곤(Ar) 40%와 이산화탄소(CO_2) 8%**

제3과목　**위험물의 성질과 취급**

41 위험물안전관리법령상 위험물의 운반에 관한 기준에 따르면 위험물은 규정에 의한 운반용기에 법령에서 정한 기준에 수납하여 적재하여야 한다. 다음 중 적용 예외의 경우에 해당하는 것은? (단, 지정수량의 2배인 경우이며, 위험물을 동일구 내에 있는 제조소등의 상호간에 운반하기 위하여 적재하는 경우는 제외한다.)

① 덩어리상태의 황을 운반하기 위하여 적재하는 경우

② 금속분을 운반하기 위하여 적재하는 경우

③ 삼산화크로뮴을 운반하기 위하여 적재하는 경우

④ 염소산나트륨을 운반하기 위하여 적재하는 경우

≫ 위험물안전관리법령상 위험물은 반드시 운반용기에 수납하여 적재하여야 한다. 다만, **다음의 경우는 그러하지 아니할 수 있다.**

1) **덩어리상태의 황을 운반하기 위하여 적재하는 경우**

2) 위험물을 동일구 내에 있는 제조소등의 상호간에 운반하기 위하여 적재하는 경우

42 제4류 위험물인 동식물유류의 취급방법이 잘못된 것은?

① 액체의 누설을 방지하여야 한다.

② 화기접촉에 의한 인화에 주의하여야 한다.

③ 아마인유는 섬유 등에 흡수되어 있으면 매우 안정하므로 취급하기 편리하다.

④ 가열할 때 증기는 인화되지 않도록 조치하여야 한다.

≫ ③ 아마인유는 동식물유류 중 건성유에 속하는 물질로서 자연발화의 위험이 있으며 특히 섬유 등에 흡수되어 있으면 매우 위험하다.

43 다음 중 메탄올의 연소범위에 가장 가까운 것은?

① 약 1.4 ~ 5.6vol%

② 약 7.3 ~ 36vol%

③ 약 20.3 ~ 66vol%

④ 약 42.0 ~ 77vol%

➤➤ 제4류 위험물 중 알코올류에 속하는 메탄올(메 틸알코올)의 연소범위는 약 7.3 ~ 36vol%이다.

44 금속과산화물을 묽은 산에 반응시켜 생성되 는 물질로서 석유와 벤젠에 불용성이고 표백 작용과 살균작용을 하는 것은?

① 과산화나트륨

② 과산화수소

③ 과산화벤조일

④ 과산화칼륨

➤➤ 제1류 위험물인 무기(금속)과산화물은 염산이나 아세트산 등에 반응시키면 제6류 위험물인 **과산 화수소(H_2O_2)가 발생**하며 과산화수소는 석유와 벤젠에 불용성이고 표백작용과 살균작용을 한다.

45 연소범위가 약 2.5 ~ 38.5vol%로 구리, 은, 마 그네슘과 접촉 시 아세틸라이드를 생성하는 물질은?

① 아세트알데하이드

② 알킬알루미늄

③ 산화프로필렌

④ 콜로디온

➤➤ 제4류 위험물 중 특수인화물에 속하는 산화프로필렌 (CH_3CHOCH_2)은 연소범위가 약 2.5~38.5vol% 이며, 수은(Hg), 은(Ag), 구리(Cu), 마그네슘(Mg) 과 접촉 시 폭발성인 금속아세틸라이드를 생성 한다.

> Check
>
> 제4류 위험물 중 특수인화물에 속하는 아세트알 데하이드(CH_3CHO)도 수은(Hg), 은(Ag), 구리(Cu), 마그네슘(Mg)과 접촉 시 폭발성인 금속아세틸라 이드를 생성하는 물질이긴 하지만 연소범위가 약 4.1~57vol%이다.

46 제5류 위험물제조소에 설치하는 표지 및 주의 사항을 표시한 게시판의 바탕색상을 각각 올 바르게 나타낸 것은?

① 표지 : 백색

　주의사항을 표시한 게시판 : 백색

② 표지 : 백색

　주의사항을 표시한 게시판 : 적색

③ 표지 : 적색

　주의사항을 표시한 게시판 : 백색

④ 표지 : 적색

　주의사항을 표시한 게시판 : 적색

➤➤ 제5류 위험물 제조소의 표지 및 주의사항 게시판
　1) **제조소의 표지**
　　㉠ 내용 : 위험물제조소
　　㉡ 색상 : **백색바탕**, 흑색문자
　2) **주의사항 게시판**
　　㉠ 내용 : 화기엄금
　　㉡ 색상 : **적색바탕**, 백색문자

47 최대 아세톤 150톤을 옥외탱크저장소에 저장 할 경우 보유공지의 너비는 몇 m 이상으로 하여 야 하는가? (단, 아세톤의 비중은 0.79이다.)

① 3

② 5

③ 9

④ 12

➤➤ 옥외탱크저장소의 보유공지는 지정수량의 배수에 의해 결정된다. 아세톤은 제4류 위험물 중 제1 석유류 수용성 물질로 지정수량이 400L이므로 지정수량의 배수를 구하기 위해서는 〈문제〉의 아세톤 150톤, 즉 150,000kg을 부피(L) 단위로 환산해야 한다.

부피 = $\dfrac{질량}{비중}$ 이므로

부피 = $\dfrac{150,000kg}{0.79kg/L}$ = 약 190,000L 이다

이와 같이 비중 0.79인 아세톤 150,000kg은 부피가 190,000L이며 지정수량의 배수는 $\dfrac{190,000L}{400L}$ = 475배가 된다.

따라서 지정수량의 475배는 지정수량의 500배 이하에 해당하므로 다음 [표]에서도 알 수 있듯이 〈문제〉의 옥외탱크저장소의 보유공지는 3m 이상으로 해야 한다.

지정수량의 배수	옥외탱크저장소의 보유공지
500배 이하	**3m 이상**
500배 초과 1,000배 이하	5m 이상
1,000배 초과 2,000배 이하	9m 이상
2,000배 초과 3,000배 이하	12m 이상
3,000배 초과 4,000배 이하	15m 이상
4,000배 초과	옥외저장탱크의 지름과 높이 중 큰 값(최소 15m 이상 최대 30m 이하)

48 위험물이 물과 접촉하였을 때 발생하는 기체를 올바르게 연결한 것은?

① 인화칼슘 – 포스핀
② 과산화칼륨 – 아세틸렌
③ 나트륨 – 산소
④ 탄화칼슘 – 수소

≫ ① **인화칼슘(Ca_3P_2)**은 물과 반응 시 수산화칼슘 [$Ca(OH)_2$]과 **포스핀(PH_3)기체**를 발생한다.
② 과산화칼륨(K_2O_2)은 물과 반응 시 수산화칼륨(KOH)과 산소(O_2)기체를 발생한다.
③ 나트륨(Na)은 물과 반응 시 수산화나트륨($NaOH$)과 수소(H_2)기체를 발생한다.
④ 탄화칼슘(CaC_2)은 물과 반응 시 수산화칼슘 [$Ca(OH)_2$]과 아세틸렌(C_2H_2)기체를 발생한다.

49 다음 위험물 중 물에 가장 잘 녹는 것은 어느 것인가?

① 적린　　　　② 황
③ 벤젠　　　　④ 아세톤

≫ 아세톤(CH_3COCH_3)은 제4류 위험물 중 제1석유류에 속하는 대표적인 수용성 물질이다.

50 다음 위험물 중 가열 시 분해온도가 가장 낮은 물질은?

① $KClO_3$
② Na_2O_2
③ NH_4ClO_4
④ KNO_3

≫ 〈보기〉의 위험물의 분해온도는 다음과 같다.
① $KClO_3$(염소산칼륨) : 400℃
② Na_2O_2(과산화나트륨) : 460℃
③ **NH_4ClO_4(과염소산암모늄) : 130℃**
④ KNO_3(질산칼륨) : 400℃

51 제5류 위험물 중 나이트로화합물에서 나이트로기(nitro group)를 올바르게 나타낸 것은?

① $-NO$　　　　② $-NO_2$
③ $-NO_3$　　　　④ $-NON_3$

≫ 유기물에 **나이트로기($-NO_2$)**를 2개 이상 결합하고 있는 물질은 제5류 위험물 중 나이트로화합물에 속한다.

52 다음 2가지 물질을 혼합하였을 때 그로 인한 발화 또는 폭발의 위험성이 가장 낮은 것은?

① 아염소산나트륨과 싸이오황산나트륨
② 질산과 이황화탄소
③ 아세트산과 과산화나트륨
④ 나트륨과 등유

≫ ① 아염소산나트륨과 싸이오황산나트륨($Na_2S_2O_3$) : 제1류 위험물(아염소산염류)과 행정안전부령이 정하는 제1류 위험물(퍼옥소이황산염류)의 같은 유별의 혼합이지만 성질의 세기와 성분의 차이로 인해 위험성은 존재할 수 있다.
② 질산과 이황화탄소 : 제6류 위험물(산소공급원)과 제4류 위험물(인화성 액체)의 혼합은 폭발의 위험성이 높다.
③ 아세트산과 과산화나트륨 : 제4류 위험물(인화성액체)과 제1류 위험물(산소공급원)의 혼합은 폭발의 위험성이 높다.
④ 나트륨과 등유 : 제3류 위험물 중 **나트륨에 대해 등유는 보호액의 역할**을 하므로 위험성이 낮다.

정답　48. ①　49. ④　50. ③　51. ②　52. ④

53 황린이 자연발화하기 쉬운 가장 큰 이유는?

① 끓는점이 낮고 증기의 비중이 작기 때문에

② 산소와 결합력이 강하고 착화온도가 낮기 때문에

③ 녹는점이 낮고 상온에서 액체로 되어 있기 때문에

④ 인화점이 낮고 가연성 물질이기 때문에

》》 제3류 위험물 중 자연발화성 물질인 황린(P_4)은 **산소와 결합력이 강하고 착화온도가 34℃로 낮기 때문에** 공기 중에서 자연발화할 수 있다.

54 위험물안전관리법령에 따른 위험물 저장기준으로 틀린 것은?

① 이동탱크저장소에는 설치허가증과 운송허가증을 비치하여야 한다.

② 지하저장탱크의 주된 밸브는 위험물을 넣거나 빼낼 때 외에는 폐쇄하여야 한다.

③ 아세트알데하이드를 저장하는 이동저장탱크에는 탱크 안에 불활성 가스를 봉입하여야 한다.

④ 옥외저장탱크 주위에 설치된 방유제의 내부에 물이나 유류가 괴었을 경우에는 즉시 배출하여야 한다.

》》 ① 위험물안전관리법령상 이동탱크저장소에는 **완공검사필증과 정기점검기록을 비치**하여야 한다.

55 위험물의 저장 및 취급에 대한 설명으로 틀린 것은?

① H_2O_2 : 직사광선을 차단하고 찬 곳에 저장한다.

② MgO_2 : 습기의 존재하에서 산소를 발생하므로 특히 방습에 주의한다.

③ $NaNO_3$: 조해성이 있으므로 습기에 주의한다.

④ K_2O_2 : 물과 반응하지 않으므로 물속에 저장한다.

》》 ① H_2O_2(과산화수소) : 제6류 위험물이며, 직사광선을 차단하고 구멍이 뚫린 마개가 있는 용기에 담아 찬 곳에 저장한다.

② MgO_2(과산화마그네슘) : 제1류 위험물이며, 습기(수분)의 존재하에서 발열과 함께 산소를 발생하므로 습기를 방지하는 것에 주의한다.

③ $NaNO_3$(질산나트륨) : 제1류 위험물이며, 공기 중의 수분을 흡수해서 자신이 녹는 현상인 조해성을 가진 물질이므로 습기에 주의한다.

④ K_2O_2(과산화칼륨) : 제1류 위험물이며, 물과 반응하여 다량의 열과 함께 산소를 발생하므로 **물과 접촉을 방지해야 한다.**

56 위험물안전관리법령상 제5류 위험물 중 질산에스터류에 해당하는 것은?

① 나이트로벤젠

② 나이트로셀룰로오스

③ 트라이나이트로페놀

④ 트라이나이트로톨루엔

》》 ① 나이트로벤젠 : 제4류 위험물 중 제3석유류

② **나이트로셀룰로오스 : 제5류 위험물 중 질산에스터류**

③ 트라이나이트로페놀 : 제5류 위험물 중 나이트로화합물

④ 트라이나이트로톨루엔 : 제5류 위험물 중 나이트로화합물

57 옥내저장소에서 위험물 용기를 겹쳐 쌓는 경우에 있어서 제4류 위험물 중 제3석유류만을 수납하는 용기를 겹쳐 쌓을 수 있는 높이는 최대 몇 m인가?

① 3

② 4

③ 5

④ 6

옥내저장소에서 ◀ 용기를 겹쳐 쌓는 높이

》》 옥내저장소에서 위험물 용기를 겹쳐 쌓는 높이
1) 기계에 의하여 하역하는 구조로 된 용기 : 6m 이하
2) 제4류 위험물 중 **제3석유류**, 제4석유류, 동식물유류를 수납한 용기 : **4m 이하**
3) 그 외의 위험물을 수납한 용기 : 3m 이하
4) 위험물을 수납한 용기를 선반에 저장하는 경우 : 높이의 제한이 없음

정답 **53.** ② **54.** ① **55.** ④ **56.** ② **57.** ②

옥외저장소에서 위험물 용기를 겹쳐 쌓는 높이의 기준은 옥내저장소와 동일하지만 용기를 선반에 저장하는 경우의 높이는 6m 이하로 하는 차이가 있습니다.
1. 옥내저장소에서 용기를 선반에 저장하는 경우
  : 높이의 제한이 없음
2. 옥외저장소에서 용기를 선반에 저장하는 경우
  : 6m 이하

58 연면적 1,000m²이고 외벽이 내화구조인 위험물취급소의 소화설비 소요단위는 얼마인가?

① 5   ② 10
③ 20   ④ 100

≫ 외벽이 내화구조인 위험물취급소의 건축물은 연면적 100m²가 1소요단위이므로 연면적 1,000m²는 10소요단위이다.

Check **1소요단위의 기준**

구 분	외벽이 내화구조	외벽이 비내화구조
제조소 및 **취급소**	**연면적 100m²**	연면적 50m²
저장소	연면적 150m²	연면적 75m²
위험물	지정수량의 10배	

59 다음 중 물에 대한 용해도가 가장 낮은 물질은?

① $NaClO_3$ ② $NaClO_4$
③ $KClO_4$ ④ NH_4ClO_4

≫ 제1류 위험물 중 ClO_2 또는 ClO_3 또는 ClO_4에 K(칼륨)가 결합되어 있으면 물에 녹지 않고 Na(나트륨) 또는 NH_4(암모늄)가 결합되어 있으면 물에 잘 녹는다. 〈보기〉 중 ③ **$KClO_4$는 ClO_4에 K이 결합되어 있는 위험물로 물에 녹지 않는다.**
※ 물에 대한 용해도가 낮다는 것은 물에 녹지 않는다는 의미이다.

60 위험물안전관리법상 다음 〈보기〉의 ( ) 안에 알맞은 수치는?

〈보기〉
이동저장탱크로부터 위험물을 저장 또는 취급하는 탱크에 인화점이 ( )℃ 미만인 위험물을 주입할 때에는 이동탱크저장소의 원동기를 정지시킬 것

① 40   ② 50
③ 60   ④ 70

≫ 이동저장탱크로부터 위험물을 저장 또는 취급하는 탱크에 **인화점이 40℃ 미만인 위험물**을 주입할 때에는 이동탱크저장소의 원동기를 정지시켜야 한다.

🔘 Tip

위험물안전관리법에서 정하는 위험물을 주입하거나 주유할 때 원동기를 정지시켜야 하는 경우의 위험물의 인화점은 모두 40℃ 미만입니다.

2018 제4회 위험물산업기사

2018년 9월 15일 시행

제1과목 일반화학

01 물 450g에 NaOH 80g이 녹아 있는 용액에서 NaOH의 몰분율은?

① 0.074 ② 0.178
③ 0.200 ④ 0.450

>> 몰분율이란 각 물질을 몰수로 나타내었을 때 전체 물질 중 해당 물질이 차지하는 몰수의 비율을 말한다.
H_2O(물) 1몰은 $1(H)g \times 2 + 16(O)g = 18g$이므로
물 450g은 $\frac{450}{18} = 25$몰이고 NaOH(수산화나트륨) 1몰은 $23(Na)g + 16(O)g + 1(H)g = 40g$이므로
NaOH 80g은 $\frac{80}{40} = 2$몰이다.
따라서 물 25몰과 NaOH 2몰을 합한 몰수에 대해 NaOH가 차지하는 몰분율은 $\frac{2}{25+2} = 0.074$이다.

02 다음 할로젠족 분자 중 수소와의 반응성이 가장 높은 것은?

① Br_2 ② F_2
③ Cl_2 ④ I_2

>> 할로젠족 분자 중 H_2(수소)와의 반응성이 가장 높은 것은 제일 가볍고 화학적 활성이 큰 F_2(플루오린) 분자이며 그 다음으로 Cl_2(염소)>Br_2(브로민)>I_2(아이오딘)의 순서이다.

03 1몰의 질소와 3몰의 수소를 촉매와 같이 용기 속에 밀폐하고 일정한 온도로 유지하였더니 반응물질의 50%가 암모니아로 변하였다. 이 때의 압력은 최초 압력의 몇 배가 되는가? (단, 용기의 부피는 변하지 않는다.)

① 0.5 ② 0.75
③ 1.25 ④ 변하지 않는다.

>> 다음의 반응식에서 알 수 있듯이 1몰의 질소와 3몰의 수소를 반응시키면 2몰의 암모니아가 만들어진다.
• 질소와 수소의 반응식 : $N_2 + 3H_2 \rightarrow 2NH_3$
〈문제〉의 조건은 처음 용기에 1몰의 질소와 3몰의 수소를 넣어 총 4몰의 기체를 밀폐하고 이 기체들을 반응시켜 2몰의 암모니아를 만들려고 했지만 2몰이 아닌 50%에 해당하는 1몰의 암모니아만 만들어진 것이다. 이렇게 완전반응을 하지 못하고 암모니아가 50%만 만들어지면 질소도 1몰의 50%인 0.5몰만 반응하고 수소도 3몰의 50%인 1.5몰만 반응해 나머지 반응하지 못한 기체들은 용기에 남게 되며, 이 반응 후 용기 안에는 생성된 50%의 암모니아 1몰과 반응하지 못하고 남은 질소 0.5몰, 수소 1.5몰, 이렇게 총 3몰의 기체가 남아 있는 상태가 된다.
따라서 처음 용기 속의 기체의 몰수는 4몰이었는데 반응 후 3몰만의 기체만 남아 있으므로 이 때의 기체의 몰수는 최초 기체의 몰수의 $\frac{3}{4}$ 배이며 용기 속의 기체의 몰수는 기체의 압력에 비례하므로 이 때의 기체의 압력 또한 최초 압력의 $\frac{3}{4}$ 배, 즉 0.75배가 된다.

04 다음 pH값에서 알칼리성이 가장 큰 것은?

① pH = 1 ② pH = 6
③ pH = 8 ④ pH = 13

>> pH가 7보다 작으면 산성이고 7보다 크면 알칼리성이며 〈보기〉 중에서는 pH = 13이 가장 알칼리성이 크다.

05 다음 화합물 가운데 환원성이 없는 것은?

① 젖당 ② 과당
③ 설탕 ④ 엿당

>> 환원성 물질이란 자신이 직접 산화(연소)하려는 성질을 가진 물질로 주로 당류들을 예로 들 수 있는데 젖당, 포도당, 과당 등은 환원성이 있지만, 설탕은 환원성이 없다.

정답 01.① 02.② 03.② 04.④ 05.③

06 주기율표에서 제2주기에 있는 원소 성질 중 왼쪽에서 오른쪽으로 갈수록 감소하는 것은?

① 원자핵의 하전량

② 원자가전자의 수

③ 원자반지름

④ 전자껍질의 수

➤➤ 원소주기율표의 같은 주기에서 원자번호가 증가할수록 감소하는 것은 주기율표의 왼쪽에서 오른쪽으로 갈수록 감소하는 것을 말한다.

① 원자핵의 하전량이란 전하량 또는 전기량을 말하는데 주기율표의 오른쪽으로 갈수록 전기음성도가 큰 원소들이 전자를 갖고 있으므로 전기량도 증가하고 원자핵의 하전량도 증가한다.

② 원자가전자의 수는 원자의 최외각전자수 또는 원자의 원자가를 말하는 것으로서 주기율표의 오른쪽으로 갈수록 최외각전자수와 원자가는 증가한다.

③ 주기율표의 오른쪽으로 갈수록 그 주기에는 전자수가 증가하게 되고 전자가 많아질수록 양성자가 전자를 당기는 힘이 강해져 전자가 내부로 당겨지면서 **원자의 반지름은 감소**한다.

④ 전자껍질은 K, L, M, N으로 구분하는데 주기율표의 1주기에 있는 원소들은 K전자껍질에 속하고 2주기에 있는 원소들은 L전자껍질에 속하므로 주기율표의 같은 주기에 있는 원소들의 전자껍질의 수는 항상 같다.

07 95중량% 황산의 비중은 1.84이다. 이 황산의 몰농도는 약 얼마인가?

① 8.9

② 9.4

③ 17.8

④ 18.8

➤➤ %농도를 몰(M)농도로 나타내는 공식은 다음과 같다.

$$몰농도(M) = \frac{10 \cdot d \cdot s}{M}$$

여기서, d(비중) : 1.84

s(농도) : 95wt%

M(분자량) : 98g/mol

황산의 몰농도$(M) = \dfrac{10 \times 1.84 \times 95}{98} = 17.80$이다.

08 우유의 pH는 25℃에서 6.4이다. 우유 속의 수소이온농도는?

① 1.98×10^{-7}M

② 2.98×10^{-7}M

③ 3.98×10^{-7}M

④ 4.98×10^{-7}M

➤➤ 25℃의 온도에서 우유의 pH = $-\log[H^+]$ = 6.4 이므로 수소이온농도인 $[H^+]$ = $10^{-6.4}$ = 3.98 × 10^{-7}M이다.

※ $-\log x = y$일 때 $x = 10^{-y}$이다.

> **？ Tip**
>
> 또 다른 방법으로는 〈보기〉의 값은 모두 수소이온농도인 $[H^+]$이므로 ①번부터 ④까지의 값을 차례대로 $-\log[H^+]$에 대입해서 그 값이 6.4가 나오면 정답입니다.
>
> ① $-\log(1.98 \times 10^{-7})$ = 6.7
> ② $-\log(2.98 \times 10^{-7})$ = 6.5
> ③ **$-\log(3.98 \times 10^{-7})$ = 6.4**
> ④ $-\log(4.98 \times 10^{-7})$ = 6.3

09 20개의 양성자와 20개의 중성자를 가지고 있는 것은?

① Zr

② Ca

③ Ne

④ Zn

➤➤ 양성자수는 원자번호와 같으므로 20개의 양성자수를 가지고 있는 원소는 원자번호가 20번인 원소를 말하며 또한 양성자수와 중성자수를 합한 값은 질량수(원자량)와 같으므로 양성자수 20개와 중성자수 20개를 가지고 있는 원소는 질량수(원자량)가 40인 원소를 말한다. 따라서 원자번호가 20번이고 질량수(원자량)가 40인 원소는 Ca(칼슘)이다.

10 벤젠의 유도체인 TNT의 구조식을 올바르게 나타낸 것은?

>> TNT(트라이나이트로톨루엔)의 구조식은 톨루엔

에 나이트로(−NO₂)기를 3개 붙인

이다.

11 다음 물질 중 동소체의 관계가 아닌 것은?

① 흑연과 다이아몬드
② 산소와 오존
③ 수소와 중수소
④ 황린과 적린

>> 동소체란 하나의 원소로만 구성된 것으로서 원자배열이 달라 그 성질은 다르지만 최종 생성물이 동일한 물질을 말한다.

① 흑연(C)과 다이아몬드(C) : 두 물질 모두 탄소(C) 하나로만 구성되어 있고 그 성질은 다르지만 연소시키면 둘 다 이산화탄소(CO_2)라는 동일한 물질을 발생한다.

② 산소(O_2)와 오존(O_3) : 두 물질 모두 산소(O) 하나로만 구성되어 있고 그 성질은 다르지만 연소시키면 둘 다 산소(O_2)라는 동일한 물질을 발생한다.

③ **수소(^1H)와 중수소(^2H) : 원자번호는 같지만 질량수가 다른 동위원소의 관계이다.**

④ 황린(P_4)과 적린(P) : 두 물질 모두 인(P) 하나로만 구성되어 있고 그 성질은 다르지만 연소시키면 둘 다 오산화인(P_2O_5)이라는 동일한 물질을 발생한다.

12 헥세인(C_6H_{14})의 구조이성질체의 수는 몇 개인가?

① 3개   ② 4개
③ 5개   ④ 9개

>> 알케인의 일반식 C_nH_{2n+2}에 $n=6$을 대입하면 탄소수가 6개이고 수소의 수가 14개인 헥세인(C_6H_{14})이 되며, 헥세인은 다음과 같이 5개의 구조이성질체가 존재한다.

1)

2)

3)

4)

5)

13 다음과 같은 반응에서 평형을 왼쪽으로 이동시킬 수 있는 조건은?

$$A_2(g) + 2B_2(g) \rightleftharpoons 2AB_2(g) + 열$$

① 압력 감소, 온도 감소
② 압력 증가, 온도 증가
③ 압력 감소, 온도 증가
④ 압력 증가, 온도 감소

>> 화학평형의 이동

1) 압력을 높이면 기체의 몰수의 합이 적은 쪽으로 반응이 진행되고, 압력을 낮추면 기체 몰수의 합이 많은 쪽으로 반응이 진행된다.

2) 온도를 높이면 흡열반응 쪽으로 반응이 진행되고, 온도를 낮추면 발열반응 쪽으로 반응이 진행된다.

〈문제〉의 반응식은 반응식의 왼쪽에 있는 기체 A_2와 기체 B_2를 반응시켜 반응식의 오른쪽에 있는 기체 AB_2를 생성하면서 열을 발생하는 발열반응을 나타낸다. 여기서 평형을 왼쪽으로 이동시키기 위한 압력과 온도에 대한 화학평형의 이동은 다음과 같다.
1) 반응식의 왼쪽의 기체 몰수의 합은 1몰(A_2) + 2몰(B_2) = 3몰이고 오른쪽의 기체 몰수는 2몰(AB_2)이므로 **기체 몰수가 적은 오른쪽에서 기체 몰수가 많은 왼쪽으로 반응이 진행되도록 하기 위해서는 압력을 낮추어야 한다.**
2) 반응식의 오른쪽에서 왼쪽으로의 반응은 흡열반응이므로 흡열반응 쪽으로 반응이 진행되도록 하기 위해서는 온도를 높여야 한다.

14 이상기체상수 R값이 0.082라면 그 단위로 옳은 것은?

① $\dfrac{\text{atm} \cdot \text{mol}}{\text{L} \cdot \text{K}}$ 　② $\dfrac{\text{mmHg} \cdot \text{mol}}{\text{L} \cdot \text{K}}$

③ $\dfrac{\text{atm} \cdot \text{L}}{\text{mol} \cdot \text{K}}$ 　④ $\dfrac{\text{mmHg} \cdot \text{L}}{\text{mol} \cdot \text{K}}$

≫ $PV = nRT$의 식을 변형하면 이상기체상수 $R = \dfrac{PV}{nT}$로 나타낼 수 있다.
여기서, 각 요소의 단위는 다음과 같다.
P(압력) : atm, V(부피) : L, n(몰수) : mol
T(절대온도 또는 캘빈온도) : K
따라서 R의 단위는 $\dfrac{\text{atm} \cdot \text{L}}{\text{mol} \cdot \text{K}}$이다.

15 $K_2Cr_2O_7$에서 Cr의 산화수를 구하면?

① +2 　② +4
③ +6 　④ +8

≫ $K_2Cr_2O_7$에서 Cr의 산화수를 구하는 방법은 다음과 같다.
① 1단계 : 필요한 원소들의 원자가를 확인한다.
－ 칼륨(K) : +1가 원소
－ 산소(O) : -2가 원소
② 2단계 : 크로뮴(Cr)이 2개이므로 Cr_2를 $+2x$로 두고 나머지 원소들의 원자가와 그 개수를 적는다.
　K_2　　Cr_2　　O_7
　$(+1 \times 2)$　$(+2x)$　(-2×7)
③ 3단계 : 다음과 같이 원자가와 그 개수의 합을 0이 되도록 한다.
$+2 + 2x - 14 = 0$
$+2x = +12$
$x = +6$
이때 x값이 Cr의 산화수이다.
∴ $x = +6$

16 NaOH 1g이 물에 녹아 부피플라스크에서 250mL의 눈금을 나타낼 때 NaOH 수용액의 농도는?

① 0.1N
② 0.3N
③ 0.5N
④ 0.7N

≫ NaOH 수용액의 1N(노르말농도)은 용액 1,000mL에 용질 NaOH가 1g 당량 녹아 있는 상태를 말하고, 여기서 염기인 NaOH의 1g당량을 구하는 공식은 $\dfrac{\text{분자량}}{\text{OH 수}}$이므로 NaOH의 1g당량
$= \dfrac{23(\text{Na})\text{g} + 16(\text{O})\text{g} + 1(\text{H})\text{g}}{1\text{개}} = \dfrac{40}{1} = 40\text{g}$이다.
다시 말해 NaOH 1N(노르말농도)은 용액 1,000mL에 NaOH가 40g 녹아 있는 것을 의미한다.
그런데 〈문제〉는 용액 250mL에 NaOH가 1g만 녹아 있는 상태이므로 이 상태의 NaOH의 N(노르말농도)는 다음과 같이 비례식으로 구할 수 있다.

N(노르말농도)	g당량(g)	용액(mL)
1	40	1,000
x	1	250

$250 \times 40 \times x = 1 \times 1 \times 1,000$
$x = 0.1\text{N}$

17 방사능 붕괴의 형태 중 $^{226}_{88}\text{Ra}$이 α 붕괴할 때 생기는 원소는?

① $^{222}_{86}\text{Rn}$ 　② $^{232}_{90}\text{Th}$
③ $^{231}_{91}\text{Pa}$ 　④ $^{238}_{92}\text{U}$

≫ 핵붕괴
1) α(알파)붕괴 : 원자번호가 2 감소하고, 질량수가 4감소하는 것
2) β(베타)붕괴 : 원자번호가 1 증가하고, 질량수는 변동이 없는 것
〈문제〉의 원자번호가 88번이고 질량수가 226인 Ra(라듐)을 α붕괴하면 원자번호는 2 감소하고 질량수는 4감소하므로 원자번호는 88번 - 2 = 86번이 되고 질량수는 226 - 4 = 222가 되어 $^{222}_{86}\text{Rn}$(라돈)이라는 원소가 생긴다.

톡톡튀는 암기법 원자번호가 2이고 질량수가 4인 것은 He이므로 He가 방출되면 α붕괴를 의미하는 것이다.

18 pH = 9인 수산화나트륨 용액 100mL 속에는 나트륨이온이 몇 개 들어 있는가? (단, 아보가드로수는 6.02×10^{23}이다.)

① 6.02×10^9개
② 6.02×10^{17}개
③ 6.02×10^{18}개
④ 6.02×10^{21}개

≫ pH = 9를 pH + pOH = 14의 식에 대입하면 pOH = 14 − 9 = 5가 된다. pOH = −log[OH⁻]이고 pOH = 5이므로 pOH = −log[OH⁻] = 5에서 농도 [OH⁻]는 10^{-5}이다. 일반적으로 이온의 농도는 용액 1,000mL 속에 들어있는 상태를 의미하지만 〈문제〉는 수산화나트륨 용액 100mL 속에 들어있는 이온의 농도를 묻는 것이므로 여기에 들어있는 이온의 농도는 10^{-5}보다 10배 더 적은 10^{-6}이다.
따라서 pH = 9 즉, pOH = 5인 수산화나트륨 용액 100mL 속에 들어있는 나트륨이온의 개수는 1몰의 나트륨이온 개수인 6.02×10^{23}개에 농도 10^{-6}을 곱한 수인 6.02×10^{23}개 × 10^{-6} = 6.02×10^{17}개가 된다.

19 다음 반응식에서 산화된 성분은?

$$MnO_2 + 4HCl \rightarrow MnCl_2 + 2H_2O + Cl_2$$

① Mn
② O
③ H
④ Cl

≫ 산화된 성분이란 산소(O)를 얻거나 **수소(H)를 잃은 원소**를 말한다. 다음의 반응식에서 알 수 있듯이 반응 전의 MnO₂가 반응 후에 MnCl₂로 된 이유는 MnO₂가 갖고 있던 산소(O_2)를 잃었기 때문이고 반응 전의 HCl이 반응 후에 Cl₂로 된 이유는 **HCl이 갖고 있던 수소(H)를 잃었기 때문**이다. 따라서 이 반응에서 수소를 잃고 산화된 성분은 HCl에 포함되어 있던 염소(Cl)가 된다.

MnO₂가 반응 후 O₂를 잃었다.(환원)

• MnO₂ + 4HCl → MnCl₂ + 2H₂O + Cl₂

HCl이 반응 후 H를 잃었다.(산화)

💡**Tip**
일반적으로 산소(O) 또는 수소(H) 그 자체는 산화에 참여하는 원소이므로 산화되는 성분은 아닙니다.

20 다음 중 기하이성질체가 존재하는 것은?

① C_5H_{12}
② $CH_3CH = CHCH_3$
③ C_3H_7Cl
④ $CH \equiv CH$

≫ 기하이성질체란 다중결합을 가지는 물질이 서로 대칭을 이루고 있지만 양쪽의 구조가 서로 같지 않을 수 있는 이성질체를 말한다.
① C_5H_{12} : C의 수가 5개로 홀수이므로 서로 대칭을 이룰 수 없는 구조이다.
② $CH_3CH = CHCH_3$: 2중결합(두 개의 선 '=')을 갖고 있으면서 서로 대칭을 이루고 있고 다음 그림과 같이 CH₃와 H의 위치를 달리하면 **양쪽이 서로 같지 않을 수 있는 구조**가 된다.

③ C_3H_7Cl : C의 수가 3개로 홀수이므로 서로 대칭을 이룰 수 없는 구조이다.
④ $CH \equiv CH$: 3중결합(세 개의 선 '≡')을 갖고 있으면서 서로 대칭이지만 양쪽에 있는 H 2개의 위치를 어떤 식으로 바꿔도 모양은 항상 같기 때문에 그 구조는 달라질 수 없다.

제2과목 화재예방과 소화방법

21 가연물에 대한 일반적인 설명으로 옳지 않은 것은?

① 주기율표에서 0족의 원소는 가연물이 될 수 없다.
② 활성화에너지가 작을수록 가연물이 되기 쉽다.
③ 산화반응이 완결된 산화물은 가연물이 아니다.
④ 질소는 비휘발성 기체이므로 질소의 산화물은 존재하지 않는다.

≫ ① 주기율표에서 0족 원소인 He(헬륨), Ne(네온), Ar(아르곤) 등의 불활성 기체들은 가연물이 될 수 없다.

② 활성화에너지란 어떤 물질을 활성화시키기 위해 공급해야 하는 에너지의 양으로서 물질에 에너지를 조금만 공급해도 그 물질이 활성화되기 쉽다면 그 물질의 활성화에너지는 작다고 할 수 있다. 따라서 활성화에너지가 작을수록 물질은 활성화되기 쉬워 가연물이 되기도 쉽다.

③ 이미 불에 타버린 물질은 더 이상 타지 않는다. 따라서 연소, 즉 산화반응이 완결된 산화물은 더 이상 가연물이 아니다.

④ 질소는 산소와 반응하여 이산화질소(NO_2)라는 기체를 생성하기 때문에 **질소의 산화물은 존재**한다. 그럼에도 불구하고 질소는 비활성기체로 분류되는데 그 이유는 산화물을 생성하면서 열을 흡수하는 흡열반응을 하기 때문이다.

22 포소화설비의 가압송수장치에서 압력수조의 압력 산출 시 필요 없는 것은?

① 낙차의 환산수두압
② 배관의 마찰손실수두압
③ 노즐선의 마찰손실수두압
④ 소방용 호스의 마찰손실수두압

≫ 압력수조를 이용한 가압송수장치
압력수조의 압력은 다음 식에 의하여 구한 수치 이상으로 한다.

$P = p_1 + p_2 + p_3 + 0.35\text{MPa}$

여기서, P : 필요한 압력(MPa)
　　　　p_1 : 소방용 호스의 마찰손실수두압(MPa)
　　　　p_2 : 배관의 마찰손실수두압(MPa)
　　　　p_3 : 낙차의 환산수두압(MPa)

Check 옥내소화전설비의 또 다른 가압송수장치

(1) 고가수조를 이용한 가압송수장치
낙차(수조의 하단으로부터 호스 접속구까지의 수직거리)는 다음 식에 의하여 구한 수치 이상으로 한다.

$H = h_1 + h_2 + 35\text{m}$

여기서, H : 필요낙차(m)
　　　　h_1 : 소방용 호스의 마찰손실수두(m)
　　　　h_2 : 배관의 마찰손실수두(m)

(2) 펌프를 이용한 가압송수장치에서 펌프의 전양정은 다음 식에 의하여 구한 수치 이상으로 한다.

$H = h_1 + h_2 + h_3 + 35\text{m}$

여기서, H : 펌프의 전양정(m)
　　　　h_1 : 소방용 호스의 마찰손실수두(m)
　　　　h_2 : 배관의 마찰손실수두(m)
　　　　h_3 : 낙차(m)

23 위험물안전관리법령상 소화설비의 적응성에서 제6류 위험물에 적응성이 있는 소화설비는 어느 것인가?

① 옥외소화전설비
② 불활성가스소화설비
③ 할로젠화합물소화설비
④ 분말소화설비(탄산수소염류)

≫ 제6류 위험물은 산화성 액체로서 자체적으로 산소공급원을 함유하는 물질이므로 질식소화는 적응성이 없고 냉각소화가 적응성이 있다. 〈보기〉 중 물을 소화약제로 사용하는 냉각소화 효과를 갖는 소화설비는 옥외소화전설비뿐이다.

소화설비의 구분	건축물·그 밖의 공작물	전기설비	제1류 위험물 알칼리금속의 과산화물등	제1류 위험물 그 밖의 것	제2류 위험물 철분·금속분·마그네슘 등	제2류 위험물 인화성 고체	제2류 위험물 그 밖의 것	제3류 위험물 금수성 물품	제3류 위험물 그 밖의 것	제4류 위험물	제5류 위험물	제6류 위험물
옥내소화전 또는 옥외소화전 설비	○			○		○	○		○		○	◎
스프링클러설비	○			○		○	○		○		○	△
물분무소화설비	○	○		○		○	○		○	○	○	○
포소화설비	○			○		○	○		○	○	○	○
불활성가스소화설비		○				○				○		
할로젠화합물소화설비		○				○				○		
분말소화설비 인산염류등	○	○		○		○	○			○		○
분말소화설비 탄산수소염류등		○	○		○	○		○		○		
분말소화설비 그 밖의 것			○		○			○				

24 메탄올에 대한 설명으로 틀린 것은?

① 무색투명한 액체이다.
② 완전연소하면 CO_2와 H_2O가 생성된다.
③ 비중값이 물보다 작다.
④ 산화하면 폼산을 거쳐 최종적으로 폼알데하이드가 된다.

➤➤ ① 제4류 위험물로서 무색투명한 액체이다.
② 완전연소하면 CO_2와 H_2O가 생성된다.
• 메틸알코올(메탄올)의 연소반응식
$$2CH_3OH + 3O_2 \rightarrow 2CO_2 + 4H_2O$$
③ 물보다 가벼우므로 비중이 1보다 작다.
④ 메틸알코올(CH_3OH)은 H_2를 잃는 산화를 통해 폼알데하이드($HCHO$)가 생성되고 생성된 폼알데하이드($HCHO$)는 O를 얻는 산화를 통해 **최종적으로 폼산($HCOOH$)이 된다.**
• 메틸알코올(메탄올)의 산화과정
$$CH_3OH \xrightarrow{-H_2} HCHO \xrightarrow{+O} HCOOH$$

25 물을 소화약제로 사용하는 이유는?

① 물은 가연물과 화학적으로 결합하기 때문에
② 물은 분해되어 질식성 가스를 방출하므로
③ 물은 기화열이 커서 냉각능력이 크기 때문에
④ 물은 산화성이 강하기 때문에

➤➤ 물은 증발하면서 **기화잠열을 발생**시키고 이 기화잠열이 화재면의 열을 흡수하면서 화재면의 온도를 발화점 미만으로 낮추므로 **물은 냉각효과가 있는 소화약제**로 사용된다.

26 위험물안전관리법령에서 정한 다음의 소화설비 중 능력단위가 가장 큰 것은?

① 팽창진주암 160L(삽 1개 포함)
② 수조 80L(소화전용 물통 3개 포함)
③ 마른 모래 50L(삽 1개 포함)
④ 팽창질석 160L(삽 1개 포함)

➤➤ 기타소화설비의 능력단위

소화설비	용 량	능력단위
소화전용 물통	8L	0.3
수조 **(소화전용 물통 3개 포함)**	**80L**	**1.5**
수조 (소화전용 물통 6개 포함)	190L	2.5
마른 모래 (삽 1개 포함)	50L	0.5
팽창질석 또는 팽창진주암 (삽 1개 포함)	160L	1.0

27 Halon 1301 에서 각 숫자가 나타내는 것을 틀리게 표시한 것은?

① 첫째자리 숫자 "1" – 탄소의 수
② 둘째자리 숫자 "3" – 플루오린의 수
③ 셋째자리 숫자 "0" – 아이오딘의 수
④ 넷째자리 숫자 "1" – 브로민의 수

➤➤ 할로젠화합물소화약제의 Halon 번호 4자리 중 첫째자리 숫자는 탄소(C)의 수를 나타내며, 둘째자리 숫자는 플루오린(F)의 수, 셋째자리 숫자는 염소(Cl)의 수, 넷째자리 숫자는 브로민(Br)의 수를 나타낸다. Halon 1301은 C 1개, F 3개, Cl 0개, Br 1개로 구성되어 있으므로 **셋째자리 숫자 "0"은** 아이오딘이 아니라 **염소의 수를 나타내는 것**이다.

28 고체가연물의 일반적인 연소형태에 해당하지 않는 것은?

① 등심연소
② 증발연소
③ 분해연소
④ 표면연소

➤➤ 고체가연물의 연소형태의 종류와 물질
1) 표면연소 : 목탄(숯), 코크스, 금속분
2) 분해연소 : 목재, 종이, 석탄, 플라스틱
3) 자기연소 : 제5류 위험물
4) 증발연소 : 황, 나프탈렌, 양초(파라핀)

29 금속분의 화재 시 주수소화를 할 수 없는 이유는?

① 산소가 발생하기 때문에
② 수소가 발생하기 때문에
③ 질소가 발생하기 때문에
④ 이산화탄소가 발생하기 때문에

➤➤ 제2류 위험물에 속하는 금속분의 종류에는 알루미늄분, 아연분, 안티몬분 등이 있는데, 이들 금속분들은 물과 반응하면 **수소를 발생하기 때문**에 화재 시 주수소화를 할 수 없다.

---

30 다음 중 제6류 위험물의 안전한 저장 및 취급을 위해 주의할 사항으로 가장 타당한 것은 어느 것인가?

① 가연물과 접촉시키지 않는다.
② 0℃ 이하에서 보관한다.
③ 공기와의 접촉을 피한다.
④ 분해방지를 위해 금속분을 첨가하여 저장한다.

≫ 제6류 위험물은 산소공급원 역할을 하므로 **가연물과 접촉시키지 않는 것**이 〈보기〉 중에서 가장 주의할 사항이다.

31 제1종 분말소화약제의 소화효과에 대한 설명으로 가장 거리가 먼 것은?

① 열분해 시 발생하는 이산화탄소와 수증기에 의한 질식효과
② 열분해 시 흡열반응에 의한 냉각소화
③ H⁺이온에 의한 부촉매효과
④ 분말운무에 의한 열방사차단효과

≫ 제1종 분말소화약제인 탄산수소나트륨($NaHCO_3$)은 열분해 시 탄산나트륨(Na_2CO_3)과 함께 질식효과를 갖는 이산화탄소(CO_2)와 냉각효과를 갖는 수증기(H_2O)가 발생하며, 분말이 구름형태를 만들어 열방사 차단효과도 나타낸다. 하지만 H⁺이온에 의한 부촉매효과는 제3종 분말소화약제가 갖고 있는 소화효과이다.

32 표준관입시험 및 평판재하시험을 실시하여야 하는 특정옥외저장탱크의 지반의 범위는 기초의 외측이 지표면과 접하는 선의 범위 내에 있는 지반으로서 지표면으로부터 깊이 몇 m까지로 하는가?

① 10 ② 15
③ 20 ④ 25

≫ 특정옥외탱크저장소(액체위험물을 100만L 이상으로 저장하는 옥외탱크저장소)의 지반의 범위는 기초(탱크의 바로 아래에 받침대 형태로 설치하는 설비)의 외측이 접해 있는 지표면으로부터 15m까지의 깊이로 정하고 있다.

33 위험물안전관리법령상 제2류 위험물 중 철분의 화재에 적응성이 있는 소화설비는 어느 것인가?

① 물분무소화설비
② 포소화설비
③ 탄산수소염류분말소화설비
④ 할로젠화합물소화설비

≫ 제2류 위험물인 철분의 화재 시 적응성이 있는 소화설비로는 탄산수소염류분말소화설비, 건조사(마른 모래) 또는 팽창질석 및 팽창진주암밖에 없다.

34 주된 소화효과가 산소공급원의 차단에 의한 소화가 아닌 것은?

① 포소화기
② 건조사
③ CO_2소화기
④ Halon 1211 소화기

≫ 〈보기〉 중 포소화기 및 건조사, 이산화탄소(CO_2) 소화기의 주된 소화효과는 산소공급원을 차단시키는 질식소화이며, 할로젠화합물소화기에 속하는 Halon 1211 소화기의 주된 소화효과는 화학반응을 억제시키는 억제소화이다.

35 위험물제조소등에 설치하는 이동식 불활성가스소화설비의 소화약제 양은 하나의 노즐마다 분당 몇 kg 이상으로 하여야 하는가?

① 30 ② 50
③ 60 ④ 90

≫ 이동식 불활성가스소화설비는 온도 20℃에서 하나의 노즐마다 분당 90kg 이상의 소화약제를 방사할 수 있도록 하여야 한다.

36 위험물안전관리법령상 옥외소화전설비의 옥외소화전이 3개 설치되었을 경우 수원의 수량은 몇 m³ 이상이 되어야 하는가?

① 7 ② 20.4
③ 40.5 ④ 100

≫ 옥외소화전설비의 수원의 양은 옥외소화전의 설치개수(설치개수가 4개 이상이면 4개)에 $13.5m^3$를 곱한 값 이상의 양으로 한다. 〈문제〉에서 옥외소화전의 개수는 3개이므로 수원의 양은 3개 × $13.5m^3$ = $40.5m^3$이다.

Check

위험물제조소등에 설치된 옥내소화전설비의 수원의 양은 옥내소화전이 가장 많이 설치된 층의 옥내소화전의 설치개수(설치개수가 5개 이상이면 5개)에 $7.8m^3$를 곱한 값 이상의 양으로 정한다.

37 알코올화재 시 보통의 포소화약제는 알코올형 포소화약제에 비하여 소화효과가 낮다. 그 이유로서 가장 타당한 것은?

① 소화약제와 섞이지 않아서 연소면을 확대하기 때문에
② 알코올은 포와 반응하여 가연성 가스를 발생하기 때문에
③ 알코올이 연료로 사용되어 불꽃의 온도가 올라가기 때문에
④ 수용성 알코올로 인해 포가 파괴되기 때문에

≫ 알코올과 같은 수용성 물질의 화재에는 보통의 포소화약제로 소화할 경우 포가 소멸되어 소화효과가 없기 때문에 포가 소멸되지 않는 알코올형 포소화약제를 사용해야 한다.

38 위험물의 취급을 주된 작업내용으로 하는 다음의 장소에 스프링클러설비를 설치할 경우 확보하여야 하는 1분당 방사밀도는 몇 L/m² 이상이어야 하는가? (단, 내화구조의 바닥 및 벽에 의하여 2개의 실로 구획되고 각 실의 바닥면적은 500m²이다.)

- 취급하는 위험물 : 제4류 제3석유류
- 위험물을 취급하는 장소의 바닥면적 : 1,000m²

① 8.1 　② 12.2
③ 13.9 　④ 16.3

≫ 원래 제4류 위험물의 화재에는 적응성이 없는 스프링클러설비이지만 살수기준면적에 따른 방사밀도를 다음 [표]에 정하는 기준 이상으로 충족하는 경우에는 스프링클러설비도 제4류 위험물의 화재에 적응성을 갖게 된다.

살수 기준면적 (m²)	분당 방사밀도 (L/m²)		비 고
	인화점 38℃ 미만	인화점 38℃ 이상	
279 미만	16.3 이상	12.2 이상	살수기준면적은 내화구조의 벽 및 바닥으로 구획된 하나의 실의 바닥면적을 말한다.
279 이상 372 미만	15.5 이상	11.8 이상	
372 이상 465 미만	13.9 이상	9.8 이상	
465 이상	12.2 이상	**8.1 이상**	

〈문제〉의 조건 중 취급하는 위험물은 제4류 위험물 중 제3석유류(인화점 70℃ 이상 200℃ 미만인 것)이므로 이 위험물은 위 [표]의 인화점 38℃ 이상의 부분에 적용된다. 또한 〈문제〉의 조건 중 위험물을 취급하는 장소의 바닥면적 1,000m²는 2개의 실로 구획되어 있으므로 이 경우의 살수기준면적은 위 [표]의 비고에 따라 구획된 하나의 실의 바닥면적인 500m²가 되며 이는 위 [표]의 살수기준면적 465m² 이상의 부분에 적용된다. 〈문제〉는 이 스프링클러설비를 제4류 위험물의 화재에도 적응성이 있게 하기 위해서 살수기준면적이 465m² 이상이고 취급하는 위험물이 인화점 38℃ 이상인 경우라면 스프링클러설비의 분당 방사밀도는 몇 L/m² 이상으로 해야 하는지를 묻는다. 따라서 위의 [표]에서 알 수 있듯이 이 경우 스프링클러설비의 **분당 방사밀도는 8.1L/m² 이상**으로 해야 한다.

39 다음 중 소화약제가 아닌 것은?

① CF_3Br
② $NaHCO_3$
③ C_4F_{10}
④ N_2H_4

≫ ① CF_3Br(Halon 1301) : 할로젠화합물소화약제
② $NaHCO_3$(탄산수소나트륨) : 제1종 분말소화약제
③ C_4F_{10}(FC-3-1-10) : 할로젠화합물 청정소화약제
④ N_2H_4(하이드라진) : **제4류 위험물(제2석유류)**

40 열의 전달에 있어서 열전달면적과 열전도도가 각각 2배로 증가한다면 다른 조건이 일정한 경우 전도에 의해 전달되는 열의 양은 몇 배가 되는가?

① 0.5배　　　　② 1배

③ 2배　　　　　④ 4배

》》 $Q = k \cdot A \cdot \Delta t$
　　여기서, Q : 열전달량
　　　　　　k : 열전도도
　　　　　　A : 열전달면적
　　　　　　Δt : 온도차
처음의 열전달면적과 열전도도를 각각 1로 정한 후 〈문제〉의 조건과 같이 전달면적과 열전도도를 각각 2배로 증가시키면 열전달량 Q는 다음과 같다.
처음의 열전달량(Q) = $1 \cdot 1 \cdot \Delta t = \Delta t$이고 전달면적과 열전도도를 각각 2배로 증가시킨 열전달량(Q) = $1 \times 2 \cdot 1 \times 2 \cdot \Delta t = 4\Delta t$이므로 열전달면적과 열전도도를 각각 2배로 증가시켰을 때의 열전달량은 **처음의 열전달량보다 4배가 더 증가**했다.

제3과목　**위험물의 성질과 취급**

41 위험물안전관리법령상 과산화수소가 제6류 위험물에 해당하는 농도 기준으로 옳은 것은?

① 36wt% 이상　　② 36vol% 이상

③ 1.49wt% 이상　④ 1.49vol% 이상

》》 제6류 위험물의 조건
　　1) 과염소산 : 별도의 기준 없음
　　2) **과산화수소 : 농도 36wt% 이상**
　　3) 질산 : 비중 1.49 이상

42 나이트로소화합물의 성질에 관한 설명으로 옳은 것은?

① −NO기를 가진 화합물이다.

② 나이트로기를 3개 이하로 가진 화합물이다.

③ −NO₂기를 가진 화합물이다.

④ −N=N−기를 가진 화합물이다.

》》 나이트로소화합물은 유기물에 −NO(나이트로소)기를 2개 이상 가진 화합물로서 제5류 위험물의 품명에 속한다.

Check
나이트로화합물은 유기물에 −NO₂(나이트로)기를 2개 이상 가진 화합물로서 제5류 위험물의 품명에 속한다.

43 동식물유류의 일반적인 성질로 옳은 것은?

① 자연발화의 위험은 없지만 점화원에 의해 쉽게 인화한다.

② 대부분 비중값이 물보다 크다.

③ 인화점이 100℃보다 높은 물질이 많다.

④ 아이오딘값이 50 이하인 건성유는 자연발화 위험이 높다.

》》 ① 동식물유류 중 건성유의 경우 아이오딘값이 130 이상으로서 자연발화의 위험이 높다.
　　② 제4류 위험물에 속하는 물질이므로 대부분 물보다 가벼워 비중값이 물보다 작다.
　　③ 동식물유류는 인화점이 250℃ 미만에 해당하는 제4류 위험물이지만 동물 또는 식물의 유지 성분이라 **인화점의 범위가 폭넓게 분포되어 있어 인화점이 100℃ 이상인 종류도 많다.**
　　④ 아이오딘값이 50인 동식물유류는 건성유가 아니라 불건성유에 속하며 이는 자연발화 위험이 낮다.

44 운반할 때 빗물의 침투를 방지하기 위하여 방수성이 있는 피복으로 덮어야 하는 위험물은 어느 것인가?

① TNT　　　　　② 이황화탄소

③ 과염소산　　　④ 마그네슘

》》 1) 차광성 피복으로 가려야 하는 위험물
　　　㉠ 제1류 위험물
　　　㉡ 제3류 위험물 중 자연발화성 물질
　　　㉢ 제4류 위험물 중 특수인화물
　　　㉣ 제5류 위험물
　　　㉤ 제6류 위험물
　　2) 방수성 피복으로 가려야 하는 위험물
　　　㉠ 제1류 위험물 중 알칼리금속의 과산화물
　　　㉡ 제2류 위험물 중 철분, 금속분, 마그네슘
　　　㉢ 제3류 위험물 중 금수성 물질

정답　40. ④　41. ①　42. ①　43. ③　44. ④

〈보기〉의 물질들은 다음과 같이 피복으로 가려야 한다.
① TNT : 제5류 위험물로서 운반 시 차광성 피복으로 가려야 한다.
② 이황화탄소 : 제4류 위험물 중 특수인화물로서 운반 시 차광성 피복으로 가려야 한다.
③ 과염소산 : 제6류 위험물로서 운반 시 차광성 피복으로 가려야 한다.
④ 마그네슘 : 제2류 위험물로서 운반 시 방수성 피복으로 가려야 한다.

◉ Tip

알칼리금속의 과산화물은 제1류 위험물이므로 차광성 피복으로 가려야 하며, 알칼리금속의 과산화물 그 자체는 방수성 피복으로 가려야 하므로 차광성 피복과 방수성 피복을 모두 사용하여 가려야 하는 위험물은 제1류 위험물 중 알칼리금속의 과산화물입니다.

45 연소생성물로 이산화황이 생성되지 않는 것은?

① 황린
② 삼황화인
③ 오황화인
④ 황

≫

명 칭	연소반응식	연소생성물
① 황린 (P_4)	$P_4 + 5O_2$ $\rightarrow 2P_2O_5$	P_2O_5 (오산화인)
② 삼황화인 (P_4S_3)	$P_4S_3 + 8O_2$ $\rightarrow 2P_2O_5 + 3SO_2$	P_2O_5 (오산화인), SO_2 (이산화황)
③ 오황화인 (P_2S_5)	$2P_2S_5 + 15O_2$ $\rightarrow 2P_2O_5 + 10SO_2$	P_2O_5 (오산화인), SO_2 (이산화황)
④ 황 (S)	$S + O_2 \rightarrow SO_2$	SO_2 (이산화황)

46 다음 중 인화점이 가장 낮은 것은?

① 실린더유　　② 가솔린
③ 벤젠　　　　④ 메틸알코올

≫ 〈보기〉의 물질의 인화점은 다음과 같다.
① 실린더유(제4석유류) : 200℃ 이상 250℃ 미만

② 가솔린(제1석유류) : −43 ～ −38℃
③ 벤젠(제1석유류) : −11℃
④ 메틸알코올(알코올류) : 11℃

47 적린의 성상에 관한 설명 중 옳은 것은?

① 물과 반응하여 고열을 발생한다.
② 공기 중에 방치하면 자연발화한다.
③ 강산화제와 혼합하면 마찰, 충격에 의해서 발화할 위험이 있다.
④ 이황화탄소, 암모니아 등에 매우 잘 녹는다.

≫ ① 물과 반응하지 않는다.
② 발화점이 260℃인 물질이므로 공기 중에서 자연발화 하지 않는다.
③ **제2류 위험물인 가연성 고체이므로 산소를 함유한 강산화제와 혼합하면 마찰이나 충격에 의해 발화할 위험이 있다.**
④ 물, 이황화탄소, 암모니아에 녹지 않고, 브로민화인에 녹는다.

48 위험물 지하탱크저장소의 탱크전용실 설치 기준으로 틀린 것은?

① 철근콘크리트 구조의 벽은 두께 0.3m 이상으로 한다.
② 지하저장탱크와 탱크전용실의 안쪽과의 사이는 50cm 이상의 간격을 유지한다.
③ 철근콘크리트 구조의 바닥은 두께 0.3m 이상으로 한다.
④ 벽, 바닥 등에 적정한 방수 조치를 강구한다.

≫ 지하탱크저장소의 탱크전용실의 설치기준
1) 전용실의 내부 : 입자지름 5mm 이하의 마른 자갈분 또는 마른 모래를 채운다.
2) 탱크전용실로부터 안쪽과 바깥쪽으로의 거리
　㉠ 지하의 벽, 가스관, 대지경계선으로부터 탱크전용실 바깥쪽과의 사이 : 0.1m 이상
　㉡ **지하저장탱크와 탱크전용실 안쪽과의 사이 : 0.1m 이상**
3) 탱크전용실의 기준 : 벽, 바닥 및 뚜껑의 두께는 0.3m 이상의 철근콘크리트로 한다.
4) 벽, 바닥 등에 적정한 방수조치를 강구한다.

정답 45. ① 46. ② 47. ③ 48. ②

49 제1류 위험물에 관한 설명으로 틀린 것은?

① 조해성이 있는 물질이 있다.

② 물보다 비중이 큰 물질이 많다.

③ 대부분 산소를 포함하는 무기화합물이다.

④ 분해하여 방출된 산소에 의해 자체 연소한다.

》① 공기 중의 습기를 흡수해서 자신이 녹는 현상을 조해성이라 하며, 대부분의 제1류 위험물은 조해성이 있다.
　② 제1류 위험물은 모두 물보다 비중이 큰 물질이며 물보다 가벼운 물질은 없다.
　③ 산화성 고체로서 대부분 산소와 함께 염류(금속)를 포함하므로 무기화합물로 분류된다.
　④ 제1류 위험물이 분해하여 방출된 산소는 가연물을 연소시키는 역할을 하며, 제1류 위험물 자신은 불연성이기 때문에 **자체 연소는 불가능**하다.

50 탄화칼슘이 물과 반응했을 때 반응식을 올바르게 나타낸 것은?

① 탄화칼슘＋물 → 수산화칼슘＋수소

② 탄화칼슘＋물 → 수산화칼슘＋아세틸렌

③ 탄화칼슘＋물 → 칼슘＋수소

④ 탄화칼슘＋물 → 칼슘＋아세틸렌

》 탄화칼슘(CaC_2)은 **물**(H_2O)과 반응 시 **수산화칼슘**[$Ca(OH)_2$]과 **아세틸렌**(C_2H_2)을 생성한다.
　• 탄화칼슘과 물의 반응식
　$CaC_2 + 2H_2O \rightarrow Ca(OH)_2 + C_2H_2$

51 제4석유류를 저장하는 옥내탱크저장소의 기준으로 옳은 것은? (단, 단층건축물에 탱크전용실을 설치하는 경우이다.)

① 옥내저장탱크의 용량은 지정수량의 40배 이하일 것

② 탱크전용실은 벽, 기둥, 바닥, 보를 내화구조로 할 것

③ 탱크전용실에는 창을 설치하지 아니할 것

④ 탱크전용실에 펌프설비를 설치하는 경우에는 그 주위에 0.2m 이상의 높이로 턱을 설치할 것

》① 단층건축물에 설치된 탱크전용실에 설치하는 옥내탱크저장소의 용량은 저장하는 위험물의 **지정수량의 40배 이하**로 해야 한다. 다만 제4류 위험물 중 특수인화물, 제1석유류, 알코올류, 제2석유류, 제3석유류가 20,000L를 초과하는 경우에는 20,000L 이하로 해야 한다.
　② 탱크전용실은 벽·기둥 및 바닥을 내화구조로 하고, 보를 불연재료로 한다.
　③ 탱크전용실에는 창을 설치할 수 있다.
　④ 탱크전용실에 펌프설비를 설치하는 경우에는 그 주위에 불연재료로 된 턱을 탱크전용실의 문턱높이 이상으로 설치해야 한다.

52 위험물안전관리법령에 따른 제4류 위험물 중 제1석유류에 해당하지 않는 것은?

① 등유

② 벤젠

③ 메틸에틸케톤

④ 톨루엔

》① 등유 : 제2석유류(비수용성)
　② 벤젠(C_6H_6) : 제1석유류(비수용성)
　③ 메틸에틸케톤($CH_3COC_2H_5$) : 제1석유류(비수용성)
　④ 톨루엔($C_6H_5CH_3$) : 제1석유류(비수용성)

53 다음 중 물과 반응하여 산소를 발생하는 것은?

① $KClO_3$　　　② Na_2O_2

③ $KClO_4$　　　④ CaC_2

》① $KClO_3$(염소산칼륨) : 제1류 위험물 중 염소산염류에 속하는 물질로서 물과 반응하지 않아 기체도 발생시키지 않는다.
　② Na_2O_2(과산화나트륨) : 제1류 위험물 중 알칼리금속의 과산화물에 속하는 물질로서 물과 반응하여 수산화나트륨($NaOH$)과 함께 **산소를 발생**시킨다.
　• 과산화나트륨의 물과의 반응식
　$2Na_2O_2 + 2H_2O \rightarrow 4NaOH + O_2$
　③ $KClO_4$(과염소산칼륨) : 제1류 위험물 중 과염소산염류에 속하는 물질로서 물과 반응하지 않아 기체도 발생시키지 않는다.
　④ CaC_2(탄화칼슘) : 제3류 위험물 중 칼슘의 탄화물로서 물과 반응하여 수산화칼슘[$Ca(OH)_2$]과 아세틸렌(C_2H_2)가스를 발생시킨다.
　• 탄화칼슘의 물과의 반응식
　$CaC_2 + 2H_2O \rightarrow Ca(OH)_2 + C_2H_2$

54 벤젠에 대한 설명으로 틀린 것은?

① 물보다 비중값이 작지만 증기비중값은 공기보다 크다.

② 공명구조를 가지고 있는 포화탄화수소이다.

③ 연소 시 검은 연기가 심하게 발생한다.

④ 겨울철에 응고된 고체상태에서도 인화의 위험이 있다.

≫ ① 벤젠(C_6H_6)은 비중이 0.95이며 분자량은 12(C)×6+1(H)×6=78이다. 따라서 물보다 비중값은 작지만 증기비중은 $\frac{분자량}{29}=\frac{78}{29}=2.69$ 이므로 증기비중값은 공기보다 크다.
② 탄소와 탄소가 이중결합으로 연결된 구조이므로 포화탄화수소가 아닌 **불포화탄화수소**이다.
③ 물질에 탄소가 많이 포함되어 있기 때문에 연소할 때 검은 연기가 발생한다.
④ 융점이 5.5℃이므로 5.5℃ 이상의 온도에서는 녹아서 액체상태로 존재하고 5.5℃ 미만에서는 고체로 존재하며 인화점이 −11℃이므로 −11℃ 이상의 온도에서 불이 붙을 수 있는 위험물이다. 따라서 벤젠은 영하의 온도인 겨울철에 응고되어 고체상태가 되더라도 −11℃ 이상의 온도를 가진 점화원이 있으면 인화할 수 있는 위험이 있다.

55 다음 물질 중 증기비중이 가장 작은 것은 어느 것인가?

① 이황화탄소
② 아세톤
③ 아세트알데하이드
④ 다이에틸에터

≫ 증기비중 = $\frac{분자량}{공기의\ 분자량(29)}$ 이다.
① 이황화탄소(CS_2)의 분자량은 12(C)+32(S)×2 =76이므로 증기비중 = $\frac{76}{29}$ =2.62이다.
② 아세톤(CH_3COCH_3)의 분자량은 12(C)×3+ 1(H)×6+16(O)=58이므로 증기비중 = $\frac{58}{29}$ =2이다.
③ 아세트알데하이드(CH_3CHO)의 분자량은 12(C)× 2+1(H)×4+16(O)=44이므로 증기비중 = $\frac{44}{29}$ =1.52이다.

④ 다이에틸에터($C_2H_5OC_2H_5$)의 분자량은 12(C) ×4+1(H)×10+16(O)=74이므로 증기비중 = $\frac{74}{29}$ =2.55이다.

🔅**Tip**
물질의 분자량이 작을수록 증기비중도 작기 때문에 직접 증기비중의 값을 묻는 문제가 아니라면 분자량만 계산해도 답을 구할 수 있습니다.

56 인화칼슘이 물 또는 염산과 반응하였을 때 공통적으로 생성되는 물질은?

① $CaCl_2$　　② $Ca(OH)_2$
③ PH_3　　④ H_2

≫ 인화칼슘(Ca_3P_2)은 제3류 위험물 중 금수성 물질로서 물과 반응 시에는 수산화칼슘[$Ca(OH)_2$]과 함께 독성이면서 가연성인 포스핀(PH_3)가스를 발생하며 염산과 반응 시에도 염화칼슘($CaCl_2$)과 함께 포스핀(PH_3)가스를 발생하므로 공통적으로 생성되는 물질은 포스핀(PH_3)가스이다.
• 물과의 반응식
$Ca_3P_2 + 6H_2O \rightarrow 3Ca(OH)_2 + 2PH_3$
• 염산과의 반응식
$Ca_3P_2 + 6HCl \rightarrow 3CaCl_2 + 2PH_3$

57 질산나트륨 90kg, 황 70kg, 클로로벤젠 2,000L, 각각의 지정수량의 배수의 총합은?

① 2　　② 3
③ 4　　④ 5

≫ 제1류 위험물인 질산나트륨의 지정수량은 300kg, 제2류 위험물인 황의 지정수량은 100kg, 제4류 위험물 중 제2석유류 비수용성인 클로로벤젠의 지정수량은 1,000L이므로 이들의 지정수량 배수의 합은 $\frac{90kg}{300kg}+\frac{70kg}{100kg}+\frac{2,000L}{1,000L}$ =3배이다.

58 외부의 산소공급이 없어도 연소하는 물질이 아닌 것은?

① 알루미늄의 탄화물
② 과산화벤조일
③ 유기과산화물
④ 질산에스터류

≫ 외부의 산소공급이 없어도 연소하는 물질은 자기반응성 물질인 제5류 위험물이다.
① **알루미늄의 탄화물 : 제3류 위험물**
② 과산화벤조일 : 제5류 위험물
③ 유기과산화물 : 제5류 위험물
④ 질산에스터류 : 제5류 위험물

59 위험물 제조소의 배출설비의 배출능력은 1시간당 배출장소 용적의 몇 배 이상인 것으로 해야 하는가? (단, 전역방식의 경우는 제외한다.)

① 5 ② 10
③ 15 ④ 20

≫ 제조소의 건축물에 설치하는 배출설비의 배출능력
1) **국소방식 : 1시간당 배출장소 용적의 20배 이상을 배출할 수 있을 것**
2) 전역방식 : 바닥면적 $1m^2$당 $18m^3$ 이상의 양을 배출할 수 있을 것

60 위험물안전관리법령에서 정한 위험물의 지정수량으로 틀린 것은?

① 적린 : 100kg
② 황화인 : 100kg
③ 마그네슘 : 100kg
④ 금속분 : 500kg

≫ 〈보기〉의 위험물의 지정수량은 다음과 같다.
① 적린 : 100kg
② 황화인 : 100kg
③ **마그네슘 : 500kg**
④ 금속분 : 500kg

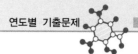

2019 제1회 위험물산업기사

제1과목 일반화학

01 할로젠화수소의 결합에너지 크기를 비교하였을 때 올바르게 표시된 것은?

① $HI > HBr > HCl > HF$

② $HBr > HI > HF > HCl$

③ $HF > HCl > HBr > HI$

④ $HCl > HBr > HF > HI$

≫ 할로젠원소(F, Cl, Br, I)는 주기율표의 오른쪽에 있고 수소(H)는 주기율표의 왼쪽에 있으므로 이들끼리의 결합력은 크다. 그 중에서도 원자번호가 가장 작은 F는 할로젠원소 중 가장 가벼운 원소이고 화학적으로도 가장 활발하기 때문에 H와 가장 강한 결합을 하게 된다. 따라서 H와 결합하는 할로젠원소의 결합에너지의 크기는 HF가 가장 크고 HI로 갈수록 작아지므로 **결합에너지의 크기의 순서는 HF>HCl>HBr>HI이다.**

02 다음 중 반응이 정반응으로 진행되는 것은 어느 것인가?

① $Pb^{2+} + Zn \rightarrow Zn^{2+} + Pb$

② $I_2 + 2Cl^- \rightarrow 2I^- + Cl_2$

③ $2Fe^{3+} + 3Cu \rightarrow 3Cu^{2+} + 2Fe$

④ $Mg^{2+} + Zn \rightarrow Zn^{2+} + Mg$

≫ 금속이 전자(−)를 잃고 양이온(+)이 되려는 성질을 이온화경향이라고 하며, 이온화경향이 큰 금속은 자신이 가지고 있는 전자(−)를 이온화경향이 작은 금속에게 내주고 자신은 양이온(+)으로 되려는 성질이 있다.
이온화경향의 세기는 다음과 같다.

K > Ca > Na > Mg > Al > Zn > Fe > Ni >
칼륨 칼슘 나트륨 마그 알루 아연 철 니켈 　　　　　네슘 미늄
Sn > Pb > H > Cu > Hg > Ag > Pt > Au
주석 납 수소 구리 수은 은 백금 금

톡톡 튀는 암기법 칼칼나마알(주기율표 왼쪽 아래에 모인 금속들) 아페니주납수(애를 때리니 주둥이가 납작해졌수) 구수은백금(구수한 은과 백금 주라)

① $\underset{ⓐ}{Pb^{2+}} + \underset{ⓑ}{Zn} \rightarrow \underset{ⓒ}{Zn^{2+}} + \underset{ⓓ}{Pb}$

ⓐ Pb^{2+} : 전자(−) 2개가 없어 양이온(+)만 2개 있는 상태

ⓑ Zn : 전자(−) 2개와 양이온(+) 2개를 모두 가진 상태

ⓒ Zn^{2+} : 전자(−) 2개를 잃어 양이온(+)만 2개 남은 상태

ⓓ Pb : 전자(−) 2개를 받아 양이온(+)과 전자(−)를 모두 가진 상태

Pb와 Zn 중 이온화경향이 더 큰 금속은 Zn이므로 이 반응이 정반응(오른쪽)으로 진행하기 위해서는 **Zn은 Pb에게 전자(−)를 내주고 Pb은 Zn으로부터 전자(−)를 받아야 한다.** 여기서, ⓑ의 Zn은 ⓐ의 Pb^{2+}에게 전자(−) 2개를 내주어 ⓒ의 전자(−) 2개를 잃은 Zn^{2+}이 되고 ⓐ의 Pb^{2+}는 ⓑ의 Zn으로부터 전자(−) 2개를 받아 ⓓ의 양이온(+)과 전자(−)를 모두 가진 상태의 Pb이 되었으므로 이 반응은 정반응으로 진행된 것이다.

② $\underset{ⓐ}{I_2} + \underset{ⓑ}{2Cl^-} \rightarrow \underset{ⓒ}{2I^-} + \underset{ⓓ}{Cl_2}$

ⓐ I_2 : 전자(−)를 갖지 않은 상태

ⓑ Cl^- : 전자(−) 1개를 가진 상태

ⓒ I^- : 전자(−) 1개를 가진 상태

ⓓ Cl_2 : 전자(−)를 갖지 않은 상태

할로젠원소 F, Cl, Br, I 중 전자친화도(전자를 갖고 있으려는 성질)가 큰 순서는 F>Cl>Br>I이다. 이 반응이 정반응으로 진행되려면 전자친화도가 더 큰 Cl이 반응 후에도 ⓑ의 Cl^-과 같이 전자를 갖고 있어야 하지만 여기서는 오히려 전자를 I에게 내주고 자신은 ⓓ의 전자(−)를 갖지 않은 상태가 되었으므로 이 반응은 정반응으로 진행된 것이 아니다.

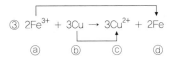
③ $2Fe^{3+} + 3Cu \rightarrow 3Cu^{2+} + 2Fe$

   ⓐ   ⓑ   ⓒ   ⓓ

ⓐ $2Fe^{3+}$: 전자(−) 3개×2＝6개가 없어 양이온(+)만 6개 있는 상태

ⓑ $3Cu$: Cu는 2가 원소이므로 전자(−) 2개×3＝6개와 양이온(+) 6개를 모두 가진 상태

ⓒ $3Cu^{2+}$: 전자(−) 2개×3＝6개를 잃어 양이온(+)만 6개 남은 상태

ⓓ $2Fe$: Fe는 3가 원소이므로 전자(−) 3개×2＝6개를 받아 양이온(+)과 전자(−)를 모두 가진 상태

Fe와 Cu 중 이온화경향이 더 큰 금속은 Fe이므로 이 반응이 정반응으로 진행하기 위해서는 Fe은 Cu에게 전자(−)를 내주고 Cu는 Fe로부터 전자를 받아야 한다. 이 반응에서는 ⓑ의 3Cu는 ⓐ의 $2Fe^{3+}$에게 전자(−) 6개를 내주어 ⓒ의 전자(−) 6개를 잃은 $3Cu^{2+}$가 되고 ⓐ의 $2Fe^{3+}$는 ⓑ의 3Cu로부터 전자(−) 6개를 받아 ⓓ의 양이온(+)과 전자(−)를 모두 가진 상태의 2Fe이 되었으므로 이 반응은 정반응으로 진행된 것이 아니다.

④ $Mg^{2+} + Zn \rightarrow Zn^{2+} + Mg$

   ⓐ   ⓑ   ⓒ   ⓓ

ⓐ Mg^{2+} : 전자(−) 2개가 없어 양이온(+)만 2개 있는 상태

ⓑ Zn : 전자(−) 2개와 양이온(+) 2개를 모두 가진 상태

ⓒ Zn^{2+} : 전자(−) 2개를 잃어 양이온(+)만 2개 남은 상태

ⓓ Mg : 전자(−) 2개를 받아 양이온(+)과 전자(−)를 모두 가진 상태

Mg과 Zn 중 이온화경향이 더 큰 금속은 Mg이므로 이 반응이 정반응으로 진행하기 위해서는 Mg은 Zn에게 전자(−)를 내주고 Zn은 Mg으로부터 전자를 받아야 한다. 이 반응에서는 ⓑ의 Zn은 ⓐ의 Mg^{2+}에게 전자(−) 2개를 내주어 ⓒ의 전자(−) 2개를 잃은 Zn^{2+}가 되고 ⓐ의 Mg^{2+}은 ⓑ의 Zn으로부터 전자(−) 2개를 받아 ⓓ의 양이온(+)과 전자(−)를 모두 가진 상태의 Mg이 되었으므로 이 반응은 정반응으로 진행된 것이 아니다.

03 메틸알코올과 에틸알코올이 각각 다른 시험관에 들어 있다. 이 두 가지를 구별할 수 있는 실험방법은?

① 금속나트륨을 넣어본다.

② 환원시켜 생성물을 비교하여 본다.

③ KOH와 I_2의 혼합용액을 넣고 가열하여 본다.

④ 산화시켜 나온 물질에 은거울 반응시켜 본다.

》》 에틸알코올(C_2H_5OH)에 수산화칼륨(KOH)과 아이오딘(I_2)을 반응시키면 아이오도폼(CHI_3)이라는 황색 침전물이 생성되는 아이오도폼반응이 진행되지만 메틸알코올(CH_3OH)은 아이오도폼반응을 하지 않는다. 따라서 메틸알코올과 에틸알코올을 구분하는 방법은 메틸알코올과 에틸알코올에 각각 **KOH와 I_2의 혼합용액을 첨가해 황색으로 변하는지 실험**해 보는 것이다.

- 에틸알코올의 아이오도폼반응식

C_2H_5OH + 6KOH + 4I_2 → CHI_3 + 5KI +
에틸알코올   수산화칼륨 아이오딘 아이오도폼 아이오딘화칼륨
HCOOK + 5H_2O
의산칼륨   물

04 다음 중 수용액의 pH가 가장 작은 것은 어느 것인가?

① 0.01N HCl

② 0.1N HCl

③ 0.01N CH_3COOH

④ 0.1N NaOH

》》 물질이 H를 가지고 있는 경우에는 $pH = -\log[H^+]$의 공식을 이용해 수소이온지수(pH)를 구할 수 있고, 물질이 OH를 가지고 있는 경우에는 $pOH = -\log[OH^-]$의 공식을 이용해 수산화이온지수(pOH)를 구할 수 있다.

① H를 가진 HCl의 농도 $[H^+]$ = 0.01N이므로 $pH = -\log 0.01 = -\log 10^{-2}$ = 2이다.

② H를 가진 HCl의 농도 $[H^+]$ = 0.1N이므로 **pH** $= -\log 0.1 = -\log 10^{-1}$ = 1이다.

③ H를 가진 CH_3COOH의 농도 $[H^+]$ = 0.01N이므로 $pH = -\log 0.01 = -\log 10^{-2}$ = 2이다.

④ OH를 가진 NaOH의 농도는 $[OH^-]$ = 0.1N이므로 $pOH = -\log 0.1 = -\log 10^{-1}$ = 1인데, 〈문제〉는 pOH가 아닌 pH를 구하는 것이므로 pH + pOH = 14의 공식을 이용하여 다음과 같이 pH를 구할 수 있다.

pH = 14 − pOH = 14 − 1 = 13

05 다음 중 동소체 관계가 아닌 것은 어느 것인가?

① 적린과 황린

② 산소와 오존

③ 물과 과산화수소

④ 다이아몬드와 흑연

≫ 동소체란 하나의 원소로만 구성된 것으로서 원자배열이 달라 그 성질은 다르지만 최종 연소생성물이 동일한 물질을 말한다.

① 적린(P)과 황린(P_4) : 두 물질 모두 인(P) 하나로만 구성되어 있고 그 성질은 다르지만 연소시키면 둘 다 오산화인(P_2O_5)이라는 동일한 물질을 발생한다.

② 산소(O_2)와 오존(O_3) : 두 물질 모두 산소(O)하나로만 구성되어 있고 그 성질은 다르지만 연소시키면 둘 다 산소(O_2)라는 동일한 물질을 발생한다.

③ 물(H_2O)과 과산화수소(H_2O_2) : 두 물질 모두 H와 O, 두 개의 **원소로 구성되어 있으므로 동소체의 관계가 아니다.**

④ 다이아몬드(C)와 흑연(C) : 두 물질 모두 탄소(C) 하나로만 구성되어 있고 그 성질은 다르지만 연소시키면 둘 다 이산화탄소(CO_2)라는 동일한 물질을 발생한다.

06 질산칼륨 수용액 속에 소량의 염화나트륨이 불순물로 포함되어 있다. 용해도 차이를 이용하여 이 불순물을 제거하는 방법으로 가장 적당한 것은?

① 증류

② 막분리

③ 재결정

④ 전기분해

≫ 어떤 용액에 잘 녹는 물질과 상대적으로 잘 녹지 않는 물질을 함께 포함하고 있는 혼합물을 녹이면 용해도의 차이로 인해 잘 녹는 물질은 빨리 녹지만 잘 녹지 않는 물질은 그대로 남아 있기 때문에 두 물질을 서로 분리시킬 수 있다. 이와 같이 **용해도의 차이를 이용해 혼합물에 포함된 물질과 또 다른 물질(불순물)을 서로 분리시키는 방법을 재결정**이라 한다.

07 다음은 산화-환원 반응식이다. 산화된 원자와 환원된 원자를 순서대로 올바르게 표현한 것은?

$$3Cu + 8HNO_3 \rightarrow 3Cu(NO_3)_2 + 2NO + 4H_2O$$

① Cu, N

② N, H

③ O, Cu

④ N, Cu

≫ 산화란 산소(O)를 얻는 것이고, 환원이란 산소(O)를 잃는 것이다. 질산(HNO_3)은 산소를 갖고 있는 제6류 위험물로서 가연물에게 산소를 내놓는 역할을 하므로 환원하고 있는 상태이며, 질산과 반응하는 구리(Cu)는 질산으로부터 산소를 얻고 있기 때문에 산화하는 상태이다. 따라서 이 두 물질 중 **Cu는 산화하는 원소**이고, 질산에 포함된 **질소(N)는 환원하는 원소**이다.

💡**Tip**

산화하는 물질과 환원하는 물질은 반응 전에 판단되며 반응 후에는 산화 또는 환원의 의미는 없다. 또한 산화 또는 환원된 원자는 O와 H를 제외한 그 외의 원소에서 고르면 됩니다.

08 물이 브뢴스테드 산으로 작용한 것은?

① $HCl + H_2O \rightleftarrows H_3O^+ + Cl^-$

② $HCOOH + H_2O \rightleftarrows HCOO^- + H_3O^+$

③ $NH_3 + H_2O \rightleftarrows NH_4^+ + OH^-$

④ $3Fe + 4H_2O \rightleftarrows Fe_3O_4 + 4H_2$

≫ 브뢴스테드는 H이온을 잃는 물질은 산이고 H이온을 얻는 물질은 염기라고 정의하였다. 〈문제〉의 반응식에서 H와 O를 포함하지 않는 물질끼리 연결하고 그 외의 물질끼리 연결했을 때 H이온을 잃는 물질이 산이 된다.

$HCl \rightarrow Cl^-$: HCl은 H가 1개였는데 반응 후 Cl^-가 되면서 H 1개를 잃었으므로 산이다.

① $HCl + H_2O \rightleftarrows H_3O^+ + Cl^-$

$H_2O \rightarrow H_3O^+$: H_2O는 H가 2개였는데 반응 후 H_3O^+가 되면서 H 1개를 얻었으므로 염기이다.

$HCOOH \rightarrow HCOO^-$: HCOOH는 H가 2개였는데 반응 후 $HCOO^-$가 되면서 H 1개를 잃었으므로 산이다.

② $HCOOH + H_2O \rightleftarrows HCOO^- + H_3O^+$

$H_2O \rightarrow H_3O^+$: H_2O는 H가 2개였는데 반응 후 H_3O^+가 되면서 H 1개를 얻었으므로 염기이다.

$NH_3 \rightarrow NH_4^+$: NH_3는 H가 3개 였는데 반응 후 NH_4^+가
되면서 H 1개를 얻었으므로 염기이다.

③ $NH_3 + H_2O \rightleftharpoons NH_4^+ + OH^-$

$H_2O \rightarrow OH^-$: H_2O는 H가 2개였는데 반응
후 OH^-가 되면서 H 1개를 잃었으므로 산이다.

$Fe \rightarrow Fe_3O_4$: 산과 염기를 정의하는 법칙과
관계 없는 반응이다.

④ $3Fe + 4H_2O \rightleftharpoons Fe_3O_4 + 4H_2$

$H_2O \rightarrow H_2$: 산과 염기를 정의하는 법칙과
관계 없는 반응이다.

09 분자식이 같으면서도 구조가 다른 유기화합
물을 무엇이라 하는가?

① 이성질체　　② 동소체
③ 동위원소　　④ 방향족화합물

≫ ① **이성질체** : 분자식은 같지만 그 성질이나 구
조가 다른 물질
② 동소체 : 하나의 원소로만 구성된 것으로서
원자배열이 달라 그 성질은 다르지만 최종
연소생성물이 동일한 물질
③ 동위원소 : 원자번호는 같지만 질량수가 다
른 원소
④ 방향족화합물 : 벤젠고리를 갖고 있는 화합물

10 27℃에서 부피가 2L인 고무풍선 속의 수소기
체 압력이 1.23atm이다. 이 풍선 속에 몇 mol
의 수소기체가 들어 있는가? (단, 이상기체라
고 가정한다.)

① 0.01　　　　② 0.05
③ 0.10　　　　④ 0.25

≫ 어떤 온도에서 기체의 부피와 압력이 주어지고
그 상태에서의 기체의 몰(mole) 수를 구하는 문
제이므로 다음과 같이 이상기체상태방정식을 이
용한다.
$PV = nRT$
여기서, P(압력) = 1.23atm
V(부피) = 2L
n(mole) = 몰수
R(이상기체상수) = 0.082atm · L/mol · K
T(절대온도) = 273 + 27K
$1.23 \times 2 = n \times 0.082 \times (273 + 27)$
$n = \dfrac{1.23 \times 2}{0.082 \times (273 + 27)} = 0.1$mol

11 20℃에서 600mL의 부피를 차지하고 있는 기
체를 압력의 변화 없이 온도를 40℃로 변화시
키면 부피는 얼마로 변하겠는가?

① 300mL　　　② 641mL
③ 836mL　　　④ 1,200mL

≫ 압력(P)의 변화 없이 온도만 변화시켰을 때 달
라지는 기체의 부피(V)를 구하는 것이므로 샤를
의 법칙 $\dfrac{V}{T} = k$을 이용한다. 특정한 부피의 기체
에 대해 온도를 변화시켰을 때 그 기체의 부피
가 얼마나 변하는지 구하는 공식은 다음과 같다.

$$\frac{V_1}{T_1} = \frac{V_2}{T_2}$$

여기서, V_1 : 처음 부피
T_1 : 처음 절대온도
V_2 : 변화된 부피
T_2 : 변화된 절대온도

$$\frac{600}{273 + 20} = \frac{V_2}{273 + 40}$$
$V_2 = 641$mL

12 수산화칼슘에 염소가스를 흡수시켜 만드는
물질은?

① 표백분
② 수소화칼슘
③ 염화수소
④ 과산화칼슘

≫ 수산화칼슘[$Ca(OH)_2$]에 염소(Cl_2)가스를 흡수시
키면 표백분을 만들 수 있다.

13 다음 중 불균일 혼합물은 어느 것인가?

① 공기　　　　② 소금물
③ 화강암　　　④ 사이다

≫ 균일 혼합물은 혼합물의 전체에 걸쳐 성분이 골
고루 분포된 상태의 물질을 말하고, 불균일 혼합
물은 혼합물의 부분마다 성분이 다르게 분포된
상태의 물질을 말한다. 공기, 소금물, 사이다의
경우 이 혼합물들은 어떤 부분에서든 같은 맛이
나 같은 냄새를 갖고 있으므로 균일 혼합물이고,
화강암은 각 부분마다 구성성분이 다르게 분포
되어 있으므로 **불균일 혼합물**이라 한다.

정답　09. ①　10. ③　11. ②　12. ①　13. ③

14 물 500g 중에 설탕($C_{12}H_{22}O_{11}$) 171g이 녹아 있는 설탕물의 몰랄농도(m)는?

① 2.0

② 1.5

③ 1.0

④ 0.5

≫ 몰랄농도란 용매(물) 1,000g에 녹아 있는 용질(설탕)의 몰수를 말한다. 설탕($C_{12}H_{22}O_{11}$) 1mol의 분자량은 $12(C)g \times 12 + 1(H)g \times 22 + 16(O)g \times 11 = 342g$이 1몰이므로 설탕 171g은 0.5몰이다. 〈문제〉는 물 500g에 설탕이 0.5몰 녹아 있는 상태이므로 이는 물 1,000g에 설탕이 1몰 녹아 있는 것과 같으므로 이 상태의 몰랄농도는 1이다.

15 기체상태의 염화수소는 어떤 화학결합으로 이루어진 화합물인가?

① 극성 공유결합

② 이온 결합

③ 비극성 공유결합

④ 배위 공유결합

≫ 염화수소(HCl)의 액체상태는 H^+라는 양이온과 Cl^-라는 음이온이 결합한 것이라 이온결합 상태이지만 기체상태에서는 비금속 H와 비금속 Cl이 결합한 것이므로 공유결합 상태가 된다. 이 때 H와 Cl은 서로 다른 힘을 갖는 원소이므로 어느 쪽으로든 한 쪽으로 치우침이 발생하기 때문에 극을 형성하게 된다. 따라서 이 결합을 극성 공유결합이라 한다.

16 다음 반응식을 이용하여 구한 $SO_2(g)$의 몰 생성열은?

• $S(s) + 1.5O_2(g) \rightarrow SO_3(g)$

　$\Delta H^0 = -94.5kcal$

• $2SO_2(g) + O_2(g) \rightarrow 2SO_3(g)$

　$\Delta H^0 = -47kcal$

---

① −71kcal

② −47.5kcal

③ 71kcal

④ 47.5kcal

PLAY ▶ 풀이

≫ S(s)와 $O_2(g)$의 반응으로 생성되는 $SO_2(g)$의 몰 생성열을 구하는데 있어서 $SO_3(g)$는 필요 없으므로 $SO_3(g)$를 제거하기 위해 다음의 방법을 이용한다.

〈문제〉의 두 개의 식 중 두 번째 식에 포함된 $SO_3(g)$는 2몰이고 첫 번째 식에 포함된 $SO_3(g)$는 1몰이다. 이 때 첫 번째 식의 모든 항에 2를 곱한 후 두 번째 식을 빼면 다음과 같이 $SO_3(g)$를 제거할 수 있다.

$2S(s) + 3O_2(g) \rightarrow 2SO_3(g), \ \Delta H^0 = -189kcal$
$- \ \underline{2SO_2(g) + O_2(g) \rightarrow 2SO_3(g), \ \Delta H^0 = -47kcal}$
$2S(s) + 3O_2(g) - 2SO_2(g) - O_2(g) \rightarrow 0$
$\Delta H^0 = -189kcal - (-47kcal)$

이 식을 정리하면 다음과 같이 나타낼 수 있다.

• $2S(s) + 2O_2(g) - 2SO_2(g) \rightarrow 0$

　$\Delta H^0 = -142kcal$

여기서 $-2SO_2(g)$를 화살표 오른쪽으로 옮기면 다음과 같이 2몰의 $SO_2(g)$를 만드는 반응식이 된다.

• $2S(s) + 2O_2(g) \rightarrow 2SO_2(g), \ \Delta H^0 = -142kcal$

이 반응식에서는 2몰의 $SO_2(g)$를 생성하는데 열량(ΔH^0) $= -142kcal$인데 〈문제〉는 $SO_2(g)$의 몰 생성열 즉, $SO_2(g)$ 1몰의 생성열을 구하는 것이므로 열량(ΔH^0) $-142kcal$를 반으로 줄이면 된다. 따라서 $SO_2(g)$의 몰 생성열은 $\dfrac{-142kcal}{2} = -71kcal$이다.

17 다음 물질 중 벤젠고리를 함유하고 있는 것은?

① 아세틸렌　　② 아세톤

③ 메테인　　④ 아닐린

≫

물질명	화학식	구조식	비 고
① 아세틸렌	C_2H_2	$H-C\equiv C-H$	사슬족 (지방족)
② 아세톤	CH_3COCH_3	$\begin{array}{c} H\ \ \ O\ \ \ H \\ \mid \ \ \ \parallel \ \ \ \mid \\ H-C-C-C-H \\ \mid \ \ \ \ \ \ \ \mid \\ H\ \ \ \ \ \ \ \ H \end{array}$	사슬족 (지방족)
③ 메테인	CH_4	$\begin{array}{c} H \\ \mid \\ H-C-H \\ \mid \\ H \end{array}$	사슬족 (지방족)
④ 아닐린	$C_6H_5NH_2$	NH_2 벤젠고리	**벤젠족** (방향족)

18 용매분자들이 반투막을 통해서 순수한 용매나 묽은 용액으로부터 좀 더 농도가 높은 용액쪽으로 이동하는 알짜이동을 무엇이라 하는가?

① 총괄이동
② 등방성
③ 국부이동
④ 삼투

>> 분자들이 반투막을 통과해서 더 농도가 높은 용액 쪽으로 이동하는 현상을 삼투라고 하며, 이 때의 압력을 삼투압이라 한다.

19 다음은 원소의 원자번호와 원소기호를 표시한 것이다. 전이원소만으로 나열된 것은?

① $_{20}Ca$, $_{21}Sc$, $_{22}Ti$
② $_{21}Sc$, $_{22}Ti$, $_{29}Cu$
③ $_{26}Fe$, $_{30}Zn$, $_{38}Sr$
④ $_{21}Sc$, $_{22}Ti$, $_{38}Sr$

>>

전이원소란 위의 〈그림〉에서 알 수 있듯이 3A부터 2B족까지의 범위에 포함되므로 알칼리토금속에 속하는 $_{20}Ca$과 $_{38}Sr$은 전이원소에서 제외된다. 따라서 〈보기〉 ①, ③, ④에는 전이원소가 아닌 Ca(칼슘)과 Sr(스트론튬)이 포함되어 있으므로 정답은 ②이다.

20 20%의 소금물을 전기분해하여 수산화나트륨 1몰을 얻는 데는 1A의 전류를 몇 시간 통해야 하는가?

① 13.4
② 26.8
③ 53.6
④ 104.2

>> 수산화나트륨(NaOH)은 수산기(OH)를 갖고 있으므로 염기로 분류되며 염기의 1g당량은 그 물질의 분자량을 물질에 포함된 OH의 개수로 나눈 값이다. NaOH의 분자량은 23(Na)g + 16(O)g + 1(H)g = 40g이고 여기에 포함된 OH의 개수는 1개이므로 NaOH의 1g당량은 40g이며 이는 수산화나트륨 1몰과 같은 양이다. 한편, 1F(패러데이)란 물질 1g당량을 석출하는 데 필요한 전기량으로서 1F의 전기량으로 얻을 수 있는 수산화나트륨의 양은 1g당량, 즉 1몰이다.
〈문제〉에서는 수산화나트륨을 석출하는 데 필요한 전류(A)와 시간(s)이 주어졌으므로 전기량을 C(쿨롬) = A(전류) × s(초)의 공식에 다시 적용해야 한다.
수산화나트륨 1몰을 얻는 데 필요한 전기량인 1F = 96,500C이므로 C = A × s의 공식에 전기량 96,500C과 전류 1A를 대입하면 96,500C = 1A × s(sec)이 되고 이 때 s = 96,500초가 된다. 따라서 1A의 전류를 이용해 수산화나트륨 1몰을 얻는 데 필요한 시간은 96,500초이며, 1시간은 3,600초이므로 96,500초를 시간으로 환산하면 $\frac{96,500}{3,600}$ = 26.8시간이 된다.

제2과목 | **화재예방과 소화방법**

21 인화알루미늄의 화재 시 주수소화를 하면 발생하는 가연성 기체는?

① 아세틸렌
② 메테인
③ 포스겐
④ 포스핀

>> 제3류 위험물인 인화알루미늄(AlP)은 물과 반응 시 수산화알루미늄[Al(OH)₃]과 함께 독성이면서 가연성인 포스핀(PH₃)가스를 발생한다.
• 인화알루미늄의 물과의 반응식
  $AlP + 3H_2O \rightarrow Al(OH)_3 + PH_3$

Check

〈보기〉 ③의 포스겐(COCl₂)은 할로젠화합물소화약제의 종류인 사염화탄소(CCl₄)가 물과 반응하거나 연소할 때 발생하는 독성가스이다.
• 사염화탄소와 물과의 반응식
  $CCl_4 + H_2O \rightarrow COCl_2 + 2HCl$
• 사염화탄소의 연소반응식
  $2CCl_4 + O_2 \rightarrow 2COCl_2 + 2Cl_2$

정답 18. ④ 19. ② 20. ② 21. ④

22 위험물제조소등에 설치하는 포소화설비의 기준에 따르면 포헤드방식의 포헤드는 방호대상물의 표면적 1m²당 방사량이 몇 L/min 이상의 비율로 계산한 양의 포수용액을 표준방사량으로 방사할 수 있도록 설치하여야 하는가?

① 3.5
② 4
③ 6.5
④ 9

≫ 포소화설비의 포헤드방식의 포헤드는 방호대상물의 표면적 9m²당 1개 이상의 헤드를 **방호대상물의 표면적 1m²당 방사량이 6.5L/min 이상**으로 방사할 수 있도록 설치하고, 방사구역은 100m² 이상(방호대상물의 표면적이 100m² 미만인 경우에는 당해 표면적)으로 한다.

23 일반적으로 고급 알코올황산에스터염을 기포제로 사용하며 냄새가 없는 황색의 액체로서 밀폐 또는 준밀폐 구조물의 화재 시 고팽창포로 사용하여 화재를 진압할 수 있는 포소화약제는?

① 단백포소화약제
② 합성계면활성제포소화약제
③ 알코올형포소화약제
④ 수성막포소화약제

≫ 합성계면활성제 소화약제는 고급 알코올황산에스터염 등의 합성계면활성제를 주원료로 하는 포소화약제로서 고발포용에 적합한 소화약제이다.

24 위험물제조소등의 스프링클러설비의 기준에 있어 개방형 스프링클러헤드는 스프링클러헤드의 반사판으로부터 하방 및 수평방향으로 각각 몇 m의 공간을 보유하여야 하는가?

① 하방 0.3m, 수평방향 0.45m
② 하방 0.3m, 수평방향 0.3m
③ 하방 0.45m, 수평방향 0.45m
④ 하방 0.45m, 수평방향 0.3m

≫ 개방형 스프링클러헤드는 스프링클러헤드의 반사판으로부터 하방(아래쪽 방향)으로는 0.45m, 수평방향으로는 0.3m 이상의 공간을 보유하여 설치하여야 한다.

25 제1종 분말소화약제가 1차 열분해되어 표준상태를 기준으로 2m³의 탄산가스가 생성되었다. 몇 kg의 탄산수소나트륨이 사용되었는가? (단, 나트륨의 원자량은 23이다.)

① 15
② 18.75
③ 56.25
④ 75

≫ 탄산수소나트륨 1mol의 분자량은 23(Na)g + 1(H)g + 12(C)g + 16(O)g × 3 = 84g이다. 아래의 분해반응식에서 알 수 있듯이 탄산수소나트륨($NaHCO_3$) 2몰, 즉 2 × 84g을 표준상태(0℃, 1기압)에서 분해시키면 이산화탄소(CO_2)가 1몰, 즉 22.4L가 발생하는데 〈문제〉는 탄산수소나트륨($NaHCO_3$)을 몇 kg 분해시키면 이산화탄소(탄산가스) 2m³가 발생하는가를 구하는 것이므로 다음과 같이 비례식을 이용하면 된다.

• 탄산수소나트륨의 1차 분해반응식
$2NaHCO_3 \rightarrow Na_2CO_3 + H_2O + CO_2$
2 × 84g ⟍⟋ 22.4L
x(kg) ⟋⟍ 2m³
22.4L × x = 2 × 84 × 2
x = 15kg이다.

26 위험물안전관리법령상 정전기를 유효하게 제거하기 위해서는 공기 중의 상대습도는 몇 % 이상 되게 하여야 하는가?

① 40%
② 50%
③ 60%
④ 70%

≫ 정전기 제거방법
1) 접지에 의한 방법
2) **공기 중의 상대습도를 70% 이상으로 하는 방법**
3) 공기를 이온화하는 방법

27 이산화탄소소화설비의 소화약제 방출방식 중 전역방출방식 소화설비에 대한 설명으로 옳은 것은?

① 발화위험 및 연소위험이 적고 광대한 실내에서 특정장치나 기계만을 방호하는 방식

② 일정 방호구역 전체에 방출하는 경우 해당 부분의 구획을 밀폐하여 불연성 가스를 방출하는 방식

③ 일반적으로 개방되어 있는 대상물에 대하여 설치하는 방식

④ 사람이 용이하게 소화활동을 할 수 있는 장소에서는 호스를 연장하여 소화활동을 행하는 방식

>> 이산화탄소소화설비의 방출방식
1) 전역방출방식 : 방사된 소화약제가 **방호구역의 전역에 균일하고 신속하게 방사**할 수 있도록 설치하는 방식
2) 국소방출방식 : 방호대상물의 모든 표면이 분사헤드의 유효사정 내에 있도록 설치하는 방식

28 가연성 가스의 폭발범위에 대한 일반적인 설명으로 틀린 것은?

① 가스의 온도가 높아지면 폭발범위는 넓어진다.

② 폭발한계농도 이하에서 폭발성 혼합가스를 생성한다.

③ 공기 중에서보다 산소 중에서 폭발범위가 넓어진다.

④ 가스압이 높아지면 하한값은 크게 변하지 않으나 상한값은 높아진다.

>> ① 가스의 온도가 높아지면 폭발력이 커지면서 폭발범위도 넓어진다.
② 폭발은 폭발범위 내에서 발생하므로 **폭발한계농도 이하에서는 폭발이 발생할 수 없다.**
③ 순수한 산소는 산소 농도가 21%밖에 존재하지 않는 공기보다 더 높은 산소의 농도를 갖고 있으므로 더 넓은 폭발범위를 갖는다.
④ 가스의 압력이 높아지면 하한값은 변하지 않고 상한값이 높아져 폭발범위도 함께 넓어진다.

29 소화약제로서 물이 갖는 특성에 대한 설명으로 옳지 않은 것은?

① 유화효과(emulsification effect)도 기대할 수 있다.

② 증발잠열이 커서 기화 시 다량의 열을 제거한다.

③ 기화팽창률이 커서 질식효과가 있다.

④ 용융잠열이 커서 주수 시 냉각효과가 뛰어나다.

>> ① 물은 안개형태로 흩어뿌려짐으로써 유류표면을 덮어 증기발생을 억제시키는 유화소화효과를 기대할 수 있다.
② 증발 시 발생하는 증발잠열이 커서 연소면의 열을 흡수하면서 온도를 낮추는 냉각효과를 갖는다.
③ 물은 기화팽창률이 커서 수증기로 기화되었을 때 부피가 상당히 커지며 이 때 수증기는 공기를 차단시켜 질식소화효과를 갖게 된다.
④ 용융잠열이 아닌 **증발잠열이 커서 냉각소화효과가 뛰어나다.**

30 클로로벤젠 300,000L의 소요단위는 얼마인가?

① 20

② 30

③ 200

④ 300

>> 클로로벤젠(C_6H_5Cl)은 제4류 위험물 중 제2석유류 비수용성 물질로서 지정수량이 1,000L이며, 위험물의 1소요단위는 지정수량의 10배이므로 클로로벤젠 300,000L는 $\dfrac{300,000L}{1,000L \times 10} = 30$소요단위이다.

Check **1소요단위의 기준**

구 분	외벽이 내화구조	외벽이 비내화구조
제조소 및 취급소	연면적 100m²	연면적 50m²
저장소	연면적 150m²	연면적 75m²
위험물	지정수량의 10배	

정답 27. ② 28. ② 29. ④ 30. ②

31 제1류 위험물 중 알칼리금속의 과산화물의 화재에 적응성이 있는 소화약제는?

① 인산염류분말
② 이산화탄소
③ 탄산수소염류분말
④ 할로젠화합물

≫ 제1류 위험물에 속하는 **알칼리금속의 과산화물**과 제2류 위험물에 속하는 철분·금속분·마그네슘, 제3류 위험물에 속하는 금수성 물질의 화재에는 **탄산수소염류 분말소화약제** 또는 마른 모래, 팽창질석 또는 팽창진주암이 적응성이 있다.

소화설비의 구분	건축물·그 밖의 공작물	전기설비	제1류 위험물 — 알칼리금속의 과산화물등	제1류 위험물 — 그 밖의 것	제2류 위험물 — 철분·금속분·마그네슘 등	제2류 위험물 — 인화성 고체	제2류 위험물 — 그 밖의 것	제3류 위험물 — 금수성 물품	제3류 위험물 — 그 밖의 것	제4류 위험물	제5류 위험물	제6류 위험물
봉상수(棒狀水)소화기	○			○		○	○		○		○	○
무상수(霧狀水)소화기	○	○		○		○	○		○		○	○
봉상강화액소화기	○			○		○	○		○	×	○	○
무상강화액소화기	○	○		○		○	○		○	○	○	○
포소화기	○			○		○	○		○	○	○	○
이산화탄소소화기		○				○				○		△
할로젠화합물소화기		○				○				○		
분말소화기 — 인산염류소화기	○	○		○		○	○			○		○
분말소화기 — 탄산수소염류소화기		○	○		○	○		○		○		
분말소화기 — 그 밖의 것			○		○			○				
물통 또는 수조	○			○		○	○		○		○	○
건조사			○	○	○	○	○	○	○	○	○	○
팽창질석 또는 팽창진주암			○	○	○	○	○	○	○	○	○	○

32 알루미늄분의 연소 시 주수소화하면 위험한 이유를 올바르게 설명한 것은?

① 물에 녹아 산이 된다.
② 물과 반응하여 유독가스가 발생한다.
③ 물과 반응하여 수소가스가 발생한다.
④ 물과 반응하여 산소가스가 발생한다.

≫ 제2류 위험물인 알루미늄(Al)분은 물과 반응 시 수산화알루미늄[$Al(OH)_3$]과 가연성 가스인 수소(H_2)를 발생하므로 주수소화는 위험하다.
- 알루미늄분과 물과의 반응식
  $2Al + 6H_2O \rightarrow 2Al(OH)_3 + 3H_2$

33 할로젠화합물 소화약제가 전기화재에 사용될 수 있는 이유에 대한 다음 설명 중 가장 적합한 것은?

① 전기적으로 부도체이다.
② 액체의 유동성이 좋다.
③ 탄산가스와 반응하여 포스겐가스를 만든다.
④ 증기의 비중이 공기보다 작다.

≫ 〈문제〉는 할로젠화합물 소화약제의 성질을 묻는 것이 아니라 할로젠화합물 소화약제가 전기화재에 사용될 수 있는 이유를 묻는 것이며 그 이유는 **할로젠화합물 소화약제가 전기적으로 부도체이기 때문**이다.

34 다음 중 가연성 물질이 공기 중에서 연소할 때의 연소형태에 대한 설명으로 틀린 것은 어느 것인가?

① 공기와 접촉하는 표면에서 연소가 일어나는 것을 표면연소라 한다.
② 황의 연소는 표면연소이다.
③ 산소공급원을 가진 물질 자체가 연소하는 것을 자기연소라 한다.
④ TNT의 연소는 자기연소이다.

≫ ② 황, 나프탈렌, 파라핀은 증발연소하는 물질이다.

Check

(1) 액체의 연소
  ㉠ 증발연소 : 제4류 위험물 중 특수인화물,
    제1석유류, 알코올류, 제2석유류 등
  ㉡ 분해연소 : 제4류 위험물 중 제3석유류,
    제4석유류, 동식물유류 등
(2) 고체연소형태의 종류와 물질
  ㉠ 표면소 : 코크스(탄소), 목탄(숯), 금속분 등
  ㉡ 분해연소 : 목재, 종이, 석탄, 플라스틱, 합
    성수지 등
  ㉢ 자기연소 : 제5류 위험물 등
  ㉣ 증발연소 : 황(S), 나프탈렌, 양초(파라
    핀) 등

35 전기불꽃에너지 공식에서 ( )에 알맞은 것은?
(단, Q는 전기량, V는 방전전압, C는 전기
용량을 나타낸다.)

$$E = \frac{1}{2}(\quad) = \frac{1}{2}(\quad)$$

① QV, CV ② QC, CV
③ QV, CV^2 ④ QC, QV^2

⯈ 전기불꽃에너지 공식

$$E = \frac{1}{2}QV = \frac{1}{2}CV^2$$

여기서, E : 전기불꽃에너지
  Q : 전기량
  V : 방전전압
  C : 전기용량

36 다음 중 강화액 소화약제에 소화력을 향상시
키기 위하여 첨가하는 물질로 옳은 것은 어느
것인가?

① 탄산칼륨
② 질소
③ 사염화탄소
④ 아세틸렌

⯈ 강화액 소화약제에는 물의 소화능력을 향상시키
기 위해 **탄산칼륨**(K_2CO_3)을 **첨가**하며 이 소화약
제의 성분은 pH=12인 강알칼리성이다.

37 다음 A~D 중 분말소화약제로만 나타낸 것은?

A. 탄산수소나트륨
B. 탄산수소칼륨
C. 황산구리
D. 제1인산암모늄

① A, B, C, D   ② A, D
③ A, B, C   ④ A, B, D

약제의 명칭	화학식	종별 구분	적응화재
A. 탄산수소 나트륨	$NaHCO_3$	제1종 분말 소화약제	백색
B. 탄산수소 칼륨	$KHCO_3$	제2종 분말 소화약제	연보라 (담회)색
C. 황산구리	소화약제 아님		
D. 제1인산 암모늄	$NH_4H_2PO_4$	제3종 분말 소화약제	분홍 (담홍)색

38 벤젠과 톨루엔의 공통점이 아닌 것은 어느 것
인가?

① 물에 녹지 않는다.
② 냄새가 없다.
③ 휘발성 액체이다.
④ 증기는 공기보다 무겁다.

⯈ 벤젠(C_6H_6)과 톨루엔($C_6H_5CH_3$)은 모두 제4류 위
험물 중 제1석유류 비수용성 물질로서 **자극성
냄새를 갖고 있으며** 휘발성이 강하고 증기는 공
기보다 무겁다.

39 제6류 위험물인 질산에 대한 설명으로 틀린
것은?

① 강산이다.
② 물과 접촉 시 발열한다.
③ 불연성 물질이다.
④ 열분해 시 수소를 발생한다.

≫ 제6류 위험물인 질산(HNO_3)은 열분해 시 물(H_2O), 적갈색 기체인 이산화질소(NO_2), 그리고 산소(O_2)를 발생하며 **수소(H_2)는 발생하지 않는다.**

💡 Tip

제1류 위험물 또는 제6류 위험물과 같은 산화성 물질은 열분해 시 공통적으로 산소를 발생하며 어떠한 경우라도 폭발성 가스인 수소는 발생하지 않습니다.

40 적린과 오황화인의 공통 연소생성물은?

① SO_2
② H_2S
③ P_2O_5
④ H_3PO_4

≫ 적린(P)과 오황화인(P_2S_5)은 모두 제2류 위험물로서 각 물질의 연소반응식은 다음과 같고, 두 물질의 **공통 연소생성물은 오산화인(P_2O_5)이다.**
• 적린의 연소반응식
$4P + 5O_2 \rightarrow 2P_2O_5$
• 오황화인의 연소반응식
$2P_2S_5 + 15O_2 \rightarrow 2P_2O_5 + 10SO_2$

제3과목 **위험물의 성질과 취급**

41 제1류 위험물 중 무기과산화물 150kg, 질산염류 300kg, 다이크로뮴산염류 3,000kg을 저장하고 있다. 각각 지정수량의 배수의 총합은 얼마인가?

① 5
② 6
③ 7
④ 8

≫ 무기과산화물의 지정수량은 50kg이며, 질산염류의 지정수량은 300kg, 다이크로뮴산염류의 지정수량은 1,000kg이므로 이들의 지정수량 배수의 합은 다음과 같다.
$$\frac{150kg}{50kg} + \frac{300kg}{300kg} + \frac{3,000kg}{1,000kg} = 7배이다.$$

42 유기과산화물에 대한 설명으로 틀린 것은?

① 소화방법으로는 질식소화가 가장 효과적이다.
② 벤조일퍼옥사이드, 메틸에틸케톤퍼옥사이드 등이 있다.

③ 저장 시 고온체나 화기의 접근을 피한다.
④ 지정수량은 10kg이다.

≫ 유기과산화물은 제5류 위험물로서 지정수량이 10kg이며, 그 종류로는 벤조일퍼옥사이드, 메틸에틸케톤퍼옥사이드, 아세틸퍼옥사이드 등이 있으며, 자체적으로 산소공급원을 포함하고 있기 때문에 질식소화는 효과가 없고 물로 인한 **냉각소화가 효과적이다.**

43 동식물유류에 대한 설명으로 틀린 것은?

① 건성유는 자연발화의 위험성이 높다.
② 불포화도가 높을수록 아이오딘가가 크며 산화되기 쉽다.
③ 아이오딘값이 130 이하인 것이 건성유이다.
④ 1기압에서 인화점이 섭씨 250도 미만이다.

≫ 제4류 위험물 중 동식물유류는 1기압에서 인화점이 250℃ 미만인 것으로서 다음과 같이 구분한다.
1) **건성유 : 아이오딘값이 130 이상인 것**으로서 불포화도도 커서 산화되기 쉬우므로 자연발화의 위험성이 높다.
2) 반건성유 : 아이오딘값이 100~130인 것을 말한다.
3) 불건성유 : 아이오딘값이 100 이하인 것을 말한다.

44 다음 중 연소범위가 가장 넓은 위험물은 어느 것인가?

① 휘발유
② 톨루엔
③ 에틸알코올
④ 다이에틸에터

≫ 물질별 연소범위

물질명	화학식	품 명	연소범위
① 휘발유	C_8H_{18}	제1석유류	1.4~7.6%
② 톨루엔	$C_6H_5CH_3$	제1석유류	1.4~6.7%
③ 에틸알코올	C_6H_5OH	알코올류	4~19%
④ 다이에틸에터	$C_2H_5OC_2H_5$	특수인화물	1.9~48%

정답 40. ③ 41. ③ 42. ① 43. ③ 44. ④

45 위험물안전관리법령에 근거한 위험물 운반 및 수납 시 주의사항에 대한 설명 중 틀린 것은?

① 위험물을 수납하는 용기는 위험물이 누설되지 않게 밀봉시켜야 한다.

② 온도 변화로 가스가 발생해 운반용기 안의 압력이 상승할 우려가 있는 경우(발생한 가스가 위험성이 있는 경우 제외)에는 가스 배출구가 설치된 운반용기에 수납할 수 있다.

③ 액체위험물은 운반용기 내용적의 98% 이하의 수납률로 수납하되 55℃의 온도에서 누설되지 아니하도록 충분한 공간 용적을 유지하도록 하여야 한다.

④ 고체위험물은 운반용기 내용적의 98% 이하의 수납률로 수납하여야 한다.

≫ 운반용기의 수납률
1) 고체위험물 : 운반용기 내용적의 95% 이하
2) 액체위험물 : 운반용기 내용적의 98% 이하 (55℃에서 누설되지 않도록 공간용적 유지)
3) 알킬알루미늄등 : 운반용기 내용적의 90% 이하(50℃에서 5% 이상의 공간용적 유지)

46 다음은 위험물안전관리법령에서 정한 아세트알데하이드등을 취급하는 제조소의 특례에 관한 내용이다. (   ) 안에 해당하지 않는 물질은?

> 아세트알데하이드등을 취급하는 설비는 (   ) · (   ) · (   ) · 마그네슘 또는 이들을 성분으로 하는 합금으로 만들지 아니할 것

① Ag   ② Hg
③ Cu   ④ Fe

≫ 제4류 위험물 중 특수인화물인 **아세트알데하이드** (CH_3CHO) 및 산화프로필렌(CH_3CHOCH_2)은 **은 (Ag), 수은(Hg), 동(Cu)**, 마그네슘(Mg)과 반응 시 금속아세틸라이드라는 폭발성 물질을 생성하므로 이들 및 이들을 성분으로 하는 합금으로 만들지 아니하여야 한다.

47 위험물안전관리법령상 시·도의 조례가 정하는 바에 따르면 관할소방서장의 승인을 받아 지정수량 이상의 위험물을 임시로 제조소등이 아닌 장소에서 취급할 때 며칠 이내의 기간 동안 취급할 수 있는가?

① 7일   ② 30일
③ 90일   ④ 180일

≫ 다음의 어느 하나에 해당하는 경우에는 제조소 등이 아닌 장소에서 지정수량 이상의 위험물을 취급할 수 있다.
1) 시·도의 조례가 정하는 바에 따라 관할소방서장의 승인을 받아 지정수량 이상의 위험물을 **90일 이내**의 기간 동안 임시로 저장 또는 취급하는 경우
2) 군부대가 지정수량 이상의 위험물을 군사목적으로 임시로 저장 또는 취급하는 경우

48 제2류 위험물과 제5류 위험물의 공통적인 성질은?

① 가연성 물질   ② 강한 산화제
③ 액체 물질   ④ 산소 함유

≫ ① **제2류 위험물**은 가연성 고체이고 **제5류 위험물**은 가연성 물질과 산소공급원을 함께 포함하는 자기반응성 물질이므로, 두 위험물 모두 **공통적으로 가연성 물질에 해당**한다.
② 제2류 위험물은 자신이 직접 연소하는 환원제이며, 제5류 위험물은 산소공급원을 포함하고 있는 산화제이다.
③ 제2류 위험물에는 고체만 존재하고 제5류 위험물에는 고체와 액체가 모두 존재한다.
④ 제2류 위험물은 산소를 함유하지 않으며, 제5류 위험물만 산소를 함유한다.

49 메틸에틸케톤의 취급방법에 대한 설명으로 틀린 것은?

① 쉽게 연소하므로 화기 접근을 금한다.

② 직사광선을 피하고 통풍이 잘 되는 곳에 저장한다.

③ 탈지작용이 있으므로 피부에 접촉하지 않도록 주의한다.

④ 유리용기를 피하고 수지, 섬유소 등의 재질로 된 용기에 저장한다.

정답 45. ④ 46. ④ 47. ③ 48. ① 49. ④

➤➤ 제4류 위험물 중 제1석유류에 속하는 메틸에틸 케톤($CH_3COC_2H_5$)은 유리용기에는 저장할 수 있지만 수지 및 섬유소 등의 재질로 된 용기에 저장하면 오히려 더 위험하다.

50 과산화나트륨이 물과 반응할 때의 변화를 가장 올바르게 설명한 것은?

① 산화나트륨과 수소를 발생한다.
② 물을 흡수하여 탄산나트륨이 된다.
③ 산소를 방출하며 수산화나트륨이 된다.
④ 서서히 물에 녹아 과산화나트륨의 안정한 수용액이 된다.

➤➤ 제1류 위험물 중 알칼리금속의 과산화물에 속하는 과산화나트륨(Na_2O)은 **물과 반응 시 수산화나트륨($NaOH$)과 함께 산소(O_2)를 발생**하므로 위험성이 증가한다.
• 과산화나트륨과 물과의 반응식
  $$2Na_2O_2 + 2H_2O \rightarrow 4NaOH + O_2$$

Check 과산화나트륨의 또 다른 반응식

(1) 열분해 시 산화나트륨(Na_2O_2)과 산소가 발생한다.
  • 열분해반응식
    $$2Na_2O_2 \rightarrow 2Na_2O + O_2$$
(2) 이산화탄소와 반응하여 탄산나트륨(Na_2CO_3)과 산소가 발생한다.
  • 이산화탄소와의 반응식
    $$2Na_2O_2 + 2CO_2 \rightarrow 2Na_2CO_3 + O_2$$
(3) 초산과 반응 시 초산나트륨(CH_3COONa)과 과산화수소(H_2O_2)가 발생한다.
  • 초산과의 반응식
    $$Na_2O_2 + 2CH_3COOH \rightarrow 2CH_3COONa + H_2O_2$$

51 다음 중 오황화인에 관한 설명으로 옳은 것은 어느 것인가?

① 물과 반응하면 불연성 기체가 발생된다.
② 담황색 결정으로서 흡습성과 조해성이 있다.
③ P_2S_5로 표현되며 물에 녹지 않는다.
④ 공기 중 상온에서 쉽게 자연발화 한다.

➤➤ ① 물과 반응하면 황화수소(H_2S)라는 가연성이면서 독성인 기체가 발생된다.
② 황화인의 종류 중 하나로 담황색 결정이며, 흡습성과 조해성이 있다.
③ 황(S)이 5개 있기 때문에 화학식은 P_2S_5이며, 물에 녹는다.
④ 100℃의 온도에서는 발화할 수 있지만 상온에서 자연발화는 하지 않는다.

52 위험물안전관리법령에서 정한 위험물의 운반에 관한 설명으로 옳은 것은?

① 위험물을 화물차량으로 운반하면 특별히 규제받지 않는다.
② 승용차량으로 위험물을 운반할 경우에만 운반의 규제를 받는다.
③ 지정수량 이상의 위험물을 운반할 경우에만 운반의 규제를 받는다.
④ 위험물을 운반할 경우 그 양의 다소를 불문하고 운반의 규제를 받는다.

➤➤ 지정수량 이상의 위험물은 저장 또는 취급하거나 운반하는 경우 모두에 대해 위험물안전관리법의 규제를 받는다. 그렇지만 지정수량 미만의 위험물은 저장 또는 취급하는 경우에는 시·도 조례의 규제를 받고 지정수량 미만의 위험물이라 하더라도 운반하는 경우에는 시·도 조례가 아닌 위험물안전관리법의 규제를 받는다. 따라서 **그 양의 다소를 불문하고 위험물을 운반하는 경우라면 위험물안전관리법의 규제**를 받는다.

53 다음 물질 중 인화점이 가장 낮은 것은?

① 톨루엔
② 아세톤
③ 벤젠
④ 다이에틸에터

➤➤ 〈보기〉의 물질의 인화점

물질명	화학식	품명	인화점
① 톨루엔	$C_6H_5CH_3$	제1석유류	4℃
② 아세톤	CH_3COCH_3	제1석유류	−18℃
③ 벤젠	C_6H_6	제1석유류	−11℃
④ 다이에틸에터	$C_2H_5OC_2H_5$	특수인화물	**−45℃**

정답 50. ③ 51. ② 52. ④ 53. ④

54 황린에 대한 설명으로 틀린 것은?

① 백색 또는 담황색의 고체이며, 증기는 독성이 있다.

② 물에는 녹지 않고 이황화탄소에는 녹는다.

③ 공기 중에서 산화되어 오산화인이 된다.

④ 녹는점이 적린과 비슷하다.

》》 ④ 제3류 위험물인 황린(P_4)의 녹는점은 약 44℃이고 제2류 위험물인 적린(P)의 녹는점은 약 600℃이므로 두 물질의 녹는점은 비슷하지 않다.

55 위험물제조소의 배출설비 기준 중 국소방식의 경우 배출능력은 1시간당 배출장소 용적의 몇 배 이상으로 해야 하는가?

① 10배 　　　② 20배

③ 30배 　　　④ 40배

》》 위험물제조소의 배출설비 기준 중 국소방식의 경우 배출능력은 1시간당 **배출장소 용적의 20배 이상**으로 하고 전역방식의 경우 바닥면적 1m^2당 18m^3 이상의 양을 배출할 수 있도록 설치하여야 한다.

56 인화칼슘이 물과 반응하여 발생하는 기체는?

① 포스겐 　　　② 포스핀

③ 메테인 　　　④ 이산화황

》》 제3류 위험물인 인화칼슘(Ca_3P_2)은 물과 반응 시 수산화칼슘[$Ca(OH)_2$]과 함께 독성이면서 가연성인 **포스핀(PH_3)가스를 발생**한다.

• 인화칼슘의 물과의 반응식
$Ca_3P_2 + 6H_2O \rightarrow 3Ca(OH)_2 + 2PH_3$

57 다음 중 물과 접촉하였을 때 에테인이 발생되는 물질은?

① CaC_2 　　　② $(C_2H_5)_3Al$

③ $C_6H_3(NO_2)_3$ 　　　④ $C_2H_5ONO_2$

》》 ① CaC_2(탄화칼슘) : 제3류 위험물 중 품명은 칼슘 또는 알루미늄의 탄화물로서 물과 반응 시 수산화칼슘[$Ca(OH)_2$]과 아세틸렌(C_2H_2)가스를 발생한다.

• 탄화칼슘과 물과의 반응식
$CaC_2 + 2H_2O \rightarrow Ca(OH)_2 + C_2H_2$

② $(C_2H_5)_3Al$(트라이에틸알루미늄) : 제3류 위험물 중 품명은 알킬알루미늄으로서 물과 반응 시 수산화알루미늄[$Al(OH)_3$]과 **에테인(C_2H_6)을 발생**한다.

• 트라이에틸알루미늄과 물과의 반응식
$(C_2H_5)_3Al + 3H_2O \rightarrow Al(OH)_3 + 3C_2H_6$

③ $C_6H_3(NO_2)_3$(트라이나이트로벤젠) : 제5류 위험물 중 품명은 나이트로화합물로서 물과 반응 시 가스를 발생시키지 않는다.

④ $C_2H_5ONO_2$(질산에틸) : 제5류 위험물 중 품명은 질산에스터류로서 물과 반응 시 가스를 발생시키지 않는다.

58 아염소산나트륨이 완전 열분해하였을 때 발생하는 기체는?

① 산소

② 염화수소

③ 수소

④ 포스겐

》》 제1류 위험물인 아염소산나트륨($NaClO_2$)은 열분해하면 염화나트륨(NaCl)과 **산소(O_2)를 발생**한다.

• 아염소산나트륨의 열분해반응식
$NaClO_2 \rightarrow NaCl + O_2$

59 묽은 질산에 녹고, 비중이 약 2.7인 은백색 금속은?

① 아연분 　　　② 마그네슘분

③ 안티몬분 　　　④ 알루미늄분

》》 비중이 약 2.7이고 은백색 금속인 **알루미늄**(Al)은 제6류 위험물인 진한 질산(HNO_3)에서는 막이 형성되어 반응을 진행하지 못하는 부동태를 이루지만 위험물에 속하지 않는 **묽은 질산에는 잘 녹는다.**

Check　진한 질산에서 부동태를 이루는 금속

(1) 철(Fe)

(2) 코발트(Co)

(3) 니켈(Ni)

(4) 크로뮴(Cr)

(5) 알루미늄(Al)

60 제6류 위험물의 취급방법에 대한 설명 중 옳지 않은 것은?

① 가연성 물질과의 접촉을 피한다.

② 지정수량의 $\frac{1}{10}$을 초과할 경우 제2류 위험물과의 혼재를 금한다.

③ 피부와 접촉하지 않도록 주의한다.

④ 위험물제조소에는 "화기엄금" 및 "물기엄금" 주의사항을 표시한 게시판을 반드시 설치하여야 한다.

>> ④ 제6류 위험물을 수납하는 운반용기의 외부에는 "가연물접촉주의"라는 주의사항을 표시해야 하지만 **제6류 위험물을 취급하는 제조소 등에는 주의사항을 표시할 필요가 없다.**

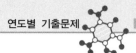

2019 제2회 위험물산업기사

2019년 4월 27일 시행

제1과목 일반화학

01 NH₄Cl에서 배위결합을 하고 있는 부분을 올바르게 설명한 것은?

① NH₃의 N–H 결합

② NH₃와 H⁺와의 결합

③ NH₄⁺와 Cl⁻와의 결합

④ H⁺와 Cl⁻와의 결합

≫ 배위결합이란 비공유전자쌍을 갖고 있는 분자나 이온이 비공유전자쌍을 다른 이온에게 제공함으로써 다른 이온이 이 전자쌍을 공유하는 결합을 말한다.

NH₃는 최외각전자수(원자가)가 5개인 N의 전자를 "●"으로 표시하고 최외각전자수(원자가)가 1개인 H의 전자를 "x"로 표시하여 다음 그림과 같이 전자점식으로 나타낼 수 있으며 N이 갖고 있는 비공유전자쌍 1개를 H⁺이온에게 제공함으로써 H⁺이온이 이 비공유전자쌍을 공유해 배위결합을 이룬다.

또한 NH₄Cl은 배위결합과 이온결합을 모두 갖고 있는데 위의 설명처럼 **배위결합을 하고 있는 부분은 NH₃와 H⁺**이고 이온결합을 하고 있는 부분은 NH₄⁺와 Cl⁻이다.

02 자철광 제조법으로 빨갛게 달군 철에 수증기를 통할 때의 반응식으로 옳은 것은?

① $3Fe + 4H_2O \rightarrow Fe_3O_4 + 4H_2$

② $2Fe + 3H_2O \rightarrow Fe_2O_3 + 3H_2$

③ $Fe + H_2O \rightarrow FeO + H_2$

④ $Fe + 2H_2O \rightarrow FeO_2 + 2H_2$

≫ 사산화삼철이라고도 불리는 **자철광(Fe_3O_4)**은 달궈진 철에 수증기를 반응시켰을 때 수소와 함께 생성되는 물질이다.

03 불꽃반응 결과 노란색을 나타내는 미지의 시료를 녹인 용액에 AgNO₃ 용액을 넣으니 백색 침전이 생겼다. 이 시료의 성분은?

① Na₂SO₄   ② CaCl₂

③ NaCl   ④ KCl

≫ 불꽃반응으로 노란색을 나타내는 금속은 Na(나트륨)이고 AgNO₃(질산은) 용액에 들어있는 Ag(은)은 Cl(염소)와 반응해 백색 침전물인 AgCl(염화은)을 생성하므로 이 〈문제〉에서 AgNO₃ 용액과 반응하는 시료에는 **Na와 Cl이 함께 포함**되어 있어야 하며, 그 반응식은 다음과 같다.

NaCl + AgNO₃ → NaNO₃ + AgCl
염화나트륨 질산은 질산나트륨 염화은

04 다음 화학반응 중 H₂O가 염기로 작용한 것은?

① $CH_3COOH + H_2O \rightarrow CH_3COO^- + H_3O^+$

② $NH_3 + H_2O \rightarrow NH_4^+ + OH^-$

③ $CO_3^{2-} + 2H_2O \rightarrow H_2CO_3 + 2OH^-$

④ $Na_2O + H_2O \rightarrow 2NaOH$

≫ 브뢴스테드는 H⁺이온을 잃는 물질은 산이고, H⁺이온을 얻는 물질은 염기라고 정의하였다. 〈문제〉의 반응식에서 H와 O를 포함하지 않는 물질끼리 연결하고 그 외의 물질끼리 연결했을 때 H⁺이온을 잃는 물질이 산이 된다.

CH₃COOH → CH₃COO⁻ : CH₃COOH는 H가 4개였는데 반응 후 CH₃COO⁻가 되면서 H⁺ 1개를 잃었으므로 산이다.

① $CH_3COOH + H_2O \rightarrow CH_3COO^- + H_3O^+$

H₂O → H₃O⁺ : H₂O는 H가 2개였는데 반응 후 H₃O⁺가 되면서 H⁺ 1개를 얻었으므로 염기이다.

NH₃ → NH₄⁺ : NH₃는 H가 3개였는데 반응 후 NH₄⁺가 되면서 H⁺ 1개를 얻었으므로 염기이다.

② $NH_3 + H_2O \rightarrow NH_4^+ + OH^-$

H₂O → OH⁻ : H₂O는 H가 2개였는데 반응 후 OH⁻가 되면서 H⁺ 1개를 잃었으므로 산이다.

정답 01. ② 02. ① 03. ③ 04. ①

$CO_3^{2-} \rightarrow H_2CO_3$: CO_3^{2-}는 H가 0개였는데 반응 후
H_2CO_3가 되면서 H^+ 2개를 얻었으므로 염기이다.

③ $CO_3^{2-} + 2H_2O \rightarrow H_2CO_3 + 2OH^-$

$H_2O \rightarrow OH^-$: H_2O는 H가 2개였는데 반응 후 OH^-가 되면서 H^+ 1개를 잃었으므로 산이다.

$Na_2O \rightarrow NaOH$: Na_2O은 H가 0개였는데 반응 후 $NaOH$가 되면서 H^+ 1개를 얻었으므로 염기이다.

④ $Na_2O + H_2O \rightarrow 2NaOH$

Na_2O가 염기이므로 H_2O는 산이다.

05 AgCl의 용해도는 0.0016g/L이다. 이 AgCl의 용해도곱(solubility product)은 약 얼마인가? (단, 원자량은 각각 Ag 108, Cl 35.5이다.)

① 1.24×10^{-10} ② 2.24×10^{-10}

③ 1.12×10^{-5} ④ 4×10^{-4}

≫ 용해도곱(K_{sp})이란 포화용액에 녹아 있는 양이온의 몰농도와 음이온의 몰농도의 곱을 말한다. AgCl(염화은)은 Ag의 원자량 108g과 Cl의 원자량 35.5g을 합한 143.5g이 1몰인데 〈문제〉는 AgCl의 양이 0.0016g만 용해되어 있다 하였으므로 이 양은 AgCl 몇 몰인지를 비례식으로 구하면 다음과 같다.

143.5g ⟍ 1몰
0.0016g ⟋ x몰

$143.5 \times x = 0.0016 \times 1$

$x = \dfrac{0.0016}{143.5} = 1.115 \times 10^{-5}$몰

다시 말해 〈문제〉의 포화용액에는 AgCl이 1.115×10^{-5}몰 녹아 있는 상태이고 여기에는 Ag^+(양이온)과 Cl^-(음이온)이 각각 1.115×10^{-5}몰농도 만큼씩 녹아 있는 것이므로 양이온의 몰농도와 음이온의 몰농도의 곱인 용해도곱은 다음과 같다.

용해도곱(K_{sp})=$[Ag^+] \times [Cl^-]$
$= 1.115 \times 10^{-5} \times 1.115 \times 10^{-5}$

∴ 용해도곱(K_{sp})=1.24×10^{-10}

06 황이 산소와 결합하여 SO_2를 만들 때에 대한 설명으로 옳은 것은?

① 황은 환원된다.
② 황은 산화된다.
③ 불가능한 반응이다.
④ 산소는 산화되었다.

≫ 산화란 어떤 물질이 산소(O_2)를 받아들이는 것을 말한다. 〈문제〉에서 황(S)은 산소와 결합하여 SO_2 (이산화황)을 만들었으므로 이 상태는 **황이 산소를 받아들여 산화된 것**이다.
  – 황과 산소와의 반응식 : $S + O_2 \rightarrow SO_2$

07 다음 화합물 중에서 밑줄 친 원소의 산화수가 서로 다른 것은?

① $\underline{C}Cl_4$ ② $\underline{Ba}O_2$

③ $\underline{S}O_2$ ④ $\underline{O}H^-$

≫ ① CCl_4에서 C를 $+x$로 두고 Cl의 원자가 -1에 개수 4를 곱한 후 그 합을 0으로 하였을 때 그 때의 x의 값이 산화수이다.

C Cl_4
$+x - 1 \times 4 = 0$
$+x - 4 = 0$
$x = +4$이므로 C의 산화수는 $+4$다.

② BaO_2에서 Ba를 $+x$로 두고 O의 원자가 -2에 개수 2를 곱한 후 그 합을 0으로 하였을 때 그 때의 x의 값이 산화수이다.

Ba O_2
$+x - 2 \times 2 = 0$
$+x - 4 = 0$
$x = +4$이므로 Ba의 산화수는 $+4$가 되어야 하지만 알칼리금속과 알칼리토금속의 산화수는 다음과 같이 항상 일정하다.
원자가가 $+1$인 알칼리금속의 산화수는 항상 $+1$이고 원자가가 $+2$인 Ba(바륨)과 같은 알칼리토금속의 산화수는 항상 $+2$로 변하지 않는다.
따라서 BaO_2에서 Ba의 산화수는 $+4$가 아닌 $+2$이다.

③ SO_2에서 S를 $+x$로 두고 O의 원자가 -2에 개수 2를 곱한 후 그 합을 0으로 하였을 때 그 때의 x의 값이 산화수이다.

S O_2
$+x - 2 \times 2 = 0$
$+x - 4 = 0$
$x = +4$이므로 S의 산화수는 $+4$다.

④ OH^-에서 O를 $+x$로 두고 H의 원자가 $+1$에 개수 1을 곱한 후 그 합을 -1로 하였을 때 그 때의 x의 값이 산화수이다. 여기서 원자가들의 합이 '0'이 아니라 '-1'인 이유는 OH이 오른쪽 위에 '$-$'가 있기 때문이며 이는 O와 H의 원자가의 합이 '-1'이라는 것을 의미한다.

O H^-
$+x + 1 \times 1 = -1$
$+x + 1 = -1$
$x = -2$이므로 O의 산화수는 -2이다.

정답 05. ① 06. ② 07. 전 항 정답

08 먹물에 아교나 젤라틴을 약간 풀어주면 탄소 입자가 쉽게 침전되지 않는다. 이 때 가해준 아교는 무슨 콜로이드로 작용하는가?

① 서스펜션　　　② 소수
③ 복합　　　　　④ 보호

» 미립자가 기체 또는 액체 중에 분산되어 있는 것을 콜로이드라고 하며, 콜로이드는 다음과 같이 3가지로 구분한다.
1) 소수콜로이드 : 물과 친화력이 적은 것으로 그 종류로는 수산화철(Ⅲ)[Fe(OH)₃], 수산화알루미늄[Al(OH)₃] 등이 있다.
2) 친수콜로이드 : 물과 친화력이 큰 것으로 그 종류로는 녹말, 아교, 단백질 등이 있다.
3) **보호콜로이드** : 보호작용을 하는 친수콜로이드를 말하는 것으로 그 종류로는 알부민, 아라비아고무, **먹물 속에 있는 아교** 등이 있다.

09 황의 산화수가 나머지 셋과 다른 하나는?

① Ag_2S　　　　② H_2SO_4
③ SO_4^{2-}　　　　④ $Fe_2(SO_4)_3$

» ① Ag_2S에서 S를 $+x$로 두고 Ag의 원자가 $+1$에 개수 2를 곱한 후 그 합을 0으로 하였을 때 그 때의 x의 값이 산화수이다.

$$\begin{array}{cc} Ag_2 & S \\ +1\times2 & +x=0 \end{array}$$
$$+x+2=0$$
$x=-2$이므로 **S의 산화수는 -2**이다.

② H_2SO_4에서 S를 $+x$로 두고 H의 원자가 $+1$에 개수 2를 곱하고 O의 원자가 -2에 개수 4를 곱한 후 그 합을 0으로 하였을 때 그 때의 x의 값이 산화수이다.

$$\begin{array}{ccc} H_2 & S & O_4 \end{array}$$
$$+1\times2+x-2\times4=0$$
$$+2+x-8=0$$
$x=+6$이므로 S의 산화수는 $+6$이다.

③ SO_4^{2-}에서 S를 $+x$로 두고 O의 원자가 -2에 개수 4를 곱한 후 그 합을 -2로 하였을 때 그 때의 x의 값이 산화수이다. 여기서 원자가들의 합이 '0'이 아니라 '-2'인 이유는 SO_4의 오른쪽 위에 '2$-$'가 있기 때문이며 이는 S와 O_4의 원자가의 합이 '-2'라는 것을 의미한다.

$$\begin{array}{cc} S & O_4^{2-} \end{array}$$
$$+x-2\times4=-2$$
$$+x-8=-2$$
$x=+6$이므로 S의 산화수는 $+6$이다.

④ $Fe_2(SO_4)_3$에서 S를 $+x$로 두고 Fe의 원자가 $+3$에 개수 2를 곱하고 O의 원자가 -2에 개수 4를 곱한 후 이를 묶어 3을 곱한 후 그 합을 0으로 하였을 때 그 때의 x의 값이 산화수이다.

$$\begin{array}{cc} Fe_2 & (SO_4)_3 \end{array}$$
$$+3\times2+(x-2\times4)\times3=0$$
$$+6+(x-8)\times3=0$$
$$+3x-24+6=0$$
$$+3x=+18$$
$x=+6$이므로 S의 산화수는 $+6$이다.

10 다음 물질 중 이온결합을 하고 있는 것은?

① 얼음
② 흑연
③ 다이아몬드
④ 염화나트륨

» 이온결합이란 $(+)$극을 가진 금속과 $(-)$극을 가진 비금속이 결합한 상태를 말한다. 〈문제〉에서는 ④ 염화나트륨(NaCl)이 $(+)$극인 Na^+이온과 $(-)$극인 Cl^-이온이 결합한 상태이므로 이온결합을 하고 있는 물질이다.

11 H_2O가 H_2S보다 끓는점이 높은 이유는?

① 이온결합을 하고 있기 때문에
② 수소결합을 하고 있기 때문에
③ 공유결합을 하고 있기 때문에
④ 분자량이 적기 때문에

» F(플루오린), O(산소), N(질소)가 수소(H)와 결합하고 있는 물질을 수소결합물질이라 하며, 수소결합을 하는 물질들은 분자들간의 인력이 크고 응집력이 강해 녹는점(융점) 및 끓는점(비등점)이 높다. 〈문제〉의 물(H_2O)은 산소(O)가 수소(H)와 결합하고 있는 수소결합물질이고, 황화수소(H_2S)는 F(플루오린), O(산소), N(질소)가 아닌 황(S)이 수소(H)와 결합하고 있으므로 수소결합물질이 아니다. 따라서 **물(H_2O)이 황화수소(H_2S)보다 비등점이 높은 이유는 물(H_2O)이 수소결합을 하고 있기 때문**이다.

🔑 **툭 튀는** (암기법) 수소결합물질은 수소(H)가 전화기(phone을 소리나는 대로 읽어 "F", "O", "N")와 결합한 것이다.

12 황산구리 용액에 10A의 전류를 1시간 통하면 구리(원자량=63.54)를 몇 g 석출할 수 있겠는가?

① 7.2g ② 11.85g
③ 23.7g ④ 31.77g

≫ 황산구리 용액의 Cu(구리)를 석출하기 위해 필요한 전기량(C, 쿨롬)=전류(A, 암페어)×시간(sec, 초)이다. 〈문제〉에서 10A의 전류를 1시간, 즉 3,600초 동안 흐르게 했으므로 이때 필요한 전기량(C)=10A×3,600sec=36,000C이다. 또한 1F(패럿)이란 물질 1g당량을 석출하는 데 필요한 또다른 전기량으로서 96,500C과 같은 양이다. 여기서, 1g당량= $\dfrac{원자량}{원자가}$ 인데 원자가가 2이고 원자량이 63.54인 Cu의 1g당량= $\dfrac{63.54g}{2}$ =31.77g이므로 1F 즉, 96,500C의 전기량을 통해 석출할 수 있는 Cu의 양은 31.77g이다.
〈문제〉는 36,000C의 전기량을 통해 석출할 수 있는 Cu의 양을 구하는 것이므로 비례식을 이용하면 다음과 같다.

전기량　　　　Cu의 석출량
96,500C　　　31.77g
36,000C　　　x(g)
$96,500 \times x = 36,000 \times 31.77$
∴ $x = 11.85$g

13 실제 기체는 어떤 상태일 때 이상기체방정식에 잘 맞는가?

① 온도가 높고, 압력이 높을 때
② 온도가 낮고, 압력이 낮을 때
③ 온도가 높고, 압력이 낮을 때
④ 온도가 낮고, 압력이 높을 때

≫ 이상기체방정식은 $PV=nRT$ 이며, 이 방정식에서 기체의 부피(V)는 온도(T)와 비례하고 압력(P)과는 반비례한다는 것을 알 수 있다. 이 방정식에 실제 기체를 적용할 때 실제 기체가 많이 발생하는 경우는 **기체의 부피가 온도와는 비례**하므로 온도는 높을 때이고, 압력과는 반비례하므로 압력은 낮을 때이다.

14 네슬러 시약에 의하여 적갈색으로 검출되는 물질은 어느 것인가?

① 질산이온 ② 암모늄이온
③ 아황산이온 ④ 일산화탄소

≫ 네슬러 시약은 암모니아가스 또는 **암모늄이온을 검출**하는 데 사용하는 **시약**으로, 암모니아가스나 암모늄이온이 소량인 경우 황갈색을 띠고 **다량인 경우 적갈색**을 띤다.

15 산(acid)의 성질을 설명한 것 중 틀린 것은 어느 것인가?

① 수용액 속에서 H^+ 를 내는 화합물이다.
② pH 값이 작을수록 강산이다.
③ 금속과 반응하여 수소를 발생하는 것이 많다.
④ 붉은색 리트머스 종이를 푸르게 변화시킨다.

≫ ① 염산, 황산 등 산은 수용액 속에서 H^+ 를 낸다.
② pH 값은 7이 중성이며, 7보다 클수록 강한 염기성이고, 7보다 작을수록 강한 산이다.
③ 칼륨 또는 나트륨과 염산 등의 물질이 반응하면 수소를 발생한다.
④ 산과 염기를 구분하는 리트머스 종이는 청색과 적색의 2가지 종류가 있는데 **산성 물질에 청색 리트머스 종이를 담그면 청색 리트머스 종이는 적색으로 변하고**, 염기성 물질에 적색 리트머스 종이를 담그면 적색 리트머스 종이는 청색으로 변한다.

톡톡 튀는 **암기법** 리트머스 시험지를 사용하면 산(산성)에 불(적색)난다.

16 다음 반응속도식에서 2차 반응인 것은?

① $v = k[A]^{\frac{1}{2}}[B]^{\frac{1}{2}}$
② $v = k[A][B]$
③ $v = k[A][B]^2$
④ $v = k[A]^2[B]^2$

≫ 반응속도식에서 각 농도의 지수의 합이 2가 되는 반응을 2차 반응이라 한다. 〈보기〉의 각 농도의 지수의 합은 다음과 같다.
① $\dfrac{1}{2}+\dfrac{1}{2}=1$ ② $1+1=2$
③ $1+2=3$ ④ $2+2=4$

정답 12. ② 13. ③ 14. ② 15. ④ 16. ②

17 0.1M 아세트산 용액의 해리도를 구하면 약 얼마인가? (단, 아세트산의 해리상수는 1.8×10^{-5} 이다.)

① 1.8×10^{-5} ② 1.8×10^{-2}

③ 1.3×10^{-5} ④ 1.3×10^{-2}

≫ 해리도(이온화도)는 전체 전해질 중 녹아 있는 물질이 얼마만큼 이온으로 해리되었는가를 비율로 나타낸 것으로서 해리도를 구하는 공식은 다음과 같다.

$$해리도 = \sqrt{\frac{해리상수}{몰농도}}$$

이 공식에 〈문제〉의 아세트산의 해리상수 1.8×10^{-5} 과 몰농도 0.1M를 대입하면

$$해리도 = \sqrt{\frac{1.8 \times 10^{-5}}{0.1}} = 1.3 \times 10^{-2} 이다.$$

18 순수한 옥살산($C_2H_2O_4 \cdot 2H_2O$) 결정 6.3g을 물에 녹여서 500mL의 용액을 만들었다. 이 용액의 농도는 몇 M인가?

① 0.1   ② 0.2

③ 0.3   ④ 0.4

≫ 옥살산($C_2H_2O_4$) 1mol의 분자량은 $12(C)g \times 2 + 1(H)g \times 2 + 16(O)g \times 4 = 90g$이고 여기에 2몰의 물($2H_2O$)의 분자량 $2 \times [(1(H)g \times 2 + 16(O)g] = 36g$을 더하면 옥살산($C_2H_2O_4 \cdot 2H_2O$) 결정의 분자량은 $90g + 36g = 126g$이다. 옥살산 결정이 126g일 때 옥살산은 90g이므로 〈문제〉와 같이 옥살산의 결정이 6.3g일 경우 옥살산의 질량은 다음과 같이 구할 수 있다.

옥살산 결정의 질량   옥살산의 질량
126g   ⤬   90g
6.3g x(g)

$126 \times x = 6.3 \times 90$

∴ $x = 4.5g$

〈문제〉는 이렇게 구해진 4.5g의 옥살산을 물에 녹여서 만든 500mL의 용액의 몰농도(M)를 구하는 것이고, 몰농도는 용액 1,000mL에 녹아 있는 용질의 몰수를 구하는 것이므로 비례식을 이용하여 풀면 다음과 같다.

몰농도(M)   질량(g)   용액(mL)
1   90   1,000
x 4.5   500

$90 \times 500 \times x = 1 \times 4.5 \times 1,000$

∴ $x = 0.1M$

19 비금속원소와 금속원소 사이의 결합은 일반적으로 어떤 결합에 해당하는가?

① 공유결합   ② 금속결합

③ 비금속결합   ④ 이온결합

≫ ① 공유결합 : 비금속과 비금속 사이의 결합을 말한다.
② 금속결합 : 금속과 금속 사이의 결합을 말한다. 하지만 실제로 결합하는 경우는 드물다.
③ 비금속결합 : 결합의 종류에 포함되지 않는다.
④ **이온결합 : 금속원소와 비금속원소 사이의 결합**을 말한다.

20 화학반응속도를 증가시키는 방법으로 옳지 않은 것은?

① 온도를 높인다.
② 부촉매를 가한다.
③ 반응물 농도를 높게 한다.
④ 반응물 표면적을 크게 한다.

≫ ② 부촉매를 가하면 화학반응을 억제시켜 오히려 화학반응속도를 감소시키게 된다.

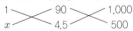

제2과목   **화재예방과 소화방법**

21 다음 각 위험물의 저장소에서 화재가 발생하였을 때 물을 사용하여 소화할 수 있는 물질은 어느 것인가?

① K_2O_2 ② CaC_2

③ Al_4C_3 ④ P_4

≫ ① K_2O_2 : 제1류 위험물 중 알칼리금속의 과산화물로서 물과 반응 시 산소를 발생하므로 물로 소화할 수 없다.
② CaC_2 : 제3류 위험물 중 금수성 물질로서 물과 반응 시 가연성인 아세틸렌가스를 발생하므로 물로 소화할 수 없다.
③ Al_4C_3 : 제3류 위험물 중 금수성 물질로서 물과 반응 시 가연성인 메테인가스를 발생하므로 물로 소화할 수 없다.
④ P_4 : 제3류 위험물 중 자연발화성 물질로서 물속에 저장하는 것도 가능하기 때문에 화재 시 **물로 냉각소화할 수 있다.**

22 위험물안전관리법령상 제6류 위험물에 적응성이 있는 소화설비는?

① 옥내소화전설비
② 불활성가스소화설비
③ 할로젠화합물소화설비
④ 탄산수소염류 분말소화설비

≫ 제6류 위험물은 산화성 액체로서 자체적으로 산소공급원을 함유하는 물질이므로 질식소화는 적응성이 없고 냉각소화가 적응성이 있다. 〈보기〉 중 물을 소화약제로 사용하는 냉각소화 효과를 갖는 소화설비는 옥내소화전설비뿐이다.

대상물의 구분 / 소화설비의 구분	건축물·그 밖의 공작물	전기설비	제1류 위험물		제2류 위험물			제3류 위험물		제4류 위험물	제5류 위험물	제6류 위험물
			알칼리금속의 과산화물 등	그 밖의 것	철분·금속분·마그네슘 등	인화성 고체	그 밖의 것	금수성 물품	그 밖의 것			
옥내소화전 또는 옥외소화전 설비	○			○		○	○		○		○	◎
스프링클러설비	○			○		○	○		○	△	○	○
물분무 등 소화설비	물분무소화설비	○	○		○		○	○		○	○	○	○
	포소화설비	○			○		○	○		○	○	○	○
	불활성가스소화설비		○				○				○		
	할로젠화합물소화설비		○				○				○		
	분말소화설비 인산염류등	○	○				○	○			○		○
	분말소화설비 탄산수소염류등	○	○	○		○	○		○		○		
	분말소화설비 그 밖의 것			○		○			○				

23 인산염 등을 주성분으로 한 분말소화약제의 착색은?

① 백색
② 담홍색
③ 검은색
④ 회색

≫ 인산염의 종류에는 제3종 분말소화약제인 인산암모늄($NH_4H_2PO_4$)이 포함되어 있으며, 인산암모늄의 색상은 담홍색이다.

Check 분말소화약제의 구분

구 분	주성분	주성분의 화학식	색 상
제1종 분말소화약제	탄산수소 나트륨	$NaHCO_3$	백색
제2종 분말소화약제	탄산수소 칼륨	$KHCO_3$	연보라 (담회)색
제3종 분말소화약제	**인산암모늄**	$NH_4H_2PO_4$	**담홍색**
제4종 분말소화약제	탄산수소칼륨 + 요소의 반응생성물	$KHCO_3$ + $(NH_2)_2CO$	회색

24 위험물안전관리법령상 위험물과 적응성 있는 소화설비가 잘못 짝지어진 것은?

① K – 탄산수소염류 분말소화설비
② $C_2H_5OC_2H_5$ – 불활성가스소화설비
③ Na – 건조사
④ CaC_2 – 물통

≫ ④ 탄화칼슘(CaC_2)은 제3류 위험물 중 금수성 물질로서 물과 반응 시 아세틸렌가스를 발생하므로 물통은 소화설비로 사용할 수 없다.

25 위험물안전관리법령상 이동저장탱크(압력탱크)에 대해 실시하는 수압시험은 용접부에 대한 어떤 시험으로 대신할 수 있는가?

① 비파괴시험과 기밀시험
② 비파괴시험과 충수시험
③ 충수시험과 기밀시험
④ 방폭시험과 충수시험

≫ 이동저장탱크는 수압시험을 실시하여 새거나 변형되지 아니하여야 한다. 이 경우 수압시험은 용접부에 대한 비파괴시험과 기밀시험으로 대신할 수 있다.

Check 이동저장탱크의 수압시험 방법
(1) 압력탱크 : 최대 상용압력의 1.5배의 압력으로 10분간 실시
(2) 압력탱크 외의 탱크 : 70kPa의 압력으로 10분간 실시

26 위험물안전관리법령상 소화설비의 설치기준에서 제조소등에 전기설비(전기배선, 조명기구 등은 제외)가 설치된 경우에는 해당 장소의 면적 몇 m²마다 소형 수동식 소화기를 1개 이상 설치하여야 하는가?

① 50 ② 75
③ 100 ④ 150

≫ 제조소등에 전기설비(전기배선. 조명기구 등은 제외)가 설치된 경우에는 해당 장소의 면적 **100m²마다** 소형 수동식 소화기를 1개 이상 설치하여야 한다.

27 다음 〈보기〉에서 열거한 위험물의 지정수량을 모두 합산한 값은?

> 〈보기〉
> 과아이오딘산, 과아이오딘산염류,
> 과염소산, 과염소산염류

① 450kg ② 500kg
③ 950kg ④ 1,200kg

≫ 〈보기〉의 위험물의 지정수량은 다음과 같다.
1) 과아이오딘산(행정안전부령이 정하는 제1류 위험물) : 300kg
2) 과아이오딘산염류(행정안전부령이 정하는 제1류 위험물) : 300kg
3) 과염소산(대통령령이 정하는 제6류 위험물) : 300kg
4) 과염소산염류(대통령령이 정하는 제1류 위험물) : 50kg
위의 위험물의 지정수량을 모두 합산한 값은 300kg + 300kg + 300kg + 50kg = 950kg이다.

28 다음 중 화재 시 다량의 물에 의한 냉각소화가 가장 효과적인 것은?

① 금속의 수소화물
② 알칼리금속의 과산화물
③ 유기과산화물
④ 금속분

≫ ① 금속의 수소화물 : 제3류 위험물 중 금수성 물질로서 물과 반응 시 수소를 발생하므로 물로 냉각소화 할 수 없다.

② 알칼리금속의 과산화물 : 제1류 위험물로서 물과 반응 시 산소를 발생하므로 물로 냉각소화 할 수 없다.
③ 유기과산화물 : 제5류 위험물로서 물에 의한 냉각소화가 효과적이다.
④ 금속분 : 제2류 위험물로서 물과 반응 시 수소를 발생하므로 물로 냉각소화 할 수 없다.

29 위험물안전관리법령상 옥내소화전설비의 기준으로 옳지 않은 것은?

① 소화전함은 화재 발생 시 화재 등에 의한 피해의 우려가 많은 장소에 설치하여야 한다.
② 호스접속구는 바닥으로부터 1.5m 이하의 높이에 설치한다.
③ 가압송수장치의 시동을 알리는 표시등은 적색으로 한다.
④ 별도의 정해진 조건을 충족하는 경우는 가압송수장치의 시동표시등을 설치하지 않을 수 있다.

≫ ① 옥내소화전함은 화재 발생 시 화재 등에 의한 피해의 우려가 없는 장소에 설치하여야 한다.

> Check
> ④ 별도의 정해진 조건을 충족하는 경우란 옥내소화전의 위치표시등을 점멸하게 하는 경우를 포함하며, 이 경우에는 옥내소화전설비의 가압송수장치의 시동표시등을 설치하지 않을 수 있다.

30 불활성가스 소화약제 중 IG-55의 구성 성분을 모두 나타낸 것은?

① 질소
② 이산화탄소
③ 질소와 아르곤
④ 질소, 아르곤, 이산화탄소

≫ 불활성가스의 종류별 구성 성분
1) IG-100 : 질소(N_2) 100%
2) **IG-55** : **질소**(N_2) 50%와 **아르곤**(Ar) 50%
3) IG-541 : 질소(N_2) 52%와 아르곤(Ar) 40%와 이산화탄소(CO_2) 8%

정답 26. ③ 27. ③ 28. ③ 29. ① 30. ③

31 ABC급 화재에 적응성이 있으며 열분해되어 부착성이 좋은 메타인산을 만드는 분말소화약제는?

① 제1종 ② 제2종
③ 제3종 ④ 제4종

》 ABC급 화재에 적응성이 있는 분말소화약제는 **제3종 분말소화약제**이며, 그 주성분인 인산암모늄($NH_4H_2PO_4$)은 완전 열분해하면 **메타인산**(HPO_3)과 암모니아(NH_3), 그리고 수증기(H_2O)를 발생한다.

• 인산암모늄의 완전 열분해반응식
$$NH_4H_2PO_4 \rightarrow HPO_3 + NH_3 + H_2O$$

Check

인산암모늄이 190℃의 온도에서 1차 열분해하면 오르토인산(H_3PO_4)과 암모니아가 발생한다.

• 인산암모늄의 1차 열분해반응식
$$NH_4H_2PO_4 \rightarrow H_3PO_4 + NH_3$$

32 정전기를 유효하게 제거할 수 있는 설비를 설치하고자 할 때 위험물안전관리법령에서 정한 정전기 제거방법의 기준으로 옳은 것은?

① 공기 중의 상대습도를 70% 이상으로 하는 방법
② 공기 중의 상대습도를 70% 미만으로 하는 방법
③ 공기 중의 절대습도를 70% 이상으로 하는 방법
④ 공기 중의 절대습도를 70% 미만으로 하는 방법

》 정전기 제거방법
1) 접지할 것
2) **공기 중 상대습도를 70% 이상으로 할 것**
3) 공기를 이온화시킬 것

33 자연발화가 일어날 수 있는 조건으로 가장 옳은 것은?

① 주위의 온도가 낮을 것
② 표면적이 작을 것
③ 열전도율이 작을 것
④ 발열량이 작을 것

》 열전도율이 크면 갖고 있는 열을 상대에게 주어 자신은 열을 잃게 되므로 자연발화는 일어나기 어렵다.
※ 자연발화가 되기 쉬운 조건
(1) 표면적이 넓어야 한다.
(2) 발열량이 커야 한다.
(3) **열전도율이 작아야 한다.**
(4) 주위 온도와 습도가 높아야 한다.

34 다음은 제4류 위험물에 해당하는 물품의 소화방법을 설명한 것이다. 소화효과가 가장 떨어지는 것은?

① 산화프로필렌 : 알코올형 포로 질식소화한다.
② 아세톤 : 수성막포를 이용해 질식소화한다.
③ 이황화탄소 : 탱크 또는 용기 내부에서 연소하고 있는 경우에는 물을 사용하여 질식소화한다.
④ 다이에틸에터 : 이산화탄소소화설비를 이용하여 질식소화한다.

》 제4류 위험물 중 수용성 물질은 일반 포를 이용할 경우 포가 파괴되어 소화효과가 없으므로 알코올형 포를 이용해 소화해야 한다.
① 산화프로필렌 : 특수인화물로서 수용성이므로 알코올형 포로 질식소화 할 수 있다.
② 아세톤 : 제1석유류로서 수용성이므로 일반 포에 속하는 **수성막포를 이용하면 포가 파괴되어 소화효과가 없으므로** 알코올형 포를 이용해 질식소화 할 수 있다.
③ 이황화탄소 : 특수인화물로서 비수용성이면서 물보다 무겁기 때문에 물을 사용하여 공기를 차단시켜 질식소화 할 수 있다.
④ 다이에틸에터 : 특수인화물로서 비수용성이므로 일반 포소화설비뿐만 아니라 이산화탄소소화설비를 이용해 질식소화 할 수 있다.

35 피리딘 20,000리터에 대한 소화설비의 수유단위는?

① 5단위 ② 10단위
③ 15단위 ④ 100단위

>> 피리딘(C_5H_5N)은 제4류 위험물 중 제1석유류 수용성 물질로서 지정수량이 400L이며, 위험물의 1소요단위는 지정수량의 10배이므로 피리딘 20,000L는 $\dfrac{20,000L}{400L \times 10} = 5$소요단위이다.

Check **1소요단위의 기준**

구 분	외벽이 내화구조	외벽이 비내화구조
제조소 및 취급소	연면적 $100m^2$	연면적 $50m^2$
저장소	연면적 $150m^2$	연면적 $75m^2$
위험물	지정수량의 10배	

36 위험물제조소등에 설치하는 포소화설비에 있어서 포헤드방식의 포헤드는 방호대상물의 표면적(m^2) 얼마 당 1개 이상의 헤드를 설치하여야 하는가?

① 3 ② 6

③ 9 ④ 12

>> 포소화설비의 포헤드방식의 포헤드는 **방호대상물의 표면적 $9m^2$당 1개 이상의 헤드**를, 방호대상물의 표면적 $1m^2$당 방사량이 6.5L/min 이상으로 방사할 수 있도록 설치하고, 방사구역은 $100m^2$ 이상(방호대상물의 표면적이 $100m^2$ 미만인 경우에는 당해 표면적)으로 한다.

37 탄소 1mol이 완전연소하는 데 필요한 최소 이론공기량은 약 몇 L인가? (단, 0℃, 1기압 기준이며, 공기 중 산소의 농도는 21vol%이다.)

① 10.7 ② 22.4

③ 107 ④ 224

>> 탄소(C) 1mol을 연소할 때 필요한 공기의 부피를 구하기 위해서는 연소에 필요한 산소의 부피를 먼저 구해야 한다. 아래의 연소반응식에서 알 수 있듯이 탄소 1몰을 연소시키기 위해 필요한 산소 역시 1몰이므로 이 때 필요한 산소의 부피는 22.4L이다.
• 탄소의 연소반응식 : $C + O_2 \rightarrow CO_2$
　　　　　　　　　　1몰　　22.4L
여기서, 탄소 1몰을 연소시키는 데 필요한 산소의 부피는 22.4L이지만 〈문제〉의 조건은 연소에 필요한 산소의 부피가 아니라 공기의 부피를 구

하는 것이다. 공기 중 산소의 부피는 공기 부피의 21%이므로 공기의 부피는 다음과 같이 구할 수 있다.

공기의 부피=산소의 부피$\times \dfrac{100}{21}$

$= 22.4L \times \dfrac{100}{21} = 107L$이다.

Tip
공기 100% 중 산소는 21%의 부피비를 차지하므로 공기는 산소보다 약 5배 즉, $\dfrac{100}{21}$배 더 많은 부피이므로 앞으로 공기의 부피를 구하는 문제가 출제되면, 공기의 부피 = 산소의 부피 $\times \dfrac{100}{21}$이라는 공식을 활용하기 바랍니다.

38 위험물제조소에 옥내소화전설비를 3개 설치하였다. 수원의 양은 몇 m^3 이상이어야 하는가?

① $7.8m^3$ ② $9.9m^3$

③ $10.4m^3$ ④ $23.4m^3$

>> 옥내소화전설비의 수원의 양은 옥내소화전의 설치개수(설치개수가 5개 이상이면 5개)에 $7.8m^3$를 곱한 값 이상의 양으로 한다. 〈문제〉에서 옥내소화전의 개수는 3개이므로 수원의 양은 3개 $\times 7.8m^3 = 23.4m^3$이다.

Check
위험물제조소등에 설치된 옥외소화전설비의 수원의 양은 옥외소화전의 설치개수(설치개수가 4개 이상이면 4개)에 $13.5m^3$를 곱한 값 이상의 양으로 한다.

39 위험물안전관리법령상 옥내소화전설비의 비상전원은 자가발전설비 또는 축전지설비로 옥내소화전설비를 유효하게 몇 분 이상 작동할 수 있어야 하는가?

① 10분 ② 20분

③ 45분 ④ 60분

>> 옥내소화전설비의 비상전원은 옥내소화전설비를 유효하게 45분 이상 작동시킬 수 있어야 한다.

Check
옥외소화전설비의 비상전원도 옥외소화전설비를 유효하게 45분 이상 작동시킬 수 있어야 한다.

40 수성막포소화약제를 수용성 알코올 화재 시 사용하면 소화효과가 떨어지는 가장 큰 이유는?

① 유독가스가 발생하므로
② 화염의 온도가 높으므로
③ 알코올은 포와 반응하여 가연성 가스를 발생하므로
④ 알코올이 포 속의 물을 탈취하여 포가 파괴되므로

» 알코올은 수용성 물질로서 화재 시 수성막포와 같은 일반 포소화약제로 소화할 경우 **포가 파괴되기 때문에 소화효과가 없다.** 따라서 수용성 물질의 화재 시에도 소멸되지 않는 내알코올포 또는 알코올포 소화약제를 사용한다.

제3과목 **위험물의 성질과 취급**

41 금속칼륨에 관한 설명 중 틀린 것은?

① 연해서 칼로 자를 수가 있다.
② 물속에 넣을 때 서서히 녹아 탄산칼륨이 된다.
③ 공기 중에서 빠르게 산화되어 피막을 형성하고 광택을 잃는다.
④ 등유, 경유 등의 보호액 속에 저장한다.

» ① 칼로 자를 수 있을 만큼 무른 금속이다.
② 물속에 넣으면 **수산화칼륨(KOH)과 함께 폭발성인 수소가스가 발생**한다.
③ 공기 중에서 산화, 즉 녹이 슬어 광택을 잃는다.
④ 등유, 경유, 유동파라핀 등의 석유류 속에 담가 저장한다.

42 과산화수소의 성질에 대한 설명 중 틀린 것은?

① 에터에 녹지 않으며 벤젠에 녹는다.
② 산화제이지만 환원제로서 작용하는 경우도 있다.
③ 물보다 무겁다.
④ 분해방지 안정제로 인산, 요산 등을 사용할 수 있다.

» ① 물, 에터, 알코올에 녹고, 석유 및 벤젠에는 녹지 않는다.
② 제6류 위험물이므로 산화제로 분류되지만 고농도의 것은 환원제로 사용되는 경우도 있다.
③ 물보다 무거운 수용성 물질이다.
④ 인산, 요산 등의 분해방지 안정제를 첨가하여 저장한다.

43 위험물안전관리법령상 $C_6H_2(NO_2)_3OH$의 품명에 해당하는 것은?

① 유기과산화물
② 질산에스터류
③ 나이트로화합물
④ 아조화합물

» $C_6H_2(NO_2)_3OH$은 트라이나이트로페놀(피크린산)의 화학식이며, 트라이나이트로페놀은 제5류 위험물로서 **품명은 나이트로화합물**이다.

[트라이나이트로페놀의 구조식]

44 위험물을 저장 또는 취급하는 탱크의 용량은?

① 탱크의 내용적에서 공간용적을 뺀 용적으로 한다.
② 탱크의 내용적으로 한다.
③ 탱크의 공간용적으로 한다.
④ 탱크의 내용적에 공간용적을 더한 용적으로 한다.

» 탱크의 용량은 탱크 전체의 용적을 의미하는 탱크의 내용적에서 법에서 정한 공간용적을 뺀 용적으로 정한다.
탱크의 공간용적
1) 일반탱크 : 탱크의 내용적의 100분의 5 이상 100분의 10 이하의 용적
2) 소화약제 방출구를 탱크 압의 윗부분에 설치한 탱크 : 소화약제 방출구 아래의 0.3m 이상 1m 미만 사이의 면으로부터 윗부분의 용적
3) 암반저장탱크 : 해당 탱크 내에 용출하는 7일간의 지하수의 양에 상당하는 용적과 그 탱크 내용적의 100분의 1의 용적 중에서 보다 큰 용적

45 P_4S_7에 고온의 물을 가하면 분해된다. 이 때 주로 발생하는 유독물질의 명칭은?

① 아황산
② 황화수소
③ 인화수소
④ 오산화인

≫ 제2류 위험물인 황화인의 종류에는 삼황화인(P_4S_3), 오황화인(P_2S_5), 칠황화인(P_4S_7)이 있으며, 이 중 삼황화인은 물과 반응하지 않지만 오황화인과 **칠황화인은 물과 반응 시 독성가스인 황화수소(H_2S)**와 함께 인산을 발생한다.

46 과산화칼륨에 대한 설명으로 옳지 않은 것은?

① 염산과 반응하여 과산화수소를 생성한다.
② 탄산가스와 반응하여 산소를 생성한다.
③ 물과 반응하여 수소를 생성한다.
④ 물과의 접촉을 피하고 밀전하여 저장한다.

≫ ① 염산(HCl)과 반응하여 염화칼륨(KCl)과 과산화수소(H_2O_2)를 생성하며, 반응식은 다음과 같다.
• 염산과의 반응식
$K_2O_2 + 2HCl \rightarrow 2KCl + H_2O_2$
② 탄산가스(CO_2)와 반응하여 탄산칼륨(K_2CO_3)과 산소(O_2)를 생성하며, 반응식은 다음과 같다.
• 이산화탄소와의 반응식
$2K_2O_2 + 2CO_2 \rightarrow 2K_2CO_3 + O_2$
③ **물과 반응하여** 수산화칼륨(KOH)과 **산소를 생성**하며, 반응식은 다음과 같다.
• 물과의 반응식
$2K_2O_2 + 2H_2O \rightarrow 4KOH + O_2$
④ 공기 중의 수분(물)과 접촉 시 산소를 발생하므로 물과의 접촉을 피하고 밀전하여 저장한다.

47 염소산칼륨이 고온에서 완전 열분해할 때 주로 생성되는 물질은?

① 칼륨과 물 및 산소
② 염화칼륨과 산소
③ 이염화칼륨과 수소
④ 칼륨과 물

≫ 제1류 위험물인 염소산칼륨($KClO_3$)은 열분해하면 염화칼륨(KCl)과 산소(O_2)를 발생하며, 반응식은 다음과 같다.
• 염소산칼륨의 열분해반응식
$2KClO_3 \rightarrow 2KCl + 3O_2$

48 위험물안전관리법령상 위험물의 운반에 관한 기준에서 적재하는 위험물의 성질에 따라 직사일광으로부터 보호하기 위하여 차광성 있는 피복으로 가려야 하는 위험물은?

① S
② Mg
③ C_6H_6
④ $HClO_4$

≫ 〈보기〉의 물질들은 다음과 같은 피복으로 가려야 한다.
① S(황) : 제2류 위험물로서 운반 시 별도의 피복이 필요 없다.
② Mg(마그네슘) : 제2류 위험물로서 운반 시 방수성 피복으로 가려야 한다.
③ C_6H_6(벤젠) : 제4류 위험물 중 제1석유류로서 운반 시 별도의 피복이 필요 없다.
④ $HClO_4$(과염소산) : **제6류 위험물로서 운반 시 차광성 피복**으로 가려야 한다.

ⒸCheck
(1) 차광성 피복으로 가려야 하는 위험물
ㄱ 제1류 위험물
ㄴ 제3류 위험물 중 자연발화성 물질
ㄷ 제4류 위험물 중 특수인화물
ㄹ 제5류 위험물
ㅁ 제6류 위험물
(2) 방수성 피복으로 가려야 하는 위험물
ㄱ 제1류 위험물 중 알칼리금속의 과산화물
ㄴ 제2류 위험물 중 철분, 금속분, 마그네슘
ㄷ 제3류 위험물 중 금수성 물질

💧Tip
알칼리금속의 과산화물은 제1류 위험물이므로 차광성 피복으로 가려야 하며, 알칼리금속의 과산화물 그 자체는 방수성 피복으로 가려야 하므로 차광성 피복과 방수성 피복을 모두 사용하여 가려야 하는 위험물은 제1류 위험물 중 알칼리금속의 과산화물입니다.

49 연소 시에는 푸른 불꽃을 내고, 산화제와 혼합되어 있을 때 가열이나 충격 등에 의하여 폭발할 수 있으며, 흑색화약의 원료로 사용되는 물질은?

① 적린
② 마그네슘
③ 황
④ 아연분

≫ 흑색화약은 제1류 위험물 중 질산칼륨과 제2류 위험물 중 황, 그리고 숯을 혼합하여 만든다.

정답 45. ② 46. ③ 47. ② 48. ④ 49. ③

50 다음과 같은 성질을 갖는 위험물로 예상할 수 있는 것은?

> • 지정수량 : 400L
> • 증기비중 : 2.07
> • 인화점 : 12℃
> • 녹는점 : −89.5℃

① 메탄올
② 벤젠
③ 아이소프로필알코올
④ 휘발유

≫ 〈보기〉의 위험물 중 벤젠과 휘발유는 제4류 위험물 중 제1석유류 비수용성 물질이므로 지정수량이 200L이고 메탄올과 아이소프로필코올은 알코올류로서 지정수량이 400L이므로 정답은 메탄올 또는 아이소프로필코올 중에 있다. 또한 〈조건〉에 증기비중이 2.07로 주어졌으므로 증기비중의 공식을 이용해 다음과 같이 이 위험물의 분자량을 구할 수 있다.

증기비중= $\dfrac{분자량}{29}$

분자량=증기비중×29=2.07×29=60g이다.
〈보기〉 중 아이소프로필알코올은 화학식이 $(CH_3)_2CHOH$이며, 분자량은 12(C)g×3+1(H)g×8+16(O)g=60g이다.

51 제5류 위험물 중 상온(25℃)에서 동일한 물리적 상태(고체, 액체, 기체)로 존재하는 것으로만 나열된 것은?

① 나이트로글리세린, 나이트로셀룰로오스
② 질산메틸, 나이트로글리세린
③ 트라이나이트로톨루엔, 질산메틸
④ 나이트로글리콜, 트라이나이트로톨루엔

≫ ① 나이트로글리세린은 액체이며, 나이트로셀룰로오스는 고체이다.
  ② **질산메틸은 액체**이며, **나이트로글리세린도 액체**이다.
  ③ 트라이나이트로톨루엔은 고체이며, 질산메틸은 액체이다.
  ④ 나이트로글리콜은 액체이며, 트라이나이트로톨루엔은 고체이다.

52 아세톤과 아세트알데하이드에 대한 설명으로 옳은 것은?

① 증기비중은 아세톤이 아세트알데하이드보다 작다.
② 위험물안전관리법령상 품명은 서로 다르지만 지정수량은 같다.
③ 인화점과 발화점 모두 아세트알데하이드가 아세톤보다 낮다.
④ 아세톤의 비중은 물보다 작지만 아세트알데하이드는 물보다 크다.

≫ ① 아세톤(CH_3COCH_3)의 분자량은 12(C)×3+1(H)×6+16(O)=580이므로

  증기비중= $\dfrac{분자량}{29}$ = $\dfrac{58}{29}$ =20이고,

  아세트알데하이드(CH_3CHO)의 분자량은 12(C)×2+1(H)×4+16(O)=440이므로

  증기비중= $\dfrac{44}{29}$ =1.520이다.

  따라서 증기비중은 아세톤이 아세트알데하이드보다 크다.
  ② 아세톤은 품명이 제1석유류이며 수용성 물질로서 지정수량이 400L이고, 아세트알데하이드는 품명이 특수인화물이며 지정수량이 50L이다. 따라서 이 두 물질은 품명도 다르고 지정수량도 다르다.
  ③ 아세트알데하이드의 인화점이 −38℃이고 발화점은 185℃이며, 아세톤의 인화점은 −18℃이고 발화점은 538℃이므로 **인화점과 발화점 모두 아세트알데하이드가 아세톤보다 낮다.**
  ④ 아세톤의 비중은 0.79, 아세트알데하이드의 비중은 0.78, 물의 비중은 1이므로 두 물질 모두 비중은 물보다 작다.

53 다음 중 특수인화물이 아닌 것은?

① CS_2
② $C_2H_5OC_2H_5$
③ CH_3CHO
④ HCN

≫ ① CS_2(이황화탄소) : 특수인화물
  ② $C_2H_5OC_2H_5$(다이에틸에터) : 특수인화물
  ③ CH_3CHO(아세트알데하이드) : 특수인화물
  ④ **HCN**(사이안화수소) : **제1석유류**(수용성)

정답 50. ③ 51. ② 52. ③ 53. ④

54 위험물안전관리법령상 주유취급소에서의 위험물 취급기준에 따르면 자동차 등에 인화점 몇 ℃ 미만의 위험물을 주유할 때에는 자동차 등의 원동기를 정지시켜야 하는가? (단, 원칙적인 경우에 한한다.)

① 21   ② 25
③ 40   ④ 80

》》 주유취급소에서 자동차 등에 인화점 40℃ 미만의 위험물을 주유할 때에는 자동차 등의 원동기를 정지시켜야 한다.

> **Check**
>
> 이동저장탱크로부터 위험물을 저장 또는 취급하는 탱크에 인화점이 40℃ 미만인 위험물을 주입할 때에도 이동탱크저장소의 원동기를 정지시켜야 한다.

> **⚙ Tip**
>
> 위험물안전관리법에서 정하는 위험물을 주입하거나 주유할 때 원동기를 정지시켜야 하는 경우의 위험물의 인화점은 모두 40℃ 미만입니다.

55 $C_2H_5OC_2H_5$의 성질 중 틀린 것은?

① 전기 양도체이다.
② 물에는 잘 녹지 않는다.
③ 유동성의 액체로 휘발성이 크다.
④ 공기 중 장시간 방치 시 폭발성 과산화물을 생성할 수 있다.

》》 $C_2H_5OC_2H_5$(다이에틸에터)는 제4류 위험물 중 특수인화물에 속하는 휘발성 액체로서 물에 잘 녹지 않는 비수용성이고 공기 중에서 과산화물을 생성할 수 있으며 전기를 통과시키지 못하는 **전기 불량도체**이다.

56 자연발화의 위험성이 제일 높은 것은?

① 야자유   ② 올리브유
③ 아마인유   ④ 피마자유

》》 제4류 위험물 중 동식물유류는 아이오딘값에 따라 다음과 같이 건성유, 반건성유, 불건성유로 분류한다.

1) **건성유**
아이오딘값이 130 이상인 것으로서 **자연발화의 위험성이 가장 높다.**
㉠ 동물유 : 정어리유, 기타 생선유
㉡ 식물유 : 동유, 해바라기유, **아마인유**, 들기름

2) **반건성유**
아이오딘값이 100~130인 것을 말한다.
㉠ 동물유 : 청어유
㉡ 식물유 : 쌀겨기름, 면실유, 채종유, 옥수수기름, 참기름

3) **불건성유**
아이오딘값이 100 이하인 것을 말한다.
㉠ 동물유 : 소기름, 돼지기름, 고래기름
㉡ 식물유 : 올리브유, 동백유, 피마자유, 야자유

57 고체위험물은 운반용기 내용적의 몇 % 이하의 수납률로 수납하여야 하는가?

① 90   ② 95
③ 98   ④ 99

》》 운반용기의 수납률
1) **고체위험물** : **운반용기 내용적의 95% 이하**
2) 액체위험물 : 운반용기 내용적의 98% 이하 (55℃에서 누설되지 않도록 공간용적 유지)
3) 알킬알루미늄 등 : 운반용기 내용적의 90% 이하(50℃에서 5% 이상의 공간용적 유지)

58 황린이 연소할 때 발생하는 가스와 수산화나트륨 수용액과 반응하였을 때 발생하는 가스를 차례대로 나타낸 것은?

① 오산화인, 인화수소
② 인화수소, 오산화인
③ 황화수소, 수소
④ 수소, 황화수소

》》 1) 황린(P_4)은 연소하면 **오산화인**(P_2O_5)을 발생하며, 반응식은 다음과 같다.
• 연소반응식
$P_4 + 5O_2 \rightarrow 2P_2O_5$

2) 황린은 다량의 수산화나트륨(NaOH) 용액과 반응하면 차아인산나트륨(NaH_2PO_2)과 **인화수소**(PH_3)를 발생하며, 반응식은 다음과 같다.
• 수산화나트륨 용액과의 반응식
$P_4 + 3NaOH + 3H_2O \rightarrow 3NaH_2PO_2 + PH_3$

59 제4류 위험물의 일반적인 성질에 대한 설명 중 가장 거리가 먼 것은?

① 인화되기 쉽다.

② 인화점, 발화점이 낮은 것은 위험하다.

③ 증기는 대부분 공기보다 가볍다.

④ 액체 비중은 대체로 물보다 가볍고 물에 녹기 어려운 것이 많다.

≫ ③ 증기비중＝$\frac{분자량}{29}$ 이므로 분자량이 29보다 크면 증기는 공기보다 무겁다. 제4류 위험물의 분자량은 대부분 29보다 크므로 **제4류 위험물의 증기는 대부분 공기보다 무겁다.**

Check

제4류 위험물 중 제1석유류 수용성 물질인 사이안화수소(HCN)는 분자량이 1(H)＋12(C)＋14(N)＝27이므로 증기는 공기보다 가볍다.

60 위험물안전관리법령상 지정수량의 10배를 초과하는 위험물을 취급하는 제조소에 확보하여야 하는 보유공지의 너비의 기준은?

① 1m 이상　　② 3m 이상

③ 5m 이상　　④ 7m 이상

≫ 위험물 제조소의 보유공지
　1) 지정수량의 10배 이하로 취급하는 경우 : 3m 이상
　2) **지정수량의 10배를 초과하여 취급하는 경우 : 5m 이상**

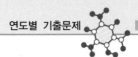

2019 제4회 위험물산업기사

제1과목 일반화학

01 금속은 열, 전기를 잘 전도한다. 이와 같은 물리적 특성을 갖는 가장 큰 이유는?

① 금속의 원자 반지름이 크다.
② 자유전자를 가지고 있다.
③ 비중이 대단히 크다.
④ 이온화에너지가 매우 크다.

》 비금속과는 달리 금속은 열, 전기를 잘 전도하는데 이러한 물리적 특성을 갖는 가장 큰 이유는 금속에는 상온에서도 자유롭게 움직일 수 있는 자유전자가 존재하는데 이 **자유전자가 이동하면서 열이나 전기를 전달**하기 때문이다.

02 20℃에서 NaCl 포화용액을 잘 설명한 것은? (단, 20℃에서 NaCl의 용해도는 36이다.)

① 용액 100g 중에 NaCl이 36g 녹아 있을 때
② 용액 100g 중에 NaCl이 136g 녹아 있을 때
③ 용액 136g 중에 NaCl이 36g 녹아 있을 때
④ 용액 136g 중에 NaCl이 136g 녹아 있을 때

》 용해도란 특정온도에서 용매 100g에 녹는 용질의 g수를 말하는데, 여기서 용매는 녹이는 물질이고 용질은 녹는 물질이며 용액은 용매와 용질을 더한 값이다.
〈문제〉의 NaCl의 용해도 36이란 용매 100g에 용질(NaCl)이 36g 녹아 있을 때를 말하므로 이 때 용액은 36g(용질)+100g(용매)=136g이 된다. 따라서, NaCl의 용해도 36을 용액 기준으로 나타내면 **용액 136g에 용질(NaCl) 36g이 녹아 있을 때**가 된다.

03 수성가스(water gas)의 주성분을 올바르게 나타낸 것은?

① CO_2, CH_4
② CO, H_2
③ CO_2, H_2, O_2
④ H_2, H_2O

》 수성가스란 석탄 또는 코크스에 수증기를 반응시켜 만든 일산화탄소(CO)와 수소(H_2)를 주성분으로 하는 기체를 말한다.

04 질산나트륨의 물 100g에 대한 용해도는 80℃에서 148g, 20℃에서 88g이다. 80℃의 포화용액 100g을 70g으로 농축시켜서 20℃로 냉각시키면 약 몇 g의 질산나트륨이 석출되는가?

① 29.4
② 40.3
③ 50.6
④ 59.7

》 용해도란 특정온도에서 용매 100g에 녹아 있는 용질의 g수를 말하는데, 여기서 용매는 녹이는 물질이고 용질은 녹는 물질이며 용액은 용매와 용질을 더한 값이다.
80℃에서 용매(물) 100g에 용질(질산나트륨)이 148g 녹아 있으므로 질산나트륨의 용해도는 148이고, 20℃에서 용매 100g에 용질이 88g 녹아 있으므로 질산나트륨의 용해도는 88이다.
다음의 [표]는 질산나트륨의 용해도의 내용을 80℃와 20℃의 온도로 비교한 것이다.

온 도	80℃	20℃
용해도	148	88
용매(물)	100g	100g
용질(질산나트륨)	148g	88g
용액(물＋질산나트륨)	248g	188g

위 [표]에서 알 수 있듯이 80℃에서 용액 248g에는 용질이 148g 녹아 있는데 〈문제〉의 조건인 용액이 100g이라면 용질이 몇 g 녹아 있는지를 알아야 하므로 다음의 비례식을 통해 구한다.
용액   용질
248g   148g
100g x(g)
$248 \times x = 100 \times 148$
$x = 59.68g$
즉, 80℃에서 용액 100g에 녹아 있는 용질은 59.68g이다.
그런데 〈문제〉에서는 80℃에서 용액 100g을 70g으로 농축시킨다고 하였으므로 용액은 70g

이 되고, 용매는 용액 70g에서 용질 59.8g을 뺀 10.32g이 된다.
한편, 위 [표]에서 20℃에서는 용매 100g에 용질이 88g이 녹아 있는데 농축시켜 20℃로 냉각시킨 상태에서의 용매 10.32g에는 용질이 몇 g 녹아 있는지 다음의 비례식을 통해 구한다.

용매　　　　용질
100g ╳ 88g
10.32g ╱ x(g)
$100 \times x = 10.32 \times 88$
$x = 9.08g$이다.

즉, 농축시켜 20℃로 냉각시킨 상태에서의 용매 10.32g에 녹아 있는 용질은 9.08g이다.
따라서 80℃에서 20℃로 냉각시켰을 때 녹지 않고 남아 석출된 질산나트륨의 양은 59.68g − 9.08g = 50.6g이다.

05 다음은 열역학 제 몇 법칙에 대한 내용인가?

> 0K(절대영도)에서 물질의 엔트로피는 0이다.

① 열역학 제0법칙
② 열역학 제1법칙
③ 열역학 제2법칙
④ 열역학 제3법칙

≫ ① 열역학 0법칙 : 물질 A와 물질 B가 물질 C와 각각 열평형을 이룬다면 물질 A와 물질 B도 서로 열평형을 이룬다.
② 열역학 1법칙(에너지보존의 법칙) : 계의 내부 에너지의 변화량은 계의 외부에서 가해진 에너지에서 계가 소모한 에너지를 뺀 양과 같다.
③ 열역학 2법칙 : 에너지는 엔트로피가 증가하는 방향으로 흐른다.
④ **열역학 3법칙 : 0K에 가까워질수록 물질의 엔트로피는 0이 된다.**

06 다음과 같은 구조를 가진 전지를 무엇이라 하는가?

> $(-)Zn \parallel H_2SO_4 \parallel Cu(+)$

① 볼타전지
② 다니엘전지
③ 건전지
④ 납축전지

≫ ① **볼타전지 : 황산(H_2SO_4) 용액에 아연(Zn)판과 구리(Cu)판을 연결한 전지**를 말한다.
② 다니엘전지 : 황산아연($ZnSO_4$) 용액에 아연, 황산구리($CuSO_4$) 용액에 구리를 넣어 알칼리성의 다리로 연결한 전지를 말한다.
③ 건전지 : 아연과 탄소막대를 연결한 전지를 말한다.
④ 납축전지 : 황산(H_2SO_4) 용액에 납(Pb)과 이산화납(PbO_2)을 연결한 전지를 말한다.

07 다음과 같은 경향성을 나타내지 않는 것은 어느 것인가?

> Li < Na < K

① 원자번호
② 원자반지름
③ 제1차 이온화에너지
④ 전자수

≫ ① 원자번호는 Li은 3번, Na은 11번, K은 19번이므로, K 원자로 갈수록 원자번호는 커지는 경향성을 나타낸다.
② Li은 2주기에 존재하고 Na은 3주기, K은 4주기에 존재하므로, K 원자로 갈수록 원자반지름은 커지는 경향성을 나타낸다.
③ 이온화에너지란 중성원자로부터 전자(−) 1개를 떼어 내어 양이온(+)으로 만드는 데 필요한 힘을 말하는데, Li 원자에서 K 원자로 갈수록 최외각전자가 핵으로부터 멀리 떨어져 있는 상태이기 때문에 K 원자의 전자를 더 쉽게 떼어 낼 수 있다. 따라서 전자를 떼어 내는 데 필요한 힘인 **이온화에너지는 K 원자로 갈수록 감소하는 경향성을** 나타낸다.
④ 원자번호와 전자수는 같으므로 Li의 전자수는 3개, Na은 11개, K은 19개이므로 K 원자로 갈수록 전자수는 많아지는 경향성을 나타낸다.

08 다음의 염을 물에 녹일 때 염기성을 띠는 것은 어느 것인가?

① Na_2CO_3
② $NaCl$
③ NH_4Cl
④ $(NH_4)_2SO_4$

정답　　05. ④　06. ①　07. ③　08. ①

➡ ① Na+CO₃ : 강한 염기+약한 산
② Na+Cl : 강한 염기+강한 산
③ NH₄+Cl : 약한 염기+강한 산
④ NH₄+SO₄ : 약한 염기+강한 산

💡 Tip

강염기와 강산, 그리고 약염기와 약산의 구분
1. 강염기와 강산
   단일 원소로서 금속성을 띠는 것은 강한 염기, 비금속성을 띠는 것은 강한 산이다.
2. 약염기와 약산
   두 개 이상의 원소로 결합된 것으로서 금속성을 띠는 것은 약한 염기, 비금속성을 띠는 것은 약한 산이다. 단, 황산기(SO₄)의 경우 두 개의 원소로 결합되어 있지만 예외적으로 강한 산이다.

09 다음 중 배수비례의 법칙이 성립되지 않는 것은 어느 것인가?

① H_2O와 H_2O_2

② SO_2와 SO_3

③ N_2O와 NO

④ O_2와 O_3

➡ 배수비례의 법칙이란 원소 2종류를 화합하여 두 가지 이상의 물질을 만들 때 각 물질에 속한 원소 한 개의 질량과 결합하는 다른 원소의 질량은 각 물질에서 항상 일정한 정수비를 나타내는 것을 말한다.
   ① H_2O는 H_2와 결합하는 O의 질량이 16g이고 H_2O_2는 H_2와 결합하는 O_2의 질량이 16g×2=32g이므로 H_2O와 H_2O_2에 포함된 O는 16 : 32, 즉 1 : 2의 정수비를 나타내므로 이 두 물질 사이에는 배수비례의 법칙이 성립한다.
   ② SO_2는 S와 결합하는 O_2의 질량이 16g×2=32g이고 SO_3는 S와 결합하는 O_3의 질량이 16g×3=48g이므로 SO_2와 SO_3에 포함된 O는 32 : 48, 즉 2 : 3의 정수비를 나타내므로 이 두 물질 사이에는 배수비례의 법칙이 성립한다.
   ③ N_2O는 O와 결합하는 N_2의 질량이 14g×2=28g이고 NO는 O와 결합하는 N의 질량이 14g이므로 N_2O와 NO에 포함된 N은 28 : 14, 즉 2 : 1의 정수비를 나타내므로 이 두 물질 사이에는 배수비례의 법칙이 성립한다.
   ④ O_2와 O_3는 산소(O) **하나의 원소로만 구성된 물질이므로 배수비례의 법칙은 성립하지 않는다.**

10 어떤 원자핵에서 양성자의 수가 30이고, 중성자의 수가 2일 때 질량수는 얼마인가?

① 1   ② 3

③ 5   ④ 7

➡ 질량수(원자량)는 양성자수와 중성자수를 합한 값과 같다. 여기서 양성자수는 30이고 중성자의 수는 20이므로 이 원자핵의 질량수=3+2=5이다.

11 다음 중 $KMnO_4$에서 Mn의 산화수는?

① +1   ② +3

③ +5   ④ +7

➡ 과망가니즈산칼륨의 화학식은 $KMnO_4$이며, 이 중 망가니즈(Mn)의 산화수를 구하는 방법은 다음과 같다.
   1) 1단계 : 필요한 원소들의 원자가를 확인한다.
      ㉠ 칼륨(K) : +1가 원소
      ㉡ 산소(O) : -2가 원소
   2) 2단계 : 망가니즈(Mn)를 $+x$로 두고 나머지 원소들의 원자가와 그 개수를 적는다.
      K   Mn   O₄
      (+1)(+x)(-2×4)
   3) 3단계 : 다음과 같이 원자가와 그 개수의 합이 0이 되도록 한다.
      $+1+x-8=0$
   이 때 x값이 Mn의 산화수이다.
   ∴ $x=+7$

12 콜로이드 용액을 친수콜로이드와 소수콜로이드로 구분할 때 소수콜로이드에 해당하는 것은?

① 녹말   ② 아교

③ 단백질   ④ 수산화철(Ⅲ)

➡ 미립자가 기체 또는 액체 중에 분산되어 있는 것을 콜로이드라고 하며, 콜로이드는 다음과 같이 3가지로 구분한다.
   1) **소수콜로이드** : 물과 친화력이 적은 것으로 그 종류로는 **수산화철(Ⅲ)**[Fe(OH)₃], 수산화알루미늄[Al(OH)₃] 등이 있다.
   2) 친수콜로이드 : 물과 친화력이 큰 것으로 그 종류로는 녹말, 아교, 단백질 등이 있다.
   3) 보호콜로이드 : 보호작용을 하는 친수콜로이드를 말하는 것으로 그 종류로는 알부민, 아라비아고무, 먹물 속에 있는 아교 등이 있다.

정답   09. ④   10. ③   11. ④   12. ④

13 기하이성질체 때문에 극성 분자와 비극성 분자를 가질 수 있는 것은?

① C_2H_4 ② C_2H_3Cl
③ $C_2H_2Cl_2$ ④ C_2HCl_3

≫ 기하이성질체란 다중결합을 가지는 물질이 서로 대칭을 이루고 있지만 양쪽의 구조가 서로 같지 않을 수 있는 이성질체를 말한다.
  ① C_2H_4 : $CH_2=CH_2$로 나타내면 서로 대칭이 면서 양쪽에 있는 H 2개의 위치를 어떤 식으로 바꿔도 모양은 항상 같기 때문에 그 구조는 달라질 수 없다.
  ② C_2H_3Cl : H와 Cl의 수가 홀수이므로 서로 대칭을 이룰 수 없는 구조이다.
  ③ $C_2H_2Cl_2$: CHCl=CHCl로 나타내면

  로 비극성 분자이고, $CCl_2=CH_2$로 나타내면

  의 비대칭 구조로 극성 분자이다.
  ④ C_2HCl_3 : H와 Cl의 수가 홀수이므로 서로 대칭을 이룰 수 없는 구조이다.

14 n그램(g)의 금속을 묽은 염산에 완전히 녹였더니 m몰의 수소가 발생하였다. 이 금속의 원자가를 2가로 하면 이 금속의 원자량은?

① $\dfrac{n}{m}$ ② $\dfrac{2n}{m}$
③ $\dfrac{n}{2m}$ ④ $\dfrac{2m}{n}$

≫ 원자가가 2인 금속 A를 염산(HCl)에 녹여 수소를 발생시키는 반응식은 다음과 같다.
  $A + 2HCl \rightarrow ACl_2 + H_2$
  여기서, 금속 A x(g)을 염산과 반응시킬 때 수소(H_2)는 1몰 발생하는데, 〈문제〉는 금속 A를 n(g) 반응시킬 때 수소는 m(몰) 발생한다고 하였기 때문에 다음과 같은 비례식으로 금속 A의 원자량인 x(g)를 구할 수 있다.
  $A + 2HCl \rightarrow ACl_2 + H_2$
  x(g) ⟍⟋ 1몰
  n(g) ⟋⟍ m(몰)
  $m \times x = n \times 1$
  ∴ $x = \dfrac{n}{m}$

15 제3주기에서 음이온이 되기 쉬운 경향성은? (단, 0족(18족) 기체는 제외한다.)

① 금속성이 큰 것
② 원자의 반지름이 큰 것
③ 최외각전자수가 많은 것
④ 염기성 산화물을 만들기 쉬울 것

≫ 제3주기에 존재하는 원소들이 음이온이 되기 쉬운 경향성은 다음과 같이 오른쪽으로 갈수록 더 커진다.

> Na<Mg<Al<Si<P<S<Cl

  ① 오른쪽으로 갈수록 비금속성이 커지고 금속성은 작아진다.
  ② 오른쪽으로 갈수록 그 주기에는 전자수가 증가하게 되고 전자가 많아질수록 양성자가 전자를 당기는 힘이 강해져 전자가 내부로 당겨지면서 원자의 반지름은 감소한다.
  ③ 오른쪽으로 갈수록 **원자가가 증가하므로 최외각전자수도 많아진다.**
  ④ 오른쪽으로 갈수록 비금속성이 커지므로 산성 산화물을 만들기 쉬워진다.

16 황산구리(Ⅱ) 수용액을 전기분해할 때 63.5g의 구리를 석출시키는 데 필요한 전기량은 몇 F인가? (단, Cu의 원자량은 63.50이다.)

① 0.635F   ② 1F
③ 2F   ④ 63.5F

≫ 1F(패럿)이란 물질 1g당량을 석출하는 데 필요한 전기량이다. 여기서, 1g당량이란 $\dfrac{원자량}{원자가}$인데 구리(Cu)는 원자량이 63.5g이고 원자가는 2가인 원소이기 때문에 구리의 1g당량은 $\dfrac{63.5}{2} = 31.75$g이다. 즉, 구리 31.75g을 석출하는 데 필요한 전기량은 1F인데 〈문제〉는 2배의 구리의 양인 63.5g을 석출하는 데 필요한 전기량을 구하는 것이므로 2배의 전기량인 2F이 필요하다.

17 $[H^+]=2\times10^{-6}$M인 용액의 pH는 약 얼마인가?

① 5.7   ② 4.7
③ 3.7   ④ 2.7

>> 수소이온($[H^+]$)의 농도가 주어졌으므로 pH= $-\log[H^+]$의 공식을 이용해 수소이온지수(pH)를 구해야 한다.
〈문제〉에서 용액의 농도는 $[H^+]=2\times10^{-6}$이므로 pH= $-\log[H^+]= -\log(2\times10^{-6})=5.70$이다.

18 프로페인 1kg을 완전연소시키기 위해 표준상태의 산소는 약 몇 m^{3}가 필요한가?

① 2.55　　　　② 5

③ 7.55　　　　④ 10

>> 아래의 프로페인(C_3H_8)의 연소반응식에서 알 수 있듯이 프로페인 1mol 즉, 12(C)g×3+1(H)g×8 =44g을 연소시키기 위해 필요한 산소는 표준상태에서 5×22.4L인데, 〈문제〉는 프로페인 1kg을 연소시키기 위해서는 몇 m^{3}의 산소가 필요한가를 구하는 것이므로 다음과 같이 비례식을 이용할 수 있다.

• 프로페인의 연소반응식

$$C_3H_8 + 5O_2 \rightarrow 3CO_2 + 4H_2O$$

$$\begin{array}{c}44g \\ 1kg\end{array} \diagup \begin{array}{c}5\times22.4L \\ x(m^3)\end{array}$$

$44\times x=5\times22.4$

∴ $x=2.55m^3$

19 상온에서 1L의 순수한 물에는 H$^+$와 OH$^-$가 각각 몇 g 존재하는가? (단, H의 원자량은 1.008g/mol이다.)

① 1.008×10^{-7}, 17.008×10^{-7}

② $1,000\times\dfrac{1}{18}$, $1,000\times\dfrac{17}{18}$

③ 18.016×10^{-7}, 18.016×10^{-7}

④ 1.008×10^{-14}, 17.008×10^{-14}

>> 순수한 물의 성분은 중성이며, 중성인 물의 pH와 pOH는 둘 다 그 값이 7이다. 여기서 pH= $-\log[H^+]$이고 pH=7이므로 $-\log[H^+]=7$이 되며, 이때 농도 $[H^+]=10^{-7}$mol/L이다. 또한 pOH= $-\log[OH^-]$이고 pOH=7이므로 $-\log[OH^-]=7$이 되며, 이때 농도 $[OH^-]=10^{-7}$mol/L이다. 따라서 1mol의 H의 원자량은 1.008g이므로 10^{-7}mol인 $[H^+]$의 질량은 1.008×10^{-7}g이 되고, 1mol의 OH의 분자량은 1.008(H)g + 16(O)g=17.008g이므로 10^{-7}mol인 $[OH^-]$의 질량은 17.008×10^{-7}g이 된다.

※ 이 〈문제〉는 정답을 ① $[H^+]$의 질량 : 1.008×10^{-7}, $[OH^-]$의 질량 : 17.008×10^{-7}으로 출제하려고 하였으나, 〈문제〉의 조건에서 원자량이 1.008g/mol인 H에 대해 원자량이 1.008×10^{-7}g/mol이라 하였기 때문에 이 값을 대입하여 계산할 경우 정답은 존재하지 않는다.

20 메테인에 염소를 작용시켜 클로로폼을 만드는 반응을 무엇이라 하는가?

① 중화반응　　　② 부가반응

③ 치환반응　　　④ 환원반응

>> 클로로폼($CHCl_3$)이란 삼염화메틸이라고도 하며, 메테인(CH_4)의 수소 3개를 염소(Cl)원자로 직접 치환반응시킨 것으로 비위험물이다.

제2과목　**화재예방과 소화방법**

21 위험물제조소에 옥내소화전을 각 층에 8개씩 설치하도록 할 때 수원의 최소 수량은 얼마인가?

① 13m^3　　　　② 20.8m^3

③ 39m^3　　　　④ 62.4m^3

>> 위험물제조소에 설치된 옥내소화전의 수원의 양은 옥내소화전이 가장 많이 설치된 층의 옥내소화전의 설치개수(설치개수가 5개 이상이면 5개)에 7.8m^{3}를 곱한 값 이상의 양으로 한다. 〈문제〉에서 각층의 옥내소화전 개수를 8개로 설치하였지만 개수가 5개 이상이면 5개를 7.8m^{3}에 곱해야 하므로 수원의 양은 5개×7.8m^3=39m^{3}이다.

(Check)

옥외소화전설비의 수원의 양은 옥외소화전의 설치개수(설치개수가 4개 이상이면 4개)에 13.5m^{3}를 곱한 값 이상의 양으로 한다.

22 자연발화가 잘 일어나는 조건에 해당하지 않는 것은?

① 주위 습도가 높을 것

② 열전도율이 클 것

③ 주위 온도가 높을 것

④ 표면적이 넓을 것

》 어떤 물질의 열전도율이 크다는 것은 자신이 갖고 있던 열을 다른 물질에게 다 주어 자신은 열을 갖고 있지 않게 된다는 의미이므로 이런 경우는 자연발화가 잘 일어날 수 없는 조건에 해당한다.

Check **그 밖의 자연발화 방지법**
(1) 습도를 낮춰야 한다.
(2) 저장온도를 낮춰야 한다.
(3) 퇴적 및 수납 시 열이 쌓이지 않도록 한다.
(4) 통풍이 잘 되도록 한다.

23 제1인산암모늄 분말소화약제의 색상과 적응화재를 올바르게 나타낸 것은?

① 백색, B · C급
② 담홍색, B · C급
③ 백색, A · B · C급
④ 담홍색, A · B · C급

》 제1인산암모늄(인산암모늄)은 제3종 분말소화약제로서 색상은 담홍색이며, 적응화재는 ABC급이고, 분말소화약제는 다음의 [표]와 같이 분류할 수 있다.

분말의 구분	주성분	화학식	적응화재	색 상
제1종 분말	탄산수소 나트륨	$NaHCO_3$	B · C급	백색
제2종 분말	탄산수소 칼륨	$KHCO_3$	B · C급	연보라 (담회)색
제3종 분말	**인산암모늄**	$NH_4H_2PO_4$	**A · B · C급**	**담홍색**
제4종 분말	탄산수소칼륨 +요소의 반응생성물	$KHCO_3 + (NH_2)_2CO$	B · C급	회색

24 과산화수소 보관장소에 화재가 발생하였을 때의 소화방법으로 틀린 것은?

① 마른모래로 소화한다.
② 환원성 물질을 사용하여 중화 소화한다.
③ 연소의 상황에 따라 분무주수도 효과가 있다.
④ 다량의 물을 사용하여 소화할 수 있다.

》 ② 제6류 위험물로서 산소공급원 역할을 하는 과산화수소의 화재에 직접 탈 수 있는 가연물의 의미인 환원성 물질을 사용하여 소화하는 것은 불가능하다.

25 자체소방대에 두어야 하는 화학소방자동차 중 포수용액을 방사하는 화학소방자동차는 전체 법정 화학소방자동차 대수의 얼마 이상으로 하여야 하는가?

① 1/3
② 2/3
③ 1/5
④ 2/5

》 자체소방대에 두어야 하는 화학소방자동차 중 포수용액을 방사하는 화학소방자동차는 전체 화학소방자동차 대수의 2/3 이상으로 하여야 한다.

Check **자체소방대에 두는 화학소방자동차 및 자체소방대원의 수의 기준**

사업소의 구분	화학소방자동차의 수	자체소방대원의 수
지정수량의 3천배 이상 12만배 미만으로 취급하는 제조소 또는 일반취급소	1대	5명
지정수량의 12만배 이상 24만배 미만으로 취급하는 제조소 또는 일반취급소	2대	10명
지정수량의 24만배 이상 48만배 미만으로 취급하는 제조소 또는 일반취급소	3대	15명
지정수량의 48만배 이상으로 취급하는 제조소 또는 일반취급소	4대	20명
지정수량의 50만배 이상으로 저장하는 옥외탱크저장소	2대	10명

26 강화액소화기에 대한 설명으로 옳은 것은?

① 물의 유동성을 강화하기 위한 유화제를 첨가한 소화기이다.
② 물의 표면장력을 강화하기 위해 탄소를 첨가한 소화기이다.
③ 산 · 알칼리 액을 주성분으로 하는 소화기이다.
④ 물의 소화효과를 높이기 위해 염류를 첨가한 소화기이다.

》 ④ 강화액소화약제에는 물의 소화효과를 높이기 위해 **물에 탄산칼륨(K_2CO_3)이라는 염류를 첨가**하며, 이 소화약제의 성분은 pH=12인 강알칼리성이다.

27 할로겐화합물소화약제의 구비조건과 거리가 먼 것은?

① 전기절연성이 우수할 것
② 공기보다 가벼울 것
③ 증발 잔유물이 없을 것
④ 인화성이 없을 것

》 ① 전기를 통과시키지 않는 전기절연성이 좋아 전기화재에도 적응성이 있다.
② 기체상태의 소화약제는 **공기보다 무거운 가스**이다.
③ 비점이 낮아 기화가 잘 되며, 증발 잔유물이 적다.
④ 소화약제이므로 인화성이 없어야 한다.

28 위험물안전관리법령상 옥내소화전설비에 관한 기준에 대해 다음 (   )에 알맞은 수치를 올바르게 나열한 것은?

> 옥내소화전설비는 각 층을 기준으로 하여 당해 층의 모든 옥내소화전(설치개수가 5개 이상인 경우에는 5개의 옥내소화전)을 동시에 사용할 경우에 각 노즐선단의 방수압력이 (ⓐ)kPa 이상이고 방수량이 1분당 (ⓑ)L 이상의 성능이 되도록 할 것

① ⓐ 350, ⓑ 260   ② ⓐ 450, ⓑ 260
③ ⓐ 350, ⓑ 450   ④ ⓐ 450, ⓑ 450

》 옥내소화전설비는 각 층을 기준으로 하여 당해 층의 모든 옥내소화전(설치개수가 5개 이상인 경우에는 5개의 옥내소화전)을 동시에 사용할 경우에 각 노즐선단의 **방수압력이 350kPa 이상**이고 **방수량이 1분당 260L 이상**의 성능이 되도록 한다.

Check

옥외소화전설비는 모든 옥외소화전(설치개수가 4개 이상인 경우에는 4개의 옥외소화전)을 동시에 사용할 경우에 각 노즐선단의 방수압력이 350kPa 이상이고 방수량이 1분당 450L 이상의 성능이 되도록 한다.

29 제조소 건축물로 외벽이 내화구조인 것의 1소요단위는 연면적이 몇 m²인가?

① 50   ② 100
③ 150   ④ 1,000

》 외벽이 내화구조인 제조소 건축물은 연면적 100m²가 1소요단위이다.

Check 1소요단위의 기준

구 분	외벽이 내화구조	외벽이 비내화구조
제조소 및 취급소	**연면적 100m²**	연면적 50m²
저장소	연면적 150m²	연면적 75m²
위험물	지정수량의 10배	

30 분말소화약제 중 열분해 시 부착성이 있는 유리상의 메타인산이 생성되는 것은?

① Na_3PO_4 ② $(NH_4)_3PO_4$
③ $NaHCO_3$ ④ $NH_4H_2PO_4$

》 제3종 분말소화약제인 **인산암모늄($NH_4H_2PO_4$)**은 완전 열분해하여 **메타인산(HPO_3)**과 암모니아(NH_3), 그리고 수증기(H_2O)를 발생한다.
• 인산암모늄의 완전 열분해반응식
$NH_4H_2PO_4 \rightarrow HPO_3 + NH_3 + H_2O$

Check

인산암모늄은 1차 열분해(190℃)하여 오르토인산(H_3PO_4)과 암모니아를 발생한다.
• 인산암모늄의 1차 열분해반응식
$NH_4H_2PO_4 \rightarrow H_3PO_4 + NH_3$

31 종별 분말소화약제에 대한 설명으로 틀린 것은 어느 것인가?

① 제1종은 탄산수소나트륨을 주성분으로 한 분말
② 제2종은 탄산수소나트륨과 탄산칼슘을 주성분으로 한 분말
③ 제3종은 제일인산암모늄을 주성분으로 한 분말
④ 제4종은 탄산수소칼륨과 요소와의 반응물을 주성분으로 한 분말

정답   27. ② 28. ① 29. ② 30. ④ 31. ②

>> ② 제2종 분말소화약제는 탄산수소칼륨을 주성분으로 한 분말이다.

Check **분말소화약제의 분류**

분말의 구분	주성분	화학식	적응 화재	색 상
제1종 분말	탄산수소 나트륨	$NaHCO_3$	B · C급	백색
제2종 분말	**탄산수소 칼륨**	$KHCO_3$	B · C급	연보라 (담회)색
제3종 분말	인산암모늄	$NH_4H_2PO_4$	A · B · C급	담홍색
제4종 분말	탄산수소칼륨+요소의 반응생성물	$KHCO_3 +$ $(NH_2)_2CO$	B · C급	회색

32 제1류 위험물 중 알칼리금속의 과산화물을 저장 또는 취급하는 위험물제조소에 표시하여야 하는 주의사항은?

① 화기엄금
② 물기엄금
③ 화기주의
④ 물기주의

>> 제1류 위험물 중 알칼리금속의 과산화물과 제3류 위험물 중 금수성 물질의 위험물제조소에 표시해야 하는 주의사항은 물기엄금이다.

유별	품 명	위험물제조소에 표시하는 주의사항
제1류	**알칼리금속의 과산화물**	**물기엄금**
	그 밖의 것	필요 없음
제2류	철분, 금속분, 마그네슘	화기주의
	인화성 고체	화기엄금
	그 밖의 것	화기주의
제3류	금수성 물질	물기엄금
	자연발화성 물질	화기엄금
제4류	인화성 액체	화기엄금
제5류	자기반응성 물질	화기엄금
제6류	산화성 액체	필요 없음

33 연소의 주된 형태가 표면연소에 해당하는 것은 어느 것인가?

① 석탄
② 목탄
③ 목재
④ 황

>> 고체의 연소형태
  1) **표면연소** : **목탄**(숯), 코크스, 금속분
  2) 분해연소 : 목재, 종이, 석탄, 플라스틱
  3) 자기연소 : 제5류 위험물
  4) 증발연소 : 황, 나프탈렌, 양초(파라핀)

34 마그네슘 분말의 화재 시 이산화탄소 소화약제는 소화적응성이 없다. 그 이유로 가장 적합한 것은?

① 분해반응에 의하여 산소가 발생하기 때문이다.
② 가연성의 일산화탄소 또는 탄소가 생성되기 때문이다.
③ 분해반응에 의하여 수소가 발생하고 이 수소는 공기 중의 산소와 폭명반응을 하기 때문이다.
④ 가연성의 아세틸렌가스가 발생하기 때문이다.

>> 마그네슘(Mg)은 이산화탄소(CO_2)와 반응하여 산화마그네슘(MgO)과 탄소(C)를 발생하고 이 탄소는 산소(O_2)와 불완전연소하여 가연성인 일산화탄소(CO)를 발생한다.
  • 마그네슘과 이산화탄소와의 반응식
    $2Mg + CO_2 \rightarrow 2MgO + C$

  Check

  칼륨(K) 또한 이산화탄소와 반응하여 탄화칼륨(K_2CO_3)과 탄소(C)를 발생하고 이 탄소는 산소(O_2)와 불완전연소하여 가연성인 일산화탄소(CO)를 발생한다.
  • 칼륨과 이산화탄소와의 반응식
    $4K + 3CO_2 \rightarrow 2K_2CO_3 + C$

정 답 32. ② 33. ② 34. ②

35 제3류 위험물의 소화방법에 대한 설명으로 옳지 않은 것은?

① 제3류 위험물은 모두 물에 의한 소화가 불가능하다.

② 팽창질석은 제3류 위험물에 적응성이 있다.

③ K, Na의 화재 시에는 물을 사용할 수 없다.

④ 할로젠화합물소화설비는 제3류 위험물에 적응성이 없다.

≫ ① 제3류 위험물 중 금수성 물질은 물에 의한 소화가 불가능하지만, 자연발화성 물질인 황린은 물로 냉각소화할 수 있다.

36 위험물안전관리법령상 위험물 저장·취급 시 화재 또는 재난을 방지하기 위하여 자체소방대를 두어야 하는 경우가 아닌 것은?

① 지정수량의 3천배 이상의 제4류 위험물을 저장·취급하는 제조소

② 지정수량의 3천배 이상의 제4류 위험물을 저장·취급하는 일반취급소

③ 지정수량의 2천배의 제4류 위험물을 취급하는 일반취급소와 지정수량의 1천배의 제4류 위험물을 취급하는 제조소가 동일한 사업소에 있는 경우

④ 지정수량의 3천배 이상의 제4류 위험물을 저장·취급하는 옥외탱크저장소

≫ ④ 자체소방대를 두어야 하는 경우는 제4류 위험물을 지정수량의 3천배 이상으로 저장·취급하는 제조소 및 일반취급소와 50만배 이상 저장하는 옥외탱크저장소이므로 지정수량의 3천배 이상의 제4류 위험물을 저장·취급하는 옥외탱크저장소에는 자체소방대를 두지 않아도 된다.

37 불활성가스 소화약제 중 IG-541의 구성 성분이 아닌 것은?

① 질소   ② 브로민

③ 아르곤   ④ 이산화탄소

≫ 불활성가스 소화약제
  1) IG-100 : 질소 100%
  2) IG-55 : 질소 50%, 아르곤 50%
  3) **IG-541** : **질소** 52%, **아르곤** 40%, **이산화탄소** 8%

38 위험물제조소등에 펌프를 이용한 가압송수장치를 사용하는 옥내소화전을 설치하는 경우 펌프의 전양정은 몇 m인가? (단, 소방용 호스의 마찰손실수두는 6m, 배관의 마찰손실수두는 1.7m, 낙차는 32m이다.)

① 56.7

② 74.7

③ 64.7

④ 39.87

≫ 펌프를 이용한 가압송수장치를 사용하는 옥내소화전을 설치하는 경우 펌프의 전양정은 다음 식에 의하여 구한 수치 이상으로 한다.
$H = h_1 + h_2 + h_3 + 35m$
여기서, H : 펌프의 전양정(m)
    h_1 : 소방용 호스의 마찰손실수두(m)
    h_2 : 배관의 마찰손실수두(m)
    h_3 : 낙차(m)
따라서 펌프의 전양정 $H = 6m + 1.7m + 32m + 35m = 74.7m$이다.

Check 옥내소화전설비의 또 다른 가압송수장치
(1) 고가수조를 이용한 가압송수장치
  낙차(수조의 하단으로부터 호스접속구까지의 수직거리)는 다음 식에 의하여 구한 수치 이상으로 한다.
  $H = h_1 + h_2 + 35m$
  여기서, H : 필요낙차(m)
      h_1 : 소방용 호스의 마찰손실수두(m)
      h_2 : 배관의 마찰손실수두(m)
(2) 압력수조를 이용한 가압송수장치
  압력수조의 압력은 다음 식에 의하여 구한 수치 이상으로 한다.
  $P = p_1 + p_2 + p_3 + 0.35MPa$
  여기서, P : 필요한 압력(MPa)
      p_1 : 소방용 호스의 마찰손실수두압(MPa)
      p_2 : 배관의 마찰손실수두압(MPa)
      p_3 : 낙차의 환산수두압(MPa)

정답 35. ① 36. ④ 37. ② 38. ②

39 경보설비를 설치하여야 하는 장소에 해당되지 않는 것은?

① 지정수량 100배 이상의 제3류 위험물을 저장·취급하는 옥내저장소
② 옥내주유취급소
③ 연면적 $500m^2$이고 취급하는 위험물의 지정수량이 100배인 제조소
④ 지정수량 10배 이상의 제4류 위험물을 저장·취급하는 이동탱크저장소

≫ 경보설비의 종류로는 비상방송설비, 비상경보설비, 자동화재탐지설비, 확성장치, 자동화재속보설비가 있으며, 설치기준은 다음과 같다.
1) 자동화재탐지설비 만을 설치해야 하는 제조소등
  ㉠ 제조소 및 일반취급소
    ⓐ 연면적 500m² 이상인 것
    ⓑ 옥내에서 지정수량의 100배 이상을 취급하는 것(고인화점위험물만을 100℃ 미만의 온도에서 취급하는 것은 제외)
  ㉡ 옥내저장소
    ⓐ 지정수량의 100배 이상을 저장 또는 취급하는 것(고인화점위험물만을 저장 또는 취급하는 것은 제외)
    ⓑ 저장창고의 연면적이 150m²를 초과하는 것
    ⓒ 처마높이가 6m 이상인 단층건물의 것
  ㉢ 옥내탱크저장소
    단층건물 외의 건축물에 설치된 옥내탱크저장소로서 소화난이도등급 Ⅰ에 해당하는 것
  ㉣ 주유취급소
    옥내주유취급소
2) 자동화재탐지설비 및 자동화재속보설비를 설치해야 하는 경우
  – 특수인화물, 제1석유류 및 알코올류를 저장하는 탱크의 용량이 1,000천L 이상인 옥외탱크저장소
3) 경보설비(자동화재속보설비 제외) 중 1종 이상을 설치해야 하는 제조소등
  – 지정수량의 10배 이상을 저장 또는 취급하는 것(**이동탱크저장소는 제외**)

40 이산화탄소소화기 사용 중 소화기 방출구에 생길 수 있는 물질은?

① 포스겐 　② 일산화탄소
③ 드라이아이스 　④ 수소가스

≫ 이산화탄소를 소화약제로 사용하는 경우 액체 이산화탄소가 소화기의 가는 관을 통과하면서 압력과 온도가 감소하게 되고 이로 인해 고체상태인 **드라이아이스가 생성**되면서 노즐이 막히는 현상이 발생하는데 이를 줄-톰슨 효과라고 한다.

제3과목 위험물의 성질과 취급

41 다음 중 위험물의 저장 또는 취급에 관한 기술상의 기준과 관련하여 시·도의 조례에 의해 규제를 받는 경우는?

① 등유 2,000L를 저장하는 경우
② 중유 3,000L를 저장하는 경우
③ 윤활유 5,000L를 저장하는 경우
④ 휘발유 400L를 저장하는 경우

≫ 지정수량 이상의 위험물의 저장·취급 및 운반의 기준과 지정수량 미만의 위험물의 운반의 기준은 위험물안전관리법의 규제를 받고 **지정수량 미만의 위험물**의 저장·취급의 기준은 **시·도 조례의 규제**를 받는다.
① 지정수량이 1,000L인 등유(제2석유류 비수용성)를 2,000L로 저장하는 경우 : 지정수량 이상
② 지정수량이 2,000L인 중유(제3석유류 비수용성)를 3,000L로 저장하는 경우 : 지정수량 이상
③ 지정수량이 6,000L인 윤활유(제4석유류)를 5,000L로 저장하는 경우 : **지정수량 미만**
④ 지정수량이 200L인 휘발유(제1석유류 비수용성)를 400L로 저장하는 경우 : 지정수량 이상

42 다음 중 과망가니즈산칼륨과 혼촉하였을 때 위험성이 가장 낮은 물질은?

① 물 　② 다이에틸에터
③ 글리세린 　④ 염산

≫ 과망가니즈산칼륨($KMnO_4$)은 제1류 위험물로서 산소공급원의 역할을 하며, 물에 잘 녹는 성질이므로 **물과의 위험성은 낮다.** 하지만 다이에틸에터, 글리세린, 염산 등은 그 자체가 가연성이고 반응성이 매우 커 과망가니즈산칼륨과 혼합 또는 접촉시키면 위험하다.

43 물과 접촉하면 위험한 물질로만 나열된 것은?

① CH_3CHO, CaC_2, $NaClO_4$

② K_2O_2, $K_2Cr_2O_7$, CH_3CHO

③ K_2O_2, Na, CaC_2

④ Na, $K_2Cr_2O_7$, $NaClO_4$

》① • CH_3CHO : 제4류 위험물 중 특수인화물로서 물과 반응하지 않는다.
  • CaC_2 : 제3류 위험물로서 물과 반응 시 아세틸렌가스가 발생하기 때문에 위험하다.
  • $NaClO_4$: 제1류 위험물로서 물과 반응하지 않는다.
② • K_2O_2 : 제1류 위험물로서 물과 반응 시 산소가 발생하기 때문에 위험하다.
  • $K_2Cr_2O_7$: 제1류 위험물로서 물과 반응하지 않는다.
  • CH_3CHO : 제4류 위험물 중 특수인화물로서 물과 반응하지 않는다.
③ • K_2O_2 : 제1류 위험물로서 물과 반응 시 산소가 발생하기 때문에 **위험하다**.
  • Na : 제3류 위험물로서 물과 반응 시 수소가 발생하기 때문에 **위험하다**.
  • CaC_2 : 제3류 위험물로서 물과 반응 시 아세틸렌가스가 발생하기 때문에 **위험하다**.
④ • Na : 제3류 위험물로서 물과 반응 시 수소가 발생하기 때문에 위험하다.
  • $K_2Cr_2O_7$: 제1류 위험물로서 물과 반응하지 않는다.
  • $NaClO_4$: 제1류 위험물로서 물과 반응하지 않는다.

44 위험물제조소는 문화재보호법에 의한 유형문화재로부터 몇 m 이상의 안전거리를 두어야 하는가?

① 20m   ② 30m

③ 40m   ④ 50m

》 제조소의 안전거리기준
  1) 주거용 건축물(제조소의 동일부지 외에 있는 것) : 10m 이상
  2) 학교, 병원, 극장(300명 이상), 다수인 수용시설 : 30m 이상
  3) **유형문화재**, 지정문화재 : **50m 이상**
  4) 고압가스, 액화석유가스 등의 저장·취급 시설 : 20m 이상
  5) 사용전압이 7,000V 초과 35,000V 이하인 특고압가공전선 : 3m 이상
  6) 사용전압이 35,000V를 초과하는 특고압가공전선 : 5m 이상

45 위험물제조소등의 안전거리의 단축기준과 관련해서 $H \leq pD^2 + a$인 경우 방화상 유효한 담의 높이는 2m 이상으로 한다. 다음 중 a에 해당되는 것은?

① 인근 건축물의 높이(m)

② 제조소등의 외벽의 높이(m)

③ 제조소등과 공작물과의 거리(m)

④ 제조소등과 방화상 유효한 담과의 거리(m)

》 위험물제조소등의 안전거리를 단축하기 위해 설치하는 방화상 유효한 담의 높이(h)는 다음에서 구한 수치 이상으로 한다.

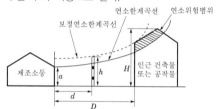

• $H \leq pD^2 + a$인 경우 : $h = 2$
• $H > pD^2 + a$인 경우 : $h = H - p(D^2 - d^2)$

여기서, D : 제조소등과 인근 건축물 또는 공작물과의 거리(m)
  H : 인근 건축물 또는 공작물의 높이(m)
  a : **제조소등의 외벽의 높이(m)**
  d : 제조소등과 방화상 유효한 담과의 거리(m)
  h : 방화상 유효한 담의 높이(m)
  p : 상수(0.15 또는 0.04)

46 황화인에 대한 설명으로 틀린 것은?

① 고체이다.

② 가연성 물질이다.

③ P_4S_3, P_2S_5 등의 물질이 있다.

④ 물질에 따른 지정수량은 50kg, 100kg 등이 있다.

》 황화인은 제2류 위험물로서 가연성 고체이며, 그 종류로는 삼황화인(P_4S_3), 오황화인(P_2S_5), 칠황화인(P_4S_7)이 있으며, 이들의 **지정수량은 모두 100kg으로 동일**하다.

정답   43. ③ 44. ④ 45. ② 46. ④

47 위험물안전관리법령상 지정수량의 각각 10배를 운반할 때 혼재할 수 있는 위험물은?

① 과산화나트륨과 과염소산
② 과망가니즈산칼륨과 적린
③ 질산과 알코올
④ 과산화수소와 아세톤

≫ ① 과산화나트륨은 **제1류 위험물**이고 과염소산은 **제6류 위험물**이므로 **혼재할 수 있다.**
② 과망가니즈산칼륨은 제1류 위험물이고 적린은 제2류 위험물이므로 혼재 불가능하다.
③ 질산은 제6류 위험물이고 알코올은 제4류 위험물이므로 혼재 불가능하다.
④ 과산화수소는 제6류 위험물이고 아세톤은 제4류 위험물이므로 혼재 불가능하다.

Check 위험물 운반에 관한 혼재기준

423, 524, 61의 숫자 조합으로 표를 만들 수 있다.

위험물의 구분	제1류	제2류	제3류	제4류	제5류	제6류
제1류		×	×	×	×	○
제2류	×		×	○	○	×
제3류	×	×		○	×	×
제4류	×	○	○		○	×
제5류	×	○	×	○		×
제6류	○	×	×	×	×	

※ 단, 지정수량의 1/10 이하의 양에 대해서는 이 기준을 적용하지 않는다.

48 아세트알데하이드의 저장 시 주의할 사항으로 틀린 것은?

① 구리나 마그네슘 합금용기에 저장한다.
② 화기를 가까이 하지 않는다.
③ 용기의 파손에 유의한다.
④ 찬 곳에 저장한다.

≫ 제4류 위험물 중 특수인화물인 **아세트알데하이드** 및 산화프로필렌은 은, 수은, **동, 마그네슘과 반응 시 금속아세틸라이드라는 폭발성 물질을 생성**하므로 이들 금속 및 이의 합금으로 된 용기를 사용하여서는 안 된다.

톡톡 튀는 암기법 수은, 은, 구리(동), 마그네슘 ⇨ 수은 구루마

49 가연성 물질이며 산소를 다량 함유하고 있기 때문에 자기연소가 가능한 물질은?

① $C_6H_2CH_3(NO_2)_3$
② $CH_3COC_2H_5$
③ $NaClO_4$
④ HNO_3

≫ ① $C_6H_2CH_3(NO_2)_3$: 트라이나이트로톨루엔(**제5류 위험물**)
② $CH_3COC_2H_5$: 메틸에틸케톤(제4류 위험물)
③ $NaClO_4$: 과염소산나트륨(제1류 위험물)
④ HNO_3 : 질산(제6류 위험물)

💡 Tip
화학식에 나이트로기($-NO_2$)가 2개 이상 포함되어 있으면 제5류 위험물에 속하는 물질입니다.

50 오황화인이 물과 작용해서 발생하는 기체는?

① 이황화탄소 ② 황화수소
③ 포스겐가스 ④ 인화수소

≫ 오황화인(P_2S_5)은 **물과 반응 시 황화수소(H_2S)라는 가연성 가스**와 함께 인산(H_3PO_4)을 발생한다.
• 물과 반응식
$P_2S_5 + 8H_2O \rightarrow 5H_2S + 2H_3PO_4$

Check
오황화인은 연소 시 오산화인(P_2O_5)과 이산화황(SO_2)이라는 가스를 발생한다.
• 연소반응식
$2P_2S_5 + 15O_2 \rightarrow 2P_2O_5 + 10SO_2$

51 질산암모늄이 가열 분해하여 폭발하였을 때 발생되는 물질이 아닌 것은?

① 질소 ② 물
③ 산소 ④ 수소

≫ 질산암모늄(NH_4NO_3)은 제1류 위험물 중 질산염류에 속하는 위험물로서 가열 분해 시 질소(N_2)와 산소(O_2), 그리고 물(H_2O)이 발생한다.
• 질산암모늄의 분해반응식
$2NH_4NO_3 \rightarrow 2N_2 + O_2 + 4H_2O$

💡 Tip
제1류 위험물 자신은 불연성이므로 분해 시 가연성인 수소가스는 절대 나오지 않는다.

정답 47. ① 48. ① 49. ① 50. ② 51. ④

52 질산과 과염소산의 공통 성질로 옳은 것은?

① 강한 산화력과 환원력이 있다.

② 물과 접촉하면 반응이 없으므로 화재 시 주수소화가 가능하다.

③ 가연성이 없으며, 가연물 연소 시에 소화를 돕는다.

④ 모두 산소를 함유하고 있다.

》 ① 둘 다 제6류 위험물이므로 강한 산화력은 가지고 있지만 자신이 직접 타는 성질인 환원력은 없다.
  ② 과염소산은 물과 접촉하면 발열반응을 일으킨다.
  ③ 산소공급원의 역할을 하는 위험물이므로 가연물의 연소를 돕는 것은 맞지만 소화를 돕는 것은 아니다.
  ④ 둘 다 제6류 위험물이므로 **모두 산소를 함유**하고 있다.

53 위험물안전관리법령상 제4류 위험물 중 1기압에서 인화점이 21℃인 물질은 제 몇 석유류에 해당하는가?

① 제1석유류 ② 제2석유류

③ 제3석유류 ④ 제4석유류

》 제4류 위험물의 인화점 범위
  1) 특수인화물은 이황화탄소, 다이에틸에터, 그 밖에 1기압에서 발화점이 100℃ 이하인 것 또는 인화점이 영하 20℃ 이하이고 비점이 40℃ 이하인 것을 말한다.
  2) 제1석유류는 아세톤, 휘발유, 그 밖에 1기압에서 인화점이 21℃ 미만인 것을 말한다.
  3) 알코올류 : 탄소수 1개에서 3개까지의 포화 1가 알코올을 말한다.
  4) **제2석유류**는 등유, 경유, 그 밖에 **1기압에서 인화점이 21℃ 이상 70℃ 미만**인 것을 말한다.
  5) 제3석유류는 중유, 크레오소트유, 그 밖에 1기압에서 인화점이 70℃ 이상 200℃ 미만인 것을 말한다.
  6) 제4석유류는 기어유, 실린더유, 그 밖에 1기압에서 인화점이 200℃ 이상 250℃ 미만의 것을 말한다.
  7) 동식물유류는 동물의 지육 등 또는 식물의 종자나 과육으로부터 추출한 것으로서 1기압에서 인화점이 250℃ 미만인 것을 말한다.

54 어떤 공장에서 아세톤과 메탄올을 18L 용기에 각각 10개, 등유를 200L 드럼으로 3드럼을 저장하고 있다면, 각각의 지정수량 배수의 총합은 얼마인가?

① 1.3 ② 1.5

③ 2.3 ④ 2.5

》 아세톤(제1석유류 수용성)의 지정수량은 400L이며, 메탄올(알코올류)의 지정수량도 400L, 등유(제2석유류 비수용성)의 지정수량은 1,000L이므로 이들의 지정수량 배수의 합은

$$\frac{18L \times 10개}{400L} + \frac{18L \times 10개}{400L} + \frac{200L \times 3드럼}{1,000L}$$

= 1.5배이다.

55 가솔린에 대한 설명 중 틀린 것은?

① 비중은 물보다 작다.

② 증기비중은 공기보다 크다.

③ 전기에 대한 도체이므로 정전기 발생으로 인한 화재를 방지해야 한다.

④ 물에는 녹지 않지만 유기용제에 녹고 유지 등을 녹인다.

》 ③ 가솔린은 제4류 위험물로서 **전기에 대한 도체가 아니라 불량도체**이므로 정전기를 발생하며 이로 인한 화재를 방지해야 한다.

56 다음 중 증기비중이 가장 큰 물질은?

① C_6H_6

② CH_3OH

③ $CH_3COC_2H_5$

④ $C_3H_5(OH)_3$

》 증기비중은 $\dfrac{분자량}{29}$ 이므로 〈보기〉 중 분자량이 가장 큰 것이 증기비중도 가장 크며, 〈보기〉의 분자량은 다음과 같다.
  ① C_6H_6 : 12(C)×6+1(H)×6=78
  ② CH_3OH : 12(C)+1(H)×4+16(O)=32
  ③ $CH_3COC_2H_5$: 12(C)×4+1(H)×8+16(O)=72
  ④ **$C_3H_5(OH)_3$** : 12(C)×3+1(H)×8+16(O)×3 = **92**

정답 52. ④ 53. ② 54. ② 55. ③ 56. ④

57 질산칼륨에 대한 설명 중 틀린 것은?

① 무색의 결정 또는 백색분말이다.

② 비중이 약 0.81, 녹는점은 약 200℃이다.

③ 가열하면 열분해하여 산소를 방출한다.

④ 흑색화약의 원료로 사용된다.

≫ ② 질산칼륨(KNO_3)은 제1류 위험물이며, 비중이 약 2.1, 녹는점은 약 400℃이다.

> 🔎 **Tip**
>
> 제1류 위험물을 비롯해 제2류, 제5류, 제6류 위험물은 모두 물보다 무겁다.

58 제5류 위험물에 해당하지 않는 것은?

① 나이트로셀룰로오스

② 나이트로글리세린

③ 나이트로벤젠

④ 질산메틸

≫ ① 나이트로셀룰로오스 : 제5류 위험물로서 품명은 질산에스터류이다.

② 나이트로글리세린 : 제5류 위험물로서 품명은 질산에스터류이다.

③ **나이트로벤젠 : 제4류 위험물**로서 품명은 제3석유류이다.

④ 질산메틸 : 제5류 위험물로서 품명은 질산에스터류이다.

59 금속칼륨의 성질에 대한 설명으로 옳은 것은?

① 중금속류에 속한다.

② 이온화경향이 큰 금속이다.

③ 물속에 보관한다.

④ 고광택을 내므로 장식용으로 많이 쓰인다.

≫ ① 금속칼륨(K)은 물보다 가볍고 은백색의 연한 경금속류에 속한다.

② 금속 중 **이온화경향**(전자를 빼앗아 양이온으로 만드려는 힘)**이 가장 큰 금속**이다.

③ 물과 반응 시 수소가스를 발생하므로 물과 접촉시키면 안된다.

④ 광택이 있는 물질이지만 칼륨 자체를 장식용으로 사용하지는 않는다.

60 위험물을 적재, 운반할 때 방수성 덮개를 하지 않아도 되는 것은?

① 알칼리금속의 과산화물

② 마그네슘

③ 나이트로화합물

④ 탄화칼슘

≫ ① 알칼리금속의 과산화물(제1류 위험물 중 알칼리금속의 과산화물) : 차광성 덮개와 방수성 덮개

② 마그네슘(제2류 위험물) : 방수성 덮개

③ **나이트로화합물**(제5류 위험물) : **차광성 덮개**

④ 탄화칼슘(제3류 위험물 중 금수성 물질) : 방수성 덮개

Check

(1) 운반 시 차광성 피복으로 가려야 하는 위험물

ⓐ 제1류 위험물

ⓑ 제3류 위험물 중 자연발화성 물질

ⓒ 제4류 위험물 중 특수인화물

ⓓ 제5류 위험물

ⓔ 제6류 위험물

(2) 운반 시 방수성 피복으로 가려야 하는 위험물

ⓐ 제1류 위험물 중 알칼리금속의 과산화물

ⓑ 제2류 위험물 중 철분, 금속분, 마그네슘

ⓒ 제3류 위험물 중 금수성 물질

> 🔎 **Tip**
>
> 제1류 위험물 중 알칼리금속의 과산화물은 방수성 피복으로 가려야 하는 위험물이지만 차광성 피복으로 가려야 하는 제1류 위험물에도 속하므로 이는 차광성 피복과 방수성 피복을 모두 사용해야 하는 위험물에 속합니다.

성공한 사람의 달력에는
"오늘(Today)"이라는 단어가
실패한 사람의 달력에는
"내일(Tomorrow)"이라는 단어가 적혀 있고,

성공한 사람의 시계에는
"지금(Now)"이라는 로고가
실패한 사람의 시계에는
"다음(Next)"이라는 로고가 찍혀 있다고 합니다.

☆

내일(Tomorrow)보다는 오늘(Today)을,
다음(Next)보다는 지금(Now)의 시간을 소중히 여기는
당신의 멋진 미래를 기대합니다. ^^

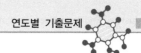
2020 제1,2회 통합 위험물산업기사

제1과목 일반화학

01 물 200g에 A물질 2.9g을 녹인 용액의 어는점은? (단, 물의 어는점 내림상수는 1.86℃·kg/mol 이고, A물질의 분자량은 58이다.)

① −0.017℃ ② −0.465℃

③ −0.932℃ ④ −1.871℃

≫ 빙점(어는점)이란 어떤 용액이 얼기 시작하는 온도를 말하며, 강하란 내림 혹은 떨어진다라는 의미를 갖고 있다. 물에 어떤 물질을 녹인 용액의 빙점은 다음과 같이 빙점강하(ΔT) 공식을 이용하여 구할 수 있다.

$$\Delta T = \frac{1,000 \times w \times K_f}{M \times a}$$

여기서, w(용질 A의 질량) : 2.9g
K_f(물의 어는점 내림상수) : 1.86℃·kg/mol
M(용질 A의 분자량) : 58g/mol
a(용매 물의 질량) : 200g

$$\Delta T = \frac{1,000 \times 2.9 \times 1.86}{58 \times 200} = 0.465℃$$

따라서 용액의 빙점은 물의 빙점 0℃보다 0.465℃ 만큼 더 내린 온도이므로 0℃−0.465℃ = −0.465℃ 이다.

02 다음과 같은 기체가 일정한 온도에서 반응을 하고 있다. 평형에서 기체 A, B, C가 각각 1몰, 2몰, 4몰이라면 평형상수 K의 값은 얼마인가?

$$A + 3B \rightarrow 2C + 열$$

① 0.5 ② 2

③ 3 ④ 4

≫ $aA + bB \rightarrow cC$의 반응식에서
평형상수 $K = \dfrac{[C]^c}{[A]^a [B]^b}$이다.

여기서, [A], [B]는 반응 전 물질의 몰농도, [C]는 반응 후 물질의 몰농도이며, a, b, c는 물질의 계수를 나타낸다.
〈문제〉의 반응식 A + 3B → 2C에서 $a = 1$, $b = 3$, $c = 2$임을 알 수 있으며, 〈문제〉에서 [A]는 1몰농도, [B]는 2몰농도, [C]는 4몰농도라고 하였으므로
$K = \dfrac{[4]^2}{[1][2]^3} = 2$이다.

03 0.01N CH₃COOH의 전리도가 0.01이면, pH 는 얼마인가?

① 2 ② 4

③ 6 ④ 8

≫ 전리도는 이온화도라고도 하며, 물질이 용액에 녹아 이온으로 분리되는 정도를 말한다. 〈문제〉의 아세트산(CH₃COOH)의 수소이온농도[H⁺]는 전리도가 1이라면 0.01N을 유지하겠지만 전리도가 0.01이 되면 0.01×0.01N = 0.0001N 즉, [H⁺] = 10^{-4}N가 된다.
따라서 pH = −log[H⁺]이므로 pH = −log10^{-4} = 4이다.

04 액체나 기체 안에서 미소입자가 불규칙적으로 계속 움직이는 것을 무엇이라 하는가?

① 틴들현상 ② 다이알리시스

③ 브라운운동 ④ 전기영동

≫ ① 틴들현상 : 입자가 큰 콜로이드가 녹아 있는 용액에 센 빛을 비추면 빛의 진로가 보이는 현상
② 다이알리시스 : 투석이라고도 하며, 콜로이드와 콜로이드보다 더 작은 입자를 가진 물질을 반투막에 통과시켜 통과되지 않는 콜로이드를 남기는 현상
③ **브라운운동 : 콜로이드 입자가 불규칙하게 지속적으로 움직이는 현상**
④ 전기영동 : 콜로이드 용액의 전극에 전압을 가했을 때 콜로이드 입자가 한쪽 전극의 방향으로 이동하는 현상

정답 01.② 02.② 03.② 04.③

05 다음 중 파장이 가장 짧으면서 투과력이 가장 강한 것은?

① α-선   ② β-선

③ γ-선   ④ X-선

≫ **방사선의 투과력 세기**는 $\alpha < \beta < \gamma$이므로, 파장이 가장 짧으면서 투과력이 가장 강한 것은 γ-선이다.

06 1패럿(Farad)의 전기량으로 물을 전기분해하였을 때 생성되는 수소기체는 0℃, 1기압에서 얼마의 부피를 갖는가?

① 5.6L   ② 11.2L

③ 22.4L   ④ 44.8L

≫ 1F(패럿)이란 물질 1g당량을 석출하는 데 필요한 전기량이므로 1F(패럿)의 전기량으로 물(H_2O)을 전기분해하면 수소(H_2) 1g당량과 산소(O_2) 1g당량이 발생한다.

여기서, 1g당량이란 $\dfrac{\text{원자량}}{\text{원자가}}$인데 H(수소)는 원자량이 1g이고 원자가도 1이기 때문에 H의 1g당량은 $\dfrac{1g}{1}=1g$이다.

0℃, 1기압에서 수소기체(H_2) 1몰 즉, 2g의 부피는 22.4L이지만 1F(패럿)의 전기량으로 얻는 수소기체 1g당량 즉, 수소기체 1g은 0.5몰이므로 수소의 부피는 0.5몰×22.4L=11.2L이다.

Check **산소기체의 부피**
O(산소)는 원자량이 16g이고 원자가는 2이기 때문에 O의 1g당량은 $\dfrac{16g}{2}=8g$이다. 0℃, 1기압에서 산소기체(O_2) 1몰 즉, 32g의 부피는 22.4L이지만 1F(패럿)의 전기량으로 얻는 산소기체 1g당량 즉, 산소기체 8g은 0.25몰이므로 산소의 부피는 0.25몰×22.4L=5.6L이다.

07 구리줄을 불에 달구어 약 50℃ 정도의 메탄올에 담그면 자극성 냄새가 나는 기체가 발생한다. 이 기체는 무엇인가?

① 폼알데하이드
② 아세트알데하이드
③ 프로페인
④ 메틸에터

≫ 산화란 수소를 잃거나 산소를 얻는 과정을 말한다. 구리를 불에 달구는 산화반응을 통해 메탄올(CH_3OH)을 **산화시키면 메탄올은 H_2를 잃어 폼알데하이드(HCHO)를 생성**하고, 생성된 폼알데하이드(HCHO)는 O를 얻는 산화를 통해 최종적으로 폼산(HCOOH)이 된다.

• 메틸알코올(메탄올)의 산화과정

$$CH_3OH \xrightarrow{-H_2} HCHO \xrightarrow{+0.5O_2} HCOOH$$

08 다음 〈보기〉의 금속원소를 반응성이 큰 순서부터 나열한 것은?

> Na, Li, Cs, K, Rb

① Cs > Rb > K > Na > Li
② Li > Na > K > Rb > Cs
③ K > Na > Rb > Cs > Li
④ Na > K > Rb > Cs > Li

≫ 〈보기〉의 원소들은 모두 같은 알칼리금속족에 속하며, **알칼리금속은 원자번호가 증가할수록** 즉, 아래로 내려갈수록 **반응성도 커진다.** 따라서 **반응성이 가장 큰 Cs(세슘)**부터 Rb(루비듐), K(칼륨), Na(나트륨), Li(리튬)의 순서대로 나열하면 된다.

09 "기체의 확산속도는 기체의 밀도(또는 분자량)의 제곱근에 반비례한다."라는 법칙과 연관성이 있는 것은?

① 미지의 기체 분자량을 측정에 이용할 수 있는 법칙이다.
② 보일-샤를이 정립한 법칙이다.
③ 기체상수 값을 구할 수 있는 법칙이다.
④ 이 법칙은 기체상태방정식으로 표현된다.

≫ "기체의 확산속도는 기체의 밀도(또는 분자량)의 제곱근에 반비례한다."는 그레이엄이 정립한 법칙으로서 공식은 다음과 같으며, 기체의 확산속도를 이용해 **알 수 없는 기체의 분자량을 구할 수 있다.**

• 기체의 확산속도 법칙 : $V=\sqrt{\dfrac{1}{M}}$

여기서, V : 기체의 확산속도
M : 기체의 분자량

정답   05. ③   06. ②   07. ①   08. ①   09. ①

10 다음 물질 중에서 염기성인 것은?

① $C_6H_5NH_2$　　② $C_6H_5NO_2$

③ C_6H_5OH　　④ C_6H_5COOH

≫ 염기성 물질은 수소이온(H^+)을 받는 물질을 말한다. $C_6H_5NH_2$(아닐린)이 H_2O(물)에 녹으면 H^+을 받고 **OH⁻(수산기)를 내놓으므로 염기성 물질에** 속한다.
- 아닐린과 물의 반응식
  $C_6H_5NH_2 + H_2O \rightarrow C_6H_5NH_3^+ + OH^-$
  그 외 $C_6H_5NO_2$(나이트로벤젠), C_6H_5OH(페놀), C_6H_5COOH(벤조산)은 모두 산성 물질에 속한다.

11 다음의 반응에서 환원제로 쓰인 것은?

$$MnO_2 + 4HCl \rightarrow MnCl_2 + 2H_2O + Cl_2$$

① Cl_2　　② $MnCl_2$

③ HCl　　④ MnO_2

≫ 환원제란 산화제로부터 산소를 받아들여 자신이 직접 탈 수 있는 가연물을 의미하며, 산화제란 자신이 포함하고 있는 산소를 환원제(가연물)에게 공급해 주는 물질을 의미한다. 반응식에서 환원제 또는 산화제의 역할을 하는 물질은 반응 전의 물질들 중에서 결정되며 반응 후의 물질들은 단지 생성물의 의미만 갖는다.
따라서 반응 전의 물질인 MnO_2과 HCl 중에 산소를 포함하고 있는 MnO_2가 산화제가 되고, 이 산화제와 반응하고 있는 **HCl은 환원제가 되며,** $MnCl_2$와 H_2O와 Cl_2은 산화제도 아니고 환원제도 아닌 이 반응의 생성물들이다.

12 ns^2np^5의 전자구조를 가지지 않는 것은?

① F(원자번호 9)

② Cl(원자번호 17)

③ Se(원자번호 34)

④ I(원자번호 53)

≫ ns^2np^5에서 n은 주양자수를 나타내는데, n에 2를 대입하면 전자구조는 $2s^22p^5$이 되고 n에 3을 대입하면 전자구조는 $3s^23p^5$이 된다. 이 경우 주양자수 2와 3의 오비탈에 전자를 채우기 위해서는 주양자수 1의 오비탈에 전자를 먼저 채워야 하므로 실제 전자를 모두 채운 상태의 전자배열은 $1s^22s^22p^5$과 $1s^22s^22p^63s^23p^5$이 된다.

여기서 전자구조 $1s^22s^22p^5$은 전자가 1s와 2s에 2개씩 들어있고 2p에는 5개가 들어있으므로 총 전자수는 9개로서 원자번호 9번인 플루오린(F)을 말하는 것이며, 전자구조 $1s^22s^22p^63s^23p^5$은 전자가 1s와 2s에 각 2개, 2p에 6개, 3s에 2개, 3p에 5개가 들어있으므로 총 전자수는 17개로서 원자번호 17번인 염소(Cl)를 말하는 것이다.
따라서 ns^2np^5은 플루오린(F)과 염소(Cl)뿐만 아니라 브로민(Br)과 아이오딘(I)의 전자구조도 나타낼 수 있는 것으로 할로젠원소의 전자구조라 할 수 있다.

13 98% H_2SO_4 50g에서 H_2SO_4에 포함된 산소원자 수는?

① 3×10^{23}개

② 6×10^{23}개

③ 9×10^{23}개

④ 1.2×10^{24}개

≫ H_2SO_4(황산) 1mol의 분자량은 1(H)g×2+32(S)g+16(O)g ×4 = 98g이며, 여기에 포함된 산소는 4몰이다. 〈문제〉의 98% 황산 50g은 0.98× 50g =49g으로 황산 98g의 절반의 양이므로 여기에 포함된 산소 역시 절반인 2몰이다. 한편 모든 기체 1몰의 원자 수는 아보가드로의 수인 6.02×10^{23}개이므로 산소 2몰의 원자 수는 12.04 $\times 10^{23}$개이고 이는 1.2×10^{24}개와 같은 수이다.

14 질소와 수소로 암모니아를 합성하는 반응의 화학반응식은 다음과 같다. 암모니아의 생성률을 높이기 위한 조건은?

$$N_2 + 3H_2 \rightarrow 2NH_3 + 22.1kcal$$

① 온도와 압력을 낮춘다.

② 온도는 낮추고, 압력은 높인다.

③ 온도를 높이고, 압력은 낮춘다.

④ 온도와 압력을 높인다.

≫ 화학평형의 이동
1) 온도를 높이면 흡열반응 쪽으로 반응이 진행되고, 온도를 낮추면 발열반응 쪽으로 반응이 진행된다.
2) 압력을 높이면 기체 몰수의 합이 적은 쪽으로 반응이 진행되고, 압력을 낮추면 기체 몰수의 합이 많은 쪽으로 반응이 진행된다.

정답　10. ①　11. ③　12. ③　13. ④　14. ②

〈문제〉의 반응식은 반응식의 왼쪽에 있는 N_2와 H_2를 반응시켜 반응식의 오른쪽에 있는 암모니아(NH_3)를 생성하면서 22.1kcal의 열을 발생하는 발열반응을 나타낸다. 여기서 암모니아의 생성률을 높이기 위한 조건이란 반응식의 왼쪽에서 반응식의 오른쪽으로 반응이 진행되도록 할 수 있는 조건을 말하며, 이를 위한 온도와 압력에 대한 화학평형의 이동은 다음과 같다.

1) 반응식의 왼쪽에서 오른쪽으로의 반응은 발열반응이므로 **발열반응 쪽으로 반응이 진행되도록 하기 위해서는 온도를 낮춰야 한다.**

2) 반응식의 왼쪽의 기체 몰수의 합은 1몰(N_2) + 3몰(H_2) = 4몰이고, 오른쪽의 기체 몰수는 2몰(NH_3)이므로 **기체 몰수의 합이 많은 왼쪽에서 기체 몰수의 합이 적은 오른쪽으로 반응이 진행되도록 하기 위해서는 압력을 높여야 한다.**

따라서 이 반응에서 암모니아의 생성률을 높이기 위해서는 온도는 낮추고 압력은 높여야 한다.

15 pH가 2인 용액은 pH가 4인 용액과 비교하면 수소이온농도가 몇 배인 용액이 되는가?

① 100배   ② 2배
③ 10^{-1}배   ④ 10^{-2}배

》 pH = $-\log[H^+]$이며 pH = 2는 $-\log[H^+]$ = 2로 나타낼 수 있으므로 이때의 농도 $[H^+]$ = 10^{-2}이고 pH = 4는 $-\log[H^+]$ = 4로 나타낼 수 있으므로 이때의 농도 $[H^+]$ = 10^{-4}이다.
따라서 pH = 2인 용액의 농도 10^{-2}는 pH = 4인 용액의 농도 10^{-4}의 100배이다.

16 다음 그래프는 어떤 고체물질의 온도에 따른 용해도 곡선이다. 이 물질의 포화용액을 80℃에서 0℃로 내렸더니 20g의 용질이 석출되었다. 80℃에서 이 포화용액의 질량은 몇 g인가?

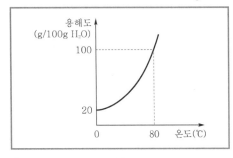

① 50g   ② 75g
③ 100g   ④ 150g

》 용해도란 특정 온도에서 용매 100g에 녹는 용질의 g수를 말하는데, 여기서 용매는 녹이는 물질이고 용질은 녹는 물질이며 용액은 용매와 용질을 더한 값이다.
[그래프]에 표시된 각 온도에서의 용해도를 이용하여 다음과 같이 용액의 질량을 구할 수 있다.
• 80℃에서 용해도 100인 용액 : 용매 100g에 용질이 100g 녹아 있는 것이므로
  용액 = 100g + 100g = 200g
• 0℃에서 용해도 20인 용액 : 용매 100g에 용질이 20g 녹아 있는 것이므로
  용액 = 100g + 20g = 120g
정리하면 80℃에서는 용액 200g에 용질이 100g 녹아 있고 0℃에서는 용액 120g에 용질이 20g 녹아 있으므로 온도를 80℃에서 0℃로 낮추면 녹지 않고 석출되는 용질의 양은 100g − 20g = 80g이 된다. 하지만 〈문제〉는 온도를 80℃에서 0℃로 낮추었더니 녹지 않고 석출된 용질의 양이 80g이 아닌 20g이었고 이 경우 낮추기 전의 온도인 80℃에서 용액은 몇 g인지를 구하라는 것이다.
다시 말해 석출된 용질의 양이 80g일 때는 용액이 200g이었는데 석출된 용질의 양이 20g밖에 되지 않는 경우는 용액이 몇 g인지 구해야 하므로 다음의 비례식을 이용하면 된다.
석출된 용질의 양   용액의 양

80 × x = 20 × 200
∴ x = 50g

17 중성원자가 무엇을 잃으면 양이온으로 되는가?

① 중성자   ② 핵전하
③ 양성자   ④ 전자

》 중성원자는 양이온(+)과 전자(−)로 구성되어 있는데, 이 중 중성원자가 **전자(−)를 잃으면 양이온(+)만** 남게 된다.

18 2차 알코올을 산화시켜서 얻어지며, 환원성이 없는 물질은?

① CH_3COCH_3
② $C_2H_5OC_2H_5$
③ CH_3OH
④ CH_3OCH_3

2차 알코올이란 알킬이 2개 존재하는 알코올을 말하며, 2차 알코올을 산화시키면 수소(H_2)를 잃어 케톤($R-CO-R'$)이 만들어진다. $(CH_3)_2CHOH$(아이소프로필알코올)은 CH_3(메틸)이 2개 존재하므로 **2차 알코올**이며, 여기서 **수소 2개를 빼서 산화시키면** 아세톤이라 불리는 CH_3COCH_3(다이메틸케톤)이 만들어진다.

19 다음은 표준수소전극과 짝지어 얻은 반쪽반응 표준환원전위 값이다. 이들 반쪽전지를 짝지었을 때 얻어지는 전지의 표준전위차 E^0는?

> $Cu^{2+} + 2e^- \rightarrow Cu$, $E^0 = +0.34V$
> $Ni^{2+} + 2e^- \rightarrow Ni$, $E^0 = -0.23V$

① +0.11V
② −0.11V
③ +0.57V
④ −0.57V

>>> 일반적으로 이온화경향이 큰 금속은 전자를 잃는 산화반응을 하고, 이온화경향이 작은 금속은 전자를 얻는 환원반응을 한다. 〈문제〉의 두 금속 중 Ni(니켈)이 Cu(구리)보다 이온화경향이 더 크므로 Ni은 산화반응을 하고, Cu는 환원반응을 한다. 표준전위차란 환원반응하는 전지의 표준전위 값에서 산화반응하는 전지의 표준전위 값을 뺀 것으로 Cu의 표준전위 값 +0.34V에서 Ni의 표준전위 값 −0.23V를 빼면 이 전지의 표준전위차 $E^0 = +0.34V - (-0.23V) = +0.57V$이다.

20 다이에틸에터는 에탄올과 진한 황산의 혼합물을 가열하여 제조할 수 있는데 이것을 무슨 반응이라고 하는가?

① 중합반응
② 축합반응
③ 산화반응
④ 에스터화반응

>>> 에탄올 2몰을 진한 황산을 촉매로 사용해 가열하면 물이 빠져나오면서 다이에틸에터를 만드는데 이때 물이 빠져나오는 탈수반응을 축합반응이라고 부르기도 한다.
• 에탄올의 축합반응식(140℃)

$$2C_2H_5OH \xrightarrow{H_2SO_4} C_2H_5OC_2H_5 + H_2O$$

제2과목 **화재예방과 소화방법**

21 1기압, 100℃에서 물 36g이 모두 기화되었다. 생성된 기체는 약 몇 L인가?

① 11.2
② 22.4
③ 44.8
④ 61.2

>>> 물(H_2O) 1mol의 분자량은 1(H)g×2 + 16(O)g = 18g이며, 1기압 100℃에서 물 36g을 기화시켜 기체로 만들었을 때의 부피는 다음과 같이 이상기체상태방정식으로 구할 수 있다.

$$PV = \frac{w}{M}RT$$

여기서, P(압력) : 1기압
$\quad\quad V$(부피) : V(L)
$\quad\quad w$(질량) : 36g
$\quad\quad M$(분자량) : 18g/mol
$\quad\quad R$(이상기체상수) : 0.082atm·L/K·mol
$\quad\quad T$(절대온도) : (273 + 100)(K)

$$1 \times V = \frac{36}{18} \times 0.082 \times (273 + 100)$$

$$\therefore V = 61.2L$$

22 스프링클러설비에 관한 설명으로 옳지 않은 것은?

① 초기화재 진화에 효과가 있다.
② 살수밀도와 무관하게 제4류 위험물에는 적응성이 없다.
③ 제1류 위험물 중 알칼리금속의 과산화물에는 적응성이 없다.
④ 제5류 위험물에는 적응성이 있다.

>>> 물이 소화약제인 스프링클러설비는 제4류 위험물의 화재에는 적응성이 없지만 **살수 기준면적에 따른 방사밀도**가 다음 [표]에 정하는 기준 이상을 충족하는 경우에는 **스프링클러설비도 제4류 위험물의 화재에 적응성을 갖게** 된다.

살수 기준면적(m^2)	방사밀도(L/m^2·분)		비 고
	인화점 38℃ 미만	인화점 38℃ 이상	
279 미만	16.3 이상	12.2 이상	살수 기준면적은 내화구조의 벽 및 바닥으로 구획된 하나의 실의 바닥면적을 말한다.
279 이상 372 미만	15.5 이상	11.8 이상	
372 이상 465 미만	13.9 이상	9.8 이상	
465 이상	12.2 이상	8.1 이상	

23 표준상태에서 프로페인 2m^{3}가 완전연소할 때 필요한 이론공기량은 약 몇 m^{3}인가? (단, 공기 중 산소농도는 21vol%이다.)

① 23.81

② 35.72

③ 47.62

④ 71.43

» 프로페인(C_3H_8)을 연소할 때 필요한 공기의 부피를 구하기 위해서는 연소에 필요한 산소의 부피를 먼저 구해야 한다. 아래의 연소반응식에서 알 수 있듯이 22.4L(1몰)의 프로페인을 연소시키기 위해 필요한 산소는 5 × 22.4L인데 〈문제〉는 2m^{3}의 프로페인을 연소시키기 위해서는 몇 m^{3}의 산소가 필요한가를 구하는 것이므로 다음과 같이 비례식을 이용하여 구할 수 있다.

• 프로페인의 연소반응식

$$C_3H_8 + 5O_2 \rightarrow 3CO_2 + 4H_2O$$

$$\begin{array}{cc} 22.4L & 5 \times 22.4L \\ 2m^3 & x_{산소}(m^3) \end{array}$$

$$22.4 \times x_{산소} = 2 \times 5 \times 22.4$$

$$\therefore x_{산소} = 10m^3$$

여기서, 프로페인 2m^{3}를 연소시키는 데 필요한 산소의 부피는 10m^{3}이지만 〈문제〉의 조건은 연소에 필요한 산소의 부피가 아니라 공기의 부피를 구하는 것이다. 공기 중 산소의 부피는 공기 부피의 21%이므로 공기의 부피를 구하는 식은 다음과 같다.

공기의 부피 = 산소의 부피 × $\frac{100}{21}$ = 10m^3 × $\frac{100}{21}$

= 47.62m^3

⊙ Tip

공기 100% 중 산소는 21%의 부피비를 차지하므로 공기는 산소보다 약 5배 즉, $\frac{100}{21}$ 배 더 많은 부피이므로 앞으로 공기의 부피를 구하는 문제가 출제되면 "공기의 부피 = 산소의 부피 × $\frac{100}{21}$"이라는 공식을 활용하시기 바랍니다.

24 묽은 질산이 칼슘과 반응하였을 때 발생하는 기체는?

① 산소

② 질소

③ 수소

④ 수산화칼슘

» 묽은 질산은 칼슘(Ca)과 같은 금속과 반응할 경우 수소(H_2)를 발생시킨다.

• 묽은 질산과 칼슘의 반응식

$$Ca + 2HNO_3 \rightarrow Ca(NO_3)_2 + H_2$$

칼슘 　　묽은질산 　　질산칼슘 　　수소

25 소화기와 주된 소화효과가 올바르게 짝지어진 것은?

① 포소화기 – 제거소화

② 할로젠화합물소화기 – 냉각소화

③ 탄산가스소화기 – 억제소화

④ 분말소화기 – 질식소화

» ① 포소화기 – 질식소화

② 할로젠화합물소화기 – 억제소화

③ 탄산가스(이산화탄소)소화기 – 질식소화

④ **분말소화기 – 질식소화**

26 인화점이 70℃ 이상인 제4류 위험물을 저장·취급하는 소화난이도 등급 I의 옥외탱크저장소(지중탱크 또는 해상탱크 외의 것)에 설치하는 소화설비는?

① 스프링클러소화설비

② 물분무소화설비

③ 간이소화설비

④ 분말소화설비

» 소화난이도 등급 I의 옥외탱크저장소(지중탱크, 해상탱크 외의 것)에 설치하는 소화설비

1) 황만을 저장·취급하는 것 : 물분무소화설비

2) **인화점 70℃ 이상인 제4류 위험물만을 저장·취급하는 것 : 물분무소화설비** 또는 고정식 포소화설비

3) 그 밖의 것 : 고정식 포소화설비(포소화설비가 적응성이 없는 경우에는 분말소화설비)

27 Na_2O_2와 반응하여 제6류 위험물을 생성하는 것은?

① 아세트산

② 물

③ 이산화탄소

④ 일산화탄소

» 과산화나트륨(Na_2O_2)은 제1류 위험물 중 알칼리금속에 속하며, 〈보기〉의 물질들과 다음과 같은 반응을 한다.

정답　23. ③　24. ③　25. ④　26. ②　27. ①

① **아세트산(CH_3COOH)과 반응**하여 아세트산나트륨(CH_3COONa)과 **제6류 위험물인 과산화수소(H_2O_2)를 발생**한다.
  • 아세트산과의 반응식
    $Na_2O_2 + 2CH_3COOH \rightarrow 2CH_3COONa + H_2O_2$
② 물(H_2O)과 반응하여 수산화나트륨($NaOH$)과 산소(O_2)를 발생한다.
  • 물과의 반응식
    $2Na_2O_2 + 2H_2O \rightarrow 4NaOH + O_2$
③ 이산화탄소(CO_2)와 반응하여 탄산나트륨(Na_2CO_3)과 산소(O_2)를 발생한다.
  • 이산화탄소와의 반응식
    $2Na_2O_2 + 2CO_2 \rightarrow 2Na_2CO_3 + O_2$
④ 일산화탄소(CO)와 반응하여 탄산나트륨(Na_2CO_3)을 발생한다.
  • 일산화탄소와의 반응식
    $Na_2O_2 + CO \rightarrow Na_2CO_3$

28 다음 물질의 화재 시 내알코올포를 사용하지 못하는 것은?

① 아세트알데하이드
② 알킬리튬
③ 아세톤
④ 에탄올

》 제4류 위험물 중 수용성 물질의 화재에는 일반 포소화약제로 소화할 경우 포가 소멸되어 소화효과가 없기 때문에 포가 소멸되지 않는 내알코올포소화약제를 사용해야 한다. 〈보기〉의 아세트알데하이드와 아세톤, 그리고 에탄올은 모두 수용성의 제4류 위험물이라 내알코올포를 사용해야 하지만, 알킬리튬은 제3류 위험물 중 금수성 물질이기 때문에 내알코올포를 포함한 모든 포소화약제를 사용할 수 없고 마른 모래 등으로 질식소화해야 한다.

29 다음 중 고체가연물로서 증발연소를 하는 것은?

① 숯
② 나무
③ 나프탈렌
④ 나이트로셀룰로오스

》 고체의 연소형태
1) 표면연소 : 연소물의 표면에서 산소와 산화반응을 하여 연소하는 반응이다.
  예) 코크스(탄소), 목탄(숯), 금속분

2) 분해연소 : 고체가연물이 점화원의 에너지를 공급받게 되면 공급된 에너지에 의해 열분해 반응이 일어나게 되고 이때 발생된 가연성 증기가 공기와 혼합하여 형성된 혼합기체가 연소하는 형태를 의미한다.
  예) 목재, 종이, 석탄, 플라스틱, 합성수지 등
3) 자기연소(내부연소) : 자체적으로 산소공급원을 가지고 있는 고체가연물이 외부로부터 공기 또는 산소공급원의 유입 없이도 연소할 수 있는 형태를 의미한다.
  예) 제5류 위험물
4) 증발연소 : 고체가연물이 점화원의 에너지를 공급받아 액체형태로 상태변화를 일으키면서 가연성 증기를 발생시키고 이 가연성 증기가 공기와 혼합하여 연소하는 형태이다.
  예) 황(S), **나프탈렌($C_{10}H_8$)**, 양초(파라핀) 등

30 이산화탄소의 특성에 관한 내용으로 틀린 것은?

① 전기의 전도성이 있다.
② 냉각 및 압축에 의하여 액화될 수 있다.
③ 공기보다 약 1.52배 무겁다.
④ 일반적으로 무색, 무취의 기체이다.

》 ① 이산화탄소는 전기의 **비전도성**으로 전기화재에도 적응성이 있는 소화약제이다.

31 위험물안전관리법령상 분말소화설비의 기준에서 가압용 또는 축압용 가스로 알맞은 것은?

① 산소 또는 수소
② 수소 또는 질소
③ 질소 또는 이산화탄소
④ 이산화탄소 또는 산소

》 분말소화설비에 사용하는 가압용 또는 축압용 가스는 **질소** 또는 **이산화탄소**로 지정되어 있다.

32 위험물제조소에서 옥내소화전이 1층에 4개, 2층에 6개가 설치되어 있을 때 수원의 수량은 몇 L 이상이 되도록 설치하여야 하는가?

① 13,000   ② 15,600
③ 39,000   ④ 46,800

≫ 위험물제조소에 설치된 옥내소화전설비의 수원
의 양은 옥내소화전이 가장 많이 설치된 층의
옥내소화전의 설치개수(설치개수가 5개 이상이
면 5개)에 7.8m³를 곱한 값 이상의 양으로 한다.
〈문제〉에서 2층의 옥내소화전 개수가 6개로 개
수가 가장 많지만 5개 이상이면 5개를 7.8m³에
곱해야 하므로 수원의 양은 5개 × 7.8m³ = 39m³
이상이며 이는 39,000L 이상의 양과 같다.

Check
옥외소화전설비의 수원의 양은 옥외소화전의 설
치개수(설치개수가 4개 이상이면 4개)에 13.5m³
를 곱한 값 이상의 양으로 한다.

33 Halon 1301에 대한 설명 중 틀린 것은?

① 비점은 상온보다 낮다.
② 액체 비중은 물보다 크다.
③ 기체 비중은 공기보다 크다.
④ 100℃에서도 압력을 가해 액화시켜 저
장할 수 있다.

≫ Halon 1301은 할로젠화합물소화약제로서 화학
식은 CF₃Br이며, 성상은 다음과 같다.
① 비점은 −57.8℃이므로 상온(20℃)보다 낮다.
② 액체상태의 비중은 1.570이므로 물의 비중 1보
다 크다.
③ 기체상태의 비중 즉, 증기비중은
$\frac{12(C) + 19(F) \times 3 + 80(Br)}{29}$ = 5.14이므로
공기보다 크다.
④ 물질이 액화될 수 있는 가장 높은 온도를 임계
온도라고 하는데, Halon 1301의 임계온도는
31℃이므로 100℃에서는 액화시킬 수 없다.

34 위험물안전관리법령상 제조소등에서의 위험
물의 저장 및 취급에 관한 기준에 따르면 보냉
장치가 있는 이동저장탱크에 저장하는 다이
에틸에터의 온도는 얼마 이하로 유지하여야
하는가?

① 비점 ② 인화점
③ 40℃ ④ 30℃

≫ 이동저장탱크에 아세트알데하이드등 또는 다이
에틸에터등을 저장하는 온도
1) 보냉장치가 있는 이동저장탱크 : 비점 이하
2) 보냉장치가 없는 이동저장탱크 : 40℃ 이하

Check
옥외저장탱크·옥내저장탱크 또는 지하저장탱크
에 위험물을 저장하는 온도
(1) 압력탱크 외의 탱크에 저장하는 경우
ⓐ 아세트알데하이드등 : 15℃ 이하
ⓑ 산화프로필렌등과 다이에틸에터등 : 30℃ 이하
(2) 압력탱크에 저장하는 경우
• 아세트알데하이드등 또는 다이에틸에터등 : 40℃
이하

35 과산화수소의 화재예방 방법으로 틀린 것은?

① 암모니아와의 접촉은 폭발의 위험이 있
으므로 피한다.
② 완전히 밀전·밀봉하여 외부 공기와 차
단한다.
③ 불투명 용기를 사용하여 직사광선이 닿
지 않게 한다.
④ 분해를 막기 위해 분해방지 안정제를 사
용한다.

≫ 제6류 위험물인 과산화수소(H₂O₂)는 상온에서도
분해하여 산소를 발생시키며 이때 발생하는 산
소의 압력으로 인해 용기가 파손될 수 있으므로
이를 방지하기 위해 **용기의 마개에 미세한 구멍
을 뚫어 저장**한다.

36 위험물안전관리법령에 따른 옥내소화전설비
의 기준에서 펌프를 이용한 가압송수장치의
경우 펌프의 전양정(H)을 구하는 식으로 옳
은 것은? (단, h_1은 소방용 호스의 마찰손실
수두, h_2는 배관의 마찰손실수두, h_3는 낙차
이며, h_1, h_2, h_3의 단위는 모두 m이다.)

① $H = h_1 + h_2 + h_3$
② $H = h_1 + h_2 + h_3 + 0.35m$
③ $H = h_1 + h_2 + h_3 + 35m$
④ $H = h_1 + h_2 + 0.35m$

≫ 옥내소화전설비의 펌프를 이용한 가압송수장치
에서 펌프의 전양정은 다음 식에 의하여 구한
수치 이상으로 한다.
$H = h_1 + h_2 + h_3 + 35m$

여기서, H : 펌프의 전양정(m)
h_1 : 소방용 호스의 마찰손실수두(m)
h_2 : 배관의 마찰손실수두(m)
h_3 : 낙차(m)

Check

옥내소화전설비의 또 다른 가압송수장치

(1) 고가수조를 이용한 가압송수장치
낙차(수조의 하단으로부터 호스접속구까지의 수직거리)는 다음 식에 의하여 구한 수치 이상으로 한다.

$$H = h_1 + h_2 + 35m$$

여기서, H : 필요낙차(m)
h_1 : 소방용 호스의 마찰손실수두(m)
h_2 : 배관의 마찰손실수두(m)

(2) 압력수조를 이용한 가압송수장치
압력수조의 압력은 다음 식에 의하여 구한 수치 이상으로 한다.

$$P = p_1 + p_2 + p_3 + 0.35MPa$$

여기서, P : 필요한 압력(MPa)
p_1 : 소방용 호스의 마찰손실수두압(MPa)
p_2 : 배관의 마찰손실수두압(MPa)
p_3 : 낙차의 환산수두압(MPa)

37 분말소화약제인 제1인산암모늄(인산이수소암모늄)의 열분해반응을 통해 생성되는 물질로 부착성 막을 만들어 공기를 차단시키는 역할을 하는 것은?

① HPO_3
② PH_3
③ NH_3
④ P_2O_3

≫ 제3종 분말소화약제인 인산암모늄($NH_4H_2PO_4$)은 열분해 시 메타인산(HPO_3)과 암모니아(NH_3), 그리고 수증기(H_2O)를 발생시키는데. 이 중 **메타인산(HPO_3)은 부착성이 좋은 막을 형성**하여 산소의 유입을 차단하는 역할을 한다.
• 제3종 분말소화약제의 열분해반응식
$NH_4H_2PO_4$ → HPO_3 + NH_3 + H_2O

38 점화원 역할을 할 수 없는 것은?

① 기화열
② 산화열
③ 정전기불꽃
④ 마찰열

≫ 기화열은 화재 시 연소면의 열을 흡수함으로써 냉각소화할 수 있는 소화약제이므로 점화원의 역할은 할 수 없다.

39 일반적으로 다량의 주수를 통한 소화가 가장 효과적인 화재는?

① A급 화재
② B급 화재
③ C급 화재
④ D급 화재

≫ ① **A급(일반) 화재 : 주수(냉각)소화**
② B급(유류) 화재 : 질식소화
③ C급(전기) 화재 : 질식소화
④ D급(전기) 화재 : 질식소화

40 소화효과에 대한 설명으로 옳지 않은 것은?

① 산소공급원 차단에 의한 소화는 제거효과이다.
② 가연물질의 온도를 떨어뜨려서 소화하는 것은 냉각효과이다.
③ 촛불을 입으로 바람을 불어 끄는 것은 제거효과이다.
④ 물에 의한 소화는 냉각효과이다.

≫ ① 산소공급원 차단에 의한 소화를 질식효과라 하며, 이는 공기 중에 포함된 산소의 농도를 15% 이하로 떨어뜨려 소화하는 원리를 말한다.

제3과목 **위험물의 성질과 취급**

41 짚, 헝겊 등을 다음의 물질과 적셔서 대량으로 쌓아 두었을 경우 자연발화의 위험성이 가장 높은 것은?

① 동유
② 야자유
③ 올리브유
④ 피마자유

≫ 동식물유류 중 아이오딘값이 130 이상인 것을 건성유라 하는데, 그 종류로는 **동유**, 해바라기유, 아마인유, 들기름이 있으며, 이들은 축적된 산화열로 인해 다른 가연물과 반응하여 자연발화할 수 있는 위험성이 매우 높은 물질들이다.

정답 37. ① 38. ① 39. ① 40. ① 41. ①

42 다음 중 제1류 위험물에 해당하는 것은?

① 염소산칼륨　　② 수산화칼륨

③ 수소화칼륨　　④ 아이오딘화칼륨

》① 염소산칼륨($KClO_3$) : 제1류 위험물
　② 수산화칼륨(KOH) : 비위험물
　③ 수소화칼륨(KH) : 제3류 위험물
　④ 아이오딘화칼륨(KI) : 비위험물

43 제4류 위험물 중 제1석유류란 1기압에서 인화점이 몇 ℃인 것을 말하는가?

① 21℃ 미만　　② 21℃ 이상

③ 70℃ 미만　　④ 70℃ 이상

》제4류 위험물의 인화점 범위
　1) 특수인화물 : 이황화탄소, 다이에틸에터, 그 밖에 1기압에서 발화점이 100℃ 이하인 것 또는 인화점이 영하 20℃ 이하이고 비점이 40℃ 이하인 것
　2) 제1석유류 : 아세톤, 휘발유, 그 밖에 1기압에서 인화점이 21℃ 미만인 것
　3) 알코올류 : 탄소수가 1개부터 3개까지의 포화 1가 알코올인 것(인화점으로 구분하지 않음)
　4) 제2석유류 : 등유, 경유, 그 밖에 1기압에서 인화점이 21℃ 이상 70℃ 미만인 것
　5) 제3석유류 : 중유, 크레오소트유, 그 밖에 1기압에서 인화점이 70℃ 이상 200℃ 미만인 것
　6) 제4석유류 : 기어유, 실린더유, 그 밖에 1기압에서 인화점이 200℃ 이상 250℃ 미만인 것
　7) 동식물유류 : 동물의 지육 등 또는 식물의 종자나 과육으로부터 추출한 것으로서 1기압에서 인화점이 250℃ 미만인 것

44 삼황화인과 오황화인의 공통 연소생성물을 모두 나타낸 것은?

① H_2S, SO_2　　② P_2O_5, H_2S

③ SO_2, P_2O_5　　④ H_2S, SO_2, P_2O_5

》삼황화인(P_4S_3)과 오황화인(P_2S_5)은 둘 다 인(P)과 황(S)을 포함하고 있으므로 산소(O_2)로 연소시키면 이산화황(SO_2)과 오산화인(P_2O_5)이 공통으로 생성된다.
　1) 삼황화인의 연소반응식
　　$P_4S_3 + 8O_2 \rightarrow 3SO_2 + 2P_2O_5$
　2) 오황화인의 연소반응식
　　$2P_2S_5 + 15O_2 \rightarrow 10SO_2 + 2P_2O_5$

45 주유취급소의 표지 및 게시판의 기준에서 "위험물 주유취급소" 표지와 "주유중엔진정지" 게시판의 바탕색을 차례대로 올바르게 나타낸 것은?

① 백색, 백색
② 백색, 황색
③ 황색, 백색
④ 황색, 황색

》주유취급소의 표지 및 주유중엔진정지 게시판의 규격은 한 변의 길이 0.3m 이상, 다른 한 변의 길이 0.6m 이상이며, 바탕과 문자의 색은 다음과 같다.
　1) "위험물 주유취급소" 표지 : 백색 바탕에 흑색 문자
　2) "주유중엔진정지" 게시판 : 황색 바탕에 흑색 문자

46 제6류 위험물인 과산화수소의 농도에 따른 물리적 성질에 대한 설명으로 옳은 것은?

① 농도와 무관하게 밀도, 끓는점, 녹는점이 일정하다.
② 농도와 무관하게 밀도는 일정하나, 끓는점과 녹는점은 농도에 따라 달라진다.
③ 농도와 무관하게 끓는점, 녹는점은 일정하나, 밀도는 농도에 따라 달라진다.
④ 농도에 따라 밀도, 끓는점, 녹는점이 달라진다.

》과산화수소가 제6류 위험물로 규정되기 위한 조건은 농도가 36중량% 이상인 경우이며, 농도가 달라짐에 따라 밀도, 끓는점, 녹는점도 달라진다.

47 트라이나이트로페놀의 성질에 대한 설명 중 틀린 것은?

① 폭발에 대비하여 철, 구리로 만든 용기에 저장한다.
② 휘황색을 띤 침상결정이다.
③ 비중이 약 1.8로 물보다 무겁다.
④ 단독으로는 테트릴보다 충격, 마찰에 둔감한 편이다.

정답　42.① 43.① 44.③ 45.② 46.④ 47.①

≫ ① **철** 또는 **구리** 등의 금속과 반응 시 피크린 산염을 생성하여 **위험성이 커지므로** 금속 재질인 용기의 사용은 피해야 한다.
② 결정이 뾰족한 형상인 휘황색의 침상결정이다.
③ 물보다 1.82배 더 무겁다.
④ 단독으로 존재할 경우 충격, 마찰에 둔감하다.

48 적린에 대한 설명으로 옳은 것은?

① 발화 방지를 위해 염소산칼륨과 함께 보관한다.
② 물과 격렬하게 반응하여 열을 발생한다.
③ 공기 중에 방치하면 자연발화한다.
④ 산화제와 혼합한 경우 마찰·충격에 의해서 발화한다.

≫ ① 제2류 위험물로서 가연성 고체인 적린(P)은 제1류 위험물로서 산소공급원 역할을 하는 염소산칼륨($KClO_3$)과 함께 보관하면 위험하다.
② 적린은 물과 반응하지 않는다.
③ 적린의 발화온도는 260℃이므로 공기 중에서 자연발화하지 않는다.
④ **적린**은 가연물이므로 산소공급원인 **산화제와 혼합할 경우 마찰·충격에 의해서 발화**할 수 있다.

49 위험물안전관리법령상 위험물의 취급 중 소비에 관한 기준에 해당하지 않는 것은?

① 분사도장작업은 방화상 유효한 격벽 등으로 구획된 안전한 장소에서 실시할 것
② 버너를 사용하는 경우에는 버너의 역화를 방지할 것
③ 반드시 규격용기를 사용할 것
④ 열처리작업은 위험물이 위험한 온도에 이르지 아니하도록 하여 실시할 것

≫ 위험물의 취급 중 소비에 관한 기준
1) 분사도장작업은 방화상 유효한 격벽 능으로 구획된 안전한 장소에서 실시할 것
2) 담금질 또는 열처리작업은 위험물이 위험한 온도에 이르지 아니하도록 하여 실시할 것
3) 버너를 사용하는 경우에는 버너의 역화를 방지하고 위험물이 넘치지 아니하도록 할 것

50 다이에틸에터 중의 과산화물을 검출할 때 그 검출시약과 정색반응의 색이 올바르게 짝지어진 것은?

① 아이오딘화칼륨용액 – 적색
② 아이오딘화칼륨용액 – 황색
③ 브로민화칼륨용액 – 무색
④ 브로민화칼륨용액 – 청색

≫ 제4류 위험물 중 특수인화물에 속하는 다이에틸에터($C_2H_5OC_2H_5$)에 과산화물이 생성되었는지의 여부를 확인하기 위해 사용하는 과산화물 검출시약은 **KI(아이오딘화칼륨)** 10% **용액**이며, 이 용액을 반응시켰을 때 **황색**으로 변하면 다이에틸에터에 과산화물이 생성되었다고 판단한다.

51 제1류 위험물로서 조해성이 있으며 흑색화약의 원료로 사용하는 것은?

① 염소산칼륨
② 과염소산나트륨
③ 과망가니즈산암모늄
④ 질산칼륨

≫ 제1류 위험물인 **질산칼륨**(KNO_3)은 황과 숯을 혼합하여 **흑색화약을 만들 수 있으며,** 순수한 것은 조해성이 없으나 시판품은 조해성을 갖는다.

52 다음 중 3개의 이성질체가 존재하는 물질은?

① 아세톤   ② 톨루엔
③ 벤젠   ④ 자일렌(크실렌)

≫ 제4류 위험물 중 제2석유류 비수용성 물질인 크실렌[$C_6H_4(CH_3)_2$]은 **자일렌**이라고도 불리며, 다음과 같은 **3개의 이성질체**를 갖는다.

오르토크실렌 (o-크실렌)	메타크실렌 (m-크실렌)	파라크실렌 (p-크실렌)

※ 이성질체 : 동일한 분자식을 가지고 있지만 구조나 성질이 다른 물질을 말한다.

53 위험물을 저장 또는 취급하는 탱크의 용량 산정방법에 관한 설명으로 옳은 것은?

① 탱크의 내용적에서 공간용적을 뺀 용적으로 한다.

② 탱크의 공간용적에서 내용적을 뺀 용적으로 한다.

③ 탱크의 공간용적에 내용적을 더한 용적으로 한다.

④ 탱크의 볼록하거나 오목한 부분을 뺀 용적으로 한다.

≫ **탱크의 용량**은 탱크 전체의 용적을 의미하는 **탱크의 내용적에서** 법에서 정한 **공간용적을 뺀 용적**으로 정한다.

> **Check** **탱크의 공간용적**
> (1) 일반탱크 : 탱크의 내용적의 100분의 5 이상 100분의 10 이하의 용적
> (2) 소화약제 방출구를 탱크 안의 윗부분에 설치한 탱크 : 소화약제 방출구 아래의 0.3m 이상 1m 미만 사이의 면으로부터 윗부분의 용적
> (3) 암반저장탱크 : 해당 탱크 내에 용출하는 7일간의 지하수의 양에 상당하는 용적과 그 탱크 내용적의 100분의 1의 용적 중에서 보다 큰 용적

54 물과 반응하였을 때 발생하는 가연성 가스의 종류가 나머지 셋과 다른 하나는?

① 탄화리튬

② 탄화마그네슘

③ 탄화칼슘

④ 탄화알루미늄

≫ ① 탄화리튬(Li_2C_2)은 물과 반응 시 수산화리튬($LiOH$)과 아세틸렌(C_2H_2) 가스를 발생한다.
  • 탄화리튬과 물과의 반응식
  $Li_2C_2 + 2H_2O \rightarrow 2LiOH + C_2H_2$
② 탄화마그네슘(MgC_2)은 물과 반응 시 수산화마그네슘[$Mg(OH)_2$]과 아세틸렌(C_2H_2) 가스를 발생한다.
  • 탄화마그네슘과 물과의 반응식
  $MgC_2 + 2H_2O \rightarrow Mg(OH)_2 + C_2H_2$
③ 탄화칼슘(CaC_2)은 물과 반응 시 수산화칼슘[$Ca(OH)_2$]과 아세틸렌(C_2H_2) 가스를 발생한다.
  • 탄화칼슘과 물과의 반응식
  $CaC_2 + 2H_2O \rightarrow Ca(OH)_2 + C_2H_2$
④ 탄화알루미늄(Al_4C_3)은 물과 반응 시 수산화알루미늄[$Al(OH)_3$]과 **메테인(CH_4) 가스를 발생**한다.
  • 탄화알루미늄과 물과의 반응식
  $Al_4C_3 + 12H_2O \rightarrow 4Al(OH)_3 + 3CH_4$

55 칼륨과 나트륨의 공통 성질이 아닌 것은?

① 물보다 비중 값이 작다.

② 수분과 반응하여 수소를 발생한다.

③ 광택이 있는 무른 금속이다.

④ 지정수량이 50kg이다.

≫ 칼륨(K)과 나트륨(Na)은 둘 다 제3류 위험물로서 **지정수량은 10kg**이며, 물보다 가볍고 무른 경금속으로 물과 반응 시 수소를 발생한다.

56 옥내탱크저상소에서 탱크 상호 간에는 얼마 이상의 간격을 두어야 하는가? (단, 탱크의 점검 및 보수에 지장이 없는 경우는 제외한다.)

① 0.5m

② 0.7m

③ 1.0m

④ 1.2m

≫ 옥내저장탱크의 간격
1) 2 이상의 **옥내저장탱크 상호 간 : 0.5m 이상**
2) 옥내저장탱크로부터 탱크전용실의 안쪽 면까지 : 0.5m 이상

> **Check** **지하저장탱크의 간격**
> (1) 2 이상의 지하저장탱크 상호 간 : 1m 이상(지하저장탱크 용량의 합이 지정수량 100배 이하인 경우 0.5m 이상)
> (2) 지하저장탱크로부터 탱크전용실의 안쪽 면까지 : 0.1m 이상

57 인화칼슘의 성질에 대한 설명 중 틀린 것은?

① 적갈색의 괴상고체이다.

② 물과 격렬하게 반응한다.

③ 연소하여 불연성의 포스핀가스를 발생한다.

④ 상온의 건조한 공기 중에서는 비교적 안정하다.

≫ 인화칼슘(Ca_3P_2)은 제3류 위험물 중 금속의 인화물에 속하는 적갈색 고체로서 연소가 아닌 **물 또는 산과 반응 시 독성이면서 가연성인 포스핀(PH_3)가스를 발생**한다.

58 주유취급소에서 고정주유설비는 도로경계선과 몇 m 이상 거리를 유지하여야 하는가? (단, 고정주유설비의 중심선을 기점으로 한다.)

① 2   ② 4
③ 6   ④ 8

》 주유취급소에서 고정주유설비의 중심선을 기점으로 한 거리
1) **도로경계선까지의 거리 : 4m 이상**
2) 부지경계선, 담 및 벽까지의 거리 : 2m 이상
3) 개구부가 없는 벽까지의 거리 : 1m 이상

59 제4류 위험물 중 제1석유류를 저장, 취급하는 장소에서 정전기를 방지하기 위한 방법으로 볼 수 없는 것은?

① 가급적 습도를 낮춘다.
② 주위 공기를 이온화시킨다.
③ 위험물 저장, 취급 설비를 접지시킨다.
④ 사용기구 등은 도전성 재료를 사용한다.

》 정전기 제거방법
1) 접지에 의한 방법
2) 공기 중의 **상대습도를 70% 이상으로 하는 방법**
3) 공기를 이온화하는 방법
※ 이 외에도 전기를 통과시키는 도체 재료를 사용하여 정전기를 제거하는 방법도 있다.

60 4몰의 나이트로글리세린이 고온에서 열분해 · 폭발하여 이산화탄소, 수증기, 질소, 산소의 4가지 가스를 생성할 때 발생되는 가스의 총 몰수는?

① 28   ② 29
③ 30   ④ 31

》 나이트로글리세린[$C_3H_5(ONO_2)_3$]은 제5류 위험물로서 품명은 질산에스터류이다. 다음의 분해반응식에서 알 수 있듯이 **4몰의 나이트로글리세린을 분해**시키면 이산화탄소(CO_2) 12몰, 수증기(H_2O) 10몰, 질소(N_2) 6몰, 산소(O_2) 1몰의 **총 29몰의 가스가 발생**한다.
• 분해반응식
$$4C_3H_5(ONO_2)_3 \rightarrow 12CO_2 + 10H_2O + 6N_2 + O_2$$

2020 제3회 위험물산업기사

2020년 8월 23일 시행

제1과목 일반화학

01 황산 수용액 400mL 속에 순황산이 98g 녹아 있다면 이 용액의 농도는 몇 N인가?

① 3　　　　② 4
③ 5　　　　④ 6

≫ 노르말농도(N)는 용액 1,000mL에 용질이 몇 g당량 녹아 있는지 나타내는 것이며, 황산과 같은 산의 g당량은 $\frac{분자량}{H 수}$의 공식을 이용해 구한다.

황산(H_2SO_4) 1mol의 분자량은 1(H)g×2+32(S)g+16(O)g×4=98g이고, 황산에는 수소(H)가 2개 포함되어 있으므로 황산의 g당량은 $\frac{98g}{2}$=49g이다. 다시 말해 용액 1,000mL에 황산이 49g 녹아 있는 것은 1노르말농도인데, 〈문제〉는 용액 400mL 속에 황산이 98g 녹아 있다면 이 상태는 몇 노르말농도인지를 구하라는 것이고 비례식을 이용하여 풀면 다음과 같다.

노르말농도(N)　　g당량　　용액(mL)
1　　　　49　　　　1,000
x　　　　98　　　　400
49×400×x=1×98×1,000
∴ x=5N

02 질량수 52인 크로뮴의 중성자수와 전자수는 각각 몇 개인가? (단, 크로뮴의 원자번호는 24이다.)

① 중성자수 24, 전자수 24
② 중성자수 24, 전자수 52
③ 중성자수 28, 전자수 24
④ 중성자수 52, 전자수 24

≫ 질량수(원자량)는 양성자수와 중성자수를 합한 값과 같으며, 여기서 양성자수는 원자번호와 같고 전자수와도 같다. 〈문제〉에서 크로뮴(Cr)의 원자번호가 24라고 했으므로 크로뮴의 전자수도 역시 24개가 되고 이 상태에서 질량수 52가 되려면 **전자수** 또는 양성자수 **24개**에 **중성자수 28개**를 더하면 된다.

03 1패럿(Farad)의 전기량으로 물을 전기분해하였을 때 생성되는 기체 중 산소기체는 0℃, 1기압에서 몇 L인가?

① 5.6
② 11.2
③ 22.4
④ 44.8

≫ 1F(패럿)이란 물질 1g당량을 석출하는 데 필요한 전기량이므로 1F(패럿)의 전기량으로 물(H_2O)을 전기분해하면 수소(H_2) 1g당량과 산소(O_2) 1g당량이 발생한다.

여기서, 1g당량이란 $\frac{원자량}{원자가}$인데, O(산소)는 원자가가 2이고 원자량이 16g이기 때문에 O의 1g당량은 $\frac{16g}{2}$=8g이다.

0℃, 1기압에서 산소기체(O_2) 1몰 즉, 32g의 부피는 22.4L이지만 1F(패럿)의 전기량으로 얻는 산소기체 1g당량 즉, 산소기체 8g은 $\frac{1}{4}$몰이므로 산소의 부피는 $\frac{1}{4}$몰×22.4L=5.6L이다.

Check **수소기체의 부피**
H(수소)는 원자가가 1이고 원자량도 1이기 때문에 H의 1g당량은 $\frac{1g}{1}$=1g이다.

0℃, 1기압에서 수소기체(H_2) 1몰 즉, 2g의 부피는 22.4L이지만 1F(패러데이)의 전기량으로 얻는 수소기체 1g당량, 즉 수소기체 1g은 0.5몰이므로 수소의 부피는 0.5몰×22.4L=11.2L이다.

04 다음 중 방향족 탄화수소가 아닌 것은?

① 에틸렌
② 톨루엔
③ 아닐린
④ 안트라센

정답　01. ③　02. ③　03. ①　04. ①

물질명	화학식	구조식	비 고
① 에틸렌	C_2H_4	$\begin{array}{c} H \quad H \\ | \quad | \\ C=C \\ | \quad | \\ H \quad H \end{array}$	**사슬족** (지방족)
② 톨루엔	$C_6H_5CH_3$	CH_3 ⬡	벤젠족 (방향족)
③ 아닐린	$C_6H_5NH_2$	NH_2 ⬡	벤젠족 (방향족)
④ 안트라센	$C_{14}H_{10}$	⬡⬡⬡	벤젠족 (방향족)

05 다음 〈보기〉의 벤젠 유도체 가운데 벤젠의 치환반응으로부터 직접 유도할 수 없는 것은 어느 것인가?

〈보기〉
　　ⓐ $-Cl$, ⓑ $-OH$, ⓒ $-SO_3H$

① ⓐ

② ⓑ

③ ⓒ

④ ⓐ, ⓑ, ⓒ

》 〈보기〉의 벤젠 유도체는 다음과 같다.
　ⓐ $-Cl$
　　예 벤젠(C_6H_6)의 H와 염소(Cl_2)의 Cl을 **직접 치환**시키면 클로로벤젠(C_6H_5Cl)과 염화수소(HCl)가 발생한다.
　　• 벤젠과 염소의 반응식
　　　$C_6H_6 + Cl_2 \rightarrow C_6H_5Cl + HCl$
　ⓑ $-OH$
　　예 페놀(C_6H_5OH)은 일반적으로 큐멘이라는 물질을 산화시켜 만들며 벤젠(C_6H_6)의 H가 페놀에 포함된 OH를 **직접 치환시켜 만드는 것은 아니다.**
　ⓒ $-SO_3H$
　　예 벤젠(C_6H_6)의 H와 황산(H_2SO_4)의 술폰기 (**SO₃H)를 직접 치환**시키면 벤젠술폰산 ($C_6H_5SO_3H$)과 수소(H_2)가 발생한다.
　　• $C_6H_6 + H_2SO_4 \rightarrow C_6H_5SO_3H + H_2$

06 전자배치가 $1s^2 2s^2 2p^6 3s^2 3p^5$인 원자의 M껍질에는 몇 개의 전자가 들어 있는가?

① 2

② 4

③ 7

④ 17

》 전자를 채우는 공간을 오비탈이라 하며, 그 종류로는 s오비탈, p오비탈, d오비탈, f오비탈이 있다. 오비탈에 전자를 채울 때는 주양자수가 1인 K전자껍질부터 채우고 그 후에 남는 전자들을 주양자수가 2인 L전자껍질과 주양자수가 3인 M전자껍질에 채우는데 이때 s오비탈에는 전자를 최대 2개 채울 수 있고 p오비탈에는 전자를 최대 6개까지 채울 수 있다.
〈문제〉의 $1s^2 2s^2 2p^6 3s^2 3p^5$인 원자의 전자는 1s와 2s에 각각 2개, 2p에 6개, 3s에 2개, 3p에 5개 들어있으므로 총 전자수는 17개이고 전자수는 원자번호와 같으므로 이는 원자번호 17번인 염소(Cl)를 나타낸다. 〈문제〉는 염소의 전자배치 중 M껍질에는 전자가 몇 개 들어있는지 묻는 것이므로 다음에서 알 수 있듯이 M껍질에는 3s에 2개, 3p에 5개로 총 **7개의 전자**가 들어있다.

전자껍질	주양자수	s오비탈	p오비탈		
K	1	••			
L	2	••	••	••	••
M	3	••	••	••	•

07 원자번호가 7인 질소와 같은 족에 해당되는 원소의 원자번호는?

① 15

② 16

③ 17

④ 18

》 한 주기에는 전자, 즉 원자가 8개 있으므로 원자번호 7인 질소(N)와 같은 족이 되려면 질소의 원자번호 7에 8을 더하면 되며 이는 7+8=**15번 원소**인 인(P)이다.

08 다음 물질 1g을 1kg의 물에 녹였을 때 빙점강하가 가장 큰 것은? (단, 빙점강하 상수값(어는점 내림상수)은 동일하다고 가정한다.)

① CH_3OH

② C_2H_5OH

③ $C_3H_5(OH)_3$

④ $C_6H_{12}O_6$

◈ 빙점이란 어떤 용액이 얼기 시작하는 온도를 말하며, 강하란 내림 혹은 떨어진다라는 의미를 갖고 있다. 물에 어떤 물질을 녹인 용액의 빙점은 다음과 같이 빙점강하(ΔT) 공식을 이용하여 구할 수 있다.

$$\Delta T = \frac{1,000 \times w \times K_f}{M \times a}$$

여기서, w : 용질의 질량
K_f : 물의 어는점 내림상수
M : 용질의 분자량
a : 용매 물의 질량

이 식에서 빙점강하(Δt)는 M(분자량)과 반비례 관계이므로 분자량(M)이 적을수록 빙점강하는 크며, 〈보기〉의 물질들의 1mol의 분자량은 다음과 같다.

① CH_3OH : 12(C)g + 1(H)g×3 + 16(O)g + 1(H)g = 32g
② C_2H_5OH : 12(C)g×2 + 1(H)g×5 + 16(O)g + 1(H)g = 46g
③ $C_3H_5(OH)_3$: 12(C)g×3 + 1(H)g×5 + (16(O)g + 1(H)g)×3 = 92g
④ $C_6H_{12}O_6$: 12(C)g×6 + 1(H)g×12 + 16(O)g ×6 = 180g

이 중 ① CH_3OH은 분자량이 32g/mol로 가장 작으므로 빙점강하는 가장 크다.

09 원자량이 56인 금속 M 1.12g을 산화시켜 실험식이 M_xO_y인 산화물 1.60g을 얻었다. x, y는 각각 얼마인가?

① $x=1$, $y=2$
② $x=2$, $y=3$
③ $x=3$, $y=2$
④ $x=2$, $y=1$

◈ 금속 M의 원자가는 알 수 없으므로 $+y$라 하고 산소 O의 원자가는 -2이므로 금속 M이 산소 O와 결합하여 만들어진 산화물의 화학식은 M_2O_y이다. 여기서 x의 값은 이미 2로 정해진다. 〈문제〉에서 산화물 M_2O_y는 1.60g이고 금속 M_2가 1.12g이라 하였으므로 산소 O_y는 산화물 M_2O_y의 질량 1.60g에서 금속 M_2의 질량 1.12g을 뺀 0.48g이 된다. 이는 산화물 M_2O_y가 금속 M_2 1.12g, 산소 O_y 0.48g으로 구성되어 있다는 것을 의미하며, 이러한 비율로 구성된 산화물의 화학식을 알기 위해서는 금속 M의 원자량 56g을 대입해 금속 M_2를 56g×2=112g으로 하였을 때 산소 O_y의 질량이 얼마인지를 구하면 된다.

$$
\begin{array}{cc}
M_2 & O_y \\
1.12g & 0.48g \\
112g & x(g)
\end{array}
$$

$1.12 \times x = 112 \times 0.48$
$x = 48g$이다.

여기서 x는 O_y의 질량으로서 $O_y = 48g$이므로 O_y가 48g이 되려면 16g×y = 48에서 $y = 3$이 된다. 따라서 y는 산소 O의 개수를 나타내는 것이므로 이 산화물의 화학식은 M_2O_3이다.

10 일정한 온도하에서 물질 A와 B가 반응을 할 때 A의 농도만 2배로 하면 반응속도가 2배가 되고 B의 농도만 2배로 하면 반응속도가 4배로 된다. 이 경우 반응속도식은? (단, 반응속도 상수는 k이다.)

① $v = k[A][B]^2$
② $v = k[A]^2[B]$
③ $v = k[A][B]^{0.5}$
④ $v = k[A][B]$

◈ 반응속도(v) = $k[A]^a[B]^b$에서 [A]와 [B]는 물질의 농도이며 a와 b는 물질의 계수이다. 여기서 A와 B의 농도를 모두 1이라 가정하고 a와 b도 모두 1이라 가정하면 반응속도 $v = [1]^1[1]^1 = 1$이 된다.

이 상태에서 〈문제〉의 첫 번째 조건과 같이 A의 농도만 2배로 하고 B의 농도는 1로 두면 반응속도 $v = [1 \times 2]^1[1]^1 = 2$가 되어 처음의 2배가 된다. 하지만 〈문제〉의 두 번째 조건과 같이 A의 농도는 1로 두고 B의 농도만 2배로 하면 반응속도는 4배 즉, 4가 되어야 하는데 실제 반응속도 $v = [1]^1[1 \times 2]^1 = 2$가 되기 때문에 이 경우에는 [B]를 제곱하면 반응속도 $v = [1]^1[1 \times 2]^2 = 4$ 즉, 처음의 4배가 된다.

따라서 〈문제〉의 두 조건을 모두 만족하는 반응식은 $v = k[A][B]^2$이다.

11 지방이 글리세린과 지방산으로 되는 것과 관련이 깊은 반응은?

① 에스터화
② 가수분해
③ 산화
④ 아미노화

≫ 지방에 물을 가해 **가수분해**하면 글리세린과 지방산이 생성된다. 다음은 트라이글리세라이드[$C_3H_5(COOCH_3)_3$]라는 지방을 가수분해하면 글리세린[$C_3H_5(OH)_3$]과 아세트산(CH_3COOH)이라는 지방산이 생성되는 반응식을 나타낸 것이다.

• 트라이글리세라이드의 가수분해

$$C_3H_5(COOCH_3)_3 + 3H_2O$$
$$\rightarrow C_3H_5(OH)_3 + 3CH_3COOH$$

12 다음 각 화합물 1mol이 연소할 때 3mol의 산소를 필요로 하는 것은?

① CH_3-CH_3 ② $CH_2=CH_2$

③ C_6H_6 ④ $CH\equiv CH$

≫ ① CH_3-CH_3(에테인)의 시성식은 C_2H_6이며, 다음의 연소반응식에서 알 수 있듯이 1mol이 연소할 때 3.5mol의 산소를 필요로 한다.
  • 에테인 1mol의 연소반응식
  $C_2H_6 + 3.5O_2 \rightarrow 2CO_2 + 3H_2O$
② $CH_2=CH_2$(에틸렌)의 시성식은 C_2H_4이며, 다음의 연소반응식에서 알 수 있듯이 1mol이 연소할 때 **3mol의 산소를 필요**로 한다.
  • 에틸렌 1mol의 연소반응식
  $C_2H_4 + 3O_2 \rightarrow 2CO_2 + 2H_2O$
③ C_6H_6(벤젠)은 다음의 연소반응식에서 알 수 있듯이 1mol이 연소할 때 7.5mol의 산소를 필요로 한다.
  • 벤젠 1mol의 연소반응식
  $C_6H_6 + 7.5O_2 \rightarrow 6CO_2 + 3H_2O$
④ $CH\equiv CH$(아세틸렌)의 시성식은 C_2H_2이며, 다음의 연소반응식에서 알 수 있듯이 1mol이 연소할 때 2.5mol의 산소를 필요로 한다.
  • 아세틸렌 1mol의 연소반응식
  $C_2H_2 + 2.5O_2 \rightarrow 2CO_2 + H_2O$

13 다음 중 물이 산으로 작용하는 반응은?

① $NH_4^+ + H_2O \rightarrow NH_3 + H_3O^+$

② $HCOOH + H_2O \rightarrow HCOO^- + H_3O^+$

③ $CH_3COO^- + H_2O \rightarrow CH_3COOH + OH^-$

④ $HCl + H_2O \rightarrow H_3O^+ + Cl^-$

≫ 브뢴스테드는 H^+이온을 잃는 물질은 산이고, H^+이온을 얻는 물질은 염기라고 정의하였다. 〈문제〉의 반응식에서 H와 O를 포함하지 않는 물질끼리 연결하고 그 외의 물질끼리 연결했을 때 H^+이온을 잃는 물질이 산이 된다.

$NH_4^+ \rightarrow NH_3$: NH_4^+는 H가 4개였는데 반응 후 NH_3가 되면서 H^+ 1개를 잃었으므로 산이다.

① $NH_4^+ + H_2O \rightarrow NH_3 + H_3O^+$

$H_2O \rightarrow H_3O^+$: H_2O는 H가 2개였는데 반응 후 H_3O^+가 되면서 H^+ 1개를 얻었으므로 염기이다.

$HCOOH \rightarrow HCOO^-$: HCOOH는 H가 2개였는데 반응 후 $HCOO^-$가 되면서 H^+ 1개를 잃었으므로 산이다.

② $HCOOH + H_2O \rightarrow HCOO^- + H_3O^+$

$H_2O \rightarrow H_3O^+$: H_2O는 H가 2개였는데 반응 후 H_3O^+가 되면서 H^+ 1개를 얻었으므로 염기이다.

$CH_3COO^- \rightarrow CH_3COOH$: CH_3COO^-는 H가 3개였는데 반응 후 CH_3COOH가 되면서 H^+ 1개를 얻었으므로 염기이다.

③ $CH_3COO^- + H_2O \rightarrow CH_3COOH + OH^-$

$H_2O \rightarrow OH^-$: H_2O는 H가 2개였는데 **반응 후 OH^-가 되면서 H^+ 1개를 잃었으므로 산**이다.

$HCl \rightarrow Cl^-$: HCl은 H가 1개였는데 반응 후 Cl^-가 되면서 H^+ 1개를 잃었으므로 산이다.

④ $HCl + H_2O \rightarrow H_3O^+ + Cl^-$

$H_2O \rightarrow H_3O^+$: H_2O는 H가 2개였는데 반응 후 H_3O^+가 되면서 H^+ 1개를 얻었으므로 염기이다.

14 백금 전극을 사용하여 물을 전기분해할 때 (+)극에서 5.6L의 기체가 발생하는 동안 (−)극에서 발생하는 기체의 부피는?

① 2.8L

② 5.6L

③ 11.2L

④ 22.4L

≫ 일반적으로 전지의 (+)극에서는 (−)이온인 산소기체가 발생하고 (−)극에서는 (+)이온인 수소기체가 발생한다. 1mol의 물을 전기분해하면 다음의 반응식과 같이 수소 1몰과 산소 0.5몰이 발생하므로 수소는 산소보다 2배 더 많은 양을 갖게 된다.
• 물 1mol의 분해반응식 : $H_2O \rightarrow H_2 + 0.5O_2$
〈문제〉에서는 (+)극에서 5.6L의 기체(산소)가 발생한다고 하였으므로 (−)극에서는 이보다 2배 더 많은 **5.6L×2=11.2L의 기체(수소)가 발생**한다.

정답 12. ② 13. ③ 14. ③

15 액체 0.2g을 기화시켰더니 그 증기의 부피가 97℃, 740mmHg에서 80mL였다. 이 액체의 분자량에 가장 가까운 값은?

① 40   ② 46
③ 78   ④ 121

≫ 어떤 압력과 온도에서 일정량의 기체에 대해 묻는 문제는 이상기체상태방정식을 이용한다.

$PV = \dfrac{w}{M}RT$에서 분자량(M)을 구해야 하므로 다음과 같이 식을 변형한다.

$M = \dfrac{w}{PV}RT$

여기서, P(압력) : $\dfrac{740mmHg}{760mmHg/atm} = 0.97atm$

V(부피) : 80mL = 0.08L
w(질량) : 0.2g
R(이상기체상수) : 0.082atm · L/mol · K
T(절대온도) : 273 + 97K

$M = \dfrac{0.2 \times 0.082 \times (273 + 97)}{0.97 \times 0.08} = 78.20$

∴ $M = 78$

16 다음 밑줄 친 원소 중 산화수가 +5인 것은 어느 것인가?

① Na_2<u>Cr</u>_2O_7
② K_2<u>S</u>O_4
③ K<u>N</u>O_3
④ <u>Cr</u>O_3

≫ ① Na_2<u>Cr</u>_2O_7에서 Cr이 2개이므로 Cr_2를 $+2x$로 두고 Na의 원자가 +1에 개수 2를 곱하고 O의 원자가 −2에 개수 7을 곱한 후 그 합을 0으로 하였을 때 그 때의 x의 값이 산화수이다.

Na_2 Cr_2   O_7
$+1 \times 2 + 2x -2 \times 7 = 0$
$+2x - 12 = 0$
$x = +6$이므로 Cr의 산화수는 +6이다.

② K_2<u>S</u>O_4에서 S를 $+x$로 두고 K의 원자가 +1에 개수 2를 곱하고 O의 원자가 −2에 개수 4를 곱한 후 그 합을 0으로 하였을 때 그 때의 x의 값이 산화수이다.

K_2   S   O_4
$+1 \times 2 + x -2 \times 4 = 0$
$+x - 6 = 0$
x는 +6이므로 S의 산화수는 +6이다.

③ K<u>N</u>O_3에서 N을 $+x$로 두고 K의 원자가 +1을 더한 후 O의 원자가 −2에 개수 3을 곱한 값의 합을 0으로 하였을 때 그 때의 x의 값이 산화수이다.

K   N   O_3
$+1 +x -2 \times 3 = 0$
$+x - 5 = 0$
x는 +5이므로 **N의 산화수는 +5이다.**

④ <u>Cr</u>O_3에서 Cr을 $+x$로 두고 O의 원자가 −2에 개수 3을 곱한 후 그 합을 0으로 하였을 때 그 때의 x의 값이 산화수이다.

Cr   O_3
$+x -2 \times 3 = 0$
$+x - 6 = 0$
$x = +6$이므로 Cr의 산화수는 +6이다.

17 $[OH^-] = 1 \times 10^{-5}mol/L$인 용액의 pH와 액성으로 옳은 것은?

① pH = 5, 산성   ② pH = 5, 알칼리성
③ pH = 9, 산성   ④ pH = 9, 알칼리성

≫ 수소이온($[H^+]$)의 농도가 주어지는 경우에는 pH = $-\log[H^+]$의 공식을 이용해 수소이온지수(pH)를 구해야 하고, 수산화이온($[OH^-]$)의 농도가 주어지는 경우에는 pOH = $-\log[OH^-]$의 공식을 이용해 수산화이온지수(pOH)를 구해야 한다. 〈문제〉에서는 $[OH^-]$가 10^{-5}으로 주어졌으므로 pOH = $-\log 10^{-5}$ = 5임을 알 수 있지만 〈문제〉는 용액의 pH와 액성을 구하는 것이므로 pH + pOH = 14를 이용하여 다음과 같이 pH를 구할 수 있다.

pH = 14 − pOH = 14 − 5 = 9

pH가 7인 용액은 중성이며, 7보다 크면 알칼리성, 7보다 작으면 산성이므로 **pH = 9인 용액의 액성은 알칼리성**이다.

18 다음에서 설명하는 법칙은 무엇인가?

> 일정한 온도에서 비휘발성이며, 비전해질인 용질이 녹은 묽은 용액의 증기압력 내림은 일정량의 용매에 녹아 있는 용질의 몰수에 비례한다.

① 헨리의 법칙
② 라울의 법칙
③ 아보가드로의 법칙
④ 보일−샤를의 법칙

정답   15. ③ 16. ③ 17. ④ 18. ②

>> 프랑수아 라울은 비휘발성, 비전해질인 용질이 녹아 있는 용액의 증기압력 내림현상은 용매에 녹아 있는 용질의 몰수에 비례한다는 법칙을 발견하였고 이를 라울의 법칙이라고 한다.

19 다음 화합물 중에서 가장 작은 결합각을 가지는 것은?

① BF_3 ② NH_3
③ H_2 ④ $BeCl_2$

>> 비공유전자쌍은 반발력이 크기 때문에 비공유전자쌍을 가지고 있는 화합물은 공유전자쌍만 가지고 있는 물질보다 결합각이 더 작다.

화합물	전자의 구조	비공유전자쌍의 개수	결합각
BF_3	F ×B× F / F	0	120°
NH_3	H ×N× H / H	1	107.5°
H_2	H ×H	0	180°
$BeCl_2$	Cl ×Be× Cl	0	180°

20 방사성 원소인 U(우라늄)이 다음과 같이 변화되었을 때의 붕괴 유형은?

$$^{238}_{92}U \rightarrow ^{234}_{90}Th + ^4_2He$$

① α붕괴 ② β붕괴
③ γ붕괴 ④ R붕괴

>> 핵붕괴
1) α(알파)붕괴 : 원자번호가 2 감소하고 질량수가 4 감소하는 것
2) β(베타)붕괴 : 원자번호가 1 증가하고 질량수는 변동이 없는 것
〈문제〉의 방사성 원소인 U(우라늄)은 원자번호가 92번이고 질량수가 238이므로 이를 α붕괴하면 원자번호는 2 감소하고 질량수는 4 감소하여 원자번호는 92번−2=90번, 질량수는 238−4=234인 Th(토륨)이라는 원소가 생성된다. 이때 원자번호 2, 질량수 4인 He(헬륨)이 방출되면서 α붕괴를 하게 된다.

제2과목 **화재예방과 소화방법**

21 위험물안전관리법령상 이동탱크저장소에 의한 위험물의 운송 시 위험물운송자가 위험물안전카드를 휴대하지 않아도 되는 물질은?

① 휘발유
② 과산화수소
③ 경유
④ 벤조일퍼옥사이드

>> 위험물 운송 시 위험물안전카드를 휴대해야 하는 위험물은 다음과 같다.
1) 제1류 위험물
2) 제2류 위험물
3) 제3류 위험물
4) 제4류 위험물(특수인화물 및 제1석유류)
5) 제5류 위험물
6) 제6류 위험물
※ ③ 경유는 제4류 위험물 중 제2석유류이므로 운전자가 안전카드를 휴대하지 않아도 된다.

(똑똑한 풀이비법)
제4류 위험물 중에서는 가장 위험한 품명인 특수인화물과 제1석유류를 운송할 때 안전카드를 휴대하여야 한다.

22 전역방출방식의 할로겐화물소화설비 중 할론 1301을 방사하는 분사헤드의 방사압력은 얼마 이상이어야 하는가?

① 0.1MPa ② 0.2MPa
③ 0.5MPa ④ 0.9MPa

>> 할로겐화물소화설비의 분사헤드의 방사압력
1) Halon 1301 : 0.9MPa 이상
2) Halon 1211 : 0.2MPa 이상
3) Halon 2402 : 0.1MPa 이상

23 포소화약제의 종류에 해당되지 않는 것은?

① 단백포소화약제
② 합성계면활성제포소화약제
③ 수성막포소화약제
④ 액표면포소화약제

》》 1) 공기포소화약제
ⓐ 수성막포소화약제
ⓑ 단백포소화약제
ⓒ 내알코올포소화약제
ⓓ 합성계면활성제포소화약제
2) 화학포소화약제

24 위험물안전관리법령상 알칼리금속의 과산화물의 화재에 적응성이 없는 소화설비는?

① 건조사
② 물통
③ 탄산수소염류 분말소화설비
④ 팽창질석

》》 제1류 위험물에 속하는 **알칼리금속의 과산화물**과 제2류 위험물에 속하는 철분 · 금속분 · 마그네슘, 제3류 위험물에 속하는 금수성 물질의 화재에는 **탄산수소염류 분말소화약제** 또는 **건조사**(마른모래), **팽창질석** 또는 팽창진주암이 적응성이 있다.

대상물의 구분 소화설비의 구분	건축물 · 그 밖의 공작물	전기설비	제1류 위험물		제2류 위험물			제3류 위험물		제4류 위험물	제5류 위험물	제6류 위험물
			알칼리금속의 과산화물 등	그 밖의 것	철분 · 금속분 · 마그네슘 등	인화성 고체	그 밖의 것	금수성 물품	그 밖의 것			
옥내소화전 또는 옥외소화전 설비	○			○		○	○		○		○	○
스프링클러설비	○			○		○	○		○	△	○	○
물분무등소화설비 · 물분무소화설비	○	○		○		○	○		○	○	○	○
포소화설비	○			○		○	○		○	○	○	○
불활성가스소화설비		○				○				○		
할로젠화합물소화설비		○				○				○		
분말소화설비 · 인산염류등	○	○		○		○				○		○
분말소화설비 · 탄산수소염류등		○	○		○			○		○		
분말소화설비 · 그 밖의 것			○		○			○				
물통 또는 수조	○	×	○		○		○		○		○	○
기타 · 건조사			○	○	○	○	○	○	○	○	○	○
기타 · 팽창질석 또는 팽창진주암			○	○	○	○	○	○	○	○	○	○

25 위험물제조소의 환기설비의 설치기준으로 옳지 않은 것은?

① 환기구는 지붕 위 또는 지상 2m 이상의 높이에 설치할 것
② 급기구는 바닥면적 150m² 마다 1개 이상으로 할 것
③ 환기는 자연배기방식으로 할 것
④ 급기구는 높은 곳에 설치하고 인화방지망을 설치할 것

》》 위험물제조소의 환기설비의 설치기준
① 환기구는 지붕 위 또는 지상 2m 이상의 높이에 설치할 것
② 급기구는 바닥면적 150m² 마다 1개 이상으로 하고 그 크기는 800cm² 이상으로 할 것
③ 환기는 자연배기방식으로 할 것
④ **급기구는 낮은 곳에 설치**하고 인화방지망을 설치할 것

26 다음 중 주된 연소형태가 분해연소인 것은 어느 것인가?

① 금속분
② 황
③ 목재
④ 피크르산

》》 ① 금속분 : 표면연소
② 황 : 증발연소
③ **목재 : 분해연소**
④ 피크르산(제5류 위험물) : 자기연소

27 마그네슘 분말이 이산화탄소 소화약제와 반응하여 생성될 수 있는 유독기체의 분자량은?

① 26
② 28
③ 32
④ 44

》》 마그네슘(Mg)은 이산화탄소(CO_2)와 반응하여 산화마그네슘(MgO)과 함께 탄소(C)를 발생하는데 이 탄소가 공기 중 산소와 반응하여 유독성 기체인 일산화탄소(CO)를 생성하며 이 유독기체 CO의 분자량은 12(C)g + 16(O)g = 28g이다.
• 마그네슘과 이산화탄소의 반응식
$2Mg + CO_2 \rightarrow 2MgO + C$

정답 24. ② 25. ④ 26. ③ 27. ②

28 이산화탄소소화기의 장·단점에 대한 설명으로 틀린 것은?

① 밀폐된 공간에서 사용 시 질식으로 인명 피해가 발생할 수 있다.

② 전도성이어서 전류가 통하는 장소에서의 사용은 위험하다.

③ 자체의 압력으로 방출할 수가 있다.

④ 소화 후 소화약제에 의한 오손이 없다.

≫ ① 질식소화는 산소공급원을 제거하는 방법이므로 밀폐된 공간에서 사용 시 질식으로 인한 인명피해도 발생할 수 있다.

② 이산화탄소소화약제는 비전도성 물질로서 전류를 통과시키지 않으므로 **전기화재에 효과가 있다.**

③ 이산화탄소소화기는 자체의 압력을 이용해 소화약제를 방출하므로 별도의 가압용 가스가 필요 없다.

④ 기체형태로 방사되므로 소화 후 소화약제로 인해 발생하는 피연소물에 대한 손상 등은 없는 편이다.

29 다음 위험물의 저장창고에서 화재가 발생하였을 때 주수에 의한 냉각소화가 적절치 않은 위험물은?

① $NaClO_3$

② Na_2O_2

③ $NaNO_3$

④ $NaBrO_3$

≫ 〈보기〉 물질의 소화방법

① $NaClO_3$(염소산나트륨) : 냉각소화

② Na_2O_2(과산화나트륨) : **질식소화**

③ $NaNO_3$(질산나트륨) : 냉각소화

④ $NaBrO_3$(브로민산나트륨) : 냉각소화

Check

제1류 위험물은 물로 냉각소화 해야 하지만 알칼리금속의 과산화불에 속하는 K_2O_2(과산화칼륨), Na_2O_2(과산화나트륨), Li_2O_2(과산화리튬)은 물과 반응 시 산소를 발생하므로 화재 시에는 탄산수소염류 분말소화약제 또는 건조사, 팽창질석 또는 팽창진주암 등으로 질식소화 해야 한다.

30 위험물안전관리법령상 전역방출방식 또는 국소방출방식의 분말소화설비의 기준에서 가압식의 분말소화설비에는 얼마 이하의 압력으로 조정할 수 있는 압력조정기를 설치하여야 하는가?

① 2.0MPa

② 2.5MPa

③ 3.0MPa

④ 5MPa

≫ 가압식의 분말소화설비에는 **2.5MPa 이하의 압력으로 조정할 수 있는 압력조정기를 설치하여야 한다.**

31 화재의 종류가 올바르게 연결된 것은?

① A급 화재 – 유류화재

② B급 화재 – 섬유화재

③ C급 화재 – 전기화재

④ D급 화재 – 플라스틱화재

≫ ① A급 화재 : 일반화재

② B급 화재 : 유류화재

③ C급 화재 : **전기화재**

④ D급 화재 : 금속화재

32 발화점에 대한 설명으로 가장 옳은 것은?

① 외부에서 점화했을 때 발화하는 최저온도

② 외부에서 점화했을 때 발화하는 최고온도

③ 외부에서 점화하지 않더라도 발화하는 최저온도

④ 외부에서 점화하지 않더라도 발화하는 최고온도

≫ **발화점**이란 **외부의 점화원 없이 스스로 발화하는 최저온도**를 말한다.

Check

인화점이란 외부의 점화원에 의해 인화하는 최저온도를 말한다.

33 분말소화약제인 탄산수소나트륨 10kg이 1기압, 270℃에서 방사되었을 때 발생하는 이산화탄소의 양은 약 몇 m³인가?

① 2.65 ② 3.65
③ 18.22 ④ 36.44

≫ 탄산수소나트륨($NaHCO_3$)의 분자량은 23(Na)g + 1(H)g + 12(C)g + 16(O)g×3 = 84g이다. 아래의 분해반응식에서 알 수 있듯이 탄산수소나트륨($NaHCO_3$) 2몰, 즉 2×84g을 분해시키면 이산화탄소(CO_2) 1몰이 발생하는데 〈문제〉에서와 같이 탄산수소나트륨($NaHCO_3$) 10kg, 즉 10,000g을 분해시키면 이산화탄소가 몇 몰 발생하는가를 다음과 같이 비례식을 이용해 구할 수 있다.

• 탄산수소나트륨의 분해반응식

$$2NaHCO_3 \rightarrow Na_2CO_3 + H_2O + CO_2$$

2 × 84g ⟍⟋ 1몰
10,000g ⟋⟍ x몰

$2 \times 84 \times x = 10,000 \times 1$

$x = 59.52$몰이다.

〈문제〉의 조건은 여기서 발생한 이산화탄소 59.52몰은 1기압, 270℃에서 부피가 몇 m³인가를 구하는 것이므로 다음과 같이 이상기체상태방정식을 이용해 구할 수 있다.

$PV = nRT$

여기서, P : 압력 = 1기압
  V : 부피 = V(L)
  n : 몰수 = 59.52mol
  R : 이상기체상수
    = 0.082기압 · L/K · mol
  T : 절대온도(273 + 실제온도)(K)
    = 273 + 270K

$1 \times V = 59.52 \times 0.082 \times (273 + 270)$

$V = 2,650L = 2.65m^3$이다.

34 이산화탄소가 불연성인 이유를 올바르게 설명한 것은?

① 산소와의 반응이 느리기 때문이다.
② 산소와 반응하지 않기 때문이다.
③ 착화되어도 곧 불이 꺼지기 때문이다.
④ 산화반응이 일어나도 열 발생이 없기 때문이다.

≫ 이산화탄소는 **산소와 반응하지 않기 때문에 불연성 가스로 분류**된다.

Check
질소는 산소와 반응을 하긴 하지만 흡열반응으로 인해 열이 발생하지 않기 때문에 불연성 가스로 분류된다.

35 드라이아이스 1kg이 완전히 기화하면 약 몇 몰의 이산화탄소가 되겠는가?

① 22.7 ② 51.3
③ 230.1 ④ 515.0

≫ 드라이아이스(CO_2) 1몰은 12g(C) + 16g(O)×2 = 44g이므로 드라이아이스 1kg, 즉 1,000g은 $\dfrac{1,000g}{44g}$ = 22.7몰이다. 이 경우 드라이아이스 1kg은 기회가 되든 액화가 되는 항상 22.7몰이다.

36 질산의 위험성에 대한 설명으로 옳은 것은?

① 화재에 대한 직·간접적인 위험성은 없으나 인체에 묻으면 화상을 입는다.
② 공기 중에서 스스로 자연발화하므로 공기에 노출되지 않도록 한다.
③ 인화점 이상에서 가연성 증기를 발생하여 점화원이 있으면 폭발한다.
④ 유기물질과 혼합하면 발화의 위험성이 있다.

≫ **질산**은 제6류 위험물로서 산소공급원 역할을 하기 때문에 자신은 불연성이며, **불이 잘 붙는 유기물질과 혼합하면 발화의 위험성**이 크다.

37 특수인화물이 소화설비 기준 적용상 1소요단위가 되기 위한 용량은?

① 50L
② 100L
③ 250L
④ 500L

≫ 제4류 위험물 중 특수인화물의 지정수량은 50L이며 위험물의 1소요단위는 지정수량의 10배이므로 특수인화물이 1소요단위가 되기 위한 용량은 50L×10=500L이다.

정답 33. ① 34. ② 35. ① 36. ④ 37. ④

38 다음 중 수성막포소화약제에 대한 설명으로 옳은 것은?

① 물보다 가벼운 유류의 화재에는 사용할 수 없다.

② 계면활성제를 사용하지 않고 수성의 막을 이용한다.

③ 내열성이 뛰어나고 고온의 화재일수록 효과적이다.

④ 일반적으로 플루오린계 계면활성제를 사용한다.

》》 수성막포소화약제는 **플루오린계 계면활성제를 사용한 막을 이용**하는 포소화약제로서 주로 물보다 가벼운 유류화재의 소화에 사용한다. 다만, 고온의 화재에서는 막의 생성이 곤란한 경우가 발생할 수 있어 고온의 화재일수록 효과적이지 않다.

39 분말소화기에 사용되는 분말소화약제의 주성분이 아닌 것은?

① $NH_4H_2PO_4$

② Na_2SO_4

③ $NaHCO_3$

④ $KHCO_3$

》》 ① $NH_4H_2PO_4$(인산암모늄) : 제3종 분말소화약제
② Na_2SO_4(황산나트륨) : **소화약제로는 사용하지 않는다.**
③ $NaHCO_3$(탄산수소나트륨) : 제1종 분말소화약제
④ $KHCO_3$(탄산수소칼륨) : 제2종 분말소화약제

40 위험물제조소등에 설치하는 옥외소화전설비에 있어서 옥외소화전함은 옥외소화전으로부터 보행거리 몇 m 이하의 장소에 설치하는가?

① 2m

② 3m

③ 5m

④ 10m

》》 위험물제조소등에 설치하는 옥외소화전함은 옥외소화전으로부터 **보행거리 5m 이하의 장소에 설치**해야 한다.

제3과목 **위험물의 성질과 취급**

41 온도 및 습도가 높은 장소에서 취급할 때 자연발화의 위험이 가장 큰 물질은?

① 아닐린

② 황화인

③ 질산나트륨

④ 셀룰로이드

》》 ① 아닐린(제4류 위험물) : 인화성 액체로서 인화의 위험은 있지만 자연발화는 하지 않는다.
② 황화인(제2류 위험물) : 가연성 고체로서 산소가 공급되었을 때 연소하며 자연발화는 하지 않는다.
③ 질산나트륨(제1류 위험물) : 산화성 고체로서 자신은 불연성 물질이라 자연발화는 하지 않는다.
④ **셀룰로이드**(제5류 위험물) : 자기반응성 물질이므로 온도 및 습도가 높은 장소에서 **자연발화의 위험**이 크다.

42 과염소산칼륨과 적린을 혼합하는 것이 위험한 이유로 가장 타당한 것은?

① 마찰열이 발생하여 과염소산칼륨이 자연발화할 수 있기 때문에

② 과염소산칼륨이 연소하면서 생성된 연소열이 적린을 연소시킬 수 있기 때문에

③ 산화제인 과염소산칼륨과 가연물인 적린이 혼합하면 가열, 충격 등에 의해 연소·폭발할 수 있기 때문에

④ 혼합하면 용해되어 액상 위험물이 되기 때문에

》》 과염소산칼륨(제1류 위험물)은 산화제로서 산소 공급원 역할을 하며, 적린(제2류 위험물)은 가연물 역할을 하기 때문에 **가열, 충격 등의 점화원이 발생하면 연소·폭발**할 수 있다.

43 다음 중 물이 접촉되었을 때 위험성(반응성)이 가장 작은 것은?

① Na_2O_2　　　② Na

③ MgO_2　　　④ S

➤➤ ① Na_2O_2(과산화나트륨) : 제1류 위험물 중 알칼리금속의 과산화물로서 물과 반응 시 산소를 발생하는 위험성이 있다.
② Na(나트륨) : 제3류 위험물로서 물과 반응 시 수소를 발생하는 위험성이 있다.
③ MgO_2(과산화마그네슘) : 제1류 위험물 중 무기과산화물로서 물과 반응 시 산소를 발생하는 위험성이 있다.
④ S(황) : 제2류 위험물로서 물과 반응하지 않는 물질이므로 **물과 반응 시 위험성은 없다.**

44 위험물안전관리법령상 위험물제조소의 위험물을 취급하는 건축물의 구성부분 중 반드시 내화구조로 하여야 하는 것은?

① 연소의 우려가 있는 기둥
② 바닥
③ 연소의 우려가 있는 외벽
④ 계단

➤➤ 제조소 건축물의 구성
벽·기둥·바닥·보·서까래 및 계단은 불연재료로 하고, **연소의 우려가 있는 외벽은 출입구 외의 개구부가 없는 내화구조로** 하여야 한다.

> **Check**
> 옥내저장소 건축물의 구성
> 외벽을 포함한 벽·기둥·바닥은 내화구조로 하고, 보·서까래 및 계단은 불연재료로 하여야 한다.

45 저장·수송할 때 타격 및 마찰에 의한 폭발을 막기 위해 물이나 알코올로 습면시켜 취급하는 위험물은?

① 나이트로셀룰로오스
② 과산화벤조일
③ 글리세린
④ 에틸렌글리콜

➤➤ 제5류 위험물 중 질산에스터류에 속하는 고체상태의 물질인 **나이트로셀룰로오스**는 건조하면 발화 위험이 있으므로 **함수알코올(수분 또는 알코올)에 습면시켜 저장**한다.

> **Check**
> 제5류 위험물 중 고체상태의 물질들은 건조하면 발화위험이 있으므로 수분에 습면시켜 폭발성을 낮춘다. 이 중 나이트로셀룰로오스는 물 뿐만 아니라 알코올에 습면시켜 폭발성을 낮출 수도 있다.

46 위험물의 취급 중 소비에 관한 기준으로 틀린 것은?

① 열처리작업은 위험물이 위험한 온도에 이르지 아니하도록 하여 실시하여야 한다.
② 담금질작업은 위험물이 위험한 온도에 이르지 아니하도록 하여 실시하여야 한다.
③ 분사도장작업은 방화상 유효한 격벽 등으로 구획한 안전한 장소에서 하여야 한다.
④ 버너를 사용하는 경우에는 버너의 역화를 유지하고 위험물이 넘치지 아니하도록 하여야 한다.

➤➤ 위험물의 취급 중 소비에 관한 기준
1) 분사도장작업은 방화상 유효한 격벽 등으로 구획된 안전한 장소에서 실시한다.
2) 담금질 또는 열처리작업은 위험물이 위험한 온도에 이르지 아니하도록 하여 실시한다.
3) 버너를 사용하는 경우에는 **버너의 역화를 방지**하고 위험물이 넘치지 아니하도록 한다.

47 탄화칼슘은 물과 반응하면 어떤 기체가 발생하는가?

① 과산화수소
② 일산화탄소
③ 아세틸렌
④ 에틸렌

➤➤ 제3류 위험물인 탄화칼슘(CaC_2)은 물과 반응 시 수산화칼슘[$Ca(OH)_2$]과 함께 가연성인 **아세틸렌(C_2H_2)가스를 발생**한다.
• 탄화칼슘의 물과의 반응식
$$CaC_2 + 2H_2O \rightarrow Ca(OH)_2 + C_2H_2$$

48 다음 위험물 중 인화점이 약 −37℃인 물질로서 구리, 은, 마그네슘 등의 금속과 접촉하면 폭발성 물질인 아세틸라이드를 생성하는 것은 어느 것인가?

① CH_3CHOCH_2
② $C_2H_5COC_2H_5$
③ CS_2
④ C_6H_6

정답 44. ③ 45. ① 46. ④ 47. ③ 48. ①

≫ 제4류 위험물 중 특수인화물에 속하는 **산화프로 필렌(CH_3CHOCH_2)은** 인화점이 약 $-37℃$인 물질로서 수은, 은, 동, 마그네슘과 반응 시 **금속 아세틸라이드라는 폭발성 물질을 생성**하므로 이 들 금속 및 이의 합금으로 된 용기를 사용하여 서는 안 된다.

🔥톡톡 튀는 (암기법) 수은, 은, 구리(동), 마그네슘 ⇨ 수은 구루마

화학식	물질명	품 명	인화점
$C_6H_5CH_3$	톨루엔	제1석유류	4℃
$C_6H_5CH_2CH$	스타이렌	제2석유류	32℃
CH_3OH	메틸알코올	알코올류	11℃
CH_3CHO	아세트 알데하이드	특수인화물	−38℃

49 물보다 무겁고 물에 녹지 않아 저장 시 가연성 증기 발생을 억제하기 위해 수조 속의 위험물 탱크에 저장하는 물질은?

① 다이에틸에터
② 에탄올
③ 이황화탄소
④ 아세트알데하이드

≫ **이황화탄소**는 제4류 위험물 중 특수인화물로서 물보다 무겁고 물에 녹지 않는다. 공기 중에 노 출되면 공기 중 산소와 반응하여 이산화황(SO_2) 이라는 가연성 증기를 발생하므로 이 가연성 증 기의 발생을 방지해야 하는데 이를 위해 이황화 탄소를 저장한 탱크는 벽 및 바닥의 두께가 0.2m 이상이고 누수가 되지 아니하는 철근콘크 리트의 **수조에 넣어 보관**한다.

50 제4류 위험물을 저장하는 이동탱크저장소의 탱크 용량이 19,000L일 때 탱크의 칸막이는 최소 몇 개를 설치해야 하는가?

① 2　　　　　② 3
③ 4　　　　　④ 5

≫ 이동탱크저장소에는 용량 4,000L 이하마다 3.2mm 이상의 강철판으로 만든 칸막이로 구획하여야 한다. **용량이 19,000L인 이동저장탱크**에는 5개 의 구획된 칸이 필요하며 이때 **필요한 칸막이의 개수는 4개**이다.

51 다음 위험물 중에서 인화점이 가장 낮은 것은?

① $C_6H_5CH_3$
② $C_6H_5CH_2CH$
③ CH_3OH
④ CH_3CHO

52 황린이 자연발화하기 쉬운 이유에 대한 설명 으로 가장 타당한 것은?

① 끓는점이 낮고 증기압이 높기 때문에
② 인화점이 낮고 조연성 물질이기 때문에
③ 조해성이 강하고 공기 중의 수분에 의해 쉽게 분해되기 때문에
④ 산소와 친화력이 강하고 발화온도가 낮 기 때문에

≫ 제3류 위험물 중 자연발화성 물질인 황린(P_4)은 **산소와 결합력이 강하고 발화온도가 34℃로 낮 기 때문에** 공기 중에서 자연발화 할 수 있다.

53 다음 염소산칼륨에 대한 설명 중 틀린 것은 어 느 것인가?

① 촉매 없이 가열하면 약 400℃에서 분해 된다.
② 열분해하여 산소를 방출한다.
③ 불연성 물질이다.
④ 물, 알코올, 에터에 잘 녹는다.

≫ **염소산칼륨**은 제1류 위험물로서 불연성 물질이 며, 약 400℃에서 열분해하여 염화칼륨(KCl)과 산소를 방출한다. 또한 **찬물과 알코올에는 안 녹 고** 온수 및 글리세린에 잘 녹는 성질을 가지고 있다.

54 다음 중 금속나트륨의 일반적인 성질로 옳지 않은 것은?

① 은백색의 연한 금속이다.
② 알코올 속에 저장한다.
③ 물과 반응하여 수소가스를 발생한다.
④ 물보다 비중이 작다.

정답　49. ③　50. ③　51. ④　52. ④　53. ④　54. ②

» ① 칼로 자를 수 있을 만큼 무른 은백색의 연한 금속이다.
② **알코올과 반응 시 수소를 발생**하므로 알코올에 저장하면 안된다.
③ 물과 반응 시 수소가스를 발생하므로 위험하다.
④ 비중이 0.97로서 물보다 비중이 작다.

55 다음 중 칼륨과 트라이에틸알루미늄의 공통성질을 모두 나타낸 것은?

> ⓐ 고체이다.
> ⓑ 물과 반응하여 수소를 발생한다.
> ⓒ 위험물안전관리법령상 위험등급이 I 이다.

① ⓐ   ② ⓑ
③ ⓒ   ④ ⓑ, ⓒ

»
구 분	칼륨(K)	트라이에틸알루미늄 $[(C_2H_5)_3Al]$
상태	고체	액체
물과 반응 시 생성기체	수소(H_2)	에테인(C_2H_6)
유별	제3류 위험물	
지정수량	10kg	
위험등급	I	

56 위험물안전관리법령상 제4류 위험물 옥외저장탱크의 대기밸브부착 통기관은 몇 kPa 이하의 압력 차이로 작동할 수 있어야 하는가?

① 2
② 3
③ 4
④ 5

» 제4류 위험물 옥외저장탱크의 대기밸브부착 통기관은 5kPa 이하의 압력 차이로 작동할 수 있어야 한다.

> **Check**
> 대기밸브부착 통기관 또는 밸브 없는 통기관은 제4류 위험물을 저장하는 옥외저장탱크 중 압력탱크 외의 탱크에 설치해야 하며, 옥외저장탱크가 압력탱크라면 이들 통기관이 아닌 안전장치를 설치한다.

57 1기압 27℃에서 아세톤 58g을 완전히 기화시키면 부피는 약 몇 L가 되는가?

① 22.4   ② 24.6
③ 27.4   ④ 58.0

» 아세톤(CH_3COCH_3) 1mol의 분자량은 12(C)g×3 + 1(H)g×6 + 16(O)g = 58g이며, 1기압 27℃에서 아세톤 58g을 기화시켜 기체로 만들었을 때의 부피는 다음과 같이 이상기체상태방정식으로 구할 수 있다.

$$PV = \frac{w}{M}RT$$

여기서, P(압력) : 1기압
    V(부피) : V(L)
    w(질량) : 58g
    M(분자량) : 58g/mol
    R(이상기체상수) : 0.082atm·L/K·mol
    T(절대온도) : (273+27)(K)

$$1 \times V = \frac{58}{58} \times 0.082 \times (273+27)$$

V = 24.6L이다.

58 위험물안전관리법령상 제6류 위험물에 해당하는 물질로서 햇빛에 의해 갈색의 연기를 내며 분해할 위험이 있으므로 갈색병에 보관해야 하는 것은?

① 질산   ② 황산
③ 염산   ④ 과산화수소

» 제6류 위험물인 **질산(HNO_3)은 햇빛에 의해 분해되면 적갈색 기체인 이산화질소(NO_2)를 발생**하기 때문에 이를 방지하기 위하여 갈색병에 보관해야 한다.
• 질산의 열분해반응식
  $4HNO_3 \longrightarrow 2H_2O + 4NO_2 + O_2$

59 다이에틸에터를 저장, 취급할 때의 주의사항에 대한 설명으로 틀린 것은?

① 장시간 공기와 접촉하고 있으면 과산화물이 생성되어 폭발의 위험이 생긴다.
② 연소범위는 가솔린보다 좁지만 인화점과 착화온도가 낮으므로 주의하여야 한다.
③ 정전기 발생에 주의하여 취급해야 한다.
④ 화재 시 CO_2 소화설비가 적응성이 있다.

≫ 다음 [표]에서 알 수 있듯이 **다이에틸에터는 연소범위가 가솔린보다 넓고**, 인화점 및 착화점 또한 가솔린보다 낮다.

구 분	다이에틸에터	가솔린
연소범위	1.9~48%	1.4~7.6%
인화점	−45℃	−43~−38℃
착화점	180℃	300℃

60 그림과 같은 위험물탱크에 대한 내용적 계산방법으로 옳은 것은?

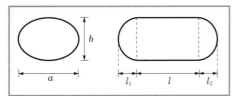

① $\dfrac{\pi ab}{3}\left(l+\dfrac{l_1+l_2}{3}\right)$

② $\dfrac{\pi ab}{4}\left(l+\dfrac{l_1+l_2}{3}\right)$

③ $\dfrac{\pi ab}{4}\left(l+\dfrac{l_1+l_2}{4}\right)$

④ $\dfrac{\pi ab}{3}\left(l+\dfrac{l_1+l_2}{4}\right)$

≫ 탱크의 내용적(V)을 구하는 공식
  1. 타원형 탱크의 내용적
    (1) 양쪽이 볼록한 것

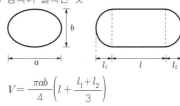

$$V=\frac{\pi ab}{4}\left(l+\frac{l_1+l_2}{3}\right)$$

    (2) 한쪽은 볼록하고 다른 한쪽은 오목한 것

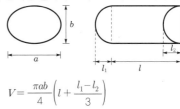

$$V=\frac{\pi ab}{4}\left(l+\frac{l_1-l_2}{3}\right)$$

  2. 원통형 탱크의 내용적
    (1) 가로로 설치한 것

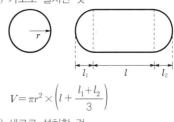

$$V=\pi r^2\times\left(l+\frac{l_1+l_2}{3}\right)$$

    (2) 세로로 설치한 것

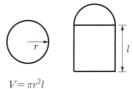

$$V=\pi r^2 l$$

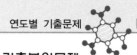
CBT 기출복원문제

2020 제4회 위험물산업기사

2020년 9월 19일 시행

제1과목 일반화학

01 다음 화합물 중 2mol이 완전연소될 때 6mol의 산소가 필요한 것은?

① CH_3-CH_3

② $CH_2=CH_2$

③ $CH\equiv CH$

④ C_6H_6

》① "－"은 단일결합. ②와 ③의 "＝"와 "≡"은 이중결합과 삼중결합을 나타내는 표시로서 화합물의 화학식에는 이 표시들을 생략할 수 있으므로 각 〈보기〉의 화학식은 다음과 같다.
① C_2H_6 ② C_2H_4
③ C_2H_2 ④ C_6H_6

① $C_2H_6 + 3.5O_2 \rightarrow 2CO_2 + 3H_2O$
1몰의 C_2H_6을 연소시키기 위해 3.5몰의 산소가 필요하므로 2몰의 C_2H_6을 연소시키기 위해서는 7몰의 산소가 필요하다.

② $C_2H_4 + 3O_2 \rightarrow 2CO_2 + 2H_2O$
1몰의 C_2H_4를 연소시키기 위해 3몰의 산소가 필요하므로 **2몰의 C_2H_4를 연소시키기 위해서는 6몰의 산소가 필요**하다.

③ $C_2H_2 + 2.5O_2 \rightarrow 2CO_2 + H_2O$
1몰의 C_2H_2를 연소시키기 위해 2.5몰의 산소가 필요하므로 2몰의 C_2H_2를 연소시키기 위해서는 5몰의 산소가 필요하다.

④ $C_6H_6 + 7.5O_2 \rightarrow 6CO_2 + 3H_2O$
1몰의 C_6H_6을 연소시키기 위해 7.5몰의 산소가 필요하므로 2몰의 C_6H_6을 연소시키기 위해서는 15몰의 산소가 필요하다.

02 유기화합물을 질량 분석한 결과 C 84%, H 16%의 결과를 얻었다. 다음 중 이 물질에 해당하는 실험식은?

① C_5H ② C_2H_2

③ C_7H_8 ④ C_7H_{16}

》C와 H의 비율을 합하면 84% + 16% = 100%이므로 이 유기화합물은 다른 원소는 포함하지 않고 C와 H로만 구성되어 있음을 알 수 있다. 만약 C의 질량과 H의 질량이 동일하다면 C는 84개, H는 16개가 들어있는 $C_{84}H_{16}$으로 나타내야 하지만 C 1개의 질량은 12g이므로 C의 비율 84%를 12로 나누어야 하고 H 1개의 질량은 1g이므로 H의 비율 16%를 1로 나누어 다음과 같이 표시해야 한다.

$C : \dfrac{84}{12} = 7$, $H : \dfrac{16}{1} = 16$

따라서 C는 7개, H는 16개이므로 실험식은 C_7H_{16}이다.

03 다음 반응식 중 흡열반응을 나타내는 것은 어느 것인가?

① $CO + 0.5O_2 \rightarrow CO_2 + 68kcal$

② $N_2 + O_2 \rightarrow 2NO$, $\Delta H = +42kcal$

③ $C + O_2 \rightarrow CO_2$, $\Delta H = -94kcal$

④ $H_2 + 0.5O_2 - 58kcal \rightarrow H_2O$

》발열반응과 흡열반응
1) 발열반응 : 반응 시 열을 발생하는 반응으로 반응 후 열량을 $+Q$(kcal)로 표시하거나 엔탈피(ΔH)를 $-Q$(kcal)로 표시한다.
 • $A + B \rightarrow C + Q$(kcal)
 • $A + B \rightarrow C$, $\Delta H = -Q$(kcal)
2) 흡열반응 : 반응 시 열을 흡수하는 반응으로 반응 후 열량을 $-Q$(kcal)로 표시하거나 엔탈피(ΔH)를 $+Q$(kcal)로 표시한다.
 • $A + B \rightarrow C - Q$(kcal)
 • $A + B \rightarrow C$, $\Delta H = +Q$(kcal)

각 〈보기〉는 다음과 같이 구분할 수 있다.
① $CO + 0.5O_2 \rightarrow CO_2 + 68kcal$: 발열반응
② $N_2 + O_2 \rightarrow 2NO$, $\Delta H = +42kcal$: **흡열반응**
③ $C + O_2 \rightarrow CO_2$, $\Delta H = -94kcal$: 발열반응
④ 반응 전의 열량 −58kcal를 반응 후의 열량으로 표시하면 다음과 같이 나타낼 수 있다.
$H_2 + 0.5O_2 \rightarrow H_2O + 58kcal$: 발열반응

정답 01. ② 02. ④ 03. ②

04 다음 중 전자배치가 다른 것은?

① Ar ② F⁻

③ Na⁺ ④ Ne

≫ 원소의 전자배치(전자수)는 원자번호와 같다.
  ① Ar(아르곤)은 원자번호가 18번이므로 **전자수도 18개이다.**
  ② F(플루오린)은 원자번호가 9번이므로 전자수도 9개이지만 F⁻는 전자를 1개 얻은 상태이므로 F⁻의 전자수는 10개이다.
  ③ Na(나트륨)은 원자번호가 11번이므로 전자수도 11지만 Na⁺는 전자를 1개 잃은 상태이므로 Na⁺의 전자수는 10개이다.
  ④ Ne(네온)은 원자번호가 10번이므로 전자수도 10개이다.

05 알칼리금속이 다른 금속 원소에 비해 반응성이 큰 이유와 밀접한 관련이 있는 것은?

① 밀도가 작기 때문이다.

② 물에 잘 녹기 때문이다.

③ 이온화에너지가 작기 때문이다.

④ 녹는점과 끓는점이 비교적 낮기 때문이다.

≫ 이온화에너지란 중성원자로부터 전자(-) 1개를 떼어 내어 양이온(+)으로 만드는 데 필요한 힘을 말한다. 알칼리금속과 같이 금속성이 강하고 반응성이 큰 금속은 스스로 전자(-)를 쉽게 버리고 양이온(+)이 되고자 하는 성질이 커서 전자를 떼어내는 데 많은 힘이 필요하지 않다. 이러한 성질은 **알칼리금속의 이온화에너지가 작다**는 것과 밀접한 관련이 있다.

06 지시약으로 사용되는 페놀프탈레인 용액은 산성에서 어떤 색을 띠는가?

① 적색 ② 청색

③ 무색 ④ 황색

≫ 물질의 성질에 따른 지시약의 종류와 변색

구 분	산성	중성	염기성 (알칼리성)
페놀프탈레인	**무색**	무색	적색
메틸오렌지	적색	황색	황색
리트머스종이	청색 → 적색	보라색	적색 → 청색

07 25℃의 포화용액 90g 속에 어떤 물질이 30g 녹아 있다. 이 온도에서 물질의 용해도는 얼마인가?

① 30 ② 33

③ 50 ④ 63

≫ 용해도란 특정온도에서 용매 100g에 녹는 용질의 g수를 말하는데, 여기서 용매는 녹이는 물질이고 용질은 녹는 물질이며 용액은 용매와 용질을 더한 값이다.
  이 〈문제〉에서 용액은 90g이고 용질은 30g이므로 용매는 용액 90g에서 용질 30g을 뺀 값인 60g이다.
  따라서 용매 60g에 용질 30g이 녹아 있는 것은 용매 100g에는 용질이 몇 g 녹아 있는지를 다음의 비례식을 이용해 구할 수 있으며 이때 x의 값이 용해도이다.

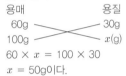

용매　　　　　　용질
　60g　　　　　　30g
　100g　　　　　　x(g)
$60 \times x = 100 \times 30$
$x = 50$g이다.

08 1기압에서 2L의 부피를 차지하는 어떤 이상기체를 온도의 변화 없이 압력을 4기압으로 하면 부피는 얼마가 되겠는가?

① 2.0L ② 1.5L

③ 1.0L ④ 0.5L

≫ 온도변화 없이 기체의 압력과 부피를 활용하는 문제이므로 다음과 같이 보일의 법칙을 이용한다. 어떤 기체의 압력과 부피의 곱은 다른 상태의 압력과 부피의 곱과 같으므로
$P_1 V_1 = P_2 V_2$
1기압 × 2L = 4기압 × V_2

$V_2 = \dfrac{1 \times 2}{4}$ = 0.5L이다.

09 NaOH 수용액 100mL를 중화하는 데 2.5N의 HCl 80mL가 소요되었다. NaOH 용액의 농도(N)는?

① 1 ② 2

③ 3 ④ 4

≫ 염기성(NaOH)과 산성(HCl)을 혼합할 때 각 물질의 농도와 부피의 곱이 같으면 그 혼합물은 중성(중화)이 되는데 이를 중화적정이라고 하며, 중화적정 공식은 $N_1 V_1 = N_2 V_2$이다.

여기서, N_1 : NaOH 농도
V_1 : NaOH 부피(100mL)
N_2 : HCl 농도(2.5N)
V_2 : HCl 부피(80mL)

〈문제〉의 조건을 $N_1 \times V_1 = N_2 \times V_2$ 공식에 대입하면

$N_1 \times 100 = 2.5 \times 80$

$N_1 = \dfrac{2.5 \times 80}{100} = 2N$이다.

10 수소분자 1mol에 포함된 양성자수와 같은 것은?

① O_2 $\dfrac{1}{4}$mol 중 양성자수

② NaCl 1mol 중 ion의 총수

③ 수소원자 $\dfrac{1}{2}$mol 중의 원자수

④ CO_2 1mol 중의 원자수

≫ 양성자수는 그 원소의 원자번호와 같다. 수소원자(H)는 원자번호가 1이므로 양성자수도 1개이다. 〈문제〉는 수소원자 2개를 결합한 수소분자(H_2) 1mol이므로 여기에는 양성자수가 $1 \times 2 =$ 2개 포함되어 있다.

① O는 원자번호는 8이므로 양성자수도 8개이다.

O_2 $\dfrac{1}{4}$mol은 $\dfrac{1}{2}$O와 같으므로 여기에는 양성자수가 $\dfrac{1}{2} \times 8 = 4$개 포함되어 있다.

② NaCl 1mol에는 Na^+이온 1개와 Cl^-이온 1개가 있으므로 **이온(ion)의 총수는 1+1 = 2개**이다.

③ 수소원자(H) 1mol의 원자수는 1개이므로 수소원자(H) $\dfrac{1}{2}$mol의 원자수는 $\dfrac{1}{2}$개다.

④ CO_2 1mol에는 탄소원자(C) 1개와 산소원자(O) 2개가 있으므로 총 원자수는 3개이다.

따라서, 수소분자 1mol에 포함된 양성자수는 2개로서 NaCl 1mol에 포함된 이온의 총수와 같다.

11 다음의 반응식에서 평형을 오른쪽으로 이동시키기 위한 조건은?

$$N_2(g) + O_2(g) \rightarrow 2NO(g) - 43.2kcal$$

① 압력을 높인다.
② 온도를 높인다.
③ 압력을 낮춘다.
④ 온도를 낮춘다.

≫ 화학평형의 이동

1) 온도를 높이면 흡열반응 쪽으로 반응이 진행되고, 온도를 낮추면 발열반응 쪽으로 반응이 진행된다.

2) 압력을 높이면 기체의 몰수의 합이 적은 쪽으로 반응이 진행되고, 압력을 낮추면 기체의 몰수의 합이 많은 쪽으로 반응이 진행된다.

〈문제〉의 반응식은 반응식의 왼쪽에 있는 N_2와 O_2를 반응시켜 반응식의 오른쪽에 있는 일산화질소(NO) 2몰을 생성하면서 43.2kcal의 열을 흡수하는 흡열반응을 나타낸다. 여기서 평형을 오른쪽으로 이동시키기 위한 온도와 압력에 대한 화학평형의 이동은 다음과 같다.

1) 반응식의 왼쪽에서 오른쪽으로의 반응은 흡열반응이므로 **흡열반응 쪽으로 반응이 진행되도록 하기 위해서는 온도를 높여야 한다.**

2) 반응식의 왼쪽의 기체의 몰수의 합은 1몰(N_2) + 1몰(O_2) = 2몰이고 오른쪽의 기체의 몰수도 2몰(NO)이므로 양쪽의 기체의 몰수의 합이 같다. 이 경우에는 압력을 높이거나 낮추는 방법으로는 화학평형의 이동이 발생하지 않는다. 따라서, 이 반응에서 평형을 오른쪽으로 이동시키기 위한 조건은 온도를 높이는 것이다.

12 CO_2 44g을 만들려면 C_3H_8 분자가 약 몇 개 완전연소 해야 하는가?

① 2.01×10^{23}
② 2.01×10^{22}
③ 6.02×10^{23}
④ 6.02×10^{22}

≫ C_3H_8(프로페인)의 연소반응식은 다음과 같다.

• C_3H_8의 연소반응식
$C_3H_8 + 5O_2 \rightarrow 3CO_2 + 4H_2O$

위의 연소반응식에서 알 수 있듯이 1몰의 C_3H_8을 연소시키면 3몰의 CO_2가 발생하므로 〈문제〉와 같이 CO_2 44g 즉, 1몰의 CO_2를 발생하게 하려면 $\frac{1}{3}$몰의 C_3H_8을 연소시켜야 한다.

따라서, 1몰의 C_3H_8은 분자수가 6.02×10^{23}개이므로 $\frac{1}{3}$몰의 C_3H_8의 분자수는 $\frac{1}{3} \times 6.02 \times 10^{23}$개 $= 2.01 \times 10^{23}$개가 된다.

13 질산은 용액에 담갔을 때 은(Ag)이 석출되지 않는 것은?

① 백금 　　　　② 납
③ 구리 　　　　④ 아연

>> 이온화경향이 큰 금속은 반응성이 크기 때문에 이온화경향이 작은 금속을 밀어내어 석출시킬 수 있지만, 이온화경향이 작은 금속은 이온화경향이 큰 금속을 밀어낼 수 없다. 이온화경향이란 양이온 즉, 금속이온이 되려는 경향을 뜻하며, 이온화경향의 세기는 다음과 같다.

> K > Ca > Na > Mg > Al > Zn > Fe > Ni
> 칼륨 칼슘 나트륨 마그 알루 아연 철 니켈
> 　　　　　　네슘 미늄
> > Sn > Pb > H > Cu > Hg > Ag > Pt > Au
> 주석 납 수소 구리 수은 은 백금 금

〈보기〉의 금속들 중 납(Pb), 구리(Cu), 아연(Zn)은 은(Ag)보다 이온화경향이 크기 때문에 질산은($AgNO_3$) 용액에 담갔을 때 여기에 들어있는 은(Ag)을 석출시킬 수 있지만, **백금(Pt)은 은(Ag)보다 이온화경향이 작기 때문에 은(Ag)을 석출시킬 수 없다.**

14 다음 밑줄 친 원소 중 산화수가 +5인 것은?

① $Na_2\underline{Cr}_2O_7$
② $K_2\underline{S}O_4$
③ $K\underline{N}O_3$
④ $\underline{Cr}O_3$

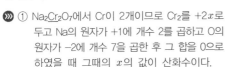

PLAY ▶ 풀이

>> ① $Na_2\underline{Cr}_2O_7$에서 Cr이 2개이므로 Cr_2를 $+2x$로 두고 Na의 원자가 +1에 개수 2를 곱하고 O의 원자가 −2에 개수 7을 곱한 후 그 합을 0으로 하였을 때 그때의 x의 값이 산화수이다.

Na$_2$	Cr$_2$	O$_7$

$+1 \times 2 + 2x \ -2 \times 7 = 0$
$+2x - 12 = 0$
$x = +6$이므로 Cr의 산화수는 +6이다.

② K_2SO_4에서 S를 $+x$로 두고 K의 원자가 +1에 개수 2를 곱하고 O의 원자가 −2에 개수 4를 곱한 후 그 합을 0으로 하였을 때 그때의 x의 값이 산화수이다.

　　K$_2$　S　O$_4$
$+1 \times 2 \ +x \ -2 \times 4 = 0$
$+x - 6 = 0$
x는 +6이므로 S의 산화수는 +6이다.

③ KNO_3에서 N을 $+x$로 두고 K의 원자가 +1을 더한 후 O의 원자가 −2에 개수 3을 곱한 값의 합을 0으로 하였을 때 그때의 x의 값이 산화수이다.

　　K　N　O$_3$
$+1 \ +x \ -2 \times 3 = 0$
$+x - 5 = 0$
x는 +5이므로 **N의 산화수는 +5이다.**

④ CrO_3에서 Cr을 $+x$로 두고 O의 원자가 −2에 개수 3을 곱한 후 그 합을 0으로 하였을 때 그때의 x의 값이 산화수이다.

　　Cr　O$_3$
$+x \ -2 \times 3 = 0$
$+x - 6 = 0$
$x = +6$이므로 Cr의 산화수는 +6이다.

15 볼타전지에 관련된 내용으로 가장 거리가 먼 것은?

① 아연판과 구리판
② 화학전지
③ 진한 질산용액
④ 분극현상

>> 볼타전지는 묽은 황산용액에 아연판과 구리판을 넣어 만든 화학전지의 기본이 되는 전지로서, 구리판에서 발생하는 수소로 인해 전압이 떨어지는 분극현상이 발생하기도 한다.

16 방사능 붕괴의 형태 중 $_{88}Ra$가 α 붕괴할 때 생기는 원소는?

① $_{86}Rn$ 　　　　② $_{90}Th$
③ $_{91}Pa$ 　　　　④ $_{92}U$

정답　13. ①　14. ③　15. ③　16. ①

핵붕괴
1) α(알파)붕괴 : 원자번호가 2 감소하고, 질량수가 4 감소하는 것
2) β(베타)붕괴 : 원자번호가 1 증가하고, 질량수는 변동이 없는 것

〈문제〉의 원자번호 88번인 Ra(라듐)을 α붕괴하면 원자번호가 2만큼 감소하므로 원자번호 88번 − 2 = 86번인 $_{86}Rn$(라돈)이 생긴다.

17 폴리염화비닐의 단위체와 합성법이 올바르게 나열된 것은?

① $CH_2 = CHCl$, 첨가중합
② $CH_2 = CHCl$, 축합중합
③ $CH_2 = CHCN$, 첨가중합
④ $CH_2 = CHCN$, 축합중합

≫ 축합반응이란 여러 개의 분자들이 반응을 할 때 탈수로 인한 물분자 등이 제거되면서 새로운 물질을 만드는 반응이며, 첨가반응은 분자에 다른 분자가 결합하는 반응을 말한다.
폴리염화비닐은 다수의 염화비닐($CH_2 = CHCl$)의 합성체로서 **첨가중합**반응으로 만들어진다.

18 다음 중 $CH_3 - CHCl - CH_3$의 명명법으로 옳은 것은?

① 2 − chloropropane
② di − chloroethylene
③ di − methylmethane
④ di − methylethane

≫ $CH_3 - CHCl - CH_3(C_3H_7Cl)$은 프로페인의 화학식 C_3H_8에서 H원자 1개를 빼고 그 자리에 클로로라고 불리는 염소(Cl)를 치환시킨 클로로프로페인이다. 이 클로로프로페인은 염소가 두 번째 탄소 즉, 2번 탄소에 있던 H와 치환되었기 때문에 2 − 클로로프로페인(chloropropane)이라 불린다.

19 암모니아성 질산은 용액과 반응하여 은거울을 만드는 것은?

① CH_3CH_2OH
② CH_3OCH_3
③ CH_3COCH_3
④ CH_3CHO

≫ 아세트알데하이드(CH_3CHO) 및 폼알데하이드($HCHO$)와 같이 알데하이드(− CHO)기를 포함하고 있는 물질들은 암모니아성 질산은 용액과 반응하여 은거울을 만드는 반응을 한다.

20 벤젠이 진한 질산과 진한 황산의 혼합물을 작용시킬 때 황산이 촉매와 탈수제 역할을 하여 얻어지는 화합물은?

① 나이트로벤젠
② 클로로벤젠
③ 알킬벤젠
④ 벤젠술폰산

≫ 벤젠에 진한 질산(HNO_3)과 진한 황산(H_2SO_4)을 반응시킬 때 황산을 탈수제 역할을 하는 촉매로 사용하면 벤젠에 포함되어 있던 H 한 개를 꺼내고 HNO_3에 있던 H와 O을 꺼내 이들을 합하여 H_2O(물)을 만들어 탈수시킨다. 그리고 다음의 반응과 같이 HNO_3에 남아 있는 − NO_2(나이트로기)를 벤젠에 치환시켜 나이트로벤젠($C_6H_5NO_2$)을 생성한다.

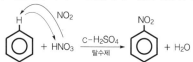

제2과목 **화재예방과 소화방법**

21 프로페인 $2m^3$가 완전연소할 때 필요한 이론 공기량은 약 몇 m^3인가? (단, 공기 중 산소농도는 21vol%이다.)

① 23.81
② 35.72
③ 47.62
④ 71.43

PLAY ▶ 풀이

≫ 프로페인(C_3H_8)을 연소할 때 필요한 공기의 부피를 구하기 위해서는 연소에 필요한 산소의 부피를 먼저 구해야 한다. 아래의 연소반응식에서 알 수 있듯이 22.4L(1몰)의 프로페인을 연소시키기 위해 필요한 산소는 5 × 22.4L인데 〈문제〉는 $2m^3$의 프로페인을 연소시키기 위해서는 몇 m^3의 산소가 필요한가를 구하는 것이므로 다음과 같이 비례식을 이용하여 구할 수 있다.

정답   17. ①   18. ①   19. ④   20. ①   21. ③

• 프로페인의 연소반응식

$C_3H_8 + 5O_2 \rightarrow 3CO_2 + 4H_2O$

$\begin{array}{cc} 22.4L & 5 \times 22.4L \\ 2m^3 & x_{산소}(m^3) \end{array}$

$22.4 \times x_{산소} = 2 \times 5 \times 22.4$

$x_{산소} = 10m^3$이다.

여기서, 프로페인 $2m^3$를 연소시키는 데 필요한 산소의 부피는 $10m^3$이지만 〈문제〉의 조건은 연소에 필요한 산소의 부피가 아니라 공기의 부피를 구하는 것이다. 공기 중 산소의 부피는 공기부피의 21%이므로 공기의 부피를 구하는 식은 다음과 같다.

공기의 부피 = 산소의 부피 $\times \dfrac{100}{21} = 10m^3 \times \dfrac{100}{21} = 47.62m^3$이다.

Tip

1. 이 〈문제〉와 같이 별도의 압력과 온도가 주어지지 않은 경우에는 표준상태($0°C$, 1기압)로 간주하면 됩니다.
2. 공기 100% 중 산소는 21%의 부피비를 차지하므로 공기는 산소보다 약 5배 즉, $\dfrac{100}{21}$배 더 많은 부피이므로 앞으로 공기의 부피를 구하는 문제가 출제되면 공기의 부피 = 산소의 부피 $\times \dfrac{100}{21}$이라는 공식을 활용하기 바랍니다.

22 가연물의 주된 연소형태에 대한 설명으로 옳지 않은 것은?

① 황의 연소형태는 증발연소이다.
② 목재의 연소형태는 분해연소이다.
③ 에터의 연소형태는 표면연소이다.
④ 숯의 연소형태는 표면연소이다.

≫ ③ 에터(다이에틸에터)는 제4류 위험물 중 특수인화물에 속하는 물질로서 연소형태는 증발연소이다.

Check 액체와 고체의 연소형태

(1) 액체의 연소형태의 종류와 물질
  ㉠ 증발연소 : 제4류 위험물 중 특수인화물, 제1석유류, 알코올류, 제2석유류 등
  ㉡ 분해연소 : 제4류 위험물 중 제3석유류, 제4석유류, 동식물유류 등
(2) 고체의 연소형태의 종류와 물질
  ㉠ 표면연소 : 코크스(탄소), 목탄(숯), 금속분 등
  ㉡ 분해연소 : 목재, 종이, 석탄, 플라스틱, 합성수지 등
  ㉢ 자기연소 : 제5류 위험물 등
  ㉣ 증발연소 : 황(S), 나프탈렌, 양초(파라핀) 등

23 정전기를 유효하게 제거할 수 있는 설비를 설치하고자 할 때 위험물안전관리법령에서 정한 정전기 제거방법의 기준으로 옳은 것은?

① 공기 중의 상대습도를 70% 이상으로 하는 방법
② 공기 중의 상대습도를 70% 이하로 하는 방법
③ 공기 중의 절대습도를 70% 이상으로 하는 방법
④ 공기 중의 절대습도를 70% 이하로 하는 방법

≫ 정전기 제거방법
  1) 접지할 것
  2) **공기 중의 상대습도를 70% 이상으로 할 것**
  3) 공기를 이온화시킬 것

24 제3종 분말소화약제의 제조 시 사용되는 실리콘오일의 용도는?

① 경화제
② 발수제
③ 탈색제
④ 착색제

≫ 실리콘오일은 제3종 분말소화약제의 발수제(물이 통과되지 못하도록 처리하는 약품)로 널리 쓰인다.

25 Halon 1301에 해당하는 할로젠화합물의 분자식을 올바르게 나타낸 것은?

① CBr_3F
② CF_3Br
③ CH_3Cl
④ CCl_3H

≫ 할로젠화합물 소화약제의 할론번호는 $C-F-Cl-Br$의 순서대로 각 원소의 개수를 나타낸 것이다. Halon 1301은 C 1개, F 3개, Cl 0개, Br 1개로 구성되므로 화학식은 CF_3Br이다.

정답 22. ③ 23. ① 24. ② 25. ②

26 다음 중 물을 소화약제로 사용하는 장점이 아닌 것은?

① 구하기가 쉽다.
② 취급이 간편하다.
③ 기화잠열이 크다.
④ 피연소물질에 대한 피해가 없다.

≫ 물은 구하기 쉽고 취급도 간편하면서 기화잠열이 커서 냉각소화에 효과가 있는 소화약제이지만 소화 후 **물로 인한 피연소물질에 대한 피해는 매우 큰 편이다.**

27 이산화탄소소화기에 관한 설명으로 옳지 않은 것은?

① 소화작용은 질식효과와 냉각효과에 의한다.
② A급, B급 및 C급 화재 중 A급 화재에 가장 적응성이 있다.
③ 소화약제 자체의 유독성은 적으나, 공기 중 산소농도를 저하시켜 질식의 위험이 있다.
④ 소화약제의 동결, 부패, 변질 우려가 적다.

≫ 이산화탄소소화기는 주된 소화효과가 질식소화이며 일부 냉각효과도 갖고 있다. 유류화재인 B급 화재 및 전기화재인 C급 화재에는 질식효과가 있으나 일반화재인 A급 화재에는 소화효과가 없다.

28 위험물안전관리법령상 가솔린의 화재 시 적응성이 없는 소화기는?

① 봉상강화액소화기
② 무상강화액소화기
③ 이산화탄소소화기
④ 포소화기

≫ 제4류 위험물인 가솔린의 화재 시에는 이산화탄소소화기 또는 포소화기와 같이 질식소화가 주된 소화원리인 소화기가 널리 사용되며 **봉상강화액소화기와 같이 물로 소화하는 냉각소화가 주된 소화원리인 소화기는 사용할 수 없다.** 하지만 강화액소화기 중에서도 무상강화액소화기는 물줄기를 안개형태로 잘게 흩어 뿌리기 때문에 제4류 위험물 화재에도 사용할 수 있다.

대상물의 구분 / 소화설비의 구분		건축물·그 밖의 공작물	전기설비	제1류 위험물 알칼리금속의 과산화물등	제1류 그 밖의 것	제2류 위험물 철분·금속분·마그네슘 등	제2류 인화성 고체	제2류 그 밖의 것	제3류 위험물 금수성 물품	제3류 그 밖의 것	제4류 위험물	제5류 위험물	제6류 위험물
대형·소형 수동식 소화기	봉상수(棒狀水)소화기	○			○		○	○		○		○	○
	무상수(霧狀水)소화기	○	○		○		○	○		○		○	○
	봉상강화액소화기	○			○		○	○		○	×	○	○
	무상강화액소화기	○	○		○		○	○		○	○	○	○
	포소화기	○			○		○	○		○	○	○	○
	이산화탄소소화기		○				○				○		△
	할로젠화합물소화기		○				○				○		
분말 소화기	인산염류소화기	○	○		○		○				○		○
	탄산수소염류소화기		○	○		○	○		○		○		
	그 밖의 것			○		○			○				
기타	물통 또는 수조	○			○		○	○		○		○	○
	건조사			○	○	○	○	○	○	○	○	○	○
	팽창질석 또는 팽창진주암			○	○	○	○	○	○	○	○	○	○

29 위험물안전관리법령에 의거하여 개방형 스프링클러헤드를 이용하는 스프링클러설비에 설치하는 수동식 개방밸브를 개방 조작하는 데 필요한 힘은 몇 kg 이하가 되도록 설치하여야 하는가?

① 5　　　　　② 10
③ 15　　　　④ 20

≫ 개방형 스프링클러헤드를 이용하는 스프링클러설비에 설치하는 수동식 개방밸브를 개방 조작하는 데 필요한 힘은 몇 15kg 이하가 되도록 설치하여야 한다.

정답　26. ④　27. ②　28. ①　29. ③

30 위험물안전관리법령상 포소화설비의 고정포 방출구를 설치한 위험물탱크에 부속하는 보조포소화전에서 3개의 노즐을 동시에 사용할 경우 각각의 노즐선단에서의 분당 방사량은 몇 L/min 이상이어야 하는가?

① 80   ② 130

③ 230   ④ 400

>> 고정식 포소화설비에 부속되는 보조포소화전은 3개(호스접속구가 3개 미만인 경우에는 그 개수)의 노즐을 동시에 사용할 경우에 각각의 노즐선단의 방사압력은 0.35MPa 이상이고, **방사량은 400L/min 이상**의 성능이 되도록 설치해야 한다.

31 위험물안전관리법령상 분말소화설비의 기준에서 가압용 또는 축압용 가스로 사용하도록 지정한 것은?

① 헬륨   ② 질소

③ 일산화탄소   ④ 아르곤

>> 분말소화설비에 사용하는 가압용 또는 축압용 가스는 **질소** 또는 이산화탄소로 지정되어 있다.

32 위험물제조소등에 설치하는 이산화탄소소화설비의 기준으로 틀린 것은?

① 저장용기의 충전비는 고압식에 있어서는 1.5 이상 1.9 이하, 저압식에 있어서는 1.1 이상 1.4 이하로 한다.

② 저압식 저장용기에는 2.3MPa 이상 및 1.9MPa 이하의 압력에서 작동하는 압력경보장치를 설치한다.

③ 저압식 저장용기에는 용기 내부의 온도를 −20℃ 이상 −18℃ 이하로 유지할 수 있는 자동냉동기를 설치한다.

④ 기동용 가스용기는 20MPa 이상의 압력에 견딜 수 있는 것이어야 한다.

>> 이산화탄소소화설비의 설치기준
1) 저장용기의 충전비는 고압식에 있어서는 1.5 이상 1.9 이하, 저압식에 있어서는 1.1 이상 1.4 이하로 한다.

2) 저압식 저장용기에는 2.3MPa 이상 및 1.9MPa 이하의 압력에서 작동하는 압력경보장치를 설치한다.
  ※ 저압식 저장용기의 정상압력은 1.9MPa 초과 2.3MPa 미만이므로 이 압력의 범위를 벗어날 경우 압력에 이상이 생겼음을 알려주기 위한 경보장치이다.
3) 저압식 저장용기에는 용기 내부의 온도를 −20℃ 이상 −18℃ 이하로 유지할 수 있는 자동냉동기를 설치한다.
4) 기동(작동)용 가스용기는 **25MPa 이상의 압력**에 견딜 수 있는 것이어야 한다.

33 위험물제조소등에 설치하는 전역방출방식의 이산화탄소소화설비 분사헤드의 방사압력은 고압식의 경우 몇 MPa 이상이어야 하는가?

① 1.05   ② 1.7

③ 2.1   ④ 2.6

>> 전역방출방식의 이산화탄소소화설비 분사헤드의 방사압력
1) **고압식 : 2.1MPa 이상**
2) 저압식 : 1.05MPa 이상

🎯톡톡튀는 **암기법** 고압식의 압력 2.1MPa을 2로 나누면 저압식의 압력인 1.05MPa이 됩니다.

Check 전역방출방식의 이산화탄소소화설비 분사헤드의 소화약제의 저장온도
(1) 고압식 : 소화약제가 상온으로 용기에 저장되어 있는 것
(2) 저압식 : 소화약제가 −18℃ 이하의 온도로 용기에 저장되어 있는 것

34 위험물안전관리법령상 물분무소화설비의 제어밸브는 바닥으로부터 어느 위치에 설치하여야 하는가?

① 0.5m 이상 1.5m 이하

② 0.8m 이상 1.5m 이하

③ 1m 이상 1.5m 이하

④ 1.5m 이상

>> 물분무소화설비의 제어밸브는 바닥면으로부터 0.8m 이상 1.5m 이하의 높이에 설치해야 한다.

정답   30. ④   31. ②   32. ④   33. ③   34. ②

35 다음 각각의 위험물의 화재발생 시 위험물안전관리법령상 적응가능한 소화설비를 올바르게 나타낸 것은?

① $C_6H_5NO_2$: 이산화탄소소화기

② $(C_2H_5)_3Al$: 봉상수소화기

③ $C_2H_5OC_2H_5$: 봉상수소화기

④ $C_3H_5(ONO_2)_3$: 이산화탄소소화기

≫ ① $C_6H_5NO_2$(나이트로벤젠) : 제4류 위험물이므로 질식소화효과가 있는 이산화탄소소화기로 소화가능하다.
② $(C_2H_5)_3Al$(트라이에틸알루미늄) : 제3류 위험물 중 금수성 물질이므로 냉각소화효과가 있는 봉상수소화기로는 소화할 수 없다.
③ $C_2H_5OC_2H_5$(다이에틸에터) : 제4류 위험물이므로 냉각소화효과기 있는 봉상수소화기로는 소화할 수 없다.
④ $C_3H_5(ONO_2)_3$(나이트로글리세린) : 제5류 위험물이므로 질식소화효과가 있는 이산화탄소소화기로는 소화할 수 없다.

대상물의 구분 / 소화설비의 구분	건축물 · 그 밖의 공작물	전기설비	제1류 위험물		제2류 위험물			제3류 위험물		제4류 위험물	제5류 위험물	제6류 위험물
			알칼리금속의 과산화물 등	그 밖의 것	철분 · 금속분 · 마그네슘 등	인화성 고체	그 밖의 것	금수성 물품	그 밖의 것			
봉상수(棒狀水)소화기	○			○		○	○		○		○	○
무상수(霧狀水)소화기	○	○		○		○	○	×	○	×	○	○
봉상강화액소화기	○			○		○	○		○		○	○
무상강화액소화기	○	○		○		○	○		○	○	○	○
포소화기	○			○		○	○		○	○	○	○
이산화탄소소화기		○				○				◎	×	△
할로젠화합물소화기		○				○				○		
분말소화기 인산염류소화기	○	○		○		○				○		○
분말소화기 탄산수소염류소화기		○	○		○	○		○		○		
분말소화기 그 밖의 것			○		○			○				

36 경보설비는 지정수량 몇 배 이상의 위험물을 저장, 취급하는 제조소등에 설치하는가?

① 2　　　　② 4

③ 8　　　　④ 10

≫ 1) 자동화재탐지설비만을 설치해야 하는 제조소등
　㉠ 제조소 및 일반취급소
　　ⓐ 연면적 $500m^2$ 이상인 것
　　ⓑ 옥내에서 지정수량의 100배 이상을 취급하는 것(고인화점위험물만을 100℃ 미만의 온도에서 취급하는 것은 제외)
　㉡ 옥내저장소
　　ⓐ 지정수량의 100배 이상을 저장 또는 취급하는 것(고인화점위험물만을 저장 또는 취급하는 것은 제외)
　　ⓑ 저장창고의 연면적이 $150m^2$를 초과하는 것
　　ⓒ 처마높이가 6m 이상인 단층건물의 것
　㉢ 옥내탱크저장소 : 단층건물 외의 건축물에 설치된 옥내탱크저장소로서 소화난이도 등급 Ⅰ에 해당하는 것
　㉣ 주유취급소 : 옥내주유취급소
2) 자동화재탐지설비 및 자동화재속보설비를 설치해야 하는 경우 : 특수인화물, 제1석유류 및 알코올류를 저장 또는 취급하는 탱크의 용량이 1,000만L 이상인 옥외탱크저장소
3) 경보설비(자동화재속보설비 제외) 중 1종 이상을 설치해야 하는 제조소 등
　– 지정수량의 10배 이상을 저장 또는 취급하는 것(이동탱크저장소는 제외)

37 위험물안전관리법령상 물분무소화설비가 적응성이 있는 위험물은?

① 알칼리금속의 과산화물

② 금속분 · 마그네슘

③ 금수성 물질

④ 인화성 고체

≫ 제1류 위험물에 속하는 알칼리금속의 과산화물과 제2류 위험물에 속하는 철분 · 금속분 · 마그네슘, 제3류 위험물에 속하는 금수성 물질의 화재에는 탄산수소염류분말소화설비가 적응성이 있으며, 제2류 위험물에 속하는 **인화성 고체의 화재**에 대해서는 **물분무소화설비**뿐 아니라 대부분의 소화설비가 모두 적응성이 있다.

정답　35. ① 36. ④ 37. ④

[표 1] 소화설비 적응성

소화설비의 구분		건축물·그밖의공작물	전기설비	제1류 알칼리금속의과산화물등	제1류 그밖의것	제2류 철분·금속분·마그네슘등	제2류 인화성고체	제2류 그밖의것	제3류 금수성물품	제3류 그밖의것	제4류위험물	제5류위험물	제6류위험물
옥내소화전 또는 옥외소화전 설비		○			○		○	○		○		○	○
스프링클러설비		○			○		○	○		○	△	○	○
물분무등소화설비	물분무소화설비	○	○		○		◎	○		○	○	○	○
	포소화설비	○			○		○	○		○	○	○	○
	불활성가스소화설비		○				○				○		
	할로젠화합물소화설비		○				○				○		
	분말소화설비 인산염류등	○	○		○		○	○			○		○
	분말소화설비 탄산수소염류등		○	○		○	○		○		○		
	분말소화설비 그 밖의 것			○		○			○				

[표 2] (앞 쪽에서 이어짐)

소화설비의 구분		건축물·그밖의공작물	전기설비	제1류 알칼리금속의과산화물등	제1류 그밖의것	제2류 철분·금속분·마그네슘등	제2류 인화성고체	제2류 그밖의것	제3류 금수성물품	제3류 그밖의것	제4류위험물	제5류위험물	제6류위험물
물분무등소화설비	물분무소화설비	○	○		○		○			○	○	○	○
	포소화설비	○	✕										
	불활성가스소화설비												
	할로젠화합물소화설비												
	분말소화설비 인산염류등												
	분말소화설비 탄산수소염류등				○			○			○		○
	분말소화설비 그 밖의 것												

38 위험물안전관리법령상 전기설비에 적응성이 없는 소화설비는?

① 포소화설비
② 불활성가스소화설비
③ 물분무소화설비
④ 할로젠화합물소화설비

≫ 전기설비의 화재는 일반적으로는 물로 소화할 수 없기 때문에 **수분을 포함한 포소화설비는 전기설비의 화재에는 사용할 수 없다.** 하지만 물분무소화설비는 물을 분무하여 흩어뿌리기 때문에 전기설비의 화재에 적응성이 있으며 불활성가스소화설비 및 할로젠화합물소화설비는 질식소화효과와 억제소화효과를 갖고 있기 때문에 전기설비의 화재에 적응성이 있다.

[표 3]

소화설비의 구분	건축물·그밖의공작물	전기설비	제1류 알칼리금속의과산화물등	제1류 그밖의것	제2류 철분·금속분·마그네슘등	제2류 인화성고체	제2류 그밖의것	제3류 금수성물품	제3류 그밖의것	제4류위험물	제5류위험물	제6류위험물
옥내소화전 또는 옥외소화전 설비	○			○		○	○		○		○	○
스프링클러설비	○			○		○	○		○	△	○	○

39 주유취급소에 캐노피를 설치하고자 한다. 위험물안전관리법령에 따른 캐노피의 설치기준이 아닌 것은?

① 캐노피의 면적은 주유취급소 공지면적의 1/2 이하로 할 것
② 배관이 캐노피 내부를 통과할 경우에는 1개 이상의 점검구를 설치할 것
③ 캐노피 외부의 배관이 일광열의 영향을 받을 우려가 있는 경우에는 단열재로 피복할 것
④ 캐노피 외부의 점검이 곤란한 장소에 배관을 설치하는 경우에는 용접이음으로 할 것

◀ 주유취급소의 캐노피

≫ 주유취급소의 캐노피(지붕) 기준
1) 배관이 캐노피 내부를 통과할 경우에는 1개 이상의 점검구를 설치할 것
2) 캐노피 외부의 배관이 일광열의 영향을 받을 우려가 있는 경우에는 단열재로 피복할 것
3) 캐노피 외부의 점검이 곤란한 장소에 배관을 설치하는 경우에는 용접이음으로 할 것

40 위험물안전관리법령상 제3류 위험물 중 금수성 물질 이외의 것에 적응성이 있는 소화설비는?

① 할로젠화합물소화설비
② 불활성가스소화설비
③ 포소화설비
④ 분말소화설비

➤➤ 제3류 위험물 중 금수성 물질 이외의 것은 자연발화성 물질인 황린을 말하는데 황린은 물속에 저장하는 물질로서 황린의 화재에 사용 가능한 소화설비는 물을 소화약제로 사용하는 것이며, 〈보기〉의 소화설비 중 수분을 함유하고 있는 소화설비는 포소화설비뿐이다.

제3과목 **위험물의 성질과 취급**

41 염소산나트륨의 성질에 속하지 않는 것은?

① 환원력이 강하다.
② 무색 결정이다.
③ 주수소화가 가능하다.
④ 강산과 혼합하면 폭발할 수 있다.

➤➤ 제1류 위험물에 속하는 염소산나트륨($NaClO_3$)은 산화성이 강한 고체로서 자신은 불연성이기 때문에 직접 연소할 수 있는 성질을 의미하는 **환원력은 갖고 있지 않다.**

42 제1류 위험물의 일반적인 성질이 아닌 것은?

① 불연성 물질들이다.
② 유기화합물들이다.
③ 산화성 고체로서 강산화제이다.
④ 알칼리금속의 과산화물은 물과 작용하여 발열한다.

➤➤ ① 자체적으로 산소공급원을 포함하고 있는 불연성 물질이다.
② 제1류 위험물은 탄소를 포함한 가연성의 물질인 **유기화합물이 아니라** 탄소를 포함하지 않는 **무기화합물로 분류**된다.
③ 강한 산화성을 갖는 산화성 고체이다.
④ 제1류 위험물 중 알칼리금속의 과산화물은 물과 작용하여 발열과 함께 산소를 발생한다.

43 위험물안전관리법령상 지정수량이 나머지 셋과 다른 하나는?

① 적린   ② 황화인
③ 황   ④ 마그네슘

➤➤ 〈보기〉의 물질들은 제2류 위험물로서 마그네슘의 지정수량은 500kg이며, 그 외의 물질들의 지정수량은 모두 100kg이다.

44 다음 중 물과 접촉하였을 때 위험성이 가장 높은 것은?

① S
② CH_3COOH
③ C_2H_5OH
④ K

➤➤ ④ K(칼륨)은 제3류 위험물 중 금수성 물질로 물과 반응 시 수산화칼륨(KOH)과 함께 가연성인 수소가스를 발생한다.
• 칼륨의 물과의 반응식
$$2K + 2H_2O \rightarrow 2KOH + H_2$$

45 다음 중 황린을 밀폐용기 속에서 260℃로 가열하여 얻은 물질을 연소시킬 때 주로 생성되는 물질은?

① P_2O_5
② CO_2
③ PO_2
④ CuO

➤➤ 제3류 위험물인 황린(P_4)을 밀폐용기 속에서 공기를 차단하고 260℃로 가열하면 제2류 위험물인 적린(P)이 생성되며, 적린을 연소시키면 독성의 오산화인(P_2O_5)이라는 백색기체가 발생한다.
• 적린의 연소반응식
$$4P + 5O_2 \rightarrow 2P_2O_5$$

46 은백색의 광택이 있는 비중 약 2.7의 금속으로서 열, 전기의 전도성이 크며, 진한 질산에서는 부동태가 되고 묽은 질산에 잘 녹는 것은?

① Al   ② Mg
③ Zn   ④ Sb

➤➤ 진한 질산에서 부동태가 되어 반응을 일으키지 않는 금속은 Fe(철), Co(코발트), Ni(니켈), Cr(크로뮴), Al(알루미늄)이며, 이 중 은백색의 광택이 있는 비중 약 2.7의 금속으로서 열, 전기의 전도성이 큰 것은 Al이다.

정답 41. ① 42. ② 43. ④ 44. ④ 45. ① 46. ①

47 취급하는 장치가 구리나 마그네슘으로 되어 있을 때 반응을 일으켜서 폭발성의 아세틸라이드를 생성하는 물질은?

① 이황화탄소　　② 아이소프로필알코올
③ 산화프로필렌　④ 아세톤

>>> 제4류 위험물 중 특수인화물에 속하는 **산화프로필렌**(CH_3CHOCH_2)과 아세트알데하이드(CH_3CHO)는 수은(Hg), 은(Ag), **구리**(Cu), **마그네슘**(Mg)과 반응하면 폭발성의 **금속 아세틸라이드를 생성**하므로 이들 금속과는 접촉을 금지해야 한다.

🗲톡톡튀는 암기법 수은, 은, 구리(동), 마그네슘 ⇨ 수은구루마

48 다음 중 인화점이 20℃ 이상인 것은?

① CH_3COOCH_3　　② CH_3COCH_3
③ CH_3COOH　　　④ CH_3CHO

>>> ① CH_3COOCH_3(초산메틸) : 제1석유류로서 인화점은 −10℃이다.
② CH_3COCH_3(아세톤) : 제1석유류로서 인화점은 −18℃이다.
③ CH_3COOH(초산) : 제2석유류로서 **인화점은 40℃**이다.
④ CH_3CHO(아세트알데하이드) : 특수인화물로서 인화점은 −38℃이다.

💡 **Tip**
제4류 위험물 중 제 2석유류에 해당하는 것은 인화점 범위가 21℃ 이상 70℃ 미만에 속하므로 각 물질의 품명만 알면 정확한 인화점을 몰라도 풀 수 있는 문제입니다.

49 다음 중 증기비중이 가장 작은 것은?

① 이황화탄소
② 아세톤
③ 아세트알데하이드
④ 다이에틸에터

>>> 증기비중 = $\dfrac{\text{분자량}}{\text{공기의 분자량}(29)}$ 이다.

① 이황화탄소(CS_2)의 분자량은 12(C) + 32(S)×2 = 76이므로 증기비중 = $\dfrac{76}{29}$ = 2.62이다.

② 아세톤(CH_3COCH_3)의 분자량은 12(C)×3 + 1(H)×6 + 16(O) = 58이므로 증기비중 = $\dfrac{58}{29}$ = 2이다.

③ 아세트알데하이드(CH_3CHO)의 분자량은 12(C)×2 + 1(H)×4 + 16(O) = 44이므로 **증기비중** = $\dfrac{44}{29}$ = 1.52이다.

④ 다이에틸에터($C_2H_5OC_2H_5$)의 분자량은 12(C)×4 + 1(H)×10 + 16(O) = 74이므로 증기비중 = $\dfrac{74}{29}$ = 2.55이다.

💡 **Tip**
물질의 분자량이 작을수록 증기비중도 작기 때문에 직접 증기비중의 값을 묻는 문제가 아니라면 분자량만 계산해도 답을 구할 수 있습니다.

50 위험물안전관리법령상 제1류 위험물 중 알칼리금속의 과산화물의 운반용기 외부에 표시하여야 하는 주의사항을 모두 올바르게 나타낸 것은?

① "화기엄금", "충격주의" 및 "가연물접촉주의"
② "화기·충격주의", "물기엄금" 및 "가연물접촉주의"
③ "화기주의" 및 "물기엄금"
④ "화기엄금" 및 "충격주의"

>>>

유별	품명	운반용기에 표시하는 주의사항
제1류	알칼리금속의 과산화물	화기·충격주의, 가연물접촉주의, 물기엄금
	그 밖의 것	화기·충격주의, 가연물접촉주의
제2류	철분, 금속분, 마그네슘	화기주의, 물기엄금
	인화성 고체	화기엄금
	그 밖의 것	화기주의
제3류	금수성 물질	물기엄금
	자연발화성 물질	화기엄금, 공기접촉엄금
제4류	인화성 액체	화기엄금
제5류	자기반응성 물질	화기엄금, 충격주의
제6류	산화성 액체	가연물접촉주의

정답 47. ③ 48. ③ 49. ③ 50. ②

51 위험물안전관리법령상 제6류 위험물에 해당하는 물질로서 햇빛에 의해 갈색의 연기를 내며 분해할 위험이 있으므로 갈색병에 보관해야 하는 것은?

① 질산
② 황산
③ 염산
④ 과산화수소

➤➤ 제6류 위험물인 질산(HNO_3)은 햇빛에 의해 분해하면 적갈색 기체인 이산화질소(NO_2)를 발생하기 때문에 이를 방지하기 위하여 갈색병에 보관해야 한다.
  • 질산의 열분해반응식
  $$4HNO_3 \rightarrow 2H_2O + 4NO_2 + O_2$$

52 주유취급소의 고정주유설비는 고정주유설비의 중심선을 기점으로 하여 도로경계선까지 몇 m 이상 떨어져 있어야 하는가?

① 2
② 3
③ 4
④ 5

➤➤ 주유취급소의 고정주유설비의 중심선을 기점으로 한 거리
  1) **도로경계선까지의 거리 : 4m 이상**
  2) 부지경계선, 담 및 벽까지의 거리 : 2m 이상
  3) 개구부가 없는 벽까지의 거리 : 1m 이상

53 제4류 위험물을 저장하는 이동탱크저장소의 탱크 용량이 19,000L일 때 탱크의 칸막이는 최소 몇 개를 설치해야 하는가?

① 2
② 3
③ 4
④ 5

➤➤ 이동탱크저장소에는 용량 4,000L 이하마다 3.2mm 이상의 강철판으로 만든 칸막이로 구획하여야 한다. 용량이 19,000L인 이동저장탱크에는 5개의 구획된 칸이 필요하며 이때 필요한 칸막이의 개수는 4개이다.

54 위험물안전관리법령에 따른 위험물제조소의 안전거리 기준으로 틀린 것은?

① 주택으로부터 10m 이상
② 학교, 병원, 극장으로부터 30m 이상

③ 유형문화재와 기념물 중 지정문화재로부터는 70m 이상
④ 고압가스등을 저장·취급하는 시설로부터는 20m 이상

➤➤ 위험물제조소의 안전거리
  1) 주거용 건축물(제조소의 동일부지 외에 있는 것) : 10m 이상
  2) 학교, 병원, 극장(300명 이상), 다수인 수용시설 : 30m 이상
  3) **유형문화재와 기념물 중 지정문화재 : 50m 이상**
  4) 고압가스, 액화석유가스 등의 저장·취급 시설 : 20m 이상
  5) 사용전압 7,000V 초과 35,000V 이하의 특고압가공전선 : 3m 이상
  6) 사용전압이 35,000V를 초과하는 특고압가공전선 : 5m 이상

🔵 **Tip**
제6류 위험물을 취급하는 제조소등의 경우는 모든 대상에 대해 안전거리를 제외할 수 있습니다.

55 위험물안전관리법령에 의한 위험물제조소의 설치기준으로 옳지 않은 것은?

① 위험물을 취급하는 기계, 기구, 기타 설비에 새거나 넘치거나 비산하는 것을 방지할 수 있는 구조로 한다.
② 위험물을 가열하거나 냉각하는 설비 또는 위험물 취급에 따라 온도변화가 생기는 설비에는 온도측정장치를 설치하여야 한다.
③ 정전기 발생을 유효하게 제거할 수 있는 설비를 설치한다.
④ 스테인리스관을 지하에 설치할 때는 지진, 풍압, 지반침하, 온도변화에 안전한 구조의 지지물을 설치한다.

➤➤ ④ 제조소에서 **배관을 지상에 설치하는 경우**에는 지진·풍압·지반침하 및 온도변화에 안전한 구조의 지지물에 설치하되, 지면에 닿지 아니하도록 하고 배관의 외면에 부식방지를 위한 도장을 하여야 한다.

정답 51. ① 52. ③ 53. ③ 54. ③ 55. ④

56 위험물안전관리법령에 따른 위험물제조소 건축물의 구조로 틀린 것은?

① 벽, 기둥, 서까래 및 계단은 난연재료로 할 것

② 지하층이 없도록 할 것

③ 출입구에는 60분＋방화문, 60분 방화문 또는 30분 방화문을 설치할 것

④ 창에 유리를 이용하는 경우에는 망입유리로 할 것

≫ ① **벽, 기둥, 바닥, 보, 서까래 및 계단은 불연재료로 해야 한다.**

② 원칙으로는 지하층이 없도록 해야 한다.

③ 출입구와 비상구에는 60분＋방화문, 60분 방화문 또는 30분 방화문을 설치하되, 연소의 우려가 있는 외벽에 설치하는 출입구에는 수시로 열 수 있는 자동폐쇄식의 60분＋방화문, 60분 방화문을 설치하여야 한다.

④ 창 및 출입구에 유리를 이용하는 경우에는 망입유리로 하여야 한다.

57 위험물안전관리법령상 운반 시 적재하는 위험물에 차광성이 있는 피복으로 가리지 않아도 되는 것은?

① 제2류 위험물 중 철분

② 제4류 위험물 중 특수인화물

③ 제5류 위험물

④ 제6류 위험물

≫ 1) 운반 시 차광성 피복으로 가려야 하는 위험물

ㄱ 제1류 위험물

ㄴ 제3류 위험물 중 자연발화성 물질

ㄷ 제4류 위험물 중 특수인화물

ㄹ 제5류 위험물

ㅁ 제6류 위험물

2) 운반 시 **방수성 피복**으로 가려야 하는 위험물

ㄱ 제1류 위험물 중 알칼리금속의 과산화물

ㄴ **제2류 위험물 중 철분**, 금속분, 마그네슘

ㄷ 제3류 위험물 중 금수성 물질

💡 Tip

제1류 위험물 중 알칼리금속의 과산화물은 방수성 피복으로 가려야 하는 위험물이지만 차광성 피복으로 가려야 하는 제1류 위험물에도 속하므로 이는 차광성 피복과 방수성 피복을 모두 사용해야 하는 위험물에 속합니다.

58 위험물안전관리법령상 위험물 운반용기의 외부에 표시하도록 규정한 사항이 아닌 것은 어느 것인가?

① 위험물의 품명

② 위험물의 제조번호

③ 위험물의 주의사항

④ 위험물의 수량

≫ 운반용기의 외부에 표시해야 하는 사항

1) 품명, 위험등급, 화학명 및 수용성

2) 위험물의 수량

3) 위험물에 따른 주의사항

유 별	품 명	운반용기에 표시하는 주의사항
제1류	알칼리금속의 과산화물	화기·충격주의, 가연물접촉주의, 물기엄금
	그 밖의 것	화기·충격주의, 가연물접촉주의
제2류	철분, 금속분, 마그네슘	화기주의, 물기엄금
	인화성 고체	화기엄금
	그 밖의 것	화기주의
제3류	금수성 물질	물기엄금
	자연발화성 물질	화기엄금, 공기접촉엄금
제4류	인화성 액체	화기엄금
제5류	자기반응성 물질	화기엄금, 충격주의
제6류	산화성 액체	가연물접촉주의

59 세워진 형태의 위험물을 저장하는 탱크의 내용적은 약 몇 m³인가?

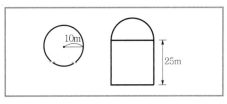

① 3,612   ② 4,712

③ 5,812   ④ 7,854

⟫ 세로형(세워진 형태) 탱크의 내용적(V)을 구하는 공식은 다음과 같다.

$V = \pi r^2 l$

여기서, $r = 10m$
$l = 25m$

$V = \pi \times 10^2 \times 25$
$\quad = 7,854m^3$

60 다음의 두 가지 물질을 혼합하였을 때 위험성이 증가하는 경우가 아닌 것은?

① 과망가니즈산칼륨 + 황산
② 나이트로셀룰로오스 + 알코올수용액
③ 질산나트륨 + 유기물
④ 질산 + 에틸알코올

⟫ ① 제1류 위험물인 과망가니즈산칼륨은 황산과 반응 시 산소를 발생하므로 가연물의 연소를 돕는 위험성이 있다.
② 제5류 위험물인 나이트로셀룰로오스는 물 또는 알코올에 습면시켜 저장하는 위험물이므로 알코올수용액과는 **위험성이 없다.**
③ 제1류 위험물인 질산나트륨은 산소공급원 역할을 하는 물질인데 여기에 가연성인 유기물을 혼합하면 위험성은 증가한다.
④ 제6류 위험물인 질산은 산소공급원의 역할을 하는 물질인데 여기에 제4류 위험물인 에틸알코올, 즉 인화성 액체를 혼합하면 위험성은 증가한다.

정답　60. ②

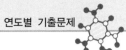

제1과목 일반화학

01 염화칼슘의 화학식량은 얼마인가? (단, 염소의 원자량은 35.5, 칼슘의 원자량은 40이다.)

① 111
② 121
③ 131
④ 141

》 염화칼슘의 화학식은 $CaCl_2$이므로 화학식량 즉, 분자량은 $40(Ca) + 35.5(Cl) \times 2 = 111$이다.

02 분자 운동에너지와 분자간의 인력에 의하여 물질의 상태변화가 일어난다. 다음 그림에서 (a), (b)의 변화는?

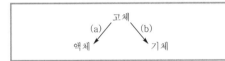

① (a)융해, (b)승화
② (a)승화, (b)융해
③ (a)응고, (b)승화
④ (a)승화, (b)응고

》 물질의 상태변화
1) **고체가 액체로 되는 변화 : 융해(용융)**
2) 액체가 고체로 되는 변화 : 응고
3) 액체가 기체로 되는 변화 : 기화(증발)
4) 기체가 액체로 되는 변화 : 액화
5) **고체가 기체로 되는 변화 : 승화**
6) 기체가 고체로 되는 변화 : 승화

03 다음 물질 중 감광성이 가장 큰 것은?

① HgO
② CuO
③ $NaNO_3$
④ AgCl

》 감광성이란 물질이 빛을 감지해 변화하는 성질을 말하며, 염화은(AgCl)은 빛에 의해 검은색으로 변하는 특성이 있어 감광성이 큰 물질로 분류된다.

04 다음 물질 중 sp^3 혼성궤도함수와 가장 관계가 있는 것은?

① CH_4
② $BeCl_2$
③ BF_3
④ HF

》 혼성궤도함수(혼성오비탈)란 다음과 같이 전자 2개로 채워진 오비탈을 그 명칭과 개수로 표시한 것을 말한다.
① CH_4 : C는 원자가가 +4이므로 다음 그림과 같이 s오비탈과 p오비탈에 각각 4개의 전자를 '•' 표시로 채우고 H는 원자가가 +1인데 총 개수는 4개이므로 p오비탈에 4개의 전자를 'x' 표시로 채우면 **s오비탈 1개와 p오비탈 3개**에 2개의 전자들이 채워진다. 따라서 CH_4의 혼성궤도함수는 sp^3이다.

s	p		
••	•x	•x	xx

② $BeCl_2$: Be는 원자가가 +2이므로 다음 그림과 같이 s오비탈에 2개의 전자를 '•' 표시로 채우고 Cl은 원자가가 −1인데 총 개수는 2개이므로 p오비탈에 2개의 전자를 'x' 표시로 채우면 s오비탈 1개와 p오비탈 1개에 전자들이 채워진다. 따라서 $BeCl_2$의 혼성궤도함수는 sp이다.

s	p		
••	xx		

③ BF_3 : B는 원자가가 +3이므로 다음 그림과 같이 s오비탈과 p오비탈에 각각 3개의 전자를 '•' 표시로 채우고 F는 원자가가 −1인데 총 개수는 3개이므로 p오비탈에 3개의 전자를 'x' 표시로 채우면 s오비탈 1개와 p오비탈 2개에 전자들이 채워진다. 따라서 BF_3의 혼성궤도함수는 sp^2이다.

s	p		
••	•x	xx	

④ HF : 원자가가 +1인 H 1개와 원자가가 −1인 F 1개를 더해 총 2개의 전자로는 s오비탈 또는 p오비탈 중 어느 하나의 오비탈에만 전자를 채울 수 있기 때문에 HF의 혼성궤도함수는 일반적인 원리로는 표현하기 힘들다.

정답 01. ① 02. ① 03. ④ 04. ①

05 BF₃는 무극성 분자이고, NH₃는 극성 분자이다. 이 사실과 가장 관계가 있는 것은?

① 비공유전자쌍은 BF₃에는 있고, NH₃에는 없다.

② BF₃는 공유결합물질이고, NH₃는 수소결합물질이다.

③ BF₃는 평면정삼각형이고, NH₃는 피라미드형 구조이다.

④ BF₃는 sp^3혼성오비탈을 하고 있고, NH₃는 sp^2 혼성오비탈을 하고 있다.

➤➤ 1) BF₃(삼플루오린화붕소)

3가 원소인 B(붕소)의 전자를 "●"으로 표시하고 −1가 원소인 F(플루오린)의 전자를 "×"로 표시하여 선자섬식으로 나타내면 다음 그림과 같다. 이 때 B와 F가 서로 전자를 공유하여 만든 공유전자쌍 3개가 **평면정삼각형**을 구성하게 되고 이렇게 만들어진 BF₃는 평면상태의 극이 없는 **무극성 분자**로 분류된다.

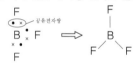

2) NH₃(암모니아)

5가 원소인 N(질소)의 전자를 "●"으로 표시하고 1가 원소인 H(수소)의 전자를 "×"로 표시하여 전자점식으로 나타내면 다음 그림과 같다. 이 때 N과 H가 서로 전자를 공유하여 만든 공유전자쌍 3개가 평면정삼각형을 구성하고 N의 전자로만 쌍을 이룬 비공유전자쌍 1개는 반발력으로 N을 공중에 떠 있는 형태로 만든다. 이렇게 만들어진 NH₃는 평면 외에도 또 다른 **극을 갖는 구조**로서 삼각**피라미드** 또는 삼각뿔 형태의 극성 분자로 분류된다.

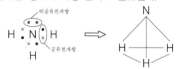

06 결합력이 큰 것부터 작은 순서로 나열한 것은?

① 공유결합 > 수소결합 > 반 데르 발스 결합

② 수소결합 > 공유결합 > 반 데르 발스 결합

③ 반 데르 발스 결합 > 수소결합 > 공유결합

④ 수소결합 > 반 데르 발스 결합 > 공유결합

➤➤ 결합력의 세기

원자결합 > 공유결합 > 이온결합 > 금속결합 > 수소결합 > 반 데르 발스 결합

🐸톡톡튀는 **암기법** 원숭이는 물을 싫어하니까 물을 금지하는 반에 넣어라는 의미로 "원숭이금수반"이라고 암기하세요. "원(원자) 승(공유) 이(이온) 금(금속) 수(수소) 반(반 데르 발스)"

07 다음 중 물이 산으로 작용하는 반응은?

① $NH_4^+ + H_2O \rightarrow NH_3 + H_3O^+$

② $HCOOH + H_2O \rightarrow HCOO^- + H_3O^+$

③ $CH_3COO^- + H_2O \rightarrow CH_3COOH + OH^-$

④ $HCl + H_2O \rightarrow H_3O^+ + Cl^-$

➤➤ 브뢴스테드는 H^+이온을 잃는 물질은 산이고, H^+이온을 얻는 물질은 염기라고  정의하였다. 〈문제〉의 반응식에서 H와 O를 포함하지 않는 물질끼리 연결하고 그 외의 물질끼리 연결했을 때 H^+이온을 잃는 물질이 산이 된다.

$NH_4^+ \rightarrow NH_3$: NH_4^+는 H가 4개였는데 반응 후 NH_3가 되면서 H^+ 1개를 잃었으므로 산이다.

① $NH_4^+ + H_2O \rightarrow NH_3 + H_3O^+$

$H_2O \rightarrow H_3O^+$: H_2O는 H가 2개였는데 반응 후 H_3O^+가 되면서 H^+ 1개를 얻었으므로 염기이다.

$HCOOH \rightarrow HCOO^-$: HCOOH는 H가 2개였는데 반응 후 $HCOO^-$가 되면서 H^+ 1개를 잃었으므로 산이다.

② $HCOOH + H_2O \rightarrow HCOO^- + H_3O^+$

$H_2O \rightarrow H_3O^+$: H_2O는 H가 2개였는데 반응 후 H_3O^+가 되면서 H^+ 1개를 얻었으므로 염기이다.

$CH_3COO^- \rightarrow CH_3COOH$: CH_3COO^-는 H가 3개였는데 반응 후 CH_3COOH가 되면서 H^+ 1개를 얻었으므로 염기이다.

③ $CH_3COO^- + H_2O \rightarrow CH_3COOH + OH^-$

$H_2O \rightarrow OH^-$: H_2O는 H가 2개였는데 반응 후 OH^-가 되면서 H^+ 1개를 잃었으므로 산이다.

$HCl \rightarrow Cl^-$: HCl은 H가 1개였는데 반응 후 Cl^-가 되면서 H^+ 1개를 잃었으므로 산이다.

④ $HCl + H_2O \rightarrow H_3O^+ + Cl^-$

$H_2O \rightarrow H_3O^+$: H_2O는 H가 2개였는데 반응 후 H_3O^+가 되면서 H^+ 1개를 얻었으므로 염기이다.

[정답] 05. ③ 06. ① 07. ③

08 60℃에서 KNO₃의 포화용액 100g을 10℃로 냉각시키면 몇 g의 KNO₃가 석출하는가? (단, 용해도는 60℃에서 100g KNO₃/100g H₂O, 10℃에서 20g KNO₃/100g H₂O이다.)

① 4
② 40
③ 80
④ 120

» 용해도란 특정온도에서 용매 100g에 녹는 용질의 g수를 말하는데, 여기서 용매는 녹이는 물질이고 용질은 녹는 물질이며 용액은 용매와 용질을 더한 값이다.
〈문제〉의 괄호에서 60℃에서 물 100g에 KNO₃가 100g 녹아 있다고 하였으므로 60℃에서 KNO₃의 용해도는 100이고, 10℃에서 물 100g에 KNO₃가 20g 녹아 있다고 하였으므로 10℃에서 KNO₃의 용해도는 20이며 이를 다음의 [표]와 같이 나타낼 수 있다.

온 도	60℃	10℃
용해도	100	20
용매(물)	100g	100g
용질(KNO₃)	100g	20g
용액 (물 + KNO₃)	100g + 100g = 200g	100g + 20g = 120g

위 [표]에서 60℃의 용해도 100에서 용액(물 + KNO₃) 200g에는 용질(KNO₃)이 100g 녹아 있는 것을 알 수 있는데 〈문제〉의 조건인 용액이 100g이라면 용질이 몇 g 녹아 있는지 다음의 비례식을 통해 알 수 있다.

용액   용질
200g ⤫ 100g
100g x(g)
$200 \times x = 100 \times 100$
$x = 50g$

또한, 60℃의 용해도 100에서 용질이 100g 녹아 있을 때 10℃의 용해도 20에서는 용질이 20g 녹아 있는데 위에서 구한 것과 같이 60℃의 온도에서 용질이 50g 녹아 있으면 10℃의 온도에서는 용질이 몇 g 녹아 있는지 다음의 비례식을 통해 알 수 있다.

60℃의 용질   10℃의 용질
100g ⤫ 20g
50g x(g)
$x = 10g$

따라서 60℃에서는 용액 100g에 용질 KNO₃가 50g 녹을 수 있는데 10℃로 온도를 낮추면 10g만 녹기 때문에 그 만큼 덜 녹아서 남게 되고 이때 남는 양이 바로 석출되는 양이며 그 양은 50g − 10g = 40g이다.

09 공기의 평균분자량은 약 29라고 한다. 이 평균분자량을 계산하는 데 관계된 원소는?

① 산소, 수소
② 탄소, 수소
③ 산소, 질소
④ 질소, 탄소

» 공기는 질소(N_2) 78%, 산소(O_2) 21%, 기타 물질 1%로 구성되어 있다. 이 중 기타 물질의 비율을 생략하고 **질소**와 **산소**만의 비율로 계산하면 다음 식과 같다.
질소(N_2) : 14(N) × 2 = 28
산소(O_2) : 16(O) × 2 = 32
여기에 질소 78%와 산소 21%를 적용시키면 공기의 분자량은 28(N_2)g × 0.78 + 32(O_2)g × 0.21 = 28.56g이 되며, 이는 약 29이다.

10 이온평형계에서 평형에 참여하는 이온과 같은 종류의 이온을 외부에서 넣어주면 그 이온의 농도를 감소시키는 방향으로 평형이 이동한다는 이론과 관계 있는 것은?

① 공통이온효과
② 가수분해효과
③ 물의 자체 이온화현상
④ 이온용액의 총괄성

» 평형계에서 용액이 포함하고 있는 이온과 같은 이온을 그 용액 속에 넣었을 때 평형이 그 이온의 농도를 감소시키는 방향으로 이동하는 현상을 공통이온효과라고 한다.

11 어떤 금속(M) 8g을 연소시키니 11.2g의 산화물이 얻어졌다. 이 금속의 원자량이 140이라면 이 산화물의 화학식은?

① M_2O_3 ② MO
③ MO_2 ④ M_2O_7

>> 금속 M의 원자가는 알 수 없으므로 $+x$라 하고 산소 O의 원자가는 -2이므로 금속 M이 산소 O와 결합하여 만들어진 산화물의 화학식은 M_2O_x이다. 〈문제〉에서 산화물 M_2O_x는 11.2g이고 금속 M_2가 8g이라 하였으므로 산소 O_x는 산화물 M_2O_x의 질량 11.2g에서 금속 M_2의 질량 8g을 뺀 3.2g이 된다. 이는 산화물 M_2O_x가 금속 M_2 8g, 산소 O_x 3.2g으로 구성되어 있다는 것을 의미하며 이러한 비율로 구성된 산화물의 화학식을 알기 위해서는 금속 M의 원자량 140g을 대입해 금속 M_2를 $140g \times 2 = 280g$으로 하였을 때 산소 O_x의 질량이 얼마인지를 구하면 된다.

$$
\begin{array}{cc}
M_2 & O_x \\
8g & 3.2g \\
280g & x(g)
\end{array}
$$

$8 \times x = 280 \times 3.2$

$x = 112g$이다.

여기서 x는 O_x의 질량으로서 $O_x = 112g$이므로 O_x가 112g이 되려면 $16g \times x = 112$에서 $x = 7$이 된다. 따라서 x는 산소 O의 개수를 나타내는 것이므로 이 산화물의 화학식은 M_2O_7이다.

12 농도 단위에서 "N"의 의미를 가장 올바르게 나타낸 것은?

① 용액 1L 속에 녹아있는 용질의 몰수
② 용액 1L 속에 녹아있는 용질의 g당량수
③ 용매 1,000g 속에 녹아있는 용질의 몰수
④ 용매 1,000g 속에 녹아있는 용질의 g당량수

>> 노르말농도(N)는 용액 1L 속에 녹아있는 용질의 g당량수를 말한다.

Check

(1) 몰랄농도(m) : 용매 1kg 속에 녹아있는 용질의 몰수
(2) 몰농도(M) : 용액 1L 속에 녹아있는 용질의 몰수

13 어떤 용기에 산소 2g과 수소 2g을 넣었을 때 산소와 수소의 압력의 비는?

① 1 : 2   ② 1 : 1
③ 2 : 1   ④ 4 : 1

>> 어떤 용기에 들어있는 기체는 몰수가 클수록 그 양도 많아져 압력이 높아지므로 용기에 들어있는 기체의 압력은 용기에 들어있는 기체의 몰수와 비례한다.

산소(O_2) 1몰은 16(O)g $\times$ 2 = 32g이고 수소(H_2) 1몰은 1(H)g $\times$ 2 = 2g인데 용기에는 산소 16g, 즉 0.5몰이 들어있고 수소는 2g, 즉 1몰이 들어있으므로 산소와 수소의 몰비는 0.5 : 1, 다시 말해 1 : 2이다.
따라서 산소와 수소의 압력비도 1 : 2이다.

14 황산구리 수용액에 1.93A의 전류를 통할 때 매 초 음극에서 석출되는 Cu의 원자수를 구하면 약 몇 개가 존재하는가?

① 3.12×10^{18}
② 4.02×10^{18}
③ 5.12×10^{18}
④ 6.02×10^{18}

>> 황산구리 수용액에 포함된 Cu(구리)를 석출하기 위해 필요한 전기량($C_{쿨롬}$) = 전류($A_{암페어}$) $\times$ 시간($sec_{초}$)이다. 〈문제〉의 1.93A의 전류를 통할 때 매 초마다 구리를 석출하기 위해 필요한 전기량(C) = 1.93A $\times$ 1sec = 1.93C이다.
또한 1F(패럿)이란 물질 1g당량을 석출하는 데 필요한 또 다른 전기량으로서 96,500C과 같은 양이다. 여기서, 1g당량 = $\frac{원자량}{원자가}$인데 원자가가 2인 Cu의 1g당량 = $\frac{원자량(=1몰)}{2}$ = $\frac{1몰}{2}$ = 0.5몰이므로 1F 즉, 96,500C의 전기량을 통해 석출할 수 있는 Cu의 양은 0.5몰이다.
〈문제〉는 1.93C의 전기량을 통해 석출할 수 있는 Cu의 원자수를 구하는 것이므로 비례식을 이용하면 다음과 같다.

$$
\begin{array}{cc}
\text{전기량} & \text{Cu의 석출량} \\
96{,}500C & 0.5몰 \\
1.93C & x몰
\end{array}
$$

$96,500 \times x = 1.93 \times 0.5$
$x = 10^{-5}$몰이다.
Cu 1몰의 원자수는 6.02×10^{23}개이므로 Cu 10^{-5}몰의 원자수는 $10^{-5} \times 6.02 \times 10^{23} = 6.02 \times 10^{18}$개이다.

15 밑줄 친 원소의 산화수가 같은 것끼리 짝지어진 것은?

① $\underline{S}O_3$와 $Ba\underline{O}_2$
② $Ba\underline{O}_2$와 $K_2\underline{Cr}_2O_7$
③ $K_2\underline{Cr}_2O_7$과 $\underline{S}O_3$
④ $H\underline{N}O_3$와 $\underline{N}H_3$

» ① SO_3에서 S를 $+x$로 두고 O의 원자가 -2에 개수 3을 곱한 후 그 합을 0으로 하였을 때 그때의 x의 값이 산화수이다.

$$\begin{array}{cc} S & O_3 \\ +x & -2 \times 3 = 0 \end{array}$$

$+x = +6$이므로 S의 산화수는 $+6$이다.

BaO_2에서 Ba는 알칼리토금속에 속한다. 다른 원소와는 달리 알칼리금속과 알칼리토금속의 산화수는 어떤 상태에서든 자신의 원자가와 같으므로 BaO_2에서 Ba의 산화수는 자신의 원자가인 $+2$이다.

② BaO_2에서 Ba의 산화수는 $+2$였다.

$K_2Cr_2O_7$에서 Cr이 2개이므로 Cr_2를 $+2x$로 두고 K의 원자가 $+1$에 개수 2를 곱하고 O의 원자가 -2에 개수 7을 곱한 후 그 합을 0으로 하였을 때 그 때의 x의 값이 산화수이다.

$$\begin{array}{ccc} K_2 & Cr_2 & O_7 \\ +1 \times 2 & +2x & -2 \times 7 = 0 \end{array}$$

$+2x - 12 = 0$

x는 $+6$이므로 Cr의 산화수는 $+6$이다.

③ $K_2Cr_2O_7$에서 **Cr의 산화수는 +6**이었다.

SO_3에서 **S의 산화수는 +6**이었다.

④ HNO_3에서 N을 $+x$로 두고 H의 원자가 $+1$을 더한 후 O의 원자가 -2에 개수 3을 곱한 값의 합을 0으로 하였을 때 그 때의 x의 값이 산화수이다.

$$\begin{array}{ccc} H & N & O_3 \\ +1 & +x & -2 \times 3 = 0 \end{array}$$

$+x - 5 = 0$

$x = +5$이므로 N의 산화수는 $+5$이다.

NH_3에서 N을 $+x$로 두고 H의 원자가 $+1$에 개수 3을 곱한 후 그 합을 0으로 하였을 때 그 때의 x의 값이 산화수이다.

$$\begin{array}{cc} N & H_3 \\ +x & +1 \times 3 = 0 \end{array}$$

$x = -3$이므로 N의 산화수 $x = -3$이다.

16 방사선 중 감마선에 대한 설명으로 옳은 것은 어느 것인가?

① 질량을 갖고, 음의 전하를 띰
② 질량을 갖고, 전하를 띠지 않음
③ 질량이 없고, 전하를 띠지 않음
④ 질량이 없고, 음의 전하를 띰

» 방사선 중 γ(감마)선은 자기장의 영향을 받지 않아 휘어지지 않으며 **질량도 없고 전하도 띠지 않기 때문에** 어디든 투과할 수 있는 성질을 갖는다.

Check **방사선의 투과력의 세기**

α(알파)선 $< \beta$(베타)선 $< \gamma$(감마)선

17 C_nH_{2n+2}의 일반식을 갖는 탄화수소는?

① Alkyne
② Alkene
③ Alkane
④ Cycloalkane

» 탄화수소의 일반식

1) **알케인(Alkane) : C_nH_{2n+2}**
   예 CH_4(메테인), C_2H_6(에테인) 등
2) 알킬(alkyl) : C_nH_{2n+1}
   예 CH_3(메틸), C_2H_5(에틸) 등
3) 알켄(Alkene) : C_nH_{2n}
   예 C_2H_4(에틸렌) 등
4) 알카인(Alkyne) : C_nH_{2n-2}
   예 C_2H_2(아세틸렌) 등

18 프리델 – 크래프츠 반응에서 사용하는 촉매는?

① $HNO_3 + H_2SO_4$
② SO_3
③ Fe
④ $AlCl_3$

» 프리델 – 크래프츠 반응이란 벤젠(C_6H_6)과 염화메틸(CH_3Cl)의 반응 시 **염화알루미늄($AlCl_3$)을 촉매로 사용**하여 톨루엔($C_6H_5CH_3$)과 염화수소(HCl)를 생성하는 과정을 말한다.

• 프리델 – 크래프츠 반응식

$$C_6H_6 + CH_3Cl \xrightarrow{AlCl_3} C_6H_5CH_3 + HCl$$

19 다음 중 이성질체로 짝지어진 것은?

① CH_3OH와 CH_4
② CH_4와 C_2H_6
③ CH_3OCH_3와 $CH_3CH_2OCH_2CH_3$
④ C_2H_5OH와 CH_3OCH_3

» 이성질체란 분자식은 같지만 그 성질이나 구조가 다른 물질을 말한다. 다음과 같이 〈보기〉의 물질들을 같은 원소들끼리 모아 그 개수를 표시하여 분자식으로 나타내었을 때 서로 같은 분자식이 되는 경우 그 물질들은 이성질체이다.

① CH_3OH의 분자식은 CH_4O이며, CH_4의 분자식은 CH_4이다.
② CH_4의 분자식은 CH_4이며, C_2H_6의 분자식은 C_2H_6이다.
③ CH_3OCH_3의 분자식은 C_2H_6O이며, $CH_3CH_2OCH_2CH_3$의 분자식은 $C_4H_{10}O$이다.
④ C_2H_5OH의 분자식은 C_2H_6O이고, CH_3OCH_3의 분자식도 C_2H_6O이다.

정답 16. ③ 17. ③ 18. ④ 19. ④

20 다음 물질 중 수용액에서 약한 산성을 나타내며 염화철(Ⅲ) 수용액과 정색반응을 하는 것은?

① NH₂ (벤젠 고리) ② OH (벤젠 고리)

③ NO₂ (벤젠 고리) ④ Cl (벤젠 고리)

» ② 페놀(C₆H₅OH) : 석탄산이라고도 불리며 약한 산성을 띠는 물질로서 수산기(OH)를 포함하고 있기 때문에 염화철(Ⅲ)(FeCl₃) 수용액과 보라색 정색반응을 한다.
그 외 〈보기〉의 물질들의 명칭은 다음과 같다.
① C₆H₅NH₂(아닐린)
③ C₆H₅NO₂(나이트로벤젠)
④ C₆H₅Cl(클로로벤젠)

제2과목 **화재예방과 소화방법**

21 드라이아이스 1kg이 완전기화하면 약 몇 몰의 이산화탄소가 되겠는가?

① 22.7 ② 51.3
③ 230.1 ④ 515.0

» 드라이아이스(CO₂) 1몰은 12g(C) + 16g(O) × 2 = 44g이므로 드라이아이스 1kg, 즉 1,000g은
$\frac{1,000g}{44g}$ = 22.7몰이다. 이 경우 드라이아이스 1kg은 기화가 되든 액화가 되든 항상 22.7몰이다.

22 중유의 주된 연소형태는?

① 표면연소 ② 분해연소
③ 증발연소 ④ 자기연소

» 중유는 제4류 위험물 중 제3석유류에 속하는 물질로 연소형태는 분해연소이다.

Check **액체의 연소형태의 종류와 물질**
(1) 증발연소 : 제4류 위험물 중 특수인화물, 제1석유류, 알코올류, 제2석유류
(2) 분해연소 : 제4류 위험물 중 제3석유류, 제4석유류, 동식물유류 등

23 BLEVE 현상에 대한 설명으로 가장 옳은 것은?

① 기름탱크에서의 수증기 폭발현상
② 비등상태의 액화가스가 기화하여 팽창하고 폭발하는 현상
③ 화재 시 기름 속의 수분이 급격히 증발하여 기름거품이 되고 팽창해서 기름탱크에서 밖으로 내뿜어져 나오는 현상
④ 원유, 중유 등 고점도의 기름 속에 수증기를 포함한 볼형태의 물방울이 형성되어 탱크 밖으로 넘치는 현상

» BLEVE(블레비) 현상이란 가연성 액화가스의 탱크 주위에서 화재가 발생한 경우에 탱크의 가열로 인하여 그 부분의 강도가 약해져 탱크가 파열됨으로 내부의 가열된 **액화가스가 기화하여 급속히 팽창하면서 폭발하는 현상**을 말한다.

24 가연물이 되기 쉬운 조건으로 가장 거리가 먼 것은?

① 열전도율이 클수록
② 활성화에너지가 작을수록
③ 화학적 친화력이 클수록
④ 산소와 접촉이 잘 될수록

» ① 열전도율은 어떤 물질에서 다른 물질로 열이 전달되는 정도를 말한다. 가연물이 되고자 하는 물질의 **열전도율이 클수록** 그 물질은 갖고 있던 열을 다른 물질에게 쉽게 내주고 자신은 열을 잃게 되어 **가연물이 되기 어렵다.**
② 활성화에너지란 어떤 물질을 활성화시키기 위해 공급해야 하는 에너지의 양으로서 물질에 에너지를 조금만 공급해도 그 물질이 활성화되기 쉽다면 그 물질의 활성화에너지는 작다고 할 수 있다. 따라서 활성화에너지가 작은 물질일수록 활성화되기 쉬워 가연물이 되기 쉽다.
③ 화학적으로 친화력이 클수록 가연물이 되기 쉽다.
④ 가연물이 잘 타기 위해서는 산소와 접촉이 잘 되어야 한다.

25 소화약제 또는 그 구성성분으로 사용되지 않는 물질은?

① CF₂ClBr ② CO(NH₂)₂
③ NH₄NO₃ ④ K₂CO₃

정답 20. ② 21. ① 22. ② 23. ② 24. ① 25. ③

» ① CF_2ClBr(Halon 1211) : 할로겐화합물소화약제
② $CO(NH_2)_2$(요소) : $KHCO_3$(탄산수소칼륨)와 함께 첨가하는 제4종 분말소화약제의 구성성분
③ NH_4NO_3(질산암모늄) : **제1류 위험물**
④ K_2CO_3(탄산칼륨) : 강화액소화기에 첨가하는 소화약제

26 소화약제로서 물이 갖는 특성에 대한 설명으로 옳지 않은 것은?

① 유화효과도 기대할 수 있다.
② 증발잠열이 커서 기화 시 다량의 열을 제거한다.
③ 기화팽창률이 커서 질식효과가 있다.
④ 용융잠열이 커서 주수 시 냉각효과가 뛰어나다.

» ① 물은 안개형태로 흩어뿌려짐으로써 유류표면을 덮어 증기발생을 억제시키는 유화소화효과를 기대할 수 있다.
② 증발 시 발생하는 증발잠열이 커서 연소면의 열을 흡수하면서 온도를 낮추는 냉각효과를 갖는다.
③ 물은 기화팽창률이 커서 수증기로 기화되었을 때 부피가 상당히 커지며 이 때 수증기는 공기를 차단시켜 질식소화효과를 갖게 된다.
④ 용융잠열이 아닌 **증발잠열이 커서 냉각소화효과가 뛰어나다.**

27 분말소화기에 사용되는 분말소화약제의 주성분이 아닌 것은?

① $NaHCO_3$ ② $KHCO_3$
③ $NH_4H_2PO_4$ ④ $NaOH$

» ① $NaHCO_3$(탄산수소나트륨) : 제1종 분말소화약제
② $KHCO_3$(탄산수소칼륨) : 제2종 분말소화약제
③ $NH_4H_2PO_4$(인산암모늄) : 제3종 분말소화약제
④ $NaOH$(수산화나트륨) : 가성소다로도 불리는 물질로서 **소화약제로는 사용하지 않는다.**

28 일반적으로 고급 알코올황산에스터염을 기포제로 사용하며 냄새가 없는 황색의 액체로서 밀폐 또는 준밀폐 구조물의 화재 시 고팽창포를 사용하여 화재를 진압할 수 있는 포소화약제는?

① 단백포 소화약제
② 합성계면활성제 소화약제
③ 알코올형포 소화약제
④ 수성막포 소화약제

» 합성계면활성제 소화약제는 고급 알코올황산에 스터염등의 합성계면활성제를 주원료로 하는 포소화약제로서 고발포용에 적합한 소화약제이다.

29 이산화탄소소화설비의 저압식 저장용기에 설치하는 압력경보장치의 작동압력은?

① 1.9MPa 이상의 압력 및 1.5MPa 이하의 압력
② 2.3MPa 이상의 압력 및 1.9MPa 이하의 압력
③ 3.75MPa 이상의 압력 및 2.3MPa 이하의 압력
④ 4.5MPa 이상의 압력 및 3.75MPa 이하의 압력

» 이산화탄소소화설비의 저압식 저장용기에는 2.3MPa 이상의 압력 및 1.9MPa 이하의 압력에서 작동하는 압력경보장치를 설치해야 한다.
※ 저압식 저장용기의 정상압력은 19.MPa 초과 2.3MPa 미만이므로 이 압력의 범위를 벗어날 경우 압력에 이상이 생겼음을 알려주기 위한 경보장치이다.

Check 이산화탄소소화설비의 저압식 저장용기에 설치하는 설비의 또 다른 기준
(1) 액면계 및 압력계를 설치할 것
(2) 용기 내부의 온도를 영하 20℃ 이상 영하 18℃ 이하로 유지할 수 있는 자동냉동기를 설치할 것
(3) 파괴판을 설치할 것
(4) 방출밸브를 설치할 것

30 위험물안전관리법령상 정전기를 유효하게 제거하기 위해서는 공기 중의 상대습도는 몇 % 이상 되게 하여야 하는가?

① 40%   ② 50%
③ 60%   ④ 70%

» 정전기 제거방법
1) 접지할 것
2) **공기 중의 상대습도를 70% 이상으로 할 것**
3) 공기를 이온화시킬 것

31 위험물제조소등에 설치하는 옥내소화전설비의 설명 중 틀린 것은?

① 개폐밸브 및 호스접속구는 바닥으로부터 1.5m 이하에 설치할 것
② 함의 표면에서 "소화전"이라고 표시할 것
③ 축전지설비는 설치된 벽으로부터 0.2m 이상 이격할 것
④ 비상전원의 용량은 45분 이상일 것

>>> ③ 옥내소화전설비의 비상전원을 축전지설비로 하는 경우 축전지설비는 설치된 실의 벽으로부터 0.1m 이상 이격해야 한다.

32 다음은 위험물안전관리법령에 따른 할로젠화합물소화설비에 관한 기준이다. (　)에 알맞은 수치는?

> 축압식 저장용기등은 온도 21℃에서 할론 1301을 저장하는 것은 (　)MPa 또는 (　)MPa이 되도록 질소가스로 가압할 것

① 0.1, 1.0
② 1.1, 2.5
③ 2.5, 1.0
④ 2.5, 4.2

>>> 할로젠화합물소화설비의 축압식 저장용기등은 온도 21℃에서 할론 1211을 저장하는 것은 1.1MPa 또는 2.5MPa, **할론 1301을 저장하는 것은 2.5MPa 또는 4.2MPa**이 되도록 질소가스로 축압해야 한다.

33 피리딘 20,000리터에 대한 소화설비의 소요단위는?

① 5단위　　② 10단위
③ 15단위　　④ 100단위

>>> 피리딘(C_5H_5N)은 제4류 위험물 중 제1석유류 수용성 물질로서 지정수량이 400L이며, 위험물의 1소요단위는 지정수량의 10배이므로 피리딘 20,000L는 $\dfrac{20,000L}{400L \times 10}$ = 5소요단위이다.

Check **1소요단위의 기준**

구 분	외벽이 내화구조	외벽이 비내화구조
제조소 및 취급소	연면적 100m²	연면적 50m²
저장소	연면적 150m²	연면적 75m²
위험물	지정수량의 10배	

34 위험물제조소등에 설치하는 포소화설비의 기준에 따르면 포헤드방식의 포헤드는 방호대상물의 표면적 1m²당의 방사량이 몇 L/min 이상의 비율로 계산한 양의 포수용액을 표준방사량으로 방사할 수 있도록 설치하여야 하는가?

① 3.5
② 4
③ 6.5
④ 9

>>> 포소화설비의 포헤드방식의 포헤드는 방호대상물의 표면적 9m²당 1개 이상의 헤드를, **방호대상물의 표면적 1m²당 방사량이 6.5L/min 이상**으로 방사할 수 있도록 설치하고, 방사구역은 100m² 이상(방호대상물의 표면적이 100m² 미만인 경우에는 당해 표면적)으로 한다.

35 위험물저장소 건축물의 외벽이 내화구조인 것은 연면적 얼마를 1소요단위로 하는가?

① 50m²
② 75m²
③ 100m²
④ 150m²

>>> 외벽이 내화구조인 위험물저장소의 건축물은 연면적 150m²를 1소요단위로 한다.

Check **1소요단위의 기준**

구 분	외벽이 내화구조	외벽이 비내화구조
제조소 및 취급소	연면적 100m²	연면적 50m²
저장소	**연면적 150m²**	연면적 75m²
위험물	지정수량의 10배	

36 위험물안전관리법령에서 정한 위험물의 유별 저장·취급의 공통기준(중요기준) 중 제5류 위험물에 해당하는 것은?

① 물이나 산과의 접촉을 피하고 인화성 고체에 있어서는 함부로 증기를 발생시키지 아니하여야 한다.
② 공기와의 접촉을 피하고, 물과의 접촉을 피하여야 한다.
③ 가연물과의 접촉·혼합이나 분해를 촉진하는 물품과의 접근 또는 과열을 피하여야 한다.
④ 불티·불꽃·고온체와의 접근이나 과열·충격 또는 마찰을 피하여야 한다.

≫ ① 인화성 고체가 포함되어 있으므로 제2류 위험물의 기준이다.
② 공기와의 접촉을 피하는 것은 자연발화성 물질의 기준이고, 물과의 접촉을 피해야 하는 것은 금수성 물질의 기준이므로 이들은 모두 제3류 위험물의 기준이다.
③ 가연물과의 접촉·혼합이나 분해를 촉진하는 물품과의 접근 또는 과열을 피하여야 하는 것은 제1류 위험물과 제6류 위험물의 공통기준이지만 제1류 위험물은 알칼리금속의 과산화물의 기준이 포함되어 있어야 하므로 이 〈보기〉는 제6류 위험물의 기준이다.
④ 불티·불꽃·고온체와의 접근이나 과열·충격 또는 마찰을 피해야 하는 것은 제2류 위험물과 제5류 위험물의 공통기준이지만 제2류 위험물은 철분, 금속분, 마그네슘의 기준과 인화성 고체의 기준이 포함되어 있어야 하므로 이 〈보기〉는 제5류 위험물의 기준이다.

Check **위험물의 유별 저장·취급 공통기준**
(1) 제1류 위험물은 가연물과의 접촉·혼합이나 분해를 촉진하는 물품과의 접근 또는 과열·충격·마찰 등을 피하는 한편, 알칼리금속의 과산화물 및 이를 함유한 것에 있어서는 물과의 접촉을 피해야 한다
(2) 제2류 위험물은 산화제와의 접촉·혼합이나 불티, 불꽃, 고온체와의 접근 또는 과열을 피하는 한편, 철분, 금속분, 마그네슘 및 이를 함유한 것에 있어서는 물이나 산과의 접촉을 피하고 인화성 고체에 있어서는 함부로 증기를 발생시키지 않아야 한다.

(3) 제3류 위험물 중 자연발화성 물질에 있어서는 불티, 불꽃, 고온체와의 접근, 과열 또는 공기와의 접촉을 피하고, 금수성 물질에 있어서는 물과의 접촉을 피해야 한다.
(4) 제4류 위험물은 불티, 불꽃, 고온체와의 접근 또는 과열을 피하고, 함부로 증기를 발생시키지 않아야 한다.
(5) 제5류 위험물은 불티, 불꽃, 고온체와의 접근이나 과열, 충격 또는 마찰을 피해야 한다.
(6) 제6류 위험물은 가연물과의 접촉·혼합이나 분해를 촉진하는 물품과의 접근 또는 과열을 피해야 한다.

37 트라이에틸알루미늄의 소화약제로서 다음 중 가장 적당한 것은?

① 마른 모래, 팽창질석
② 물, 수성막포
③ 할로젠화합물, 단백포
④ 이산화탄소, 강화액

≫ 트라이에틸알루미늄은 제3류 위험물 중 금수성 물질이며 탄산수소염류분말소화약제 및 마른 모래(건조사), 팽창질석 및 팽창진주암이 적응성이 있다.

38 수소화나트륨 저장창고에 화재가 발생하였을 때 주수소화가 부적합한 이유로 옳은 것은 어느 것인가?

① 발열반응을 일으키고 수소를 발생한다.
② 수화반응을 일으키고 수소를 발생한다.
③ 중화반응을 일으키고 수소를 발생한다.
④ 중합반응을 일으키고 수소를 발생한다.

≫ **수소화나트륨**(NaH)은 제3류 위험물 중 금속의 수소화물에 속하는 금수성 물질로서 물과 반응 시 **발열반응과 함께 가연성인 수소가스를 발생**하기 때문에 화재 발생 시 주수소화하면 안 된다.
• 수소화나트륨의 물과의 반응식
  $NaH + H_2O \rightarrow NaOH + H_2$

39 위험물제조소등에 "화기주의"라고 표시한 게시판을 설치하는 경우 몇 류 위험물의 제조소인가?

① 제1류 위험물 ② 제2류 위험물
③ 제4류 위험물 ④ 제5류 위험물

≫ 위험물제조소등에 설치하는 주의사항 게시판의 내용 및 색상

유 별	품 명	주의사항	색 상
제1류	알칼리금속의 과산화물	물기엄금	청색바탕 및 백색문자
	그 밖의 것	필요 없음	–
제2류	인화성 고체	화기엄금	적색바탕 및 백색문자
	그 밖의 것	**화기주의**	
제3류	금수성 물질	물기엄금	청색바탕 및 백색문자
	자연발화성 물질	화기엄금	적색바탕 및 백색문자
제4류	인화성 액체	화기엄금	적색바탕 및 백색문자
제5류	자기반응성 물질	화기엄금	적색바탕 및 백색문자
제6류	산화성 액체	필요 없음	–

40 다음은 위험물안전관리법령에서 정한 제조소등에서의 위험물의 저장 및 취급에 관한 기준 중 위험물의 유별 저장·취급의 공통기준에 관한 내용이다. ( ) 안에 알맞은 것은 어느 것인가?

> ( )은 가연물과의 접촉·혼합이나 분해를 촉진하는 물품과의 접근 또는 과열을 피하여야 한다.

① 제2류 위험물 ② 제4류 위험물
③ 제5류 위험물 ④ 제6류 위험물

≫ 위험물의 유별 저장·취급 공통기준
  1) 제1류 위험물은 가연물과의 접촉·혼합이나 분해를 촉진하는 물품과의 접근 또는 과열·충격·마찰 등을 피하는 한편, 알칼리금속의 과산화물 및 이를 함유한 것에 있어서는 물과의 접촉을 피하여야 한다.

2) 제2류 위험물은 산화제와의 접촉·혼합이나 불티, 불꽃, 고온체와의 접근 또는 과열을 피하는 한편, 철분, 금속분, 마그네슘 및 이를 함유한 것에 있어서는 물이나 산과의 접촉을 피하고 인화성 고체에 있어서는 함부로 증기를 발생시키지 않아야 한다.
  3) 제3류 위험물 중 자연발화성 물질에 있어서는 불티, 불꽃, 고온체와의 접근, 과열 또는 공기와의 접촉을 피하고, 금수성 물질에 있어서는 물과의 접촉을 피해야 한다.
  4) 제4류 위험물은 불티, 불꽃, 고온체와의 접근 또는 과열을 피하고, 함부로 증기를 발생시키지 않아야 한다.
  5) 제5류 위험물은 불티, 불꽃, 고온체와의 접근이나 과열, 충격 또는 마찰을 피해야 한다.
  6) **제6류 위험물**은 가연물과의 접촉·혼합이나 분해를 촉진하는 물품과의 접근 또는 과열을 피해야 한다.

제3과목 | 위험물의 성질과 취급

41 금속칼륨의 성질로서 옳은 것은?

① 중금속류에 속한다.
② 화학적으로 이온화경향이 큰 금속이다.
③ 물속에 보관한다.
④ 상온, 상압에서 액체형태인 금속이다.

≫ ① 물보다 가벼운 경금속에 속한다.
  ② **이온화경향이 가장 큰 금속**이다.
  ③ 물과 반응 시 가연성인 수소가스를 발생하므로 물속에 보관하면 안 된다.
  ④ 상온, 상압에서 고체형태인 금속이다.

42 위험물이 물과 반응하였을 때 발생하는 가연성 가스를 잘못 나타낸 것은?

① 금속칼륨 – 수소
② 금속나트륨 – 수소
③ 인화칼슘 – 포스겐
④ 탄화칼슘 – 아세틸렌

≫ ① 금속칼륨(K) : 물과 반응 시 수산화칼륨(KOH)과 가연성인 수소가스를 발생한다.
  • 칼륨의 물과의 반응식
    $2K + 2H_2O \rightarrow 2KOH + H_2$

정답 39. ② 40. ④ 41. ② 42. ③

② 금속나트륨(Na) : 물과 반응 시 수산화나트륨 (NaOH)과 가연성인 수소가스를 발생한다.
- 나트륨의 물과의 반응식
  $2Na + 2H_2O \rightarrow 2NaOH + H_2$

③ **인화칼슘**(Ca_3P_2) : 물과 반응 시 수산화칼슘 [$Ca(OH)_2$]과 함께 독성이면서 가연성인 **포스핀**(PH_3)가스를 발생한다.
- 인화칼슘의 물과의 반응식
  $Ca_3P_2 + 6H_2O \rightarrow 3Ca(OH)_2 + 2PH_3$

④ 탄화칼슘(CaC_2) : 물과 반응 시 수산화칼슘 [$Ca(OH)_2$]과 가연성인 아세틸렌(C_2H_2)가스를 발생한다.
- 탄화칼슘의 물과의 반응식
  $CaC_2 + 2H_2O \rightarrow Ca(OH)_2 + C_2H_2$

43 다음 중 질산암모늄에 관한 설명 중 틀린 것은 어느 것인가?

① 상온에서 고체이다.
② 폭약의 제조 원료로 사용할 수 있다.
③ 흡습성과 조해성이 있다.
④ 물과 발열하고 다량의 가스를 발생한다.

≫ 질산암모늄(NH_4NO_3)은 제1류 위험물 중 질산염류에 속하는 고체로서 물에 잘 녹으며, 물에 녹을 때 열을 흡수하는 흡열반응을 하기 때문에 물과 발열하거나 다량의 가스를 발생하지는 않는다.

44 황이 연소할 때 발생하는 가스는?

① H_2S ② SO_2
③ CO_2 ④ H_2O

≫ 제2류 위험물인 황(S)은 연소 시 이산화황(SO_2)이라는 가연성 가스가 발생한다.
- 황의 연소반응식
  $S + O_2 \rightarrow SO_2$

45 금속나트륨이 물과 작용하면 위험한 이유로 옳은 것은?

① 물과 반응하여 과염소산을 생성하므로
② 물과 반응하여 염산을 생성하므로
③ 물과 반응하여 수소를 방출하므로
④ 물과 반응하여 산소를 방출하므로

≫ 제3류 위험물인 금속나트륨(Na)이 물과 반응하면 수산화나트륨(NaOH)과 **수소가스를 발생**하므로 위험성이 커진다.
- 나트륨의 물과의 반응식
  $2Na + 2H_2O \rightarrow 2NaOH + H_2$

46 황화인의 성질에 해당되지 않는 것은?

① 공통적으로 유독한 연소생성물이 발생한다.
② 종류에 따라 용해성질이 다를 수 있다.
③ P_4S_3의 녹는점은 100℃보다 높다.
④ P_2S_5는 물보다 가볍다.

≫ ① 삼황화인(P_4S_3), 오황화인(P_2S_5), 칠황화인(P_4S_7)은 공통적으로 황(S)과 인(P)을 포함하므로 연소 시 유독한 이산화황(SO_2)과 오산화인(P_2O_5) 가스가 발생한다.
② 삼황화인(P_4S_3)은 물에 녹지 않고 오황화인(P_2S_5)과 칠황화인(P_4S_7)은 조해성(공기 중의 수분을 흡수하여 자신이 녹는 성질)과 함께 용해성이 있다.
③ 삼황화인(P_4S_3)의 녹는점은 172.5℃이고, 오황화인(P_2S_5)과 칠황화인(P_4S_7)의 녹는점도 각각 290℃와 310℃이므로 모든 황화인은 녹는점이 100℃보다 높다.
④ 오황화인(P_2S_5)을 포함한 **모든 제2류 위험물은 물보다 무겁다.**

💡 Tip

위험물 중 제3류 위험물과 제4류 위험물에는 물보다 가벼운 것도 있지만 그 외의 유별에는 모두 물보다 무거운 것만 있습니다.

47 위험물안전관리법령상 제1석유류에 속하지 않는 것은?

① CH_3COCH_3
② C_6H_6
③ $CH_3COC_2H_5$
④ CH_3COOH

≫ ① CH_3COCH_3(아세톤) : 제1석유류
② C_6H_6(벤젠) : 제1석유류
③ $CH_3COC_2H_5$(메틸에틸케톤) : 제1석유류
④ **CH_3COOH(아세트산) : 제2석유류**

정답 43. ④ 44. ② 45. ③ 46. ④ 47. ④

48 다음 중 피리딘에 대한 설명으로 틀린 것은 어느 것인가?

① 물보다 가벼운 액체이다.

② 인화점은 30℃보다 낮다.

③ 제1석유류이다.

④ 지정수량이 200리터이다.

》》 ① 물보다 가벼운 수용성 액체이다.

② 인화점은 20℃이므로 30℃보다 낮다.

③ 제4류 위험물 중 제1석유류에 속하며, 화학식은 C_5H_5N이다.

④ 제1석유류 수용성 물질로서 **지정수량은 400리터**이다.

49 물보다 무겁고 비수용성인 위험물로 이루어진 것은?

① 이황화탄소, 나이트로벤젠, 크레오소트유

② 이황화탄소, 글리세린, 클로로벤젠

③ 에틸렌글리콜, 나이트로벤젠, 의산메틸

④ 초산메틸, 클로로벤젠, 크레오소트유

》》 ① • 이황화탄소 : 특수인화물로서 **물보다 무겁고 비수용성**이다.

• 나이트로벤젠 : 제3석유류로서 **물보다 무겁고 비수용성**이다.

• 크레오소트유 : 제3석유류로서 **물보다 무겁고 비수용성**이다.

② • 이황화탄소 : 특수인화물로서 물보다 무겁고 비수용성이다.

• 글리세린 : 제3석유류로서 물보다 무겁고 수용성이다.

• 클로로벤젠 : 제2석유류로서 물보다 무겁고 비수용성이다.

③ • 에틸렌글리콜 : 제3석유류로서 물보다 무겁고 수용성이다.

• 나이트로벤젠 : 제3석유류로서 물보다 무겁고 비수용성이다.

• 의산메틸 : 제1석유류로서 물보다 가볍고 수용성이다.

④ • 초산메틸 : 제1석유류로서 물보다 가볍고 비수용성이다.

• 클로로벤젠 : 제2석유류로서 물보다 무겁고 비수용성이다.

• 크레오소트유 : 제3석유류로서 물보다 무겁고 비수용성이다.

50 위험물안전관리법령상 1기압에서 제3석유류의 인화점 범위로 옳은 것은?

① 21℃ 이상 70℃ 미만

② 70℃ 이상 200℃ 미만

③ 200℃ 이상 300℃ 미만

④ 300℃ 이상 400℃ 미만

》》 제4류 위험물의 인화점 범위

1) 특수인화물 : 이황화탄소, 다이에틸에터, 그 밖에 1기압에서 발화점이 100℃ 이하인 것 또는 인화점이 영하 20℃ 이하이고 비점이 40℃ 이하인 것

2) 제1석유류 : 아세톤, 휘발유, 그 밖에 1기압에서 인화점이 21℃ 미만인 것

3) 알코올류 : 탄소수가 1개부터 3개까지의 포화1가 알코올인 것(인화점으로 구분하지 않음)

4) 제2석유류 : 등유, 경유, 그 밖에 1기압에서 인화점이 21℃ 이상 70℃ 미만인 것

5) **제3석유류** : 중유, 크레오소트유, 그 밖에 **1기압에서 인화점이 70℃ 이상 200℃ 미만**인 것

6) 제4석유류 : 기어유, 실린더유, 그 밖에 1기압에서 인화점이 200℃ 이상 250℃ 미만의 것

7) 동식물유류 : 동물의 지육 등 또는 식물의 종자나 과육으로부터 추출한 것으로서 1기압에서 인화점이 250℃ 미만인 것

51 피크르산에 대한 설명으로 틀린 것은?

① 화재발생 시 다량의 물로 주수소화 할 수 있다.

② 트라이나이트로페놀이라고도 한다.

③ 알코올, 아세톤에 녹는다.

④ 플라스틱과 반응하므로 철 또는 납의 금속용기에 저장해야 한다.

》》 ① 제5류 위험물이므로 화재발생 시 다량의 물로 주수하여 냉각소화 해야 한다.

② 또 다른 명칭으로 트라이나이트로페놀이라고도 부른다.

③ 물에 녹지 않지만 알코올, 아세톤에는 녹는다.

④ 플라스틱이 아닌 철 또는 납 등의 금속과 반응하여 피크린산 염을 생성하여 위험성이 커지므로 **금속 재질의 용기의 사용은 피해야 한다.**

52 과산화수소의 성질 및 취급방법에 관한 설명 중 틀린 것은?

① 햇빛에 의하여 분해한다.

② 인산, 요산 등의 분해방지 안정제를 넣는다.

③ 저장용기는 공기가 통하지 않게 마개로 꼭 막아둔다.

④ 에탄올에 녹는다.

>> ① 햇빛에 분해하여 산소를 발생하기 때문에 이를 방지하기 위하여 갈색병에 보관한다.
② 인산, 요산 등의 분해방지 안정제를 첨가하여 저장한다.
③ 안정제를 첨가해야 할 만큼 불안정하기 때문에 스스로 분해하여 산소를 지속적으로 발생하고 그 산소의 압력으로 인해 용기가 파손될 수 있으므로 **용기 마개에 미세한 구멍을 뚫어 저장한다.**
④ 물, 에터, 에탄올에는 녹고, 벤젠 및 석유에는 녹지 않는다.

53 위험물안전관리법령에 따라 제4류 위험물 옥내저장탱크에 설치하는 밸브 없는 통기관의 설치기준으로 가장 거리가 먼 것은?

① 통기관의 지름은 30mm 이상으로 한다.

② 통기관의 선단은 수평면에 대하여 아래로 45도 이상 구부려 설치한다.

③ 통기관은 가스가 체류되지 않도록 그 선단을 건축물의 출입구로부터 0.5m 이상 떨어진 곳에 설치하고 끝에 팬을 설치한다.

④ 가는 눈의 구리망 등으로 인화방지장치를 한다.

>> 옥내저장탱크의 밸브 없는 통기관
1) 선단은 건축물의 창·출입구등의 개구부로부터 **1m 이상 떨어진 옥외의 장소에 설치**한다.
2) 지면으로부터 통기관의 선단까지의 높이는 4m 이상으로 한다.
3) 지름은 30mm 이상으로 한다.
4) 선난은 수평면보다 45도 이상 구부려 빗물 등의 침투를 막는 구조로 한다.
5) 인화점이 38℃ 미만인 위험물만을 저장, 취급하는 탱크의 통기관에는 화염방지장치를 설치하고, 인화점이 38℃ 이상 70℃ 미만인 위험물을 저장, 취급하는 탱크의 통기관에는 40mesh 이상의 구리망으로 된 인화방지장치를 설치할 것

54 위험물안전관리법령상 제4석유류를 취급하는 위험물제조소의 건축물의 지붕에 대한 설명으로 옳은 것은?

① 항상 불연재료로 하여야 한다.

② 항상 내화구조로 하여야 한다.

③ 가벼운 불연재료가 원칙이지만 예외적으로 내화구조로 할 수 있는 경우가 있다.

④ 내화구조가 원칙이지만 예외적으로 가벼운 불연재료로 할 수 있는 경우가 있다.

>> 제조소의 지붕은 폭발력이 위로 방출될 정도의 **가벼운 불연재료로** 덮어야 한다. 다만, 제조소의 건축물이 다음의 위험물을 취급하는 경우에는 지붕을 **내화구조로 할 수 있다.**
1) 제2류 위험물(분상의 것과 인화성 고체를 제외)
2) 제4류 위험물 중 **제4석유류·동식물유류**
3) 제6류 위험물

55 위험물안전관리법령에서 정한 이황화탄소의 옥외탱크저장시설에 대한 기준으로 옳은 것은 어느 것인가?

① 벽 및 바닥의 두께가 0.2m 이상이고 누수가 되지 아니하는 철근콘크리트의 수조에 넣어 보관하여야 한다.

② 벽 및 바닥의 두께가 0.2m 이상이고 누수가 되지 아니하는 철근콘크리트의 석유조에 넣어 보관하여야 한다.

③ 벽 및 바닥의 두께가 0.3m 이상이고 누수가 되지 아니하는 철근콘크리트의 수조에 넣어 보관하여야 한다.

④ 벽 및 바닥의 두께가 0.3m 이상이고 누수가 되지 아니하는 철근콘크리트의 석유조에 넣어 보관하여야 한다.

>> 이황화탄소의 옥외저장탱크는 방유제를 설치하지 않는 대신 **벽 및 바닥의 두께가 0.2m 이상이고 누수가 되지 아니하는 철근콘크리트의 수조에 넣어 보관**하여야 한다.

56 위험물안전관리법령에 따른 위험물제조소와 관련한 내용으로 틀린 것은?

① 채광설비는 불연재료를 사용한다.

② 환기는 자연배기방식으로 한다.

③ 조명설비의 전선은 내화·내열전선으로 한다.

④ 조명설비의 점멸스위치는 출입구 안쪽 부분에 설치한다.

》 ① 채광 및 조명설비는 불연재료를 사용한다.

② 환기는 자연배기방식으로 하고, 배출은 강제 배기방식으로 한다.

③ 조명설비의 전선은 불과 열에 견딜 수 있는 내화·내열전선으로 한다.

④ 조명설비의 점멸스위치는 **출입구 바깥쪽 부분에 설치**해야 외부에서도 점멸이 가능하다.

57 위험물안전관리법령상 간이탱크저장소의 위치·구조 및 설비의 기준에서 간이저장탱크 1개의 용량은 몇 L 이하이어야 하는가?

① 300 ② 600

③ 1,000 ④ 1,200

》 간이저장탱크 1개의 용량은 600L 이하이어야 한다.

Check 간이탱크저장소의 또 다른 기준

(1) 하나의 간이탱크저장소에 설치할 수 있는 간이 저장탱크의 수는 3개 이하로 한다.

※ 동일한 품질의 위험물의 간이저장탱크를 2개 이상 설치하지 않는다.

(2) 간이저장탱크의 두께는 3.2mm 이상의 강철판으로 제작한다.

(3) 간이저장탱크의 수압시험은 70kPa의 압력으로 10분간 실시한다.

58 위험물 운반 시 유별을 달리하는 위험물의 혼재기준에서 다음 중 혼재가 가능한 위험물은? (단, 각각 지정수량 10배의 위험물로 가정한다.)

① 제1류와 제4류 ② 제2류와 제3류

③ 제3류와 제4류 ④ 제1류와 제5류

》 ① 제1류 위험물은 제4류 위험물과 혼재가 불가능하다.

② 제2류 위험물은 제3류 위험물과 혼재가 불가능하다.

③ **제3류 위험물은 제4류 위험물과 혼재가 가능**하다.

④ 제1류 위험물은 제5류 위험물과 혼재가 불가능하다.

Check 위험물운반에 관한 혼재기준

423, 524, 61의 숫자 조합으로 표를 만들 수 있다.

위험물의 구분	제1류	제2류	제3류	제4류	제5류	제6류
제1류		×	×	×	×	○
제2류	×		×	○	○	×
제3류	×	×		○	×	×
제4류	×	○	○		○	×
제5류	×	○	×	○		×
제6류	○	×	×	×	×	

※ 단, 지정수량의 1/10 이하의 양에 대해서는 이 기준을 적용하지 않는다.

59 위험물을 저장 또는 취급하는 탱크의 용량산정 방법에 관한 설명으로 옳은 것은?

① 탱크의 내용적에서 공간용적을 뺀 용적으로 한다.

② 탱크의 공간용적에서 내용적을 뺀 용적으로 한다.

③ 탱크의 공간용적에 내용적을 더한 용적으로 한다.

④ 탱크의 볼록하거나 오목한 부분을 뺀 내용적으로 한다.

》 **탱크의 용량**은 탱크 전체의 용적을 의미하는 **탱크의 내용적에서** 법에서 정한 **공간용적을 뺀 용적**으로 정한다.

Check 탱크의 공간용적

(1) 일반탱크 : 탱크의 내용적의 100분의 5 이상 100분의 10 이하의 용적

(2) 소화약제 방출구를 탱크 안의 윗부분에 설치한 탱크 : 소화약제 방출구 아래의 0.3m 이상 1m 미만 사이의 면으로부터 윗부분의 용적

(3) 암반저장탱크 : 해당 탱크 내에 용출하는 7일간의 지하수의 양에 상당하는 용적과 그 탱크 내용적의 100분의 1의 용적 중에서 보다 큰 용적

정답 56. ④ 57. ② 58. ③ 59. ①

60 제5류 위험물의 제조소에 설치하는 주의사항 게시판에서 게시판의 바탕 및 문자의 색을 올바르게 나타낸 것은?

① 청색바탕에 백색문자
② 백색바탕에 청색문자
③ 백색바탕에 적색문자
④ 적색바탕에 백색문자

» 위험물제조소등에 설치하는 주의사항 게시판의 내용 및 색상

유 별	품 명	주의사항	색 상
제1류	알칼리금속의 과산화물	물기엄금	청색바탕, 백색문자
	그 밖의 것	필요 없음	–
제2류	철분, 금속분, 마그네슘	화기주의	적색바탕, 백색문자
	인화성 고체	화기엄금	적색바탕, 백색문자
	그 밖의 것	화기주의	
제3류	금수성 물질	물기엄금	청색바탕, 백색문자
	자연발화성 물질	화기엄금	적색바탕, 백색문자
제4류	인화성 액체	화기엄금	적색바탕, 백색문자
제5류	자기반응성 물질	**화기엄금**	**적색바탕, 백색문자**
제6류	산화성 액체	필요 없음	–

제1과목 일반화학

01 분자량의 무게가 4배이면 확산속도는 몇 배인가?

① 0.5배   ② 1배

③ 2배   ④ 4배

» 그레이엄의 기체확산속도의 법칙은 "기체의 확산속도는 기체의 분자량의 제곱근에 반비례한다."이고, 공식은 $V = \sqrt{\dfrac{1}{M}}$ 이다.

여기서, V = 기체의 확산속도

M = 기체의 분자량

처음 기체의 분자량(M)을 1로 정할 때 기체의 확산속도는 $V = \sqrt{\dfrac{1}{1}}$ =1인데 기체의 분자량(M)을 처음의 4배로 하면 기체의 확산속도는 $V = \sqrt{\dfrac{1}{1 \times 4}} = \sqrt{\dfrac{1}{4}} = \dfrac{1}{2} = 0.50$이다.

02 구리선의 밀도가 7.81g/mL이고, 질량이 3.72g이다. 이 구리선의 부피는 얼마인가?

① 0.48   ② 2.09

③ 1.48   ④ 3.09

» 밀도(g/mL) = $\dfrac{\text{질량(g)}}{\text{부피(mL)}}$

부피(mL) = $\dfrac{\text{질량(g)}}{\text{밀도(g/mL)}}$

$= \dfrac{3.72g}{7.81g/mL}$

= 0.48mL

03 수소 1.2몰과 염소 2몰이 반응할 경우 생성되는 염화수소의 몰수는?

① 1.2   ② 2

③ 2.4   ④ 4.8

» 다음 반응식과 같이 수소(H_2) 1몰과 염소(Cl_2) 1몰이 반응하면 염화수소(HCl) 2몰이 생성된다.

H_2 + Cl_2 → 2HCl

1몰   1몰   2몰

〈문제〉에서는 수소(H_2)를 1.2몰 반응시킨다고 하였으므로 염소(Cl_2) 또한 1.2몰이 필요하고 **염화수소**(HCl)는 수소 및 염소의 몰수인 1.2몰의 2배인 **2.4몰**이 생성된다.

04 원자 A가 이온 A^{2+}로 되었을 때의 전자수와 원자번호 n인 원자 B가 이온 B^{3-}으로 되었을 때 갖는 전자수가 같았다면 A의 원자번호는?

① $n-1$ ② $n+2$

③ $n-3$ ④ $n+5$

» 이온 A^{2+}는 원자 A가 전자 2개를 잃은 상태이므로 A의 전자수는 A − 2가 되며 이온 B^{3-}는 원자 B가 전자 3개를 얻은 상태이므로 B의 전자수는 B + 3이 된다. 〈문제〉에서 A − 2와 B + 3의 전자수가 같다고 하였으므로 A − 2 = B + 3이 되고 이 식은 A = B + 5로 나타낼 수 있다.

여기서 B의 원자번호는 n이라고 했고 원자번호는 전자수와 같으므로 A = B + 5의 B 대신 n을 대입하면 A = n + 5로 나타낼 수 있다.

05 다음 중 단원자분자에 해당하는 것은?

① 산소   ② 질소

③ 네온   ④ 염소

» 원자수에 따른 분자의 구분

1) 단원자분자 : 1개의 원자가 단독으로 분자 역할을 하는 원자를 말하며, 헬륨(He), **네온(Ne)**, 아르곤(Ar) 등이 있다.

2) 이원자분자 : 2개의 원자가 결합되어 만들어진 분자를 말하며, 산소(O_2), 수소(H_2), 염소(Cl_2) 등이 있다.

3) 삼원자분자 : 3개의 원자가 결합되어 만들어진 분자를 말하며, 오존(O_3), 이산화탄소(CO_2), 물(H_2O) 등이 있다.

정답   01. ①   02. ①   03. ③   04. ④   05. ③

06 어떤 용액의 $[OH^-] = 2 \times 10^{-5}$M이었다. 이 용액의 pH는 얼마인가?

① 11.3　　　② 10.3
③ 9.3　　　④ 8.3

》 수소이온($[H^+]$)의 농도가 주어지는 경우에는 pH $= -\log[H^+]$의 공식을 이용해 수소이온지수(pH)를 구해야 하고 수산화이온($[OH^-]$)의 농도가 주어지는 경우에는 pOH $= -\log[OH^-]$의 공식을 이용해 수산화이온지수(pOH)를 구해야 한다. 〈문제〉에서는 $[OH^-]$가 주어졌으므로 pOH $= -\log(2\times10^{-5}) = 4.7$임을 알 수 있지만 〈문제〉는 용액의 pOH가 아닌 pH를 구하는 것이므로 pH + pOH = 14를 이용하여 다음과 같이 pH를 구할 수 있다.

pH = 14 − pOH
　 = 14 − 4.7
　 = 9.3
∴ pH = 9.3

07 1패럿의 전기량으로 물을 전기분해하였을 때 생성되는 수소기체는 0℃, 1기압에서 얼마의 부피를 갖는가?

① 5.6L　　　② 11.2L
③ 22.4L　　　④ 44.8L

》 1F(패럿)이란 물질 1g당량을 석출하는 데 필요한 전기량이므로 1F(패럿)의 전기량으로 물(H_2O)을 전기분해하면 수소(H_2) 1g당량과 산소(O_2) 1g당량이 발생한다.

여기서, 1g당량이란 $\dfrac{\text{원자량}}{\text{원자가}}$ 인데 H(수소)는 원자량이 1g이고 원자가도 1이기 때문에 H의 1g당량은 $\dfrac{1g}{1} = 1$g이다.

0℃, 1기압에서 수소기체(H_2) 1몰 즉, 2g의 부피는 22.4L이지만 1F(패럿)의 전기량으로 얻는 수소기체 1g당량 즉, 수소기체 1g은 0.5몰이므로 수소의 부피는 0.5몰 × 22.4L = 11.2L이다.

Check 산소기체의 부피

O(산소)는 원자량이 16g이고 원자가는 2이기 때문에 O의 1g당량은 $\dfrac{16g}{2} = 8$g이다. 0℃, 1기압에서 산소기체(O_2) 1몰 즉, 32g의 부피는 22.4L이지만 1F(패럿)의 전기량으로 얻는 산소기체 1g당량 즉, 산소기체 8g은 0.25몰이므로 산소의 부피는 0.25몰 × 22.4L = 5.6L이다.

08 휘발성 유기물 1.39g을 증발시켰더니 100℃, 760mmHg에서 420mL였다. 이 물질의 분자량은 약 몇 g/mol인가?

① 53　　　② 73
③ 101　　　④ 150

》 어떤 압력과 온도에서 일정량의 기체에 대해 묻는 문제는 이상기체상태방정식을 이용한다.

$PV = \dfrac{w}{M}RT$에서 분자량(M)을 구해야 하므로 다음과 같이 식을 변형한다.

$$M = \dfrac{w}{PV}RT$$

여기서, P(압력) : $\dfrac{760\text{mmHg}}{760\text{mmHg/atm}} = 1$atm
　　　　V(부피) : 420mL = 0.42L
　　　　w(질량) : 1.39g
　　　　R(이상기체상수) : 0.082atm·L/mol·K
　　　　T(절대온도) : 273 + 100K

$M = \dfrac{1.39}{1 \times 0.42} \times 0.082 \times (273 + 100)$
　 = 101.23g/mol
∴ M = 101g/mol

09 원자량이 56인 금속 M 1.12g을 산화시켜 실험식이 M_xO_y인 산화물 1.60g을 얻었다. x, y는 각각 얼마인가?

① $x = 1$, $y = 2$　　② $x = 2$, $y = 3$
③ $x = 3$, $y = 2$　　④ $x = 2$, $y = 1$

》 금속 M의 원자가는 알 수 없으므로 $+y$라 하고 산소 O의 원자가는 −2이므로 금속 M이 산소 O와 결합하여 만들어진 산화물의 화학식은 M_2O_y이다. 여기서 x의 값은 이미 2로 정해진다. 〈문제〉에서 산화물 M_2O_y는 1.60g이고 금속 M_2가 1.12g이라 하였으므로 산소 O_y는 산화물 M_2O_y의 질량 1.60g에서 금속 M_2의 질량 1.12g을 뺀 0.48g이 된다. 이는 산화물 M_2O_y가 금속 M_2 1.12g, 산소 O_y 0.48g으로 구성되어 있다는 것을 의미하며 이러한 비율로 구성된 산화물의 화학식을 알기 위해서는 금속 M의 원자량 56g을 대입해 금속 M_2를 56g × 2 = 112g으로 하였을 때 산소 O_y의 질량이 얼마인지를 구하면 된다.

```
   M₂          O_y
 1.12g  ╲  ╱  0.48g
 112g   ╱  ╲  x(g)
```
$1.12 \times x = 112 \times 0.48$
x = 48g이다.

정답　06. ③　07. ②　08. ③　09. ②

여기서 x는 O_y의 질량으로서 $O_y = 48$g이므로 O_y가 48g이 되려면 $16g \times y = 48$에서 $y = 3$이 된다. 따라서 y는 산소 O의 개수를 나타내는 것이므로 이 산화물의 화학식은 M_2O_3이다.

10 어떤 금속의 원자가는 2이며, 그 산화물의 조성은 금속이 80wt%이다. 이 금속의 원자량은?

① 32 ② 48
③ 64 ④ 80

≫ 금속 M의 원자가는 +2이며 산소 O의 원자가는 −2이므로 금속 M이 산소 O와 결합하여 만들어진 산화물의 화학식은 M_2O_2이다. 이렇게 두 원소의 분자수가 같을 경우에는 그 수를 약분하여 화학식 MO로 표시해야 한다. 〈문제〉에서 산화물 MO에는 금속 M이 80% 있다고 하였으므로 산소 O는 20%만 있는 것이다. 이러한 비율로 구성된 산화물의 화학식을 알기 위해서는 산소 O의 원자량이 16g인 것을 이용해 금속 M의 원자량이 얼마인지를 구하면 된다.

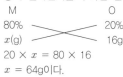

$20 \times x = 80 \times 16$
$x = 64$g이다.

11 요소 6g을 물에 녹여 1,000L로 만든 용액의 27℃에서의 삼투압은 약 몇 atm인가? (단, 요소의 분자량은 60이다.)

① 1.26×10^{-1} ② 1.26×10^{-2}
③ 2.46×10^{-3} ④ 2.56×10^{-4}

≫ 삼투압은 이상기체상태방정식을 이용하여 구할 수 있으며 $PV = \dfrac{w}{M}RT$에서 압력 P가 삼투압이다. 삼투압 P를 구하기 위해 다음과 같이 식을 변형한다.

$P = \dfrac{w}{VM} RT$

여기서, V(물의 부피) : 1,000L
M(요소의 분자량) : 60g
w(요소의 질량) : 6g
R(이상기체상수) : 0.082atm·L / mol·K
T(절대온도) : 273 + 27K

$P = \dfrac{6}{1,000 \times 60} \times 0.082 \times (273 + 27)$
$\quad = 2.46 \times 10^{-3}$atm

12 물 36g을 모두 증발시키면 수증기가 차지하는 부피는 표준상태를 기준으로 몇 L인가?

① 11.2L ② 22.4L
③ 33.6L ④ 44.8L

≫ 물(H_2O)은 1(H)g × 2 + 16(O)g = 18g이 1몰이므로 물(수증기) 36g은 2몰이다. 또한 표준상태에서 모든 기체 1몰의 부피는 22.4L이므로 수증기 2몰의 부피는 2 × 22.4L = 44.8L이다.

13 $CuSO_4$ 용액에 0.5F의 전기량을 흘렸을 때 약 몇 g의 구리가 석출되겠는가? (단, 원자량은 Cu 64, S 32, O 16이다.)

① 16 ② 32
③ 64 ④ 128

≫ 1F(패럿)이란 물질 1g당량을 석출하는 데 필요한 전기량이다.

여기서, 1g당량이란 $\dfrac{원자량}{원자가}$인데 Cu(구리)는 원자량이 63.6g이고 원자가는 2가인 원소이기 때문에 Cu의 1g당량 $= \dfrac{63.6g}{2} = 31.8$g이다.

1F(패럿)의 전기량으로는 $CuSO_4$ 용액에 녹아 있는 Cu를 31.8g 석출할 수 있는데 〈문제〉는 0.5F(패럿)의 전기량으로는 몇 g의 Cu를 석출할 수 있는지를 묻는 것이므로 비례식으로 구하면 다음과 같다.

전기량   Cu의 석출량
1F   31.8g
0.5F x(g)

$1 \times x = 0.5 \times 31.8$
$x = 16$g이다.

14 방사성 동위원소의 반감기가 20일 때 40일이 지난 후 남은 원소의 분율은?

① $\dfrac{1}{2}$ ② $\dfrac{1}{3}$
③ $\dfrac{1}{4}$ ④ $\dfrac{1}{6}$

≫ 반감기란 방사성 원소의 질량이 반으로 감소하는 데 걸리는 기간을 말한다. 〈문제〉의 반감기가 20일인 원소는 20일이 지나면 처음 질량보다 $\dfrac{1}{2}$로 감소하므로 40일이 지나면 처음 질량보다 $\dfrac{1}{4}$로 감소한다. 따라서 40일이 지난 후 남은 원소의 질량은 처음 질량의 $\dfrac{1}{4}$이다.

15 다음 중 반응이 정반응으로 진행되는 것은 어느 것인가?

① $Pb^{2+} + Zn \rightarrow Zn^{2+} + Pb$

② $I_2 + 2Cl^- \rightarrow 2I^- + Cl_2$

③ $2Fe^{3+} + 3Cu \rightarrow 3Cu^{2+} + 2Fe$

④ $Mg^{2+} + Zn \rightarrow Zn^{2+} + Mg$

≫ 금속이 전자(−)를 잃고 양이온(+)이 되려는 성질을 이온화경향이라고 하며, 이온화경향이 큰 금속은 자신이 가지고 있는 전자(−)를 이온화경향이 작은 금속에게 내주고 자신은 양이온(+)으로 되려는 성질이 있다.
이온화경향의 세기는 다음과 같다.

K > Ca > Na > Mg > Al > Zn > Fe > Ni
칼륨 칼슘 나트륨 마그 알루 아연 철 니켈
네슘 미늄
> Sn > Pb > H > Cu > Hg > Ag > Pt > Au
주석 납 수소 구리 수은 은 백금 금

톡톡튀는 [암기법] 칼칼나마알(주기율표 왼쪽 아래에 모인 금속들) 아페니주납수(애를 때리니 주둥이가 납작해졌수) 구수은백금(구수한 은과 백금 주라)

① $Pb^{2+} + Zn \rightarrow Zn^{2+} + Pb$

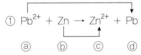

ⓐ ⓑ ⓒ ⓓ

ⓐ Pb^{2+} : 전자(−) 2개가 없어 양이온(+)만 2개 있는 상태

ⓑ Zn : 전자(−) 2개와 양이온(+) 2개를 모두 가진 상태

ⓒ Zn^{2+} : 전자(−) 2개를 잃어 양이온(+)만 2개 남은 상태

ⓓ Pb : 전자(−) 2개를 받아 양이온(+)과 전자(−)를 모두 가진 상태

Pb와 Zn 중 이온화경향이 더 큰 금속은 Zn이므로 이 반응이 정반응(오른쪽)으로 진행하기 위해서는 **Zn은 Pb에게 전자(−)를 내주고 Pb은 Zn으로부터 전자를 받아야 한다.** 여기서, **ⓑ의 Zn은 ⓐ의 Pb^{2+}에게 전자(−) 2개를 내주어 ⓒ의 전자(−) 2개를 잃은 Zn^{2+}이 되고 ⓓ의 Pb^{2+}는 ⓑ의 Zn으로부터 전자(−) 2개를 받아 ⓓ의 양이온(+)과 전자(−)를 모두 가진 상태의 Pb이 되었으므로 이 반응은 정반응으로 진행된 것이다.**

② $I_2 + 2Cl^- \rightarrow 2I^- + Cl_2$

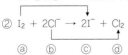

ⓐ ⓑ ⓒ ⓓ

ⓐ I_2 : 전자(−)를 갖지 않은 상태

ⓑ Cl^- : 전자(−) 1개를 가진 상태

ⓒ I^- : 전자(−) 1개를 가진 상태

ⓓ Cl_2 : 전자(−)를 갖지 않은 상태

할로젠원소 F, Cl, Br, I 중 전자친화도(전자를 갖고 있으려는 성질)가 큰 순서는 F>Cl>Br>I이다. 이 반응이 정반응으로 진행되려면 전자친화도가 더 큰 Cl이 반응 후에도 ⓑ의 Cl^-과 같이 전자를 갖고 있어야 하지만 여기서는 오히려 전자를 I에게 내주고 자신은 ⓓ의 전자(−)를 갖지 않은 상태가 되었으므로 이 반응은 정반응으로 진행된 것이 아니다.

③ $2Fe^{3+} + 3Cu \rightarrow 3Cu^{2+} + 2Fe$

ⓐ ⓑ ⓒ ⓓ

ⓐ $2Fe^{3+}$: 전자(−) 3개×2=6개가 없어 양이온(+)만 6개 있는 상태

ⓑ 3Cu : Cu는 2가 원소이므로 전자(−) 2개×3=6개와 양이온(+) 6개를 모두 가진 상태

ⓒ $3Cu^{2+}$: 전자(−) 2개×3=6개를 잃어 양이온(+)만 6개 남은 상태

ⓓ 2Fe : Fe는 3가 원소이므로 전자(−) 3개×2=6개를 받아 양이온(+)과 전자(−)를 모두 가진 상태

Fe와 Cu 중 이온화경향이 더 큰 금속은 Fe이므로 이 반응이 정반응으로 진행하기 위해서는 Fe은 Cu에게 전자(−)를 내주고 Cu는 Fe로부터 전자(−)를 받아야 한다. 이 반응에서는 ⓑ의 3Cu는 ⓐ의 $2Fe^{3+}$에게 전자(−) 6개를 내주어 ⓒ의 전자(−) 6개를 잃은 $3Cu^{2+}$가 되고 ⓐ의 $2Fe^{3+}$는 ⓑ의 3Cu로부터 전자(−) 6개를 받아 ⓓ의 양이온(+)과 전자(−)를 모두 가진 상태의 2Fe이 되었으므로 이 반응은 정반응으로 진행된 것이 아니다.

④ $Mg^{2+} + Zn \rightarrow Zn^{2+} + Mg$

ⓐ ⓑ ⓒ ⓓ

ⓐ Mg^{2+} : 전자(−) 2개가 없어 양이온(+)만 2개 있는 상태

ⓑ Zn : 전자(−) 2개와 양이온(+) 2개를 모두 가진 상태

ⓒ Zn^{2+} : 전자(−) 2개를 잃어 양이온(+)만 2개 남은 상태

ⓓ Mg : 전자(−) 2개를 받아 양이온(+)과 전자(−)를 모두 가진 상태

정답 15. ①

Mg과 Zn 중 이온화경향이 더 큰 금속은 Mg 이므로 이 반응이 정반응으로 진행하기 위해 서는 Mg은 Zn에게 전자(−)를 내주고 Zn은 Mg으로부터 전자를 받아야 한다. 이 반응에 서는 ⓑ의 Zn은 ⓐ의 Mg^{2+}에게 전자(−) 2개 를 내주어 ⓒ의 전자(−) 2개를 잃은 Zn^{2+}가 되고 ⓐ의 Mg^{2+}은 ⓑ의 Zn으로부터 전자(−) 2개를 받아 ⓓ의 양이온(+)과 전자(−)를 모 두 가진 상태의 Mg이 되었으므로 이 반응은 정반응으로 진행된 것이 아니다.

16 NaCl의 결정계는 다음 중 무엇에 해당되는가?

① 입방정계(cubic)

② 정방정계(tetragonal)

③ 육방정계(hexagonal)

④ 단사정계(monoclinic)

≫ NaCl의 구조는 Na^+이온 6개와 Cl^-이온 6개가 교대로 나열된 정육면체로 이 결정계를 입방정 계라고 부른다.

17 아이소프로필알코올에 해당하는 것은?

① C_6H_5OH

② CH_3CHO

③ CH_3COOH

④ $(CH_3)_2CHOH$

≫ 알코올($C_nH_{2n+1}OH$)은 알킬(C_nH_{2n+1})과 수산기 (OH)를 결합시켜 만든다. 알코올의 일반식의 n 에 1부터 3까지 대입하면 다음과 같은 알코올을 만들 수 있다.

1) $n = 1$: CH_3OH(메틸알코올)

2) $n = 2$: C_2H_5OH(에틸알코올)

3) $n = 3$: C_3H_7OH(프로필알코올)

이 중 시성식 C_3H_7OH을 노르말프로필알코올이 라 하고 시성식을 $(CH_3)_2CHOH$와 같이 변환한 것을 아이소프로필알코올이라 하는데 노르말프 로필알코올과 아이소프로필알코올 모두 탄소(C) 3개, 수소(H) 8개, 산소(O) 1개를 갖는 프로필알 코올이다.

〈보기〉의 물질들의 명칭은 다음과 같다.

① C_6H_5OH(페놀)

② CH_3CHO(아세트알데하이드)

③ CH_3COOH(아세트산)

④ $(CH_3)_2CHOH$(아이소프로필알코올)

18 다음 중 은거울반응을 하는 화합물은?

① CH_3COCH_3　　② CH_3OCH_3

③ HCHO　　④ CH_3CH_2OH

≫ 아세트알데하이드(CH_3CHO) 및 폼알데하이드(HCHO) 와 같이 알데하이드(−CHO)기를 포함하고 있는 물 질들은 은거울반응을 한다.

19 C_6H_{14}의 구조 이성질체는 몇 개가 존재하는가?

① 4　　② 5

③ 6　　④ 7

≫ 알케인의 일반식 C_nH_{2n+2}에 $n = 6$을 대입하면 탄 소수가 6개이고 수소의 수가 14개인 헥세인 (C_6H_{14})이 되고, 헥세인은 다음과 같이 5개의 구 조이성질체를 갖는다.

20 촉매하에 H_2O의 첨가반응으로 에탄올을 만들 수 있는 물질은?

① CH_4

② C_2H_2

③ C_6H_6

④ C_2H_4

>> ④ C 2개와 H 4개로 구성된 C_2H_4(에틸렌)에 H 2개와 O 1개 즉, H_2O를 첨가하면 C 2개와 H 6개, O 1개로 구성된 C_2H_5OH(에탄올)를 만들 수 있으며, 이 과정을 반응식으로 나타내면 다음과 같다.
> • 에틸렌과 물의 반응식
> $C_2H_4 + H_2O \rightarrow C_2H_5OH$

제2과목 **화재예방과 소화방법**

21 분말소화약제인 탄산수소나트륨 10kg이 1기압, 270℃에서 방사되었을 때 발생하는 이산화탄소의 양은 약 몇 m^3인가?

① 2.65

② 3.65

③ 18.22

④ 36.44

>> 탄산수소나트륨($NaHCO_3$) 1mol의 분자량은 23(Na)g + 1(H)g + 12(C)g + 16(O)g × 3 = 84g이다. 아래의 분해반응식에서 알 수 있듯이 탄산수소나트륨($NaHCO_3$) 2몰, 즉 2 × 84g을 분해시키면 이산화탄소(CO_2) 1몰이 발생하는데 〈문제〉에서와 같이 탄산수소나트륨($NaHCO_3$) 10kg, 즉 10,000g을 분해시키면 이산화탄소가 몇 몰 발생하는가를 다음과 같이 비례식을 이용해 구할 수 있다.
> • 탄산수소나트륨의 분해반응식
> $2NaHCO_3 \rightarrow Na_2CO_3 + H_2O + CO_2$
>
> 2 × 84g ⤫ 1몰
> 10,000g ⤫ x몰
>
> 2 × 84 × x = 10,000 × 1
> x = 59.52몰이다.
> 〈문제〉의 조건은 여기서 발생한 이산화탄소 59.52몰은 1기압, 270℃에서 부피가 몇 m^3인가를 구하는 것이므로 다음과 같이 이상기체상태방정식을 이용해 구할 수 있다.
> $PV = nRT$

여기서, P : 압력 = 1기압
V : 부피 = V(L)
n : 몰수 = 59.52mol
R : 이상기체상수
   = 0.082기압 · L/K · mol
T : 절대온도(273+실제온도)K
   = 273+270K
1 × V = 59.52 × 0.082 × (273 + 270)
V = 2,650L = 2.65m^3이다.

22 고체연소에 대한 분류로 옳지 않은 것은?

① 혼합연소   ② 증발연소

③ 분해연소   ④ 표면연소

>> 혼합연소는 기체의 연소형태의 종류에 속한다.
> Check **고체의 연소형태의 종류와 물질**
> (1) 표면연소 : 코크스(탄소), 목탄(炭), 금속분
> (2) 분해연소 : 목재, 종이, 석탄, 플라스틱, 합성수지
> (3) 자기연소 : 제5류 위험물
> (4) 증발연소 : 황(S), 나프탈렌, 양초(파라핀)

23 다음 중 인화성 액체의 화재를 나타내는 것은 어느 것인가?

① A급 화재   ② B급 화재

③ C급 화재   ④ D급 화재

>> 화재분류에 따른 소화기에 표시하는 색상
> 1) 일반화재(A급) : 백색
> 2) **유류(인화성 액체)화재(B급) : 황색**
> 3) 전기화재(C급) : 청색
> 4) 금속화재(D급) : 무색

24 분말소화약제 중 열분해 시 부착성이 있는 유리상의 메타인산이 생성되는 것은?

① Na_3PO_4

② $(NH_4)_3PO_4$

③ $NaHCO_3$

④ $NH_4H_2PO_4$

>> 제3종 분말소화약제인 인산암모늄($NH_4H_2PO_4$)이 완전 열분해하면 **메타인산**(HPO_3)과 암모니아(NH_3), 그리고 수증기(H_2O)가 발생한다.
> • 인산암모늄의 완전 열분해반응식
> $NH_4H_2PO_4 \rightarrow HPO_3 + NH_3 + H_2O$

정답   20. ④   21. ①   22. ①   23. ②   24. ④

Check

인산암모늄($NH_4H_2PO_4$)이 190℃의 온도에서 1차 열분해하면 오르토인산(H_3PO_4)과 암모니아(NH_3)가 발생한다.

· 인산암모늄의 1차 열분해 반응식
$$NH_4H_2PO_4 \rightarrow H_3PO_4 + NH_3$$

25 이산화탄소를 소화약제로 사용하는 이유로서 옳은 것은?

① 산소와 결합하지 않기 때문에
② 산화반응을 일으키나 발열량이 적기 때문에
③ 산소와 결합하나 흡열반응을 일으키기 때문에
④ 산화반응을 일으키나 환원반응도 일으키기 때문에

≫ 이산화탄소소화약제는 **산소와 결합하지도 않고** 반응하지도 않기 때문에 산소공급원을 차단 또는 제거시켜 질식소화할 수 있다.

26 화재 발생 시 물을 사용하여 소화할 수 있는 물질은?

① K_2O_2 ② CaC_2
③ Al_4C_3 ④ P_4

≫ ① K_2O_2(과산화칼륨) : 제1류 위험물 중 알칼리금속의 과산화물에 속하는 물질로 물과 반응 시 수산화칼륨(KOH)과 함께 산소를 발생하므로 물로 소화하면 위험성이 커진다.
· 과산화칼륨의 물과의 반응식
$$2K_2O_2 + 2H_2O \rightarrow 4KOH + O_2$$
② CaC_2(탄화칼슘) : 제3류 위험물 중 금수성 물질로서 물과 반응 시 수산화칼슘[$Ca(OH)_2$]과 함께 가연성 가스인 아세틸렌(C_2H_2)을 발생하므로 물로 소화하면 위험성이 커진다.
· 탄화칼슘의 물과의 반응식
$$CaC_2 + 2H_2O \rightarrow Ca(OH)_2 + C_2H_2$$
③ Al_4C_3(탄화알루미늄) : 제3류 위험물 중 금수성 물질로서 물과 반응 시 수산화알루미늄[$Al(OH)_3$]과 함께 가연성 가스인 메테인(CH_4)을 발생하므로 물로 소화하면 위험성이 커진다.
· 탄화알루미늄의 물과의 반응식
$$Al_4C_3 + 12H_2O \rightarrow 4Al(OH)_3 + 3CH_4$$

④ P_4(황린) : 제3류 위험물 중 자연발화성 물질로 물속에 저장하는 위험물이며 화재 시에도 **물을 이용해 소화할 수 있는 물질**이다.

27 할론 1301 소화약제의 저장용기에 저장하는 소화약제의 양을 산출할 때는 「위험물의 종류에 대한 가스계 소화약제의 계수」를 고려해야 한다. 위험물의 종류가 이황화탄소인 경우 할론 1301에 해당하는 계수값은 얼마인가?

① 1.0
② 1.6
③ 2.2
④ 4.2

≫ 위험물의 종류에 대한 가스계 및 분말소화약제의 계수

소화약제의 종별 / 위험물의 종류	이산화탄소	IG-100	IG-55	IG-541	할론1301	할론1211	HFC-23	HFC-125	제1종	제2종	제3종	제4종
					할로겐화물				분말			
아크릴로나이트릴	1.2	1.2	1.2	1.2	1.4	1.2	1.4	1.4	1.2	1.2	1.2	1.2
아세트알데하이드	1.1	1.1	1.1	1.1	1.1	1.1	1.1	1.1	–	–	–	–
아세트나이트릴	1.0	1.0	1.0	1.0	1.0	1.0	1.0	1.0	1.0	1.0	1.0	1.0
⋮												
이황화탄소	3.0	3.0	3.0	3.0	**4.2**	1.0	4.2	4.2	–	–	–	–
⋮												
메틸에틸케톤	1.0	1.0	1.0	1.0	1.0	1.0	1.0	1.0	1.0	1.0	1.2	1.0
모노클로로벤젠	1.1	1.1	1.1	1.1	1.1	1.1	1.1	1.1	–	1.0	–	
그 밖의 것	1.1	1.1	1.1	1.1	1.1	1.1	1.1	1.1	1.1	1.1	1.1	1.1

28 다음 중 제4종 분말소화약제의 주성분으로 옳은 것은?

① 탄산수소칼륨과 요소의 반응생성물
② 탄산수소칼륨과 인산염의 반응생성물
③ 탄산수소나트륨과 요소의 반응생성물
④ 탄산수소나트륨과 인산염의 반응생성물

» 분말소화약제의 구분

구 분	주성분	주성분의 화학식	색 상
제1종 분말소화약제	탄산수소 나트륨	$NaHCO_3$	백색
제2종 분말소화약제	탄산수소 칼륨	$KHCO_3$	연보라 (담회)색
제3종 분말소화약제	인산암모늄	$NH_4H_2PO_4$	담홍색
제4종 분말소화약제	**탄산수소칼륨 + 요소의 반응생성물**	$KHCO_3$ $+ (NH_2)_2CO$	회색

29 위험물안전관리법령상 옥외소화전설비의 옥외소화전이 3개 설치되었을 경우 수원의 수량은 몇 m³ 이상이 되어야 하는가?

① 7

② 20.4

③ 40.5

④ 100

» 옥외소화전설비의 수원의 양은 옥외소화전의 설치개수(설치개수가 4개 이상이면 4개)에 13.5m³를 곱한 값 이상의 양으로 한다. 〈문제〉에서 옥외소화전의 개수는 3개이므로 수원의 양은 3개 × 13.5m³ = 40.5m³이다.

Check

위험물제조소등에 설치된 옥내소화전설비의 수원의 양은 옥내소화전이 가장 많이 설치된 층의 옥내소화전의 설치개수(설치개수가 5개 이상이면 5개)에 7.8m³를 곱한 값 이상의 양으로 정한다.

30 할로젠화합물소화설비의 할론 2402를 가압식 저장용기에 저장하는 경우 충전비로 옳은 것은?

① 0.51 이상 0.67 이하

② 0.7 이상 1.4 미만

③ 0.9 이상 1.6 이하

④ 0.67 이상 2.75 이하

» 할로젠화합물소화설비 저장용기의 충전비

1) **할론 2402 가압식 저장용기 : 0.51 이상 0.67 이하**

2) 할론 2402 축압식 저장용기 : 0.67 이상 2.75 이하

3) 할론 1211 저장용기 : 0.7 이상 1.4 이하

4) 할론 1301 저장용기 : 0.9 이상 1.6 이하

31 폐쇄형 스프링클러헤드는 설치장소의 평상시 최고주위온도에 따라서 결정된 표시온도의 것을 사용해야 한다. 설치장소의 최고주위온도가 28℃ 이상 39℃ 미만일 때 표시온도는?

① 58℃ 미만

② 58℃ 이상 79℃ 미만

③ 79℃ 이상 121℃ 미만

④ 121℃ 이상 162℃ 미만

» 폐쇄형 스프링클러헤드는 그 부착장소의 평상시 최고주위온도에 따라 다음 [표]에서 정한 표시온도를 갖는 것을 설치해야 한다.

부착장소의 최고주위온도(℃)	표시온도(℃)
28 미만	58 미만
28 이상 39 미만	**58 이상 79 미만**
39 이상 64 미만	79 이상 121 미만
64 이상 106 미만	121 이상 162 미만
106 이상	162 이상

톡톡 튀는 암기법 부착장소의 최고주위온도×2의 값에 I 또는 2를 더한 값이 오른쪽의 표시온도라고 암기하자.

32 위험물안전관리법령상 옥외소화전설비에서 옥외소화전함은 옥외소화전으로부터 보행거리 몇 m 이하의 장소에 설치하여야 하는가?

① 5m 이내

② 10m 이내

③ 20m 이내

④ 40m 이내

옥외소화전과
◀ 옥외소화전함
과의 거리

» 옥외소화전함은 옥외소화전으로부터 보행거리 5m 이하의 장소에 설치하여야 한다.

정답 29. ③ 30. ① 31. ② 32. ①

33 이산화탄소소화설비 소화약제 방출방식 중 전역방출방식 소화설비에 대한 설명으로 옳은 것은?

① 발화위험 및 연소위험이 적고 광대한 실내에서 특정장치나 기계만을 방호하는 방식

② 일정 방호구역 전체에 방출하는 경우 해당 부분의 구획을 밀폐하여 불연성 가스를 방출하는 방식

③ 일반적으로 개방되어 있는 대상물에 대하여 설치하는 방식

④ 사람이 용이하게 소화활동을 할 수 있는 장소에는 호스를 연장하여 소화활동을 행하는 방식

≫ 이산화탄소소화설비의 방출방식
1) 전역방출방식 : 방사된 소화약제가 **방호구역의 전역에 균일하고 신속하게 방사**할 수 있도록 설치하는 방식
2) 국소방출방식 : 방호대상물의 모든 표면이 분사헤드의 유효사정 내에 있도록 설치하는 방식

34 펌프와 발포기의 중간에 설치된 벤투리관의 벤투리작용과 펌프 가압수의 포소화약제 저장탱크에 대한 압력에 의하여 포소화약제를 흡입·혼합하는 방식은?

① 프레셔 프로포셔너
② 펌프 프로포셔너
③ 프레셔사이드 프로포셔너
④ 라인 프로포셔너

≫ 포소화약제 혼합장치
1) 펌프 프로포셔너방식 : 펌프에서 토출된 물의 일부를 펌프의 토출관과 흡입관 사이의 배관에 설치해 놓은 흡입기에 보내고 포소화약제 탱크와 연결된 자동농도조절밸브를 통해 얻어진 포소화약제를 펌프의 흡입 측으로 다시 보내어 약제를 흡입 및 혼합하는 방식을 말한다.
2) **프레셔 프로포셔너방식 : 펌프와 발포기의 중간에 설치된 벤투리관의 벤투리작용과 펌프 가압수가 포소화약제 저장탱크에 제공하는 압력에 의하여 포소화약제를 흡입 및 혼합하는 방식**을 말한다.

3) 라인 프로포셔너방식 : 펌프와 발포기의 중간에 설치된 벤투리관의 벤투리작용에 의하여 포소화약제를 흡입 및 혼합하는 방식을 말한다.
4) 프레셔사이드 프로포셔너방식 : 펌프의 토출관에 압입기를 설치하여 포소화약제 압입용 펌프로 포소화약제를 압입시켜 혼합하는 방식을 말한다.

35 위험물제조소등에 설치하는 옥내소화전설비가 설치된 건축물에 옥내소화전이 1층에 5개, 2층에 6개가 설치되어 있다. 이 때 수원의 수량은 몇 m³ 이상으로 하여야 하는가?

① 19 　　　　② 29
③ 39 　　　　④ 47

≫ 위험물제조소등에 설치된 옥내소화전설비의 수원의 양은 옥내소화전이 가장 많이 설치된 층의 옥내소화전의 설치개수(설치개수가 5개 이상이면 5개)에 7.8m³를 곱한 값 이상의 양으로 정한다. 〈문제〉에서 2층의 옥내소화전 개수가 6개로 가장 많지만 개수가 5개 이상이면 5개를 7.8m³에 곱해야 하므로 수원의 양은 5개×7.8m³ = 39m³이다.

Check
옥외소화전설비의 수원의 양은 옥외소화전의 설치개수(설치개수가 4개 이상이면 4개)에 13.5m³를 곱한 값 이상의 양으로 한다.

36 벼락으로부터 재해를 예방하기 위하여 위험물안전관리법령상 피뢰설비를 설치하여야 하는 위험물제조소의 기준은? (단, 제6류 위험물을 취급하는 위험물제조소는 제외한다.)

① 모든 위험물을 취급하는 제조소
② 지정수량 5배 이상의 위험물을 취급하는 제조소
③ 지정수량 10배 이상의 위험물을 취급하는 제조소
④ 지정수량 20배 이상의 위험물을 취급하는 제조소

≫ 지정수량의 10배 이상의 위험물(제6류 위험물은 제외)을 취급하는 위험물제조소에는 피뢰침(피뢰설비)을 설치하여야 한다.

37 C_6H_6화재의 소화약제로서 적합하지 않은 것은?

① 인산염류분말 ② 이산화탄소

③ 할로젠화합물 ④ 물(봉상수)

>> C_6H_6(벤젠)은 물보다 가볍고 비수용성인 제4류 위험물로서 화재 시 물(봉상수)을 사용하면 연소 면이 확대되어 소화할 수 없고 인산염류분말소 화약제 및 이산화탄소 또는 할로젠화합물소화약 제를 사용해 소화할 수 있다.

38 위험물안전관리법령에서 정한 제3류 위험물에 있어서 화재예방법 및 화재 시 조치방법에 대한 설명으로 틀린 것은?

① 칼륨과 나트륨은 금수성 물질로 물과 반응하여 가연성 기체를 발생한다.

② 알킬알루미늄은 알킬기의 탄소수에 따라 주수 시 발생하는 가연성 기체의 종류가 다르다.

③ 탄화칼슘은 물과 반응하여 폭발성의 아세틸렌가스를 발생한다.

④ 황린은 물과 반응하여 유독성의 포스핀가스를 발생한다.

>> ① 칼륨(K)과 나트륨(Na)은 금수성 물질로 물과 반응하여 가연성인 수소가스를 발생한다.
② 알킬알루미늄 중 트라이메틸알루미늄[$(CH_3)_3Al$]은 물과 반응 시 메테인(CH_4)가스를 발생하고 트라이에틸알루미늄[$(C_2H_5)_3Al$]은 물과 반응 시 에테인(C_2H_6)가스를 발생하므로 알킬기의 탄소수에 따라 주수 시 발생하는 가연성 가스의 종류는 다르다.
③ 탄화칼슘(CaC_2)은 물과 반응하여 폭발성인 아세틸렌(C_2H_2)가스를 발생한다.
④ **황린**(P_4)은 자연발화의 방지를 위해 물속에 저장하여 보관하는 위험물이므로 **물과 반응하지 않는다.**

39 제4류 위험물 중 비수용성 인화성 액체의 탱크화재 시 물을 뿌려 소화하는 것은 적당하지 않다고 한다. 그 이유로서 가장 적당한 것은 어느 것인가?

① 인화점이 낮아진다.

② 가연성 가스가 발생한다.

③ 화재면(연소면)이 확대된다.

④ 발화점이 낮아진다.

>> 제4류 위험물 중 비중이 물보다 작고 비수용성인 위험물은 주수소화 시 물이 오히려 연소면을 확대시키므로 소화효과는 없다.

40 준특정옥외탱크저장소에서 저장 또는 취급하는 액체위험물의 최대수량 범위를 올바르게 나타낸 것은?

① 50만L 미만

② 50만L 이상 100만L 미만

③ 100만L 이상 200만L 미만

④ 200만L 이상

>> 1) 특정옥외탱크저장소 : 저장 또는 취급하는 액체위험물의 최대수량이 100만L 이상인 옥외탱크저장소
2) **준특정옥외탱크저장소 : 저장 또는 취급하는 액체위험물의 최대수량이 50만L 이상 100만L 미만인 옥외탱크저장소**

제3과목 **위험물의 성질과 취급**

41 염소산칼륨의 성질이 아닌 것은?

① 황산과 반응하여 이산화염소를 발생한다.

② 상온에서 고체이다.

③ 알코올보다는 글리세린에 더 잘 녹는다.

④ 환원력이 강하다.

>> ① 황산과 반응하여 독성인 이산화염소(ClO_2)가스를 발생한다.
② 제1류 위험물이므로 상온에서 산화성이 있는 고체로 존재한다.
③ 물, 알코올, 에터 등에 녹지 않고 온수 및 글리세린에 잘 녹는다.
④ 산화성 물질이므로 환원력이 아닌 **산화력이 강하다.**

42 무색·무취 입방정계 주상결정으로 물, 알코올 등에 잘 녹고 산과 반응하여 폭발성을 지닌 이산화염소를 발생시키는 위험물로 살충제, 불꽃류의 원료로 사용되는 것은?

① 염소산나트륨

② 과염소산칼륨

③ 과산화나트륨

④ 과망가니즈산칼륨

≫ ① 염소산나트륨($NaClO_3$) : 물, 알코올 등에 잘 녹고 산과 반응 시 독성가스인 이산화염소 (ClO_2)를 발생시킨다.

② 과염소산칼륨($KClO_4$) : 산과 반응 시 독성가스인 이산화염소(ClO_2)를 발생시키기는 하지만 물, 알코올 등에 녹지 않는다.

③ 과산화나트륨(Na_2O_2) : 산과 반응 시 이산화염소가 아니라 제6류 위험물인 과산화수소 (H_2O_2)를 발생시킨다.

④ 과망가니즈산칼륨($KMnO_4$) : 흑자색의 물질로서 물, 알코올 등에 잘 녹고 산과 반응 시 이산화염소가 아닌 산소를 발생시킨다.

💡Tip

1. 염산 또는 질산 등의 산과 반응 시 이산화염소 (ClO_2)를 발생시키려면 제1류 위험물에 염소(Cl)가 포함되어 있어야 하므로 염소산나트륨 또는 과염소산칼륨, 이 둘 중에 정답이 있습니다.

2. 아염소산염류, 염소산염류, 과염소산염류 중 칼륨이 포함되어 있으면 물에 안 녹고 나트륨 또는 암모늄이 포함된 것들만 물에 잘 녹습니다. 그러므로 염소산나트륨 또는 과염소산칼륨 중 물에 잘 녹는 물질에 대한 정답은 염소산나트륨이 됩니다.

43 위험물의 저장방법에 대한 설명 중 틀린 것은?

① 황린은 산화제와 혼합되지 않게 저장한다.

② 황은 정전기가 축적되지 않도록 저장한다.

③ 적린은 인화성 물질로부터 격리 저장한다.

④ 마그네슘분은 분진을 방지하기 위해 약간의 수분을 포함시켜 저장한다.

≫ ① 제3류 위험물 중 자연발화성 물질인 황린은 산소공급원인 산화제와 혼합되지 않게 저장한다.

② 제2류 위험물인 황은 전류를 통과시키지 못하는 전기불량도체이므로 정전기를 발생시킬 수 있기 때문에 정전기가 축적되지 않도록 저장한다.

③ 제2류 위험물인 적린은 가연성 고체로서 인화성이 있는 물질과 격리시켜 저장한다.

④ 제2류 위험물인 **마그네슘분**은 물과 반응 시 가연성인 수소가스를 발생하기 때문에 **수분을 포함시켜 저장하면 안 된다.**

44 물과 반응하여 가연성 또는 유독성 가스를 발생하지 않는 것은?

① 탄화칼슘   ② 인화칼슘

③ 과염소산칼륨   ④ 금속나트륨

≫ ① 탄화칼슘(CaC_2)은 제3류 위험물 중 금수성 물질로서 물과 반응 시 수산화칼슘[$Ca(OH)_2$]과 함께 가연성인 아세틸렌(C_2H_2)가스를 발생한다.

• 탄화칼슘의 물과의 반응식
$CaC_2 + 2H_2O \rightarrow Ca(OH)_2 + C_2H_2$

② 인화칼슘(Ca_3P_2)은 제3류 위험물 중 금수성 물질로서 물과 반응 시 수산화칼슘[$Ca(OH)_2$]과 함께 가연성이면서 독성인 포스핀(PH_3)가스를 발생한다.

• 인화칼슘의 물과의 반응식
$Ca_3P_2 + 6H_2O \rightarrow 3Ca(OH)_2 + 2PH_3$

③ **과염소산칼륨**($KClO_4$)은 제1류 위험물로서 물과 반응하지 않기 때문에 **어떠한 종류의 가스도 발생하지 않는다.**

④ 금속나트륨(Na)은 제3류 위험물 중 금수성 물질로서 물과 반응 시 수산화나트륨(NaOH)과 함께 가연성인 수소가스를 발생한다.

• 나트륨의 물과의 반응식
$2Na + 2H_2O \rightarrow 2NaOH + H_2$

45 다음 중 일반적으로 자연발화의 위험성이 가장 낮은 장소는?

① 온도 및 습도가 높은 장소

② 습도 및 온도가 낮은 장소

③ 습도는 높고 온도는 낮은 장소

④ 습도는 낮고 온도는 높은 장소

정답   42. ①   43. ④   44. ③   45. ②

≫ 자연발화 방지법
1) 습도를 낮춰야 한다.
2) 저장온도를 낮춰야 한다.
3) 퇴적 및 수납 시 열이 쌓이지 않도록 한다.
4) 통풍이 잘 되도록 한다.

46 황린을 물속에 저장할 때 인화수소의 발생을 방지하기 위한 물의 pH는 얼마 정도가 좋은가?

① 4　　　　　② 5
③ 7　　　　　④ 9

≫ 황린(P_4)은 공기 중에서 자연발화할 수 있어 물속에 보관한다. 이 경우 물의 성분이 강알칼리성이면 황린과 물이 반응하여 독성인 인화수소(PH_3)가스를 발생시킨다. 따라서 물에 소량의 수산화칼슘[$Ca(OH)_2$]을 넣어 물의 성분을 **pH가 9인 약알칼리성**으로 만들면 반응이 일어나지 않아 인화수소가스의 발생을 방지할 수 있다.

47 다음 물질 중 발화점이 가장 낮은 것은?

① CS_2　　　　② C_6H_6
③ CH_3COCH_3　　④ CH_3COOCH_3

≫ ① CS_2(이황화탄소) : 특수인화물로서 발화점은 100℃이다.
② C_6H_6(벤젠) : 제1석유류로서 발화점은 562℃이다.
③ CH_3COCH_3(아세톤) : 제1석유류로서 발화점은 538℃이다.
④ CH_3COOCH_3(아세트산메틸) : 제1석유류로서 발화점은 454℃이다.

💡 **Tip**
CS_2(이황화탄소)는 시험에 출제되는 제4류 위험물 중 가장 발화점이 낮은 위험물입니다.

48 위험물안전관리법령에서 정한 품명이 나머지 셋과 다른 하나는?

① $(CH_3)_2CHCH_2OH$
② $CH_2OHCHOHCH_2OH$
③ CH_2OHCH_2OH
④ $C_6H_5NO_2$

≫ ① $(CH_3)_2CHCH_2OH$: $(CH_3)_2CHCH_2$는 C가 4개, H가 9개인 C_4H_9(뷰틸)이며 여기에 OH를 붙인 C_4H_9OH(뷰틸알코올)을 나타낸 것으로 **제2석유류** 비수용성 물질이다.
② $CH_2OHCHOHCH_2OH$: C가 3개, H가 5개, OH가 3개인 $C_3H_5(OH)_3$(글리세린)을 나타낸 것으로 제3석유류 수용성 물질이다.
③ CH_2OHCH_2OH : C가 2개, H가 4개, OH가 2개인 $C_2H_4(OH)_2$(에틸렌글리콜)을 나타낸 것으로 제3석유류 수용성 물질이다.
④ $C_6H_5NO_2$: 나이트로벤젠을 나타낸 것으로 제3석유류 비수용성 물질이다.

49 다음 중 아밀알코올에 대한 설명으로 틀린 것은?

① 8가지 이성체가 있다.
② 청색이고 무취의 액체이다.
③ 분자량은 약 88.15이다.
④ 포화지방족 알코올이다.

≫ ① 8가지의 이성질체가 있다.
② **무색이고 자극적인 냄새**가 나는 액체이다.
③ 화학식은 $C_5H_{11}OH$이며 분자량은 12(C)×5+1(H)×11+16(O)+1(H) = 88이다.
④ 모든 원소가 단일결합으로 구성된 포화지방족 알코올이다.

50 가연성 물질이며 산소를 다량 함유하고 있기 때문에 자기연소가 가능한 물질은 다음 중 어느 것인가?

① $C_6H_2CH_3(NO_2)_3$
② $CH_3COC_2H_5$
③ $NaClO_4$
④ HNO_3

≫ 가연성 물질이며 자체적으로 산소를 함유하고 있어 자기연소가 가능한 것은 제5류 위험물이다.
① $C_6H_2CH_3(NO_2)_3$(트라이나이트로톨루엔) : **제5류 위험물**
② $CH_3COC_2H_5$(메틸에틸케톤) : 제4류 위험물
③ $NaClO_4$(과염소산나트륨) : 제1류 위험물
④ HNO_3(질산) : 제6류 위험물

정답　46. ④　47. ①　48. ①　49. ②　50. ①

51 가열했을 때 분해하여 적갈색의 유독한 가스를 방출하는 것은?

① 과염소산　　② 질산
③ 과산화수소　　④ 적린

》 제6류 위험물인 질산(HNO_3)은 열분해 시 수증기와 함께 적갈색 가스인 이산화질소(NO_2), 그리고 산소를 발생한다.
　• 질산의 열분해반응식
　$4HNO_3 \rightarrow 2H_2O + 4NO_2 + O_2$

💡Tip

위험물의 분해 또는 반응으로 발생하는 대부분의 기체는 백색이지만, 질산이 열분해하여 발생하는 이산화질소는 적갈색이라 알아두세요.

52 위험물안전관리법령상 제조소에서 위험물을 취급하는 건축물의 구조 중 내화구조로 하여야 할 필요가 있는 것은?

① 연소의 우려가 있는 기둥
② 바닥
③ 연소의 우려가 있는 외벽
④ 계단

》 제조소 건축물의 벽·기둥·바닥·보·서까래 및 계단은 불연재료로 하고, **연소의 우려가 있는 외벽은 출입구 외의 개구부가 없는 내화구조의 벽**으로 하여야 한다.

53 질산나트륨을 저장하고 있는 옥내저장소(내화구조의 격벽으로 완전히 구획된 실이 2 이상 있는 경우에는 동일한 실)와 함께 저장하는 것이 법적으로 허용되는 것은? (단, 위험물을 유별로 정리하여 서로 1m 이상의 간격을 두는 경우이다.)

① 적린　　　　② 인화성 고체
③ 동식물유류　　④ 과염소산

》 옥내저장소에서 서로 1m 이상의 간격을 두는 경우 제1류 위험물인 **질산나트륨과 함께 저장할 수 있는 유별**은 제5류 위험물과 **제6류 위험물**, 제3류 위험물 중 자연발화성 물질(황린)이며, 〈보기〉 위험물의 유별은 다음과 같다.

① 적린(제2류 위험물)
② 인화성 고체(제2류 위험물)
③ 동식물유류(제4류 위험물)
④ **과염소산(제6류 위험물)**

Check

옥내저장소(내화구조의 격벽으로 완전히 구획된 실이 2 이상 있는 경우에는 동일한 실)에서는 서로 다른 유별끼리 함께 저장할 수 없다. 단, 다음의 조건을 만족하면서 유별로 정리하여 서로 1m 이상의 간격을 두는 경우에는 저장할 수 있다.
(1) 제1류 위험물(알칼리금속의 과산화물을 제외)과 제5류 위험물
(2) 제1류 위험물과 제6류 위험물
(3) 제1류 위험물과 제3류 위험물 중 자연발화성 물질(황린)
(4) 제2류 위험물 중 인화성 고체와 제4류 위험물
(5) 제3류 위험물 중 알킬알루미늄등과 제4류 위험물(알킬알루미늄 또는 알킬리튬을 함유한 것)
(6) 제4류 위험물 중 유기과산화물과 제5류 위험물 중 유기과산화물

54 위험물안전관리법령상 제4류 위험물 옥외저장탱크의 대기밸브부착 통기관은 몇 kPa 이하의 압력 차이로 작동할 수 있어야 하는가?

① 2
② 3
③ 4
④ 5

 ◀ 대기밸브부착 통기관

》 제4류 위험물 옥외저장탱크의 대기밸브부착 통기관은 5kPa 이하의 압력 차이로 작동할 수 있어야 한다.

Check

대기밸브부착 통기관 또는 밸브 없는 통기관은 제4류 위험물을 저장하는 옥외저장탱크 중 압력탱크 외의 탱크에 설치해야 하며, 옥외저장탱크가 압력탱크라면 이들 통기관이 아닌 안전장치를 설치한다.

55 위험물안전관리법령상 옥내저장탱크의 상호 간은 몇 m 이상의 간격을 유지하여야 하는가?

① 0.3　　　　② 0.5
③ 1.0　　　　④ 1.5

≫ 옥내저장탱크의 간격
1) 2 이상의 **옥내저장탱크의 상호간 : 0.5m 이상**
2) 옥내저장탱크로부터 탱크전용실의 안쪽면까지
: 0.5m 이상

Check **지하저장탱크의 간격**
(1) 2 이상의 지하저장탱크의 상호간 : 1m 이상
(지하저장탱크 용량의 합이 지정수량 100배
이하인 경우 0.5m 이상)
(2) 지하저장탱크로부터 탱크전용실의 안쪽면까지
: 0.1m 이상

56 위험물안전관리법령상 옥외저장소에 저장할
수 없는 위험물은? (단, 국제해상위험물규칙
에 적합한 용기에 수납된 위험물인 경우를 제
외한다.)

① 질산에스터류
② 질산
③ 제2석유류
④ 동식물유류

≫ 질산에스터류는 제5류 위험물에 속하므로 옥외
저장소에 저장할 수 없다.

Check **옥외저장소에 저장할 수 있는 위험물의 종류**
(1) 제2류 위험물
　㉠ 유황
　㉡ 인화성 고체(인화점이 0℃ 이상)
(2) 제4류 위험물
　㉠ 제1석유류(인화점이 0℃ 이상)
　㉡ 알코올류
　㉢ 제2석유류
　㉣ 제3석유류
　㉤ 제4석유류
　㉥ 동식물유류
(3) 제6류 위험물
(4) 시·도조례로 정하는 제2류 또는 제4류 위험물
(5) 국제해상위험물규칙(IMDG Code)에 적합한 용
기에 수납된 위험물

57 위험불안선관리법령에 따라 시정수랑 10배
의 위험물을 운반할 때 혼재가 가능한 것은?

① 제1류 위험물과 제2류 위험물
② 제2류 위험물과 제3류 위험물
③ 제3류 위험물과
　제5류 위험물
④ 제4류 위험물과
　제5류 위험물

≫ ① 제1류 위험물은 제6류 위험물만 혼재 가능하다.
② 제2류 위험물은 제4류 위험물, 그리고 제5류
위험물과 혼재 가능하다.
③ 제3류 위험물은 제4류 위험물만 혼재 가능하다.
④ **제4류 위험물**은 제2류 위험물과 제3류 위험
물, 그리고 **제5류 위험물과 혼재 가능**하다.

Check **위험물운반에 관한 혼재기준**
423, 524, 61의 숫자 조합으로 표를 만들 수 있다.

위험물의 구분	제1류	제2류	제3류	제4류	제5류	제6류
제1류		×	×	×	×	○
제2류	×		×	○	○	×
제3류	×	×		○	×	×
제4류	×	○	○		○	×
제5류	×	○	×	○		×
제6류	○	×	×	×	×	

※ 단, 지정수량의 1/10 이하의 양에 대해서는
이 기준을 적용하지 않는다.

58 위험물의 저장법으로 옳지 않은 것은 어느
것인가?

① 금속나트륨은 석유 속에 저장한다.
② 황린은 물속에 저장한다.
③ 질화면은 물 또는 알코올에 적셔서 저장
한다.
④ 알루미늄분은 분진발생 방지를 위해 물
에 적셔서 저장한다.

≫ ① 금속나트륨은 석유류(등유, 경유, 유동파라핀
등) 속에 저장한다.
② 황린은 pH가 9인 약알칼리성의 물속에 저장
한다.
③ 질화면이라 불리는 제5류 위험물인 나이트
로셀룰로오스는 물 또는 알코올에 적셔서
저장한다.
④ **알루미늄분**은 물과 반응 시 가연성인 수소
가스를 발생하므로 **물과 접촉을 방지**해야
한다.

59 위험물안전관리법령에 따른 위험물 저장기준으로 틀린 것은?

① 이동탱크저장소에는 설치허가증을 비치하여야 한다.

② 지하저장탱크의 주된 밸브는 위험물을 넣거나 뺄낼 때 외에는 폐쇄하여야 한다.

③ 아세트알데하이드를 저장하는 이동저장탱크에는 탱크 안에 불활성 가스를 봉입하여야 한다.

④ 옥외저장탱크 주위에 설치된 방유제의 내부에 물이나 유류가 괴었을 경우에는 즉시 배출하여야 한다.

≫ ① 이동탱크저장소에는 당해 이동탱크저장소의 완공검사필증 및 정기점검기록을 비치하여야 한다.

60 위험물안전관리법령에 근거한 위험물 운반 및 수납 시 주의사항에 대한 설명 중 틀린 것은?

① 위험물을 수납하는 용기는 위험물이 누출되지 않게 밀봉시켜야 한다.

② 온도 변화로 가스 발생 우려가 있는 것은 가스 배출구를 설치한 운반용기에 수납할 수 있다.

③ 액체위험물은 운반용기 내용적의 98% 이하의 수납률로 수납하되 55℃의 온도에서 누설되지 아니하도록 충분한 공간용적을 유지하도록 하여야 한다.

④ 고체위험물은 운반용기 내용적의 98% 이하의 수납률로 수납하여야 한다.

≫ 운반용기의 수납률
1) **고체위험물 : 운반용기 내용적의 95% 이하**
2) 액체위험물 : 운반용기 내용적의 98% 이하 (55℃에서 누설되지 않도록 공간용적 유지)
3) 알킬알루미늄등 : 운반용기 내용적의 90% 이하(50℃에서 5% 이상의 공간용적 유지)

정답　59. ① 60. ④

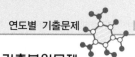
CBT 기출복원문제

2021 제4회 위험물산업기사

2021년 9월 5일 시행

제1과목 일반화학

01 다음 중 헨리의 법칙으로 설명되는 것은 어느 것인가?

① 극성이 큰 물질일수록 물에 잘 녹는다.
② 비눗물은 0℃보다 낮은 온도에서 언다.
③ 높은 산 위에서는 물이 100℃ 이하에서 끓는다.
④ 사이다의 병마개를 따면 거품이 난다.

》》 헨리의 법칙이란 액체에 녹아 있는 기체의 양은 용기(병) 내부의 압력에 비례한다는 것으로 탄산음료(콜라 또는 사이다 등)의 병마개를 따면 거품이 나오는 현상을 말한다. 병의 내부압력이 높은 상태에서는 액체에 녹아 있는 탄산가스의 양이 많지만 병의 마개를 열면 병의 내부압력이 줄어 액체에 녹아 있던 탄산가스의 양도 내부압력이 줄어든 만큼 감소한다. 따라서 사이다의 병마개를 따면 거품이 나는 이유가 헨리의 법칙으로 설명될 수 있는 이유는 병 속의 내부압력이 감소한 만큼 액체에 녹아있던 기체가 거품이 되어 병 밖으로 빠져나오는 현상 때문이다.

02 집기병 속에 물에 적신 빨간 꽃잎을 넣고 어떤 기체를 채웠더니 얼마 후 꽃잎이 탈색되었다. 이와 같이 색을 탈색(표백)시키는 성질을 가진 기체는?

① He
② CO_2
③ N_2
④ Cl_2

》》 〈보기〉 중 ① He은 불활성 기체이고, ② CO_2와 ③ N_2는 불연성 기체로서 이들 기체들은 탈색(표백)효과는 없지만, ④ Cl_2는 황록색의 기체로서 독성과 산화력이 강하며 탈색(표백)효과를 갖는다.

03 다음 중 에너지가 가장 많이 필요한 경우는 어느 것인가?

① 100℃의 물 1몰을 100℃의 수증기로 변화시킬 때
② 0℃의 얼음 1몰을 50℃의 물로 변화시킬 때
③ 0℃의 물 1몰을 100℃의 물로 변화시킬 때
④ 0℃의 얼음 10g을 100℃의 물로 변화시킬 때

》》 1) 현열
0℃부터 100℃까지의 온도변화가 존재하는 구간의 열량
$Q_{현열} = c \times m \times \Delta t$

톡톡 튀는 암기법 시(c)멘(m)트(Δt)

여기서, $Q_{현열}$: 현열의 열량(cal)
　　　　c : 비열(물질 1g의 온도를 1℃ 올리는 데 필요한 열량)(cal/g · ℃)
　　　　　※ 물의 비열 : 1cal/g · ℃
　　　　m : 질량(g)
　　　　　※ 물 또는 얼음 1몰 : 18g
　　　　Δt : 온도차(℃)

2) 잠열
온도변화 없이 물질의 상태만 변하는 고체 또는 기체 상태의 열량
$Q_{잠열} = m \times \gamma$
여기서, $Q_{잠열}$: 잠열의 열량(cal)
　　　　m : 질량(g)
　　　　γ : 잠열상수값(cal/g)
　　　　　※ 융해잠열(얼음) : 80cal/g
　　　　　　증발잠열(수증기) : 539cal/g

〈보기〉의 에너지(열)의 양은 다음과 같다.
① 100℃의 물 1몰($Q_{현열}$) + 100℃ 수증기 1몰 ($Q_{잠열}$)
$= c \times m \times \Delta t + m \times \gamma$
$= 1 \times 18 \times (100 - 100) + 18 \times 539$
$= 9,720$cal
② 0℃의 얼음 1몰($Q_{잠열}$) + 물 1몰($Q_{현열}$)
$= m \times \gamma + c \times m \times \Delta t$
$= 18 \times 80 + 1 \times 18 \times (50 - 0)$
$= 2,340$cal

정답 01. ④ 02. ④ 03. ①

③ 0℃의 물 1몰과 100℃의 물 1몰($Q_{현열}$)
$$= c \times m \times \Delta t$$
$$= 1 \times 18 \times (100 - 0)$$
$$= 1,800cal$$

④ 0℃의 얼음 10g($Q_{잠열}$) + 100℃의 물 10g
($Q_{현열}$)
$$= m \times \gamma + c \times m \times \Delta t$$
$$= 10 \times 80 + 1 \times 10 \times (100 - 0)$$
$$= 1,800cal$$

04 중성원자가 무엇을 잃으면 양이온으로 되는가?

① 중성자   ② 핵전하

③ 양성자   ④ 전자

◈ 중성원자는 양이온(+)과 전자(−)로 구성되어 있는데 이 중 중성원자가 **전자(−)를 잃으면 양이온(+)만 남게 된다.**

05 다음 중 이온화에너지에 대한 설명으로 옳은 것은?

① 바닥상태에 있는 원자로부터 전자를 제거하는 데 필요한 에너지이다.

② 들뜬상태에서 전자를 하나 받아들일 때 흡수하는 에너지이다.

③ 주기율표에서 왼쪽으로 갈수록 증가한다.

④ 같은 족에서 아래로 갈수록 증가한다.

◈ ① 이온화에너지란 안정한 상태(바닥상태)의 원자로부터 전자 1개를 떼어내어 원자를 양이온으로 만드는 데 필요한 에너지를 말한다.

② 들뜬상태가 아닌 바닥상태에서 전자 1개를 떼어낼 때 필요한 에너지이다.

③ 주기율표의 왼쪽에 있는 알칼리금속은 양이온이 되려는 경향이 크기 때문에 전자를 쉽게 내놓는다. 따라서 전자를 제거하기 위한 에너지도 많이 필요하지 않으므로 이온화에너지는 감소한다.

④ 같은 족에서 아래로 갈수록 주기가 많아져 최외각전자가 원자핵으로부터 멀리 떨어지기 때문에 최외각전자를 쉽게 제거할 수 있다. 따라서 이 경우에도 전자를 제거하기 위한 에너지가 많이 필요하지 않으므로 이온화에너지는 감소한다.

06 비활성 기체 원자 Ar과 같은 전자배치를 가지고 있는 것은?

① Na^+

② Li^+

③ Al^{3+}

④ S^{2-}

◈ 원소의 전자배치(전자수)는 원자번호와 같고 Ar(아르곤)은 원자번호가 18번이므로 전자수도 18개이다.

① Na(나트륨)은 원자번호가 11번이므로 전자수도 11개이지만 Na^+은 전자를 1개 잃은 상태이므로 Na^+의 전자수는 10개이다.

② Li(리튬)은 원자번호가 3번이므로 전자수도 3개이지만 Li^+는 전자를 1개 잃은 상태이므로 Li^+의 전자수는 2개이다.

③ Al(알루미늄)은 원자번호가 13번이므로 전자수도 13개이지만 Al^{3+}는 전자를 3개 잃은 상태이므로 Al^{3+}의 전자수는 10개이다.

④ S(황)은 원자번호가 16번이므로 전자수도 16개이지만 S^{2-}는 전자를 2개 얻은 상태이므로 S^{2-}의 **전자수는 18개이다.**

07 25℃에서 83% 해리된 0.1N HCl의 pH는 얼마인가?

① 1.08

② 1.52

③ 2.02

④ 2.25

◈ 해리란 녹아서 이온으로 분리되는 현상을 말한다. 농도가 0.1N인 HCl(염산)이 83%로 해리되었으므로 해리된 염산의 농도는 0.1N × 0.83 = 0.083N가 된다.

pH = $-\log[H^+]$이며, $[H^+]$에 해리된 염산의 농도 0.083N를 대입하면

pH = $-\log 0.083 = 1.08$

∴ pH = 1.08

08 탄소 3g이 산소 16g 중에서 완전연소 되었다면, 연소한 후 혼합기체의 부피는 표준상태에서 몇 L가 되는가?

① 5.6   ② 6.8

③ 11.2   ④ 22.4

정답   04. ④   05. ①   06. ④   07. ①   08. ③

》 다음의 반응식에서 알 수 있듯이 탄소(C)가 산소
(O_2) 중에서 연소되는 반응에서 탄소(C) 12g을
연소시키기 위해 필요한 산소(O_2)는 32g이며,
연소 후 발생하는 이산화탄소(CO_2)는 44g이다.

$$C + O_2 \rightarrow CO_2$$
12g 32g 44g

〈문제〉에서 탄소는 12g의 $\frac{1}{4}$ 의 양인 3g만이
연소되었다고 하였으므로 산소도 32g의 $\frac{1}{4}$
의 양인 8g만 필요하고 이산화탄소도 44g의
$\frac{1}{4}$ 의 양인 11g만 생성된다.

그런데 탄소 3g을 연소시키기 위해 산소를 16g
이나 공급하였지만 그 중 8g만 사용되고 나머지
8g은 그대로 남아 있는 상태이다. 〈문제〉는 연소
후 혼합기체 즉, 연소 후 발생한 이산화탄소
11g과 반응하지 않고 남은 산소 8g을 합한 기
체의 부피를 묻는 것이다.

이산화탄소 11g은 0.25몰이고 남아 있는 산소
8g도 0.25몰이므로 두 기체의 합은 0.25 + 0.25
= 0.5몰이다.

표준상태에서 기체 1몰의 부피는 22.4L이므로 기
체 0.5몰의 부피는 22.4L × 0.5 = 11.2L이다.
따라서 연소한 후 혼합기체의 부피는 표준상태
에서 11.2L가 된다.

09 다음 중 전리도가 가장 커지는 경우는?

① 농도와 온도가 일정할 때
② 농도가 진하고 온도가 높을수록
③ 농도가 묽고 온도가 높을수록
④ 농도가 진하고 온도가 낮을수록

》 전리도는 이온화도라고도 하며, 물질이 용액에
녹아 이온으로 분리되는 정도를 말한다. 어떤 물
질이 용액에서 잘 녹거나 쉽게 분리되기 위한
조건은 용액의 **농도는 묽고** 용액에 가해지는 **온
도는 높아야 한다.**

10 수소와 질소로 암모니아를 합성하는 반응의
화학반응식은 다음과 같다. 암모니아의 생성
률을 높이기 위한 조건은?

$$N_2 + 3H_2 \rightarrow 2NH_3 + 22.1kcal$$

① 온도와 압력을 낮춘다.
② 온도는 낮추고, 압력은 높인다.

③ 온도를 높이고, 압력은 낮춘다.
④ 온도와 압력을 높인다.

》 화학평형의 이동
1) 온도를 높이면 흡열반응 쪽으로 반응이 진행
   되고, 온도를 낮추면 발열반응 쪽으로 반응이
   진행된다.
2) 압력을 높이면 기체의 몰수의 합이 적은 쪽으
   로 반응이 진행되고, 압력을 낮추면 기체 몰
   수의 합이 많은 쪽으로 반응이 진행된다.

〈문제〉의 반응식은 반응식의 왼쪽에 있는 N_2와
H_2를 반응시켜 반응식의 오른쪽에 있는 암모니
아(NH_3)를 생성하면서 22.1kcal의 열을 발생하
는 발열반응을 나타낸다. 여기서 암모니아의 생
성률을 높이기 위한 조건이란 반응식의 왼쪽에
서 반응식의 오른쪽으로 반응이 진행되도록 할
수 있는 조건을 말하며 이를 위한 온도와 압력
에 대한 화학평형의 이동은 다음과 같다.
1) 반응식의 왼쪽에서 오른쪽으로의 반응은 발
   열반응이므로 **발열반응 쪽으로 반응이 진행
   되도록 하기 위해서는 온도를 낮춰야 한다.**
2) 반응식의 왼쪽의 기체 몰수의 합은 1몰(N_2) +
   3몰(H_2) = 4몰이고, 오른쪽의 기체 몰수는 2몰
   (NH_3)이므로 **기체 몰수의 합이 많은 왼쪽에서
   기체 몰수의 합이 적은 오른쪽으로 반응이 진
   행되도록 하기 위해서는 압력을 높여야 한다.**
따라서 이 반응에서 암모니아의 생성률을 높이기
위해서는 온도는 낮추고 압력은 높여야 한다.

11 찬물을 컵에 담아서 더운 방에 놓아 두었을 때
유리와 물의 접촉면에 기포가 생기는 이유로
가장 옳은 것은?

① 물의 증기압력이 높아지기 때문에
② 접촉면에서 수증기가 발생하기 때문에
③ 방 안의 이산화탄소가 녹아 들어가기
   때문에
④ 온도가 올라갈수록 기체의 용해도가 감
   소하기 때문에

》 방 안의 온도가 높아지면 컵에 담아 놓은 찬물
의 분자들이 증발하면서 기포를 발생하게 되고
이 기포들은 물 밖으로 빠져나온다. 이 때 물속
에 녹아 있던 기체(기포)의 양은 처음의 기체의
양보다 감소하게 되며 이러한 현상은 물에 기체
가 녹아 있는 정도, 즉 **기체의 용해도가 감소했
기 때문에** 나타나는 것이다.

12 질소 2몰과 산소 3몰의 혼합기체가 나타나는 전압력이 10기압일 때 질소의 분압은 얼마인가?

① 2기압　　　　② 4기압
③ 8기압　　　　④ 10기압

≫ 분압 = 전압(전체의 압력) × $\dfrac{\text{해당 물질의 몰수}}{\text{전체 물질의 몰수의 합}}$

이며, 각 물질의 분압의 합은 전압이 된다.
1) **질소의 분압**

= 10기압(전압) × $\dfrac{2몰(질소)}{2몰(질소) + 3몰(산소)}$

= **4기압**
2) 산소의 분압

= 10기압(전압) × $\dfrac{3몰(산소)}{2몰(질소) + 3몰(산소)}$

= 6기압
또한, 질소의 분압 4기압과 산소의 분압 6기압의 합은 전압인 10기압이 된다.

13 물 500g 중에 설탕($C_{12}H_{22}O_{11}$) 171g이 녹아 있는 설탕물의 몰랄농도는?

① 2.0　　　　② 1.5
③ 1.0　　　　④ 0.5

≫ 몰랄농도란 용매(물) 1,000g에 녹아 있는 용질(설탕)의 몰수를 말한다. 설탕($C_{12}H_{22}O_{11}$) 1mol의 분자량은 12(C)g × 12 + 1(H)g × 22 + 16(O)g × 11 = 342g이므로 설탕 171g은 0.5몰이다. 〈문제〉는 물 500g에 설탕이 0.5몰 녹아 있는 상태이므로 이는 물 1,000에 설탕이 1몰 녹아 있는 것과 같으므로 이 상태의 몰랄농도는 1이다.

14 볼타전지의 기전력은 약 1.3V인데 전류가 흐르기 시작하면 곧 0.4V로 된다. 이러한 현상을 무엇이라 하는가?

① 감극　　　　② 소극
③ 분극　　　　④ 충전

≫ **분극현상**이란 볼타전지에 전류가 흐를 때 볼타전지의 (+)극에서 발생하는 수소기체가 반응을 방해하여 **기전력을 떨어뜨리는 현상**을 말하며, 이 분극현상을 방지하는 것을 감극 또는 소극이라 한다.

15 전극에서 유리되고 화학물질의 무게가 전지를 통하여 사용된 전류의 양에 정비례하고 또한 주어진 전류량에 의하여 생성된 물질의 무게는 그 물질의 당량에 비례한다는 화학법칙은?

① 르 샤를리에의 법칙
② 아보가드로의 법칙
③ 패러데이의 법칙
④ 보일－샤를의 법칙

≫ 전류에 의하여 **생성(석출)된 물질**은 질량이 아닌 **당량에 비례**한다는 것을 발견한 마이클 패러데이는 1F(패럿)을 물질 1g당량을 석출하는 데 필요한 전기량으로 정의하였다.

16 방사성 동위원소의 반감기가 20일일 때 40일이 지난 후 남은 원소의 분율은?

① $\dfrac{1}{2}$　　　　② $\dfrac{1}{3}$

③ $\dfrac{1}{4}$　　　　④ $\dfrac{1}{6}$

≫ 반감기란 방사성 원소의 질량이 반으로 감소하는 데 걸리는 기간을 말한다. 〈문제〉의 반감기가 20일인 원소는 20일이 지나면 처음 질량보다 $\dfrac{1}{2}$로 감소하므로 40일이 지나면 처음 질량보다 $\dfrac{1}{4}$로 감소한다. 따라서 40일이 지난 후 남은 원소의 질량은 처음 질량의 $\dfrac{1}{4}$이다.

17 $CuCl_2$의 용액에 5A 전류를 1시간 동안 흐르게 하면 몇 g의 구리가 석출되는가? (단, Cu의 원자량은 63.54이며, 전자 1개의 전하량은 $1.602×10^{-19}$C이다.)

① 3.17　　　　② 4.83
③ 5.93　　　　④ 6.35

≫ Cu(구리)를 석출하기 위해 필요한 전기량($C_{쿨롬}$) = 전류($A_{암페어}$) × 시간($sec_초$)이다. 〈문제〉에서 5A의 전류를 1시간, 즉 3,600초 동안 흐르게 했으므로 이때 필요한 전기량(C) = 5A × 3,600sec = 18,000C 이다.
또한 1F(패럿)이란 물질 1g당량을 석출하는 데 필요한 또 다른 전기량으로서 96,500C과 같은

정답　12. ②　13. ③　14. ③　15. ③　16. ③　17. ③

양이다. 여기서, 1g당량 = $\dfrac{원자량}{원자가}$인데 원자가가 2이고 원자량이 63.54g인 Cu의 1g당량 = $\dfrac{63.54g}{2}$ = 31.77g이므로 1F 즉, 96,500C의 전기량을 통해 석출할 수 있는 Cu의 양은 31.77g이다.

〈문제〉는 18,000C의 전기량을 통해 석출할 수 있는 Cu의 양을 구하는 것이므로 비례식을 이용하면 다음과 같다.

전기량   Cu의 석출량
96,500C ＞＜ 31.77g
18,000C ＞＜ x(g)
96,500 × x = 18,000 × 31.77
∴ x = 5.93g

💡Tip
이 방식으로 풀이하는 경우 〈문제〉에 주어진 전하량 1.602×10^{-18}C은 사용할 필요가 없습니다.

18 아세트알데하이드에 대한 시성식은?

① CH_3COOH ② CH_3COCH_3
③ CH_3CHO ④ CH_3COOCH_3

≫ 알데하이드란 메틸(CH_3), 에틸(C_2H_5) 등의 알킬기에 $-CHO$가 붙어 있는 형태를 말한다.
① CH_3COOH : 아세트산
② CH_3COCH_3 : 아세톤
③ **CH_3CHO : 아세트알데하이드**
④ CH_3COOCH_3 : 아세트산메틸

19 벤젠에 수소원자 한 개는 $-CH_3$기로, 또 다른 수소원자 한 개는 $-OH$기로 치환되었다면 이성질체수는 몇 개인가?

① 1   ② 2
③ 3   ④ 4

≫ 벤젠에 CH_3 1개와 OH 1개를 붙인 것을 크레졸($C_6H_4CH_3OH$)이라 하며, 크레졸은 다음과 같이 오르토(o−)크레졸, 메타(meta−)크레졸, 파라(para−)크레졸의 **3가지 이성질체**를 갖는다.

o−크레졸	m−크레졸	p−크레졸
CH_3 ⬡ OH	CH_3 ⬡ OH	CH_3 ⬡ OH

20 다음 중 수성가스(water gas)의 주성분은?

① CO_2, CH_4 ② CO, H_2
③ CO_2, H_2, O_2 ④ H_2, H_2O

≫ 수성가스란 석탄 또는 코크스에 수증기를 반응시켜 만든 일산화탄소(CO)와 수소(H_2)를 주성분으로 하는 기체를 말한다.

제2과목   **화재예방과 소화방법**

21 표준상태에서 적린 8mol이 완전연소하여 오산화인을 만드는 데 필요한 이론공기량은 약 몇 L 인가? (단, 공기 중 산소는 21vol%이다.)

① 1066.7
② 806.7
③ 224
④ 22.4

PLAY ▶ 풀이

≫ 적린(P)이 연소할 때 필요한 공기의 부피를 구하기 위해서는 연소에 필요한 산소의 부피를 먼저 구해야 한다. 아래의 연소반응식에서 알 수 있듯이 2몰의 적린을 연소시키기 위해 필요한 산소는 5×22.4L인데 〈문제〉에서와 같이 8몰의 적린을 연소시키기 위해서는 몇 L의 산소가 필요한가를 다음과 같이 비례식을 이용하여 구할 수 있다.

• 적린의 연소반응식
$4P$ + $5O_2$ → $2P_2O_5$
4몰 ＞＜ 5×22.4L
4몰 ＞＜ x(L)
4 × x = 8 × 5 × 22.4
x = 224L이다.

여기서, 적린 8몰을 연소시키는 데 필요한 산소의 부피는 224L이지만 〈문제〉의 조건은 연소에 필요한 산소의 부피가 아니라 공기의 부피를 구하는 것이다. 공기 중 산소의 부피는 공기 부피의 21%이므로 공기의 부피를 구하는 식은 다음과 같다.

공기의 부피 = 산소의 부피 × $\dfrac{100}{21}$ = 224L × $\dfrac{100}{21}$ = 1,066.7L이다.

💡Tip
공기 100% 중 산소는 21%의 부피비를 차지하므로 공기는 산소보다 약 5배 즉, $\dfrac{100}{21}$배 더 많은 부피이므로 앞으로 공기의 부피를 구하는 문제가 출제되면 공기의 부피 = 산소의 부피 × $\dfrac{100}{21}$이라는 공식을 활용하기 바랍니다.

22 C급 화재에 가장 적응성이 있는 소화설비는?

① 봉상강화액소화기

② 포소화기

③ 이산화탄소소화기

④ 스프링클러설비

≫ 전기설비화재인 C급 화재에는 수분을 포함하는 소화약제를 사용하는 소화기는 사용할 수 없으며, 질식소화효과를 이용하는 소화기가 적응성이 있다. 〈보기〉 중에서는 이산화탄소소화기가 질식소화효과를 이용하는 소화기이며 그 외의 것은 모두 냉각소화효과를 이용하는 소화기 또는 소화설비이다.

대상물의 구분 소화설비의 구분	건축물·그 밖의 공작물	전기설비	제1류 위험물		제2류 위험물			제3류 위험물		제4류 위험물	제5류 위험물	제6류 위험물
			알칼리금속의 과산화물 등	그 밖의 것	철분·금속분·마그네슘 등	인화성 고체	그 밖의 것	금수성 물품	그 밖의 것			
옥내소화전 또는 옥외소화전 설비	○			○		○	○		○		○	○
스프링클러설비	○	×		○		○	○		○	△	○	○
물분무등 소화설비	물분무 소화설비	○	○		○		○	○		○	○	○	○
	포소화설비	○			○		○	○		○	○	○	○
	불활성가스 소화설비		○				○				○		
	할로겐화합물 소화설비		○				○				○		
	분말 소화설비	인산염류등	○	○		○		○				○		○
		탄산수소염류등		○	○		○	○		○		○		
		그 밖의 것			○		○			○				
대형·소형 수동식 소화기	봉상수(棒狀水)소화기	○	×		○		○	○		○		○	○
	무상수(霧狀水)소화기	○	○		○		○	○		○		○	○
	봉상강화액소화기	○			○		○	○		○		○	○
	무상강화액소화기	○	○		○		○	○		○	○	○	○
	포소화기	○	×		○		○	○		○	○	○	○
	이산화탄소소화기		◎				○				○		△
	할로겐화합물소화기		○				○				○		
	분말 소화기	인산염류소화기	○	○		○		○				○		○
		탄산수소염류소화기		○	○		○	○		○		○		
		그 밖의 것			○		○			○				

Tip

무상수소화기와 무상강화액소화기는 소화약제가 물이라 하더라도 물을 안개형태로 흩어 뿌리기 때문에 질식소화효과가 있어 전기화재에 적응성이 있습니다.

23 다음 중 화재분류에 따른 소화기에 표시하는 색상이 옳은 것은?

① 유류화재 – 황색

② 유류화재 – 백색

③ 전기화재 – 황색

④ 전기화재 – 백색

≫ 화재분류에 따른 소화기에 표시하는 색상
  1) 일반화재(A급) : 백색
  2) **유류화재(B급) : 황색**
  3) 전기화재(C급) : 청색
  4) 금속화재(D급) : 무색

24 다음 중 가연물이 될 수 있는 것은?

① CS_2 ② H_2O_2

③ CO_2 ④ He

≫ ① CS_2(이황화탄소) : 제4류 위험물 중 특수인화물에 속하는 **가연물**이다.
  ② H_2O_2(과산화수소) : 제6류 위험물이므로 자신은 불연성 물질이다.
  ③ CO_2(이산화탄소) : 소화약제로도 사용되는 불연성 물질이다.
  ④ He(헬륨) : 주기율표의 0족에 속하는 가스로서 어떤 물질과도 반응을 일으키지 않는 불활성 물질이다.

25 다음 〈보기〉 중 상온에서의 상태(기체, 액체, 고체)가 동일한 것을 모두 나열한 것은?

〈보기〉
Halon 1301, Halon 1211, Halon 2402

① Halon 1301, Halon 2402

② Halon 1211, Halon 2402

③ Halon 1301, Halon 1211

④ Halon 1301, Halon 1211, Halon 2402

정답 22. ③ 23. ① 24. ① 25. ③

➠ 상온에서의 Halon 소화약제의 상태
1) Halon 1301(CF_3Br) : 기체
2) Halon 1211(CF_2ClBr) : 기체
3) Halon 2402($C_2F_4Br_2$) : 액체

26 다음 물질의 화재 시 내알코올포를 쓰지 못하는 것은?

① 아세트알데하이드
② 알킬리튬
③ 아세톤
④ 에탄올

➠ 제4류 위험물 중 수용성 물질의 화재에는 일반 포소화약제로 소화할 경우 포가 소멸되어 소화효과가 없기 때문에 포가 소멸되지 않는 내알코올포소화약제를 사용해야 한다. 〈보기〉의 아세트알데하이드와 아세톤, 그리고 에탄올은 모두 수용성의 제4류 위험물이라 내알코올포를 사용해야 하지만 알킬리튬은 제3류 위험물 중 금수성 물질이기 때문에 내알코올포를 포함한 모든 포소화약제를 사용할 수 없고 마른 모래 등으로 질식소화해야 한다.

27 할로젠화합물인 Halon 1301의 분자식은?

① CH_3Br
② CCl_4
③ CF_2Br_2
④ CF_3Br

➠ 할로젠화합물 소화약제의 할론번호는 C-F-Cl-Br의 순서대로 각 원소의 개수를 나타낸 것이다. Halon 1301은 C 1개, F 3개, Cl 0개, Br 1개로 구성되므로 화학식 또는 분자식은 CF_3Br이다.

28 분말소화기의 각 종별 소화약제 주성분이 올바르게 연결된 것은?

① 제1종 소화분말 : $KHCO_3$
② 제2종 소화분말 : $NaHCO_3$
③ 제3종 소화분말 : $NH_4H_2PO_4$
④ 제4종 소화분말 : $NaHCO_3 + (NH_2)_2CO$

➠ 분말소화약제의 구분

구 분	주성분	주성분의 화학식	색 상
제1종 분말소화약제	탄산수소 나트륨	$NaHCO_3$	백색
제2종 분말소화약제	탄산수소 칼륨	$KHCO_3$	연보라 (담회)색
제3종 분말소화약제	인산암모늄	$NH_4H_2PO_4$	담홍색
제4종 분말소화약제	탄산수소칼륨 + 요소의 반응생성물	$KHCO_3$ $+ (NH_2)_2CO$	회색

29 위험물안전관리법령상 옥외소화전설비는 모든 옥외소화전을 동시에 사용할 경우 각 노즐선단의 방수압력을 얼마 이상이어야 하는가?

① 100kPa
② 170kPa
③ 350kPa
④ 520kPa

➠ 옥외소화전설비는 모든 옥외소화전(설치개수가 4개 이상인 경우는 4개의 옥외소화전을 동시에 사용할 경우에 각 노즐선단의 방수압력이 350kPa 이상이 되도록 해야 한다.

Check
옥내소화전설비는 각층을 기준으로 하여 당해 층의 모든 옥내소화전(설치개수가 5개 이상인 경우는 5개의 옥내소화전)을 동시에 사용할 경우에 각 노즐선단의 방수압력은 350kPa 이상이 되도록 해야 한다.

30 제조소 또는 취급소의 건축물로 외벽이 내화구조인 것은 연면적 몇 m^2를 1소요단위로 규정하나?

① $100m^2$
② $200m^2$
③ $300m^2$
④ $400m^2$

➠ 외벽이 내화구조인 제조소 또는 취급소의 건축물은 연면적 $100m^2$를 1소요단위로 한다.

Check 1소요단위의 기준

구 분	외벽이 내화구조	외벽이 비내화구조
제조소 및 취급소	**연면적 $100m^2$**	연면적 $50m^2$
저장소	연면적 $150m^2$	연면적 $75m^2$
위험물	지정수량의 10배	

31 처마의 높이가 6m 이상인 단층건물에 설치된 옥내저장소의 소화설비로 고려될 수 없는 것은?

① 고정식 포소화설비
② 옥내소화전설비
③ 고정식 불활성가스소화설비
④ 고정식 분말소화설비

◈ 소화난이도 등급Ⅰ에 해당하는 옥내저장소에 설치해야 하는 소화설비

1) 처마높이가 6m 이상인 단층건물 또는 다른 용도의 부분이 있는 건축물에 설치한 옥내저장소
   – 스프링클러설비 또는 **이동식 외의 물분무등 소화설비**
     ※ 여기서, **물분무등소화설비**란 물분무소화설비, **포소화설비, 불활성가스소화설비**, 할로젠화합물소화설비, **분말소화설비**를 말한다.

2) 그 밖의 것
   ㉠ 옥외소화전설비
   ㉡ 스프링클러설비
   ㉢ 이동식 외의 물분무등소화설비 또는 이동식 포소화설비(포소화전을 옥외에 설치하는 것에 한한다)

---

32 위험물안전관리법령상 옥내소화전설비의 비상전원은 자가발전설비 또는 축전지설비로 옥내소화전설비를 유효하게 몇 분 이상 작동할 수 있어야 하나?

① 10분 ② 20분
③ 45분 ④ 60분

◈ 옥내소화전설비의 비상전원은 옥내소화전설비를 유효하게 45분 이상 작동시킬 수 있어야 한다.

> **Check**
> 옥외소화전설비의 비상전원도 옥외소화전설비를 유효하게 45분 이상 작동시킬 수 있어야 한다.

---

33 위험물안전관리법령상 옥외소화전이 5개 설치된 제조소등에서 옥외소화전의 수원의 수량은 얼마 이상이어야 하는가?

① $14m^3$
② $35m^3$
③ $54m^3$
④ $78m^3$

◈ 옥외소화전설비의 수원의 양은 옥외소화전의 설치개수(설치개수가 4개 이상이면 4개)에 $13.5m^3$를 곱한 값 이상의 양으로 한다. 〈문제〉에서 옥외소화전의 개수는 모두 5개지만 개수가 4개 이상이면 4개를 $13.5m^3$에 곱해야 하므로 수원의 양은 4개×$13.5m^3$ = $54m^3$이다.

> **Check**
> 위험물제조소등에 설치된 옥내소화전설비의 수원의 양은 옥내소화전이 가장 많이 설치된 층의 옥내소화전의 설치개수(설치개수가 5개 이상이면 5개)에 $7.8m^3$를 곱한 값 이상의 양으로 정한다.

34 클로로벤젠 300,000L의 소요단위는 얼마인가?

① 20 ② 30
③ 200 ④ 300

◈ 클로로벤젠(C_6H_5Cl)은 제4류 위험물 중 제2석유류 비수용성 물질로서 지정수량이 1,000L이며, 위험물의 1소요단위는 지정수량의 10배이므로 클로로벤젠 300,000L는 $\dfrac{300,000l}{1,000L \times 10}$ = 30소요단위이다.

---

35 스프링클러설비의 장점이 아닌 것은?

① 소화약제가 물이므로 소화약제의 비용이 절감된다.
② 초기 시공비가 적게 든다.
③ 화재 시 사람의 조작 없이 작동이 가능하다.
④ 초기화재의 진화에 효과적이다.

◈ ② 스프링클러설비는 타 소화설비보다 시공이 어렵고 설치비용도 많이 든다.

---

36 보관 시 인산등의 분해방지 안정제를 첨가하는 제6류 위험물에 해당하는 것은 다음 중 어느 것인가?

① 황산
② 과산화수소
③ 질산
④ 염산

◈ 제6류 위험물인 과산화수소는 스스로 분해하여 산소를 발생하는 성질이 있어 용기에 작은 구멍이 뚫린 마개를 하여 산소를 빼는 구조로 함과 동시에 분해를 방지하기 위해 안정제인 인산 또는 요산 등을 함께 첨가해 보관한다.

정답 32. ③ 33. ③ 34. ② 35. ② 36. ②

37 다음 중 위험물안전관리법령상 위험물 저장·취급 시 화재 또는 재난을 방지하기 위하여 자체소방대를 두어야 하는 경우가 아닌 것은?

① 지정수량의 3천배 이상의 제4류 위험물을 저장·취급하는 제조소
② 지정수량의 3천배 이상의 제4류 위험물을 저장·취급하는 일반취급소
③ 지정수량의 2천배의 제4류 위험물을 취급하는 일반취급소와 지정수량의 1천배의 제4류 위험물을 취급하는 제조소가 동일한 사업소에 있는 경우
④ 지정수량의 3천배 이상의 제4류 위험물을 저장·취급하는 옥외탱크저장소

≫ 자체소방대를 두어야 하는 제조소등의 기준
1) 저장·취급하는 위험물의 유별 : 제4류 위험물
2) 저장·취급하는 위험물의 양과 제조소등의 종류
  ㉠ 지정수량의 3천배 이상 취급하는 제조소 또는 일반취급소
  ㉡ 지정수량의 50만배 이상 저장하는 옥외탱크저장소

38 다음 중 이황화탄소의 액면 위에 물을 채워두는 이유로 가장 적합한 것은?

① 자연분해를 방지하기 위해
② 화재발생 시 물로 소화를 하기 위해
③ 불순물을 물에 용해시키기 위해
④ 가연성 증기의 발생을 방지하기 위해

≫ 이황화탄소(CS_2)는 물에 녹지 않고 물보다 무거운 제4류 위험물로서 공기 중에 노출 시 공기에 포함된 산소와 반응하여 이산화황(SO_2)이라는 가연성 증기를 발생하므로 이 **가연성 증기의 발생을 방지하기 위해 물속에 저장**한다.
• 이황화탄소의 연소반응식
$CS_2 + 3O_2 \rightarrow CO_2 + 2SO_2$

39 위험물안전관리법령상 질산나트륨에 대한 소화설비의 적응성으로 옳은 것은 다음 중 어느 것인가?

① 건조사만 적응성이 있다.
② 이산화탄소소화기는 적응성이 있다.
③ 포소화기는 적응성이 없다.
④ 할로젠화합물소화기는 적응성이 없다.

≫ ① 질산나트륨은 산소공급원을 포함하는 제1류 위험물로서 건조사뿐 아니라 봉상수, 무상수, 봉상 및 무상 강화액, 포소화기 등 소화약제가 물인 소화기들도 모두 적응성이 있으므로 건조사만 적응성이 있는 것은 아니다.
② 제1류 위험물의 화재에는 질식소화효과를 나타내는 이산화탄소소화기는 적응성이 없다.
③ 포소화기는 냉각소화효과를 나타내므로 제1류 위험물의 화재에 적응성이 있다.
④ **제1류 위험물의 화재에는 억제소화효과를 나타내는 할로젠화합물소화기는 적응성이 없다.**

대상물의 구분 / 소화설비의 구분		건축물·그 밖의 공작물	전기설비	제1류 위험물		제2류 위험물			제3류 위험물		제4류 위험물	제5류 위험물	제6류 위험물
				알칼리금속의 과산화물등	그 밖의 것	철분·금속분·마그네슘 등	인화성 고체	그 밖의 것	금수성 물품	그 밖의 것			
대형·소형 수동식 소화기	봉상수(棒狀水) 소화기	○			○		○	○		○		○	○
	무상수(霧狀水) 소화기	○	○		○		○	○		○		○	○
	봉상강화액 소화기	○			○		○	○		○		○	○
	무상강화액 소화기	○	○		○		○	○		○	○	○	○
	포소화기	○			○		○	○		○	○	○	○
	이산화탄소 소화기		○				○				○		△
	할로젠화합물 소화기		○	✕			○				○		
분말 소화기	인산염류 소화기	○	○		○		○	○			○		○
	탄산수소염류 소화기		○	○		○	○		○		○		
	그 밖의 것			○		○			○				
기타	물통 또는 수조	○			○		○	○		○		○	○
	건조사			○	○	○	○	○	○	○	○	○	○
	팽창질석 또는 팽창진주암			○	○	○	○	○	○	○	○	○	○

40 위험물안전관리법령상 제1석유류를 저장하는 옥외탱크저장소 중 소화난이도 등급 I에 해당하는 것은? (단, 지중탱크 또는 해상탱크가 아닌 경우이다.)

① 액표면적이 $10m^2$인 것

② 액표면적이 $20m^2$인 것

③ 지반면으로부터 탱크 옆판 상단까지가 4m인 것

④ 지반면으로부터 탱크 옆판 상단까지가 6m인 것

» 옥외탱크저장소의 소화난이도 등급 I
   1) 액표면적이 $40m^2$ 이상인 것(제6류 위험물을 저장하는 것 및 고인화점위험물만을 100℃ 미만의 온도에서 서상하는 것은 제외)
   2) **지반면으로부터 탱크 옆판의 상단까지 높이가 6m 이상인 것**(제6류 위험물을 저장하는 것 및 고인화점위험물만을 100℃ 미만의 온도에서 저장하는 것은 제외)
   3) 지중탱크 또는 해상탱크로서 지정수량의 100배 이상인 것(제6류 위험물을 저장하는 것 및 고인화점위험물만을 100℃ 미만의 온도에서 저장하는 것은 제외)
   4) 고체 위험물을 저장하는 것으로서 지정수량의 100배 이상인 것

제3과목   **위험물의 성질과 취급**

41 아염소산나트륨의 성상에 관한 설명 중 틀린 것은?

① 자신은 불연성이다.

② 열분해하면 산소를 방출한다.

③ 수용액 상태에서도 강력한 환원력을 가지고 있다.

④ 조해성이 있다.

» ① 제1류 위험물이므로 자신은 불연성이다.
   ② 열분해하면 염화나트륨과 산소를 방출한다.
   • 아염소산나트륨의 열분해반응식
     $NaClO_2 \rightarrow NaCl + O_2$

③ 산화성 고체로서 수용액 상태에서는 강력한 **산화력을 가지고 있다.**

④ 공기 중의 수분을 흡수하는 조해성이 있다.

42 다음 중 $KClO_4$에 관한 설명으로 옳지 못한 것은?

① 순수한 것은 황색의 사방정계 결정이다.

② 비중은 약 2.52이다.

③ 녹는점은 약 610℃이다.

④ 열분해하면 산소와 염화칼륨으로 분해된다.

» 제1류 위험물인 $KClO_4$(과염소산칼륨)은 순수한 것은 **무색 결정**이며 비중은 약 2.52이고 약 610℃에서 열분해하여 염화길륨(KCl)과 산소를 발생시킨다.
   • 과염소산칼륨의 열분해반응식
     $KClO_4 \rightarrow KCl + 2O_2$

43 위험물안전관리법령에서 정한 제1류 위험물이 아닌 것은?

① 질산메틸

② 질산나트륨

③ 질산칼륨

④ 질산암모늄

» ① 질산메틸은 제5류 위험물 중 질산에스터류에 속하는 물질이며 그 외의 〈보기〉는 모두 제1류 위험물 중 질산염류에 속하는 물질들이다.

44 황화인에 대한 설명으로 틀린 것은?

① 고체이다.

② 가연성 물질이다.

③ P_4S_3, P_2S_5 등의 물질이 있다.

④ 물질에 따른 지정수량은 50kg, 100kg, 300kg이다.

» 황화인은 제2류 위험물에 속하는 가연성 고체로서 P_4S_3(삼황화인), P_2S_5(오황화인), P_4S_7(칠황화인)의 3가지 종류가 있으며 **지정수량은 3개 모두 100kg이다.**

정답   40. ④   41. ③   42. ①   43. ①   44. ④

45 다음은 위험물의 성질을 설명한 것이다. 위험물과 그 위험물의 성질을 모두 올바르게 연결한 것은?

> A. 건조 질소와 상온에서 반응한다.
> B. 물과 작용하면 가연성 가스를 발생한다.
> C. 물과 작용하면 수산화칼슘을 발생한다.
> D. 비중이 1 이상이다.

① K − A, B, C
② Ca_3P_2 − B, C, D
③ Na − A, C, D
④ CaC_2 − A, B, D

》 A. 위험물 중 불연성 가스인 건조 질소와 상온에서 반응하는 물질은 없다.
　B. 제3류 위험물 중 금수성 물질은 물과 작용하여 가연성 가스를 발생한다.
　C. 칼슘(Ca)을 포함하고 있는 물질은 물과 작용하여 수산화칼슘[$Ca(OH)_2$]을 발생한다.
　D. 비중이 1보다 작은 제3류 위험물에는 칼륨, 나트륨, 알킬리튬, 알킬알루미늄 및 금속의 수소화물이 있다.
　〈보기〉의 위험물은 다음과 같은 성질을 갖고 있다.
　① K − 물과 반응 시 수소가스를 발생하고 물보다 가벼운 제3류 위험물로서 B의 성질에만 해당한다.
　② Ca_3P_2 − 물과 반응 시 수산화칼슘[$Ca(OH)_2$]과 함께 독성이면서 가연성인 포스핀(PH_3) 가스를 발생하고, 비중이 2.51로서 물보다 무거운 제3류 위험물로서 B, C, D의 성질에 해당한다.
　③ Na − 물과 반응 시 수소가스를 발생하고 물보다 가벼운 제3류 위험물로서 B의 성질에만 해당한다.
　④ CaC_2 − 물과 반응 시 수산화칼슘[$Ca(OH)_2$]과 함께 가연성인 아세틸렌(C_2H_2)가스를 발생하고, 비중이 2.22로서 물보다 무거운 제3류 위험물로서 B, C, D의 성질에 해당한다.

46 다음 중 물과 반응할 때 위험성이 가장 큰 것은?

① 과산화나트륨
② 과산화바륨
③ 과산화수소
④ 과염소산나트륨

》 과산화나트륨(Na_2O_2)과 같이 제1류 위험물 중 알칼리금속의 과산화물은 물과 반응 시 발열과 함께 산소를 발생하므로 위험성이 크다.
　• 과산화나트륨과 물과의 반응식
　　$2Na_2O_2 + 2H_2O \rightarrow 4NaOH + O_2$

47 C_5H_5N에 대한 설명으로 틀린 것은?

① 순수한 것은 무색이고, 악취가 나는 액체이다.
② 상온에서 인화의 위험이 있다.
③ 물에 녹는다.
④ 강한 산성을 나타낸다.

》 피리딘(C_5H_5N)
　① 제4류 위험물로서 순수한 것은 무색이고 자극적인 냄새가 난다.
　② 인화점 20℃로 상온에서 인화의 위험이 있다.
　③ 제1석유류 수용성 물질로서 물에 잘 녹는다.
　④ **약한 알칼리성**을 나타낸다.

48 위험물안전관리법령상 산화프로필렌을 취급하는 위험물제조설비의 재질로 사용이 금지된 금속이 아닌 것은?

① 금
② 은
③ 동
④ 마그네슘

》 제4류 위험물 중 특수인화물인 아세트알데하이드 및 산화프로필렌은 은, 수은, 동, 마그네슘과 반응 시 금속아세틸라이트라는 폭발성 물질을 생성하므로 이들 금속 및 이의 합금으로 된 용기를 사용하여서는 안 된다.

　톡톡 튀는 암기법 수은, 은 구리(동), 마그네슘 ⇨ 수 은 구루마

49 독성이 있고 제2석유류에 속하는 것은?

① CH_3CHO
② C_6H_6
③ $C_6H_5CH = CH_2$
④ $C_6H_5NH_2$

》 〈보기〉 물질은 모두 제4류 위험물로서 품명은 다음과 같다.
　① CH_3CHO(아세트알데하이드) : 특수인화물
　② C_6H_6(벤젠) : 제1석유류
　③ **$C_6H_5CH = CH_2$(스타이렌) : 제2석유류**
　④ $C_6H_5NH_2$(아닐린) : 제3석유류

정답 45. ② 46. ① 47. ④ 48. ① 49. ③

50 다음 아세톤에 관한 설명 중 틀린 것은 어느 것인가?

① 무색의 액체로서 특이한 냄새를 가지고 있다.

② 가연성이며, 비중은 물보다 작다.

③ 화재 발생 시 이산화탄소나 포에 의한 소화가 가능하다.

④ 알코올, 에터에 녹지 않는다.

➤➤ 제4류 위험물 중 제1석유류인 아세톤(CH_3COCH_3)은 수용성 물질로서 물에 잘 녹고 알코올, 에터에도 잘 녹는다.

51 과산화벤조일에 대한 설명으로 틀린 것은?

① 벤조일퍼옥사이드라고도 한다.

② 상온에서 고체이다.

③ 산소를 포함하지 않는 환원성 물질이다.

④ 희석제를 첨가하여 폭발성을 낮출 수 있다.

➤➤ ① 과산화벤조일[$(C_6H_5CO)_2O_2$]은 제5류 위험물 중 유기과산화물에 속하는 물질로서 벤조일퍼옥사이드라고도 한다.
② 상온에서 무색의 고체이다.
③ 환원성(직접 타는 성질)이기도 하지만, **산소를 포함하고 있는 산화성 물질**이다.
④ 희석제 또는 수분을 첨가하여 폭발성을 낮출 수 있다.

52 질산에 대한 설명으로 틀린 것은?

① 무색 또는 담황색의 액체이다.

② 유독성이 강한 산화성 물질이다.

③ 위험물안전관리법령상 비중이 1.49 이상인 것만 위험물로 규정한다.

④ 햇빛이 잘 드는 곳에서 투명한 유리병에 보관하여야 한다.

➤➤ 비중이 1.49 이상인 것만 제6류 위험물로 규정하는 질산(HNO_3)은 무색 또는 담황색의 액체이며, 햇빛에 의해 분해하면 적갈색 독성 기체인 이산화질소(NO_2)가 발생하기 때문에 이를 방지하기 위하여 **빛이 없는 장소에서 착색병에 보관**해야 한다.
• 질산의 열분해반응식
$4HNO_3 \rightarrow 2H_2O + 4NO_2 + O_2$

53 위험물 지하탱크저장소의 탱크전용실의 설치기준으로 틀린 것은?

① 철근콘크리트 구조의 벽은 두께 0.3m 이상으로 한다.

② 지하저장탱크와 탱크전용실의 안쪽과의 사이는 50cm 이상의 간격을 유지한다.

③ 철근콘크리트 구조의 바닥은 두께 0.3m 이상으로 한다.

④ 벽, 바닥 등에 적정한 방수조치를 강구한다.

➤➤ 지하탱크저장소의 탱크전용실의 설치기준
1) 전용실의 내부 : 입자지름 5mm 이하의 마른 자갈분 또는 마른 모래를 채운다.
2) 탱크전용실로부터 안쪽과 바깥쪽으로의 거리
   ㉠ 지하의 벽, 가스관, 대지경계선으로부터 탱크전용실 바깥쪽과의 사이 : 0.1m 이상
   ㉡ **지하저장탱크와 탱크전용실 안쪽과의 사이 : 0.1m 이상**
3) 탱크전용실의 기준 : 벽, 바닥 및 뚜껑의 두께는 0.3m 이상의 철근콘크리트로 한다.
4) 벽, 바닥 등에 적정한 방수조치를 강구한다.

54 다음 그림은 제5류 위험물 중 유기과산화물을 저장하는 옥내저장소의 저장창고를 개략적으로 보여주고 있다. 창과 바닥으로부터 높이 (a)와 하나의 창의 면적(b)은 각각 얼마로 하여야 하는가? (단, 이 저장창고의 바닥면적은 150m² 이내이다.)

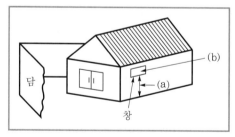

① (a) 2m 이상, (b) 0.6m² 이내

② (a) 3m 이상, (b) 0.4m² 이내

③ (a) 2m 이상, (b) 0.4m² 이내

④ (a) 3m 이상, (b) 0.6m² 이내

정답 **50.** ④ **51.** ③ **52.** ④ **53.** ② **54.** ③

❯❯ 제5류 위험물 중 유기과산화물로서 지정수량이 10kg인 물질을 지정과산화물이라 하며, 지정과산화물을 저장하는 옥내저장소의 창에 대한 기준은 다음과 같다.
1) 창의 높이 : 바닥으로부터 2m 이상
2) 창 한 개의 면적 : 0.4m² 이내
3) 벽면에 부착된 모든 창의 면적 : 창이 부착되어 있는 벽면 면적의 80분의 1 이내

55 위험물안전관리법령에 따라 특정옥외저장탱크를 원통형으로 설치하고자 한다. 지반면으로부터의 높이가 16m일 때 이 탱크가 받는 풍하중은 1m²당 얼마 이상으로 계산하여야 하는가? (단, 강풍을 받을 우려가 있는 장소에 설치하는 경우는 제외한다.)

① 0.7640kN   ② 1.2348kN

③ 1.6464kN   ④ 2.348kN

❯❯ 특정옥외저장탱크가 받는 풍하중을 구하는 공식은 다음과 같다.
$$Q = 0.588k\sqrt{h}$$
여기서, Q : 풍하중(kN/m²)
       k : 풍력계수(원통형 탱크의 경우는 0.7, 그 외의 탱크는 1.0)
       h : 지반면으로부터의 탱크의 높이(m)
〈문제〉는 원통형 탱크이므로 $k = 0.7$이고 $h = 16$m이므로
$$Q = 0.588 \times 0.7 \times \sqrt{16}$$
$$= 1.6464\text{kN}$$

56 제조소에서 취급하는 위험물의 최대수량이 지정수량의 20배인 경우 보유공지의 너비는 얼마인가?

① 3m 이상   ② 5m 이상

③ 10m 이상   ④ 20m 이상

❯❯ 제조소의 보유공지
1) 지정수량의 10배 이하 : 3m 이상
2) 지정수량의 10배 초과 : 5m 이상

57 나음 중 위험물안진관리법령에 근기한 위험물 운반 및 수납 시 주의사항에 대한 설명 중 틀린 것은?

① 위험물을 수납하는 용기는 위험물이 누출되지 않게 밀봉시켜야 한다.

② 온도 변화로 가스 발생 우려가 있는 것은 가스 배출구를 설치한 운반용기에 수납할 수 있다.

③ 액체위험물은 운반용기 내용적의 98% 이하의 수납률로 수납하되 55℃의 온도에서 누설되지 아니하도록 충분한 공간용적을 유지하도록 하여야 한다.

④ 고체위험물은 운반용기 내용적의 98% 이하의 수납률로 수납하여야 한다.

❯❯ 운반용기의 수납률
1) 고체위험물 : 운반용기 내용적의 95% 이하
2) 액체위험물 : 운반용기 내용적의 98% 이하 (55℃에서 누설되지 않도록 공간용적 유지)
3) 알킬알루미늄등 : 운반용기 내용적의 90% 이하(50℃에서 5% 이상의 공간용적 유지)

58 위험물안전관리법령상 제1류 위험물 중 알칼리금속의 과산화물의 운반용기 외부에 표시하여야 하는 주의사항을 모두 올바르게 나타낸 것은?

① "화기엄금", "충격주의" 및 "가연물접촉주의"

② "화기・충격주의", "물기엄금" 및 "가연물접촉주의"

③ "화기주의" 및 "물기엄금"

④ "화기엄금" 및 "충격주의"

❯❯

유 별	품 명	운반용기에 표시하는 주의사항
제1류	알칼리금속의 과산화물	화기・충격주의, 가연물접촉주의, 물기엄금
	그 밖의 것	화기・충격주의, 가연물접촉주의
제2류	철분, 금속분, 마그네슘	화기주의, 물기엄금
	인화성 고체	화기엄금
	그 밖의 것	화기주의
제3류	금수성 물질	물기엄금
	자연발화성 물질	화기엄금, 공기접촉엄금
제4류	인화성 액체	화기엄금
제5류	자기반응성 물질	화기엄금, 충격주의
제6류	산화성 액체	가연물접촉주의

정답   55. ③   56. ②   57. ④   58. ②

59 다음 중 위험물안전관리법령에 따라 지정수량 10배의 위험물을 운반할 때 혼재가 가능한 것은?

① 제1류 위험물과 제2류 위험물
② 제2류 위험물과 제3류 위험물
③ 제3류 위험물과 제4류 위험물
④ 제5류 위험물과 제6류 위험물

» ③ 위험물의 운반 시 제3류 위험물은 제4류 위험물만 혼재할 수 있다.

Check 위험물운반에 관한 혼재기준

423, 524, 61의 숫자 조합으로 표를 만들 수 있다.

위험물의 구분	제1류	제2류	제3류	제4류	제5류	제6류
제1류		×	×	×	×	○
제2류	×		×	○	○	×
제3류	×	×		○	×	×
제4류	×	○	○		○	×
제5류	×	○	×	○		×
제6류	○	×	×	×	×	

※ 단, 지정수량의 1/10 이하의 양에 대해서는 이 기준을 적용하지 않는다.

60 A업체에서 제조한 위험물을 B업체로 운반할 때 규정에 의한 운반용기에 수납하지 않아도 되는 위험물은? (단, 지정수량의 2배 이상인 경우이다.)

① 덩어리상태의 황
② 금속분
③ 삼산화크로뮴
④ 염소산나트륨

» 용기에 수납하지 않고 운반할 수 있는 위험물은 덩어리상태의 황과 화약류 위험물이다.

Tip

덩어리상태의 황은 크기가 너무 커서 용기에 수납이 불가능합니다.

Industrial Engineer Hazardous material

연도별 기출문제

CBT 기출복원문제

2022

제1회 위험물산업기사

2022년 3월 2일 시행

제1과목 | 일반화학

01 어떤 물질이 산소 50wt%, 황 50wt%로 구성되어 있다. 이 물질의 실험식을 올바르게 나타낸 것은?

① SO
② SO_2
③ SO_3
④ SO_4

》 산소(O)의 질량은 16이고 황(S)의 질량은 32이다. 어떤 물질이 산소 50wt(중량)%와 황 50wt(중량)%로 구성되어 있다는 의미는 그 물질에 산소와 황이 공평하게 반반씩 들어있다는 것이다. 따라서 황의 질량 32와 동일한 산소의 질량은 16 × 2 = 32이므로 이 물질에는 S(황) 1개와 O(산소) 2개가 존재해야 하며 실험식은 SO_2이다.

02 다음은 에탄올의 연소반응이다. 반응식의 계수 x, y, z를 순서대로 올바르게 표시한 것은?

$$C_2H_5OH + xO_2 \rightarrow yH_2O + zCO_2$$

① 4, 4, 3
② 4, 3, 2
③ 5, 4, 3
④ 3, 3, 2

》 에탄올의 연소반응식을 완성하는 단계는 다음과 같다.
1) 1단계 : 화살표 왼쪽의 C의 개수가 2개이므로 화살표 오른쪽의 CO_2 앞에 2를 곱해 C의 개수를 2개로 만든다. 그 결과 z의 값이 2가 된다.
$C_2H_5OH + xO_2 \rightarrow yH_2O + 2CO_2$
2) 2단계 : 화살표 왼쪽의 H의 개수의 합이 6개이므로 화살표 오른쪽의 H_2O 앞에 3을 곱해 H의 개수를 6개로 만든다. 그 결과 y의 값이 3이 된다.
$C_2H_5OH + xO_2 \rightarrow \underline{3}H_2O + 2CO_2$

3) 3단계 : 화살표 오른쪽의 $3H_2O$에는 O 3개가 포함되어 있고 $2CO_2$에는 O 4개가 포함되어 있으므로 화살표 오른쪽의 O 개수의 합은 7개이다. 화살표 왼쪽에 C_2H_5OH에는 O가 1개 포함되어 있으므로 O_2 앞에 3을 곱해 O의 수를 6개로 만들면 총 O의 개수는 7개를 만족한다. 그 결과 x의 값이 3이 된다.
$C_2H_5OH + \underline{3}O_2 \rightarrow \underline{3}H_2O + 2CO_2$
∴ $x = 3$, $y = 3$, $z = 2$

03 다음 중 헨리의 법칙이 가장 잘 적용되는 기체는?

① 암모니아
② 염화수소
③ 이산화탄소
④ 플루오린화수소

》 헨리의 법칙이란 액체에 녹아 있는 기체의 양은 내부의 압력에 비례한다는 것으로 탄산음료(콜라 또는 사이다 등)의 병마개를 따면 거품이 나오는 현상을 말한다. 이 현상은 〈보기〉의 암모니아, 염화수소, 플루오린화수소와 같이 액체에 잘 녹는 기체에는 적용할 수 없고 이산화탄소와 같이 액체에 녹는 정도가 적은 기체에 적용할 수 있다.

04 비극성 분자에 해당하는 것은?

① CO
② CO_2
③ NH_3
④ H_2O

》 대칭관계에 있는 분자들을 양쪽에서 같은 힘으로 서로 잡아당기면 어느 쪽으로도 치우치지 않는데 이러한 분자를 비극성 분자라고 부른다. 만약 양쪽의 힘의 크기가 다르면 힘이 큰 쪽의 분자의 성질만 나타나기 때문에 이러한 경우 극이 발생하게 되고 이런 분자를 극성 분자라고 한다.
① CO : 서로 힘이 다른 C와 O가 잡아 당기고 있어 한쪽으로 힘이 치우치므로 극성 분자이다.

정답 01. ② 02. ④ 03. ③ 04. ②

② CO_2 : C 2개가 O 1개를 양쪽에서 같은 힘으로 당기고 있어 평형을 유지하는 대칭구조이므로 비극성 분자이다.

O-C-O

③ NH_3 : N 1개를 H 3개가 서로 다른 3개의 방향에서 잡아 당기고 있어 대칭구조가 아니므로 극성 분자이다.

④ H_2O : H 2개가 O 1개를 양쪽에서 같은 힘으로 당기고 있는 대칭구조처럼 보이지만 O가 갖고 있는 비공유전자쌍이 반발력을 가짐으로써 양쪽의 H를 밀어내 각이 형성된 극이 만들어지므로 만든 극성 분자이다.

05 알루미늄이온(Al^{3+}) 한 개에 대한 설명으로 틀린 것은?

① 질량수는 27이다.
② 양성자수는 13이다.
③ 중성자수는 13이다.
④ 전자수는 10이다.

》 원자번호는 전자수와 같고 양성자수와도 같으며 질량수(원자량)는 양성자수와 중성자수를 더한 값과 같다. 〈문제〉의 Al^{3+}는 알루미늄이온이라 불리며 알루미늄이 전자를 3개 잃은 상태를 나타내며 이온상태의 Al^{3+}는 전자수만 달라질뿐 원자번호 및 양성자수 또는 중성자수 등은 모두 Al과 같다.

① 원자번호가 홀수인 원소의 질량수는 원자번호에 2를 곱한 후 그 값에 1을 더하는 방식으로 구하므로 원자번호가 13인 Al의 질량수 = 13 × 2 + 1 = 27이다.
② 양성자수는 원자번호와 같으므로 원자번호가 13인 Al의 양성자수는 13이다.
③ 질량수는 양성자수와 중성자수를 더한 값이므로 질량수가 27이고 양성자수는 13인 Al의 **중성자수** = 질량수 – 양성자수 = 27 – 13 = **14이다.**
④ Al은 원자번호가 13이므로 전자수도 13이지만 Al^{3+}는 전자를 3개 잃은 상태이므로 Al^{3+}의 전자수는 10이다.

06 수용액에서 산성의 세기가 가장 큰 것은?

① HF ② HCl
③ HBr ④ HI

》 할로젠원소의 원자번호가 증가할수록 산성의 크기도 증가하기 때문에 할로젠원소와 H와의 결합물질의 산성의 세기도 HF < HCl < HBr < HI의 순서로 정해진다.

Check

할로젠원소와 H와의 결합물질의 비점(끓는점)은 산성의 세기와 그 순서가 반대이다. 그 이유는 할로젠원소 중 가장 가볍고 화학적 활성이 큰 F는 H와의 결합력이 매우 커서 잘 끓지 않기 때문에 비점의 세기는 HF > HCl > HBr > HI의 순서로 정해진다.

07 KNO_3의 물에 대한 용해도는 70℃에서 130이며 30℃에서 40이다. 70℃의 포화용액 260g을 30℃로 냉각시킬 때 석출되는 KNO_3의 양은 약 얼마인가?

① 92g
② 101g
③ 130g
④ 153g

》 용해도란 특정온도에서 용매 100g에 녹는 용질의 g수를 말하는데, 여기서 용매는 녹이는 물질이고 용질은 녹는 물질이며 용액은 용매와 용질을 더한 값이다.
70℃에서 KNO_3의 용해도 130은 물 100g에 KNO_3가 130g 녹아 있는 것이고, 30℃에서 KNO_3의 용해도 40은 물 100g에 KNO_3가 40g 녹아 있는 것으로 다음의 [표]와 같이 나타낼 수 있다.

온 도	70℃	30℃
용해도	130	40
용매(물)	100g	100g
용질(KNO_3)	130g	40g
용액 (물 + KNO_3)	100g + 130g = 230g	100g + 40g = 140g

위 [표]에서 70℃의 용해도 130에서 용액(물 + KNO_3) 230g에는 용질(KNO_3)이 130g 녹아 있는 것을 알 수 있는데 〈문제〉의 조건인 용액이 260g이라면 용질이 몇 g 녹아 있는지 다음의 비례식을 통해 알 수 있다.

용액 　　　 용질
230g ╲ ╱ 130g
260g ╱ ╲ x(g)
$230 × x = 260 × 130$
$x = 147g$

또한, 70℃의 용해도 130에서 용질이 130g 녹아 있을 때 30℃의 용해도 40에서는 용질이 40g 녹아 있는데 위에서 구한 것과 같이 70℃의 온도에서 용질이 147g 녹아 있으면 30℃의 온도에서는 용질이 몇 g 녹아 있는지 다음의 비례식을 통해 알 수 있다.

70℃의 용질   30℃의 용질

130g ╲ ╱ 40g
147g ╱ ╲ x(g)

$130 \times x = 147 \times 40$

$x = 45.23g$

따라서 70℃에서는 용액 260g에 용질 KNO_3가 147g 녹을 수 있는데 30℃로 온도를 낮추면 45.23g만 녹기 때문에 그 만큼 덜 녹아서 남게 되고 이 때 남는 양이 바로 석출되는 양이며 그 양은 147g − 45.23g = 101.77g이다.

∴ 석출되는 KNO_3의 양 = 101g

08 수소 5g과 산소 24g의 연소반응결과 생성된 수증기는 0℃, 1기압에서 몇 L인가?

① 11.2

② 16.8

③ 33.6

④ 44.8

≫ 다음의 수소(H_2) 1mol의 연소반응식에서 알 수 있듯이 수소(H_2) 2g을 연소시키기 위해 필요한 산소(O_2)는 0.5 × 32g = 16g이며 이 때 발생하는 수증기(H_2O)는 1몰로서 부피는 표준상태에서 22.4L이다.

$H_2 + 0.5O_2 \rightarrow H_2O$
2g   16g   22.4L

〈문제〉에서 수소는 처음 질량 2g의 2.5배인 5g을 연소시킨다고 하였으므로 이 경우 산소도 처음 질량 16g의 2.5배인 40g이 필요하며 수증기도 처음 부피 22.4L의 2.5배인 56L가 생성되어야 한다. 그런데 여기서 공급된 산소는 처음 질량 16g의 1.5배인 24g밖에 되지 않으므로 수소도 처음 질량 2g의 1.5배인 3g만이 연소될 수 있으며 **수증기도 처음 부피 22.4L의 1.5배인 33.6L 발생**하게 된다.

09 1기압의 수소 2L와 3기압의 산소 2L를 동일 온도에서 5L의 용기에 넣으면 전체 압력은 몇 기압이 되는가?

① 4/5

② 8/5

③ 12/5

④ 16/5

≫ 동일온도에서 기체의 압력과 부피를 활용하는 문제이므로 다음과 같이 보일의 법칙을 이용한다. 수소기체와 산소기체의 압력과 부피의 곱의 합은 혼합기체의 압력과 부피의 곱과 같으므로

$P_{수소} V_{수소} + P_{산소} V_{산소} = P_{전체} V_{전체}$

1기압 × 2L + 3기압 × 2L = $P_{전체}$ × 5L

$P_{전체}$ × 5L = 1기압 × 2L + 3기압 × 2L

$P_{전체} = \dfrac{2+6}{5} = \dfrac{8}{5}$ 기압이다.

10 96wt% H_2SO_4(A) 와 60wt% H_2SO_4(B)를 혼합하여 80wt% H_2SO_4 100kg을 만들려고 한다. 각각 몇 kg씩 혼합하여야 하는가?

① A : 30, B : 70

② A : 44.4, B : 55.6

③ A : 55.6, B : 44.4

④ A : 70, B : 30

≫ 96wt% H_2SO_4(A)의 의미는 농도가 96wt%인 H_2SO_4의 질량이 A(kg)이라는 것이고 60wt% H_2SO_4(B)는 농도가 60wt%인 H_2SO_4의 질량이 B(kg)이라는 의미이다. 이 두 황산을 혼합하여 농도가 80wt%인 H_2SO_4의 질량이 100kg이 되는 것은 다음과 같은 공식으로 나타낼 수 있다.

$0.96 \times A(kg) + 0.6 \times B(kg) = 0.8 \times 100kg$

그런데 농도를 고려하지 않고 질량만 고려할 때 A(kg) + B(kg) = 100kg이므로 B = 100 − A가 된다. B를 위의 식에 대입하면

$0.96 \times A + 0.6 \times (100 − A) = 0.8 \times 100$

$0.96A + 60 − 0.6A = 80$

$0.36A = 20$

$A = 55.6kg$

A를 B = 100 − A에 대입하면

$B = 100 − 55.6 = 44.4kg$

∴ A = 55.6kg, B = 44.4kg

💡 **Tip**

노가다 기법을 활용하면 다음과 같습니다.
$0.96 \times A(kg) + 0.6 \times B(kg) = 0.8 \times 100kg$의 식에 〈보기〉 ①부터 ④까지의 A와 B를 차례대로 대입해 보았을 때 80kg이라는 답이 나오는 〈보기〉가 답입니다.
③ 0.96 × 55.6kg + 0.6 × 44.4kg = 80kg

정답 08. ③ 09. ② 10. ③

11 8g의 메테인을 완전연소시키는 데 필요한 산소분자의 수는?

① 6.02×10^{23}

② 1.204×10^{23}

③ 6.02×10^{24}

④ 1.204×10^{24}

» 메테인(CH_4)의 분자량은 12(C)g + 1(H)g × 4 = 16g이고 메테인의 연소반응식은 다음과 같다.
$CH_4 + 2O_2 \rightarrow CO_2 + 2H_2O$
위의 연소반응식에서 알 수 있듯이 메테인 16g을 연소시키는 데 필요한 산소는 2몰이므로, 메테인 8g을 연소시키는 데 필요한 산소는 1몰이며, 산소 1몰의 분자수는 6.02×10^{23}개이다.

12 같은 질량의 산소기체와 메테인기체가 있다. 두 물질이 가지고 있는 원자수의 비는?

① 5 : 1

② 2 : 1

③ 1 : 1

④ 1 : 5

» 산소기체(O_2) 1mol의 분자량은 16(O)g × 2 = 32g이고 메테인기체(CH_4) 1mol의 분자량은 12(C)g + 1(H)g × 4 = 16g이므로 산소의 질량이 메테인의 질량보다 2배 더 무겁다. 두 물질이 같은 질량이 되려면 메테인의 질량을 2배로 하여 산소와 메테인의 비를 O_2 : $2CH_4$으로 만든다.
이 중 O_2에는 산소원자(O)가 2개 있고 CH_4에는 탄소원자(C) 1개와 수소원자(H) 4개로 총 5개의 원자가 있지만 이를 2배로 하였으므로 총 원자의 수가 2 × 5 = 10개 있다. 따라서 두 물질이 가지고 있는 원자수의 비는 2 : 10이며 이를 약분하면 1 : 5이다.

13 $H_2S + I_2 \rightarrow 2HI + S$에서 I_2의 역할은?

① 산화제이다.

② 환원제이다.

③ 산화제이면서 환원제이다.

④ 촉매역할을 한다.

» 환원제(가연물)는 산화제(산소공급원)로부터 산소를 공급받거나 자신이 갖고 있는 수소를 내 주는 역할을 하는데 이러한 현상을 산화라고 한다. 반면, **산화제**는 환원제를 태울 때 환원제에게 자신이 갖고 있는 산소를 내주거나 환원제로부터 **수소를** 받는 **역할**을 하는데 이러한 현상을 환원이라고 한다. 결과적으로 환원제는 산화하고 산화제는 오히려 환원한다. 다음의 반응식에서 알 수 있듯이 H_2S는 반응 전에 갖고 있던 수소(H)를 I_2에게 내주고 반응 후 S로 되었기 때문에 환원제 역할을 한 것이고 I_2는 H_2S로부터 **수소(H)를 받아** 반응 후 HI가 되었기 때문에 **산화제 역할**을 한 것이다.
$H_2S + I_2 \rightarrow 2HI + S$
I_2는 H_2S로부터 수소를 받아 HI가 되었다.

14 다이크로뮴산칼륨에서 크로뮴의 산화수는?

① 2

② 4

③ 6

④ 8

» 다이크로뮴산칼륨의 화학식은 $K_2Cr_2O_7$이며, 이 중 크로뮴(Cr)의 산화수를 구하는 방법은 다음과 같다.
① 1단계 : 필요한 원소들의 원자가를 확인한다.
　- 칼륨(K) : +1가 원소
　- 산소(O) : -2가 원소
② 2단계 : 크로뮴(Cr)을 $+x$로 두고 나머지 원소들의 원자가와 그 개수를 적는다.
　　K_2　　Cr_2　　O_7
　$(+1 \times 2)$ $(+2x)$ (-2×7)
③ 3단계 : 다음과 같이 원자가와 그 개수의 합을 0이 되도록 한다.
　$+2 + 2x - 14 = 0$
　$+2x = +12$
　$x = 6$
　이때 x값이 Cr의 산화수이다.
∴ $x = +6$

15 다음 핵화학반응식에서 산소(O)의 원자번호는 얼마인가?

$$N + He(\alpha) \rightarrow O + H$$

① 6

② 7

③ 8

④ 9

» $N + He \rightarrow O + H$에서 반응 전의 N의 원자번호(전자수)는 7, He의 원자번호는 2로서 그 합은 9이므로 반응 후의 H와 O의 원자번호의 합도 9가 되어야 한다. 이 중 H의 원자번호가 1이므로 O의 원자번호는 8이다.

 Tip

산소(O)의 원자번호는 8입니다.

16 아세틸렌계열 탄화수소에 해당되는 것은?

① C_5H_8　　　② C_6H_{12}

③ C_6H_8　　　④ C_3H_2

》 알카인(C_nH_{2n-2})에 $n = 2$를 적용하면 $C_2H_{2×2-2}$ = C_2H_2(아세틸렌)를 만들 수 있다. 각 〈보기〉마다 주어진 n의 값을 C_nH_{2n-2}에 적용해 보면 다음과 같은 탄화수소를 만들 수 있다.
　① $n = 5$를 적용하면 $C_5H_{2×5-2}$ = C_5H_8
　②, ③ $n = 6$을 적용하면 $C_6H_{2×6-2}$ = C_6H_{10}
　④ $n = 3$을 적용하면 $C_3H_{2×3-2}$ = C_3H_4

17 포화탄화수소에 해당하는 것은?

① 톨루엔　　　② 에틸렌

③ 프로페인　　④ 아세틸렌

》 포화탄화수소는 탄소와 수소로 구성된 물질 중 단일결합(하나의 선으로 연결된 것)만 포함하고 있는 것을 말하며, 이중결합(두 개의 선으로 연결 된 것) 또는 삼중결합(세 개의 선으로 연결된 것)을 가진 물질은 불포화탄화수소라 한다.
　① 톨루엔($C_6H_5CH_3$) : 이중결합을 3개 가진 벤젠을 포함하는 물질이므로 불포화탄화수소이다.

　② 에틸렌(C_2H_4) : 이중결합을 1개 가진 불포화탄화수소이다.

```
 H   H
  \ /
   C=C
  / \
 H   H
```

　③ **프로페인**(C_3H_8) : 단일결합만 가진 **포화탄화수소**이다.

```
   H  H  H
   |  |  |
H--C--C--C--H
   |  |  |
   H  H  H
```

　④ 아세틸렌 : 3중결합을 1개 가진 불포화탄화수소이다.

$$H-C\equiv C-H$$

18 벤젠을 약 300℃, 높은 압력에서 Ni 촉매로 수소와 반응시켰을 때 얻어지는 물질은?

① Cyclopentane　　② Cyclopropane

③ Cyclohexane　　④ Cyclooctane

》 고온·고압에서 벤젠(C_6H_6)에 Ni 촉매로 수소를 첨가시키면 화학식이 C_6H_{12}인 사이클로헥세인(Cyclohexane)이 생성된다.

[사이클로헥세인의 구조식]

19 다음 작용기 중에서 메틸기에 해당하는 것은?

① $-C_2H_5$　　　② $-COCH_3$

③ $-NH_2$　　　④ $-CH_3$

》 ① $-C_2H_5$: 에틸기
　② $-COCH_3$: 아세틸기
　③ $-NH_2$: 아민기(아미노기)
　④ $-CH_3$: **메틸기**

20 탄소수가 5개인 포화탄화수소 펜테인의 구조이성질체 수는 몇 개인가?

① 2개　　　② 3개

③ 4개　　　④ 5개

》 알케인의 일반식 C_nH_{2n+2} 에 $n = 5$를 대입하면 탄소수가 5개이고 수소의 수가 12개인 펜테인(C_5H_{12})이 되고, 펜테인은 다음과 같이 3가지의 구조이성질체가 존재한다.

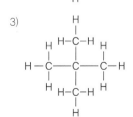

제2과목 화재예방과 소화방법

21 탄소 1mol이 완전연소하는 데 필요한 최소 이론공기량은 약 몇 L인가? (단, 0℃, 1기압 기준이며, 공기 중 산소의 농도는 21vol% 이다.)

① 10.7   ② 22.4
③ 107   ④ 224

≫ 탄소(C) 1mol 을 연소할 때 필요한 공기의 부피를 구하기 위해서는 연소에 필요한 산소의 부피를 먼저 구해야 한다. 아래의 연소반응식에서 알 수 있듯이 탄소 1몰을 연소시키기 위해 필요한 산소 역시 1몰이므로 이 때 필요한 산소의 부피는 22.4L이다.

• 탄소의 연소반응식 : C + O_2 → CO_2
               1몰   22.4L

여기서, 탄소 1몰을 연소시키는 데 필요한 산소의 부피는 22.4L이지만 〈문제〉의 조건은 연소에 필요한 산소의 부피가 아니라 공기의 부피를 구하는 것이다. 공기 중 산소의 부피는 공기 부피의 21%이므로 공기의 부피를 구하는 식은 다음과 같다.

공기의 부피 = 산소의 부피 $\times \dfrac{100}{21}$ = 22.4L

$\times \dfrac{100}{21}$ = 107L이다.

> 💡 **Tip**
>
> 공기 100% 중 산소는 21%의 부피비를 차지하므로 공기는 산소보다 약 5배 즉, $\dfrac{100}{21}$ 배 더 많은 부피이므로 앞으로 공기의 부피를 구하는 문제가 출제되면, 공기의 부피 = 산소의 부피 $\times \dfrac{100}{21}$ 이라는 공식을 활용하기 바랍니다.

22 다음 중 가연성 물질이 아닌 것은?

① $C_2H_5OC_2H_5$ ② $KClO_4$
③ $C_2H_4(OH)_2$ ④ P_4

≫ ① $C_2H_5OC_2H_5$(다이에틸에터) : 제4류 위험물로서 인화성 액체이며 가연성 물질이다.
② $KClO_4$(과염소산칼륨) : 제1류 위험물로서 산화성 고체이며 **불연성 물질**이다.
③ $C_2H_4(OH)_2$(에틸렌글리콜) : 제4류 위험물로서 인화성 액체이며 가연성 물질이다.
④ P_4(황린) : 제3류 위험물로서 자연발화성 물질이며 가연성 물질이다.

23 가연물의 구비조건으로 옳지 않은 것은?

① 열전도율이 클 것

② 연소열량이 클 것
③ 화학적 활성이 강할 것
④ 활성화에너지가 작을 것

≫ ① 열전도율은 어떤 물질에서 다른 물질로 열이 전달되는 정도를 말한다. 가연물이 되고자 하는 물질의 **열전도율이 클수록** 그 물질은 갖고 있던 열을 다른 물질에게 쉽게 내주고 자신은 열을 잃게 되어 **가연물이 되기 어렵다.**
② 연소열량은 연소할 때 발생하는 열의 양을 말하는데 발생하는 열의 양이 많을수록 가연물이 되기 쉽다.
③ 화학적으로 활성이 강할수록 가연물이 되기 쉽다.
④ 활성화에너지란 어떤 물질을 활성화시키기 위해 공급해야 하는 에너지의 양으로서 물질에 에너지를 조금만 공급해도 그 물질이 활성화되기 쉽다면 그 물질의 활성화에너지는 작다고 할 수 있다. 따라서 활성화에너지가 작은 물질일수록 활성화되기 쉬워 가연물이 되기 쉽다.

24 경유의 대규모 화재발생 시 주수소화가 부적당한 이유에 대한 설명으로 가장 옳은 것은?

① 경유가 연소할 때 물과 반응하여 수소가스를 발생하여 연소를 돕기 때문에
② 주수소화하면 경유의 연소열때문에 분해하여 산소를 발생하고 연소를 돕기 때문에
③ 경유는 물과 반응하여 유독가스를 발생하므로
④ 경유는 물보다 가볍고 또 물에 녹지 않기 때문에 화재가 널리 확대되므로

≫ 경유와 같이 물보다 가볍고 물에 녹지 않는 제4류 위험물은 주수소화 시 물이 오히려 화재면을 확대시키므로 소화효과는 없다.

25 다음 중 분말소화약제의 주된 소화작용에 가장 가까운 것은?

① 질식   ② 냉각
③ 유화   ④ 제거

≫ 1) **질식소화**가 주된 소화작용인 소화약제
  ⊙ **분말소화약제**
  ⓛ 이산화탄소소화약제
  ⓒ 포소화약제
  ⓔ 마른 모래
  ⓜ 팽창질석 및 팽창진주암
2) 억제(부촉매)소화가 주된 소화작용인 소화약제
  : 할로젠화합물소화약제

정답   21. ③   22. ②   23. ①   24. ④   25. ①

26 다음 중 전기의 불량도체로 정전기가 발생되기 쉽고 폭발범위가 가장 넓은 위험물은?

① 아세톤
② 톨루엔
③ 에틸알코올
④ 에틸에터

≫ 〈보기〉의 물질들은 모두 정전기가 쉽게 발생되는 제4류 위험물이며, 폭발(연소)범위는 다음과 같다.
① 아세톤 : 2.6~12.8%
② 톨루엔 : 1.4~6.7%
③ 에틸알코올 : 4~19%
④ 에틸에터(다이에틸에터) : 1.9~48%

💡 **Tip**
〈보기〉의 각 위험물의 폭발범위를 정확히 몰라도 에틸에터는 특수인화물이고 아세톤과 톨루엔은 제1석유류, 에틸알코올은 알코올류에 속하므로 이 중 가장 폭발범위가 넓은 물질은 특수인화물에 속하는 에틸에터임을 알 수 있습니다.

27 알코올화재 시 수성막포 소화약제는 효과가 없다. 그 이유로 가장 적당한 것은?

① 알코올이 수용성이어서 포를 소멸시키므로
② 알코올이 반응하여 가연성 가스를 발생하므로
③ 알코올화재 시 불꽃의 온도가 매우 높으므로
④ 알코올이 포소화약제와 발열반응을 하므로

≫ 알코올은 수용성 물질이므로 화재 시 수성막포와 같은 일반 포소화약제로 소화할 경우 **포가 소멸되기 때문에** 소화효과가 없다. 따라서 수용성 물질의 화재 시에도 소멸되지 않는 포소화약제인 내알코올포 또는 알코올포 소화약제를 사용해야 한다.

28 제3종 분말소화약제를 화재면에 방출 시 부착성이 좋은 막을 형성하여 연소에 필요한 산소의 유입을 차단하기 때문에 연소를 중단시킬 수 있다. 그러한 막을 구성하는 물질은 다음 중 어느 것인가?

① H_3PO_4
② PO_4
③ HPO_3
④ P_2O_5

≫ 제3종 분말소화약제인 인산암모늄($NH_4H_2PO_4$)은 열분해 시 메타인산(HPO_3)과 암모니아(NH_3), 그리고 수증기(H_2O)를 발생시키는데, 이 중 **메타인산(HPO_3)은 부착성이 좋은 막을 형성**하여 산소의 유입을 차단하는 역할을 한다.
• 제3종 분말소화제의 열분해반응식
$NH_4H_2PO_4 \rightarrow HPO_3 + NH_3 + H_2O$

29 위험물안전관리법령상 물분무소화설비가 적응성이 있는 대상물은?

① 알칼리금속의 과산화물
② 전기설비
③ 마그네슘
④ 금속분

≫ ② 전기설비의 화재는 일반적으로는 물로 소화할 수 없지만 물분무소화설비는 물을 분무하여 흩어뿌리기 때문에 전기설비의 화재에 적응성이 있다. 그 외 〈보기〉의 물질들은 모두 탄산수소염류 분말소화설비가 적응성이 있다.

| 대상물의 구분 | 건축물·그 밖의 공작물 | 전기설비 | 제1류 위험물 | | 제2류 위험물 | | | 제3류 위험물 | | 제4류 위험물 | 제5류 위험물 | 제6류 위험물 |
			알칼리금속의 과산화물 등	그 밖의 것	철분·금속분·마그네슘 등	인화성 고체	그 밖의 것	금수성 물품	그 밖의 것			
옥내소화전 또는 옥외소화전 설비	○			○		○	○		○	○	○	○
스프링클러설비	○			○		○	○		○	△	○	○
물분무 소화설비	○	◎		○		○	○		○	○	○	○
포소화설비	○			○		○	○		○	○	○	○
불활성가스 소화설비		○				○				○		
할로젠 화합물 소화설비		○				○				○		
분말소화설비 인산염류등	○	○		○		○	○			○		○
분말소화설비 탄산수소염류등		○	○		○	○		○		○		
분말소화설비 그 밖의 것			○		○			○				

30 위험물안전관리법령상 제6류 위험물에 적응성이 있는 소화설비는?

① 옥내소화전설비

② 불활성가스소화설비

③ 할로젠화합물소화설비

④ 탄산수소염류 분말소화설비

» 제6류 위험물은 산화성 액체로서 자체적으로 산소공급원을 함유하는 물질이라 질식소화는 효과가 없고 냉각소화가 효과적이다. 〈보기〉 중 물을 소화약제로 사용하는 냉각소화효과를 갖는 소화설비는 옥내소화전설비이다.

대상물의 구분 / 소화설비의 구분	건축물·그 밖의 공작물	전기설비	제1류 위험물 알칼리금속의 과산화물등	제1류 위험물 그 밖의 것	제2류 위험물 철분·금속분·마그네슘등	제2류 위험물 인화성 고체	제2류 위험물 그 밖의 것	제3류 위험물 금수성 물품	제3류 위험물 그 밖의 것	제4류 위험물	제5류 위험물	제6류 위험물
옥내소화전 또는 옥외소화전 설비	○			○		○	○		○		○	◎
스프링클러설비	○			○		○	○		○	△	○	○
물분무등소화설비 · 물분무소화설비	○	○		○		○	○		○	○	○	○
물분무등소화설비 · 포소화설비	○			○		○	○		○	○	○	○
물분무등소화설비 · 불활성가스소화설비		○				○				○		
물분무등소화설비 · 할로젠화합물소화설비		○				○				○		
분말소화설비 · 인산염류등	○	○		○		○				○		○
분말소화설비 · 탄산수소염류등		○	○		○	○		○		○		
분말소화설비 · 그 밖의 것			○		○			○				

31 위험물안전관리법령상 마른 모래(삽 1개 포함) 50L의 능력단위는?

① 0.3   ② 0.5

③ 1.0   ④ 1.5

» 기타소화설비의 능력단위

소화설비	용 량	능력단위
소화전용 물통	8L	0.3
수조 (소화전용 물통 3개 포함)	80L	1.5
수조 (소화전용 물통 6개 포함)	190L	2.5
마른 모래 (삽 1개 포함)	50L	0.5
팽창질석 또는 팽창진주암 (삽 1개 포함)	160L	1.0

32 위험물안전관리법령에서 정한 포소화설비의 기준에 따른 기동장치에 대한 설명으로 옳은 것은?

① 자동식의 기동장치만 설치하여야 한다.

② 수동식의 기동장치만 설치하여야 한다.

③ 자동식의 기동장치와 수동식의 기동장치를 모두 설치하여야 한다.

④ 자동식의 기동장치 또는 수동식의 기동장치를 설치하여야 한다.

» 위험물안전관리에 관한 세부기준 중 포소화설비의 기준에 따르면 포소화설비의 기동장치는 **자동식의 기동장치 또는 수동식의 기동장치를 설치**하여야 한다.

※ 기동장치란 시동 또는 작동을 위한 장치를 말한다.

33 소화설비 설치 시 동식물유류 400,000L에 대한 소요단위는 몇 단위인가?

① 2   ② 4

③ 20   ④ 40

» 제4류 위험물 중 동식물유류는 지정수량이 10,000L 이며 위험물의 1소요단위는 지정수량의 10배 이므로 동식물유류 400,000L는 $\dfrac{400,000L}{10,000L \times 10}$ = 4소요단위이다.

Check 1소요단위의 기준

구 분	외벽이 내화구조	외벽이 비내화구조
제조소 및 취급소	연면적 100m²	연면적 50m²
저장소	연면적 150m²	연면적 75m²
위험물	지정수량의 10배	

34 위험물안전관리법령에 따른 이동식 할로겐화물소화설비 기준에 의하면 20℃에서 노즐이 할론 2402를 방사할 경우 1분당 몇 kg의 소화약제를 방사할 수 있어야 하는가?

① 35 　　　　② 40
③ 45 　　　　④ 50

》 이동식 할로겐화합물소화설비의 하나의 노즐마다 온도 20℃에서의 1분당 방사량
1) **할론 2402 : 45kg 이상**
2) 할론 1211 : 40kg 이상
3) 할론 1301 : 35kg 이상

Check 이동식 할로겐화합물소화설비의 용기 또는 탱크에 저장하는 소화약제의 양
(1) 할론 2402 : 50kg 이상
(2) 할론 1211 : 45kg 이상
(3) 할론 1301 : 45kg 이상

35 위험물제조소에 옥내소화전을 각 층에 8개씩 설치하도록 할 때 수원의 최소수량은 얼마인가?

① 13m^3 　　　　② 20.8m^3
③ 39m^3 　　　　④ 62.4m^3

》 위험물제조소등에 설치된 옥내소화전설비의 수원의 양은 옥내소화전이 가장 많이 설치된 층의 옥내소화전의 설치개수(설치개수가 5개 이상이면 5개)에 7.8m^{3}를 곱한 값 이상의 양으로 정한다. 〈문제〉에서 각 층의 옥내소화전의 설치 개수는 8개이지만 개수가 5개 이상이면 5개를 7.8m^{3}에 곱해야 하므로 수원의 양은 5개 × 7.8m^3 = 39m^{3}이다.

36 위험물제조소에서 취급하는 제4류 위험물의 최대수량의 합이 지정수량의 15만배인 사업소에 두어야 할 자체소방대의 화학소방자동차와 자체소방대원의 수는 각각 얼마로 규정되어 있는가? (단, 상호응원협정을 체결한 경우는 제외한다.)

① 1대, 5인 　　　　② 2대, 10인
③ 3대, 15인 　　　　④ 4대, 20인

》 자체소방대의 설치기준
1) 제4류 위험물을 지정수량의 3천배 이상 취급하는 제조소 및 일반취급소와 50만배 이상 저장하는 옥외탱크저장소에 설치한다.
2) 자체소방대에 두는 화학소방자동차 및 자체소방대원의 수의 기준

사업소의 구분	화학소방자동차의 수	자체소방대원의 수
지정수량의 3천배 이상 12만배 미만으로 취급하는 제조소 또는 일반취급소	1대	5인
지정수량의 12만배 이상 24만배 미만으로 취급하는 제조소 또는 일반취급소	**2대**	**10인**
지정수량의 24만배 이상 48만배 미만으로 취급하는 제조소 또는 일반취급소	3대	15인
지정수량의 48만배 이상으로 취급하는 제조소 또는 일반취급소	4대	20인
지정수량의 50만배 이상으로 저장하는 옥외탱크저장소	2대	10인

37 트라이나이트로톨루엔에 대한 설명으로 틀린 것은?

① 햇빛을 받으면 다갈색으로 변한다.
② 벤젠, 아세톤 등에 잘 녹는다.
③ 건조사 또는 팽창질석만 소화설비로 사용할 수 있다.
④ 폭약의 원료로 사용될 수 있다.

》 ① TNT라고도 불리며, 햇빛을 받으면 갈색으로 변한다.
② 물에는 안 녹지만, 벤젠, 아세톤 등에 잘 녹는다.
③ 건조사 또는 팽창질석 외에도 다량의 물, 포소화약제 등으로도 소화할 수 있다.
④ 폭약의 기준으로 알려져 있는 물질이므로 폭약의 원료로 사용될 수 있다.

38 위험물 이동탱크저장소 관계인은 해당 제조소등에 대하여 연간 몇 회 이상 정기점검을 실시하여야 하는가? (단, 구조안전점검 외의 정기점검인 경우이다.)

① 1회　　　　　② 2회
③ 4회　　　　　④ 6회

≫ 정기점검이란 정기점검의 대상이 되는 제조소등이 행정안전부령이 정하는 기술기준에 적합한지의 여부를 정기적으로 점검하고 점검결과를 기록하여 보존하는 것을 말하며, **연 1회 이상 실시**하여야 한다.

　　Check **정기점검의 대상**
　(1) 예방규정을 정하여야 하는 제조소등
　(2) 지하탱크저장소
　(3) **이동탱크저장소**
　(4) 위험물을 취급하는 탱크로서 지하에 매설된 탱크가 있는 제조소 · 주유취급소 또는 일반취급소

39 제4류 위험물의 저장 및 취급 시 화재예방 및 주의사항에 대한 일반적인 설명으로 틀린 것은?

① 증기의 누출에 유의할 것
② 증기는 낮게 체류하기 쉬우므로 조심할 것
③ 전도성이 좋은 석유류는 정전기 발생에 유의할 것
④ 서늘하고 통풍이 양호한 곳에 저장할 것

≫ ③ 제4류 위험물인 석유류 물질들은 전기를 통과시키지 못하므로 전도성이 없으며, 전도성이 없으므로 정전기는 발생하기 쉽다.

40 다음 중 제5류 위험물의 화재 시에 가장 적당한 소화방법은?

① 질소가스를 사용한다.
② 할로젠화합물을 사용한다.
③ 탄산가스를 사용한다.
④ 다량의 물을 사용한다.

≫ 제5류 위험물은 자체적으로 가연물과 함께 산소공급원을 동시에 포함하고 있어 산소공급원을 제거하여 소화하는 질식소화는 효과가 없으며 다량의 물로 냉각소화해야 한다.

제3과목　　**위험물의 성질과 취급**

41 다음 중 물과 반응하여 산소를 발생하는 것은 어느 것인가?

① $KClO_3$
② Na_2O_2
③ $KClO_4$
④ CaC_2

≫ ① $KClO_3$(염소산칼륨) : 제1류 위험물 중 염소산염류에 속하는 물질로서 물과 반응하지 않아 기체도 발생시키지 않는다.
② Na_2O_2(과산화나트륨) : 제1류 위험물 중 알칼리금속의 과산화물에 속하는 물질로서 **물과 반응**하여 수산화나트륨(NaOH)과 함께 **산소를 발생**시킨다.
　• 과산화나트륨의 물과의 반응식
　　$2Na_2O_2 + 2H_2O \rightarrow 4NaOH + O_2$
③ $KClO_4$(과염소산칼륨) : 제1류 위험물 중 과염소산염류에 속하는 물질로서 물과 반응하지 않아 기체도 발생시키지 않는다.
④ CaC_2(탄화칼슘) : 제3류 위험물 중 칼슘의 탄화물로서 물과 반응하여 수산화칼슘[Ca(OH)₂]과 아세틸렌(C_2H_2) 가스를 발생시킨다.
　• 탄화칼슘의 물과의 반응식
　　$CaC_2 + 2H_2O \rightarrow Ca(OH)_2 + C_2H_2$

42 다음 중 염소산칼륨에 관한 설명으로 옳지 않은 것은?

① 강산화제로 가열에 의해 분해하여 산소를 방출한다.
② 무색의 결정 또는 분말이다.
③ 온수 및 글리세린에 녹지 않는다.
④ 인체에 유독하다.

≫ ① 제1류 위험물로서 강산화제이며, 열분해하여 염화칼륨(KCl)과 산소를 방출한다.
　• 염소산칼륨($KClO_3$)의 열분해반응식
　　$2KClO_3 \rightarrow 2KCl + 3O_2$
② 무색의 결정 또는 무색 또는 백색 분말이다.
③ 찬물에 녹지 않으며, **온수 및 글리세린에 잘 녹는다.**
④ 구토 및 호흡기 장애를 일으키는 독성이 있다.

---

43 마그네슘의 위험성에 관한 설명으로 틀린 것은?

① 연소 시 양이 많은 경우 순간적으로 맹렬히 폭발할 수 있다.

② 가열하면 가연성 가스를 발생한다.

③ 산화제와의 혼합물은 위험성이 높다.

④ 공기 중의 습기와 반응하여 열이 축적되면 자연발화의 위험이 있다.

≫ ② 제2류 위험물인 마그네슘(Mg)은 가연성 고체로서 물과 반응 시 가연성 가스인 수소를 발생한다. 하지만 가열하면 산화마그네슘(MgO)이라는 고체가 생성되며 가연성 가스는 발생하지 않는다.

44 물과 접촉하였을 때 에테인이 발생되는 물질은?

① CaC_2
② $(C_2H_5)_3Al$
③ $C_6H_3(NO_2)_3$
④ $C_2H_5ONO_2$

≫ ① CaC_2(탄화칼슘) : 물과 반응 시 수산화칼슘[$Ca(OH)_2$]과 아세틸렌(C_2H_2)가스를 발생한다.
  • 탄화칼슘과 물의 반응식
    $CaC_2 + 2H_2O \rightarrow Ca(OH)_2 + C_2H_2$
② $(C_2H_5)_3Al$(트라이에틸알루미늄) : 물과 반응 시 수산화알루미늄[$Al(OH)_3$]과 **에테인(C_2H_6)가스**를 발생한다.
  • 트라이에틸알루미늄과 물의 반응식
    $(C_2H_5)_3Al + 3H_2O \rightarrow Al(OH)_3 + 3C_2H_6$
③ $C_6H_3(NO_2)_3$(트라이나이트로벤젠) : 제5류 위험물로서 물과는 반응하지 않는다.
④ $C_2H_5ONO_2$(질산에틸) : 제5류 위험물로서 물과는 반응하지 않는다.

45 탄화칼슘과 물이 반응하였을 때 생성가스는?

① C_2H_2
② C_2H_4
③ C_2H_6
④ CH_4

≫ 제3류 위험물인 탄화칼슘(CaC_2)은 물과 반응 시 수산화칼슘[$Ca(OH)_2$]과 함께 가연성인 아세틸렌(C_2H_2)가스를 발생한다.
  • 탄화칼슘의 물과의 반응식
    $CaC_2 + 2H_2O \rightarrow Ca(OH)_2 + C_2H_2$

46 다음 중 나트륨의 보호액으로 가장 적합한 것은?

① 메탄올
② 수은
③ 물
④ 유동파라핀

≫ 제3류 위험물 중 칼륨 또는 나트륨등의 물보다 가벼운 금속은 석유류(등유, 경유, **유동파라핀** 등)의 보호액에 저장하여야 한다.

47 벤젠의 일반적 성질에 관한 사항 중 틀린 것은?

① 알코올, 에터에 녹는다.

② 물에는 녹지 않는다.

③ 냄새는 없고 색상은 갈색인 휘발성 액체이다.

④ 증기비중은 약 2.8이다.

≫ ① 물에는 녹지 않지만 알코올 및 에터 등의 유기용제에는 잘 녹는다.
② 제4류 위험물 중 대표적인 비수용성 물질이다.
③ **자극성의 냄새를 갖는 무색 투명한 휘발성 액체**이다.
④ 벤젠(C_6H_6)의 분자량은 $12(C) \times 6 + 1(H) \times 6 = 78$이며, 증기비중 = $\dfrac{78}{29} = 2.69$로서 약 2.8이다.

48 다음 중 메탄올의 연소범위에 가장 가까운 것은?

① 약 1.4~5.6%
② 약 7.3~36%
③ 약 20.3~66%
④ 약 42.0~77%

≫ 메탄올은 제4류 위험물 중 알코올류에 속하는 물질로서 연소범위는 7.3~36%이다.

49 제4류 위험물 중 제1석유류에 속하는 것으로만 나열한 것은?

① 아세톤, 휘발유, 톨루엔, 사이안화수소

② 이황화탄소, 다이에틸에터, 아세트알데하이드

③ 메탄올, 에탄올, 뷰탄올, 벤젠

④ 중유, 크레오소트유, 실린더유, 의산에틸

정답   43. ②   44. ②   45. ①   46. ④   47. ③   48. ②   49. ①

>> ① 아세톤(제1석유류), 휘발유(제1석유류), 톨루엔(제1석유류), 사이안화수소(제1석유류)
② 이황화탄소(특수인화물), 다이에틸에터(특수인화물), 아세트알데하이드(특수인화물)
③ 메탄올(알코올류), 에탄올(알코올류), 뷰탄올(제2석유류), 벤젠(제1석유류)
④ 중유(제3석유류), 크레오스트유(제3석유류), 실린더유(제4석유류), 의산에틸(제1석유류)

50 위험물안전관리법령상 제6류 위험물에 해당하는 물질로서 햇빛에 의해 갈색의 연기를 내며 분해할 위험이 있으므로 갈색병에 보관해야 하는 것은?

① 질산
② 황산
③ 염산
④ 과산화수소

>> 제6류 위험물인 질산(HNO_3)은 햇빛에 의해 분해하면 적갈색 기체인 이산화질소(NO_2)를 발생하기 때문에 이를 방지하기 위하여 갈색병에 보관해야 한다.
• 질산의 열분해반응식
$$4HNO_3 \rightarrow 2H_2O + 4NO_2 + O_2$$

51 위험물안전관리법령에 따른 질산에 대한 설명으로 틀린 것은?

① 지정수량은 300kg이다.
② 위험등급은 I 이다.
③ 농도가 36중량퍼센트 이상인 것에 한하여 위험물로 간주된다.
④ 운반 시 제1류 위험물과 혼재할 수 있다.

>> 지정수량이 300kg이고 위험등급 I 인 제6류 위험물 중 질산(HNO_3)은 **비중이 1.49 이상인 것**에 한하여 위험물로 간주한다.

> **Check**
> 제6류 위험물 중 과산화수소(H_2O_2)는 농도가 36중량% 이상인 것에 한하여 위험물로 간주한다.

52 옥내저장소에서 안전거리 기준이 적용되는 경우는?

① 지정수량 20배 미만의 제4석유류를 저장하는 것
② 제2류 위험물 중 덩어리상태의 황을 저장하는 것
③ 지정수량 20배 미만의 동식물유류를 저장하는 것
④ 제6류 위험물을 저장하는 것

>> 옥내저장소의 안전거리를 제외할 수 있는 조건
1) 지정수량 20배 미만의 제4석유류 또는 동식물유류를 저장하는 경우
2) 제6류 위험물을 저장하는 경우
3) 지정수량의 20배 이하로서 다음의 기준을 동시에 만족하는 경우
  ㉠ 저장창고의 벽, 기둥, 바닥, 보 및 지붕을 내화구조로 할 것
  ㉡ 저장창고의 출입구에 수시로 열 수 있는 자동폐쇄식의 60분+방화문, 60분 방화문을 설치할 것
  ㉢ 저장창고에 창을 설치하지 아니할 것

53 위험물제조소의 표지의 크기 규격으로 옳은 것은?

① 0.2m × 0.4m
② 0.3m × 0.3m
③ 0.3m × 0.6m
④ 0.6m × 0.2m

>> 위험물제조소 표지의 기준
1) 위치 : 제조소 주변의 보기 쉬운 곳에 설치하는 것 외에 특별한 규정은 없다.
2) 크기 : **한 변 0.3m 이상, 다른 한 변 0.6m 이상**
3) 내용 : 위험물제조소
4) 색상 : 백색바탕, 흑색문자

> **Tip**
> 제조소 및 저장소, 취급소의 표지 및 각종 게시판의 규격은 한 변 0.3m 이상, 다른 한 변 0.6m 이상으로 모두 같습니다.

정답 50. ① 51. ③ 52. ② 53. ③

54 제3류 위험물을 취급하는 제조소와 3백명 이상의 인원을 수용하는 영화상영관과의 안전거리는 몇 m 이상이어야 하는가?

① 10 ② 20
③ 30 ④ 50

≫ 위험물제조소의 안전거리
1) 주거용 건축물(제조소의 동일부지 외에 있는 것) : 10m 이상
2) 학교, 병원, **극장(300명 이상)**, 다수인 수용시설 : **30m 이상**
3) 유형문화재와 기념물 중 지정문화재 : 50m 이상
4) 고압가스, 액화석유가스 등의 저장·취급 시설 : 20m 이상
5) 사용전압 7,000V 초과 35,000V 이하의 특고압가공전선 : 3m 이상
6) 사용전압이 35,000V를 초과하는 특고압가공전선 : 5m 이상

💡Tip
제6류 위험물을 취급하는 제조소등의 경우는 모든 대상에 대해 안전거리를 제외할 수 있습니다.

55 옥외저장탱크를 강철판으로 제작할 경우 두께 기준은 몇 mm 이상인가? (단, 특정옥외저장탱크 및 준특정옥외저장탱크는 제외한다.)

① 1.2 ② 2.2
③ 3.2 ④ 4.2

≫ 특정옥외저장탱크 및 준특정옥외저장탱크를 제외한 옥외저장탱크의 두께는 3.2mm 이상의 강철판으로 제작하고, 특정옥외저장탱크 및 준특정옥외저장탱크의 두께는 소방청장이 정하여 고시하는 바에 따라 정한다.

56 위험물안전관리법령상 취급소에 해당되지 않는 것은?

① 주유취급소 ② 옥내취급소
③ 이송취급소 ④ 판매취급소

≫ 위험물취급소의 종류
1) 이송취급소 : 배관 및 이에 부속된 설비에 의하여 위험물을 이송하는 장소

2) 주유취급소 : 자동차, 항공기 또는 선박 등에 직접 연료를 주유하기 위하여 위험물을 취급하는 장소
3) 일반취급소 : 주유취급소, 판매취급소, 이송취급소 외의 위험물을 취급하는 장소
4) 판매취급소 : 위험물을 용기에 담아 판매하기 위하여 취급하는 장소(페인트점 또는 화공약품점)

57 위험물안전관리법령에 따른 제1류 위험물 중 알칼리금속의 과산화물 운반용기에 반드시 표시하여야 할 주의사항을 모두 올바르게 나열한 것은?

① 화기·충격주의, 물기엄금, 가연물접촉주의
② 화기·충격주의, 화기엄금
③ 화기엄금, 물기엄금
④ 화기·충격엄금, 가연물접촉주의

≫

유별	품명	운반용기에 표시하는 주의사항
제1류	알칼리금속의 과산화물	화기·충격주의, 가연물접촉주의, 물기엄금
	그 밖의 것	화기·충격주의, 가연물접촉주의
제2류	철분, 금속분, 마그네슘	화기주의, 물기엄금
	인화성 고체	화기엄금
	그 밖의 것	화기주의
제3류	금수성 물질	물기엄금
	자연발화성 물질	화기엄금, 공기접촉엄금
제4류	인화성 액체	화기엄금
제5류	자기반응성 물질	화기엄금, 충격주의
제6류	산화성 액체	가연물접촉주의

58 다음 중 위험물을 저장 또는 취급하는 탱크의 용량은?

① 탱크의 내용적에서 공간용적을 뺀 용적으로 한다.
② 탱크의 내용적으로 한다.
③ 탱크의 공간용적으로 한다.
④ 탱크의 내용적에 공간용적을 더한 용적으로 한다.

정답 54. ③ 55. ③ 56. ② 57. ① 58. ①

>> 탱크의 용량은 탱크 전체의 용적을 의미하는 탱크의 내용적에서 법에서 정한 공간용적을 뺀 용적으로 정한다.

Check **탱크의 공간용적**

(1) 일반탱크 : 탱크의 내용적의 100분의 5 이상 100분의 10 이하의 용적
(2) 소화약제 방출구를 탱크 안의 윗부분에 설치한 탱크 : 소화약제 방출구 아래의 0.3m 이상 1m 미만 사이의 면으로부터 윗 부분의 용적
(3) 암반저장탱크 : 해당 탱크 내에 용출하는 7일간의 지하수의 양에 상당하는 용적과 그 탱크 내용적의 100분의 1의 용적 중에서 보다 큰 용적

59 이송취급소 배관 등의 용접부는 비파괴시험을 실시하여 합격하여야 한다. 이 경우 이송기지 내의 지상에 설치되는 배관 등은 전체 용접부의 몇 % 이상 발췌하여 시험할 수 있는가?

① 10　　② 15
③ 20　　④ 25

>> 이송취급소 배관 등의 용접부는 비파괴시험을 실시하여 합격하여야 한다. 이 경우 이송기지 내의 지상에 설치된 배관 등은 **전체 용접부의 20% 이상을 발췌**하여 시험할 수 있다.

60 1기압 27℃에서 아세톤 58g을 완전히 기화시키면 부피는 약 몇 L가 되는가?

① 22.4　　② 24.6
③ 27.4　　④ 58.0

>> 아세톤(CH_3COCH_3) 1mol의 분자량은 12(C)g × 3 + 1(H)g×6 + 16(O)g = 58g이며 1기압 27℃에서 아세톤 58g을 기화시켜 기체로 만들었을 때의 부피는 다음과 같이 이상기체상태방정식으로 구할 수 있다.

$$PV = \frac{w}{M}RT$$

여기서, P(압력) : 1기압
　　　　V(부피) : V(L)
　　　　w(질량) : 58g
　　　　M(분자량) : 58g/mol
　　　　R(이상기체상수) : 0.082atm・L/K・mol
　　　　T(절대온도) : (273 + 27)(K)

$$1 \times V = \frac{58}{58} \times 0.082 \times (273 + 27)$$
V = 24.6L이다.

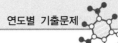
제1과목 | 일반화학

01 다음 중 활성화에너지에 대한 설명으로 옳은 것은?

① 물질이 반응 전에 가지고 있는 에너지 이다.

② 물질이 반응 후에 가지고 있는 에너지 이다.

③ 물질이 반응 전과 후에 가지고 있는 에너지의 차이이다.

④ 물질이 반응을 일으키는 데 필요한 최소한의 에너지이다.

» 활성화에너지란 **어떤 물질이 반응을 일으키는 데 필요한 최소의 에너지**를 말하는 것으로 활성화에너지가 큰 물질은 반응을 일으키는 데 있어서 에너지를 많이 공급해야 하므로 활성화되기 힘든 물질이 되고 반대로 활성화에너지가 작은 물질은 반응을 일으키는 데 있어서 에너지를 조금만 공급해도 되기 때문에 활성화되기 쉬운 물질이 된다.

02 Mg^{2+}의 전자수는 몇 개인가?

① 2   ② 10

③ 12   ④ 6×10^{23}

» 원소의 전자수는 그 원소의 원자번호와 같다. Mg(마그네슘)은 원자번호가 12번이므로 전자수도 12개이지만 〈문제〉는 Mg(마그네슘)이 전자 2개를 잃은 상태인 Mg^{2+}의 전자수를 묻는 것이므로 Mg^{2+}의 전자수는 12개 - 2개 = 10개이다.

03 다음 중 H_2O가 H_2S보다 비등점이 높은 이유는 무엇인가?

① 이온결합을 하고 있기 때문에

② 수소결합을 하고 있기 때문에

③ 공유결합을 하고 있기 때문에

④ 분자량이 적기 때문에

» F(플루오린), O(산소), N(질소)가 수소(H)와 결합하고 있는 물질을 수소결합물질이라 하며, 수소결합을 하는 물질들은 분자들간의 인력이 크고 응집력이 강해 녹는점(융점) 및 끓는점(비등점)이 높다. 〈문제〉의 물(H_2O)은 산소(O)가 수소(H)와 결합하고 있는 수소결합물질이고, 황화수소(H_2S)는 F(플루오린), O(산소), N(질소)가 아닌 황(S)가 수소(H)와 결합하고 있으므로 수소결합물질이 아니다. 따라서 물(H_2O)이 황화수소(H_2S)보다 비등점이 높은 이유는 **물(H_2O)이 수소결합을 하고 있기 때문**이다.

🔊 **톡톡 튀는 암기법** 수소결합물질은 수소(H)가 전화기(phone을 소리나는 대로 읽어 "F", "O", "N")와 결합한 것이다.

04 sp^3 혼성오비탈을 가지고 있는 것은?

① BF_3 ② $BeCl_2$

③ C_2H_4 ④ CH_4

» 혼성궤도함수(혼성오비탈)란 다음과 같이 전자 2개로 채워진 오비탈을 그 명칭과 개수로 표시한 것을 말한다.

① BF_3 : B는 원자가가 +3이므로 다음 그림과 같이 s오비탈과 p오비탈에 각각 3개의 전자를 '•' 표시로 채우고 F는 원자가가 -1인데 총 개수는 3개이므로 p오비탈에 3개의 전자를 'x' 표시로 채우면 s오비탈 1개와 p오비탈 2개에 전자들이 채워진다. 따라서 BF_3의 혼성궤도함수는 sp^2이다.

s	p		
••	•x	xx	

② $BeCl_2$: Be는 원자가가 +2이므로 다음 그림과 같이 s오비탈에 2개의 전자를 '•' 표시로 채우고 Cl은 원자가가 -1인데 총 개수는 2개이므로 p오비탈에 2개의 전자를 'x' 표시로 채우면 s오비탈 1개와 p오비탈 1개에 전자들이 채워진다. 따라서 $BeCl_2$의 혼성궤도함수는 sp이다.

s	p		
••	xx		

③ C_2H_4 : C가 2개 이상 존재하는 물질의 경우에는 전자 2개로 채워진 오비탈의 명칭을 읽어주는 방법으로는 문제를 해결하기 힘들기 때문에 C_2H_4의 혼성궤도함수는 sp^2로 암기한다.

④ CH_4 : C는 원자가가 +4이므로 다음 그림과 같이 s오비탈과 p오비탈에 각각 4개의 전자를 '•' 표시로 채우고 H는 원자가가 +1인데 총 개수는 4개이므로 p오비탈에 4개의 전자를 'x' 표시로 채우면 **s오비탈 1개와 p오비탈 3개**에 2개의 전자들이 채워진다. 따라서 CH_4의 혼성궤도함수는 sp^3이다.

s	p		
••	•x	•x	xx

05 같은 주기에서 원자번호가 증가할수록 감소하는 것은?

① 이온화에너지 ② 원자반지름
③ 비금속성 ④ 전기음성도

» 원소주기율표의 같은 주기에서 원자번호가 증가할수록 감소하는 것은 주기율표의 왼쪽에서 오른쪽으로 갈수록 감소하는 것을 말한다.

① 이온화에너지란 중성원자로부터 전자(−) 1개를 떼어 내어 양이온(+)으로 만드는 데 필요한 힘을 말하는데, 주기율표의 오른쪽에 있는 (−) 원자를 갖는 원소들은 전자(−) 를 쉽게 빼앗기지 않으려는 성질이 강해 전자를 떼어내려는 힘이 많이 필요하게 되어 이온화에너지가 증가하고 반대로 주기율표의 왼쪽에 있는 원소들은 전자(−)를 잃고 양이온(+)이 되려는 성질이 커서 전자를 떼어 내는 데 많은 힘이 필요하지 않아 이온화에너지가 감소한다.

② 주기율표의 오른쪽으로 갈수록 그 주기에는 전자수가 증가하게 되고 전자가 많아질수록 양성자가 전자를 당기는 힘이 강해져 전자가 내부로 당겨지면서 **원자의 반지름은 감소**한다.

③ 주기율표의 왼쪽에는 금속성 원소들이 존재하고 주기율표의 오른쪽에는 비금속성 원소들이 존재하므로 주기율표의 오른쪽으로 갈수록 비금속성은 증가한다.

④ 주기율표의 왼쪽으로 갈수록 이온화경향이 증가하고 주기율표의 오른쪽으로 갈수록 전기음성도가 증가한다.

06 다음 중 1차 이온화에너지가 가장 작은 것은?

① Li ② O
③ Cs ④ Cl

» 이온화에너지란 중성원자로부터 전자(−) 1개를 떼어 내어 양이온(+)으로 만드는 데 필요한 힘을 말한다. 주기율표의 왼쪽에 있는 금속성 원소들은 스스로 전자(−)를 버리고 양이온이 되려는 성질이 강해 많은 힘을 가하지 않아도 쉽게 전자를 떼어 낼 수 있어서 이온화에너지가 작다. 상대적으로 주기율표의 오른쪽에 있는 (−)원자를 갖춘 원소들은 전자(−)를 쉽게 빼앗기지 않으려는 성질이 강해 전자를 떼어 내는 데 힘이 많이 필요하기 때문에 이온화에너지가 크다.

〈보기〉 중 ① Li(리튬)과 ③ Cs(세슘)은 주기율표의 가장 왼쪽에 있는 알칼리금속들이므로 ② O(산소)나 ④ Cl(염소)보다 이온화에너지가 작다. 또한 같은 족에 속한 원소의 경우 아래로 갈수록 전자를 갖고 있는 주기가 원자핵으로부터 멀리 떨어져 있기 때문에 전자를 제거하는 데 필요한 힘이 많이 필요하지 않다. 따라서 같은 족에서는 아래로 갈수록 이온화에너지는 작기 때문에 Li(리튬)보다 아래에 있는 원소인 Cs(세슘)이 이온화에너지가 더 작고 〈보기〉의 원소 중에서도 이온화에너지가 가장 작은 원소이다.

07 다음 중 수용액의 pH가 가장 작은 것은 어느 것인가?

① 0.01N HCl
② 0.1N HCl
③ 0.01N CH_3COOH
④ 0.1N NaOH

» 물질이 H를 가지고 있는 경우에는 $pH = -\log[H^+]$의 공식을 이용해 수소이온지수(pH)를 구할 수 있고, 물질이 OH를 가지고 있는 경우에는 $pOH = -\log[OH^-]$의 공식을 이용해 수산화이온지수(pOH)를 구할 수 있다.

① H를 가진 HCl의 농도 $[H^+]$ = 0.01N이므로 $pH = -\log 0.01 = -\log 10^{-2} = 2$이다.

② H를 가진 HCl의 농도 $[H^+]$ = 0.1N이므로 **$pH = -\log 0.1 = -\log 10^{-1} = 1$이다.**

③ H를 가진 CH_3COOH의 농도 $[H^+]$ = 0.01N이므로 $pH = -\log 0.01 = -\log 10^{-2} = 2$이다.

④ OH를 가진 NaOH의 농도는 $[OH^-]$ = 0.1N이므로 $pOH = -\log 0.1 = -\log 10^{-1} = 1$인데, 〈문제〉는 pOH가 아닌 pH를 구하는 것이므로 pH + pOH = 14의 공식을 이용하여 다음과 같이 pH를 구할 수 있다.
$pH = 14 - pOH = 14 - 1 = 13$

정답 05. ② 06. ③ 07. ②

08 같은 온도에서 크기가 같은 4개의 용기에 다음과 같은 양의 기체를 채웠을 때 용기의 압력이 가장 큰 것은?

① 메테인분자 1.5×10^{23}
② 산소 1그램당량
③ 표준상태에서 CO_2 16.8L
④ 수소기체 1g

➤➤ 용기에 채우는 기체의 몰수 또는 부피가 많을수록 용기는 기체로 가득 차기 때문에 용기의 압력은 커진다.
　① 메테인은 분자수 6.02×10^{23}개가 1몰이므로 1.5×10^{23}개는 몇 몰인지 구하면 다음과 같다.

　　분자수　　　　　　　몰수
　　6.02×10^{23}개　　　　1몰
　　1.5×10^{23}개　　　　x몰
　　$6.02 \times 10^{23} \times x = 1.5 \times 10^{23} \times 1$

　　$x = \dfrac{1.5}{6.02} = 0.25$몰이다.

　② 산소의 원자가는 2, 원자량은 16이므로 산소
　　의 g당량 $= \dfrac{원자량}{원자가} = \dfrac{16}{2} = 8g$이다. 산소
　　기체(O_2)는 32g이 1몰이므로 산소의 1g당량
　　인 8g은 0.25몰이다.

　③ 표준상태에서 CO_2 22.4L는 1몰이므로 CO_2
　　16.8L는 몇 몰인지 구하면 다음과 같다.

　　부피　　　　　몰수
　　22.4L　　　　1몰
　　16.8L　　　　x몰
　　$22.4 \times x = 16.8 \times 1$

　　$x = \dfrac{16.8}{22.4} = $ **0.75**몰이다.

　④ 수소기체(H_2)는 분자량 2g이 1몰이므로 수소
　　기체 1g은 0.5몰이다.

09 11g의 프로페인이 연소하면 몇 g의 물이 생기는가?

① 4　　　　　　② 4.5
③ 9　　　　　　④ 18

➤➤ 프로페인(C_3H_8) 1mol의 분자량은 12(C)g×3 + 1(H)g × 8 = 44g이다. 다음의 프로페인의 연소반응식에서 알 수 있듯이 프로페인 44g을 연소시키면 4몰 × 18g의 물(H_2O)이 발생하는데, 만약 프로페인 11g을 연소시키면 몇 g의 물이 발생하는지를 비례식으로 구하면 다음과 같다.

• 프로페인의 연소반응식
　$C_3H_8 + 5O_2 \rightarrow 3CO_2 + 4H_2O$

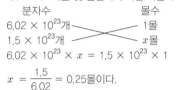

　$44 \times x = 11 \times 4 \times 18$
　$x = 18g$
따라서 이 경우 물은 18g이 생긴다.

10 다음 중 나타내는 수의 크기가 다른 하나는?

① 질소 7g 중의 원자수
② 수소 1g 중의 원자수
③ 염소 71g 중의 분자수
④ 물 18g 중의 분자수

➤➤ 질소(N), 산소(O), 염소(Cl)와 같이 원소 하나로 존재하는 것은 원자이고, 질소(N_2), 산소(O_2), 염소(Cl_2), 물(H_2O)과 같이 원소가 2개 이상 결합되어 있는 것은 분자이다.
　① 질소(N)는 14g이 원자수 1개의 질량이므로 질소 7g은 원자수 0.5개의 질량이다.
　② 수소(H)는 1g이 원자수 1개의 질량이다.
　③ 염소(Cl_2)는 35.5g×2 = 71g이 분자수 1개의 질량이다.
　④ 물(H_2O)은 1(H)g × 2 + 16(O)g = 18g이 분자수 1개의 질량이다.
따라서 ②, ③, ④가 나타내는 수의 크기는 모두 1이지만 ①은 0.5이다.

11 어떤 물질 1g을 증발시켰더니 그 부피가 0℃, 4atm에서 329.2mL였다. 이 물질의 분자량은? (단, 증발한 기체는 이상기체라 가정한다.)

① 17　　　　　　② 23
③ 30　　　　　　④ 60

➤➤ 이상기체상태방정식 $PV = \dfrac{w}{M}RT$에서 분자량
　$M = \dfrac{w}{PV}RT$와 같다.
　여기서, P(압력) : 4atm(기압)
　　　　V(부피) : 329.2mL = 0.3292L
　　　　w(질량) : 1g
　　　　R(이상기체상수) : 0.082atm・L / mol・K
　　　　T(절대온도) : 273+0K
　$M = \dfrac{1}{4 \times 0.3292} \times 0.082 \times (273+0) = 17$
　∴ $M = 17$

정답　08. ③　09. ④　10. ①　11. ①

12 물 450g에 NaOH 80g이 녹아있는 용액에서 NaOH의 몰분율은? (단, Na의 원자량은 23이다.)

① 0.074　　② 0.178

③ 0.200　　④ 0.450

➤➤ 몰분율이란 각 물질을 몰수로 나타내었을 때 전체 물질 중 해당 물질이 차지하는 몰수의 비율을 말한다.

H_2O(물) 1몰은 $1(H)g \times 2 + 16(O)g = 18g$이므로 물 450g은 $\frac{450}{18} = 25$몰이고 NaOH(수산화나트륨) 1몰은 $23(Na)g + 16(O)g + 1(H)g = 40g$이므로 NaOH 80g은 $\frac{80}{40} = 2$몰이다.

따라서 물 25몰과 NaOH 2몰을 합한 몰수에 대해 NaOH가 차지하는 몰분율은 $\frac{2}{25+2} = 0.740$이다.

13 다음의 화합물 중 화합물 내 질소분율이 가장 높은 것은?

① $Ca(CN)_2$　　② $NaCN$

③ $(NH_2)_2CO$　　④ NH_4NO_3

➤➤ 화합물 내 질소분율이란 화합물의 분자량 중 질소가 차지하는 비율을 말한다.

① $Ca(CN)_2$

$\frac{14(N) \times 2}{40(Ca) + [12(C) + 14(N)] \times 2} \times 100$
$= 30.43\%$

② $NaCN$

$\frac{14(N)}{23(Na) + 12(C) + 14(N)} \times 100$
$= 28.57\%$

③ $(NH_2)_2CO$

$\frac{14(N) \times 2}{[14(N) + 1(H) \times 2] \times 2 + 12(C) + 16(O)} \times 100$
$= 46.67\%$

④ NH_4NO_3

$\frac{14(N) \times 2}{14(N) + 1(H) \times 4 + 14(N) + 16(O) \times 3} \times 100$
$= 35\%$

14 $KMnO_4$에서 Mn의 산화수는 얼마인가?

① +3　　② +5

③ +7　　④ +9

➤➤ 과망가니즈산칼륨의 화학식은 $KMnO_4$이며, 이 중 망가니즈(Mn)의 산화수를 구하는 방법은 다음과 같다.

① 1단계 : 필요한 원소들의 원자가를 확인한다.
　- 칼륨(K) : +1가 원소
　- 산소(O) : -2가 원소

② 2단계 : 망가니즈(Mn)를 $+x$로 두고 나머지 원소들의 원자가와 그 개수를 적는다.

　K　Mn　　O4
　$(+1)(+x)(-2 \times 4)$

③ 3단계 : 다음과 같이 원자가와 그 개수의 합이 0이 되도록 한다.
　$+1 + x - 8 = 0$
　이 때 x값이 Mn의 산화수이다.
　$\therefore x = +7$

15 다음 산화수에 대한 설명 중 틀린 것은 어느 것인가?

① 화학결합이나 반응에서 산화, 환원을 나타내는 척도이다.

② 자유원소상태의 원자의 산화수는 0이다.

③ 이온결합 화합물에서 각 원자의 산화수는 이온전하의 크기와 관계 없다.

④ 화합물에서 각 원자의 산화수는 총합이 0이다.

➤➤ ① 화학반응에서 원소의 산화수가 증가하는 것은 그 원소가 산화하는 것이고, 산화수가 감소하는 것은 그 원소가 환원하는 것으로 산화수는 산화 또는 환원을 나타내는 척도로 이용된다.

② 자유원소상태인 하나의 원소로만 구성된 물질의 산화수는 0이다.

③ (-)이온전하인 전자를 잃는 것은 산화현상으로서 산화수의 변동이 발생하므로 **각 원자의 산화수는 양이온 또는 음이온(전자)의 전하의 크기와 밀접한 연관성이 있다.**

④ 화합물을 구성하는 각 원소의 산화수의 합은 0이다.

16 염(salt)을 만드는 화학반응식이 아닌 것은?

① $HCl + NaOH \rightarrow NaCl + H_2O$

② $2NH_4OH + H_2SO_4 \rightarrow (NH_4)_2SO_4 + 2H_2O$

③ $CuO + H_2 \rightarrow Cu + H_2O$

④ $H_2SO_4 + Ca(OH)_2 \rightarrow CaSO_4 + 2H_2O$

>> 염류(K, Na, NH₄ 등)가 H를 밀어내고 H와 결합되어 있던 음이온과 다시 결합하여 만든 물질을 염(salt)이라 한다.

① HCl + NaOH → NaCl + H₂O에서 NaOH에 있던 염류 Na이 HCl의 H를 밀어내고 H와 결합되어 있던 음이온인 Cl와 결합하여 반응 후 NaCl이라는 염을 만들었다.

② 2NH₄OH + H₂SO₄ → (NH₄)₂SO₄ + 2H₂O에서 NH₄OH에 있던 염류 NH₄가 H₂SO₄의 H를 밀어내고 H와 결합되어 있던 음이온인 SO₄와 결합하여 반응 후 (NH₄)₂SO₄라는 염을 만들었다.

③ CuO + H₂ → Cu + H₂O에서는 H₂가 단독으로 존재하고 있어 H와 결합되어 있는 음이온이 존재하지 않으므로 **이 반응에서는 염을 만들 수 없다.**

④ H₂SO₄ + Ca(OH)₂ → CaSO₄ + 2H₂O에서 Ca(OH)₂에 있던 염류 Ca이 H₂SO₄의 H를 밀어내고 H와 결합되어 있던 음이온인 SO₄와 결합하여 반응 후 CaSO₄라는 염을 만들었다.

---

17 다음 중 3차 알코올에 해당되는 것은?

① OH H H
H−C−C−C−H
H H H

② H H H
H−C−C−C−OH
H H H

③ H H H
H−C−C−C−OH
H OH H

④ CH₃
CH₃−C−CH₃
OH

>> 1차, 2차, 3차 알코올은 알코올에 포함된 CH₃(메틸), C₂H₅(에틸) 등의 알킬의 수에 따라 분류된다.

1) CH₃(메틸) 또는 C₂H₅(에틸)의 수 1개 : 1차 알코올
2) CH₃(메틸) 또는 C₂H₅(에틸)의 수 2개 : 2차 알코올
3) CH₃(메틸) 또는 C₂H₅(에틸)의 수 3개 : 3차 알코올
④ CH₃(메틸)의 수가 3개 포함되어 있으므로 3차 알코올로 분류된다.

Check **OH 수에 따른 알코올 분류**

1가, 2가, 3가 알코올은 알코올에 포함된 OH(수산기)의 수에 따라 분류된다.

(1) OH 1개 : 1가 알코올
(2) OH 2개 : 2가 알코올
(3) OH 3개 : 3가 알코올

---

18 커플링반응 시 생성되는 작용기는?

① −NH₂
② −CH₃
③ −COOH
④ −N = N−

>> **커플링반응**이란 주로 방향족화합물과의 반응을 통해 아조기(−N = N−)를 포함하고 있는 아조화합물을 생성하는 반응을 말한다.

🐥톡톡튀는 **암기법** 〈문제〉에서 말하는 커플링과는 전혀 연관성이 없음에도 불구하고 남녀 둘이서 이중결합(=)처럼 똑 같은 반지 두 개를 함께 끼는 것도 커플링이라고 부르므로 커플링은 이중결합을 가지고 있는 것이라고 암기하자.

---

19 0.01N NaOH 용액 100mL에 0.02N HCl 55mL를 넣고 증류수를 넣어 전체 용액을 1,000mL로 한 용액의 pH는?

① 3
② 4
③ 10
④ 11

>> 염기성(NaOH)과 산성(HCl) 물질을 혼합할 때 각 농도와 부피의 곱이 같으면 그 혼합물은 중성(중화)이 되는데 이를 중화적정이라고 하며 공식은 $N_1 V_1 = N_2 V_2$이다.

- NaOH 용액 : 농도(N_1) = 0.01N, 부피(V_1) = 100mL이므로 $N_1 \times V_1 = 0.01 \times 100 = 1$
- HCl : 농도(N_2) = 0.02N, 부피(V_2) = 55mL이므로 $N_2 \times V_2 = 0.02 \times 55 = 1.1$

위와 같은 방법으로는 $N_1 V_1$과 $N_2 V_2$의 값이 1과 1.1로 서로 같지 않아 중화되지 않으므로 HCl의 부피 55mL 중 5mL는 빼고 50mL만 NaOH 용액과 반응시키면 다음과 같이 중화시킬 수 있다.

$$N_1 \times V_1 = N_2 \times V_2$$

$$0.01 \times 100 = 0.02 \times 50$$

그러나 산성인 HCl 5mL는 중화적정에 참여하지 않고 남았으므로 현재 중화시킨 후의 용액은 산성이다. 여기에 증류수를 넣어 전체 용액의 부피(V_3)를 1,000mL로 만든 후 HCl과 전체 용액을

다시 중화시키면 다음과 같이 전체 용액의 농도(N_3)를 구할 수 있다.

$$N_1 \times V_1 = N_3 \times V_3$$

$$0.02 \times 5 = N_3 \times 1,000$$

$$N_3 = 0.0001N$$

따라서 전체 용액의 pH를 구하기 위해 농도(N_3) 0.0001을 수소이온농도인 [H^+]에 대입하면

$$pH = -\log[H^+] = -\log 0.0001$$
$$= -\log 10^{-4}$$
$$= 4가 된다.$$

20 에틸렌(C_2H_4)을 원료로 하지 않는 것은?

① 아세트산   ② 염화비닐

③ 에탄올   ④ 메탄올

≫ 〈보기〉의 물질들이 갖고 있는 탄소(C)수는 다음과 같다.
① 아세트산(CH_3COOH) : 2개
② 염화비닐(CH_2CHCl) : 2개
③ 에탄올(C_2H_5OH) : 2개
④ 메탄올(CH_3OH) : 1개
일반적으로 어떤 물질이 반응할 때 그 원래의 물질에 포함된 탄소(C)의 수가 달라지는 경우는 매우 드물다. 따라서 에틸렌(C_2H_4)은 탄소(C)가 2개 포함된 물질이므로 탄소수가 1개인 ④ 메탄올(CH_3OH)은 에틸렌을 원료로 하지 않는다.

제2과목　**화재예방과 소화방법**

21 표준상태(0℃, 1atm)에서 2kg의 이산화탄소가 모두 기체상태의 소화약제로 방사될 경우 부피는 몇 m³인가?

① 1.018   ② 10.18

③ 101.8   ④ 1,018

≫ 기체상태의 이산화탄소(CO_2)의 부피를 구하는 방법은 다음과 같이 이상기체상태방정식 $PV = \frac{w}{M}RT$를 이용한다.

여기서, P(압력) : 1atm(기압)
　　　V(부피) : V(L)
　　　M(분자량) : 12(C)g + 16(O)g × 2 = 44g/mol
　　　w(질량) : 2,000g
　　　R(이상기체상수) : 0.082 atm · L / mol · K
　　　T(절대온도) : 273 + 0K

$$1 \times V = \frac{2,000}{44} \times 0.082 \times (273 + 0)$$
$$= 1,018L$$
$$\therefore V = 1.018m^3$$

22 위험물안전관리법령에 따른 이동식 할로겐화물소화설비 기준에 의하면 20℃에서 노즐이 할론 2402를 방사할 경우 1분당 몇 kg의 소화약제를 방사할 수 있어야 하는가?

① 35   ② 40

③ 45   ④ 50

≫ 이동식 할로젠화합물소화설비의 하나의 노즐마다 온도 20℃에서의 1분당 방사량
1) **할론 2402 : 45kg 이상**
2) 할론 1211 : 40kg 이상
3) 할론 1301 : 35kg 이상

Check 이동식 할로젠화합물소화설비의 용기 또는 탱크에 저장하는 소화약제의 양
(1) 할론 2402 : 50kg 이상
(2) 할론 1211 : 45kg 이상
(3) 할론 1301 : 45kg 이상

23 다음 중 화학적 에너지원이 아닌 것은 어느 것인가?

① 연소열

② 분해열

③ 마찰열

④ 융해열

≫ 열 에너지원
1) 물리적(기계적) 에너지원 : 압축열, 마찰열 등
2) 화학적 에너지원 : 연소열, 분해열, 융해열 등

Check
그 밖의 열에너지원으로 전기적 에너지원(저항열, 유도열, 정전기열 등)도 있다.

24 위험물안전관리법령상 정전기를 유효하게 제거하기 위해서는 공기 중의 상대습도는 몇 %이상 되게 하여야 하는가?

① 40%   ② 50%

③ 60%   ④ 70%

정답　20. ④　21. ①　22. ③　23. ③　24. ④

◈ 정전기 제거방법
1) 접지할 것
2) **공기 중의 상대습도를 70% 이상으로 할 것**
3) 공기를 이온화시킬 것

◈ 화재 분류에 따른 소화기에 표시하는 색상
1) 일반화재(A급) : 백색
2) **유류화재(B급) : 황색**
3) 전기화재(C급) : 청색
4) 금속화재(D급) : 무색

25 불연성 기체로서 비교적 액화가 용이하고 안전하게 저장할 수 있으며 전기절연성이 좋아 C급 화재에 사용되기도 하는 기체는?

① N_2
② CO_2
③ Ar
④ He

◈ 〈보기〉는 모두 불연성 기체이지만, 이 중 C급(전기) 화재에 적응성이 있는 소화약제로 사용되는 기체는 이산화탄소(CO_2)이다.

26 주성분이 탄산수소나트륨인 소화약제는 제 몇 종 분말소화약제인가?

① 제1종
② 제2종
③ 제3종
④ 제4종

◈ 분말소화약제의 구분

구 분	주성분	주성분의 화학식	색 상
제1종 분말소화약제	**탄산수소 나트륨**	$NaHCO_3$	백색
제2종 분말소화약제	탄산수소 칼륨	$KHCO_3$	연보라 (담회)색
제3종 분말소화약제	인산암모늄	$NH_4H_2PO_4$	담홍색
제4종 분말소화약제	탄산수소칼륨 + 요소의 반응생성물	$KHCO_3$ + $(NH_2)_2CO$	회색

27 소화기가 유류화재에 적응력이 있음을 표시하는 색은?

① 백색
② 황색
③ 청색
④ 흑색

28 분말소화약제에 해당하는 착색으로 옳은 것은?

① 탄산수소칼륨 – 청색
② 제1인산암모늄 – 담홍색
③ 탄산수소칼륨 – 담홍색
④ 제1인산암모늄 – 청색

◈ 분말소화약제의 구분

구 분	주성분	주성분의 화학식	색 상
제1종 분말소화약제	탄산수소 나트륨	$NaHCO_3$	백색
제2종 분말소화약제	탄산수소 칼륨	$KHCO_3$	연보라 (담회)색
제3종 분말소화약제	**인산암모늄**	$NH_4H_2PO_4$	**담홍색**
제4종 분말소화약제	탄산수소칼륨 + 요소의 반응생성물	$KHCO_3$ + $(NH_2)_2CO$	회색.

29 위험물안전관리법령에 따르면 옥외소화전의 개폐밸브 및 호스접속구는 지반면으로부터 몇 m 이하의 높이에 설치해야 하는가?

① 1.5   ② 2.5
③ 3.5   ④ 4.5

◈ 옥내소화전과 옥외소화전 모두 개폐밸브 및 호스접속구는 바닥면으로부터 1.5m 이하의 높이에 설치해야 한다.

30 소화설비의 설치기준에 있어서 위험물저장소의 건축물로서 외벽이 내화구조로 된 것은 연면적 몇 m^2를 1소요단위로 하는가?

① 50   ② 75
③ 100   ④ 150

정답   25. ② 26. ① 27. ② 28. ② 29. ① 30. ④

≫ 외벽이 내화구조인 위험물저장소의 건축물은 연면적 150m²를 1소요단위로 한다.

Check **1소요단위의 기준**

구 분	외벽이 내화구조	외벽이 비내화구조
제조소 및 취급소	연면적 100m²	연면적 50m²
저장소	**연면적 150m²**	연면적 75m²
위험물	지정수량의 10배	

31 위험물안전관리법령상 분말소화설비의 기준에서 가압용 또는 축압용 가스로 사용이 가능한 가스로만 이루어진 것은?

① 산소, 질소
② 이산화탄소, 산소
③ 산소, 아르곤
④ 질소, 이산화탄소

≫ 분말소화설비에 사용하는 가압용 또는 축압용 가스는 **질소** 또는 **이산화탄소**이다.

32 위험물안전관리법령상 위험물별 적응성이 있는 소화설비가 올바르게 연결되지 않은 것은?

① 제4류 및 제5류 위험물 – 할로젠화합물 소화기
② 제4류 및 제6류 위험물 – 인산염류분말 소화기
③ 제1류 알칼리금속의 과산화물 – 탄산수소염류분말소화기
④ 제2류 및 제3류 위험물 – 팽창질석

≫ ① 제4류 위험물에는 **할로젠화합물소화기**가 적응성이 있지만 **제5류 위험물에는 적응성이 없다.**
② 제4류 위험물 및 제6류 위험물 모두에 대해 인산염류분말소화기는 적응성이 있다.
③ 제1류 위험물 중 알칼리금속의 과산화물에는 탄산수소염류분말소화기가 적응성이 있다.
④ 제2류 위험물 및 제3류 위험물 뿐만 아니라 모든 유별의 위험물에 대해 팽창질석은 적응성이 있다.

소화설비의 구분		건축물·그 밖의 공작물	전기설비	제1류 위험물 알칼리금속의 과산화물등	제1류 위험물 그 밖의 것	제2류 위험물 철분·금속분·마그네슘등	제2류 위험물 인화성고체	제2류 위험물 그 밖의 것	제3류 위험물 금수성물품	제3류 위험물 그 밖의 것	제4류 위험물	제5류 위험물	제6류 위험물
대형·소형수동식소화기	봉상수(棒狀水)소화기	○			○		○	○		○		○	○
	무상수(霧狀水)소화기	○	○		○		○	○		○		○	○
	봉상강화액소화기	○			○		○	○		○		○	○
	무상강화액소화기	○	○		○		○	○		○	○	○	○
	포소화기	○			○		○	○		○	○	○	○
	이산화탄소소화기		○				○				○		△
	할로젠화합물소화기		○				○				○	×	
	분말소화기 인산염류소화기	○	○		○		○	○			○		○
	분말소화기 탄산수소염류소화기		○	○		○	○		○		○		
	분말소화기 그 밖의 것			○		○			○				
기타	물통 또는 수조	○			○		○	○		○		○	○
	건조사			○	○	○	○	○	○	○	○	○	○
	팽창질석 또는 팽창진주암			○	○	○	○	○	○	○	○	○	○

33 위험물제조소등에 설치하는 옥외소화전설비에 있어서 옥외소화전함은 옥외소화전으로부터 보행거리 몇 m 이하의 장소에 설치하는가?

① 2m
② 3m
③ 5m
④ 10m

≫ 위험물제조소등에 설치하는 옥외소화전함은 옥외소화전으로부터 보행거리 5m 이하의 장소에 설치해야 한다.

정답 31. ④ 32. ① 33. ③

34 위험물제조소등에 설치하는 이산화탄소소화설비에 있어 저압식 저장용기에 설치하는 압력경보장치의 작동압력 기준은?

① 0.9MPa 이하, 1.3MPa 이상
② 1.9MPa 이하, 2.3MPa 이상
③ 0.9MPa 이하, 2.3MPa 이상
④ 1.9MPa 이하, 1.3MPa 이상

≫ 이산화탄소소화약제의 저압식 저장용기에는 2.3MPa 이상의 압력 및 1.9MPa 이하의 압력에서 작동하는 압력경보장치를 설치해야 한다.

※ 저압식 저장용기의 정상압력은 1.9MPa 초과 2.3MPa 미만이므로 이 압력의 범위를 벗어날 경우 압력에 이상이 생겼음을 알려주기 위한 경보장치이다.

Check **이산화탄소소화약제의 저압식 저장용기에 설치하는 설비의 또 다른 기준**

(1) 액면계 및 압력계를 설치할 것
(2) 용기 내부의 온도를 영하 20℃ 이상 영하 18℃ 이하로 유지할 수 있는 자동냉동기를 설치할 것
(3) 파괴판을 설치할 것
(4) 방출밸브를 설치할 것

35 위험물제조소등에 옥내소화전이 1층에 6개, 2층에 5개, 3층에 4개가 설치되었다. 이 때 수원의 수량은 몇 m³ 이상이 되도록 설치하여야 하는가?

① 23.4
② 31.8
③ 39.0
④ 46.8

≫ 위험물제조소등에 설치된 옥내소화전설비의 수원의 양은 옥내소화전이 가장 많이 설치된 층의 옥내소화전의 설치개수(설치개수가 5개 이상이면 5개)에 7.8m³를 곱한 값 이상의 양으로 한다. 〈문제〉에서 1층의 옥내소화전 개수가 6개로 가장 많지만 개수가 5개 이상이면 5개를 7.8m³에 곱해야 하므로 수원의 양은 5개 × 7.8m³ = 39m³이다.

Check 옥외소화전설비의 수원의 양은 옥외소화전의 설치개수(설치개수가 4개 이상이면 4개)에 13.5m³를 곱한 값 이상의 양으로 한다.

36 위험물안전관리법령상 위험물제조소와의 안전거리 기준이 50m 이상이어야 하는 것은 어느 것인가?

① 고압가스 취급시설
② 학교, 병원
③ 유형문화재
④ 극장

≫ 위험물제조소등의 안전거리
1) 주거용 건축물(제조소의 동일부지 외에 있는 것) : 10m 이상
2) 학교, 병원, 극장(300명 이상), 다수인 수용시설 : 30m 이상
3) **유형문화재와 기념물 중 지정문화재 : 50m 이상**
4) 고압가스, 액화석유가스 등의 저장·취급시설 : 20m 이상
5) 사용전압 7,000V 초과 35,000V 이하의 특고압가공전선 : 3m 이상
6) 사용전압이 35,000V를 초과하는 특고압가공전선 : 5m 이상

💡 Tip
제6류 위험물을 취급하는 제조소등의 경우는 모든 대상에 대해 안전거리를 제외할 수 있습니다.

37 다음은 위험물안전관리법령에서 정한 제조소등에서의 위험물의 저장 및 취급에 관한 기준 중 위험물의 유별 저장·취급 공통기준의 일부이다. ( ) 안에 알맞은 위험물 유별은?

( ) 위험물은 가연물과의 접촉·혼합이나 분해를 촉진하는 물품과의 접근 또는 과열을 피하여야 한다.

① 제2류   ② 제3류
③ 제5류   ④ 제6류

≫ 위험물의 유별 저장·취급 공통기준

1) 제1류 위험물은 가연물과의 접촉·혼합이나 분해를 촉진하는 물품과의 접근 또는 과열·충격·마찰 등을 피하는 한편, 알칼리금속의 과산화물 및 이를 함유한 것에 있어서는 물과의 접촉을 피해야 한다.

2) 제2류 위험물은 산화제와의 접촉·혼합이나 불티, 불꽃, 고온체와의 접근 또는 과열을 피하는 한편, 철분, 금속분, 마그네슘 및 이를 함유한 것에 있어서는 물이나 산과의 접촉을 피하고 인화성 고체에 있어서는 함부로 증기를 발생시키지 않아야 한다.

3) 제3류 위험물 중 자연발화성 물질에 있어서는 불티, 불꽃, 고온체와의 접근, 과열 또는 공기와의 접촉을 피하고, 금수성 물질에 있어서는 물과의 접촉을 피해야 한다.

4) 제4류 위험물은 불티, 불꽃, 고온체와의 접근 또는 과열을 피하고, 함부로 증기를 발생시키지 않아야 한다.

5) 제5류 위험물은 불티, 불꽃, 고온체와의 접근이나 과열, 충격 또는 마찰을 피해야 한다.

6) **제6류 위험물은 가연물과의 접촉·혼합이나 분해를 촉진하는 물품과의 접근 또는 과열을 피해야 한다.**

38 위험물제조소에서 화기엄금 및 화기주의를 표시하는 게시판의 바탕색과 문자색을 올바르게 연결한 것은?

① 백색바탕 – 청색문자

② 청색바탕 – 백색문자

③ 적색바탕

 – 백색문자

④ 백색바탕

 – 적색문자

 주의사항 게시판 색상

≫ 위험물제조소등에 설치하는 주의사항 게시판의 내용 및 색상

유 별	품 명	주의사항	색 상
제1류	알칼리금속의 과산화물	물기엄금	청색바탕 및 백색문자
	그 밖의 것	필요 없음	–
제2류	인화성 고체	**화기엄금**	**적색바탕 및 백색문자**
	그 밖의 것	**화기주의**	

	금수성 물질	물기엄금	청색바탕 및 백색문자
제3류	자연발화성 물질	**화기엄금**	**적색바탕 및 백색문자**
제4류	인화성 액체	**화기엄금**	**적색바탕 및 백색문자**
제5류	자기반응성 물질	**화기엄금**	**적색바탕 및 백색문자**
제6류	산화성 액체	필요 없음	–

💡 Tip

주의사항 게시판의 색상은 주의사항 내용에 '물기'가 포함되어 있으면 청색바탕에 백색문자로 하고, '화기'가 포함되어 있으면 적색바탕에 백색문자로 합니다.

39 제5류 위험물인 자기반응성 물질에 포함되지 않는 것은?

① CH_3NO_2

② $[C_6H_7O_2(ONO_2)_3]_n$

③ $C_6H_2CH_3(NO_2)_3$

④ $C_6H_5NO_2$

≫ ① CH_3NO_2(나이트로메테인) : 제5류 위험물 중 나이트로화합물에 속한다.

② $[C_6H_7O_2(ONO_2)_3]_n$(나이트로셀룰로오스) : 제5류 위험물 중 질산에스터류에 속한다.

③ $C_6H_2CH_3(NO_2)_3$(트라이나이트로톨루엔) : 제5류 위험물 중 나이트로화합물에 속한다.

④ **$C_6H_5NO_2$(나이트로벤젠) : 제4류 위험물 중 제3석유류에 속한다.**

40 특정옥외탱크저장소라 함은 저장 또는 취급하는 액체위험물의 최대수량이 얼마 이상의 것을 말하는가?

① 50만 리터 이상

② 100만 리터 이상

③ 150만 리터 이상

④ 200만 리터 이상

≫ 1) **특정옥외탱크저장소 : 저장 또는 취급하는 액체위험물의 최대수량이 100만L 이상의 것**

2) 준특정 옥외저장탱크 : 저장 또는 취급하는 액체위험물의 최대수량이 50만L 이상 100만L 미만의 것

제3과목 위험물의 성질과 취급

41 제1류 위험물 중 무기과산화물 150kg, 질산
염류 300kg, 다이크로뮴산염류 3,000kg을
저장하려 한다. 각각 지정수량의 배수의 총
합은 얼마인가?

① 5   ② 6
③ 7   ④ 8

⫸ 무기과산화물의 지정수량은 50kg이며, 질산염류
의 지정수량은 300kg, 다이크로뮴산염류의 지정
수량은 1,000kg이므로 이들의 지정수량 배수의
합은 $\frac{150kg}{50kg} + \frac{300kg}{300kg} + \frac{3,000kg}{1,000kg} = 7$배이다.

42 염소산나트륨의 위험성에 대한 설명 중 틀린
것은?

① 조해성이 강하므로 저장용기는 밀전한다.
② 산과 반응하여 이산화염소를 발생한다.
③ 황, 목탄, 유기물 등과 혼합한 것은 위험
하다.
④ 유리용기를 부식시키므로 철제용기에
저장한다.

⫸ ① 제1류 위험물로서 공기 중의 습기를 흡수하여
자신이 녹는 성질인 조해성이 강하므로 저장용
기는 공기와 접촉하지 않도록 밀전한다.
② 황산, 염산 등과 반응하여 독성인 이산화염소
(ClO_2)가스를 발생한다.
③ 산소공급원 역할을 하는 물질로서 황, 목탄, 유
기물 등의 가연물과 혼합하는 것은 위험하다.
④ 철제용기는 산소로 인해 부식되기 쉬우므로
부식되지 않는 **유리용기에 저장**한다.

43 염소산칼륨이 고온에서 열분해할 때 생성되
는 물질을 올바르게 나타낸 것은?

① 물, 산소
② 염화칼륨, 산소
③ 이염화칼륨, 수소
④ 칼륨, 물

⫸ 제1류 위험물인 염소산칼륨($KClO_3$)은 열분해 시
염화칼륨(KCl)과 산소를 발생한다.
• 염소산칼륨의 열분해 반응식
$$2KClO_3 \rightarrow 2KCl + 3O_2$$

44 다음 중 인화석회가 물과 반응하여 생성하는
기체는?

① 포스핀
② 아세틸렌
③ 이산화탄소
④ 수산화칼슘

⫸ 인화석회는 인화칼슘(Ca_3P_2)이라고도 불리는 제3류
위험물로서 물과 반응 시 수산화칼슘[$Ca(OH)_2$]과
함께 독성이면서 가연성인 **포스핀**(PH_3)가스를 발
생한다.
• 인화칼슘의 물과의 반응식
$$Ca_3P_2 + 6H_2O \rightarrow 3Ca(OH)_2 + 2PH_3$$

45 다음 반응식 중에서 옳지 않은 것은?

① $CaO_2 + 2HCl \rightarrow CaCl_2 + H_2O_2$
② $CaH_2 + 2H_2O \rightarrow Ca(OH)_2 + 2H_2$
③ $Ca_3P_2 + 4H_2O \rightarrow Ca_3(OH)_2 + 2PH_3$
④ $CaC_2 + 2H_2O \rightarrow Ca(OH)_2 + C_2H_2$

⫸ ③ 제3류 위험물에 속하는 인화칼슘(Ca_3P_2)의
물과의 반응식은 다음과 같다.
$$Ca_3P_2 + 6H_2O \rightarrow 3Ca(OH)_2 + 2PH_3$$

46 다음 중 적린과 황린의 공통점이 아닌 것은
어느 것인가?

① 화재발생 시 물을 이용한 소화가 가능
하다.
② 이황화탄소에 잘 녹는다.
③ 연소 시 P_2O_5의 흰 연기가 생긴다.
④ 구성원소는 P이다.

⫸ 제2류 위험물인 **적린**(P)은 물과 **이황화탄소**(CS_2)
에는 녹지 않고 브로민화인(PBr_3)에 녹으며, 제3류
위험물인 황린(P_4)은 물속에 보관하는 물질로 물
에는 녹지 않고 이황화탄소에는 녹는다. 또한 두
물질 모두 구성원소는 인(P)으로서 연소 시 오산화
인(P_2O_5)이라는 흰 연기를 발생하며 화재발생 시
물로 냉각소화가 가능하다.

47 산화프로필렌 300L, 메탄올 400L, 벤젠 200L를 저장하고 있는 경우 각각 지정수량 배수의 총 합은 얼마인가?

① 4 　　　　② 6
③ 8 　　　　④ 10

》 특수인화물인 산화프로필렌의 지정수량은 50L이며, 알코올류인 메탄올의 지정수량은 400L, 제1석유류 비수용성인 벤젠의 지정수량은 200L이므로 이들의 지정수량 배수의 합은 $\frac{300L}{50L} + \frac{400L}{400L} + \frac{200L}{200L}$ = 8배이다.

48 다음 물질 중 인화점이 가장 낮은 것은?

① 다이에틸에터　　② 이황화탄소
③ 아세톤　　　　　④ 벤젠

》 〈보기〉의 물질의 인화점은 다음과 같다.
① 다이에틸에터(특수인화물) : −45℃
② 이황화탄소(특수인화물) : −30℃
③ 아세톤(제1석유류) : −18℃
④ 벤젠(제1석유류) : −11℃

톡톡 튀는 암기법
1) 아세톤의 인화점
아세톤은 옷에 묻은 페인트 등을 지우는 용도로 사용되며 옷에 페인트가 묻으면 아세톤으로 지워야 하니까 화가 나면서 욕이 나올 수 있다. 그래서 아세톤의 인화점은 욕(−열여덟, −18℃)이다.
2) 벤젠의 인화점
'ㅂ ㅔ ㄴ','ㅈ ㅔ ㄴ'에서 'ㅔ'를 떼어쓰면 −11처럼 보인다.

49 위험물안전관리법령에서 정의한 특수인화물의 조건으로 옳은 것은?

① 1기압에서 발화점이 100℃ 이상인 것 또는 인화점이 영하 10℃ 이하이고 비점이 40℃ 이하인 것
② 1기압에서 발화점이 100℃ 이하인 것 또는 인화점이 영하 20℃ 이하이고 비점이 40℃ 이하인 것
③ 1기압에서 발화점이 200℃ 이하인 것 또는 인화점이 영하 10℃ 이하이고 비점이 40℃ 이하인 것
④ 1기압에서 발화점이 200℃ 이상인 것 또는 인화점이 영하 20℃ 이하이고 비점이 40℃ 이하인 것

》 제4류 위험물 중 특수인화물이란 이황화탄소, 다이에틸에터, 그 밖에 1기압에서 발화점이 100℃ 이하인 것 또는 인화점이 영하 20℃ 이하이고 비점이 40℃ 이하인 것을 말한다.

Check 그 외 제4류 위험물의 인화점 범위
(1) 제1석유류 : 아세톤, 휘발유, 그 밖에 1기압에서 인화점이 21℃ 미만인 것
(2) 알코올류 : 탄소수가 1개부터 3개까지의 포화 1가 알코올인 것(인화점으로 구분하지 않음)
(3) 제2석유류 : 등유, 경유, 그 밖에 1기압에서 인화점이 21℃ 이상 70℃ 미만인 것
(4) 제3석유류 : 중유, 크레오소트유, 그 밖에 1기압에서 인화점이 70℃ 이상 200℃ 미만인 것
(5) 제4석유류 : 기어유, 실린더유, 그 밖에 1기압에서 인화점이 200℃ 이상 250℃ 미만의 것
(6) 동식물류 : 동물의 지육 등 또는 식물의 종자나 과육으로부터 추출한 것으로서 1기압에서 인화점이 250℃ 미만인 것

50 다음 중 3개의 이성질체가 존재하는 물질은?

① 아세톤
② 톨루엔
③ 벤젠
④ 자일렌

》 제4류 위험물 중 제2석유류 비수용성 물질인 크실렌[$C_6H_4(CH_3)_2$]은 자일렌이라고도 불리며, 다음과 같은 3개의 이성질체를 갖는다.

오르토크실렌 (o-크실렌)	메타크실렌 (m-크실렌)	파라크실렌 (p-크실렌)

※ 이성질체 : 동일한 분자식을 가지고 있지만 구조나 성질이 다른 물질을 말한다.

51 다음 중 물과 반응하여 산소를 발생하는 것은?

① KClO₃　　　　② Na₂O₂

③ KClO₄　　　　④ CaC₂

》① $KClO_3$(염소산칼륨) : 제1류 위험물 중 염소산염류에 속하는 물질로서 물과 반응하지 않아 기체도 발생시키지 않는다.

② Na_2O_2(과산화나트륨) : 제1류 위험물 중 알칼리금속의 과산화물에 속하는 물질로서 **물과 반응**하여 수산화나트륨(NaOH)과 함께 **산소를 발생**시킨다.

　• 과산화나트륨의 물과의 반응식

　$2Na_2O_2 + 2H_2O \rightarrow 4NaOH + O_2$

③ $KClO_4$(과염소산칼륨) : 제1류 위험물 중 과염소산염류에 속하는 물질로서 물과 반응하지 않아 기체도 발생시키지 않는다.

④ CaC_2(탄화칼슘) : 제3류 위험물 중 칼슘의 탄화물로서 물과 반응하여 수산화칼슘[Ca(OH)₂]과 아세틸렌(C₂H₂) 가스를 발생시킨다.

　• 탄화칼슘의 물과의 반응식

　$CaC_2 + 2H_2O \rightarrow Ca(OH)_2 + C_2H_2$

52 과산화수소의 성질에 관한 설명으로 옳지 않은 것은?

① 농도에 따라 위험물에 해당하는 않는 것도 있다.

② 분해방지를 위해 보관 시 안정제를 가할 수 있다.

③ 에터에 녹지 않으며, 벤젠에 잘 녹는다.

④ 산화제이지만 환원제로서 작용하는 경우도 있다.

》① 농도가 36중량% 이상인 것만 제6류 위험물에 해당하고 그 미만의 농도는 위험물에 해당하지 않는다.

② 분해 방지를 위해 보관 시 인산 및 요산 등의 분해방지안정제를 가한다.

③ 물, **에터**, 알코올에는 **잘 녹고**, **벤젠** 및 석유에는 **녹지 않는다**.

④ 제6류 위험물로서 산화제이지만 60중량% 이상의 농도에서는 폭발할 수 있는 성질이 있어서 환원제로 작용하는 경우도 있다.

53 위험물안전관리법령상 간이탱크저장소의 위치·구조 및 설비의 기준에서 간이저장탱크 1개의 용량은 몇 L 이하여야 하는가?

① 300

② 600

③ 1,000

④ 1,200

》간이저장탱크 1개의 용량은 600L 이하여야 한다.

　Check　**간이탱크저장소의 또 다른 기준**

(1) 하나의 간이탱크저장소에 설치할 수 있는 간이저장탱크의 수는 3개 이하로 한다.

　※ 동일한 품질의 위험물의 간이저장탱크를 2개 이상 설치하지 않는다.

(2) 간이저장탱크의 두께는 3.2mm 이상의 강철판으로 제작한다.

(3) 간이저장탱크의 수압시험은 70kPa의 압력으로 10분간 실시한다.

54 다음 중 저장하는 위험물의 종류 및 수량을 기준으로 옥내저장소에서 안전거리를 두지 않을 수 있는 경우는?

① 지정수량 20배 이상의 동식물유류

② 지정수량 20배 미만의 특수인화물

③ 지정수량 20배 미만의 제4석유류

④ 지정수량 20배 이상의 제5류 위험물

》옥내저장소의 안전거리를 제외할 수 있는 조건

1) **지정수량 20배 미만의 제4석유류** 또는 동식물유를 저장하는 경우

2) 제6류 위험물을 저장하는 경우

3) 지정수량의 20배 이하로서 다음의 기준을 동시에 만족하는 경우

　㉠ 저장창고의 벽, 기둥, 바닥, 보 및 지붕을 내화구조로 할 것

　㉡ 저장창고의 출입구에 수시로 열 수 있는 자동폐쇄식의 60분＋방화문, 60분 방화문을 설치할 것

　㉢ 저장창고에 창을 설치하지 아니할 것

정답　51. ②　52. ③　53. ②　54. ③

55 위험물 옥내저장소의 피뢰설비는 지정수량의 최소 몇 배 이상인 저장창고에 설치하도록 하고 있는가? (단, 제6류 위험물의 저장창고를 제외한다.)

① 10
② 15
③ 20
④ 30

 ◀ 피뢰설비

≫ 지정수량의 10배 이상의 위험물(제6류 위험물은 제외)을 저장하는 옥내저장소에는 피뢰침(피뢰설비)을 설치하여야 한다.

56 주거용 건축물과 위험물제조소와의 안전거리를 단축할 수 있는 경우는?

① 제조소가 위험물의 화재진압을 하는 소방서와 근거리에 있는 경우
② 취급하는 위험물의 최대수량(지정수량의 배수)이 10배 미만이고 기준에 의한 방화상 유효한 벽을 설치한 경우
③ 위험물을 취급하는 시설이 철근콘크리트 벽일 경우
④ 취급하는 위험물이 단일 품목일 경우

≫ 제조소등과 주거용 건축물, 학교 및 유치원 등, 문화재 사이에 **방화상 유효한 담을 설치**하면 안전거리를 다음 [표]와 같이 단축할 수 있다. 예를 들어, 제조소로부터 주거용 건축물까지의 안전거리는 원래 10m 이상인데 지정수량의 10배 미만인 위험물 제조소와 주거용 건축물 사이에 방화상 유효한 담을 설치하면 안전거리를 단축시켜 6.5m 이상으로 할 수 있게 된다.

구 분	취급하는 위험물의 최대수량 (지정수량의 배수)	안전거리(m, 이상)		
		주거용 건축물	학교, 유치원 등	문화재
제조소·일반취급소	10배 미만	6.5	20	35
	10배 이상	7.0	22	38
옥내저장소	5배 미만	4.0	12.0	23.0
	5배 이상 10배 미만	4.5	12.0	23.0

	10배 이상 20배 미만	5.0	14.0	26.0
옥내저장소	20배 이상 50배 미만	6.0	18.0	32.0
	50배 이상 200배 미만	7.0	22.0	38.0
옥외탱크 저장소	500배 미만	6.0	18.0	32.0
	500배 이상 1,000배 미만	7.0	22.0	38.0
옥외저장소	10배 미만	6.0	18.0	32.0
	10배 이상 20배 미만	8.5	25.0	44.0

57 위험물 운반용기 외부에 수납하는 위험물의 종류에 따라 표시하는 주의사항을 올바르게 연결한 것은?

① 염소산칼륨 – 물기주의
② 철분 – 물기주의
③ 아세톤 – 화기엄금
④ 질산 – 화기엄금

≫ ① 염소산칼륨(제1류 위험물) – 화기·충격주의, 가연물접촉주의
② 철분(제2류 위험물) – 화기주의, 물기엄금
③ **아세톤(제4류 위험물) – 화기엄금**
④ 질산(제6류 위험물) – 가연물접촉주의

Check 운반용기 외부에 표시하여야 하는 주의사항

유 별	품 명	운반용기에 표시하는 주의사항
제1류	알칼리금속의 과산화물	화기·충격주의, 가연물접촉주의, 물기엄금
	그 밖의 것	화기·충격주의, 가연물접촉주의
제2류	철분, 금속분, 마그네슘	화기주의, 물기엄금
	인화성 고체	화기엄금
	그 밖의 것	화기주의
제3류	금수성 물질	물기엄금
	자연발화성 물질	화기엄금, 공기접촉금
제4류	**인화성 액체**	**화기엄금**
제5류	자기반응성 물질	화기엄금, 충격주의
제6류	산화성 액체	가연물접촉주의

정답 55. ① 56. ② 57. ③

58 위험물안전관리법령상 위험물제조소에 설치하는 "물기엄금" 게시판의 색으로 옳은 것은?

① 청색바탕 백색글씨
② 백색바탕 청색글씨
③ 황색바탕 청색글씨
④ 청색바탕 황색글씨

>> 위험물제조소등에 설치하는 주의사항 게시판의 내용 및 색상

유 별	품 명	주의사항	색 상
제1류	알칼리금속의 과산화물	물기엄금	청색바탕 및 백색문자
	그 밖의 것	필요 없음	–
제2류	인화성 고체	화기엄금	적색바탕 및 백색문자
	그 밖의 것	화기주의	
제3류	금수성 물질	물기엄금	청색바탕 및 백색문자
	자연발화성 물질	화기엄금	적색바탕 및 백색문자
제4류	인화성 액체	화기엄금	적색바탕 및 백색문자
제5류	자기반응성 물질	화기엄금	적색바탕 및 백색문자
제6류	산화성 액체	필요 없음	–

⚙ Tip
주의사항 게시판의 색상은 주의사항 내용에 '물기'가 포함되어 있으면 청색바탕에 백색문자로 하고, '화기'가 포함되어 있으면 적색바탕에 백색문자로 합니다.

59 다음과 같은 타원형 탱크의 내용적은 약 몇 m³인가?

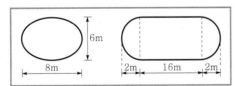

① 453
② 553
③ 653
④ 753

PLAY ▶ 풀이

>> 양쪽이 볼록한 타원형 탱크의 내용적(V)을 구하는 공식은 다음과 같다.

$$V = \frac{\pi ab}{4}\left(l + \frac{l_1 + l_2}{3}\right)$$

여기서, $a = 8m$
$b = 6m$
$l = 16m$
$l_1 = 2m$
$l_2 = 2m$

$$V = \frac{\pi \times 8 \times 6}{4}\left(16 + \frac{2+2}{3}\right) = 653m^3$$

60 위험물안전관리법령상 지정수량의 각각 10배를 운반할 때 혼재할 수 있는 위험물은 어느 것인가?

① 과산화나트륨과 과염소산
② 과망가니즈산칼륨과 적린
③ 질산과 알코올
④ 과산화수소와 아세톤

>> ① **과산화나트륨**(제1류 위험물)과 **과염소산**(제6류 위험물)은 **혼재 가능**하다.
② 과망가니즈산칼륨(제1류 위험물)과 적린(제2류 위험물)은 혼재 불가능하다.
③ 질산(제6류 위험물)과 알코올(제4류 위험물)은 혼재 불가능하다.
④ 과산화수소(제6류 위험물)와 아세톤(제4류 위험물)은 혼재 불가능하다.

`Check` **위험물 운반에 따른 혼재기준**
423, 524, 61의 숫자 조합으로 표를 만들 수 있다.

위험물의 구분	제1류	제2류	제3류	제4류	제5류	제6류
제1류		×	×	×	×	○
제2류	×		×	○	○	×
제3류	×	×		○	×	×
제4류	×	○	○		○	×
제5류	×	○	×	○		×
제6류	○	×	×	×	×	

※ 단, 지정수량의 1/10 이하의 양에 대해서는 이 기준을 적용하지 않는다.

제1과목 일반화학

01 유기화합물을 질량 분석한 결과 C 84%, H 16%의 결과를 얻었다. 다음 중 이 물질에 해당하는 실험식은?

① C_5H
② C_2H_2
③ C_7H_8
④ C_7H_{16}

》 C와 H의 비율을 합하면 84% + 16% = 100%이므로 이 유기화합물은 다른 원소는 포함하지 않고 C와 H로만 구성되어 있음을 알 수 있다. 만약 C의 질량과 H의 질량이 동일하다면 C는 84개, H는 16개가 들어있는 $C_{84}H_{16}$으로 나타내야 하지만 C 1개의 질량은 12g이므로 C의 비율 84%를 12로 나누어야 하고 H 1개의 질량은 1g이므로 H의 비율 16%를 1로 나누어 다음과 같이 표시해야 한다.

$C : \dfrac{84}{12} = 7$, $H : \dfrac{16}{1} = 16$

따라서 C는 7개, H는 16개이므로 실험식은 C_7H_{16}이다.

02 분자량의 무게가 4배이면 확산속도는 몇 배인가?

① 0.5배
② 1배
③ 2배
④ 4배

》 그레이엄의 기체확산속도의 법칙은 "기체의 확산속도는 기체의 분자량의 제곱근에 반비례한다."이고, 공식은 $V = \sqrt{\dfrac{1}{M}}$ 이다.

여기서, V = 기체의 확산속도
M = 기체의 분자량

처음 기체의 분자량(M)을 1로 정할 때 기체의 확산속도는 $V = \sqrt{\dfrac{1}{1}} = 1$인데 기체의 분자량($M$)을 처음의 4배로 하면 기체의 확산속도는

$V = \sqrt{\dfrac{1}{1 \times 4}} = \sqrt{\dfrac{1}{4}} = \dfrac{1}{2} = 0.5$이다.

03 수소 1.2몰과 염소 2몰이 반응할 경우 생성되는 염화수소의 몰수는?

① 1.2
② 2
③ 2.4
④ 4.8

》 다음 반응식과 같이 수소(H_2) 1몰과 염소(Cl_2) 1몰이 반응하면 염화수소(HCl) 2몰이 생성된다.

$H_2 + Cl_2 \rightarrow 2HCl$
1몰   1몰   2몰

〈문제〉에서는 수소(H_2)를 1.2몰 반응시킨다고 하였으므로 염소(Cl_2) 또한 1.2몰이 필요하고 **염화수소**(HCl)는 수소 및 염소의 몰수인 1.2몰의 2배인 **2.4몰**이 생성된다.

04 다음 중 결합력이 큰 것부터 작은 순서로 나열한 것은?

① 공유결합 > 수소결합 > 반 데르 발스 결합
② 수소결합 > 공유결합 > 반 데르 발스 결합
③ 반 데르 발스 결합 > 수소결합 > 공유결합
④ 수소결합 > 반 데르 발스 결합 > 공유결합

》 결합력의 세기
원자결합 > 공유결합 > 이온결합 > 금속결합 > 수소결합 > 반 데르 발스 결합

🌟톡톡 튀는 **암기법** 원숭이는 물을 싫어하니까 물을 금지하는 반에 넣어라는 의미로 "원숭이금수반"이라고 암기하세요. "원(원자) 승(공유) 이(이온) 금(금속) 수(수소) 반(반 데르 발스)"

05 다음 중 전자배치가 다른 것은?

① Ar
② F^-
③ Na^+
④ Ne

원소의 전자배치(전자수)는 원자번호와 같다.
① Ar(아르곤)은 원자번호가 18번이므로 **전자수 도 18개**이다.
② F(플루오린)은 원자번호가 9번이므로 전자 수도 9개이지만 F^-는 전자를 1개 얻은 상태 이므로 F^-의 전자수는 10개이다.
③ Na(나트륨)은 원자번호가 11번이므로 전자 수도 11개이지만 Na^+는 전자를 1개 잃은 상 태이므로 Na^+의 전자수는 10개이다.
④ Ne(네온)은 원자번호가 10번이므로 전자수 도 10개이다.

06 다음 중 물이 산으로 작용하는 반응은?

① $NH_4^+ + H_2O \rightarrow NH_3 + H_3O^+$
② $HCOOH + H_2O \rightarrow HCOO^- + H_3O^+$
③ $CH_3COO^- + H_2O \rightarrow CH_3COOH + OH^-$
④ $HCl + H_2O \rightarrow H_3O^+ + Cl^-$

≫ 브뢴스테드는 H^+이 온을 잃는 물질은 산이고, H^+이온을 얻 는 물질은 염기라고  정의하였다. 〈문제〉의 반응식에서 H와 O를 포함 하지 않는 물질끼리 연결하고 그 외의 물질끼리 연결했을 때 H^+이온을 잃는 물질이 산이 된다.

$NH_4^+ \rightarrow NH_3$: NH_4^+는 H가 4개였는데 반응 후 NH_3가 되면서 H^+ 1개를 잃었으므로 산이다.

① $NH_4^+ + H_2O \rightarrow NH_3 + H_3O^+$

$H_2O \rightarrow H_3O^+$: H_2O는 H가 2개였는데 반응 후 H_3O^+가 되면서 H^+ 1개를 얻었으므로 염 기이다.

$HCOOH \rightarrow HCOO^-$: HCOOH는 H가 2개였는데 반응 후 $HCOO^-$가 되면서 H^+ 1개를 잃었으므로 산이다.

② $HCOOH + H_2O \rightarrow HCOO^- + H_3O^+$

$H_2O \rightarrow H_3O^+$: H_2O는 H가 2개였는데 반응 후 H_3O^+가 되면서 H^+ 1개를 얻었으 므로 염기이다.

$CH_3COO^- \rightarrow CH_3COOH$: CH_3COO^-는 H가 3개였 는데 반응 후 CH_3COOH가 되면서 H^+ 1개를 얻었으 므로 염기이다.

③ $CH_3COO^- + H_2O \rightarrow CH_3COOH + OH^-$

$H_2O \rightarrow OH^-$: H_2O는 H가 2개였는데 **반응 후 OH^-가 되면서 H^+ 1개를 잃었 으므로 산이다.**

$HCl \rightarrow Cl^-$: HCl은 H가 1개였는데 반응 후 Cl^-가 되면서 H^+ 1개를 잃었으므로 산이다.

④ $HCl + H_2O \rightarrow H_3O^+ + Cl^-$

$H_2O \rightarrow H_3O^+$: H_2O는 H가 2개였는데 반응 후 H_3O^+가 되면서 H^+ 1개를 얻었으므로 염기이다.

07 산의 일반적 성질을 올바르게 나타낸 것은?

① 쓴 맛이 있는 미끈거리는 액체로 리트머 스시험지를 푸르게 한다.
② 수용액에서 OH^-이온을 내 놓는다.
③ 수소보다 이온화경향이 큰 금속과 반응 하여 수소를 발생한다.
④ 금속의 수산화물로서 비전해질이다.

≫ ① 염기는 쓴맛이 있고 산은 신맛을 갖는다. 산 과 염기를 구분하는 리트머스종이는 청색과 적색의 2가지 종류가 있는데 산성 물질에 청 색 리트머스종이를 담그면 청색 리트머스종이 이는 적색으로 변하고 염기성 물질에 적색 리트머스종이를 담그면 적색 리트머스종이 는 청색으로 변한다.

🔑 **톡톡 튀는** 암기법 리트머스 시험지를 사용하면 산(산성)에 불(적색)난다.

② 산성 물질은 수용액에서 H^+이온을 내 놓는다.
③ 산성 물질인 염산(HCl)의 경우 수소보다 **이온 화 경향이 큰 K(칼륨)과 반응**하면 KOH(수산 화칼륨)과 H_2(수소)를 발생한다.
④ 금속의 수산화물(OH)은 염기성 물질이 갖는 원자단이다.

08 물 36g을 모두 증발시키면 수증기가 차지하 는 부피는 표준상태를 기준으로 몇 L 인가?

① 11.2L
② 22.4L
③ 33.6L
④ 44.8L

≫ 물(H_2O)은 1(H)g×2+16(O)g = 18g이 1몰이므 로 물(수증기) 36g은 2몰이다. 또한 표준상태에 서 모든 기체 1몰의 부피는 22.4L이므로 수증기 2몰의 부피는 2×22.4L = 44.8L이다.

정답 06. ③ 07. ③ 08. ④

09 다음 반응식 중 흡열반응을 나타내는 것은 어느 것인가?

① $CO + 0.5O_2 \rightarrow CO_2 + 68kcal$

② $N_2 + O_2 \rightarrow 2NO, \ \Delta H = +42kcal$

③ $C + O_2 \rightarrow CO_2, \ \Delta H = -94kcal$

④ $H_2 + 0.5O_2 - 58kcal \rightarrow H_2O$

≫ 발열반응과 흡열반응
   1) 발열반응 : 반응 시 열을 발생하는 반응으로 반응 후 열량을 $+Q$(kcal)로 표시하거나 엔탈피(ΔH)를 $-Q$(kcal)로 표시한다.
      • $A + B \rightarrow C + Q$(kcal)
      • $A + B \rightarrow C, \ \Delta H = -Q$(kcal)
   2) 흡열반응 : 반응 시 열을 흡수하는 반응으로 반응 후 열량을 $-Q$(kcal)로 표시하거나 엔탈피(ΔH)를 $+Q$(kcal)로 표시한다.
      • $A + B \rightarrow C - Q$(kcal)
      • $A + B \rightarrow C, \ \Delta H = +Q$(kcal)

   각 〈보기〉는 다음과 같이 구분할 수 있다.
   ① $CO + 0.5O_2 \rightarrow CO_2 + 68kcal$: 발열반응
   ② $N_2 + O_2 \rightarrow 2NO, \ \Delta H = +42kcal$: **흡열반응**
   ③ $C + O_2 \rightarrow CO_2, \ \Delta H = -94kcal$: 발열반응
   ④ 반응 전의 열량 $-58kcal$를 반응 후의 열량으로 표시하면 다음과 같이 나타낼 수 있다.
   $H_2 + 0.5O_2 \rightarrow H_2O + 58kcal$: 발열반응

10 질소 2몰과 산소 3몰의 혼합기체가 나타나는 전압력이 10기압 일 때 질소의 분압은 얼마인가?

① 2기압   ② 4기압
③ 8기압   ④ 10기압

≫ 분압 = 전압(전체의 압력) × $\dfrac{\text{해당 물질의 몰수}}{\text{전체 물질의 몰수의 합}}$

이며, 각 물질의 분압의 합은 전압이 된다.
   1) **질소의 분압**
      = 10기압(전압) × $\dfrac{2몰(질소)}{2몰(질소) + 3몰(산소)}$
      = **4기압**
   2) 산소의 분압
      = 10기압(전압) × $\dfrac{3몰(산소)}{2몰(질소) + 3몰(산소)}$
      = 6기압
   또한, 질소의 분압 4기압과 산소의 분압 6기압의 합은 전압인 10기압이 된다.

11 같은 질량의 산소기체와 메테인기체가 있다. 두 물질이 가지고 있는 원자수의 비는?

① 5 : 1   ② 2 : 1
③ 1 : 1   ④ 1 : 5

≫ 산소기체(O_2) 1mol의 분자량은 16(O)g × 2 = 32g이고 메테인기체(CH_4) 1mol의 분자량은 12(C)g + 1(H)g × 4 = 16g이므로 산소의 질량이 메테인의 질량보다 2배 더 무겁다. 두 물질이 같은 질량이 되려면 메테인의 질량을 2배로 하여 산소와 메테인의 비를 O_2 : $2CH_4$로 만든다. 이 중 O_2에는 산소원자(O)가 2개 있고 CH_4에는 탄소원자(C) 1개와 수소원자(H) 4개로 총 5개의 원자가 있지만 이를 2배로 하였으므로 총 원자의 수가 2 × 5 = 10개 있다. 따라서 두 물질이 가지고 있는 원자수의 비는 2 : 10이며 이를 약분하면 1 : 5이다.

12 수소 5g과 산소 24g의 연소반응결과 생성된 수증기는 0℃, 1기압에서 몇 L인가?

① 11.2   ② 16.8
③ 33.6   ④ 44.8

≫ 다음의 수소(H_2)와 산소(O_2)의 연소반응식에서 알 수 있듯이 수소(H_2) 2g을 연소시키기 위해 필요한 산소(O_2)는 0.5 × 32g = 16g이며 이때 발생하는 수증기(H_2O)는 1몰로서 부피는 표준상태에서 22.4L이다.
$H_2 + 0.5O_2 \rightarrow H_2O$
2g   16g   22.4L
〈문제〉에서 수소는 처음 질량 2g의 2.5배인 5g을 연소시킨다고 하였으므로 이 경우 산소도 처음 질량 16g의 2.5배인 40g이 필요하며 수증기도 처음 부피 22.4L의 2.5배인 56L가 생성되어야 한다. 그런데 여기서 공급된 산소는 처음 질량 16g의 1.5배인 24g밖에 되지 않으므로 수소도 처음 질량 2g의 1.5배인 3g만이 연소될 수 있으며 **수증기도 처음 부피 22.4L의 1.5배인 33.6L 발생**하게 된다.

13 다음 밑줄 친 원소 중 산화수가 +5인 것은?

① $Na_2\underline{Cr}_2O_7$

② $K_2\underline{S}O_4$

③ $K\underline{N}O_3$

④ $\underline{Cr}O_3$

PLAY ▶ 풀이

① ① Na₂$\underline{Cr}_2$O₇에서 Cr이 2개이므로 Cr₂를 $+2x$로 두고 Na의 원자가 +1에 개수 2를 곱하고 O의 원자가 −2에 개수 7을 곱한 후 그 합을 0으로 하였을 때 그 때의 x의 값이 산화수이다.

$$Na_2 \quad \underline{Cr}_2 \quad O_7$$
$$+1\times2+2x \quad -2\times7 = 0$$
$$+2x-12 = 0$$
$$x = +6$$이므로 Cr의 산화수는 +6이다.

② K₂$\underline{S}$O₄에서 S를 $+x$로 두고 K의 원자가 +1에 개수 2를 곱하고 O의 원자가 −2에 개수 4를 곱한 후 그 합을 0으로 하였을 때 그 때의 x의 값이 산화수이다.

$$K_2 \quad \underline{S} \quad O_4$$
$$+1\times2 \quad +x \quad -2\times4 = 0$$
$$+x-6 = 0$$
$$x는 +6$$이므로 S의 산화수는 +6이다.

③ K$\underline{N}$O₃에서 N을 $+x$로 두고 K의 원자가 +1을 더한 후 O의 원자가 −2에 개수 3을 곱한 값의 합을 0으로 하였을 때 그 때의 x의 값이 산화수이다.

$$K \quad \underline{N} \quad O_3$$
$$+1 \quad +x \quad -2\times3 = 0$$
$$+x-5 = 0$$
$$x는 +5$$이므로 **N의 산화수는 +5이다.**

④ $\underline{Cr}$O₃에서 Cr을 $+x$로 두고 O의 원자가 −2에 개수 3을 곱한 후 그 합을 0으로 하였을 때 그 때의 x의 값이 산화수이다.

$$\underline{Cr} \quad O_3$$
$$+x \quad -2\times3 = 0$$
$$+x-6 = 0$$
$$x = +6$$이므로 Cr의 산화수는 +6이다.

14 CuSO₄ 용액에 0.5F의 전기량을 흘렸을 때 약 몇 g의 구리가 석출되겠는가? (단, 원자량은 Cu 64, S 32, O 16이다.)

① 16
② 32
③ 64
④ 128

① 1F(패럿)이란 물질 1g당량을 석출하는데 필요한 전기량이다.

여기서, 1g당량이란 $\dfrac{원자량}{원자가}$인데 Cu(구리)는 원자량이 63.6g이고 원자가는 2가인 원소이기 때문에 Cu의 1g당량 $= \dfrac{63.6g}{2} = 31.8g$이나.

1F(패럿)의 전기량으로는 CuSO₄ 용액에 녹아있는 Cu를 31.8g 석출할 수 있는데 〈문제〉는 0.5F(패럿)의 전기량으로는 몇 g의 Cu를 석출할 수 있는지를 묻는 것이므로 비례식으로 구하면 다음과 같다.

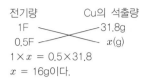

전기량   Cu의 석출량
1F ⟍ ⟋ 31.8g
0.5F ⟋ ⟍ x(g)
$$1\times x = 0.5\times31.8$$
$$x = 16g$$이다.

15 방사능 붕괴의 형태 중 ₈₈Ra가 α 붕괴할 때 생기는 원소는?

① ₈₆Rn
② ₉₀Th
③ ₉₁Pa
④ ₉₂U

① 핵붕괴
1) α(알파)붕괴 : 원자번호가 2 감소하고 질량수가 4 감소하는 것
2) β(베타)붕괴 : 원자번호가 1 증가하고 질량수는 변동이 없는 것
〈문제〉의 원자번호 88번인 Ra(라듐)을 α붕괴하면 원자번호가 2만큼 감소하므로 원자번호 88번 − 2 = 86번인 ₈₆Rn(라돈)이 생긴다.

16 암모니아성 질산은 용액과 반응하여 은거울을 만드는 것은?

① CH_3CH_2OH
② CH_3OCH_3
③ CH_3COCH_3
④ CH_3CHO

① 아세트알데하이드(**CH_3CHO**) 및 폼알데하이드($HCHO$)와 같이 알데하이드(− CHO)기를 포함하고 있는 물질들은 암모니아성 질산은 용액과 반응하여 은거울을 만드는 반응을 한다.

17 질산은 용액에 담갔을 때 은(Ag)이 석출되지 않는 것은?

① 백금
② 납
③ 구리
④ 아연

① 이온화경향이 큰 금속은 반응성이 크기 때문에 이온화경향이 작은 금속을 밀어내어 석출시킬 수 있지만, 이온화경향이 작은 금속은 이온화경향이 큰 금속을 밀어낼 수 없다. 이온화경향이란 양이온 즉, 금속이온이 되려는 경향을 뜻하며, 이온화경향의 세기는 다음과 같다.

K	Ca	Na	Mg	Al	Zn	Fe	Ni
칼륨	칼슘	나트륨	마그네슘	알루미늄	아연	철	니켈

> Sn	> Pb	> H	> Cu	> Hg	> Ag	> Pt	> Au
주석	납	수소	구리	수은	은	백금	금

〈보기〉의 금속들 중 납(Pb), 구리(Cu), 아연(Zn)은 은(Ag)보다 이온화경향이 크기 때문에 질산은(AgNO₃) 용액에 담갔을 때 여기에 들어있는 은(Ag)을 석출시킬 수 있지만 **백금(Pt)은 은(Ag)보다 이온화경향이 작기 때문에** 은(Ag)을 석출시킬 수 없다.

18 C₆H₁₄의 구조이성질체는 몇 개가 존재하는가?

① 4
② 5
③ 6
④ 7

>> 알케인의 일반식 C$_n$H$_{2n+2}$에 n = 6을 대입하면 탄소수가 6개이고 수소의 수가 14개인 헥세인(C₆H₁₄)이 되고, 헥세인은 다음과 같이 5개의 구조이성질체를 갖는다.

1)
2)
3)
4)
5)

19 아세트알데하이드에 대한 시성식은?

① CH₃COOH
② CH₃COCH₃
③ CH₃CHO
④ CH₃COOCH₃

>> 알데하이드란 메틸(CH₃), 에틸(C₂H₅) 등의 알킬기에 −CHO가 붙어 있는 형태를 말한다.
  ① CH₃COOH : 아세트산
  ② CH₃COCH₃ : 아세톤
  ③ **CH₃CHO : 아세트알데하이드**
  ④ CH₃COOCH₃ : 아세트산메틸

20 pH = 12인 용액의 [OH⁻]는 pH = 9인 용액의 몇 배인가?

① 1/1,000
② 1/100
③ 100
④ 1,000

PLAY ▶ 풀이

>> 수소이온([H⁺])의 농도가 주어지는 경우에는 pH = −log[H⁺]의 공식을 이용해 수소이온지수(pH)를 구해야 하고 수산화이온([OH⁻])의 농도가 주어지는 경우에는 pOH = −log[OH⁻]의 공식을 이용해 수산화이온지수(pOH)를 구해야 한다.
〈문제〉는 pH = 12인 용액과 pH = 9인 용액의 [H⁺]가 아니라 [OH⁻]를 구해 그 값을 비교해야 하므로 다음과 같이 pH = 12와 pH = 9를 각각 pOH로 변환해야 한다.
우선 pH + pOH = 14의 식에 pH = 12를 대입하면 pOH = 14 − 12 = 2가 되고 pOH = 2는 −log[OH⁻] = 2이므로 [OH⁻] = 10⁻²이다.
또한 pH + pOH = 14의 식에 pH = 9를 대입하면 pOH = 14 − 9 = 5가 되고 pOH = 5는 −log[OH⁻] = 5이므로 [OH⁻] = 10⁻⁵이다.
따라서 pH = 12인 용액의 농도 10⁻²는 pH = 9인 용액의 농도 10⁻⁵의 1,000배가 된다.

⚙ Tip

log의 활용
−log 10⁻²은 제일 마지막 오른쪽 위첨자에 표시된 숫자 2가 답이라고 암기하세요.
예를 들면, −log 10⁻²의 답은 2이고 −log10⁻⁵의 답은 5입니다. 따라서 〈문제〉의 −log[OH⁻] = 2일 때 [OH⁻]의 값은 10⁻²가 되고 −log[OH⁻] = 5일 때 [OH⁻]의 값은 10⁻⁵가 됩니다.

정답 18. ② 19. ③ 20. ④

제2과목 화재예방과 소화방법

21 다음 중 가연물이 될 수 있는 것은?

① CS_2
② H_2O_2
③ CO_2
④ He

≫ ① CS_2(이황화탄소) : 제4류 위험물 중 특수인화물에 속하는 **가연물**이다.
② H_2O_2(과산화수소) : 제6류 위험물이므로 자신은 불연성 물질이다.
③ CO_2(이산화탄소) : 소화약제로도 사용되는 불연성 물질이다.
④ He(헬륨) : 주기율표의 0족에 속하는 가스로서 어떤 물질과도 반응을 일으키지 않는 불활성 물질이다.

22 다음 중 비열이 가장 큰 물질은?

① 물
② 구리
③ 나무
④ 철

≫ 비열은 물질 1g의 온도를 1℃ 올리는 데 필요한 열량을 말한다. 〈보기〉의 물질들의 비열은 다음과 같다.
① **물(액체) : 1cal/g · ℃**
② 구리 : 0.09cal/g · ℃
③ 나무 : 0.41cal/g · ℃
④ 철 : 0.11cal/g · ℃

23 가연물의 주된 연소형태에 대한 설명으로 옳지 않은 것은?

① 황의 연소형태는 증발연소이다.
② 목재의 연소형태는 분해연소이다.
③ 에터의 연소형태는 표면연소이다.
④ 숯의 연소형태는 표면연소이다.

≫ ③ 에터(다이에틸에터)는 제4류 위험물 중 특수인화물에 속하는 물질로서 연소형태는 증발연소이다.

Check 액체와 고체의 연소형태

(1) 액체의 연소형태의 종류와 물질
　㉠ **증발연소 : 제4류 위험물 중 특수인화물,**
　　제1석유류, 알코올류, 제2석유류 등
　㉡ 분해연소 : 제4류 위험물 중 제3석유류, 제4석유류, 동식물유류 등

(2) 고체의 연소형태의 종류와 물질
　㉠ 표면연소 : 코크스(탄소), 목탄(숯), 금속분 등
　㉡ 분해연소 : 목재, 종이, 석탄, 플라스틱, 합성수지 등
　㉢ 자기연소 : 제5류 위험물 등
　㉣ 증발연소 : 황(S), 나프탈렌, 양초(파라핀) 등

24 Halon 1301에 해당하는 할로젠화합물의 분자식을 올바르게 나타낸 것은?

① CBr_3F
② CF_3Br
③ CH_3Cl
④ CCl_3H

≫ 할로젠화합물 소화약제의 할론번호는 C ─ F ─ Cl ─ Br의 순서대로 각 원소의 개수를 나타낸 것이다. Halon 1301은 C 1개, F 3개, Cl 0개, Br 1개로 구성되므로 화학식은 CF_3Br이다.

25 이산화탄소소화기에 관한 설명으로 옳지 않은 것은?

① 소화작용은 질식효과와 냉각효과에 의한다.
② A급, B급 및 C급 화재 중 A급 화재에 가장 적응성이 있다.
③ 소화약제 자체의 유독성은 적으나, 공기 중 산소농도를 저하시켜 질식의 위험이 있다.
④ 소화약제의 동결, 부패, 변질 우려가 적다.

≫ 이산화탄소소화기는 주된 소화효과가 질식소화이며 일부 냉각효과도 갖고 있다. 유류화재인 B급 화재 및 전기화재인 C급 화재에는 질식효과가 있으나 일반화재인 A급 화재에는 소화효과가 없다.

26 위험물안전관리법령상 가솔린의 화재 시 적응성이 없는 소화기는?

① 봉상강화액소화기
② 무상강화액소화기
③ 이산화탄소소화기
④ 포소화기

정답 21. ① 22. ① 23. ③ 24. ② 25. ② 26. ①

제4류 위험물인 가솔린의 화재 시에는 이산화탄소소화기 또는 포소화기와 같이 질식소화가 주된 소화원리인 소화기가 널리 사용되며 **봉상강화액소화기와 같이 물로 소화하는 냉각소화가 주된 소화원리인 소화기는 사용할 수 없다.** 하지만 강화액소화기 중에서도 무상강화액소화기는 물줄기를 안개형태로 잘게 흩어 뿌리기 때문에 제4류 위험물 화재에도 사용할 수 있다.

소화설비의 구분	건축물· 그 밖의 공작물	전기설비	제1류 위험물 알칼리금속의 과산화물 등	제1류 위험물 그 밖의 것	제2류 위험물 철분· 금속분· 마그네슘 등	제2류 위험물 인화성 고체	제2류 위험물 그 밖의 것	제3류 위험물 금수성 물품	제3류 위험물 그 밖의 것	제4류 위험물	제5류 위험물	제6류 위험물
봉상수(棒狀水)소화기	○			○		○	○		○		○	○
무상수(霧狀水)소화기	○	○		○		○	○		○		○	○
봉상강화액소화기	○			○		○	○		○	×	○	○
무상강화액소화기	○	○		○		○	○		○	○	○	○
포소화기	○			○		○	○		○	○	○	○
이산화탄소소화기		○				○				○		△
할로겐화합물소화기		○				○				○		
인산염류소화기	○	○		○		○	○			○		○
탄산수소염류소화기		○	○		○	○		○		○		
그 밖의 것			○		○			○				
물통 또는 수조	○			○		○	○		○		○	○
건조사			○	○	○	○	○	○	○	○	○	○
팽창질석 또는 팽창진주암			○	○	○	○	○	○	○	○	○	○

27 소화약제 또는 그 구성성분으로 사용되지 않는 물질은?

① CF_2ClBr　　② $CO(NH_2)_2$

③ NH_4NO_3　　④ K_2CO_3

》 ① CF_2ClBr(Halon 1211) : 할로겐화합물소화약제
② $CO(NH_2)_2$(요소) : $KHCO_3$(탄산수소칼륨)와 함께 첨가하는 제4종 분말소화약제의 구성성분

③ NH_4NO_3(질산암모늄) : **제1류 위험물**
④ K_2CO_3(탄산칼륨) : 강화액소화기에 첨가하는 소화약제

28 화재 발생 시 물을 사용하여 소화할 수 있는 물질은?

① K_2O_2　　② CaC_2

③ Al_4C_3　　④ P_4

》 ① K_2O_2(과산화칼륨) : 제1류 위험물 중 알칼리 금속의 과산화물에 속하는 물질로 물과 반응 시 수산화칼륨(KOH)과 함께 산소를 발생하므로 물로 소화하면 위험성이 커진다.
 • 과산화칼륨의 물과의 반응식
  $2K_2O_2 + 2H_2O \rightarrow 4KOH + O_2$
② CaC_2(탄화칼슘) : 제3류 위험물 중 금수성 물질로서 물과 반응 시 수산화칼슘[$Ca(OH)_2$]과 함께 가연성 가스인 아세틸렌(C_2H_2)을 발생하므로 물로 소화하면 위험성이 커진다.
 • 탄화칼슘의 물과의 반응식
  $CaC_2 + 2H_2O \rightarrow Ca(OH)_2 + C_2H_2$
③ Al_4C_3(탄화알루미늄) : 제3류 위험물 중 금수성 물질로서 물과 반응 시 수산화알루미늄[$Al(OH)_3$]과 함께 가연성 가스인 메테인(CH_4)을 발생하므로 물로 소화하면 위험성이 커진다.
 • 탄화알루미늄의 물과의 반응식
  $Al_4C_3 + 12H_2O \rightarrow 4Al(OH)_3 + 3CH_4$
④ P_4(황린) : 제3류 위험물 중 자연발화성 물질로 물속에 저장하는 위험물이며 화재 시에도 **물을 이용해 소화할 수 있는 물질**이다.

29 소화설비의 설치기준에 있어서 위험물저장소의 건축물로서 외벽이 내화구조로 된 것은 연면적 몇 m^2를 1소요단위로 하는가?

① 50　　② 75

③ 100　　④ 150

》 외벽이 내화구조인 위험물저장소의 건축물은 연면적 150m^2를 1소요단위로 한다.

Check 1소요단위의 기준

구 분	외벽이 내화구조	외벽이 비내화구조
제조소 및 취급소	연면적 100m^2	연면적 50m^2
저장소	**연면적 150m^2**	연면적 75m^2
위험물	지정수량의 10배	

30 위험물안전관리법령상 제6류 위험물에 적응성이 있는 소화설비는?

① 옥내소화전설비
② 불활성가스소화설비
③ 할로젠화합물소화설비
④ 탄산수소염류 분말소화설비

❱❱ 제6류 위험물은 산화성 액체로서 자체적으로 산소공급원을 함유하는 물질이라 질식소화는 효과가 없고 냉각소화가 효과적이다. 〈보기〉 중 물을 소화약제로 사용하는 냉각소화효과를 갖는 소화설비는 옥내소화전설비이다.

대상물의 구분 소화설비의 구분	건축물·그 밖의 공작물	전기설비	제1류 위험물		제2류 위험물			제3류 위험물		제4류 위험물	제5류 위험물	제6류 위험물
			알칼리금속의 과산화물 등	그 밖의 것	철분·금속분·마그네슘 등	인화성 고체	그 밖의 것	금수성 물품	그 밖의 것			
옥내소화전 또는 옥외소화전 설비	○			○		○	○		○		○	◎
스프링클러설비	○			○		○	○		○	△	○	○
물분무소화설비	○	○		○		○	○		○	○	○	○
포소화설비	○			○		○	○		○	○	○	○
불활성가스소화설비		○				○				○		
할로젠화합물소화설비		○				○				○		
분말 소화설비 인산염류등	○	○		○		○				○		○
탄산수소염류등		○	○		○	○		○		○		
그 밖의 것			○		○			○				

31 위험물안전관리법령상 위험물 저장·취급 시 화재 또는 재난을 방지하기 위하여 자체소방대를 두어야 하는 경우가 아닌 것은?

① 지정수량의 3천배 이상의 제4류 위험물을 저장·취급하는 제조소
② 지정수량의 3천배 이상의 제4류 위험물을 저장·취급하는 일반취급소

③ 지정수량의 2천배의 제4류 위험물을 취급하는 일반취급소와 지정수량의 1천배의 제4류 위험물을 취급하는 제조소가 동일한 사업소에 있는 경우
④ 지정수량의 3천배 이상의 제4류 위험물을 저장·취급하는 옥외탱크저장소

❱❱ 자체소방대를 두어야 하는 제조소등의 기준
1) 저장·취급하는 위험물의 유별 : 제4류 위험물
2) 저장·취급하는 위험물의 양과 제조소등의 종류
  ㉠ 지정수량의 3천배 이상 취급하는 제조소 또는 일반취급소
  ㉡ 지정수량의 50만배 이상 저장하는 옥외탱크저장소

32 위험물안전관리법령상 옥내소화전설비의 비상전원은 자가발전설비 또는 축전지설비로 옥내소화전설비를 유효하게 몇 분 이상 작동할 수 있어야 하나?

① 10분
② 20분
③ 45분
④ 60분

❱❱ 옥내소화전설비의 비상전원은 옥내소화전설비를 유효하게 45분 이상 작동시킬 수 있어야 한다.
> Check
옥외소화전설비의 비상전원도 옥외소화전설비를 유효하게 45분 이상 작동시킬 수 있어야 한다.

33 위험물안전관리법령상 옥외소화전이 5개 설치된 제조소등에서 옥외소화전의 수원의 수량은 얼마 이상이어야 하는가?

① $14m^3$
② $35m^3$
③ $54m^3$
④ $78m^3$

❱❱ 옥외소화전설비의 수원의 양은 옥외소화전의 설치개수(설치개수가 4개 이상이면 4개)에 $13.5m^3$를 곱한 값 이상의 양으로 한다. 〈문제〉에서 옥외소화전의 개수는 모두 5개이지만 개수가 4개 이상이면 4개를 $13.5m^3$에 곱해야 하므로 수원의 양은 $4개 \times 13.5m^3 = 54m^3$이다
> Check
위험물제조소등에 설치된 옥내소화전설비의 수원의 양은 옥내소화전이 가장 많이 설치된 층의 옥내소화전의 설치개수(설치개수가 5개 이상이면 5개)에 $7.8m^3$를 곱한 값 이상의 양으로 정한다.

정답 30. ① 31. ④ 32. ③ 33. ③

34 스프링클러설비의 장점이 아닌 것은?

① 소화약제가 물이므로 소화약제의 비용이 절감된다.

② 초기 시공비가 적게 든다.

③ 화재 시 사람의 조작 없이 작동이 가능하다.

④ 초기화재의 진화에 효과적이다.

>> ② 스프링클러설비는 타 소화설비보다 시공이 어렵고 설치비용도 많이 든다.

35 위험물안전관리법령상 물분무소화설비가 적응성이 있는 대상물은?

① 알칼리금속의 과산화물

② 전기설비

③ 마그네슘

④ 금속분

>> ② 전기설비의 화재는 일반적으로는 물로 소화할 수 없지만 물분무소화설비는 물을 분무하여 흩어뿌리기 때문에 전기설비의 화재에 적응성이 있다. 그 외 〈보기〉의 물질들은 모두 탄산수소염류 분말소화설비가 적응성이 있다.

대상물의 구분 소화설비의 구분	건축물·그 밖의 공작물	전기설비	제1류 위험물		제2류 위험물			제3류 위험물		제4류 위험물	제5류 위험물	제6류 위험물
			알칼리금속의 과산화물등	그 밖의 것	철분·금속분·마그네슘등	인화성고체	그 밖의 것	금수성물품	그 밖의 것			
옥내소화전 또는 옥외소화전 설비	○			○		○	○		○		○	○
스프링클러설비	○			○		○	○		○	△	○	○
물분무 소화설비	○	◎		○		○	○		○	○	○	○
포소화설비	○			○		○	○		○	○	○	○
물분무 등 소화설비	불활성가스 소화설비		○				○				○		
	할로젠 화합물 소화설비		○				○				○		
	분말 소화설비	인산 염류등	○	○		○		○	○			○	○
		탄산 수소 염류등	○	○		○	○			○		○	
		그 밖의 것			○		○			○			

36 분말소화약제 중 열분해 시 부착성이 있는 유리상의 메타인산이 생성되는 것은?

① Na_3PO_4　　　② $(NH_4)_3PO_4$

③ $NaHCO_3$　　　④ $NH_4H_2PO_4$

>> 제3종 분말소화약제인 인산암모늄($NH_4H_2PO_4$)이 완전 열분해하면 **메타인산**(HPO_3)과 암모니아(NH_3), 그리고 수증기(H_2O)가 발생한다.
• 인산암모늄의 완전 열분해반응식
　$NH_4H_2PO_4 \rightarrow HPO_3 + NH_3 + H_2O$

Check

인산암모늄($NH_4H_2PO_4$)이 190℃의 온도에서 1차 열분해하면 오르토인산(H_3PO_4)과 암모니아(NH_3)가 발생한다.
• 인산암모늄의 1차 열분해 반응식
　$NH_4H_2PO_4 \rightarrow H_3PO_4 + NH_3$

37 위험물안전관리법령상 물분무소화설비의 제어밸브는 바닥으로부터 어느 위치에 설치하여야 하는가?

① 0.5m 이상 1.5m 이하

② 0.8m 이상 1.5m 이하

③ 1m 이상 1.5m 이하

④ 1.5m 이상

>> 물분무소화설비의 제어밸브는 바닥면으로부터 0.8m 이상 1.5m 이하의 높이에 설치해야 한다.

38 다음 각각의 위험물의 화재발생 시 위험물안전관리법령상 적응가능한 소화설비를 올바르게 나타낸 것은?

① $C_6H_5NO_2$: 이산화탄소소화기

② $(C_2H_5)_3Al$: 봉상수소화기

③ $C_2H_5OC_2H_5$: 봉상수소화기

④ $C_3H_5(ONO_2)_3$: 이산화탄소소화기

>> ① $C_6H_5NO_2$(나이트로벤젠) : 제4류 위험물이므로 질식소화효과가 있는 이산화탄소소화기로 소화가능하다.
② $(C_2H_5)_3Al$(트라이에틸알루미늄) : 제3류 위험물 중 금수성 물질이므로 냉각소화효과가 있는 봉상수소화기로는 소화할 수 없다.
③ $C_2H_5OC_2H_5$(다이에틸에터) : 제4류 위험물이므로 냉각소화효과가 있는 봉상수소화기로는 소화할 수 없다.

정답　34. ② 35. ② 36. ④ 37. ② 38. ①

④ $C_3H_5(ONO_2)_3$(나이트로글리세린) : 제5류 위험물이므로 질식소화효과가 있는 이산화탄소소화기로는 소화할 수 없다.

대상물의 구분 소화설비의 구분		건축물·그 밖의 공작물	전기설비	제1류 위험물		제2류 위험물			제3류 위험물		제4류 위험물	제5류 위험물	제6류 위험물
				알칼리금속의 과산화물 등	그 밖의 것	철분·금속분·마그네슘 등	인화성 고체	그 밖의 것	금수성 물품	그 밖의 것			
대형·소형 수동식 소화기	봉상수(棒狀水)소화기	○			○		○	○		○		○	○
	무상수(霧狀水)소화기	○	○		○		○	○	×	○	×	○	○
	봉상강화액소화기	○			○		○	○		○		○	○
	무상강화액소화기	○	○		○		○	○		○		○	○
	포소화기	○			○		○	○		○		○	○
	이산화탄소소화기		○				○				◎	×	△
	할로젠화합물소화기		○				○				○		
분말 소화기	인산염류소화기	○	○		○		○	○			○		○
	탄산수소염류소화기		○	○		○		○		○		○	
	그 밖의 것			○		○			○				

39 피리딘 20,000리터에 대한 소화설비의 소요단위는?

① 5단위 ② 10단위
③ 15단위 ④ 100단위

≫ 피리딘(C_5H_5N)은 제4류 위험물 중 제1석유류 수용성 물질로서 지정수량이 400L이며, 위험물의 1소요단위는 지정수량의 10배이므로 피리딘 20,000L는 $\dfrac{20,000L}{400L \times 10}$ = 5소요단위이다.

Check **1소요단위의 기준**

구 분	외벽이 내화구조	외벽이 비내화구조
제조소 및 취급소	연면적 100m²	연면적 50m²
저장소	연면적 150m²	연면적 75m²
위험물	지정수량의 10배	

40 벼락으로부터 재해를 예방하기 위하여 위험물안전관리법령상 피뢰설비를 설치하여야 하는 위험물제조소의 기준은? (단, 제6류 위험물을 취급하는 위험물제조소는 제외한다.)

① 모든 위험물을 취급하는 제조소
② 지정수량 5배 이상의 위험물을 취급하는 제조소
③ 지정수량 10배 이상의 위험물을 취급하는 제조소
④ 지정수량 20배 이상의 위험물을 취급하는 제조소

≫ 지정수량의 10배 이상의 위험물(제6류 위험물은 제외)을 취급하는 위험물제조소에는 피뢰침(피뢰설비)을 설치하여야 한다.

제3과목 **위험물의 성질과 취급**

41 다음 중 물과 반응하여 산소를 발생하는 것은?

① $KClO_3$
② Na_2O_2
③ $KClO_4$
④ CaC_2

≫ ① $KClO_3$(염소산칼륨) : 제1류 위험물 중 염소산염류에 속하는 물질로서 물과 반응하지 않아 기체도 발생시키지 않는다.
② Na_2O_2(과산화나트륨) : 제1류 위험물 중 알칼리금속의 과산화물에 속하는 물질로서 **물과 반응**하여 수산화나트륨($NaOH$)과 함께 **산소를 발생**시킨다.
 • 과산화나트륨의 물과의 반응식
  $2Na_2O_2 + 2H_2O \rightarrow 4NaOH + O_2$
③ $KClO_4$(과염소산칼륨) : 제1류 위험물 중 과염소산염류에 속하는 물질로서 물과 반응하지 않아 기체도 발생시키지 않는다.
④ CaC_2(탄화칼슘) : 제3류 위험물 중 칼슘의 탄화물로서 물과 반응하여 수산화칼슘[$Ca(OH)_2$]과 아세틸렌(C_2H_2) 가스를 발생시킨다.
 • 탄화칼슘의 물과의 반응식
  $CaC_2 + 2H_2O \rightarrow Ca(OH)_2 + C_2H_2$

정답 39. ① 40. ③ 41. ②

42 제1류 위험물 중 무기과산화물 150kg, 질산염류 300kg, 다이크로뮴산염류 3,000kg을 저장하려 한다. 각각 지정수량의 배수의 총합은 얼마인가?

① 5   ② 6

③ 7   ④ 8

>> 무기과산화물의 지정수량은 50kg이며, 질산염류의 지정수량은 300kg, 다이크로뮴산염류의 지정수량은 1,000kg이므로 이들의 지정수량 배수의 합은 $\frac{150kg}{50kg} + \frac{300kg}{300kg} + \frac{3,000kg}{1,000kg} = 7$배이다.

43 위험물의 저장방법에 대한 설명 중 틀린 것은?

① 황린은 산화제와 혼합되지 않게 저장한다.

② 황은 정전기가 축적되지 않도록 저장한다.

③ 적린은 인화성 물질로부터 격리 저장한다.

④ 마그네슘분은 분진을 방지하기 위해 약간의 수분을 포함시켜 저장한다.

>> ① 제3류 위험물 중 자연발화성 물질인 황린은 산소공급원인 산화제와 혼합되지 않게 저장한다.
② 제2류 위험물인 황은 전류를 통과시키지 못하는 전기불량도체이므로 정전기를 발생시킬 수 있기 때문에 정전기가 축적되지 않도록 저장한다.
③ 제2류 위험물인 적린은 가연성 고체로서 인화성이 있는 물질과 격리시켜 저장한다.
④ 제2류 위험물인 **마그네슘분**은 물과 반응 시 가연성인 수소가스를 발생하기 때문에 **수분을 포함시켜 저장하면 안 된다.**

44 물과 반응하여 가연성 또는 유독성 가스를 발생하지 않는 것은?

① 탄화칼슘   ② 인화칼슘

③ 과염소산칼륨   ④ 금속나트륨

>> ① 탄화칼슘(CaC_2)은 제3류 위험물 중 금수성 물질로서 물과 반응 시 수산화칼슘[$Ca(OH)_2$]과 함께 가연성인 아세틸렌(C_2H_2)가스를 발생한다.
　• 탄화칼슘의 물과의 반응식
　　$CaC_2 + 2H_2O \rightarrow Ca(OH)_2 + C_2H_2$
② 인화칼슘(Ca_3P_2)은 제3류 위험물 중 금수성 물질로서 물과 반응 시 수산화칼슘[$Ca(OH)_2$]과 함께 가연성이면서 독성인 포스핀(PH_3)가스를 발생한다.
　• 인화칼슘의 물과의 반응식
　　$Ca_3P_2 + 6H_2O \rightarrow 3Ca(OH)_2 + 2PH_3$
③ **과염소산칼륨**($KClO_4$)은 제1류 위험물로서 물과 반응하지 않기 때문에 **어떠한 종류의 가스도 발생하지 않는다.**
④ 금속나트륨(Na)은 제3류 위험물 중 금수성 물질로서 물과 반응 시 수산화나트륨(NaOH)과 함께 가연성인 수소가스를 발생한다.
　• 나트륨의 물과의 반응식
　　$2Na + 2H_2O \rightarrow 2NaOH + H_2$

45 수소화나트륨 저장창고에 화재가 발생하였을 때 주수소화가 부적합한 이유로 옳은 것은?

① 발열반응을 일으키고 수소를 발생한다.

② 수화반응을 일으키고 수소를 발생한다.

③ 중화반응을 일으키고 수소를 발생한다.

④ 중합반응을 일으키고 수소를 발생한다.

>> **수소화나트륨**(NaH)은 제3류 위험물 중 금속의 수소화물에 속하는 금수성 물질로서 물과 반응 시 **발열반응과 함께 가연성인 수소가스를 발생**하기 때문에 화재 발생 시 주수소화하면 안 된다.
　• 수소화나트륨의 물과의 반응식
　　$NaH + H_2O \rightarrow NaOH + H_2$

46 다음 중 물과 접촉하였을 때 에테인이 발생되는 물질은?

① CaC_2

② $(C_2H_5)_3Al$

③ $C_6H_3(NO_2)_3$

④ $C_2H_5ONO_2$

>> ① CaC_2(탄화칼슘) : 물과 반응 시 수산화칼슘[$Ca(OH)_2$]과 아세틸렌(C_2H_2)가스를 발생한다.
　• 탄화칼슘과 물의 반응식
　　$CaC_2 + 2H_2O \rightarrow Ca(OH)_2 + C_2H_2$

정답   42. ③   43. ④   44. ③   45. ①   46. ②

② (C₂H₅)₃Al(트라이에틸알루미늄) : 물과 반응
시 수산화알루미늄[Al(OH)₃]과 **에테인(C₂H₆)
가스**를 발생한다.
　• 트라이에틸알루미늄과 물의 반응식
　$(C_2H_5)_3Al + 3H_2O \rightarrow Al(OH)_3 + 3C_2H_6$
③ C₆H₃(NO₂)₃(트라이나이트로벤젠) : 제5류 위
험물로서 물과는 반응하지 않는다.
④ C₂H₅ONO₂(질산에틸) : 제5류 위험물로서 물
과는 반응하지 않는다.

47 취급하는 장치가 구리나 마그네슘으로 되어
있을 때 반응을 일으켜서 폭발성의 아세틸라
이드를 생성하는 물질은?
① 이황화탄소　　② 아이소프로필알코올
③ 산화프로필렌　　④ 아세톤

≫ 제4류 위험물 중 특수인화물에 속하는 **산화프로
필렌**(CH₃CHOCH₂)과 아세트알데하이드(CH₃CHO)
는 수은(Hg), 은(Ag), **구리(Cu), 마그네슘(Mg)**과
반응하면 **폭발성의 금속 아세틸라이드를 생성**하
므로 이들 금속과는 접촉을 금지해야 한다.

톡톡 튀는 **암기법** 수은, 은, 구리(동), 마그네슘 ⇨ 수 은 구루마

48 다음 물질 중 증기비중이 가장 작은 것은 어느
것인가?
① 이황화탄소
② 아세톤
③ 아세트알데하이드
④ 다이에틸에터

≫ 증기비중 = $\frac{분자량}{공기의 \ 분자량(29)}$ 이다.
① 이황화탄소(CS₂)의 분자량은 12(C)+32(S)×2
= 76이므로 증기비중 = $\frac{76}{29}$ = 2.62이다.
② 아세톤(CH₃COCH₃)의 분자량은 12(C)×3+
1(H)×6+16(O) = 58이므로 증기비중 = $\frac{58}{29}$
= 2이다.
③ **아세트알데하이드**(CH₃CHO)의 분자량은 12(C)
×2+1(H)×4+16(O) = 44이므로 **증기비중**
= $\frac{44}{29}$ = 1.52이다.
④ 다이에틸에터(C₂H₅OC₂H₅)의 분자량은 12(C)
×4+1(H)×10+16(O) = 74이므로 증기비중
= $\frac{74}{29}$ = 2.55이다.

Tip
물질의 분자량이 작을수록 증기비중도 작기 때문
에 직접 증기비중의 값을 묻는 문제가 아니라면 분
자량만 계산해도 답을 구할 수 있습니다.

49 위험물안전관리법령상 제1석유류에 속하지
않는 것은?
① CH₃COCH₃　　② C₆H₆
③ CH₃COC₂H₅　　④ CH₃COOH

≫ ① CH₃COCH₃(아세톤) : 제1석유류
② C₆H₆(벤젠) : 제1석유류
③ CH₃COC₂H₅(메틸에틸케톤) : 제1석유류
④ **CH₃COOH(아세트산) : 제2석유류**

50 다음 물질 중 발화점이 가장 낮은 것은?
① CS₂　　　　② C₆H₆
③ CH₃COCH₃　　④ CH₃COOCH₃

≫ ① **CS₂(이황화탄소) : 특수인화물로서 발화점은
100℃이다.**
② C₆H₆(벤젠) : 제1석유류로서 발화점은 562℃
이다.
③ CH₃COCH₃(아세톤) : 제1석유류로서 발화점은
538℃이다.
④ CH₃COOCH₃(아세트산메틸) : 제1석유류로서
발화점은 454℃이다.

Tip
CS₂(이황화탄소)는 시험에 출제되는 제4류 위험물
중 가장 발화점이 낮은 위험물입니다.

51 위험물안전관리법령상 제6류 위험물에 해당
하는 물질로서 햇빛에 의해 갈색의 연기를 내
며 분해할 위험이 있으므로 갈색병에 보관해
야 하는 것은?
① 질산　　　　② 황산
③ 염산　　　　④ 과산화수소

≫ 제6류 위험물인 질산(HNO₃)은 햇빛에 의해 분
해하면 적갈색 기체인 이산화질소(NO₂)를 발생
하기 때문에 이를 방지하기 위하여 갈색병에 보
관해야 한다.
　• 질산의 열분해반응식
　$4HNO_3 \rightarrow 2H_2O + 4NO_2 + O_2$

정답　47. ③　48. ③　49. ④　50. ①　51. ①

52 위험물안전관리법령에 따른 위험물제조소의 안전거리 기준으로 틀린 것은?

① 주택으로부터 10m 이상

② 학교, 병원, 극장으로부터 30m 이상

③ 유형문화재와 기념물 중 지정문화재로부터는 70m 이상

④ 고압가스등을 저장·취급하는 시설로부터는 20m 이상

>> 위험물제조소의 안전거리
   1) 주거용 건축물(제조소의 동일부지 외에 있는 것)
      : 10m 이상
   2) 학교, 병원, 극장(300명 이상), 다수인 수용시설
      : 30m 이상
   3) **유형문화재와 기념물 중 지정문화재 : 50m 이상**
   4) 고압가스, 액화석유가스 등의 저장·취급 시설
      : 20m 이상
   5) 사용전압 7,000V 초과 35,000V 이하의 특고압가공전선 : 3m 이상
   6) 사용전압이 35,000V를 초과하는 특고압가공전선 : 5m 이상

> **Tip**
> 제6류 위험물을 취급하는 제조소등의 경우는 모든 대상에 대해 안전거리를 제외할 수 있습니다.

53 제4류 위험물을 저장하는 이동탱크저장소의 탱크 용량이 19,000L일 때 탱크의 칸막이는 최소 몇 개를 설치해야 하는가?

① 2   ② 3

③ 4   ④ 5

>> 이동탱크저장소에는 용량 4,000L 이하마다 3.2mm 이상의 강철판으로 만든 칸막이로 구획하여야 한다. 용량이 19,000L인 이동저장탱크에는 5개의 구획된 칸이 필요하며 이 때 필요한 칸막이의 개수는 4개이다.

54 위험물안전관리법령상 제4석유류를 취급하는 위험물제조소의 건축물의 지붕에 대한 설명으로 옳은 것은?

① 항상 불연재료로 하여야 한다.

② 항상 내화구조로 하여야 한다.

③ 가벼운 불연재료가 원칙이지만 예외적으로 내화구조로 할 수 있는 경우가 있다.

④ 내화구조가 원칙이지만 예외적으로 가벼운 불연재료로 할 수 있는 경우가 있다.

>> 제조소의 지붕은 폭발력이 위로 방출될 정도의 **가벼운 불연재료**로 덮어야 한다. 다만, 제조소의 건축물이 다음의 위험물을 취급하는 경우에는 지붕을 **내화구조로 할 수 있다.**
   1) 제2류 위험물(분상의 것과 인화성 고체를 제외)
   2) 제4류 위험물 중 **제4석유류·동식물유류**
   3) 제6류 위험물

55 질산나트륨을 저장하고 있는 옥내저장소(내화구조의 격벽으로 완전히 구획된 실이 2 이상 있는 경우에는 동일한 실)와 함께 저장하는 것이 법적으로 허용되는 것은? (단, 위험물을 유별로 정리하여 서로 1m 이상의 간격을 두는 경우이다.)

① 적린

② 인화성 고체

③ 동식물유류

④ 과염소산

>> 옥내저장소에서 서로 1m 이상의 간격을 두는 경우 제1류 위험물인 **질산나트륨과 함께 저장할 수 있는 유별**은 제5류 위험물과 **제6류 위험물**, 제3류 위험물 중 자연발화성 물질(황린)이며, 〈보기〉 위험물의 유별은 다음과 같다.
   ① 적린(제2류 위험물)
   ② 인화성 고체(제2류 위험물)
   ③ 동식물유류(제4류 위험물)
   ④ **과염소산(제6류 위험물)**

> Check
> 옥내저장소(내화구조의 격벽으로 완전히 구획된 실이 2 이상 있는 경우에는 동일한 실)에서는 서로 다른 유별끼리 함께 저장할 수 없다. 단, 다음의 조건을 만족하면서 유별로 정리하여 서로 1m 이상의 간격을 두는 경우에는 저장할 수 있다.
> (1) 제1류 위험물(알칼리금속의 과산화물을 제외)과 제5류 위험물
> (2) 제1류 위험물과 제6류 위험물
> (3) 제1류 위험물과 제3류 위험물 중 자연발화성 물질(황린)
> (4) 제2류 위험물 중 인화성 고체와 제4류 위험물

(5) 제3류 위험물 중 알킬알루미늄등과 제4류 위험물(알킬알루미늄 또는 알킬리튬을 함유한 것)

(6) 제4류 위험물 중 유기과산화물과 제5류 위험물 중 유기과산화물

56 위험물안전관리법령상 위험물제조소에 설치하는 "물기엄금" 게시판의 색으로 옳은 것은?

① 청색바탕 백색글씨
② 백색바탕 청색글씨
③ 황색바탕 청색글씨
④ 청색바탕 황색글씨

>> 위험물제조소등에 설치하는 주의사항 게시판의 내용 및 색상

유별	품명	주의사항	색상
제1류	알칼리금속의 과산화물	물기엄금	청색바탕 및 백색문자
	그 밖의 것	필요 없음	–
제2류	인화성 고체	화기엄금	적색바탕 및 백색문자
	그 밖의 것	화기주의	
제3류	금수성 물질	물기엄금	청색바탕 및 백색문자
	자연발화성 물질	화기엄금	적색바탕 및 백색문자
제4류	인화성 액체	화기엄금	적색바탕 및 백색문자
제5류	자기반응성 물질	화기엄금	적색바탕 및 백색문자
제6류	산화성 액체	필요 없음	–

💡**Tip**

주의사항 게시판의 색상은 주의사항 내용에 '물기'가 포함되어 있으면 청색바탕에 백색문자로 하고, '화기'가 포함되어 있으면 적색바탕에 백색문자로 합니다.

57 위험물 운반용기 외부에 수납하는 위험물의 종류에 따라 표시하는 주의사항을 올바르게 연결한 것은?

① 염소산칼륨 – 물기주의
② 철분 – 물기주의

③ 아세톤 – 화기엄금
④ 질산 – 화기엄금

>> ① 염소산칼륨(제1류 위험물) – 화기·충격주의, 가연물접촉주의
② 철분(제2류 위험물) – 화기주의, 물기엄금
③ **아세톤(제4류 위험물) – 화기엄금**
④ 질산(제6류 위험물) – 가연물접촉주의

Check 운반용기 외부에 표시하여야 하는 주의사항

유별	품명	운반용기에 표시하는 주의사항
제1류	알칼리금속의 과산화물	화기·충격주의, 가연물접촉주의, 물기엄금
	그 밖의 것	화기·충격주의, 가연물접촉주의
제2류	철분, 금속분, 마그네슘	화기주의, 물기엄금
	인화성 고체	화기엄금
	그 밖의 것	화기주의
제3류	금수성 물질	물기엄금
	자연발화성 물질	화기엄금, 공기접촉엄금
제4류	**인화성 액체**	**화기엄금**
제5류	자기반응성 물질	화기엄금, 충격주의
제6류	산화성 액체	가연물접촉주의

58 위험물안전관리법령에 따른 위험물 저장기준으로 틀린 것은?

① 이동탱크저장소에는 설치허가증을 비치하여야 한다.
② 지하저장탱크의 주된 밸브는 위험물을 넣거나 빼낼 때 외에는 폐쇄하여야 한다.
③ 아세트알데하이드를 저장하는 이동저장탱크에는 탱크 안에 불활성 가스를 봉입하여야 한다.
④ 옥외저장탱크 주위에 설치된 방유제의 내부에 물이나 유류가 괴었을 경우에는 즉시 배출하여야 한다.

>> ① 이동탱크저장소에는 당해 이동탱크저장소의 완공검사필증 및 정기점검기록을 비치하여야 한다.

정답 56. ① 57. ③ 58. ①

59 위험물안전관리법령에 따르면 보냉장치가 없는 이동저장탱크에 저장하는 아세트알데하이드의 온도는 몇 ℃ 이하로 유지해야 하는가?

① 30 　　　　② 40

③ 50 　　　　④ 60

≫ 이동저장탱크에 **아세트알데하이드등** 또는 다이에틸에터등을 저장하는 온도
1) 보냉장치가 있는 이동저장탱크 : 비점 이하
2) **보냉장치가 없는 이동저장탱크 : 40℃ 이하**

`Check` 옥외저장탱크 · 옥내저장탱크 또는 지하저장탱크에 위험물을 저장하는 온도

(1) 압력탱크 외의 탱크에 저장하는 경우
　㉠ 아세트알데하이드등 : 15℃ 이하
　㉡ 산화프로필렌과 다이에틸에터등 : 30℃ 이하
(2) 압력탱크에 저장하는 경우
　– 아세트알데하이드등 또는 다이에틸에터등 : 40℃ 이하

60 위험물의 저장법으로 옳지 않은 것은?

① 금속나트륨은 석유 속에 저장한다.
② 황린은 물속에 저장한다.
③ 질화면은 물 또는 알코올에 적셔서 저장한다.
④ 알루미늄분은 분진발생 방지를 위해 물에 적셔서 저장한다.

≫ ① 금속나트륨은 석유류(등유. 경유, 유동파라핀 등) 속에 저장한다.
② 황린은 pH가 9인 약알칼리성의 물속에 저장한다.
③ 질화면이라 불리는 제5류 위험물인 나이트로셀룰로오스는 물 또는 알코올에 적셔서 저장한다.
④ **알루미늄분**은 물과 반응 시 가연성인 수소가스를 발생하므로 **물과 접촉을 방지**해야 한다.

2023 CBT 기출복원문제
제1회 위험물산업기사

2023년 3월 1일 시행

제1과목 일반화학

01 벤젠에 수소원자 한 개는 −CH₃기로, 또 다른 수소원자 한 개는 −OH기로 치환되었다면 이성질체수는 몇 개인가?

① 1　　　　　② 2
③ 3　　　　　④ 4

》 벤젠에 CH₃ 1개와 OH 1개를 붙인 것을 크레졸($C_6H_4CH_3OH$)이라 하며, 크레졸은 다음과 같이 오르토(o−)크레졸, 메타(meta−)크레졸, 파라(para−)크레졸의 **3가지 이성질체**를 갖는다.

o−크레졸	m−크레졸	p−크레졸
CH₃　OH	CH₃　OH	CH₃　　OH

02 유기화합물을 질량 분석한 결과 C 84%, H 16%의 결과를 얻었다. 다음 중 이 물질에 해당하는 실험식은?

① C_5H　　　　② C_2H_2
③ C_7H_8　　　　④ C_7H_{16}

》 C와 H의 비율을 합하면 84%+16% = 100%이므로 이 유기화합물은 다른 원소는 포함하지 않고 C와 H로만 구성되어 있음을 알 수 있다. 만약 C의 질량과 H의 질량이 동일하다면 C는 84개, H는 16개가 들어 있는 $C_{84}H_{16}$으로 나타내야 하지만 C 1개의 질량은 12g이므로 C의 비율 84%를 12로 나누어야 하고 H 1개의 질량은 1g이므로 H이 비율 16%를 1로 나누어 다음과 같이 표시해야 한다.

C : $\frac{84}{12}$ = 7,　H : $\frac{16}{1}$ = 16

따라서 C는 7개, H는 16개이므로 실험식은 C_7H_{16}이다.

03 포화탄화수소에 해당하는 것은?

① 톨루엔
② 에틸렌
③ 프로페인
④ 아세틸렌

》 포화탄화수소는 탄소와 수소로 구성된 물질 중 단일결합(하나의 선으로 연결된 것)만 포함하고 있는 것을 말하며, 이중결합(두 개의 선으로 연결 된 것) 또는 삼중결합(세 개의 선으로 연결된 것)을 가진 물질은 불포화탄화수소라 한다.
① 톨루엔($C_6H_5CH_3$) : 이중결합을 3개 가진 벤젠을 포함하는 물질이므로 불포화탄화수소이다.

② 에틸렌(C_2H_4) : 이중결합을 1개 가진 불포화탄화수소이다.

H　H
|　|
C＝C
|　|
H　H

③ **프로페인**(C_3H_8) : 단일결합만 가진 **포화탄화수소**이다.

H　H　H
|　|　|
H−C−C−C−H
|　|　|
H　H　H

④ 아세틸렌 : 3중결합을 1개 가진 불포화탄화수소이다.

H−C≡C−H

04 분자량의 무게가 4배이면 확산속두는 몇 배인가?

① 0.5배　　　　② 1배
③ 2배　　　　　④ 4배

>> 그레이엄의 기체확산속도의 법칙은 "기체의 확산속도는 기체의 분자량의 제곱근에 반비례한다."이고, 공식은 $V = \sqrt{\dfrac{1}{M}}$ 이다.

여기서, V : 기체의 확산속도
M : 기체의 분자량

처음 기체의 분자량(M)을 1로 정할 때 기체의 확산속도는 $V = \sqrt{\dfrac{1}{1}} = 1$인데 기체의 분자량($M$)을 처음의 4배로 하면 기체의 확산속도는 $V = \sqrt{\dfrac{1}{1 \times 4}} = \sqrt{\dfrac{1}{4}} = \dfrac{1}{2} = 0.5$이다.

05 다이크로뮴산칼륨에서 크로뮴의 산화수는?

① 2 　　　　② 4
③ 6 　　　　④ 8

>> 다이크로뮴산칼륨의 화학식은 $K_2Cr_2O_7$이며, 이 중 크로뮴(Cr)의 산화수를 구하는 방법은 다음과 같다.
① 1단계 : 필요한 원소들의 원자가를 확인한다.
　- 칼륨(K) : +1가 원소
　- 산소(O) : −2가 원소
② 2단계 : 크로뮴(Cr)을 +x로 두고 나머지 원소들의 원자가와 그 개수를 적는다.

　K_2　　Cr_2　　O_7
　(+1×2) (+2x) (−2×7)

③ 3단계 : 다음과 같이 원자가와 그 개수의 합을 0이 되도록 한다.
$+2 + 2x - 14 = 0$
$+2x = +12$
$x = 6$
이때 x값이 Cr의 산화수이다.
∴ $x = +6$

06 비활성 기체 원자 Ar과 같은 전자배치를 가지고 있는 것은?

① Na^+ 　　　② Li^+
③ Al^{3+} 　　　④ S^{2-}

>> 원소의 전자배치(전자수)는 원자번호와 같다. Ar(아르곤)은 원자번호가 18번이므로 전자수도 18개이다.
① Na(나트륨)은 원자번호가 11번이므로 전자수도 11개이지만, Na^+은 전자를 1개 잃은 상태이므로 Na^+의 전자수는 10개이다.
② Li(리튬)은 원자번호가 3번이므로 전자수도 3개이지만, Li^+은 전자를 1개 잃은 상태이므로 Li^+의 전자수는 2개이다.

③ Al(알루미늄)은 원자번호가 13번이므로 전자수도 13개이지만, Al^{3+}은 전자를 3개 잃은 상태이므로 Al^{3+}의 전자수는 10개이다.
④ S(황)은 원자번호가 16번이므로 전자수도 16개이지만, S^{2-}은 전자를 2개 얻은 상태이므로 **S^{2-}의 전자수는 18개**이다.

07 알루미늄이온(Al^{3+}) 한 개에 대한 설명으로 틀린 것은?

① 질량수는 27이다.
② 양성자수는 13이다.
③ 중성자수는 13이다.
④ 전자수는 10이다.

>> 원자번호는 전자수와 같고 양성자수와도 같으며, 질량수(원자량)는 양성자수와 중성자수를 더한 값과 같다. 〈문제〉의 Al^{3+}은 알루미늄이온이라 불리며, 알루미늄이 전자를 3개 잃은 상태를 나타내며 이온상태의 Al^{3+}은 전자수만 달라질뿐 원자번호 및 양성자수 또는 중성자수 등은 모두 Al과 같다.
① 원자번호가 홀수인 원소의 질량수는 원자번호에 2를 곱한 후 그 값에 1을 더하는 방식으로 구하므로, 원자번호가 13인 Al의 질량수 = 13×2+1 = 27이다.
② 양성자수는 원자번호와 같으므로 원자번호가 13인 Al의 양성자수는 13이다.
③ 질량수는 양성자수와 중성자수를 더한 값이므로, 질량수가 27이고 양성자수는 13인 Al의 **중성자수** = 질량수 − 양성자수 = 27 − 13 = **14**이다.
④ Al은 원자번호가 13이므로 전자수도 13이지만, Al^{3+}은 전자를 3개 잃은 상태이므로 Al^{3+}의 전자수는 10이다.

08 같은 주기에서 원자번호가 증가할수록 감소하는 것은?

① 이온화에너지
② 원자반지름
③ 비금속성
④ 전기음성도

>> 원소주기율표의 같은 주기에서 원자번호가 증가할수록 감소하는 것은 주기율표의 왼쪽에서 오른쪽으로 갈수록 감소하는 것을 말한다.

① 이온화에너지란 중성원자로부터 전자(−) 1개를 떼어 내어 양이온(+)으로 만드는 데 필요한 힘을 말하는데, 주기율표의 오른쪽에 있는 (−)원자가를 갖는 원소들은 전자(−)를 쉽게 빼앗기지 않으려는 성질이 강해 전자를 떼어 내려는 힘이 많이 필요하게 되어 이온화에너지가 증가하고, 반대로 주기율표의 왼쪽에 있는 원소들은 전자(−)를 잃고 양이온(+)이 되려는 성질이 커서 전자를 떼어 내는 데 많은 힘이 필요하지 않아 이온화에너지가 감소한다.

② 주기율표의 오른쪽으로 갈수록 그 주기에는 전자수가 증가하게 되고 전자가 많아질수록 양성자가 전자를 당기는 힘이 강해져 전자가 내부로 당겨지면서 **원자의 반지름은 감소**한다.

③ 주기율표의 왼쪽에는 금속성 원소들이 존재하고 주기율표의 오른쪽에는 비금속성 원소들이 존재하므로, 주기율표의 오른쪽으로 갈수록 비금속성은 증가한다.

④ 주기율표의 왼쪽으로 갈수록 이온화경향이 증가하고, 주기율표의 오른쪽으로 갈수록 전기음성도가 증가한다.

09 물 200g에 A물질 2.9g을 녹인 용액의 빙점은? (단, 물의 어는점 내림상수는 1.86℃ · kg/mol 이고, A물질의 분자량은 58이다.)

① −0.465℃   ② −0.932℃
③ −1.871℃   ④ −2.453℃

≫ 빙점이란 어떤 용액이 얼기 시작하는 온도를 말하며, 강하란 내림 혹은 떨어진다라는 의미를 갖고 있다. 물에 어떤 물질을 녹인 용액의 빙점은 다음과 같이 빙점강하(ΔT) 공식을 이용하여 구할 수 있다.

$$\Delta T = \frac{1,000 \times w \times K_f}{M \times a}$$

여기서, w(용질 A의 질량) : 2.9g
K_f(물의 어는점 내림상수)
  : 1.86℃ · kg/mol
M(용질 A의 분자량) : 58g
a(용매 물의 질량) : 200g

$$\Delta T = \frac{1,000 \times 2.9 \times 1.00}{58 \times 200} = 0.465℃$$

따라서 용액의 빙점은 물의 빙점 0℃보다 0.465℃ 만큼 더 내린 온도이므로 0℃ − 0.465℃ = −0.465℃이다.

10 다음 중 비공유전자쌍을 가장 많이 가지고 있는 것은?

① CH_4
② NH_3
③ H_2O
④ CO_2

PLAY ▶ 풀이

≫
① CH_4 :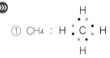

최외각전자수(원자가)가 4개인 C의 전자는 "●"으로 표시하고 최외각전자수가 1개인 H의 전자는 "x"로 표시하여 전자점식으로 나타내면, 공유전자쌍은 4개이고 비공유전자쌍은 없다.
여기서, "●x"는 서로 다른 원소의 전자를 공유한 상태이므로 공유전자쌍이라 하고, "●●" 또는 "xx"은 같은 원소의 전자를 공유한 상태이므로 공유하지 않은 즉, 비공유전자쌍이라 한다.

② NH_3 : H $\overset{\bullet\bullet}{\underset{\text{H}}{\text{N}}}$ H

최외각전자수(원자가)가 5개인 N의 전자는 "●"으로 표시하고 최외각전자수(원자가)가 1개인 H의 전자는 "x"로 표시하여 전자점식으로 나타내면, 공유전자쌍은 3개, 비공유전자쌍은 1개이다.

③ H_2O : H O H

최외각전자수(원자가)가 6개인 O의 전자는 "●"으로 표시하고 최외각전자수(원자가)가 1개인 H의 전자는 "x"로 표시하여 전자점식으로 나타내면, 공유전자쌍은 2개, 비공유전자쌍도 2개이다.

④ CO_2 : O C O

최외각전자수(원자가)가 4개인 C의 전자는 "●"으로 표시하고 최외각전자수(원자가)가 6개인 O의 전자는 "x"로 표시하여 전자점식으로 나타내면, 공유전자쌍은 4개, **비공유전자쌍도 4개이다.**

11 다음 화학반응에서 밑줄 친 원소가 산화된 것은?

① $H_2 + \underline{Cl_2} \rightarrow 2HCl$

② $2\underline{Zn} + O_2 \rightarrow 2ZnO$

③ $2KBr + \underline{Cl_2} \rightarrow 2KCl + Br_2$

④ $2\underline{Ag^+} + Cu \rightarrow 2Ag + Cu^{2+}$

≫ 밑줄 친 원소의 반응 전과 반응 후의 산화수를 비교했을 때 그 원소의 산화수가 반응 전보다 반응 후에 증가되었다면 그 원소는 산화된 것이다.
① Cl의 산화수는 반응 전에 0, 반응 후에 −1로 산화수는 감소하였다.
　㉠ 반응 전의 Cl : 단체(하나의 원소로 이루어진 것)의 산화수는 0이다.
　㉡ 반응 후의 Cl : HCl에서 Cl을 $+x$로 두고 여기에 H의 원자가 +1을 더한 합이 0이 될 때 x의 값이 산화수이다.
　　H　Cl
　　+1 $+x$ = 0, Cl의 산화수는 −1이다.
② Zn의 산화수는 반응 전에 0, 반응 후에 +2로 **산화수는 증가**하였다.
　㉠ 반응 전의 Zn : 단체(하나의 원소로 이루어진 것)의 산화수는 0이다.
　㉡ 반응 후의 Zn : ZnO에서 Zn을 $+x$로 두고 여기에 O의 원자가 −2를 더한 합이 0이 될 때 x의 값이 산화수이다.
　　Zn　O
　　$+x$　−2 = 0, Zn의 산화수는 +2이다.
③ Cl의 산화수는 반응 전에 0, 반응 후에 −1로 산화수는 감소하였다.
　㉠ 반응 전의 Cl : 단체(하나의 원소로 이루어진 것)의 산화수는 0이다.
　㉡ 반응 후의 Cl : KCl에서 Cl을 $+x$로 두고 여기에 K의 원자가 +1을 더한 합이 0이 될 때 x의 값이 산화수이다.
　　K　Cl
　　+1 $+x$ = 0, Cl의 산화수는 −1이다.
④ Ag^+의 산화수는 반응 전에 +1, 반응 후에 0으로 산화수는 감소하였다.
　㉠ 반응 전의 Ag^+ : Ag는 단체이지만 Ag^+은 전자를 잃은 상태의 이온이므로 Ag을 $+x$로 두었을 때 이 값이 0이 아니라 +1이 될 때 x의 값이 산화수이다.
　　Ag^+
　　$+x$ = +1, Ag의 산화수는 +1이다.
　㉡ 반응 후의 Ag : 단체(하나의 원소로 이루어진 것)의 산화수는 0이다.

12 표준상태를 기준으로 수소 2.24L가 염소와 완전히 반응했다면 생성된 염화수소의 부피는 몇 L인가?

① 2.24

② 4.48

③ 22.4

④ 44.8

≫ 수소(H_2) 1몰과 염소(Cl_2) 1몰이 반응하면 염화수소(HCl) 2몰이 발생하는데 그 반응식은 다음과 같다.
　$H_2 + Cl_2 \rightarrow 2HCl$
　1몰　1몰　　2몰
〈문제〉에서는 수소(H_2) 2.24L를 반응시킨다고 하였으므로 염소(Cl_2) 또한 같은 비율로 반응하여 2.24L가 필요하고, **염화수소(HCl)**는 수소 및 염소의 부피인 2.24L의 2배인 **4.48L가 생성**된다.

13 다음 중 완충용액에 해당하는 것은?

① CH_3COONa와 CH_3COOH

② NH_4Cl와 HCl

③ CH_3COONa와 $NaOH$

④ $HCOONa$와 Na_2SO_4

≫ 완충용액이란 외부로부터 산성이나 염기성 물질을 가했을 때 외부 물질에 영향을 받지 않고 수소이온농도를 일정하게 유지할 수 있는 용액으로서 CH_3COONa와 CH_3COOH이 대표적인 완충용액 물질이다.

14 산성 산화물에 해당하는 것은?

① CaO

② Na_2O

③ CO_2

④ MgO

≫ 산소(O)를 포함하고 있는 물질을 산화물이라 하며, 산화물에는 다음의 3종류가 있다.
1) 산성 산화물 : 비금속＋산소
2) 염기성 산화물 : 금속＋산소
3) 양쪽성 산화물 : Al(알루미늄), Zn(아연), Sn(주석), Pb(납)＋산소
① CaO : 알칼리토금속에 속하는 Ca(칼슘)＋산소 → 염기성 산화물
② Na_2O : 알칼리금속에 속하는 Na(나트륨)＋산소 → 염기성 산화물
③ **CO_2** : 비금속에 속하는 C(탄소)＋산소 → **산성 산화물**
④ MgO : 알칼리토금속에 속하는 Mg(마그네슘)＋산소 → 염기성 산화물

정답　11. ②　12. ②　13. ①　14. ③

15 어떤 주어진 양의 기체의 부피가 21℃, 1.4atm에서 250mL이다. 온도가 49℃로 상승되었을 때의 부피가 300mL라고 하면 이 때의 압력은 약 얼마인가?

① 1.35atm

② 1.28atm

③ 1.21atm

④ 1.16atm

≫ 어떤 기체의 온도와 부피를 변화시켰을 때의 압력은 어떻게 달라지는가를 구하는 문제이므로 다음과 같이 보일–샤를의 법칙 $\dfrac{P_1 V_1}{T_1} = \dfrac{P_2 V_2}{T_2}$ 을 이용한다.

압력(P_1)에 1.4atm, 부피(V_1)에 250mL, 온도(T_1)에 (273 + 21)K를 대입하고 온도(T_2)에 (273 + 49)K, 부피(V_2)에 300mL를 대입하여 압력(P_2)을 구하면 다음과 같다.

$$\frac{1.4 \times 250}{273 + 21} = \frac{P_2 \times 300}{273 + 49}$$

$(273+21) \times P_2 \times 300 = 1.4 \times 250 \times (273+49)$

$P_2 = 1.277$

∴ $P_2 = 1.28$atm

16 다음 중 배수비례의 법칙이 성립되는 화합물을 나열한 것은?

① CH_4, CCl_4

② SO_2, SO_3

③ H_2O, H_2S

④ NH_3, BH_3

≫ 배수비례의 법칙이란 원소 2종류를 화합하여 두 가지 이상의 물질을 만들 때 각 물질에 속한 원소 한 개의 질량과 결합하는 다른 원소의 질량은 각 물질에서 항상 일정한 정수비를 나타내는 것을 말한다. 〈보기〉 ②에서 SO_2는 S와 결합하는 O_2의 질량이 16g×2 = 32g이고 SO_3는 S와 결합하는 O_3의 질량이 16g×3 = 48g이므로 SO_2와 SO_3에 포함된 O는 32 : 48, 즉 2 : 3의 정수비를 나타내므로 이 두 물질 사이에는 배수비례의 법칙이 성립하는 것을 알 수 있다.

17 Rn은 α선 및 β선을 2번씩 방출하고 다음과 같이 변했다. 마지막 Po의 원자번호는 얼마인가? (단, Rn의 원자번호는 86, 원자량은 222이다.)

$$Rn \xrightarrow{\alpha} Po \xrightarrow{\alpha} Pb \xrightarrow{\beta} Bi \xrightarrow{\beta} Po$$

① 78

② 81

③ 84

④ 87

≫ 1) α선 방출(붕괴) : 원자번호 2 감소, 원자량 4 감소

2) β선 방출(붕괴) : 원자번호 1 증가, 원자량 불변

〈문제〉는 다음과 같은 단계로 α선 붕괴와 β선 붕괴를 진행하고 있다.

㉠ 1단계 : 원자번호 86번인 Rn이 α선 붕괴했으므로 원자번호가 2 감소하여 원자번호 84번인 Po가 생성되었다.

㉡ 2단계 : 원자번호 84번인 Po가 α선 붕괴했으므로 원자번호가 2 감소하여 원자번호 82번인 Pb가 생성되었다.

㉢ 3단계 : 원자번호 82번인 Pb가 β선 붕괴했으므로 원자번호가 1 증가하여 원자번호 83번인 Bi가 생성되었다.

㉣ 4단계 : 원자번호 83번인 Bi가 β선 붕괴했으므로 원자번호가 1 증가하여 원자번호 84번인 Po가 생성되었다.

따라서 마지막 원소인 Po의 원자번호는 84번이다.

18 다음 중 가수분해가 되지 않는 염은 어느 것인가?

① NaCl

② NH_4Cl

③ CH_3COONa

④ CH_3COONH_4

≫ 강염기(강한 금속성)와 강산(강한 비금속성)의 결합물은 가수분해가 되지 않는다.

① NaCl : 강염기(Na^+)와 강산(Cl^-)

② NH_4Cl : 약염기(NH_4^+)와 강산(Cl^-)

③ CH_3COONa : 약산(CH_3COO^-)과 강염기(Na^+)

④ CH_3COONH_4 : 약산(CH_3COO^-)과 약염기(NH_4^+)

19 물 450g에 NaOH 80g이 녹아 있는 용액에서 NaOH의 몰분율은?

① 0.074
② 0.178
③ 0.200
④ 0.450

》》 몰분율이란 각 물질을 몰수로 나타내었을 때 전체 물질 중 해당 물질이 차지하는 몰수의 비율을 말한다.
H_2O(물) 1몰은 1(H)g × 2+16(O)g = 18g이므로
물 450g은 $\frac{450}{18}$ = 25몰이고 NaOH(수산화나트륨) 1몰은 23(Na)g+16(O)g+1(H)g = 40g이므로
NaOH 80g은 $\frac{80}{40}$ = 2몰이다.
따라서 물 25몰과 NaOH 2몰을 합한 몰수에 대해
NaOH가 차지하는 몰분율은 $\frac{2}{25+2}$ = 0.074
이다.

20 황이 산소와 결합하여 SO_2를 만들 때에 대한 설명으로 옳은 것은?

① 황은 환원된다.
② 황은 산화된다.
③ 불가능한 반응이다.
④ 산소는 산화되었다.

》》 산화란 어떤 물질이 산소(O_2)를 받아들이는 것을 말한다. 〈문제〉에서 황(S)은 산소와 결합하여 SO_2 (이산화황)을 만들었으므로 이 상태는 **황이 산소를 받아들여 산화된 것**이다.
– 황과 산소와의 반응식 : $S + O_2 \rightarrow SO_2$

제2과목 **화재예방과 소화방법**

21 위험물저장소 건축물의 외벽이 내화구조인 것은 연면적 얼마를 1소요단위로 하는가?

① $50m^2$
② $75m^2$
③ $100m^2$
④ $150m^2$

》》 외벽이 내화구조인 위험물저장소의 건축물은 연면적 $150m^2$를 1소요단위로 한다.

Check **1소요단위의 기준**

구 분	외벽이 내화구조	외벽이 비내화구조
제조소 및 취급소	연면적 $100m^2$	연면적 $50m^2$
저장소	**연면적 $150m^2$**	연면적 $75m^2$
위험물	지정수량의 10배	

22 다음 중 이황화탄소의 액면 위에 물을 채워두는 이유로 가장 적합한 것은?

① 자연분해를 방지하기 위해
② 화재발생 시 물로 소화를 하기 위해
③ 불순물을 물에 용해시키기 위해
④ 가연성 증기의 발생을 방지하기 위해

》》 이황화탄소(CS_2)는 물에 녹지 않고 물보다 무거운 제4류 위험물로서 공기 중에 노출 시 공기에 포함된 산소와 반응하여 이산화황(SO_2)이라는 가연성 증기를 발생하므로 이 **가연성 증기의 발생을 방지하기 위해 물속에 저장**한다.
• 이황화탄소의 연소반응식
$CS_2 + 3O_2 \rightarrow CO_2 + 2SO_2$

23 위험물안전관리법령상 제1석유류를 저장하는 옥외탱크저장소 중 소화난이도 등급 I에 해당하는 것은? (단, 지중탱크 또는 해상탱크가 아닌 경우이다.)

① 액표면적이 $10m^2$인 것
② 액표면적이 $20m^2$인 것
③ 지반면으로부터 탱크 옆판 상단까지가 4m인 것
④ 지반면으로부터 탱크 옆판 상단까지가 6m인 것

》》 옥외탱크저장소의 소화난이도 등급 I
1) 액표면적이 $40m^2$ 이상인 것(제6류 위험물을 저장하는 것 및 고인화점위험물만을 100℃ 미만의 온도에서 저장하는 것은 제외)

정답 19. ① 20. ② 21. ④ 22. ④ 23. ④

2) **지반면으로부터 탱크 옆판의 상단까지 높이가 6m 이상인 것**(제6류 위험물을 저장하는 것 및 고인화점위험물만을 100℃ 미만의 온도에서 저장하는 것은 제외)

3) 지중탱크 또는 해상탱크로서 지정수량의 100배 이상인 것(제6류 위험물을 저장하는 것 및 고인화점위험물만을 100℃ 미만의 온도에서 저장하는 것은 제외)

4) 고체 위험물을 저장하는 것으로서 지정수량의 100배 이상인 것

24 위험물안전관리법령상 제6류 위험물에 적응성이 있는 소화설비는?

① 옥내소화전설비
② 불활성가스소화설비
③ 할로젠화합물소화설비
④ 탄산수소염류 분말소화설비

>> 제6류 위험물은 산화성 액체로서 자체적으로 산소공급원을 함유하는 물질이라 질식소화는 효과가 없고 냉각소화가 효과적이다. 〈보기〉 중 물을 소화약제로 사용하는 냉각소화효과를 갖는 소화설비는 옥내소화전설비이다.

대상물의 구분 / 소화설비의 구분	건축물·그 밖의 공작물	전기설비	제1류 위험물 알칼리금속의 과산화물등	제1류 위험물 그 밖의 것	제2류 위험물 철분·금속분·마그네슘등	제2류 위험물 인화성고체	제2류 위험물 그 밖의 것	제3류 위험물 금수성물품	제3류 위험물 그 밖의 것	제4류 위험물	제5류 위험물	제6류 위험물
옥내소화전 또는 옥외소화전 설비	○			○		○	○		○		○	◎
스프링클러설비	○			○		○	○		○	△	○	○
물분무등소화설비 — 물분무소화설비	○	○		○		○	○		○	○	○	○
물분무등소화설비 — 포소화설비	○			○		○	○		○	○	○	○
물분무등소화설비 — 불활성가스소화설비		○				○				○		
물분무등소화설비 — 할로젠화합물소화설비		○				○				○		
물분무등소화설비 — 분말소화설비 인산염류등	○	○		○		○	○			○		○
물분무등소화설비 — 분말소화설비 탄산수소염류등		○	○		○	○		○		○		
물분무등소화설비 — 분말소화설비 그 밖의 것			○		○			○				

25 다음 중 수소화나트륨 저장창고에 화재가 발생하였을 때 주수소화가 부적합한 이유로 옳은 것은?

① 발열반응을 일으키고 수소를 발생한다.
② 수화반응을 일으키고 수소를 발생한다.
③ 중화반응을 일으키고 수소를 발생한다.
④ 중합반응을 일으키고 수소를 발생한다.

>> **수소화나트륨**(NaH)은 제3류 위험물 중 금속의 수소화물에 속하는 금수성 물질로서 물과 반응 시 **발열반응과 함께 가연성인 수소가스를 발생**하기 때문에 화재 발생 시 주수소화하면 안 된다.
• 수소화나트륨의 물과의 반응식
$$NaH + H_2O \rightarrow NaOH + H_2$$

26 일반적으로 고급 알코올 황산에스터염을 기포제로 사용하며 냄새가 없는 황색의 액체로서 밀폐 또는 준밀폐 구조물의 화재 시 고팽창포를 사용하여 화재를 진압할 수 있는 포소화약제는?

① 단백포 소화약제
② 합성계면활성제 소화약제
③ 알코올형포 소화약제
④ 수성막포 소화약제

>> 합성계면활성제 소화약제는 고급 알코올 황산에스터염등의 합성계면활성제를 주원료로 하는 포소화약제로서 고발포용에 적합한 소화약제이다.

27 위험물안전관리법령상 분말소화설비의 기준에서 가압용 또는 축압용 가스로 사용이 가능한 가스로만 이루어진 것은?

① 산소, 질소
② 이산화탄소, 산소
③ 산소, 아르곤
④ 질소, 이산화탄소

>> 분말소화설비에 사용하는 가압용 또는 축압용 가스는 **질소** 또는 **이산화탄소**이다.

정답 **24.** ① **25.** ① **26.** ② **27.** ④

28 분말소화약제 중 열분해 시 부착성이 있는 유리상의 메타인산이 생성되는 것은?

① Na_3PO_4

② $(NH_4)_3PO_4$

③ $NaHCO_3$

④ $NH_4H_2PO_4$

≫ 제3종 분말소화약제인 인산암모늄($NH_4H_2PO_4$)이 완전 열분해하면 **메타인산**(HPO_3)과 암모니아(NH_3), 그리고 수증기(H_2O)가 발생한다.
  • 인산암모늄의 완전 열분해반응식
    $NH_4H_2PO_4 \rightarrow HPO_3 + NH_3 + H_2O$

Check

인산암모늄($NH_4H_2PO_4$)이 190℃의 온도에서 1차 열분해하면 오르토인산(H_3PO_4)과 암모니아(NH_3)가 발생한다.
  • 인산암모늄의 1차 열분해 반응식
    $NH_4H_2PO_4 \rightarrow H_3PO_4 + NH_3$

29 할로젠화합물의 화학식의 Halon 번호가 올바르게 연결된 것은?

① CH_2ClBr – Halon 1211

② CF_2ClBr – Halon 104

③ $C_2F_4Br_2$ – Halon 2402

④ CF_3Br – Halon 1011

≫ 할로젠화합물 소화약제의 Halon 번호는 C – F – Cl – Br의 순서대로 각 원소의 개수를 나타낸 것이다.
  ① CH_2ClBr : C 1개, F 0개, Cl 1개, Br 1개로 구성되므로 Halon 번호는 1011이며, H의 개수는 Halon 번호에는 포함되지 않는다. Halon 1011의 화학식에서 C 1개에는 원소가 4개 붙어야 하는데 Cl 1개와 Br 1개밖에 붙지 않아서 2개의 빈칸이 발생하여 그 빈칸을 H로 채웠기 때문에 Halon 1011의 화학식에는 H가 2개 포함되어 CH_2ClBr이 된다.
  ② CF_2ClBr : C 1개, F 2개, Cl 1개, Br 1개로 구성되므로 Halon 번호는 1211이다.
  ③ $C_2F_4Br_2$: C 2개, F 4개, Cl 0개, Br 2개로 구성되므로 **Halon 번호는 2402**이다.
  ④ CF_3Br : C 1개, F 3개, Cl 0개, Br 1개로 구성되므로 Halon 번호는 1301이다.

30 다음 제1류 위험물 중 물과의 접촉이 가장 위험한 것은?

① 아염소산나트륨

② 과산화나트륨

③ 과염소산나트륨

④ 다이크로뮴산암모늄

≫ 제1류 위험물 중 알칼리금속의 과산화물에 속하는 물질은 물과 반응 시 발열과 함께 산소를 발생하므로 물과의 접촉은 위험하다.
  ※ 알칼리금속의 과산화물의 종류
    1) 과산화칼륨(K_2O_2)
    2) **과산화나트륨(Na_2O_2)**
    3) 과산화리튬(Li_2O_2)

31 위험물안전관리법령에서 정한 다음의 소화설비 중 능력단위가 가장 큰 것은?

① 팽창진주암 160L(삽 1개 포함)

② 수조 80L(소화전용 물통 3개 포함)

③ 마른 모래 50L(삽 1개 포함)

④ 팽창질석 160L(삽 1개 포함)

≫ 기타 소화설비의 능력단위

소화설비	용 량	능력단위
소화전용 물통	8L	0.3
수조 **(소화전용 물통 3개 포함)**	**80L**	**1.5**
수조 (소화전용 물통 6개 포함)	190L	2.5
마른 모래 (삽 1개 포함)	50L	0.5
팽창질석 또는 팽창진주암 (삽 1개 포함)	160L	1.0

32 위험물안전관리법령상 이산화탄소소화기가 적응성이 있는 위험물은?

① 트라이나이트로톨루엔

② 과산화나트륨

③ 철분

④ 인화성 고체

> 이산화탄소소화기는 〈보기〉의 물질 중 ④ 인화성 고체에는 적응성이 있으나 그 외의 물질에는 적응성이 없다.
> ① 트라이나이트로톨루엔 : 제5류 위험물
> ② 과산화나트륨 : 제1류 위험물 중 알칼리금속의 과산화물
> ③ 철분 : 제2류 위험물

대상물의 구분 〈br〉 소화설비의 구분	건축물·그 밖의 공작물	전기설비	제1류 위험물		제2류 위험물			제3류 위험물		제4류 위험물	제5류 위험물	제6류 위험물
			알칼리금속의 과산화물등	그 밖의 것	철분·금속분·마그네슘 등	인화성 고체	그 밖의 것	금수성 물품	그 밖의 것			
봉상수(棒狀水)소화기	○			○		○	○		○		○	○
무상수(霧狀水)소화기	○	○		○		○	○		○		○	○
봉상강화액소화기	○			○		○	○		○		○	○
무상강화액소화기	○	○		○		○	○		○	○	○	○
포소화기	○			○		○	○		○	○	○	○
이산화탄소소화기		○	×		×	◎				○	×	△
할로젠화합물소화기		○				○				○		
인산염류소화기	○	○		○		○	○			○		○
탄산수소염류소화기		○	○		○	○		○		○		
그 밖의 것			○		○			○				

대형·소형 수동식 소화기 / 분말소화기

33 양초(파라핀)의 연소형태는?

① 표면연소   ② 분해연소
③ 자기연소   ④ 증발연소

> 양초의 연소형태는 증발연소이다.

Check 고체의 연소형태
(1) 표면연소 : 목탄(숯), 코크스, 금속분
(2) 분해연소 : 목재, 종이, 석탄, 플라스틱
(3) 자기연소 : 제5류 위험물
(4) **증발연소** : 황, 나프탈렌, **양초(파라핀)**

34 다음은 분말소화약제의 분해반응식이다. ( ) 안에 알맞은 것은?

$$2NaHCO_3 \rightarrow (\quad) + CO_2 + H_2O$$

① 2NaCO   ② 2NaCO_2
③ Na_2CO_3   ④ Na_2CO_4

> 제1종 분말소화약제가 열분해할 때에는 2몰의 $NaHCO_3$(탄산수소나트륨)이 분해하여 **Na_2CO_3**(탄산나트륨)과 이산화탄소(CO_2), 그리고 H_2O(수증기)를 모두 1몰씩 발생시킨다.

35 제5류 위험물의 화재 시 일반적인 조치사항으로 알맞은 것은?

① 분말소화약제를 이용한 질식소화가 효과적이다.
② 할로젠화합물소화약제를 이용한 냉각소화가 효과적이다.
③ 이산화탄소를 이용한 질식소화가 효과적이다.
④ 다량의 주수에 의한 냉각소화가 효과적이다.

> 제5류 위험물은 자기반응성 물질로서 자체적으로 가연물과 함께 산소공급원을 포함하고 있으므로 산소를 제거하는 방법인 질식소화는 효과가 없고 **다량의 주수에 의한 냉각소화가 효과적**이다.

36 인화알루미늄의 화재 시 주수소화를 하면 발생하는 가연성 기체는?

① 아세틸렌
② 메테인
③ 포스겐
④ 포스핀

> 제3류 위험물인 인화알루미늄(AlP)은 물과 반응 시 수산화알루미늄[Al(OH)_3]과 함께 독성이면서 가연성인 포스핀(PH_3)가스를 발생한다.
> • 인화알루미늄의 물과의 반응식
> $AlP + 3H_2O \rightarrow Al(OH)_3 + PH_3$

정답 33. ④ 34. ③ 35. ④ 36. ④

Check

〈보기〉③의 포스겐($COCl_2$)은 할로젠화합물소화약제의 종류인 사염화탄소(CCl_4)가 물과 반응하거나 연소할 때 발생하는 독성가스이다.

• 사염화탄소와 물과의 반응식
  $CCl_4 + H_2O \rightarrow COCl_2 + 2HCl$
• 사염화탄소의 연소반응식
  $2CCl_4 + O_2 \rightarrow 2COCl_2 + 2Cl_2$

37 제6류 위험물인 질산에 대한 설명으로 틀린 것은?

① 강산이다.
② 물과 접촉 시 발열한다.
③ 불연성 물질이다.
④ 열분해 시 수소를 발생한다.

≫ 제6류 위험물인 질산(HNO_3)은 열분해 시 물(H_2O), 적갈색 기체인 이산화질소(NO_2), 그리고 산소(O_2)를 발생하며 **수소(H_2)는 발생하지 않는다.**

💡Tip

제1류 위험물 또는 제6류 위험물과 같은 산화성 물질은 열분해 시 공통적으로 산소를 발생하며 어떠한 경우라도 폭발성 가스인 수소는 발생하지 않습니다.

38 위험물제조소등에 설치하는 포소화설비에 있어서 포헤드방식의 포헤드는 방호대상물의 표면적(m^2) 얼마당 1개 이상의 헤드를 설치하여야 하는가?

① 3
② 6
③ 9
④ 12

≫ 포소화설비의 포헤드방식의 포헤드는 **방호대상물의 표면적 $9m^2$당 1개 이상의 헤드**를, 방호대상물의 표면적 $1m^2$당 방사량이 6.5L/min 이상으로 방사할 수 있도록 설치하고, 방사구역은 $100m^2$ 이상(방호대상물의 표면적이 $100m^2$ 미만인 경우에는 당해 표면적)으로 한다.

39 위험물제조소의 환기설비의 설치기준으로 옳지 않은 것은?

① 환기구는 지붕 위 또는 지상 2m 이상의 높이에 설치할 것
② 급기구는 바닥면적 $150m^2$마다 1개 이상으로 할 것
③ 환기는 자연배기방식으로 할 것
④ 급기구는 높은 곳에 설치하고 인화방지망을 설치할 것

≫ 위험물제조소의 환기설비의 설치기준
  ① 환기구는 지붕 위 또는 지상 2m 이상의 높이에 설치할 것
  ② 급기구는 바닥면적 $150m^2$마다 1개 이상으로 하고 그 크기는 $800cm^2$ 이상으로 할 것
  ③ 환기는 자연배기방식으로 할 것
  ④ **급기구는 낮은 곳에 설치**하고 인화방지망을 설치할 것

40 분말소화약제인 탄산수소나트륨 10kg이 1기압, 270℃에서 방사되었을 때 발생하는 이산화탄소의 양은 약 몇 m^3인가?

① 2.65
② 3.65
③ 18.22
④ 36.44

≫ 탄산수소나트륨($NaHCO_3$)의 분자량은 23(Na)g + 1(H)g + 12(C)g + 16(O)g×3 = 84g이다. 아래의 분해반응식에서 알 수 있듯이 탄산수소나트륨($NaHCO_3$) 2몰, 즉 2×84g을 분해시키면 이산화탄소(CO_2) 1몰이 발생하는데 〈문제〉에서와 같이 탄산수소나트륨($NaHCO_3$) 10kg, 즉 10,000g을 분해시키면 이산화탄소가 몇 몰 발생하는가를 다음과 같이 비례식을 이용해 구할 수 있다.
• 탄산수소나트륨의 분해반응식
  $2NaHCO_3 \rightarrow Na_2CO_3 + H_2O + CO_2$
  2 × 84g ⎯⎯⎯⎯ 1몰
  10,000g ⎯⎯⎯⎯ x몰
  $2 \times 84 \times x = 10,000 \times 1$
  $x = 59.52$몰이다.

〈문제〉의 조건은 여기서 발생한 이산화탄소 59.52몰은 1기압, 270℃에서 부피가 몇 m³인가를 구하는 것이므로 다음과 같이 이상기체상태방정식을 이용해 구할 수 있다.

$$PV = nRT$$

여기서, P : 압력 = 1기압
V : 부피 = V(L)
n : 몰수 = 59.52mol
R : 이상기체상수
= 0.082기압 · L/K · mol
T : 절대온도(273 + 실제온도)(K)
= 273 + 270K

$1 \times V = 59.52 \times 0.082 \times (273 + 270)$
$V = 2,650L = 2.65m^3$이다.

제3과목 **위험물의 성질과 취급**

41 위험물안전관리법령에 따른 위험물제조소의 안전거리 기준으로 틀린 것은?

① 주택으로부터 10m 이상
② 학교, 병원, 극장으로부터 30m 이상
③ 유형문화재와 기념물 중 지정문화재로 부터는 70m 이상
④ 고압가스등을 저장 · 취급하는 시설로 부터는 20m 이상

≫ 위험물제조소의 안전거리
1) 주거용 건축물(제조소의 동일부지 외에 있는 것)
: 10m 이상
2) 학교, 병원, 극장(300명 이상), 다수인 수용시설
: 30m 이상
3) **유형문화재와 기념물 중 지정문화재 : 50m 이상**
4) 고압가스, 액화석유가스 등의 저장 · 취급 시설
: 20m 이상
5) 사용전압 7,000V 초과 35,000V 이하의 특고 압가공전선 : 3m 이상
6) 사용전압 35,000V를 초과하는 특고압가공전선
: 5m 이상

💡 **Tip**

제6류 위험물을 취급하는 제조소등의 경우는 모든 대상에 대해 안전거리를 제외할 수 있습니다.

42 다음 중 탄화칼슘과 물이 반응하였을 때 생성 가스는 어느 것인가?

① C_2H_2
② C_2H_4
③ C_2H_6
④ CH_4

≫ 제3류 위험물인 탄화칼슘(CaC_2)은 물과 반응 시 수산화칼슘[$Ca(OH)_2$]과 함께 가연성인 아세틸렌(C_2H_2)가스를 발생한다.
• 탄화칼슘의 물과의 반응식
$CaC_2 + 2H_2O \rightarrow Ca(OH)_2 + C_2H_2$

43 과산화수소의 성질 및 취급방법에 관한 설명 중 틀린 것은?

① 햇빛에 의하여 분해한다.
② 인산, 요산 등의 분해방지 안정제를 넣는다.
③ 저장용기는 공기가 통하지 않게 마개로 꼭 막아둔다.
④ 에탄올에 녹는다.

≫ ① 햇빛에 분해하여 산소를 발생하기 때문에 이를 방지하기 위하여 갈색병에 보관한다.
② 인산, 요산 등의 분해방지 안정제를 첨가하여 저장한다.
③ 안정제를 첨가해야 할 만큼 불안정하기 때문에 스스로 분해하여 산소를 지속적으로 발생하고 그 산소의 압력으로 인해 용기가 파손될 수 있으므로 **용기 마개에 미세한 구멍을 뚫어 저장한다.**
④ 물, 에터, 에탄올에는 녹고, 벤젠 및 석유에는 녹지 않는다.

44 트라이나이트로페놀의 성질에 대한 설명 중 틀린 것은?

① 폭발에 대비하여 철, 구리로 만든 용기에 저장한다.
② 휘황색을 띤 침상결정이다.
③ 비중이 약 1.8로 물보다 무겁다.
④ 단독으로는 충격, 마찰에 둔감한 편이다.

정답 41. ③ 42. ① 43. ③ 44. ①

>> ① **철** 또는 **구리** 등의 금속과 반응 시 피크린산염을 생성하여 **위험성이 커지므로** 금속 재질인 용기의 사용은 피해야 한다.
② 결정이 뾰족한 형상인 휘황색의 침상결정이다.
③ 물보다 1.82배 더 무겁다.
④ 단독으로 존재할 경우 충격, 마찰에 둔감하다.

45 위험물 운반용기 외부에 수납하는 위험물의 종류에 따라 표시하는 주의사항을 올바르게 연결한 것은?

① 염소산칼륨 – 물기주의
② 철분 – 물기주의
③ 아세톤 – 화기엄금
④ 질산 – 화기엄금

>> ① 염소산칼륨(제1류 위험물) – 화기·충격주의, 가연물접촉주의
② 철분(제2류 위험물) – 화기주의, 물기엄금
③ **아세톤(제4류 위험물) – 화기엄금**
④ 질산(제6류 위험물) – 가연물접촉주의

Check 운반용기 외부에 표시해야 하는 주의사항

유별	품명	운반용기에 표시하는 주의사항
제1류	알칼리금속의 과산화물	화기·충격주의, 가연물접촉주의, 물기엄금
	그 밖의 것	화기·충격주의, 가연물접촉주의
제2류	철분, 금속분, 마그네슘	화기주의, 물기엄금
	인화성 고체	화기엄금
	그 밖의 것	화기주의
제3류	금수성 물질	물기엄금
	자연발화성 물질	화기엄금, 공기접촉엄금
제4류	**인화성 액체**	**화기엄금**
제5류	자기반응성 물질	화기엄금, 충격주의
제6류	산화성 액체	가연물접촉주의

46 다음과 같은 타원형 탱크의 내용적은 약 몇 m³인가?

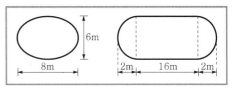

① 453
② 553
③ 653
④ 753

PLAY ▶ 풀이

>> 양쪽이 볼록한 타원형 탱크의 내용적(V)을 구하는 공식은 다음과 같다.

$$V = \frac{\pi ab}{4}\left(l + \frac{l_1 + l_2}{3}\right)$$

여기서, $a = 8m$
$b = 6m$
$l = 16m$
$l_1 = 2m$
$l_2 = 2m$

$$V = \frac{\pi \times 8 \times 6}{4}\left(16 + \frac{2+2}{3}\right) = 653m^3$$

47 위험물안전관리법령상 제4류 위험물 옥외저장탱크의 대기밸브부착 통기관은 몇 kPa 이하의 압력 차이로 작동할 수 있어야 하는가?

① 2
② 3
③ 4
④ 5

대기밸브부착 통기관

>> 제4류 위험물 옥외저장탱크의 대기밸브부착 통기관은 5kPa 이하의 압력 차이로 작동할 수 있어야 한다.

Check

대기밸브부착 통기관 또는 밸브 없는 통기관은 제4류 위험물을 저장하는 옥외저장탱크 중 압력탱크 외의 탱크에 설치해야 하며, 옥외저장탱크가 압력탱크라면 이들 통기관이 아닌 안전장치를 설치한다.

48 위험물안전관리법령상 운반 시 적재하는 위험물에 차광성이 있는 피복으로 가리지 않아도 되는 것은?

① 제2류 위험물 중 철분
② 제4류 위험물 중 특수인화물
③ 제5류 위험물
④ 제6류 위험물

≫ 1) 운반 시 차광성 피복으로 가려야 하는 위험물
   ㉠ 제1류 위험물
   ㉡ 제3류 위험물 중 자연발화성 물질
   ㉢ 제4류 위험물 중 특수인화물
   ㉣ 제5류 위험물
   ㉤ 제6류 위험물
2) 운반 시 **방수성 피복**으로 가려야 하는 위험물
   ㉠ 제1류 위험물 중 알칼리금속의 과산화물
   ㉡ **제2류 위험물 중 철분**, 금속분, 마그네슘
   ㉢ 제3류 위험물 중 금수성 물질

🔎 **Tip**

제1류 위험물 중 알칼리금속의 과산화물은 방수성 피복으로 가려야 하는 위험물이지만 차광성 피복으로 가려야 하는 제1류 위험물에도 속하므로 이는 차광성 피복과 방수성 피복을 모두 사용해야 하는 위험물에 속합니다.

49 위험물안전관리법령상 제1석유류에 속하지 않는 것은?

① CH₃COCH₃   ② C₆H₆
③ CH₃COC₂H₅   ④ CH₃COOH

≫ ① CH₃COCH₃(아세톤) : 제1석유류
② C₆H₆(벤젠) : 제1석유류
③ CH₃COC₂H₅(메틸에틸케톤) : 제1석유류
④ **CH₃COOH(아세트산) : 제2석유류**

50 위험물안전관리법령상 위험물 운반 시에 혼재가 금지된 위험물로 이루어진 것은? (단, 지정수량의 1/10 초과이다.)

① 과산화니트륨과 황
② 황과 과산화벤조일
③ 황린과 휘발유
④ 과염소산과 과산화나트륨

≫ ① 과산화나트륨(제1류 위험물)과 황(제2류 위험물) : 혼재 불가능
② 황(제2류 위험물)과 과산화벤조일(제5류 위험물) : 혼재 가능
③ 황린(제3류 위험물)과 휘발유(제4류 위험물) : 혼재 가능
④ 과염소산(제6류 위험물)과 과산화나트륨(제1류 위험물) : 혼재 가능

Check **위험물 운반에 관한 혼재기준**
423, 524, 61의 숫자 조합으로 표를 만들 수 있다.

위험물의 구분	제1류	제2류	제3류	제4류	제5류	제6류
제1류		×	×	×	×	○
제2류	×		×	○	○	×
제3류	×	×		○	×	×
제4류	×	○	○		○	×
제5류	×	○	×	○		×
제6류	○	×	×	×	×	

※ 단, 지정수량의 1/10 이하의 양에 대해서는 이 기준을 적용하지 않는다.

51 다음 중 오황화인에 관한 설명으로 옳은 것은 어느 것인가?

① 물과 반응하면 불연성 기체가 발생된다.
② 담황색 결정으로서 흡습성과 조해성이 있다.
③ P₅S₂로 표현되며 물에 녹지 않는다.
④ 공기 중에서 자연발화 한다.

≫ ① 물과 반응하면 황화수소(H₂S)라는 가연성이면서 독성인 기체가 발생된다.
② 황화인의 종류 중 하나로 **담황색 결정이며, 흡습성과 조해성**이 있다.
③ 황(S)이 5개 있기 때문에 오황화인이라 불리고, 화학식은 P₂S₅이며 물에 잘 녹는 물질이다.
④ 발화점이 142℃이므로 공기 중에서 자연발화하지 않는다.

52 가솔린 저장량이 2,000L일 때 소화설비 설치를 위한 소요단위는?

① 1   ② 2
③ 3   ④ 4

⟫ 가솔린은 제4류 위험물 중 제1석유류 비수용성
으로 지정수량은 200L이며, 위험물의 1소요단
위는 지정수량의 10배이므로 가솔린 2,000L는
1소요단위이다.

53 다음 중 동식물유류에 대한 설명으로 틀린 것
은 어느 것인가?

① 아이오딘화 값이 작을수록 자연발화의
위험성이 높아진다.

② 아이오딘화 값이 130 이상인 것은 건성유
이다.

③ 건성유에는 아마인유, 들기름 등이 있다.

④ 인화점이 물의 비점보다 낮은 것도 있다.

⟫ ① 건성유는 아이오딘화 값이 130 이상으로 동
식물유류 중 가장 크고, **아이오딘화 값이 클
수록 자연발화의 위험성도 높아진다.**

② 아이오딘화 값이 130 이상인 것은 건성유,
100에서 130인 것은 반건성유, 100 이하인
것은 불건성유이다.

③ 건성유에는 동유, 해바라기유, 아마인유, 들
기름 등이 있다.

④ 동식물유류의 인화점은 250℃ 미만이므로
물의 비점인 100℃보다 낮은 것도 있다.

54 다음 ⓐ~ⓒ 물질 중 위험물안전관리법령상
제6류 위험물에 해당하는 것은 모두 몇 개
인가?

> ⓐ 비중 1.49인 질산
> ⓑ 비중 1.7인 과염소산
> ⓒ 물 60g+과산화수소 40g 혼합수용액

① 1개   ② 2개
③ 3개   ④ 없음

⟫ 제6류 위험물의 조건

ⓐ 비중 1.49인 질산은 제6류 위험물에 속한다.

ⓑ 과염소산은 비중에 상관없이 모두 제6류 위
험물에 속한다.

ⓒ 과산화수소가 제6류 위험물이 되는 조건은
농도가 36중량% 이상인 것이다. 〈문제〉의
조건과 같은 물 60g과 과산화수소 40g의 혼
합수용액은 물과 과산화수소의 혼합액 100g
중 과산화수소가 40g 혼합된 상태를 말한다.
따라서 이 수용액은 농도가 40중량%인 과산
화수소이므로 제6류 위험물에 속한다.

55 휘발유를 저장하던 이동저장탱크에 탱크의
상부로부터 등유나 경유를 주입할 때 액표면
이 주입관의 선단을 넘는 높이가 될 때까지
그 주입관 내의 유속을 몇 m/s 이하로 해야
하는가?

① 1   ② 2
③ 3   ④ 5

⟫ 휘발유를 저장하던 이동저장탱크에 탱크의 상부
로부터 등유나 경유를 주입할 때 액표면이 주입
관의 선단을 넘는 높이가 될 때까지 그 주입관
내의 **유속은 1m/s 이하**로 해야 한다.

56 다음 위험물 중 물에 가장 잘 녹는 것은?

① 적린   ② 황
③ 벤젠   ④ 아세톤

⟫ 아세톤(CH_3COCH_3)은 제4류 위험물 중 제1석유
류에 속하는 대표적인 수용성 물질이다.

57 위험물안전관리법령에 근거한 위험물 운반
및 수납 시 주의사항 설명 중 틀린 것은?

① 위험물을 수납하는 용기는 위험물이 누
설되지 않게 밀봉시켜야 한다.

② 온도 변화로 가스가 발생해 운반용기 안
의 압력이 상승할 우려가 있는 경우(발
생한 가스가 위험성이 있는 경우 제외)
에는 가스 배출구가 설치된 운반용기에
수납할 수 있다.

③ 액체위험물은 운반용기 내용적의 98%
이하의 수납률로 수납하되 55℃의 온도
에서 누설되지 아니하도록 충분한 공간
용적을 유지하도록 해야 한다.

④ 고체위험물은 운반용기 내용적의 98%
이하의 수납률로 수납하여야 한다.

⟫ 운반용기의 수납률

1) **고체위험물 : 운반용기 내용적의 95% 이하**

2) 액체위험물 : 운반용기 내용적의 98% 이하
(55℃에서 누설되지 않도록 공간용적 유지)

3) 알킬알루미늄등 : 운반용기 내용적의 90%
이하(50℃에서 5% 이상의 공간용적 유지)

58 황린을 공기를 차단하고 몇 ℃ 정도로 가열하면 적린이 되는가?

① 150 　　　　② 260

③ 300 　　　　④ 360

》 황린(P₄)을 공기를 차단하고 약 250~260℃로 가열하면 적린(P)이 된다.

59 다음 중 제2석유류에 해당하는 위험물은?

① 염화아세틸 　　② 콜로디온

③ 아크릴산 　　　④ 염화벤조일

》 ① 염화아세틸 : 제1석유류
　　　　　　　　　　(지정수량 200L, 비수용성)
　② 콜로디온 : 제1석유류
　　　　　　　　　(지정수량 200L, 비수용성)
　③ 아크릴산 : 제2석유류
　　　　　　　　(지정수량 2,000L, 수용성)
　④ 염화벤조일 : 제3석유류
　　　　　　　　　(지정수량 2,000L, 비수용성)

60 다음 중 인화점이 가장 낮은 위험물은 어느 것인가?

① 다이에틸에터

② 아세트알데하이드

③ 산화프로필렌

④ 아이소펜테인

》 인화점
　① 다이에틸에터 : −45℃
　② 아세트알데하이드 : −38℃
　③ 산화프로필렌 : −37℃
　④ 아이소펜테인 : −51℃

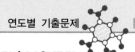

2023

CBT 기출복원문제

제2회 위험물산업기사

2023년 5월 13일 시행

제1과목 일반화학

01 다음 중 전자배치가 다른 것은?

① Ar
② F^-
③ Na^+
④ Ne

》 원소의 전자배치(전자수)는 원자번호와 같다.
① Ar(아르곤)은 원자번호가 18번이므로 **전자수도 18개**이다.
② F(플루오린)은 원자번호가 9번이므로 전자수도 9개이지만, F^-는 전자를 1개 얻은 상태이므로 F^-의 전자수는 10개이다.
③ Na(나트륨)은 원자번호가 11번이므로 전자수도 11개이지만, Na^+은 전자를 1개 잃은 상태이므로 Na^+의 전자수는 10개이다.
④ Ne(네온)은 원자번호가 10번이므로 전자수도 10개이다.

02 물 36g을 모두 증발시키면 수증기가 차지하는 부피는 표준상태를 기준으로 몇 L인가?

① 11.2L
② 22.4L
③ 33.6L
④ 44.8L

》 물(H_2O)은 1(H)g×2 + 16(O)g = 18g이 1몰이므로 물(수증기) 36g은 2몰이다. 또한 표준상태에서 모든 기체 1몰의 부피는 22.4L이므로 수증기 2몰의 부피는 2×22.4L = 44.8L이다.

03 물 500g 중에 설탕($C_{12}H_{22}O_{11}$) 171g이 녹아 있는 설탕물의 몰랄농도는?

① 2.0
② 1.5
③ 1.0
④ 0.5

》 몰랄농도란 용매(물) 1,000g에 녹아 있는 용질(설탕)의 몰수를 말한다. 설탕($C_{12}H_{22}O_{11}$) 1mol의 분자량은 12(C)g×12+1(H)g×22+16(O)g×11 = 342g이므로 설탕 171g은 0.5몰이다. 〈문제〉는 물 500g에 설탕이 0.5몰 녹아 있는 상태이므로 이는 물 1,000g에 설탕이 1몰 녹아 있는 것과 같으므로 이 상태의 몰랄농도는 1이다.

04 다음 밑줄 친 원소 중 산화수가 +5인 것은 어느 것인가?

① $Na_2\underline{Cr}_2O_7$
② $K_2\underline{S}O_4$
③ $K\underline{N}O_3$
④ $\underline{Cr}O_3$

PLAY ▶ 풀이

》 ① $Na_2\underline{Cr}_2O_7$에서 Cr이 2개이므로 Cr_2를 $+2x$로 두고 Na의 원자가 +1에 개수 2를 곱하고 O의 원자가 −2에 개수 7을 곱한 후 그 합을 0으로 하였을 때 그 때의 x의 값이 산화수이다.
　　Na_2　$\underline{Cr}_2$　　O_7
　$+1×2 + 2x$　$-2×7 = 0$
　$+2x-12 = 0$
　$x = +6$이므로 Cr의 산화수는 +6이다.
② $K_2\underline{S}O_4$에서 S를 $+x$로 두고 K의 원자가 +1에 개수 2를 곱하고 O의 원자가 −2에 개수 4를 곱한 후 그 합을 0으로 하였을 때 그 때의 x의 값이 산화수이다.
　　K_2　$\underline{S}$　O_4
　$+1×2 +x$　$-2×4 = 0$
　$+x - 6 = 0$
　x는 +6이므로 S의 산화수는 +6이다.
③ $K\underline{N}O_3$에서 N을 $+x$로 두고 K의 원자가 +1을 더한 후 O의 원자가 −2에 개수 3을 곱한 값의 합을 0으로 하였을 때 그 때의 x의 값이 산화수이다.
　　K　$\underline{N}$　O_3
　$+1$　$+x$　$-2×3 = 0$
　$+x - 5 = 0$
　x는 +5이므로 **N의 산화수는 +5이다.**
④ $\underline{Cr}O_3$에서 Cr을 $+x$로 두고 O의 원자가 −2에 개수 3을 곱한 후 그 합을 0으로 하였을 때 그 때의 x의 값이 산화수이다.
　　$\underline{Cr}$　O_3
　$+x$　$-2×3 = 0$
　$+x - 6 = 0$
　$x = +6$이므로 Cr의 산화수는 +6이다.

정답 01. ① 02. ④ 03. ③ 04. ③

05 sp^3 혼성오비탈을 가지고 있는 것은?

① BF$_3$ ② BeCl$_2$

③ C$_2$H$_4$ ④ CH$_4$

≫ 혼성궤도함수(혼성오비탈)란 다음과 같이 전자 2개로 채워진 오비탈을 그 명칭과 개수로 표시한 것을 말한다.

① BF$_3$: B는 원자가가 +3이므로 다음 그림과 같이 s오비탈과 p오비탈에 각각 3개의 전자를 '•' 표시로 채우고 F는 원자가가 −1인데 총 개수는 3개이므로 p오비탈에 3개의 전자를 'x' 표시로 채우면 s오비탈 1개와 p오비탈 2개에 전자들이 채워진다. 따라서 BF$_3$의 혼성궤도함수는 sp^{2}이다.

s	p		
••	•x	xx	

② BeCl$_2$: Be는 원자가가 +2이므로 다음 그림과 같이 s오비탈에 2개의 전자를 '•' 표시로 채우고 Cl은 원자가가 −1인데 총 개수는 2개이므로 p오비탈에 2개의 전자를 'x' 표시로 채우면 s오비탈 1개와 p오비탈 1개에 전자들이 채워진다. 따라서 BeCl$_2$의 혼성궤도함수는 sp이다.

s	p		
••	xx		

③ C$_2$H$_4$: C가 2개 이상 존재하는 물질의 경우에는 전자 2개로 채워진 오비탈의 명칭을 읽어주는 방법으로는 문제를 해결하기 힘들기 때문에 C$_2$H$_4$의 혼성궤도함수는 sp^{2}로 암기한다.

④ CH$_4$: C는 원자가가 +4이므로 다음 그림과 같이 s오비탈과 p오비탈에 각각 4개의 전자를 '•' 표시로 채우고 H는 원자가가 +1인데 총 개수는 4개이므로 p오비탈에 4개의 전자를 'x' 표시로 채우면 **s오비탈 1개와 p오비탈 3개**에 2개의 전자들이 채워진다. 따라서 CH$_4$의 혼성궤도함수는 **sp^3**이다.

s	p		
••	•x	•x	xx

06 다음 중 수용액이 pH가 가장 작은 것은?

① 0.01N HCl

② 0.1N HCl

③ 0.01N CH$_3$COOH

④ 0.1N NaOH

≫ 물질이 H를 가지고 있는 경우에는 pH = −log[H$^+$]의 공식을 이용해 수소이온지수(pH)를 구할 수 있고, 물질이 OH를 가지고 있는 경우에는 pOH = −log[OH$^-$]의 공식을 이용해 수산화이온지수(pOH)를 구할 수 있다.

① H를 가진 HCl의 농도 [H$^+$] = 0.01N이므로 pH = −log0.01 = −log10^{-2} = 2이다.

② H를 가진 HCl의 농도 [H$^+$] = 0.1N이므로 **pH = −log0.1 = −log10^{-1} = 1**이다.

③ H를 가진 CH$_3$COOH의 농도 [H$^+$] = 0.01N이므로 pH = −log0.01 = −log10^{-2} = 2이다.

④ OH를 가진 NaOH의 농도는 [OH$^-$] = 0.1N이므로 pOH = −log0.1 = −log10^{-1} = 1인데, 〈문제〉는 pOH가 아닌 pH를 구하는 것이므로 pH + pOH = 14의 공식을 이용하여 다음과 같이 pH를 구할 수 있다.
pH = 14 − pOH = 14 − 1 = 13

07 최외각전자가 2개 또는 8개로서 불활성인 것은?

① Na과 Br   ② N와 Cl

③ C와 B   ④ He와 Ne

≫ 최외각전자수가 2개 또는 8개라면 0족이라 불리는 불활성 기체족을 말한다. 이 중 헬륨(He)의 최외각전자수는 2개이며, 네온(Ne), 아르곤(Ar) 등의 최외각전자수는 8개이다.

08 다음의 반응에서 환원제로 쓰인 것은?

> MnO$_2$ + 4HCl → MnCl$_2$ + 2H$_2$O + Cl$_2$

① Cl$_2$ ② MnCl$_2$

③ HCl   ④ MnO$_2$

≫ 환원제란 산화제로부터 산소를 받아들여 자신이 직접 탈 수 있는 가연물을 의미하며, 산화제란 자신이 포함하고 있는 산소를 환원제(가연물)에게 공급해 주는 물질을 의미한다. 반응식에서 환원제 또는 산화제의 역할을 하는 물질은 반응 전의 물질들 중에서 결정되며 반응 후의 물질들은 단지 생성물의 의미만 갖는다.
따라서 반응 전의 물질인 MnO$_2$과 HCl 중에 산소를 포함하고 있는 MnO$_2$가 산화제가 되고, 이 산화제와 반응하고 있는 **HCl은 환원제가 되며**, MnCl$_2$와 H$_2$O와 Cl$_2$은 산화제도 아니고 환원제도 아닌 이 반응의 생성물들이다.

정답   05. ④   06. ②   07. ④   08. ③

09 CH₄ 16g 중에는 C가 몇 mol 포함되었는가?

① 1
② 4
③ 16
④ 22.4

≫ CH_4(메테인) 1mol의 분자량은 12(C)g + 1(H)g × 4 = 16g이며, 이 중에는 **C원자**가 1개 즉, **1몰** 포함되어 있고 H원자는 4개 즉, 4몰 포함되어 있다.

10 포화탄화수소에 해당하는 것은?

① 톨루엔
② 에틸렌
③ 프로페인
④ 아세틸렌

≫ 포화탄화수소란 탄소의 고리에 수소가 가득 차 있는 포화상태의 단일결합물질을 말하고, 불포화탄화수소는 탄소의 고리에 수소를 다 채우지 못한 불포화상태의 이중결합(=) 또는 삼중결합(≡) 물질을 말한다.
① 톨루엔($C_6H_5CH_3$) : 벤젠에 메틸(CH_3)기를 치환시킨 것으로 이중결합(=)을 갖는 불포화탄화수소이다.

② 에틸렌(C_2H_4) : C와 C가 서로 2중결합(=)으로 연결되어 있는 불포화탄화수소이다.

$$\begin{array}{ccc} H & & H \\ | & & | \\ C & = & C \\ | & & | \\ H & & H \end{array}$$

③ 프로페인(C_3H_8) : 탄소와 수소가 모두 **단일결합으로 연결되어 있는 포화탄화수소**이다.

④ 아세틸렌(C_2H_4) : C와 C가 서로 3중결합(≡)으로 연결되어 있는 불포화탄화수소이다.

$$H - C \equiv C - H$$

11 다음 화합물의 0.1mol 수용액 중에서 가장 약한 산성을 나타내는 것은?

① H_2SO_4
② HCl
③ CH_3COOH
④ HNO_3

≫ 질산(HNO_3), 황산(H_2SO_4), 염산(HCl)은 강한 산성 물질로서 3대 강산으로 분류되며, 아세트산(CH_3COOH)은 약한 산성 물질이다.

12 $[OH^-] = 1 \times 10^{-5}$mol/L인 용액의 pH와 액성으로 옳은 것은?

① pH = 5, 산성
② pH = 5, 알칼리성
③ pH = 9, 산성
④ pH = 9, 알칼리성

≫ 수소이온($[H^+]$)의 농도가 주어지는 경우에는 pH = $-\log[H^+]$의 공식을 이용해 수소이온지수(pH)를 구해야 하고, 수산화이온($[OH^-]$)의 농도가 주어지는 경우에는 pOH = $-\log[OH^-]$의 공식을 이용해 수산화이온지수(pOH)를 구해야 한다. 〈문제〉에서는 $[OH^-]$가 10^{-5}으로 주어졌으므로 pOH = $-\log 10^{-5}$ = 5임을 알 수 있지만 〈문제〉는 용액의 pH와 액성을 구하는 것이므로 pH+pOH = 14를 이용하여 다음과 같이 pH를 구할 수 있다.
pH = 14 − pOH
  = 14 − 5
  = 9
pH가 7인 용액은 중성이며, 7보다 크면 알칼리성, 7보다 작으면 산성이므로 **pH = 9인 용액의 액성은 알칼리성**이다.

13 다음과 같은 순서로 커지는 성질이 아닌 것은?

$$F_2 < Cl_2 < Br_2 < I_2$$

① 구성원자의 전기음성도
② 녹는점
③ 끓는점
④ 구성원자의 반지름

≫ F_2, Cl_2, Br_2, I_2는 주기율표에서 오른쪽에 위치한 할로젠원소들이다. 할로젠원소들은 원자번호가 작을수록 원소들의 전기음성도가 커져 화학적으로 활발하기 때문에 $F_2 < Cl_2 < Br_2 < I_2$의 순서에 따라 **전기음성도는 작아진다.** 그리고 플루오린(F_2)에서 아이오딘(I_2)쪽으로 갈수록 원자번호와 원자량이 증가하기 때문에 잘 녹지 않고 잘 끓지 않아 녹는점과 끓는점이 높아지고 원자의 반지름도 커진다.

14 30wt%인 진한 HCl의 비중은 1.1이다. 진한 HCl의 몰농도는 얼마인가? (단, HCl의 화학식량은 36.5이다.)

① 7.21

② 9.04

③ 11.36

④ 13.08

>> %농도를 몰(M)농도로 나타내는 공식은 다음과 같다.

몰농도(M) = $\dfrac{10 \cdot d \cdot s}{M}$

여기서, d(비중) : 1.1
$\quad\quad\;\; s$(농도) : 30wt%
$\quad\quad\;\; M$(분자량) : 36.5g

따라서, HCL의 몰농도(M) = $\dfrac{10 \times 1.1 \times 30}{36.5}$

= 9.04이다.

15 다음 물질 중 동소체의 관계가 아닌 것은 어느 것인가?

① 흑연과 다이아몬드

② 산소와 오존

③ 수소와 중수소

④ 황린과 적린

>> 동소체란 하나의 원소로만 구성된 것으로서 원자배열이 달라 그 성질은 다르지만 최종 생성물이 동일한 물질을 말한다.

① 흑연(C)과 다이아몬드(C) : 두 물질 모두 탄소(C) 하나로만 구성되어 있고 그 성질은 다르지만 연소시키면 둘 다 이산화탄소(CO_2)라는 동일한 물질을 발생한다.

② 산소(O_2)와 오존(O_3) : 두 물질 모두 산소(O) 하나로만 구성되어 있고 그 성질은 다르지만 연소시키면 둘 다 산소(O_2)라는 동일한 물질을 발생한다.

③ **수소(^{1}H)와 중수소(^{2}H) : 원자번호는 같지만 질량수가 다른 동위원소의 관계이다.**

④ 황린(P_4)과 석린(P) : 두 물질 모두 인(P) 하나로만 구성되어 있고 그 성질은 다르지만 연소시키면 둘 다 오산화인(P_2O_5)이라는 동일한 물질을 발생한다.

16 이상기체상수 R값이 0.082라면 그 단위로 옳은 것은?

① $\dfrac{atm \cdot mol}{L \cdot K}$

② $\dfrac{mmHg \cdot mol}{L \cdot K}$

③ $\dfrac{atm \cdot L}{mol \cdot K}$

④ $\dfrac{mmHg \cdot L}{mol \cdot K}$

>> $PV = nRT$의 식을 변형하면 이상기체상수 $R = \dfrac{PV}{nT}$로 나타낼 수 있다.

여기서, 각 요소의 단위는 다음과 같다.
P(압력) : atm, V(부피) : L, n(몰수) : mol
T(절대온도 또는 캘빈온도) : K

따라서 R의 단위는 $\dfrac{atm \cdot L}{mol \cdot K}$이다.

17 산(acid)의 성질을 설명한 것 중 틀린 것은 어느 것인가?

① 수용액 속에서 H^+를 내는 화합물이다.

② pH 값이 작을수록 강산이다.

③ 금속과 반응하여 수소를 발생하는 것이 많다.

④ 붉은색 리트머스 종이를 푸르게 변화시킨다.

>> ① 염산, 황산 등 산은 수용액 속에서 H^+를 낸다.

② pH 값은 7이 중성이며, 7보다 클수록 강한 염기성이고, 7보다 작을수록 강한 산이다.

③ 칼륨 또는 나트륨과 염산 등의 물질이 반응하면 수소를 발생한다.

④ 산과 염기를 구분하는 리트머스 종이는 청색과 적색의 2가지 종류가 있는데 **산성 물질에 청색 리트머스 종이를 담그면 청색 리트머스 종이는 적색으로 변하고,** 염기성 물질에 적색 리트머스 종이를 담그면 적색 리트머스 종이는 청색으로 변한다.

🏐 톡톡 튀는 **암기법** 리트머스 시험지를 사용하면 산(산성)에

불(적색)난다.

18 황산구리(Ⅱ) 수용액을 전기분해할 때 63.5g의 구리를 석출시키는 데 필요한 전기량은 몇 F인가? (단, Cu의 원자량은 63.5이다.)

① 0.635F   ② 1F

③ 2F   ④ 63.5F

»» 1F(패럿)이란 물질 1g당량을 석출하는 데 필요한 전기량이다. 여기서, 1g당량이란 $\dfrac{원자량}{원자가}$ 인데 구리(Cu)는 원자량이 63.5이고 원자가는 2가인 원소이기 때문에 구리의 1g당량은 $\dfrac{63.5}{2} = 31.75g$이다. 즉, 구리 31.75g을 석출하는 데 필요한 전기량은 1F인데 〈문제〉는 2배의 구리의 양인 63.5g을 석출하는 데 필요한 전기량을 구하는 것이므로 2배의 전기량인 2F이 필요하다.

19 다음 중 파장이 가장 짧으면서 투과력이 가장 강한 것은?

① α-선
② β-선
③ γ-선
④ X-선

»» **방사선의 투과력 세기**는 $\alpha < \beta < \gamma$이므로, 파장이 가장 짧으면서 투과력이 가장 강한 것은 γ-선이다.

20 다음 물질 1g을 1kg의 물에 녹였을 때 빙점강하가 가장 큰 것은? (단, 빙점강하 상수값(어는점 내림상수)은 동일하다고 가정한다.)

① CH_3OH
② C_2H_5OH
③ $C_3H_5(OH)_3$
④ $C_6H_{12}O_6$

»» 빙점이란 어떤 용액이 얼기 시작하는 온도를 말하며, 강하란 내림 혹은 떨어진다라는 의미를 갖고 있다. 물에 어떤 물질을 녹인 용액의 빙점은 다음과 같이 빙점강하(ΔT) 공식을 이용하여 구할 수 있다.

$$\Delta T = \frac{1,000 \times w \times K_f}{M \times a}$$

여기서, w : 용질의 질량
K_f : 물의 어는점 내림상수
M : 용질의 분자량
a : 용매 물의 질량

이 식에서 빙점강하(Δt)는 M(분자량)과 반비례 관계이므로 분자량(M)이 적을수록 빙점강하는 크며, 〈보기〉의 물질들의 1mol의 분자량은 다음과 같다.
① CH_3OH : 12(C)g + 1(H)g × 3 + 16(O)g + 1(H)g = 32g
② C_2H_5OH : 12(C)g × 2 + 1(H)g × 5 + 16(O)g + 1(H)g = 46g
③ $C_3H_5(OH)_3$: 12(C)g × 3 + 1(H)g × 5 + (16(O)g + 1(H)g) × 3 = 92g
④ $C_6H_{12}O_6$: 12(C)g × 6 + 1(H)g × 12 + 16(O)g × 6 = 180g
이 중 ① CH_3OH은 분자량이 32g/mol로 가장 작으므로 빙점강하는 가장 크다.

제2과목 **화재예방과 소화방법**

21 가연물의 주된 연소형태에 대한 설명으로 옳지 않은 것은?

① 황의 연소형태는 증발연소이다.
② 목재의 연소형태는 분해연소이다.
③ 에터의 연소형태는 표면연소이다.
④ 숯의 연소형태는 표면연소이다.

»» ③ 에터(다이에틸에터)는 제4류 위험물 중 특수인화물에 속하는 물질로서 연소형태는 증발연소이다.

Check 액체와 고체의 연소형태
(1) 액체의 연소형태의 종류와 물질
　㉠ **증발연소** : 제4류 위험물 중 특수인화물, 제1석유류, 알코올류, 제2석유류 등
　㉡ **분해연소** : 제4류 위험물 중 제3석유류, 제4석유류, 동식물유류 등
(2) 고체의 연소형태의 종류와 물질
　㉠ 표면연소 : 코크스(탄소), 목탄(숯), 금속분 등
　㉡ 분해연소 : 목재, 종이, 석탄, 플라스틱, 합성수지 등
　㉢ 자기연소 : 제5류 위험물 등
　㉣ 증발연소 : 황(S), 나프탈렌, 양초(파라핀) 등

22 할로젠화합물인 Halon 1301의 분자식은?

① CH_3Br

② CCl_4

③ CF_2Br_2

④ CF_3Br

» 할로젠화합물 소화약제의 할론번호는 C-F-Cl-Br의 순서대로 각 원소의 개수를 나타낸 것이다. Halon 1301은 C 1개, F 3개, Cl 0개, Br 1개로 구성되므로 화학식 또는 분자식은 CF_3Br이다.

23 위험물제조소등에 설치하는 옥내소화전설비의 설명 중 틀린 것은?

① 개폐밸브 및 호스접속구는 바닥으로부터 1.5m 이하에 설치할 것

② 함의 표면에 "소화전"이라고 표시할 것

③ 축전지설비는 설치된 벽으로부터 0.2m 이상 이격할 것

④ 비상전원의 용량은 45분 이상일 것

» ③ 옥내소화전설비의 비상전원을 축전지설비로 하는 경우 축전지설비는 설치된 실의 벽으로부터 0.1m 이상 이격해야 한다.

24 위험물제조소등에 설치하는 옥내소화전설비가 설치된 건축물에 옥내소화전이 1층에 5개, 2층에 6개가 설치되어 있다. 이 때 수원의 수량은 몇 m^3 이상으로 하여야 하는가?

① 19   ② 29

③ 39   ④ 47

» 위험물제조소등에 설치된 옥내소화전설비의 수원의 양은 옥내소화전이 가장 많이 설치된 층의 옥내소화전의 설치개수(설치개수가 5개 이상이면 5개)에 7.8m^3를 곱한 값 이상의 양으로 정한다. 〈문제〉에서 2층의 옥내소화전 개수가 6개로 가장 많지만 개수가 5개 이상이면 5개를 7.8m^3에 곱해야 하므로 수원의 양은 5개×7.8m^3 = 39m^3이다.

> Check
> 옥외소화전설비의 수원의 양은 옥외소화전의 설치개수(설치개수가 4개 이상이면 4개)에 13.5m^3를 곱한 값 이상의 양으로 한다.

25 C급 화재에 가장 적응성이 있는 소화설비는?

① 봉상강화액소화기

② 포소화기

③ 이산화탄소소화기

④ 스프링클러설비

» 전기설비화재인 C급 화재에는 수분을 포함하는 소화약제를 사용하는 소화기는 사용할 수 없으며, 질식소화효과를 이용하는 소화기가 적응성이 있다. 〈보기〉 중에서는 이산화탄소소화기가 질식소화효과를 이용하는 소화기이며, 그 외의 것은 모두 냉각소화효과를 이용하는 소화기 또는 소화설비이다.

소화설비의 구분		건축물·그 밖의 공작물	전기설비	제1류 위험물		제2류 위험물			제3류 위험물		제4류 위험물	제5류 위험물	제6류 위험물
				알칼리금속의 과산화물등	그 밖의 것	철분·금속분·마그네슘등	인화성 고체	그 밖의 것	금수성 물품	그 밖의 것			
옥내소화전 또는 옥외소화전 설비		○			○		○	○		○		○	○
스프링클러설비		○	×		○		○	○		○	△	○	○
물분무등 소화설비	물분무 소화설비	○	○		○		○	○		○	○	○	○
	포소화설비	○			○		○	○		○	○	○	○
	불활성가스 소화설비		○					○			○		
	할로젠화합물 소화설비		○					○			○		
	분말 소화 설비	인산염류등	○	○		○		○	○			○		○
		탄산수소염류등		○	○		○	○		○		○		
		그 밖의 것			○		○			○				
대형·소형수동식소화기	봉상수(棒狀水) 소화기	○	×		○		○	○		○		○	○
	무상수(霧狀水) 소화기	○	○		○		○	○		○		○	○
	봉상강화액 소화기	○			○		○	○		○		○	○
	무상강화액 소화기	○	○		○		○	○		○	○	○	○
	포소화기	○	×		○		○	○		○	○	○	○
	이산화탄소 소화기		◎				○				○		△
	할로젠화합물 소화기		○					○			○		
	분말 소화기	인산염류 소화기	○	○		○		○	○			○		○
		탄산수소염류 소화기		○	○		○	○		○		○		
		그 밖의 것			○		○			○				

Tip

무상수소화기와 무상강화액소화기는 소화약제가 물이라 하더라도 물을 안개형태로 흩어 뿌리기 때문에 질식소화효과가 있어 전기화재에 적응성이 있습니다.

26 다음 중 가연물이 될 수 있는 것은 어느 것인가?

① CS_2

② H_2O_2

③ CO_2

④ He

≫ ① CS_2(이황화탄소) : 제4류 위험물 중 특수인화물에 속하는 **가연물**이다.
② H_2O_2(과산화수소) : 제6류 위험물이므로 자신은 불연성 물질이다.
③ CO_2(이산화탄소) : 소화약제로도 사용되는 불연성 물질이다.
④ He(헬륨) : 주기율표의 0족에 속하는 가스로서 어떤 물질과도 반응을 일으키지 않는 불활성 물질이다.

27 다음 중 물을 소화약제로 사용하는 장점이 아닌 것은?

① 구하기 쉽다.

② 취급이 간편하다.

③ 기화잠열이 크다.

④ 피연소물질에 대한 피해가 없다.

≫ 물은 구하기 쉽고 취급도 간편하면서 기화잠열이 커서 냉각소화에 효과가 있는 소화약제이지만, **소화 후 물로 인한 피연소물질에 대한 피해는 매우 큰 편이다.**

28 위험물안전관리법령상 마른 모래(삽 1개 포함) 50L의 능력단위는?

① 0.3

② 0.5

③ 1.0

④ 1.5

≫ 기타 소화설비의 능력단위

소화설비	용 량	능력단위
소화전용 물통	8L	0.3
수조 (소화전용 물통 3개 포함)	80L	1.5
수조 (소화전용 물통 6개 포함)	190L	2.5
마른 모래 (삽 1개 포함)	**50L**	**0.5**
팽창질석 또는 팽창진주암 (삽 1개 포함)	160L	1.0

29 화재 발생 시 물을 사용하여 소화할 수 있는 물질은?

① K_2O_2

② CaC_2

③ Al_4C_3

④ P_4

≫ ① K_2O_2(과산화칼륨) : 제1류 위험물 중 알칼리금속의 과산화물에 속하는 물질로 물과 반응 시 수산화칼륨(KOH)과 함께 산소를 발생하므로 물로 소화하면 위험성이 커진다.
• 과산화칼륨의 물과의 반응식
$2K_2O_2 + 2H_2O \rightarrow 4KOH + O_2$
② CaC_2(탄화칼슘) : 제3류 위험물 중 금수성 물질로서 물과 반응 시 수산화칼슘[$Ca(OH)_2$]과 함께 가연성 가스인 아세틸렌(C_2H_2)을 발생하므로 물로 소화하면 위험성이 커진다.
• 탄화칼슘의 물과의 반응식
$CaC_2 + 2H_2O \rightarrow Ca(OH)_2 + C_2H_2$
③ Al_4C_3(탄화알루미늄) : 제3류 위험물 중 금수성 물질로서 물과 반응 시 수산화알루미늄[$Al(OH)_3$]과 함께 가연성 가스인 메테인(CH_4)을 발생하므로 물로 소화하면 위험성이 커진다.
• 탄화알루미늄의 물과의 반응식
$Al_4C_3 + 12H_2O \rightarrow 4Al(OH)_3 + 3CH_4$
④ P_4(황린) : 제3류 위험물 중 자연발화성 물질로 물속에 저장하는 위험물이며 화재 시에도 **물을 이용해 소화할 수 있는 물질**이다.

30 위험물제조소등에 설치하는 옥외소화전설비에 있어서 옥외소화전함은 옥외소화전으로부터 보행거리 몇 m 이하의 장소에 설치하는가?

① 2m

② 3m

③ 5m

④ 10m

» 위험물제조소등에 설치하는 옥외소화전함은 옥외소화전으로부터 보행거리 5m 이하의 장소에 설치해야 한다.

31 화재발생 시 소화방법으로 공기를 차단하는 것이 효과가 있으며, 연소물질을 제거하거나 액체를 인화점 이하로 냉각시켜 소화할 수도 없는 위험물은?

① 제1류 위험물

② 제4류 위험물

③ 제5류 위험물

④ 제6류 위험물

» ① 제1류 위험물(알칼리금속의 과산화물 제외) : 냉각소화
② **제4류 위험물 : 질식소화**
③ 제5류 위험물 : 냉각소화
④ 제6류 위험물 : 냉각소화

32 위험물안전관리법령상 전기설비에 적응성이 없는 소화설비는?

① 포소화설비

② 불활성가스소화설비

③ 물분무소화설비

④ 할로젠화합물소화설비

» 전기설비의 화재는 일반적으로는 물로 소화할 수 없기 때문에 **수분을 포함한 포소화설비는 전기설비의 화재에는 사용할 수 없다.** 하지만 물분무소화설비는 물을 분무하여 흩어뿌리기 때문에 전기설비의 화재에 적응성이 있으며 불활성가스소화설비 및 할로젠화합물소화설비는 질식소화효과와 억제소화효과를 갖고 있기 때문에 전기설비의 화재에 적응성이 있다.

소화설비의 구분		건축물·그 밖의 공작물	전기설비	제1류 위험물 알칼리금속의 과산화물등	제1류 위험물 그 밖의 것	제2류 위험물 철분·금속분·마그네슘등	제2류 위험물 인화성 고체	제2류 위험물 그 밖의 것	제3류 위험물 금수성 물품	제3류 위험물 그 밖의 것	제4류 위험물	제5류 위험물	제6류 위험물
옥내소화전 또는 옥외소화전 설비		○			○		○	○		○		○	○
스프링클러설비		○			○		○	○		○	△	○	○
물분무등소화설비	물분무소화설비	○	○		○		○	○		○	○	○	○
	포소화설비	○	×		○		○	○		○	○	○	○
	불활성가스소화설비		○				○				○		
	할로젠화합물소화설비		○				○				○		
	분말소화설비 인산염류등	○	○		○		○	○			○		○
	분말소화설비 탄산수소염류등		○	○		○	○		○		○		
	분말소화설비 그 밖의 것			○		○			○				

33 강화액소화기에 대한 설명으로 옳은 것은?

① 물의 유동성을 크게 하기 위한 유화제를 첨가한 소화기이다.

② 물의 표면장력을 강화한 소화기이다.

③ 산·알칼리 액을 주성분으로 한다.

④ 물의 소화효과를 높이기 위해 염류를 첨가한 소화기이다.

» ① 물의 소화능력을 보강하기 위해 탄산칼륨(K_2CO_3)이라는 금속염류를 첨가한 소화기이다.
② 표면장력이 낮아 화재에 빠르게 침투할 수 있는 소화기이다.
③ 용액의 주성분은 강알칼리성이다.
④ **물의 소화효과를 높이기 위해 탄산칼륨(K_2CO_3)이라는 금속염류를 첨가**한 강알칼리성의 용액을 주성분으로 하는 소화기이다.

34 위험물안전관리법령에서 정한 물분무소화설비의 설치기준에서 물분무소화선비의 방사구역은 몇 m^2 이상으로 하여야 하는가? (단, 방호대상물의 표면적이 150m^2 이상인 경우이다.)

① 75

② 100

③ 150

④ 350

➤ 물분무소화설비의 방사구역은 150m² 이상으로 하여야 한다. 다만, 방호대상물의 표면적이 150m² 미만인 경우에는 당해 표면적으로 한다.

35 제3종 분말소화약제에 대한 설명으로 틀린 것은?

① A급을 제외한 모든 화재에 적응성이 있다.

② 주성분은 $NH_4H_2PO_4$의 분자식으로 표현된다.

③ 제1인산암모늄이 주성분이다.

④ 담홍색(또는 황색)으로 착색되어 있다.

➤ 제3종 분말소화약제는 인산암모늄($NH_4H_2PO_4$)을 주성분으로 하는 담홍색 분말로서 **A급(일반화재)을 포함**하여 B급(유류화재) 및 C급(전기화재)에 적응성을 갖는다.

36 위험물제조소등의 스프링클러설비의 기준에 있어 개방형 스프링클러헤드는 스프링클러헤드의 반사판으로부터 하방 및 수평방향으로 각각 몇 m의 공간을 보유하여야 하는가?

① 하방 0.3m, 수평방향 0.45m

② 하방 0.3m, 수평방향 0.3m

③ 하방 0.45m, 수평방향 0.45m

④ 하방 0.45m, 수평방향 0.3m

➤ 개방형 스프링클러헤드는 스프링클러헤드의 반사판으로부터 하방(아래쪽 방향)으로는 0.45m, 수평방향으로는 0.3m 이상의 공간을 보유하여 설치하여야 한다.

37 제1종 분말소화약제가 1차 열분해되어 표준상태를 기준으로 2m³의 탄산가스가 생성되었다. 몇 kg의 탄산수소나트륨이 사용되었는가? (단, 나트륨의 원자량은 23이다.)

① 15

② 18.75

③ 56.25

④ 75

➤ 탄산수소나트륨 1mol의 분자량은 23(Na)g + 1(H)g + 12(C)g + 16(O)g × 3 = 84g이다. 아래의 분해반응식에서 알 수 있듯이 탄산수소나트륨($NaHCO_3$) 2몰, 즉 2×84g을 표준상태(0℃, 1기압)에서 분해시키면 이산화탄소(CO_2)가 1몰, 즉 22.4L가 발생하는데 〈문제〉는 탄산수소나트륨($NaHCO_3$)을 몇 kg 분해시키면 이산화탄소(탄산가스) 2m³가 발생하는가를 구하는 것이므로 다음과 같이 비례식을 이용하면 된다.

• 탄산수소나트륨의 1차 분해반응식

$2NaHCO_3 \rightarrow Na_2CO_3 + H_2O + CO_2$

$2 \times 84g$ ⤫ $22.4L$

$x(kg)$ $2m^3$

$22.4L \times x = 2 \times 84 \times 2$

$x = 15kg$이다.

38 적린과 오황화인의 공통 연소생성물은?

① SO_2

② H_2S

③ P_2O_5

④ H_3PO_4

➤ 적린(P)과 오황화인(P_2S_5)은 모두 제2류 위험물로서 각 물질의 연소반응식은 다음과 같고, 두 물질의 **공통 연소생성물은 오산화인(P_2O_5)**이다.

• 적린의 연소반응식

$4P + 5O_2 \rightarrow 2P_2O_5$

• 오황화인의 연소반응식

$2P_2S_5 + 15O_2 \rightarrow 2P_2O_5 + 10SO_2$

39 위험물안전관리법령상 소화설비의 설치기준에서 제조소등에 전기설비(전기배선, 조명기구 등은 제외)가 설치된 경우에는 해당 장소의 면적 몇 m²마다 소형 수동식 소화기를 1개 이상 설치하여야 하는가?

① 50

② 75

③ 100

④ 150

➤ 제조소등에 전기설비(전기배선, 조명기구 등은 제외)가 설치된 경우에는 해당 장소의 면적 **100m²마다** 소형 수동식 소화기를 1개 이상 설치하여야 한다.

정답 35. ① 36. ④ 37. ① 38. ③ 39. ③

40 다음 〈보기〉에서 열거한 위험물의 지정수량을 모두 합산한 값은?

> 〈보기〉
> 과아이오딘산, 과아이오딘산염류, 과염소산, 과염소산염류

① 450kg   ② 500kg
③ 950kg   ④ 1,200kg

➣ 〈보기〉에 있는 위험물들의 지정수량은 다음과 같다.
  1) 과아이오딘산(행정안전부령이 정하는 제1류 위험물) : 300kg
  2) 과아이오딘산염류(행정안전부령이 정하는 제1류 위험물) : 300kg
  3) 과염소산(대통령령이 정하는 제6류 위험물) : 300kg
  4) 과염소산염류(대통령령이 정하는 제1류 위험물) : 50kg
  위에 있는 위험물의 지정수량을 모두 합산한 값은 300kg + 300kg + 300kg + 50kg = 950kg이다.

제3과목   **위험물의 성질과 취급**

41 위험물의 저장법으로 옳지 않은 것은 어느 것인가?

① 금속나트륨은 석유 속에 저장한다.
② 황린은 물속에 저장한다.
③ 질화면은 물 또는 알코올에 적셔서 저장한다.
④ 알루미늄분은 분진발생 방지를 위해 물에 적셔서 저장한다.

➣ ① 금속나트륨은 석유류(등유, 경유, 유동파라핀 등) 속에 저장한다.
  ② 황린은 pH가 9인 약알칼리성의 물속에 저장한다.
  ③ 질화면이라 불리는 제5류 위험물인 나이트로셀룰로오스는 물 또는 알코올에 적셔서 저장한다.
  ④ **알루미늄분**은 물과 반응 시 가연성인 수소가스를 발생하므로 **물과의 접촉을 방지**해야 한다.

42 위험물안전관리법령에 따르면 보냉장치가 없는 이동저장탱크에 저장하는 아세트알데하이드의 온도는 몇 ℃ 이하로 유지하여야 하는가?

① 30
② 40
③ 50
④ 60

➣ 이동저장탱크에 **아세트알데하이드등** 또는 다이에틸에터등을 저장하는 온도
  1) 보냉장치가 있는 이동저장탱크 : 비점 이하
  2) **보냉장치가 없는 이동저장탱크 : 40℃ 이하**

  `Check` 옥외저장탱크·옥내저장탱크 또는 지하저장탱크에 위험물을 저장하는 온도
  (1) 압력탱크 외의 탱크에 저장하는 경우
    ㉠ 아세트알데하이드등 : 15℃ 이하
    ㉡ 산화프로필렌등과 다이에틸에터등 : 30℃ 이하
  (2) 압력탱크에 저장하는 경우
    – 아세트알데하이드등 또는 다이에틸에터등 : 40℃ 이하

43 소화난이도 등급 Ⅱ의 옥외탱크저장소에 설치하여야 하는 대형수동식 소화기는 몇 개 이상인가?

① 1   ② 2
③ 3   ④ 4

➣ 소화난이도 등급 Ⅱ의 제조소등에 설치하여야 하는 소화설비

제조소등의 구분	소화설비
제조소, 옥내저장소, 옥외저장소, 주유취급소, 판매취급소, 일반취급소	방사능력범위 내에 해당 건축물, 그 밖의 공작물 및 위험물이 포함되도록 대형수동식 소화기를 설치하고, 해당 위험물의 소요단위의 1/5 이상에 해당되는 능력단위의 소형수동식 소화기 등을 설치할 것
옥외탱크저장소, 옥내탱크저장소	대형수동식 소화기 및 소형수동식 소화기 등을 각각 1개 이상 설치할 것

정답   40. ③   41. ④   42. ②   43. ①

44 제4류 위험물 중 제1석유류에 속하는 것으로만 나열한 것은?

① 아세톤, 휘발유, 톨루엔, 사이안화수소
② 이황화탄소, 다이에틸에터, 아세트알데하이드
③ 메탄올, 에탄올, 뷰탄올, 벤젠
④ 중유, 크레오소트유, 실린더유, 의산에틸

» ① 아세톤(제1석유류), 휘발유(제1석유류), 톨루엔(제1석유류), 사이안화수소(제1석유류)
② 이황화탄소(특수인화물), 다이에틸에터(특수인화물), 아세트알데하이드(특수인화물)
③ 메탄올(알코올류), 에탄올(알코올류), 뷰탄올(제2석유류), 벤젠(제1석유류)
④ 중유(제3석유류), 크레오소트유(제3석유류), 실린더유(제4석유류), 의산에틸(제1석유류)

45 다음 중 황린을 밀폐용기 속에서 260℃로 가열하여 얻은 물질을 연소시킬 때 주로 생성되는 물질은?

① P_2O_5 ② CO_2
③ PO_2 ④ CuO

» 제3류 위험물인 황린(P_4)을 밀폐용기 속에서 공기를 차단하고 260℃로 가열하면 제2류 위험물인 적린(P)이 생성되며, 적린을 연소시키면 독성의 오산화인(P_2O_5)이라는 백색기체가 발생한다.
• 적린의 연소반응식
$$4P + 5O_2 \rightarrow 2P_2O_5$$

46 염소산칼륨의 성질이 아닌 것은?

① 황산과 반응하여 이산화염소를 발생한다.
② 상온에서 고체이다.
③ 알코올보다는 글리세린에 더 잘 녹는다.
④ 환원력이 강하다.

» ① 황산과 반응하여 독성인 이산화염소(ClO_2)가스를 발생한다.
② 제1류 위험물이므로 상온에서 산화성이 있는 고체로 존재한다.
③ 물, 알코올, 에터 등에 녹지 않고, 온수 및 글리세린에 잘 녹는다.
④ 산화성 물질이므로 환원력이 아닌 **산화력이 강하다.**

47 금속나트륨이 물과 작용하면 위험한 이유로 옳은 것은?

① 물과 반응하여 과염소산을 생성하므로
② 물과 반응하여 염산을 생성하므로
③ 물과 반응하여 수소를 방출하므로
④ 물과 반응하여 산소를 방출하므로

» 제3류 위험물인 금속나트륨(Na)이 물과 반응하면 수산화나트륨(NaOH)과 **수소가스를 발생**하므로 위험성이 커진다.
• 나트륨의 물과의 반응식
$$2Na + 2H_2O \rightarrow 2NaOH + H_2$$

48 어떤 공장에서 아세톤과 메탄올을 18L 용기에 각각 10개, 등유를 200L 드럼으로 3드럼을 저장하고 있다면 각각의 지정수량 배수의 총합은 얼마인가?

① 1.3   ② 1.5
③ 2.3   ④ 2.5

» 아세톤(제1석유류 수용성)의 지정수량은 400L이며, 메탄올(알코올류)의 지정수량도 400L, 등유(제2석유류 비수용성)의 지정수량은 1,000L이므로, 이들의 지정수량 배수의 합은 $\dfrac{18L \times 10개}{400L}$ $+ \dfrac{18L \times 10개}{400L} + \dfrac{200L \times 3드럼}{1,000L} = 1.5배이다.$

49 삼황화인과 오황화인의 공통 연소생성물을 모두 나타낸 것은?

① H_2S, SO_2
② P_2O_5, H_2S
③ SO_2, P_2O_5
④ H_2S, SO_2, P_2O_5

» 삼황화인(P_4S_3)과 오황화인(P_2S_5)은 둘 다 인(P)과 황(S)을 포함하고 있으므로 산소(O_2)로 연소시키면 **이산화황(SO_2)과 오산화인(P_2O_5)이 공통으로 생성**된다.
1) 삼황화인의 연소반응식
$$P_4S_3 + 8O_2 \rightarrow 3SO_2 + 2P_2O_5$$
2) 오황화인의 연소반응식
$$2P_2S_5 + 15O_2 \rightarrow 10SO_2 + 2P_2O_5$$

정답 44. ① 45. ① 46. ④ 47. ③ 48. ② 49. ③

50 위험물안전관리법령상 위험등급 I의 위험물이 아닌 것은?

① 염소산염류　　② 황화인
③ 알킬리튬　　　④ 과산화수소

≫ ① 염소산염류(제1류 위험물) : 위험등급 I
　② **황화인(제2류 위험물) : 위험등급 II**
　③ 알킬리튬(제3류 위험물) : 위험등급 I
　④ 과산화수소(제6류 위험물) : 위험등급 I

51 다음 물질 중 지정수량이 400L인 것은?

① 폼산메틸　　　② 벤젠
③ 톨루엔　　　　④ 벤즈알데하이드

≫ ① 폼산메틸(제1석유류 수용성) : 400L
　② 벤젠(제1석유류 비수용성) : 200L
　③ 톨루엔(제1석유류 비수용성) : 200L
　④ 벤즈알데하이드(제2석유류 비수용성) : 1,000L

52 다음과 같은 물질이 서로 혼합되었을 때 발화 또는 폭발의 위험성이 가장 높은 것은 어느 것인가?

① 벤조일퍼옥사이드와 질산
② 이황화탄소와 증류수
③ 금속나트륨과 석유
④ 금속칼륨과 유동성 파라핀

≫ ① 벤조일퍼옥사이드는 제5류 위험물(자기반응성 물질)이고 질산은 제6류 위험물(산화성 액체)이므로, 이 두 위험물의 혼합은 발화 또는 폭발의 위험성이 매우 높다.
　그 외 〈보기〉는 위험물과 그 위험물의 보호액을 나타낸 것이다.

53 염소산나트륨이 열분해하였을 때 발생하는 기체는?

① 나트륨　　　　② 염화수소
③ 염소　　　　　④ 산소

≫ 제1류 위험물인 염소산나트륨($NaClO_3$)은 열분해하면 염화나트륨($NaCl$)과 산소(O_2)를 발생한다.
　• 염소산나트륨의 열분해반응식
　　$2NaClO_3 \rightarrow 2NaCl + 3O_2$

Tip

염소산나트륨과 같은 제1류 위험물들은 모두 열분해하면 산소를 발생합니다.

54 자기반응성 물질의 일반적인 성질로 옳지 않은 것은?

① 강산류와의 접촉은 위험하다.
② 연소속도가 대단히 빨라서 폭발성이 있다.
③ 물질자체가 산소를 함유하고 있어 내부 연소를 일으키기 쉽다.
④ 물과 격렬하게 반응하여 폭발성 가스를 발생한다.

≫ 자기반응성 물질은 제5류 위험물이고 제5류 위험물 중에는 물과 반응하여 폭발성 가스를 발생시키는 종류는 없으며 오히려 제5류 위험물 중 고체상태의 물질들은 **수분과 접촉함으로써 안정해지는 성질**을 갖고 있다.

55 벤젠에 대한 설명으로 틀린 것은?

① 물보다 비중값이 작지만 증기비중값은 공기보다 크다.
② 공명구조를 가지고 있는 포화탄화수소이다.
③ 연소 시 검은 연기가 심하게 발생한다.
④ 겨울철에 응고된 고체상태에서도 인화의 위험이 있다.

≫ ① 벤젠(C_6H_6)은 비중이 0.95이며, 분자량은 12(C)×6 + 1(H)×6 = 78이다. 따라서 물보다 비중값은 작지만 증기비중은 $\frac{분자량}{29} = \frac{78}{29} = 2.69$ 이므로 증기비중값은 공기보다 크다.
　② 탄소와 탄소가 이중결합으로 연결된 구조이므로 포화탄화수소가 아닌 **불포화탄수소**이다.
　③ 물질에 탄소가 많이 포함되어 있기 때문에 연소할 때 검은 연기가 발생한다.
　④ 융점이 5.5℃이므로 5.5℃ 이상의 온도에서는 녹아서 액체상태로 존재하고 5.5℃ 미만에서는 고체로 존재하며, 인화점이 -11℃이므로 -11℃ 이상의 온도에서 불이 붙을 수 있는 위험물이다. 따라서 벤젠은 영하의 온도인 겨울철에 응고되어 고체상태가 되더라도 -11℃ 이상의 온도를 가진 점화원이 있으면 인화할 수 있는 위험이 있다.

정답　50. ②　51. ①　52. ①　53. ④　54. ④　55. ②

56 제5류 위험물 중 상온(25℃)에서 동일한 물리적 상태(고체, 액체, 기체)로 존재하는 것으로만 나열된 것은?

① 나이트로글리세린, 나이트로셀룰로오스
② 질산메틸, 나이트로글리세린
③ 트라이나이트로톨루엔, 질산메틸
④ 나이트로글리콜, 트라이나이트로톨루엔

➤ ① 나이트로글리세린은 액체이며, 나이트로셀룰로오스는 고체이다.
② **질산메틸은 액체이며, 나이트로글리세린도 액체**이다.
③ 트라이나이트로톨루엔은 고체이며, 질산메틸은 액체이다.
④ 나이트로글리콜은 액체이며, 트라이나이트로톨루엔은 고체이다.

57 자연발화의 위험성이 제일 높은 것은?

① 야자유　　② 올리브유
③ 아마인유　　④ 피마자유

➤ 제4류 위험물 중 동식물유류는 아이오딘값에 따라 다음과 같이 건성유, 반건성유, 불건성유로 분류한다.
1) **건성유**
　아이오딘값이 130 이상인 것으로서 **자연발화의 위험성이 가장 높다.**
　㉠ 동물유 : 정어리유, 기타 생선유
　㉡ 식물유 : 동유, 해바라기유, **아마인유**, 들기름
2) 반건성유
　아이오딘값이 100~130인 것을 말한다.
　㉠ 동물유 : 청어유
　㉡ 식물유 : 쌀겨기름, 면실유, 채종유, 옥수수기름, 참기름
3) 불건성유
　아이오딘값이 100 이하인 것을 말한다.
　㉠ 동물유 : 소기름, 돼지기름, 고래기름
　㉡ 식물유 : 올리브유, 동백유, 피마자유, 야자유

58 위험물제조소는 문화재보호법에 의한 유형문화재로부터 몇 m 이상의 안전거리를 두어야 하는가?

① 20m　　② 30m
③ 40m　　④ 50m

➤ 제조소의 안전거리기준
1) 주거용 건축물(제조소의 동일부지 외에 있는 것) : 10m 이상
2) 학교, 병원, 극장(300명 이상), 다수인 수용시설 : 30m 이상
3) **유형문화재**, 지정문화재 : **50m 이상**
4) 고압가스, 액화석유가스 등의 저장·취급 시설 : 20m 이상
5) 사용전압이 7,000V 초과 35,000V 이하인 특고압가공전선 : 3m 이상
6) 사용전압이 35,000V를 초과하는 특고압가공전선 : 5m 이상

59 다음 중 제3류 위험물에 해당하는 것은?

① 염소화규소화합물
② 염소화아이소사이아누르산
③ 금속의 아지화합물
④ 질산구아니딘

➤ ① 염소화규소화합물 : 제3류 위험물
② 염소화아이소사이아누르산 : 제1류 위험물
③ 금속의 아지화합물 : 제5류 위험물
④ 질산구아니딘 : 제5류 위험물

60 다음 중 제1류 위험물의 일반적인 성질이 아닌 것은?

① 불연성 물질들이다.
② 유기화합물들이다.
③ 산화성 고체로서 강산화제이다.
④ 알칼리금속의 과산화물은 물과 작용하여 발열한다.

➤ ① 자체적으로 산소공급원을 포함하고 있는 불연성 물질이다.
② 제1류 위험물은 탄소를 포함한 가연성의 물질인 **유기화합물이 아니라** 탄소를 포함하지 않는 **무기화합물로 분류**된다.
③ 강한 산화성을 갖는 산화성 고체이다.
④ 제1류 위험물 중 알칼리금속의 과산화물은 물과 작용하여 발열과 함께 산소를 발생한다.

2023 제4회 위험물산업기사

2023년 9월 2일 시행

일반화학

01 이산화황이 산화제로 작용하는 화학반응은?

① $SO_2 + H_2O \rightarrow H_2SO_4$

② $SO_2 + NaOH \rightarrow NaHSO_3$

③ $SO_2 + 2H_2S \rightarrow 3S + 2H_2O$

④ $SO_2 + Cl_2 + 2H_2O \rightarrow H_2SO_4 + 2HCl$

≫ 산화제란 산소 또는 산소공급원을 갖고 있는 물질이므로 반응 시 산소 또는 산소공급원을 내주어 다른 가연물을 연소시키는 역할을 한다. 〈보기〉③의 SO_2가 반응 후에 S로 된 이유는 다음과 같이 SO_2가 산소(O_2)를 내놓았기 때문이고 산소(O_2)를 내놓은 SO_2는 산화제로 작용한다.

• $SO_2 + 2H_2S \rightarrow 3S + 2H_2O$

SO_2가 반응 후 O_2를 내놓았으므로 S만 남았다.

02 다음 중 C_nH_{2n+2}의 일반식을 갖는 탄화수소는 어느 것인가?

① Alkyne

② Alkene

③ Alkane

④ Cycloalkane

≫ 탄화수소의 일반식
1) **알케인(Alkane) : C_nH_{2n+2}**
   ⑩ CH_4(메테인), C_2H_6(에테인) 등
2) 알킬(alkyl) : C_nH_{2n+1}
   ⑩ CH_3(메틸), C_2H_5(에틸) 등
3) 알켄(Alkene) : C_nH_{2n}
   ⑩ C_2H_4(에틸렌) 등
4) 알카인(Alkyne) : C_nH_{2n-2}
   ⑩ C_2H_2(아세틸렌) 등

03 수용액에서 산성의 세기가 가장 큰 것은?

① HF   ② HCl

③ HBr   ④ HI

≫ 할로젠원소의 원자번호가 증가할수록 산성의 크기도 증가하기 때문에 할로젠원소와 H와의 결합물질의 산성의 세기도 HF < HCl < HBr < HI 의 순서로 정해진다.

Check

할로젠원소와 H와의 결합물질의 비점(끓는점)은 산성의 세기와 그 순서가 반대이다. 그 이유는 할로젠원소 중 가장 가볍고 화학적 활성이 큰 F는 H와의 결합력이 매우 커서 잘 끓지 않기 때문에 비점의 세기는 HF > HCl > HBr > HI의 순서로 정해진다.

04 수소분자 1mol에 포함된 양성자수와 같은 것은?

① O_2 $\frac{1}{4}$ mol 중의 양성자수

② NaCl 1mol 중의 ion 총수

③ 수소원자 $\frac{1}{2}$ mol 중의 원자수

④ CO_2 1mol 중의 원자수

≫ 양성자수는 그 원소의 원자번호와 같다. 수소원자(H)는 원자번호가 1이므로 양성자수도 1개이다. 〈문제〉는 수소원자 2개를 결합한 수소분자(H_2) 1mol이므로 여기에는 양성자수가 1×2 = 2개 포함되어 있다.

① O는 원자번호는 8이므로 양성자수도 8개이다. O_2 $\frac{1}{4}$ mol은 $\frac{1}{2}$ O와 같으므로 여기에는 양성자수가 $\frac{1}{2}$×8 = 4개 포함되어 있다.

② **NaCl 1mol에는 Na^+이온 1개와 Cl^-이온 1개가 있으므로 이온(ion)의 총수는 1+1 = 2개이다.**

③ 수소원자(H) 1mol의 원자수는 1개이므로 수소원자(H) $\frac{1}{2}$ mol의 원자수는 $\frac{1}{2}$ 개다.

④ CO_2 1mol에는 탄소원자(C) 1개와 산소원자(O) 2개가 있으므로 총 원자수는 3개이다.

따라서, 수소분자 1mol에 포함된 양성자수는 2개로서 NaCl 1mol에 포함된 이온의 총수와 같다.

05 sp³ 혼성오비탈을 가지고 있는 것은?

① BF₃　　　　② BeCl₂

③ C₂H₄　　　　④ CH₄

≫ 혼성궤도함수(혼성오비탈)란 다음과 같이 전자 2개로 채워진 오비탈을 그 명칭과 개수로 표시한 것을 말한다.

① BF₃ : B는 원자가가 +3이므로 다음 그림과 같이 s오비탈과 p오비탈에 각각 3개의 전자를 '•' 표시로 채우고 F는 원자가가 −1인데 총 개수는 3개이므로 p오비탈에 3개의 전자를 'x' 표시로 채우면 s오비탈 1개와 p오비탈 2개에 전자들이 채워진다. 따라서 BF₃의 혼성궤도함수는 sp²이다.

s	p		
••	•x	xx	

② BeCl₂ : Be는 원자가가 +2이므로 다음 그림과 같이 s오비탈에 2개의 전자를 '•' 표시로 채우고 Cl은 원자가가 −1인데 총 개수는 2개이므로 p오비탈에 2개의 전자를 'x' 표시로 채우면 s오비탈 1개와 p오비탈 1개에 전자들이 채워진다. 따라서 BeCl₂의 혼성궤도함수는 sp이다.

s	p		
••	xx		

③ C₂H₄ : C가 2개 이상 존재하는 물질의 경우에는 전자 2개로 채워진 오비탈의 명칭을 읽어주는 방법으로는 문제를 해결하기 힘들기 때문에 C₂H₄의 혼성궤도함수는 sp²로 암기한다.

④ CH₄ : C는 원자가가 +4이므로 다음 그림과 같이 s오비탈과 p오비탈에 각각 4개의 전자를 '•' 표시로 채우고 H는 원자가가 +1인데 총 개수는 4개이므로 p오비탈에 4개의 전자를 'x' 표시로 채우면 **s오비탈 1개와 p오비탈 3개**에 2개의 전자들이 채워진다. 따라서 CH₄의 혼성궤도함수는 **sp³**이다.

s	p		
••	•x	•x	xx

06 휘발성 유기물 1.39g을 증발시켰더니 100℃, 760mmHg에서 420mL였다. 이 물질의 분자량은 약 몇 g/mol인가?

① 53　　　　② 73

③ 101　　　　④ 150

≫ 어떤 압력과 온도에서 일정량의 기체에 대해 묻는 문제는 이상기체상태방정식을 이용한다.

$PV = \dfrac{w}{M}RT$ 에서 분자량(M)을 구해야 하므로 다음과 같이 식을 변형한다.

$$M = \dfrac{w}{PV}RT$$

여기서, P(압력) : $\dfrac{760\text{mmHg}}{760\text{mmHg/atm}} = 1\text{atm}$

V(부피) : 420mL = 0.42L

w(질량) : 1.39g

R(이상기체상수) : 0.082atm·L/mol·K

T(절대온도) : 273 + 100K

$M = \dfrac{1.39}{1 \times 0.42} \times 0.082 \times (273 + 100)$

$= 101.23\text{g/mol}$

∴ $M = 101\text{g/mol}$

07 27℃에서 500mL에 6g의 비전해질을 녹인 용액의 삼투압은 7.4기압이었다. 이 물질의 분자량은 약 얼마인가?

① 20.78　　　　② 39.89

③ 58.16　　　　④ 77.65

≫ 삼투압은 이상기체상태방정식을 이용하여 구할 수 있으며, $PV = \dfrac{w}{M}RT$ 에서 압력 P가 삼투압이다. 분자량 M을 구하기 위해 다음과 같이 식을 변형한다.

$$M = \dfrac{w}{PV}RT$$

여기서, P(용액의 삼투압) : 7.4atm

V(용액의 부피) : 500mL = 0.5L

w(비전해질의 질량) : 6g

R(이상기체상수) : 0.082atm·L/mol·K

T(절대온도) : 273 + 27K

$M = \dfrac{6}{7.4 \times 0.5} \times 0.082 \times (273 + 27)$

$= 39.89\text{g/mol}$

08 에틸렌(C₂H₄)을 원료로 하지 않는 것은?

① 아세트산　　　　② 염화비닐

③ 에탄올　　　　④ 메탄올

≫ 〈보기〉의 물질들이 갖고 있는 탄소(C)수는 다음과 같다.

① 아세트산(CH₃COOH) : 2개

② 염화비닐(CH₂CHCl) : 2개

③ 에탄올(C₂H₅OH) : 2개

④ 메탄올(CH₃OH) : 1개

정답　05. ④　06. ③　07. ②　08. ④

일반적으로 어떤 물질이 반응할 때 그 원래의 물질에 포함된 탄소(C)의 수가 달라지는 경우는 매우 드물다. 따라서 에틸렌(C_2H_4)은 탄소(C)가 2개 포함된 물질이므로 탄소수가 1개인 ④ 메탄올(CH_3OH)은 에틸렌을 원료로 하지 않는다.

09 다이클로로벤젠의 구조이성질체수는 몇 개인가?

① 5   ② 4
③ 3   ④ 2

≫ 다이클로로벤젠($C_6H_4Cl_2$)은 다음과 같이 3가지의 이성질체를 갖는다.

o-다이클로로벤젠	m-다이클로로벤젠	p-다이클로로벤젠
Cl,Cl 구조	Cl,Cl 구조	Cl,Cl 구조

10 다음 화합물 수용액 농도가 모두 0.5M일 때 끓는점이 가장 높은 것은?

① $C_6H_{12}O_6$(포도당)
② $C_{12}H_{22}O_{11}$(설탕)
③ $CaCl_2$(염화칼슘)
④ NaCl(염화나트륨)

≫ 끓는점이 높다는 것은 잘 끓지 않는다는 의미로서 끓는점이 높은 물질의 대표적인 종류에는 H(수소)가 F(플루오린), O(산소), N(질소)와 결합한 수소결합물질과 금속과 비금속이 결합한 이온결합물질이 있다.
〈보기〉 중 ①과 ②는 비금속끼리 결합한 공유결합물질이라 끓는점이 낮은 편이며, ③과 ④는 이온결합물질인데 ③ 염화칼슘의 분해식 $CaCl_2$ → Ca^{+2} + Cl^-에서는 Ca이라는 양(+)이온 2개와 Cl이라는 음(−)이온 1개, 총 3개의 이온이 존재하며 ④ 염화나트륨의 분해식 NaCl → Na^+ + Cl^-에서는 Na이라는 양(+)이온 1개와 Cl이라는 음(−)이온 1개, 총 2개의 이온이 존재한다. 이온결합물질의 끓는점이 높은 이유는 이온들 사이에서 발생하는 전기의 반발력 때문이다. 그러므로 동일한 0.5M의 수용액에서 이온수가 더 많이 포함된 물질은 상대적으로 끓는점이 더 높으므로 〈보기〉 중 끓는점이 가장 높은 물질은 이온수가 가장 많은 ③ $CaCl_2$(염화칼슘)이다.

11 $KMnO_4$에서 Mn의 산화수는 얼마인가?

① +3   ② +5
③ +7   ④ +9

≫ 과망가니즈산칼륨의 화학식은 $KMnO_4$이며, 이 중 망가니즈(Mn)의 산화수를 구하는 방법은 다음과 같다.
① 1단계 : 필요한 원소들의 원자가를 확인한다.
  – 칼륨(K) : +1가 원소
  – 산소(O) : −2가 원소
② 2단계 : 망가니즈(Mn)를 $+x$로 두고 나머지 원소들의 원자가와 그 개수를 적는다.
  K   Mn O_4
  $(+1)(+x)(-2 \times 4)$
③ 3단계 : 다음과 같이 원자가와 그 개수의 합이 0이 되도록 한다.
  $+1 + x - 8 = 0$
  이때 x값이 Mn의 산화수이다.
  ∴ $x = +7$

12 산성 산화물에 해당하는 것은?

① CaO   ② Na_2O
③ CO_2 ④ MgO

≫ 산소(O)를 포함하고 있는 물질을 산화물이라 하며, 산화물에는 다음의 3종류가 있다.
1) 산성 산화물 : 비금속 + 산소
2) 염기성 산화물 : 금속 + 산소
3) 양쪽성 산화물 : Al(알루미늄), Zn(아연), Sn(주석), Pb(납) + 산소
① CaO : 알칼리토금속에 속하는 Ca(칼슘) + 산소 → 염기성 산화물
② Na_2O : 알칼리금속에 속하는 Na(나트륨) + 산소 → 염기성 산화물
③ CO_2 : 비금속에 속하는 C(탄소) + 산소 → **산성 산화물**
④ MgO : 알칼리토금속에 속하는 Mg(마그네슘) + 산소 → 염기성 산화물

13 어떤 기체의 확산속도가 $SO_2(g)$의 2배이다. 이 기체의 분자량은 얼마인가? (단, 원자량은 S = 32, O = 16이다.)

① 8
② 16
③ 32
④ 64

PLAY ▶ 풀이

>> 그레이엄의 기체확산속도의 법칙은 "기체의 확산속도는 기체의 분자량의 제곱근에 반비례한다."이고, 이 공식을 두 가지의 기체에 대해 적용하면 $\dfrac{V_x}{V_{SO_2}} = \sqrt{\dfrac{M_{SO_2}}{M_x}}$ 이다.

여기서, V_x : 구하고자 하는 기체의 확산속도

V_{SO_2} : SO₂기체의 확산속도

M_{SO_2} : SO₂기체의 분자량

M_x : 구하고자 하는 기체의 분자량

〈문제〉에서 구하고자 하는 기체의 확산속도 V_x는 V_{SO_2}의 2배라고 하였으므로 $V_x = 2\,V_{SO_2}$이고 기체의 확산속도 공식에 V_x 대신 $2\,V_{SO_2}$를 대입하면 $\dfrac{2\,V_{SO_2}}{V_{SO_2}} = \sqrt{\dfrac{M_{SO_2}}{M_x}}$ 가 되며, 여기서 V_{SO_2}를 약분하면 공식은 $2 = \sqrt{\dfrac{M_{SO_2}}{M_x}}$ 가 된다.

양 변을 제곱하여 $\sqrt{\ }$를 없애면 $4 = \dfrac{M_{SO_2}}{M_x}$ 가 되는데 SO₂의 분자량 M_{SO_2}는 64이므로 M_{SO_2}에 64를 대입하면 공식은 $4 = \dfrac{64}{M_x}$ 로 나타낼 수 있다.

따라서 구하고자 하는 기체의 분자량 $M_x = \dfrac{64}{4}$ = 16이 된다.

14 95중량% 황산의 비중은 1.84이다. 이 황산의 몰농도는 약 얼마인가?

① 8.9   ② 9.4

③ 17.8   ④ 18.8

>> %농도를 몰(M)농도로 나타내는 공식은 다음과 같다.

몰농도$(M) = \dfrac{10 \cdot d \cdot s}{M}$

여기서, d (비중) : 1.84

s (농도) : 95wt%

M (분자량) : 98g/mol

황산의 몰농도$(M) = \dfrac{10 \times 1.84 \times 95}{98} = 17.80$이다.

15 다음 중 수용액의 pH가 가장 작은 것은 어느 것인가?

① 0.01N HCl

② 0.1N HCl

③ 0.01N CH₃COOH

④ 0.1N NaOH

>> 물질이 H를 가지고 있는 경우에는 pH = −log[H⁺]의 공식을 이용해 수소이온지수(pH)를 구할 수 있고, 물질이 OH를 가지고 있는 경우에는 pOH = −log[OH⁻]의 공식을 이용해 수산화이온지수(pOH)를 구할 수 있다.

① H를 가진 HCl의 농도 [H⁺] = 0.01N이므로 pH = −log0.01 = −log10⁻² = 2이다.

② H를 가진 HCl의 농도 [H⁺] = 0.1N이므로 **pH** = −log0.1 = −log10⁻¹ = **1**이다.

③ H를 가진 CH₃COOH의 농도 [H⁺] = 0.01N이므로 pH = −log0.01 = −log10⁻² = 2이다.

④ OH를 가진 NaOH의 농도는 [OH⁻] = 0.1N이므로 pOH = −log0.1 = −log10⁻¹ = 1인데, 〈문제〉는 pOH가 아닌 pH를 구하는 것이므로 pH + pOH = 14의 공식을 이용하여 다음과 같이 pH를 구할 수 있다.

pH = 14 − pOH = 14 − 1 = 13

16 다음과 같은 경향성을 나타내지 않는 것은 어느 것인가?

> Li < Na < K

① 원자번호

② 원자반지름

③ 제1차 이온화에너지

④ 전자수

>> ① 원자번호는 Li은 3번, Na은 11번, K은 19번이므로, K 원자로 갈수록 원자번호는 커지는 경향성을 나타낸다.

② Li은 2주기에 존재하고 Na은 3주기, K은 4주기에 존재하므로, K 원자로 갈수록 원자반지름은 커지는 경향성을 나타낸다.

③ 이온화에너지란 중성원자로부터 전자(−) 1개를 떼어 내어 양이온(+)으로 만드는 데 필요한 힘을 말하는데, Li 원자에서 K 원자로 갈수록 최외각전자가 핵으로부터 멀리 떨어져 있는 상태이기 때문에 K 원자의 전자를 더 쉽게 떼어 낼 수 있다. 따라서 전자를 떼어 내는 데 필요한 힘인 **이온화에너지는 K 원자로 갈수록 감소하는 경향성**을 나타낸다.

④ 원자번호와 전자수는 같으므로 Li의 전자수는 3개, Na은 11개, K은 19개이므로 K 원자로 갈수록 전자수는 많아지는 경향성을 나타낸다.

17 1패럿(Farad)의 전기량으로 물을 전기분해하였을 때 생성되는 수소기체는 0℃, 1기압에서 얼마의 부피를 갖는가?

① 5.6L ② 11.2L
③ 22.4L ④ 44.8L

➤➤ 1F(패럿)이란 물질 1g당량을 석출하는 데 필요한 전기량이므로 1F(패럿)의 전기량으로 물(H_2O)을 전기분해하면 수소(H_2) 1g당량과 산소(O_2) 1g당량이 발생한다.

여기서, 1g당량이란 $\dfrac{원자량}{원자가}$ 인데 H(수소)는 원자량이 1g이고 원자가도 1이기 때문에 H의 1g당량은 $\dfrac{1g}{1}$ = 1g이다.

0℃, 1기압에서 수소기체(H_2) 1몰 즉, 2g의 부피는 22.4L이지만 1F(패럿)의 전기량으로 얻는 수소기체 1g당량 즉, 수소기체 1g은 0.5몰이므로 수소의 부피는 0.5몰×22.4L = 11.2L이다.

Check 산소기체의 부피

O(산소)는 원자량이 16g이고 원자가는 2이기 때문에 O의 1g당량은 $\dfrac{16g}{2}$ = 8g이다. 0℃, 1기압에서 산소기체(O_2) 1몰 즉, 32g의 부피는 22.4L이지만 1F(패럿)의 전기량으로 얻는 산소기체 1g당량 즉, 산소기체 8g은 0.25몰이므로 산소의 부피는 0.25몰×22.4L = 5.6L이다.

18 질량수 52인 크로뮴의 중성자수와 전자수는 각각 몇 개인가? (단, 크로뮴의 원자번호는 24이다.)

① 중성자수 24, 전자수 24
② 중성자수 24, 전자수 52
③ 중성자수 28, 전자수 24
④ 중성자수 52, 전자수 24

➤➤ 질량수(원자량)는 양성자수와 중성자수를 합한 값과 같으며, 여기서 양성자수는 원자번호와 같고 전자수와도 같다. 〈문제〉에서 크로뮴(Cr)의 원자번호가 24라고 했으므로 크로뮴의 전자수도 역시 24개가 되고 이 상태에서 질량수 52가 되려면 **전자수** 또는 양성자수 **24개**에 **중성자수 28개**를 더하면 된다.

19 방사능 붕괴의 형태 중 $_{86}Rn$이 β붕괴할 때 생기는 원소는?

① $_{84}Po$ ② $_{86}Rn$
③ $_{87}Fr$ ④ $_{88}Ra$

➤➤ 핵분해
1) α 붕괴 : 원자번호가 2 감소하고, 질량수가 4 감소하는 것
2) β 붕괴 : 원자번호가 1 증가하고, 질량수는 변동이 없는 것
〈문제〉의 원자번호 86번인 Rn(라돈)이 붕괴하면 원자번호가 1만큼 증가하므로 87번 Fr(프랑슘)이 생긴다.

20 질소의 최외각전자는 몇 개인가?

① 4 ② 5
③ 6 ④ 7

➤➤ 원자번호 7번 질소(N)의 바닥상태 전자배치는 $1s^2 2s^2 2p^3$이므로 최외각전자는 5개이다.

제2과목 **화재예방과 소화방법**

21 제3종 분말소화약제를 화재면에 방출 시 부착성이 좋은 막을 형성하여 연소에 필요한 산소의 유입을 차단하기 때문에 연소를 중단시킬 수 있다. 그러한 막을 구성하는 물질은?

① H_3PO_4 ② PO_4
③ HPO_3 ④ P_2O_5

➤➤ 제3종 분말소화약제인 인산암모늄($NH_4H_2PO_4$)은 열분해 시 메타인산(HPO_3)과 암모니아(NH_3), 그리고 수증기(H_2O)를 발생시키는데, 이 중 **메타인산(HPO_3)은 부착성이 좋은 막을 형성**하여 산소의 유입을 차단하는 역할을 한다.
• 제3종 분말소화약제의 열분해반응식
$NH_4H_2PO_4 \rightarrow HPO_3 + NH_3 + H_2O$

22 고체연소에 대한 분류로 옳지 않은 것은?

① 혼합연소 ② 증발연소
③ 분해연소 ④ 표면연소

➤➤ 혼합연소는 기체의 연소형태의 종류에 속한다.

Check 고체의 연소형태의 종류와 물질

(1) 표면연소 : 코크스(탄소), 목탄(숯), 금속분
(2) 분해연소 : 목재, 종이, 석탄, 플라스틱, 합성수지
(3) 자기연소 : 제5류 위험물
(4) 증발연소 : 황(S), 나프탈렌, 양초(파라핀)

23 분말소화기에 사용되는 분말소화약제의 주성분이 아닌 것은?

① $NaHCO_3$ ② $KHCO_3$

③ $NH_4H_2PO_4$ ④ $NaOH$

≫ ① $NaHCO_3$(탄산수소나트륨) : 제1종 분말소화약제
② $KHCO_3$(탄산수소칼륨) : 제2종 분말소화약제
③ $NH_4H_2PO_4$(인산암모늄) : 제3종 분말소화약제
④ $NaOH$(수산화나트륨) : 가성소다로도 불리는 물질로서 소화약제로는 사용하지 않는다.

24 위험물안전관리법령에 따른 옥내소화전설비의 기준에서 펌프를 이용한 가압송수장치의 경우 펌프의 전양정 H는 소정의 산식에 의한 수치 이상이어야 한다. 전양정(H)을 구하는 식으로 옳은 것은? (단, h_1은 소방용 호스의 마찰손실수두, h_2는 배관의 마찰손실수두, h_3는 낙차이며, h_1, h_2, h_3의 단위는 모두 m이다.)

① $H = h_1+h_2+h_3$

② $H = h_1+h_2+h_3+0.35m$

③ $H = h_1+h_2+h_3+35m$

④ $H = h_1+h_2+0.35m$

≫ 옥내소화전설비의 펌프를 이용한 가압송수장치에서 펌프의 전양정은 다음 식에 의하여 구한 수치 이상으로 한다.
$H = h_1+h_2+h_3+35m$
여기서, H : 펌프의 전양정(m)
h_1 : 소방용 호스의 마찰손실수두(m)
h_2 : 배관의 마찰손실수두(m)
h_3 : 낙차(m)

Check **옥내소화전설비의 또 다른 가압송수장치**
(1) 고가수조를 이용한 가압송수장치
낙차(수조의 하단으로부터 호스접속구까지의 수직거리)는 다음 식에 의하여 구한 수치 이상으로 한다.
$H = h_1+h_2+35m$
여기서, H : 필요낙차(m)
h_1 : 소방용 호스의 마찰손실수두(m)
h_2 : 배관의 마찰손실수두(m)

(2) 압력수조를 이용한 가압송수장치
압력수조의 압력은 다음 식에 의하여 구한 수치 이상으로 한다.
$P = p_1+p_2+p_3+0.35MPa$
여기서, P : 필요한 압력(MPa)
p_1 : 소방용 호스의 마찰손실수두압(MPa)
p_2 : 배관의 마찰손실수두압(MPa)
p_3 : 낙차의 환산수두압(MPa)

25 다음 위험물을 보관하는 창고에 화재가 발생하였을 때 물을 사용하여 소화하면 위험성이 증가하는 것은?

① 질산암모늄 ② 탄화칼슘

③ 과염소산나트륨 ④ 셀룰로이드

≫ 제3류 위험물인 탄화칼슘(CaC_2)은 금수성 물질로서 물과 반응 시 아세틸렌(C_2H_2)이라는 가연성 가스를 발생하므로 화재 시 물을 사용하여 소화하면 위험하고 제1류 위험물인 질산암모늄과 과염소산나트륨, 그리고 제5류 위험물인 셀룰로이드는 화재 시 물로 소화할 수 있다.

26 탄산수소칼륨 소화약제가 열분해반응 시 생성되는 물질이 아닌 것은?

① K_2CO_3 ② CO_2

③ H_2O ④ KNO_3

≫ 제2종 분말소화약제인 탄산수소칼륨($KHCO_3$)은 열분해하여 탄산칼륨(K_2CO_3)과 이산화탄소(CO_2), 수증기(H_2O)를 발생한다.
• 탄산수소칼륨의 열분해반응식
$2KHCO_3 \rightarrow K_2CO_3 + CO_2 + H_2O$

27 과염소산 1몰을 모두 기체로 변환하였을 때 질량은 1기압, 50℃를 기준으로 몇 g인가? (단, Cl의 원자량은 35.50이다.)

① 5.4 ② 22.4

③ 100.5 ④ 224

≫ 압력이나 온도가 달라지면 기체의 부피는 변하지만 기체의 질량은 변하지 않는다.
따라서 1기압, 50℃이든 1기압, 0℃이든 과염소산($HClO_4$) 1몰의 질량 1(H)g+35.5(Cl)g+16(O)g×4 = 100.5g은 언제나 동일하다.

Check

기체의 부피는 기체의 질량과는 달리 압력 또는 온도가 변함에 따라 함께 변한다.

다음과 같이 압력과 온도를 달리한 기체 1몰의 부피를 $PV = nRT$ 공식으로 풀면 서로 다르다는 것을 알 수 있다.

(1) 1기압, 50℃ 기준

$$V = \frac{n}{P}RT = \frac{1}{1} \times 0.082 \times (273+50)$$
$$= 26.5L$$

(2) 1기압, 0℃ 기준

$$V = \frac{n}{P}RT = \frac{1}{1} \times 0.082 \times (273+0)$$
$$= 22.4L$$

28 불활성가스소화약제 중 IG-541의 구성성분이 아닌 것은?

① N_2 ② Ar
③ He ④ CO_2

➤➤ 불활성가스의 종류별 구성 성분
1) IG-100 : 질소(N_2) 100%
2) IG-55 : 질소(N_2) 50%와 아르곤(Ar) 50%
3) **IG-541 : 질소(N_2) 52%와 아르곤(Ar) 40%와 이산화탄소(CO_2) 8%**

29 위험물안전관리법령상 전역방출방식 또는 국소방출방식의 분말소화설비의 기준에서 가압식의 분말소화설비에는 얼마 이하의 압력으로 조정할 수 있는 압력조정기를 설치하여야 하는가?

① 2.0MPa ② 2.5MPa
③ 3.0MPa ④ 5MPa

➤➤ 가압식의 분말소화설비에는 2.5MPa 이하의 압력으로 조정할 수 있는 압력조정기를 설치하여야 한다.

30 이산화탄소소화약제의 소화작용을 올바르게 나열한 것은?

① 질식소화, 부촉매소화
② 부촉매소화, 제거소화
③ 부촉매소화, 냉각소화
④ 질식소화, 냉각소화

➤➤ 이산화탄소소화약제의 주된 소화작용은 질식소화이며 일부 냉각소화 효과도 있다.

31 과산화나트륨 저장장소에서 화재가 발생하였다. 과산화나트륨을 고려하였을 때 다음 중 가장 적합한 소화약제는?

① 포소화약제 ② 할로젠화합물
③ 건조사 ④ 물

➤➤ 과산화나트륨은 제1류 위험물 중 알칼리금속의 과산화물로서 화재 시 탄산수소염류 분말소화약제와 **마른 모래(건조사)**, 팽창질석 및 팽창진주암이 적응성 있는 소화약제이다.

32 위험물제조소등에 설치하는 포소화설비의 기준에 따르면 포헤드방식의 포헤드는 방호대상물의 표면적 $1m^2$당 방사량이 몇 L/min 이상의 비율로 계산한 양의 포수용액을 표준방사량으로 방사할 수 있도록 설치하여야 하는가?

① 3.5 ② 4
③ 6.5 ④ 9

➤➤ 포소화설비의 포헤드방식의 포헤드는 방호대상물의 표면적 $9m^2$당 1개 이상의 헤드를 **방호대상물의 표면적 $1m^2$당 방사량이 6.5L/min 이상**으로 방사할 수 있도록 설치하고, 방사구역은 $100m^2$ 이상(방호대상물의 표면적이 $100m^2$ 미만인 경우에는 당해 표면적)으로 한다.

33 제1류 위험물 중 알칼리금속의 과산화물의 화재에 적응성이 있는 소화약제는?

① 인산염류분말
② 이산화탄소
③ 탄산수소염류분말
④ 할로젠화합물

➤➤ 제1류 위험물에 속하는 **알칼리금속의 과산화물**과 제2류 위험물에 속하는 철분·금속분·마그네슘, 제3류 위험물에 속하는 금수성 물질의 화재에는 **탄산수소염류 분말소화약제** 또는 마른 모래, 팽창질석 또는 팽창진주암이 적응성이 있다.

정답 28. ③ 29. ② 30. ④ 31. ③ 32. ③ 33. ③

소화설비의 구분 \\ 대상물의 구분	건축물·그 밖의 공작물	전기설비	제1류 위험물		제2류 위험물			제3류 위험물		제4류 위험물	제5류 위험물	제6류 위험물
			알칼리금속의 과산화물등	그 밖의 것	철분·금속분·마그네슘 등	인화성 고체	그 밖의 것	금수성 물품	그 밖의 것			
봉상수(棒狀水)소화기	○			○		○	○		○		○	○
무상수(霧狀水)소화기	○	○		○		○	○		○		○	○
봉상강화액소화기	○			○		○	○		○	×	○	○
무상강화액소화기	○	○		○		○	○		○	○	○	○
포소화기	○			○		○	○		○	○	○	○
이산화탄소소화기		○				○				○		△
할로겐화합물소화기		○				○				○		
인산염류소화기	○	○		○		○	○			○		○
탄산수소염류소화기		○	○		○	○		○		○		
그 밖의 것			○		○	○		○				
물통 또는 수조	○			○		○	○		○		○	○
건조사			○	○	○	○	○	○	○	○	○	○
팽창질석 또는 팽창진주암			○	○	○	○	○	○	○	○	○	○

34 할로젠화합물 소화약제가 전기화재에 사용될 수 있는 이유에 대한 다음 설명 중 가장 적합한 것은?

① 전기적으로 부도체이다.
② 액체의 유동성이 좋다.
③ 탄산가스와 반응하여 포스겐가스를 만든다.
④ 증기의 비중이 공기보다 작다.

》 〈문제〉는 할로젠화합물 소화약제의 성질을 묻는 것이 아니라 할로젠화합물 소화약제가 전기화재에 사용될 수 있는 이유를 묻는 것이며 그 이유는 **할로젠화합물 소화약제가 전기적으로 부도체이기 때문**이다.

35 다음 중 강화액 소화약제에 소화력을 향상시키기 위하여 첨가하는 물질로 옳은 것은 어느 것인가?

① 탄산칼륨
② 질소
③ 사염화탄소
④ 아세틸렌

》 강화액 소화약제에는 물의 소화능력을 향상시키기 위해 **탄산칼륨(K_2CO_3)을 첨가**하며 이 소화약제의 성분은 pH=12인 강알칼리성이다.

36 연소의 주된 형태가 표면연소에 해당하는 것은 어느 것인가?

① 석탄 ② 목탄
③ 목재 ④ 황

》 고체의 연소형태
  1) **표면연소** : **목탄**(숯), 코크스, 금속분
  2) 분해연소 : 목재, 종이, 석탄, 플라스틱
  3) 자기연소 : 제5류 위험물
  4) 증발연소 : 황, 나프탈렌, 양초(파라핀)

37 드라이아이스 1kg이 완전히 기화하면 약 몇 몰의 이산화탄소가 되겠는가?

① 22.7
② 51.3
③ 230.1
④ 515.0

》 드라이아이스(CO_2) 1몰은 12g(C)+16g(O)×2 = 44g이므로 드라이아이스 1kg, 즉 1,000g은 $\frac{1{,}000g}{44g}$ = 22.7몰이다. 이 경우 드라이아이스 1kg은 기화가 되든 액화가 되든 항상 22.7몰이다.

정답 34. ① 35. ① 36. ② 37. ①

38 인화점이 38℃ 이상인 제4류 위험물 취급을 주된 작업내용으로 하는 장소에 스프링클러 설비를 설치하는 경우 확보해야 하는 1분당 방사밀도는 몇 L/m^2 이상이어야 하는가? (단, 살수기준면적은 $150m^2$이다.)

① 8.1   ② 12.2

③ 15.5   ④ 16.3

➤➤ 스프링클러설비 : 제4류 위험물 화재에는 사용할 수 없지만 취급장소의 살수기준면적에 따라 스프링클러설비의 살수밀도가 다음 [표]의 기준 이상이면 제4류 위험물 화재에 사용할 수 있다.

살수기준면적	방사밀도(L/m^2·분)	
(m^2)	인화점 38℃ 미만	인화점 38℃ 이상
279 미만	16.3 이상	12.2 이상
279 이상 372 미만	15.5 이상	11.8 이상
372 이상 465 미만	13.9 이상	9.8 이상
465 이상	12.2 이상	8.1 이상

39 산소와 화합하지 않는 원소는?

① 헬륨   ② 질소

③ 황   ④ 인

➤➤ 헬륨은 18족 불활성 기체로 산소와 반응하지 않는다.

40 다음 중 제조소 및 일반취급소에 설치하는 자동화재탐지설비의 설치기준으로 틀린 것은 어느 것인가?

① 하나의 경계구역은 $600m^2$ 이하로 하고, 한 변의 길이는 50m 이하로 한다.

② 주요한 출입구에서 내부 전체를 볼 수 있는 경우 경계구역은 $1,000m^2$ 이하로 할 수 있다.

③ 하나의 경계구역이 $300m^2$ 이하이면 2개 층을 하나의 경계구역으로 할 수 있다.

④ 비상전원을 설치하여야 한다.

➤➤ 제조소·일반취급소에 설치하는 자동화재탐지설비의 설치기준

1) 자동화재탐지설비의 경계구역은 **건축물의 2 이상의 층에 걸치지 아니하도록 한다**(다만, 하나의 경계구역의 면적이 $500m^2$ 이하이면 그러하지 아니하다).

2) 하나의 경계구역의 면적은 $600m^2$ 이하로 하고, 건축물의 주요한 출입구에서 그 내부 전체를 볼 수 있는 경우는 면적을 $1,000m^2$ 이하로 한다.

3) 하나의 경계구역에서 한 변의 길이는 50m(광전식 분리형 감지기의 경우에는 100m) 이하로 한다.

4) 자동화재탐지설비의 감지기는 지붕 또는 벽의 옥내에 면한 부분에 화재발생을 감지할 수 있도록 설치한다.

5) 자동화재탐지설비에는 비상전원을 설치한다.

제3과목 **위험물의 성질과 취급**

41 다음 중 적린과 황린의 공통점이 아닌 것은 어느 것인가?

① 화재발생 시 물을 이용한 소화가 가능하다.

② 이황화탄소에 잘 녹는다.

③ 연소 시 P_2O_5의 흰 연기가 생긴다.

④ 구성원소는 P이다.

➤➤ 제2류 위험물인 **적린(P)은** 물과 **이황화탄소(CS_2)에는 녹지 않고** 브로민화인(PBr_3)에 녹으며, 제3류 위험물인 황린(P_4)은 물속에 보관하는 물질로 물에는 녹지 않고 이황화탄소에는 녹는다. 또한 두 물질 모두 구성원소는 인(P)으로서 연소 시 오산화인(P_2O_5)이라는 흰 연기를 발생하며 화재발생 시 물로 냉각소화가 가능하다.

42 질산나트륨을 저장하고 있는 옥내저장소(내화구조의 격벽으로 완전히 구획된 실이 2 이상 있는 경우에는 동일한 실)와 함께 저장하는 것이 법적으로 허용되는 것은? (단, 위험물을 유별로 정리하여 서로 1m 이상의 간격을 두는 경우이다.)

① 적린   ② 인화성 고체

③ 동식물유류   ④ 과염소산

정답   38. ②   39. ①   40. ③   41. ②   42. ④

≫ 옥내저장소에서 서로 1m 이상의 간격을 두는 경우 제1류 위험물인 **질산나트륨과 함께 저장할 수 있는 유별**은 제5류 위험물과 **제6류 위험물**, 제3류 위험물 중 자연발화성 물질(황린)이며, 〈보기〉 위험물의 유별은 다음과 같다.
① 적린(제2류 위험물)
② 인화성 고체(제2류 위험물)
③ 동식물유류(제4류 위험물)
④ **과염소산(제6류 위험물)**

> Check

옥내저장소(내화구조의 격벽으로 완전히 구획된 실이 2 이상 있는 경우에는 동일한 실)에서는 서로 다른 유별끼리 함께 저장할 수 없다. 단, 다음의 조건을 만족하면서 유별로 정리하여 서로 1m 이상의 간격을 두는 경우에는 저장할 수 있다.
(1) 제1류 위험물(알칼리금속의 과산화물을 제외)과 제5류 위험물
(2) 제1류 위험물과 제6류 위험물
(3) 제1류 위험물과 제3류 위험물 중 자연발화성 물질(황린)
(4) 제2류 위험물 중 인화성 고체와 제4류 위험물
(5) 제3류 위험물 중 알킬알루미늄등과 제4류 위험물(알킬알루미늄 또는 알킬리튬을 함유한 것)
(6) 제4류 위험물 중 유기과산화물과 제5류 위험물 중 유기과산화물

43 다음 물질 중 인화점이 가장 낮은 것은?

① 다이에틸에터　　② 이황화탄소
③ 아세톤　　　　　④ 벤젠

≫ 〈보기〉의 물질의 인화점은 다음과 같다.
① **다이에틸에터**(특수인화물) : −45℃
② 이황화탄소(특수인화물) : −30℃
③ 아세톤(제1석유류) : −18℃
④ 벤젠(제1석유류) : −11℃

톡톡튀는 **암기법**

1) 아세톤의 인화점

　아세톤은 옷에 묻은 페인트 등을 지우는 용도로 사용되며 옷에 페인트가 묻으면 아세톤으로 지워야 하니까 화가 나면서 욕이 나올 수 있다. 그래서 아세톤의 인화점은 욕(−열여덟, −18℃)이다.

2) 벤젠의 인화점

　'ㅂ ㅔ ㄴ', 'ㅈ ㅔ ㄴ'에서 'ㅔ'를 떨어쓰면 −11처럼 보인다.

44 다음 중 3개의 이성질체가 존재하는 물질은 어느 것인가?

① 아세톤
② 톨루엔
③ 벤젠
④ 자일렌

≫ 제4류 위험물 중 제2석유류 비수용성 물질인 크실렌[$C_6H_4(CH_3)_2$]은 **자일렌**이라고도 불리며, 다음과 같은 **3개의 이성질체**를 갖는다.

오르토크실렌 (o-크실렌)	메타크실렌 (m-크실렌)	파라크실렌 (p-크실렌)

※ 이성질체 : 동일한 분자식을 가지고 있지만 구조나 성질이 다른 물질을 말한다.

45 위험물안전관리법령상 옥내저장탱크의 상호간은 몇 m 이상의 간격을 유지하여야 하는가?

① 0.3　　　　② 0.5
③ 1.0　　　　④ 1.5

≫ 옥내저장탱크의 간격
1) 2 이상의 **옥내저장탱크의 상호간** : 0.5m 이상
2) 옥내저장탱크로부터 탱크전용실의 안쪽면까지 : 0.5m 이상

> Check　지하저장탱크의 간격

(1) 2 이상의 지하저장탱크의 상호간 : 1m 이상 (지하저장탱크 용량의 합이 지정수량 100배 이하인 경우 0.5m 이상)
(2) 지하저장탱크로부터 탱크전용실의 안쪽면까지 : 0.1m 이상

46 위험물안전관리법령상 지정수량의 각각 10배를 운반할 때 혼재할 수 있는 위험물은 어느 것인가?

① 과산화나트륨과 과염소산
② 과망가니즈산칼륨과 적린
③ 질산과 알코올
④ 과산화수소와 아세톤

》 ① **과산화나트륨**(제1류 위험물)과 **과염소산**(제6류 위험물)은 **혼재 가능**하다.
　② 과망가니즈산칼륨(제1류 위험물)과 적린(제2류 위험물)은 혼재 불가능하다.
　③ 질산(제6류 위험물)과 알코올(제4류 위험물)은 혼재 불가능하다.
　④ 과산화수소(제6류 위험물)와 아세톤(제4류 위험물)은 혼재 불가능하다.

Check **위험물 운반에 따른 혼재기준**
423, 524, 61의 숫자 조합으로 표를 만들 수 있다.

위험물의 구분	제1류	제2류	제3류	제4류	제5류	제6류
제1류		×	×	×	×	○
제2류	×		×	○	○	×
제3류	×	×		○	×	×
제4류	×	○	○		○	×
제5류	×	○	×	○		×
제6류	○	×	×	×	×	

※ 단, 지정수량의 1/10 이하의 양에 대해서는 이 기준을 적용하지 않는다.

47 제조소에서 취급하는 위험물의 최대수량이 지정수량의 20배인 경우 보유공지의 너비는 얼마인가?

① 3m 이상
② 5m 이상
③ 10m 이상
④ 20m 이상

》 제조소의 보유공지
　1) 지정수량의 10배 이하 : 3m 이상
　2) **지정수량의 10배 초과 : 5m 이상**

48 1기압 27℃에서 아세톤 58g을 완전히 기화시키면 부피는 약 몇 L가 되는가?

① 22.4　　　　② 24.6
③ 27.4　　　　④ 58.0

》 아세톤(CH_3COCH_3) 1mol의 분자량은 12(C)g × 3 + 1(H)g × 6 + 16(O)g = 58g이며 1기압 27℃에서 아세톤 58g을 기화시켜 기체로 만들었을 때의 부피는 다음과 같이 이상기체상태방정식으로 구할 수 있다.

$$PV = \frac{w}{M}RT$$

여기서, P(압력) : 1기압
　　　　V(부피) : V(L)
　　　　w(질량) : 58g
　　　　M(분자량) : 58g/mol
　　　　R(이상기체상수) : 0.082atm · L/K · mol
　　　　T(절대온도) : (273+27)(K)

$$1 \times V = \frac{58}{58} \times 0.082 \times (273+27)$$

V = 24.6L이다.

49 다음 중 TNT의 폭발, 분해 시 생성물이 아닌 것은?

① CO
② N_2
③ SO_2
④ H_2

》 제5류 위험물인 트라이나이트로톨루엔(TNT)은 분해 시 CO(일산화탄소), C(탄소), N_2(질소), H_2(수소)를 발생한다.
　• TNT의 분해반응식
　　$2C_6H_2CH_3(NO_2)_3 \longrightarrow 12CO + 2C + 3N_2 + 5H_2$

💡 **Tip**
TNT[$C_6H_2CH_3(NO_2)_3$]에는 원래 S(황)이 없으므로 분해 시에도 원래 없던 성분인 S는 발생할 수 없습니다. 따라서 분해 시 SO_2(이산화황)은 생성될 수 없습니다.

50 위험물안전관리법령상 다음 사항을 참고하여 제조소의 소화설비의 소요단위의 합을 올바르게 산출한 것은?

가. 제조소 건축물의 연면적은 3,000m^2이다.
나. 제조소 건축물의 외벽은 내화구조이다.
다. 제조소의 허가 지정수량은 3,000배이다.
라. 제조소 옥외 공작물의 최대수평투영면적은 500m^2이다

① 335　　　　② 395
③ 400　　　　④ 440

정답 47. ②　48. ②　49. ③　50. ①

1) 외벽이 내화구조인 제조소 건축물은 연면적 100m²가 1소요단위이므로 연면적 3,000m²는 **30소요단위**이다.
2) 위험물은 지정수량의 10배가 1소요단위이므로 지정수량의 3,000배는 **300소요단위**이다.
3) 제조소의 옥외에 설치된 공작물은 외벽이 내화구조인 것으로 간주하고 공작물의 최대수평투영면적을 연면적으로 간주한다. 따라서 제조소의 옥외에 설치된 공작물은 최대수평투영면적 100m²가 1소요단위이므로 최대수평투영면적 500m²는 **5소요단위**이다.
∴ 소요단위의 합 = 30+300+5 = 335

51 인화칼슘의 성질이 아닌 것은?

① 적갈색의 고체이다.
② 물과 반응하여 포스핀가스를 발생한다.
③ 물과 반응하여 유독한 불연성 가스를 발생한다.
④ 산과 반응하여 포스핀가스를 발생한다.

≫ 인화칼슘(Ca_3P_2)은 제3류 위험물 중 금속의 인화물에 속하는 적갈색 고체물질로서 **물 또는 산과 반응 시** 포스핀(PH_3) 또는 인화수소라 불리는 **독성이면서 동시에 가연성인 가스를 발생**한다.

52 위험물안전관리법령상 시·도의 조례가 정하는 바에 따라 관할소방서장의 승인을 받아 지정수량 이상의 위험물을 임시로 제조소등이 아닌 장소에서 취급할 때 며칠 이내의 기간 동안 취급할 수 있는가?

① 7   ② 30
③ 90   ④ 180

≫ 다음의 어느 하나에 해당하는 경우에는 제조소등이 아닌 장소에서 지정수량 이상의 위험물을 취급할 수 있다.
1) 시·도의 조례가 정하는 바에 따라 관할소방서장의 승인을 받아 지정수량 이상의 위험물을 **90일 이내**의 기간 동안 임시로 저장 또는 취급하는 경우
2) 군부대가 지정수량 이상의 위험물을 군사목적으로 임시로 저장 또는 취급하는 경우

53 다음 중 조해성이 있는 황화인만 모두 선택하여 나열한 것은?

$$P_4S_3, \ P_2S_5, \ P_4S_7$$

① $P_4S_3, \ P_2S_5$
② $P_4S_3, \ P_4S_7$
③ $P_2S_5, \ P_4S_7$
④ $P_4S_3, \ P_2S_5, \ P_4S_7$

≫ 제2류 위험물인 황화인은 P_4S_3(삼황화인), P_2S_5(오황화인), P_4S_7(칠황화인)의 3가지 종류가 있으며, 이들 중 P_4S_3는 조해성이 없고 나머지 P_2S_5과 P_4S_7은 조해성이 있다.
※ 조해성 : 공기 중의 수분을 흡수하여 자신이 녹는 현상을 말한다.

54 산화프로필렌 300L, 메탄올 400L, 벤젠 200L를 저장하고 있는 경우 각각 지정수량 배수의 총합은 얼마인가?

① 4   ② 6
③ 8   ④ 10

≫ 산화프로필렌은 특수인화물로서 지정수량은 50L이고, 메탄올은 알코올류로서 지정수량은 400L, 벤젠은 제1석유류 비수용성 물질로서 지정수량은 200L이므로 지정수량 배수의 총합은
$$\frac{300L}{50L} + \frac{400L}{400L} + \frac{200L}{200L} = 8배이다.$$

55 위험물안전관리법령상 제5류 위험물 중 질산에스터류에 해당하는 것은?

① 나이트로벤젠
② 나이트로셀룰로오스
③ 트라이나이트로페놀
④ 트라이나이트로톨루엔

≫ ① 나이트로벤젠 : 제4류 위험물 중 제3석유류
② **나이트로셀룰로오스 : 제5류 위험물 중 질산에스터류**
③ 트라이나이트로페놀 : 제5류 위험물 중 나이트로화합물
④ 트라이나이트로톨루엔 : 제5류 위험물 중 나이트로화합물

정답 51. ③ 52. ③ 53. ③ 54. ③ 55. ②

56 옥내저장소에서 위험물 용기를 겹쳐 쌓는 경우 제4류 위험물 중 제3석유류만을 수납하는 용기를 겹쳐 쌓을 수 있는 최대 높이(m)는?

① 3m

② 4m

③ 5m

④ 6m

 옥내저장소에서 용기를 겹쳐 ◀ 쌓는 높이

》 옥내저장소에서 위험물 용기를 겹쳐 쌓는 높이
1) 기계에 의하여 하역하는 구조로 된 용기 : 6m 이하
2) 제4류 위험물 중 **제3석유류**, 제4석유류, 동식물류를 수납한 용기 : **4m 이하**
3) 그 외의 위험물을 수납한 용기 : 3m 이하
4) 위험물을 수납한 용기를 선반에 저장하는 경우 : 높이의 제한이 없음

57 제2류 위험물과 제5류 위험물의 공통적인 성질은?

① 가연성 물질

② 강한 산화제

③ 액체 물질

④ 산소 함유

》 ① **제2류 위험물**은 가연성 고체이고 **제5류 위험물**은 가연성 물질과 산소공급원을 함께 포함하는 자기반응성 물질이므로, 두 위험물 모두 **공통적으로 가연성 물질에 해당**한다.
② 제2류 위험물은 자신이 직접 연소하는 환원제이며, 제5류 위험물은 산소공급원을 포함하고 있는 산화제이다.
③ 제2류 위험물에는 고체만 존재하고 제5류 위험물에는 고체와 액체가 모두 존재한다.
④ 제2류 위험물은 산소를 함유하지 않으며, 제5류 위험물만 산소를 함유한다.

58 과산화나트륨이 물과 반응할 때의 변화를 가장 올바르게 설명한 것은?

① 산화나트륨과 수소를 발생한다.

② 물을 흡수하여 탄산나트륨이 된다.

③ 산소를 방출하며 수산화나트륨이 된다.

④ 서서히 물에 녹아 과산화나트륨의 안정한 수용액이 된다.

》 제1류 위험물 중 알칼리금속의 과산화물에 속하는 과산화나트륨(Na_2O)은 **물과 반응 시 수산화나트륨(NaOH)과 함께 산소(O_2)를 발생**하므로 위험성이 증가한다.
• 과산화나트륨과 물과의 반응식
  $2Na_2O_2 + 2H_2O \rightarrow 4NaOH + O_2$

Check **과산화나트륨의 또 다른 반응식**

(1) 열분해 시 산화나트륨(Na_2O_2)과 산소가 발생한다.
  • 열분해반응식
  $2Na_2O_2 \rightarrow 2Na_2O + O_2$
(2) 이산화탄소와 반응하여 탄산나트륨(Na_2CO_3)과 산소가 발생한다.
  • 이산화탄소와의 반응식
  $2Na_2O_2 + 2CO_2 \rightarrow 2Na_2CO_3 + O_2$
(3) 초산과 반응 시 초산나트륨(CH_3COONa)과 과산화수소(H_2O_2)가 발생한다.
  • 초산과의 반응식
  $Na_2O_2 + 2CH_3COOH \rightarrow 2CH_3COONa + H_2O_2$

59 위험물제조소의 배출설비 기준 중 국소방식의 경우 배출능력은 1시간당 배출장소 용적의 몇 배 이상으로 해야 하는가?

① 10배

② 20배

③ 30배

④ 40배

》 위험물제조소의 배출설비 기준 중 국소방식의 경우 배출능력은 1시간당 **배출장소 용적의 20배 이상**으로 하고 전역방식의 경우 바닥면적 $1m^2$당 $18m^3$ 이상의 양을 배출할 수 있도록 설치하여야 한다.

60 주유취급소에서 고정주유설비는 도로경계선과 몇 m 이상 거리를 유지하여야 하는가? (단, 고정주유설비의 중심선을 기점으로 한다.)

① 2

② 4

③ 6

④ 8

》 주유취급소에서 고정주유설비의 중심선을 기점으로 한 거리
1) **도로경계선까지의 거리 : 4m 이상**
2) 부지경계선, 담 및 벽까지의 거리 : 2m 이상
3) 개구부가 없는 벽까지의 거리 : 1m 이상

인생에서 가장 멋진 일은
사람들이 당신이 해내지 못할 것이라 장담한 일을
해내는 것이다.
-월터 배젓(Walter Bagehot)-
☆
항상 긍정적인 생각으로 도전하고 노력한다면,
언젠가는 멋진 성공을 이끌어 낼 수 있다는 것을 잊지 마세요. ^^

2024 제1회 위험물산업기사

CBT 기출복원문제

2024년 2월 15일 시행

제1과목 일반화학

01 질량수가 39인 K의 중성자수와 전자수는 각각 몇 개인가? (단, K의 원자번호는 19이다.)

① 중성자수 20, 전자수 19

② 중성자수 39, 전자수 20

③ 중성자수 19, 전자수 19

④ 중성자수 19, 전자수 39

>>> 질량수 = 양성자수 + 중성자수, 원자번호 = 양성자수 = 중성상태의 전자수임을 이용한다. 따라서 원자번호 19인 K의 양성자수는 19, **중성자수는 39 − 19 = 20, 전자수는 19**이다.

02 100mL 부피플라스크로 10ppm 용액 100mL를 만들려고 한다. 1,000ppm 용액 몇 mL를 취해야 하는가?

① 0.1mL

② 1mL

③ 10mL

④ 100mL

>>> 묽힘공식($M_{진한 용액} \times V_{진한 용액} = M_{묽은 용액} \times V_{묽은 용액}$)을 이용하여 취해야 하는 진한 용액의 부피를 구하면 다음과 같다.
$1,000ppm \times V_{진한 용액}(mL) = 10ppm \times 100mL$, 취해야 하는 진한 용액의 부피($V_{진한 용액}$)는 1mL이다. 따라서 1,000ppm 진한 용액 1mL를 취하여 최종 부피가 100mL가 되도록 증류수로 채워 잘 흔들어 준다.

03 어떤 기체의 확산속도가 $SO_2(g)$의 2배이다. 이 기체의 분자량은 얼마인가? (단, S의 원자량은 32, O의 원자량은 16이다.)

① 8

② 16

③ 32

④ 64

>>> 그레이엄의 기체 확산속도 법칙 : 기체의 확산속도는 기체의 분자량의 제곱근에 반비례한다.

$$\frac{V_1}{V_2} = \sqrt{\frac{M_2}{M_1}}$$

여기서, V_1, V_2 : 각 성분 기체의 확산속도
M_1, M_2 : 각 성분 기체의 분자량

SO_2의 확산속도를 V로 두면 해당 기체의 확산속도는 $2V$이다. SO_2의 분자량은 32(S)+16(O) ×2 = 64이고 해당 기체의 분자량을 M으로 두면, $\frac{V}{2V} = \sqrt{\frac{M}{64}}$, $M = 16$이다.

04 1패럿의 전기량으로 물을 전기분해 하였을 때 생성되는 산소기체의 부피는 0℃, 1기압에서 몇 L인가?

① 5.6L

② 11.2L

③ 22.4L

④ 44.8L

>>> 1F(패럿)이란 물질 1g당량을 석출하는 데 필요한 전기량이므로 1F(패럿)의 전기량으로 물(H_2O)을 전기분해하면 수소(H_2) 1g당량과 산소(O_2) 1g당량이 발생한다.

여기서, 1g당량이란 $\frac{원자량}{원자가}$ 인데, O(산소)는 원자가 2이고 원자량이 16g이기 때문에 O의 1g당량은 $\frac{16g}{2}$ =8g이다.

0℃, 1기압에서 산소기체(O_2) 1몰 즉, 32g의 부피는 22.4L이지만 1F(패럿)의 전기량으로 얻는 산소기체 1g당량 즉, 산소기체 8g은 $\frac{1}{4}$ 몰이므로 산소의 부피는 $\frac{1}{4}$ 몰×22.4L = 5.6L이다.

Check 수소기체의 부피

H(수소)는 원자가 1이고 원자량도 1이기 때문에 H의 1g당량은 $\frac{1g}{1}$ =1g이다.

0℃, 1기압에서 수소기체(H_2) 1몰 즉, 2g의 부피는 22.4L이지만 1F(패럿)의 전기량으로 얻는 수소기체 1g당량, 즉 수소기체 1g은 0.5몰이므로 수소의 부피는 0.5몰×22.4L=11.2L이다.

정답 01.① 02.② 03.② 04.①

05 어떤 원소의 바닥상태의 전자배치는 2p 궤도 함수에 4개의 전자가 채워져 있다. 이 원소의 최외각전자와 짝짓지 않은 전자수는?

① 2개, 4개
② 4개, 2개
③ 6개, 4개
④ 6개, 2개

》》》 〈문제〉의 바닥상태 전자배치는 $1s^2 2s^2 2p^4$이며, 해당 원소는 8개의 전자를 가지고 있는 산소이다. 산소의 바닥상태의 전자배치를 오비탈 도표로 나타내면  이며, 산소의 최외각전자는 $2s^2 2p^4$로 6개이고 이 중 짝짓지 않은 전자는 2개이다.

06 사방황과 고무상황을 구분하는 방법으로 옳은 것은?

① 색으로 구분한다.
② CS_2에 녹여서 구분한다.
③ 연소 시 나타나는 불꽃색으로 구분한다.
④ 연소 시 생성되는 물질로 구분한다.

》》》 제2류 위험물인 황은 순도가 60중량% 이상인 것을 위험물로 정한다. 황색 결정이며 물에 녹지 않고, 연소 시 청색 불꽃을 내며 이산화황(SO_2)이 발생한다. 비금속성 물질이므로 전기불량도체로 정전기가 발생할 수 있는 위험이 있고, 미분상태에서는 분진폭발의 위험이 있다. 사방황, 단사황, 고무상황의 3가지 동소체가 존재하며, **고무상황을 제외한 나머지 황은 이황화탄소(CS_2)에 녹는다.**

07 에틸렌(C_2H_4)을 원료로 하지 않는 것은?

① 아세트산
② 염화비닐
③ 에탄올
④ 메탄올

》》》 〈보기〉의 물질들이 갖고 있는 탄소(C) 수는 다음과 같다.
① 아세트산(CH_3COOH) : 2개
② 염화비닐(CH_2CHCl) : 2개
③ 에탄올(C_2H_5OH) : 2개
④ 메탄올(CH_3OH) : 1개
일반적으로 어떤 물질이 반응할 때 그 원래의 물질에 포함된 탄소(C)의 수가 달라지는 경우는 매우 드물다. 따라서 에틸렌(C_2H_4)은 탄소(C)가 2개 포함된 물질이므로 탄소 수가 1개인 ④ 메탄올(CH_3OH)은 에틸렌을 원료로 하지 않는다.

08 다이클로로벤젠의 구조이성질체수는 몇 개인가?

① 5개
② 4개
③ 3개
④ 2개

》》》 다이클로로벤젠($C_6H_4Cl_2$)은 다음과 같이 3가지의 이성질체를 갖는다.

o-다이클로로벤젠	m-다이클로로벤젠	p-다이클로로벤젠
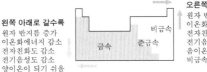		

09 같은 주기에서 원자번호가 증가할수록 감소하는 것은?

① 이온화에너지
② 비금속성
③ 원자반지름
④ 전기음성도

》》》 주기율 경향

왼쪽 아래로 갈수록
원자 반지름 증가
이온화에너지 감소
전자친화도 감소
전기음성도 감소
양이온이 되기 쉬움
금속성 증가

오른쪽 위로 갈수록
원자 반지름 감소
이온화에너지 증가
전자친화도 증가
전기음성도 증가
음이온이 되기 쉬움
비금속성 증가

금속 | 준금속 | 비금속

10 1기압에서 2L의 부피를 차지하는 어떤 기체를 온도 변화없이 압력을 4기압으로 높였을 때 기체의 부피는?

① 0.5L
② 2.0L
③ 4.0L
④ 8.0L

》》》 보일법칙 : 온도(T)가 일정할 때, 기체의 부피(V)는 압력(P)에 반비례한다.
$P \times V$ = 일정, $P_1 \times V_1 = P_2 \times V_2$를 이용하면, 4기압으로 압력을 높였을 때의 기체의 부피는 다음과 같다.
$1atm \times 2L = 4atm \times V(L)$, 즉 V = **0.5L**이다.

11 $KMnO_4$에서 Mn의 산화수는 얼마인가?

① +3
② +5
③ +7
④ +9

➤ 산화수 정하는 규칙에 의해 알칼리금속인 K의 산화수는 +1, O의 산화수는 −2. 분자화합물에서 각 성분의 산화수의 합은 0이어야 한다. Mn의 산화수를 x로 두면, $(+1)+x+(-2\times7) = 0$, $x = +7$이다. 따라서 KMnO$_4$에서 Mn의 산화수는 +7이다.

12 수소분자 1mol에 포함된 양성자수와 같은 것은?

① O$_2$ $\frac{1}{4}$mol 중의 양성자수

② NaCl 1mol 중의 이온 총수

③ 수소원자 $\frac{1}{2}$mol 중의 원자수

④ CO$_2$ 1mol 중의 원자수

➤ 1mol의 입자는 아보가드로수(6.02×10^{23})의 입자를 포함하며, 원자의 양성자수는 원자번호와 같다. 〈문제〉 수소원자(H)는 원자번호 1번이므로 1개의 수소원자(H)에는 양성자는 1개가 있고, 수소원자(H) 2개가 결합한 수소분자(H$_2$) 1개에는 2개의 양성자가 있다. 1mol의 수소분자(H$_2$)에는

1mol H$_2\times\dfrac{6.02\times10^{23}개\ H_2}{1mol\ H_2}\times\dfrac{2개\ 양성자}{1개\ H_2}$

$= 1.204\times10^{24}$개의 양성자가 포함되어 있다.

① 산소원자(O)는 원자번호 8번이므로 1개의 산소원자(O)에는 양성자는 8개가 있고, 산소원자(O) 2개가 결합한 산소분자(O$_2$) 1개에는 16개의 양성자가 있다. $\frac{1}{4}$mol의 산소분자(O$_2$)에는

$\frac{1}{4}$mol O$_2\times\dfrac{6.02\times10^{23}개\ O_2}{1mol\ O_2}\times\dfrac{16개\ 양성자}{1개\ O_2}$

$= 2.408\times10^{24}$개의 양성자가 포함되어 있다.

② NaCl → Na$^+$ + Cl$^-$로 해리되므로 1mol의 NaCl은 1mol의 Na$^+$과 1mol의 Cl$^-$, 전체 2mol의 이온을 포함한다. 따라서 1mol의 NaCl 중의 이온의 총수는 2mol 이온×

$\dfrac{6.02\times10^{23}개\ 이온}{1mol\ 이온} = 1.204\times10^{24}$개이다.

③ $\frac{1}{2}$mol의 수소원자(H)에는 $\frac{1}{2}$mol H×

$\dfrac{6.02\times10^{23}개\ H}{1mol\ H} = 3.01\times10^{23}$개의 원자가 포함되어 있다.

④ 이산화탄소(CO$_2$) 1개는 탄소원자(C) 1개와 산소원자(O) 2개로, 총 3개의 원자를 포함한다. 따라서 1mol의 이산화탄소(CO$_2$)에는

$\frac{1}{2}$mol CO$_2\times\dfrac{6.02\times10^{23}개\ CO_2}{1mol\ CO_2}\times\dfrac{3개\ 양성자}{1개\ CO_2}$

$= 1.806\times10^{24}$개의 원자가 포함되어 있다.

13 다음 화합물 수용액 농도가 모두 0.5m일 때 끓는점이 가장 높은 것은?

① C$_6$H$_{12}$O$_6$(포도당)

② C$_{12}$H$_{22}$O$_{11}$(설탕)

③ NaCl(염화나트륨)

④ CaCl$_2$(염화칼슘)

➤ 용액의 끓는점은 용해되어 있는 입자의 농도에 의존하며, 같은 농도의 용액이라도 용해되는 입자가 많아지면 끓는점이 높아진다. 포도당과 설탕과 같은 비전해질은 용해되어도 입자수는 변하지 않지만, 염화나트륨과 염화칼슘과 같은 전해질은 용해되면 입자수가 변하게 된다.
1mol의 염화나트륨이 용해되면 NaCl → Na$^+$ + Cl$^-$로 입자수는 2배가 되며, 염화칼슘 1mol이 용해되면 CaCl$_2$ → Ca^{2+} + 2Cl$^-$로 입자수는 3배가 된다. 따라서 입자수가 가장 많은 **염화칼슘의 끓는점이 가장 높게 나타난다.**

14 28중량% 황산용액의 비중은 1.84이다. 이 황산용액의 몰농도(M)는 얼마인가?

① 2.86M

② 5.26M

③ 10.51M

④ 51.52M

➤ 중량% $= \dfrac{용질의\ g}{100g\ 용액}$ 이므로 황산용액 100g에는 H$_2$SO$_4$ 28g이 들어있고, H$_2$SO$_4$의 몰질량은 1(H)×2 + 32(S) + 16(O)×4 = 98g/mol이다. 황산용액의 비중은 물의 밀도가 1/mL에 대한 황산용액의 밀도이므로 황산용액 밀도 1.84g/mL는 황산용액 1mL가 1.84g이다. 몰농도(M) $= \dfrac{용질의\ mol수}{용액의\ 부피(L)}$ 를 구하면 다음과 같다.

$\dfrac{28g\ H_2SO_4}{100g\ 황산용액}\times\dfrac{1.84g\ 황산용액}{1mL\ 황산용액}\times\dfrac{1,000mL}{1L}$

$\times\dfrac{1mol\ H_2SO_4}{98g\ H_2SO_4} = $ **5.26M**

15 $_{93}Np$ 방사성 원소가 β선을 1회 방출한 경우 생성되는 원소는?

① $_{90}Th$ ② $_{91}Pa$

③ $_{92}U$ ④ $_{94}Pu$

» 방사선 붕괴
  1) α붕괴 : 원자번호 2 감소, 질량수 4 감소
  2) β붕괴 : 원자번호 1 증가, 질량수 변화없음
  3) γ붕괴 : 원자번호 변화없음, 질량수 변화없음
  〈문제〉의 $_{93}Np$(넵투늄)이 β붕괴하면 원자번호가 1 증가하여 $_{94}Pu$(플루토늄)이 된다.

> **⊙Tip**
> $_{90}Th$(토륨), $_{91}Pa$(프로트악티늄), $_{92}U$(우라늄), $_{93}Np$(넵투늄), $_{94}Pu$(플루토늄)

16 다음 중 이온반지름이 가장 작은 것은?

① S^{2-} ② Cl^-

③ K^+ ④ Ca^{2+}

» $_{16}S$은 전자 16에서 전자 2개를 얻어 S^{2-}이 되고, $_{17}Cl$는 전자 17에서 전자 1개를 얻어 Cl^-이 되며, $_{19}K$은 전자 19에서 전자 1개를 잃어 K^+이 되고, $_{20}Ca$은 전자 20에서 전자 2개를 잃어 Ca^{2+}이 된다.
〈문제〉에서 제시된 이온은 모두 18개의 전자를 가지고 있는 등전자 이온이다.
등전자 이온은 원자번호가 증가할수록 유효핵전하가 증가하여 최외각전자와 핵 사이의 인력이 증가하여 이온반지름(크기)은 작아진다.
따라서 이온반지름(크기)은 $S^{2-} > Cl^- > K^+ > Ca^{2+}$ 순서가 된다.

17 표준상태에서 수소(H_2) 22.4L를 질소(N_2)와 완전히 반응시킬 때 생성되는 암모니아(NH_3)는 몇 g인가?

① 5.7g   ② 11.3g

③ 17.0g   ④ 34.0g

» 반응식 : $3H_2 + N_2 \longrightarrow 2NH_3$
표준상태에서 1mol의 기체의 부피는 22.4L이고, NH_3의 몰질량은 $14(N) + 1(H) \times 3 = 17g/mol$임을 이용하면 생성되는 NH_3의 양은 다음과 같다.

$$22.4L\ H_2 \times \frac{1mol\ H_2}{22.4L\ H_2} \times \frac{2mol\ NH_3}{3mol\ H_2} \times \frac{17g\ NH_3}{1mol\ NH_3}$$
$$= 11.3g\ NH_3$$

18 산·염기 지시약인 페놀프탈레인의 pH 변색 범위는?

① 2.0~4.0   ② 4.0~6.0

③ 6.0~8.0   ④ 8.0~10.0

» 지시약의 종류와 pH 변색범위

지시약 종류	pH 변색범위	산성색	염기성색
메틸오렌지	3.1~4.4	붉은색	노란색
브로모티몰블루	6.0~7.6	노란색	푸른색
페놀프탈레인	8.0~9.6	무색	붉은색

19 이산화황이 산화제로 작용하는 화학반응은?

① $SO_2 + H_2O \longrightarrow H_2SO_4$

② $SO_2 + NaOH \longrightarrow NaHSO_3$

③ $SO_2 + 2H_2S \longrightarrow 3S + 2H_2O$

④ $SO_2 + Cl_2 + 2H_2O \longrightarrow H_2SO_4 + 2HCl$

» 산화·환원반응에서 산화제로 작용하려면 자신은 환원되어야 한다.
환원반응은 어떤 물질이 산소를 잃거나, 수소를 얻거나, 전자를 얻는 반응으로 산화수가 감소한다.
산화수 정하는 규칙에 의해 알칼리금속의 산화수는 +1, O의 산화수는 -2, H의 산화수는 +1, 분자화합물에서 각 성분의 산화수의 합은 0이어야 한다. S의 산화수를 x로 두면, $x+(-2\times2) = 0$, $x = +4$이다. 따라서 SO_2에서 S의 산화수는 +4이다.
①, ④ H_2SO_4에서 $(+1)+x+(-2\times4)=0$, $x = +7$이다. 따라서 H_2SO_4에서 S의 산화수는 +7이다. 이 반응에서 S의 산화수는 +4에서 +7로 증가하므로 S은 산화되고, S을 포함하고 있는 SO_2는 환원제로 작용한다.
② $NaHSO_3$에서 $(+1)+(+1)+x+(-2\times3) = 0$, $x = +4$이다. 따라서 $NaHSO_3$에서 S의 산화수는 +4이다. 이 반응에서 S의 산화수는 +4에서 +4로 산화수의 변화는 없으므로, S은 산화되지도 환원되지도 않는다.
③ 원자 상태의 S의 산화수는 0이다. 이 반응에서 S의 산화수는 +4에서 0으로 감소하므로 S은 환원되고, **S을 포함하고 있는 SO_2는 산화제로 작용한다.**

20 산성 산화물에 해당하는 것은?

① CaO ② Na_2O

③ CO_2 ④ MgO

≫ 산화물의 종류
1) 산성 산화물 : 비금속과 산소가 결합된 물질
   예 CO_2(이산화탄소), SO_2(이산화황) 등
2) 염기성 산화물 : 금속과 산소가 결합된 물질
   예 Na_2O(산화나트륨), MgO(산화마그네슘), CaO(산화칼슘) 등
3) 양쪽성 산화물 : Al(알루미늄), Zn(아연), Sn(주석), Pb(납)과 산소가 결합된 물질
   예 Al_2O_3(산화알루미늄), ZnO(산화아연), SnO(산화주석), PbO(산화납) 등

제2과목 화재예방과 소화방법

21 제3종 분말소화약제를 화재면에 방출 시 부착성이 좋은 막을 형성하여 연소에 필요한 산소의 유입을 차단하기 때문에 연소를 중단시킬 수 있다. 그러한 막을 구성하는 물질은?

① H_3PO_4 ② PO_4
③ HPO_3 ④ P_2O_5

≫ 제3종 분말소화약제인 인산암모늄($NH_4H_2PO_4$)은 열분해 시 메타인산(HPO_3)과 암모니아(NH_3), 그리고 수증기(H_2O)를 발생시키는데, 이 중 **메타인산(HPO_3)은 부착성이 좋은 막을 형성**하여 산소의 유입을 차단하는 역할을 한다.
• 제3종 분말소화약제의 열분해반응식
  $NH_4H_2PO_4 \rightarrow HPO_3 + NH_3 + H_2O$

22 다음 중 소화약제가 아닌 것은?

① CF_3Br ② $NaHCO_3$
③ C_4F_{10} ④ N_2H_4

≫ ① CF_3Br(Halon 1301) : 할로젠화합물소화약제
② $NaHCO_3$(탄산수소나트륨) : 제1종 분말소화약제
③ C_4F_{10}(FC-3-1-10) : 할로젠화합물 청정소화약제
④ N_2H_4(하이드라진) : **제4류 위험물(제2석유류)**

23 제1류 위험물 중 알칼리금속의 과산화물 화재에 적응성이 있는 소화약제는?

① 인산염류분말 소화약제
② 이산화탄소 소화약제
③ 탄산수소염류 분말소화약제
④ 할로젠화합물 소화약제

≫ 제1류 위험물에 속하는 **알칼리금속의 과산화물**과 제2류 위험물에 속하는 철분·금속분·마그네슘, 제3류 위험물에 속하는 금수성 물질의 화재에는 **탄산수소염류 분말소화약제** 또는 마른 모래, 팽창질석 또는 팽창진주암이 적응성이 있다.

24 드라이아이스 1kg이 완전히 기화하면 약 몇 몰의 이산화탄소가 되겠는가?

① 22.7mol ② 51.3mol
③ 230mol ④ 515mol

≫ 드라이아이스(CO_2) 1몰은 12g(C)+16g(O)×2 = 44g이므로 드라이아이스 1kg, 즉 1,000g은
$1{,}000g\ CO_2 \times \dfrac{1mol\ CO_2}{44g\ CO_2} = 22.7mol$이다. 이 경우 드라이아이스 1kg은 기화가 되든 액화가 되든 항상 **22.7mol**이다.

25 인화점이 38℃ 이상인 제4류 위험물 취급을 주된 작업내용으로 하는 장소에 스프링클러설비를 설치하는 경우 확보해야 하는 1분당 방사밀도는 몇 L/m^2 이상이어야 하는가? (단, 살수기준면적은 $250m^2$이다.)

① $8.1L/m^2$ ② $12.2L/m^2$
③ $15.5L/m^2$ ④ $16.3L/m^2$

≫ 스프링클러설비 : 제4류 위험물 화재에는 사용할 수 없지만 취급장소의 살수기준면적에 따라 스프링클러설비의 살수밀도가 다음 [표]의 기준 이상이면 제4류 위험물 화재에 사용할 수 있다.

살수기준 면적(m^2)	방사밀도($L/m^2 \cdot$ 분)	
	인화점 38℃ 미만	인화점 38℃ 이상
279 미만	16.3 이상	12.2 이상
279 이상 372 미만	15.5 이상	11.8 이상
372 이상 465 미만	13.9 이상	9.8 이상
465 이상	12.2 이상	8.1 이상

26 위험물안전관리법령상 전기설비에 적응성이 없는 수화설비는?

① 포소화설비
② 불활성가스소화설비
③ 물분무소화설비
④ 할로젠화합물소화설비

▶▶ 전기설비의 화재는 일반적으로는 물로 소화할 수 없기 때문에 **수분을 포함한 포소화설비는 전기설비의 화재에는 사용할 수 없다.** 하지만 물분무소화설비는 물을 분무하여 흩어뿌리기 때문에 전기설비의 화재에 적응성이 있으며, 불활성가스소화설비 및 할로젠화합물소화설비는 질식소화효과와 억제소화효과를 갖고 있기 때문에 전기설비의 화재에 적응성이 있다.

대상물의 구분 / 소화설비의 구분	건축물·그 밖의 공작물	전기설비	제1류 위험물		제2류 위험물			제3류 위험물		제4류 위험물	제5류 위험물	제6류 위험물
			알칼리금속의 과산화물등	그 밖의 것	철분·금속분·마그네슘등	인화성 고체	그 밖의 것	금수성 물품	그 밖의 것			
옥내소화전 또는 옥외소화전 설비	○			○		○	○		○		○	○
스프링클러설비	○			○		○	○		○	△	○	○
물분무소화설비	○	○		○		○	○		○	○	○	○
포소화설비	○	×		○		○	○		○	○	○	○
불활성가스소화설비		○				○				○		
할로젠화합물소화설비		○				○				○		
인산염류등	○	○		○		○	○			○		○
탄산수소염류등		○	○		○	○		○		○		
그 밖의 것			○		○			○				

27 위험물안전관리법령에서 정한 물분무소화설비의 설치기준에서 물분무소화설비의 방사구역은 몇 m² 이상으로 하여야 하는가? (단, 방호대상물의 표면적이 150m² 이상인 경우이다.)

① 75m² ② 100m²
③ 150m² ④ 350m²

▶▶ 물분무소화설비의 방사구역은 150m² 이상으로 하여야 한다. 다만, 방호대상물의 표면적이 150m² 미만인 경우에는 해당 표면적으로 한다.

28 위험물안전관리법령상 소화설비의 설치기준에서 제조소등에 전기설비(전기배선, 조명기구 등은 제외)가 설치된 경우에는 해당 장소의 면적 몇 m²마다 소형 수동식 소화기를 1개 이상 설치하여야 하는가?

① 50m² ② 75m²
③ 100m² ④ 150m²

▶▶ 제조소등에 전기설비(전기배선, 조명기구 등은 제외)가 설치된 경우에는 해당 장소의 면적 **100m² 마다** 소형 수동식 소화기를 1개 이상 설치하여야 한다.

29 분말소화약제의 착색 색상으로 옳은 것은?

① $NH_4H_2PO_4$: 담홍색
② $NH_4H_2PO_4$: 백색
③ $KHCO_3$: 담홍색
④ $KHCO_3$: 백색

▶▶ 제3종 분말소화약제인 $NH_4H_2PO_4$(인산암모늄)은 담홍색이며, 제2종 분말소화약제인 $KHCO_3$ (탄산수소칼륨)은 보라(담회)색이다.

구 분	주성분	주성분의 화학식	색 상
제1종 분말소화약제	탄산수소 나트륨	$NaHCO_3$	백색
제2종 분말소화약제	탄산수소 칼륨	$KHCO_3$	연보라 (담회)색
제3종 분말소화약제	**인산암모늄**	$NH_4H_2PO_4$	**분홍 (담홍)색**
제4종 분말소화약제	탄산수소칼륨 + 요소의 반응생성물	$KHCO_3$ + $(NH_2)_2CO$	회색

30 다음 중 메틸에틸케톤(에틸메틸케톤)의 화재를 나타내는 것은 어느 것인가?

① A급 화재
② B급 화재
③ C급 화재
④ D급 화재

▶▶ 화재의 종류 및 소화기의 표시색상

적응화재	화재의 종류	소화기의 표시색상
A급(일반화재)	목재, 종이 등의 화재	백색
B급(유류화재)	기름, 유류 등의 화재	황색
C급(전기화재)	전기 등의 화재	청색
D급(금속화재)	금속분말 등의 화재	무색

제4류 위험물인 메틸에틸케톤(에틸메틸케톤)은 인화성 액체로서 유류화재인 **B급 화재**에 해당된다.

31 다량의 비수용성 제4류 위험물의 화재 시 물로 소화하는 것이 적합하지 않은 이유는?

① 가연성 가스를 발생한다.

② 연소면을 확대한다.

③ 인화점이 내려간다.

④ 물이 열분해된다.

≫ 물보다 가볍고 물에 녹지 않는 제4류 위험물의 화재 시 물을 이용하면 위험물이 물보다 상층에 존재하면서 지속적으로 **연소면을 확대**할 위험이 있으므로 주수소화를 할 수 없다.

> **Check**
> 물보다 무겁고 물에 녹지 않는 제4류 위험물의 화재 시에는 물이 위험물보다 상층에 존재하여 산소공급원을 차단시키는 역할을 하므로 질식소화가 가능하다.

32 마그네슘 분말이 이산화탄소 소화약제와 반응하여 생성될 수 있는 유독성 기체의 분자량은?

① 26 ② 28

③ 32 ④ 44

≫ 마그네슘은 이산화탄소와 반응 시 산화마그네슘과 가연성 물질인 탄소 또는 유독성 기체인 일산화탄소가 발생한다.
이산화탄소와의 반응식은 $2Mg + CO_2 \rightarrow 2MgO + C$ 또는 $Mg + CO_2 \rightarrow MgO + CO$이며, 유독성 기체인 일산화탄소($CO$)의 분자량은 $12(C) + 16(O) = 28$이다.

33 가연성 가스의 폭발범위에 대한 일반적인 설명으로 틀린 것은?

① 가스의 온도가 높아지면 폭발범위는 넓어진다.

② 폭발한계농도 이하에서 폭발성 혼합가스를 생성한다.

③ 공기 중에서보다 산소 중에서 폭발범위가 넓어진다.

④ 가스압이 높아지면 하한값은 크게 변하지 않으나 상한값은 높아진다.

≫ ① 가스의 온도가 높아지면 폭발력이 커지면서 폭발범위도 넓어진다.

② 폭발은 폭발범위 내에서 발생하므로 **폭발한계농도 이하에서는 폭발이 발생할 수 없다.**

③ 순수한 산소는 산소 농도가 21%밖에 존재하지 않는 공기보다 더 높은 산소의 농도를 갖고 있으므로 더 넓은 폭발범위를 갖는다.

④ 가스의 압력이 높아지면 하한값은 변하지 않고 상한값이 높아져 폭발범위도 함께 넓어진다.

34 위험물안전관리법령상 제3류 위험물 중 금수성 물질에 적응성이 있는 소화기는?

① 할로젠화합물소화기

② 인산염류분말소화기

③ 이산화탄소소화기

④ 탄산수소염류 분말소화기

≫ 〈보기〉의 소화기들 중 제1류 위험물 중 알칼리금속의 과산화물, 제2류 위험물 중 철분, 마그네슘, 금속분, **제3류 위험물 중 금수성 물질**에 공통적으로 적응성이 있는 것은 **탄산수소염류분말소화기**뿐이며, 그 외의 소화기는 사용할 수 없다.

소화설비의 구분		대상물의 구분 건축물·그 밖의 공작물	전기설비	제1류 위험물 알칼리금속의 과산화물 등	제1류 위험물 그 밖의 것	제2류 위험물 철분·금속분·마그네슘 등	제2류 위험물 인화성 고체	제2류 위험물 그 밖의 것	제3류 위험물 금수성 물품	제3류 위험물 그 밖의 것	제4류 위험물	제5류 위험물	제6류 위험물
대형·소형수동식소화기	봉상수(棒狀水)소화기	○			○		○	○		○		○	○
	무상수(霧狀水)소화기	○	○		○		○	○		○		○	○
	봉상강화액소화기	○			○		○	○		○		○	○
	무상강화액소화기	○	○		○		○	○		○	○	○	○
	포소화기	○			○		○	○		○	○	○	○
	이산화탄소소화기		○				○				○		△
	할로젠화합물소화기		○				○				○		
분말소화기	인산염류소화기	○	○		○		○	○			○		○
	탄산수소염류소화기		○	○		○	○		◎		○		
	그 밖의 것			○		○			○				

35 고체의 일반적인 연소형태에 속하지 않는 것은?

① 표면연소　　② 확산연소

③ 자기연소　　④ 증발연소

≫ 고체의 연소형태의 종류와 예
1) 표면연소 : 코크스(탄소), 목탄(숯), 금속분 등
2) 분해연소 : 목재, 석탄, 종이, 플라스틱, 합성수지 등
3) 자기연소 : 제5류 위험물 등
4) 증발연소 : 황, 나프탈렌, 양초(파라핀) 등
확산연소는 공기 중에 가연성 가스를 확산시키면 연소가 가능하도록 산소와 혼합된 가스만을 연소시키는 현상으로, 기체의 일반적인 연소형태이다.

36 외벽이 내화구조인 위험물저장소 건축물의 연면적이 1,500m²인 경우 소요단위는?

① 6　　　　② 10

③ 13　　　④ 14

≫ 외벽이 내화구조인 위험물저장소 건축물은 연면적 150m²가 1소요단위이므로 연면적 1,500m²는
$$\frac{1,500m^2}{150m^2} = 10소요단위이다.$$

Check **1소요단위의 기준**

구 분	외벽이 내화구조	외벽이 비내화구조
제조소 및 취급소	연면적 100m²	연면적 50m²
저장소	연면적 150m²	연면적 75m²
위험물	지정수량의 10배	

37 과산화칼륨이 다음 〈보기〉의 물질과 반응할 때 발생하는 기체가 같은 것끼리 짝지은 것은?

〈보기〉 물, 이산화탄소, 아세트산, 염산

① 물, 이산화탄소

② 물, 아세트산

③ 이산화탄소, 염산

④ 물, 염산

≫ 제1류 위험물인 과산화칼륨(K_2O_2)은 물로 냉각 소화하면 산소와 열의 발생으로 위험하므로 마른 모래, 팽창질석, 팽창진주암, 탄산수소염류 분말 소화약제로 질식소화를 해야 한다.
1) 물과 반응하여 수산화칼륨과 **산소**를 발생한다.
　• 물과의 반응식
　　$2K_2O_2 + 2H_2O \rightarrow 4KOH + O_2$
2) 이산화탄소와 반응하여 탄산칼륨과 **산소**를 발생한다.
　• 이산화탄소와의 반응식
　　$2K_2O_2 + 2CO_2 \rightarrow 2K_2CO_3 + O_2$
3) 아세트산과 반응하여 아세트산칼륨과 과산화수소를 발생한다.
　• 아세트산과의 반응식
　　$K_2O_2 + 2CH_3COOH \rightarrow 2CH_3COOK + H_2O_2$
4) 염산과 반응하여 염화칼륨과 과산화수소를 발생한다.
　• 염산과의 반응식
　　$K_2O_2 + 2HCl \rightarrow 2KCl + H_2O_2$

38 올바른 소화기 사용법으로 가장 거리가 먼 것은?

① 적응화재에 사용할 것

② 방출거리보다 먼 거리에서 사용할 것

③ 바람을 등지고 사용할 것

④ 양옆으로 비로 쓸듯이 골고루 사용할 것

≫ 소화기의 일반적인 사용방법
① 적응화재에만 사용해야 한다.
② **성능에 따라 불 가까이에 접근하여 사용해야 한다(방출거리 내에서 사용해야 한다).**
③ 바람을 등지고 바람이 부는 위쪽에서 아래쪽을 향해 소화작업을 해야 한다.
④ 소화는 양옆으로 비로 쓸듯이 골고루 이루어져야 한다.

39 옥내소화전설비의 기준에서 '시동표시등'을 옥내소화전함 내부에 설치할 때 그 색상은 무엇으로 하는가?

① 적색　　　② 황색

③ 백색　　　④ 녹색

≫ 일반적으로 소방시설에 부착되어 있는 등의 색상은 **적색**이다.

40 다음은 제4류 위험물의 소화방법을 설명한 것이다. 소화효과가 가장 떨어지는 것은?

① 산화프로필렌 : 알코올형 포로 질식소화한다.
② 아세톤 : 수성막포를 이용해 질식소화한다.
③ 이황화탄소 : 탱크 또는 용기 내부에서 연소하고 있는 경우에는 물을 사용하여 질식소화한다.
④ 다이에틸에터 : 이산화탄소소화설비를 이용하여 질식소화한다.

≫ 제4류 위험물 중 수용성 물질은 일반 포를 이용할 경우 포가 파괴되어 소화효과가 없으므로 알코올형 포를 이용해 소화해야 한다.
① 산화프로필렌 : 특수인화물로서 수용성이므로 알코올형 포로 질식소화할 수 있다.
② 아세톤 : 제1석유류로서 수용성이므로 일반 포에 속하는 **수성막포를 이용하면 포가 파괴되어 소화효과가 없으므로** 알코올형 포를 이용해 질식소화할 수 있다.
③ 이황화탄소 : 특수인화물로서 비수용성이면서 물보다 무겁기 때문에 물을 사용하여 공기를 차단시켜 질식소화할 수 있다.
④ 다이에틸에터 : 특수인화물로서 비수용성이므로 일반 포소화설비뿐만 아니라 이산화탄소소화설비를 이용해 질식소화할 수 있다.

제3과목 **위험물의 성질과 취급**

41 어떤 공장에서 아세톤과 메탄올을 18L 용기에 각각 10개, 등유를 200L 드럼으로 3드럼을 저장하고 있다면 각각의 지정수량 배수의 총합은?

① 1.3   ② 1.5
③ 2.3   ④ 2.5

≫ 아세톤(제1석유류 수용성)의 지정수량은 400L이며, 메탄올(알코올류)의 지정수량도 400L, 등유(제2석유류 비수용성)의 지정수량은 1,000L이므로, 이들의 지정수량 배수의 합은 $\dfrac{18L \times 10개}{400L}$ $+ \dfrac{18L \times 10개}{400L} + \dfrac{200L \times 3드럼}{1,000L} = $**1.5배**이다.

42 다음 중 제5류 위험물에 해당하지 않는 것은 어느 것인가?

① 나이트로셀룰로오스
② 나이트로글리세린
③ 나이트로벤젠
④ 질산메틸

≫ ① 나이트로셀룰로오스 : 제5류 위험물로서 품명은 질산에스터류이다.
② 나이트로글리세린 : 제5류 위험물로서 품명은 질산에스터류이다.
③ **나이트로벤젠 : 제4류 위험물**로서 품명은 제3석유류이다.
④ 질산메틸 : 제5류 위험물로서 품명은 질산에스터류이다.

43 다음 물질 중 증기비중이 가장 작은 것은 어느 것인가?

① 이황화탄소
② 아세톤
③ 아세트알데하이드
④ 다이에틸에터

≫ 증기비중 $= \dfrac{분자량}{공기의 분자량(29)}$ 이다.
① 이황화탄소(CS_2)의 분자량은 12(C) + 32(S)×2 = 76이므로, 증기비중 $= \dfrac{76}{29} = 2.62$이다.
② 아세톤(CH_3COCH_3)의 분자량은 12(C)×3 + 1(H)×6 + 16(O) = 58이므로, 증기비중 $= \dfrac{58}{29} = 2$이다.
③ **아세트알데하이드**(CH_3CHO)의 분자량은 12(C)×2 + 1(H)×4 + 16(O) = 44이므로, **증기비중** $= \dfrac{44}{29} = 1.52$이다.
④ 다이에틸에터($C_2H_5OC_2H_5$)의 분자량은 12(C)×4 + 1(H)×10 + 16(O) = 74이므로, 증기비중 $= \dfrac{74}{29} = 2.55$이다.

💡**Tip**
물질의 분자량이 작을수록 증기비중도 작기 때문에, 직접 증기비중의 값을 묻는 문제가 아니라면 분자량만 계산해도 답을 구할 수 있습니다.

44 위험물안전관리법령상 취급소에 해당되지 않는 것은?

① 주유취급소

② 특수취급소

③ 일반취급소

④ 이송취급소

⊛ 위험물취급소의 종류
1) 이송취급소 : 배관 및 이에 부속된 설비에 의하여 위험물을 이송하는 장소
2) 주유취급소 : 자동차, 항공기 또는 선박 등에 직접 연료를 주유하기 위하여 위험물을 취급하는 장소
3) 일반취급소 : 주유취급소, 판매취급소, 이송취급소 외의 위험물을 취급하는 장소
4) 판매취급소 : 위험물을 용기에 담아 판매하기 위하여 취급하는 장소(페인트점 또는 화공약품점)

45 아세톤에 관한 설명 중 틀린 것은?

① 무색의 액체로서 특이한 냄새를 가지고 있다.

② 가연성이며, 비중은 1.5보다 작다.

③ 화재 발생 시 이산화탄소나 할로젠화합물에 의한 소화가 가능하다.

④ 물에 녹지 않는다.

⊛ 제4류 위험물인 아세톤은 인화점 −18℃, 연소범위 2.6∼12.8%, 비중 0.79, 물보다 가벼운 무색 액체로 **물에 잘 녹으며** 자극적인 냄새를 가지고 있다. 소화방법으로는 이산화탄소, 할로젠화합물, 분말소화약제를 사용하며, 포를 이용할 경우, 일반포는 불가능하며 알코올포 소화약제만 사용할 수 있다.

46 위험물안전관리법령상 제조소에서 위험물을 취급하는 건축물의 구조 중 내화구조로 해야할 필요가 있는 것은?

① 연소의 우려가 있는 기둥

② 바닥

③ 연소의 우려가 있는 외벽

④ 계단

⊛ 제조소 건축물의 벽·기둥·바닥·보·서까래 및 계단은 불연재료로 하고, **연소의 우려가 있는 외벽은 출입구 외의 개구부가 없는 내화구조의 벽**으로 해야 한다.

47 위험물제조소등에 "화기주의"라고 표시한 게시판을 설치하는 경우 제 몇 류 위험물의 제조소인가?

① 제1류 위험물

② 제2류 위험물

③ 제4류 위험물

④ 제5류 위험물

⊛ 위험물제조소등에 설치하는 주의사항 게시판의 내용 및 색상

유 별	품 명	주의사항	색 상
제1류	알칼리금속의 과산화물	물기엄금	청색바탕 및 백색문자
	그 밖의 것	필요 없음	–
제2류	인화성 고체	화기엄금	적색바탕 및 백색문자
	그 밖의 것	**화기주의**	
제3류	금수성 물질	물기엄금	청색바탕 및 백색문자
	자연발화성 물질	화기엄금	적색바탕 및 백색문자
제4류	인화성 액체	화기엄금	적색바탕 및 백색문자
제5류	자기반응성 물질	화기엄금	적색바탕 및 백색문자
제6류	산화성 액체	필요 없음	–

48 위험물의 취급 중 소비에 관한 기준으로 틀린 것은?

① 열처리작업은 위험물이 위험한 온도에 이르지 않도록 하여 실시해야 한다.

② 담금질작업은 위험물이 위험한 온도에 이르지 않도록 하여 실시해야 한다.

③ 분사도장작업은 방화상 유효한 격벽 등으로 구획한 안전한 장소에서 해야 한다.

④ 버너를 사용하는 경우에는 버너의 역화를 유지하고 위험물이 넘치지 않도록 해야 한다.

>> 위험물의 취급 중 소비에 관한 기준
1) 분사도장작업은 방화상 유효한 격벽 등으로 구획한 안전한 장소에서 실시한다.
2) 담금질 또는 열처리작업은 위험물이 위험한 온도에 이르지 않도록 하여 실시한다.
3) 버너를 사용하는 경우에는 **버너의 역화를 방지**하고 위험물이 넘치지 않도록 한다.

49 물과 접촉하면 위험한 물질로만 나열된 것은?
① CH_3CHO, CaC_2, $NaClO_4$
② K_2O_2, $K_2Cr_2O_7$, CH_3CHO
③ K_2O_2, Na, CaC_2
④ Na, $K_2Cr_2O_7$, $NaClO_4$

>> ① • CH_3CHO : 제4류 위험물 중 특수인화물로서 물과 반응하지 않는다.
• CaC_2 : 제3류 위험물로서 물과 반응 시 아세틸렌가스가 발생하기 때문에 위험하다.
• $NaClO_4$: 제1류 위험물로서 물과 반응하지 않는다.
② • K_2O_2 : 제1류 위험물로서 물과 반응 시 산소가 발생하기 때문에 위험하다.
• $K_2Cr_2O_7$: 제1류 위험물로서 물과 반응하지 않는다.
• CH_3CHO : 제4류 위험물 중 특수인화물로서 물과 반응하지 않는다.
③ • K_2O_2 : 제1류 위험물로서 물과 반응 시 산소가 발생하기 때문에 **위험하다.**
• **Na** : 제3류 위험물로서 물과 반응 시 수소가 발생하기 때문에 **위험하다.**
• CaC_2 : 제3류 위험물로서 물과 반응 시 아세틸렌가스가 발생하기 때문에 **위험하다.**
④ • **Na** : 제3류 위험물로서 물과 반응 시 수소가 발생하기 때문에 위험하다.
• $K_2Cr_2O_7$: 제1류 위험물로서 물과 반응하지 않는다.
• $NaClO_4$: 제1류 위험물로서 물과 반응하지 않는다.

50 다음은 위험물안전관리법령에서 정한 아세트알데하이드등을 취급하는 제조소의 특례에 관한 내용이다. (   ) 안에 해당하지 않는 물질은?

아세트알데하이드등을 취급하는 설비는 (   )·(   )·(   )·Mg 또는 이들을 성분으로 하는 합금으로 만들지 아니할 것

① Ag   ② Hg
③ Cu   ④ Fe

>> 제4류 위험물 중 특수인화물인 **아세트알데하이드**(CH_3CHO) 및 산화프로필렌(CH_3CHOCH_2)은 **은(Ag), 수은(Hg), 동(Cu)**, 마그네슘(Mg)과 반응 시 금속아세틸라이드라는 폭발성 물질을 생성하므로 이들 및 이들을 성분으로 하는 합금으로 만들지 아니하여야 한다.

51 위험물안전관리법령에서 정한 위험물의 지정수량으로 틀린 것은?
① 적린 : 100kg
② 황화인 : 100kg
③ 다이크로뮴산칼륨 : 500kg
④ 금속분 : 500kg

>> 〈보기〉의 위험물의 지정수량은 다음과 같다.
① 적린 : 100kg
② 황화인 : 100kg
③ 다이크로뮴산칼륨 : 1,000kg
④ 금속분 : 500kg

52 다음 위험물 중 물에 잘 녹는 것은 어느 것인가?
① 적린   ② 황
③ 벤젠   ④ 글리세린

>> 글리세린[$C_3H_5(OH)_3$]은 제4류 위험물 중 제3석유류에 속하는 대표적인 수용성 물질이다.

53 메틸에틸케톤(에틸메틸케톤)의 저장 또는 취급 시 유의할 점으로 가장 거리가 먼 것은?
① 통풍을 잘 시킬 것
② 인화점보다 높은 온도에 보관할 것
③ 직사일광을 피할 것
④ 용기를 밀전·밀봉할 것

>> 메틸에틸케톤(에틸메틸케톤 $CH_3COC_2H_5$)은 휘발성이 강한 제4류 위험물이므로 용기는 밀봉해야 하고, **인화점(-1℃)보다 낮은 온도에서 보관**하며, 직사광선에 의해 분해되므로 직사광선을 피해야 한다.

정답 49. ③ 50. ④ 51. ③ 52. ④ 53. ②

54 옥외탱크저장소에서 취급하는 위험물의 최대수량에 따른 보유공지너비가 틀린 것은? (단, 원칙적인 경우에 한한다.)

① 지정수량 500배 이하 : 3m 이상
② 지정수량 500배 초과 1,000배 이하 : 5m 이상
③ 지정수량 1,000배 초과 2,000배 이하 : 9m 이상
④ 지정수량 2,000배 초과 3,000배 이하 : 15m 이상

➡ 옥외탱크저장소의 보유공지

저장하는 위험물의 지정수량의 배수	공지의 너비
500배 이하	3m 이상
500배 초과 1,000배 이하	5m 이상
1,000배 초과 2,000배 이하	9m 이상
2,000배 초과 3,000배 이하	**12m 이상**
3,000배 초과 4,000배 이하	15m 이상
4,000배 초과	탱크의 지름과 높이 중 큰 것 이상으로 하되, 최소 15m 이상 최대 30m 이하로 한다.

※ 제6류 위험물을 저장하는 옥외저장탱크의 보유공지는 위 [표]의 옥외탱크저장소 보유공지 너비의 1/3 이상(최소 1.5m 이상)으로 한다.

55 질산칼륨의 성질에 대한 설명 중 틀린 것은?

① 물에 잘 녹는다.
② 화재 시 주수소화가 가능하다.
③ 열분해하면 산소를 발생한다.
④ 비중은 1보다 작다.

➡ 제1류 위험물인 질산칼륨(KNO_3)의 성질
1) **비중은 2.1**이며, 물, 글리세린에 잘 녹고 알코올에 녹지 않는다.
2) 화재 시 물로 냉각소화 한다.
3) 열분해 시 아질산칼륨과 산소가 발생한다.
  • 열분해반응식
   $2KNO_3 → 2KNO_2 + O_2$
4) 숯+황+질산칼륨의 혼합물은 흑색화약이 된다.

56 다음 중 물과 접촉 시 유독성의 가스는 발생하지 않지만 가연성이 증가하는 것은?

① 나트륨
② 적린
③ 황린
④ 인화칼슘

➡ 물과의 반응식
① 나트륨이 물과 반응하면 수산화나트륨과 함께 연소범위 4~75%의 **가연성 기체인 수소기체**를 발생한다.
  • 물과의 반응식
   $2Na + 2H_2O → 2NaOH + H_2$
② 적린은 물과 반응하지 않는다.
③ 황린은 물과 반응하지 않는다.
④ 인화칼슘이 물과 반응하면 수산화칼슘과 함께 가연성이며 맹독성인 포스핀 가스를 발생한다.
  • 물과의 반응식
   $Ca_3P_2 + 6H_2O → 3Ca(OH)_2 + 2PH_3$

57 과염소산과 과산화수소의 공통된 성질이 아닌 것은?

① 비중이 1보다 크다.
② 물에 녹지 않는다.
③ 산화제이다.
④ 산소를 포함한다.

➡ 제6류 위험물인 과염소산과 과산화수소는 모두 비중이 1보다 크고, **물에 잘 녹는** 액체상태의 물질이다. 또한 자신은 불연성이며 산소를 함유하고 있어 가연물의 연소를 도와주는 산화제이다.

58 위험물 지하저장탱크의 탱크전용실의 설치기준으로 틀린 것은?

① 철근콘크리트 구조의 벽은 두께 0.3m 이상으로 한다.
② 지하저장탱크와 탱크전용실의 안쪽과의 사이는 50cm 이상의 간격을 유지한다.
③ 철근콘크리트 구조의 바닥은 두께 0.3m 이상으로 한다.
④ 벽, 바닥 등에 적정한 방수조치를 강구한다.

>> 지하저장탱크의 탱크전용실의 설치기준
  1) 전용실의 내부 : 입자지름 5mm 이하의 마른 자갈분 또는 마른 모래를 채운다.
  2) 탱크전용실로부터 안쪽과 바깥쪽으로의 거리
    ㉠ 지하의 벽, 가스관, 대지경계선으로부터 탱크전용실 바깥쪽과의 사이 : 0.1m 이상
    ㉡ 지하저장탱크와 탱크전용실 안쪽과의 사이 : **0.1m 이상**
  3) 탱크전용실의 기준 : 벽, 바닥 및 뚜껑의 두께는 0.3m 이상의 철근콘크리트로 한다.
  4) 벽, 바닥 등에 적정한 방수조치를 강구한다.

59 위험물안전관리법령에서 정의한 철분의 정의로 옳은 것은?

① "철분"이라 함은 철의 분말로서 53마이크로미터의 표준체를 통과하는 것이 50중량퍼센트 미만인 것을 제외한다.

② "철분"이라 함은 철의 분말로서 53마이크로미터의 표준체를 통과하는 것이 53중량퍼센트 미만인 것을 제외한다.

③ "철분"이라 함은 철의 분말로서 53마이크로미터의 표준체를 통과하는 것이 50부피퍼센트 미만인 것을 제외한다.

④ "철분"이라 함은 철의 분말로서 53마이크로미터의 표준체를 통과하는 것이 53부피퍼센트 미만인 것을 제외한다.

>> 철분이라 함은 철의 분말로서 **53마이크로미터**의 표준체를 통과하는 것이 **50중량퍼센트 미만**인 것은 제외한다.

Check

(1) 금속분이라 함은 알칼리금속 · 알칼리토금속 · 철 및 마그네슘 외의 금속분말을 말하며, 구리분 · 니켈분 및 150마이크로미터의 체를 통과하는 것이 50중량% 미만인 것은 제외한다.
  ※ 구리(Cu)분과 니켈(Ni)분은 입자크기에 관계 없이 무조건 위험물에 포함되지 않는다.

(2) 마그네슘은 다음 중 하나에 해당하는 것은 제외한다.
  ㉠ 2밀리미터의 체를 통과하지 않는 덩어리 상태의 것
  ㉡ 직경 2밀리미터 이상의 막대모양의 것

60 벤젠에 진한 질산과 진한 황산의 혼산을 반응시켜 얻어지는 화합물은?

① 피크린산
② 아닐린
③ 트라이나이트로톨루엔
④ 나이트로벤젠

>> 벤젠에 진한 질산과 진한 황산을 반응시키면 나이트로벤젠과 물이 만들어진다.

💡 **Tip**

어떤 물질에 진한 질산과 진한 황산을 반응시키면 그 물질은 나이트로화됩니다.

예 글리세린에 진한 질산과 진한 황산을 반응시키면 나이트로글리세린이 만들어지고 셀룰로오스에 진한 질산과 진한 황산을 반응시키면 나이트로셀룰로오스가 만들어진다.

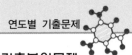
CBT 기출복원문제

2024 제2회 위험물산업기사

2024년 5월 9일 시행

제1과목 일반화학

01 화합물 수용액 농도가 모두 0.5m일 때 다음 중 끓는점이 가장 높은 것은?

① $C_6H_{12}O_6$(포도당)

② $C_{12}H_{22}O_{11}$(설탕)

③ $NaCl$(염화나트륨)

④ $CaCl_2$(염화칼슘)

》》 용액의 끓는점은 용해되어 있는 입자의 농도에 의존하며, 같은 농도의 용액이라도 용해되는 입자가 많아지면 끓는점이 높아진다.
포도당과 설탕과 같은 비전해질은 용해되어도 입자수는 변하지 않지만, 염화나트륨과 염화칼슘과 같은 전해질은 용해되면 입자수가 변하게 된다.
1mol의 염화나트륨이 용해되면 $NaCl \rightarrow Na^+ + Cl^-$로 입자수는 2배가 되며, 염화칼슘 1mol이 용해되면, $CaCl_2 \rightarrow Ca^{2+} + 2Cl^-$로 입자수는 3배가 된다.
따라서 **입자수가 가장 많은 염화칼슘의 끓는점이 가장 높게** 나타난다.

02 축합중합반응에 의하여 나일론 6,6을 제조할 때 사용되는 물질은?

① 헥사메틸렌다이아민 + 아디프산

② 아이소프렌 + 아세트산

③ 멜라민 + 클로로벤젠

④ 염화비닐 + 폴리에틸렌

》》 축합중합반응은 단위체가 중합반응할 때 물분자와 같이 작은 분자가 빠져나가면서 중합체를 형성하는 반응이다. 대표적인 예로 나일론 6,6은 단위체인 **헥사메틸렌다이아민과 아디프산**이 중합반응할 때 헥사메틸렌다이아민의 H^+와 아디프산의 OH^-이 반응하여 H_2O로 빠져나가고 두 단위체가 결합을 형성하여 나일론 6,6이 생성된다.

03 미지농도의 황산 용액 20mL를 중화하는 데 0.1M NaOH 용액 20mL가 소모되었다. 이 황산의 농도는 몇 M인가?

① 0.025M

② 0.05M

③ 0.1M

④ 0.5M

》》 반응식 : $H_2SO_4 + 2NaOH \rightarrow Na_2SO_4 + 2H_2O$
황산 용액의 몰농도(M)

$$= \frac{(0.1 \times 20)\text{mmol } NaOH \times \dfrac{1\text{mmol } H_2SO_4}{2\text{mmol } NaOH}}{20\text{mL } H_2SO_4 \text{ 용액}}$$

$$= 0.05M$$

04 다음과 같은 순서로 커지는 성질이 아닌 것은?

$$F_2 < Cl_2 < Br_2 < I_2$$

① 구성원자의 전기음성도

② 녹는점

③ 끓는점

④ 구성원자의 반지름

》》 F_2, Cl_2, Br_2, I_2는 주기율표에서 오른쪽에 위치한 할로젠원소들이다. 할로젠원소들은 원자번호가 작을수록 원소들의 전기음성도가 커져 화학적으로 활발하기 때문에 $F_2 < Cl_2 < Br_2 < I_2$의 순서에 따라 **전기음성도는 작아진다.**
그리고 플루오린(F_2)에서 아이오딘(I_2)쪽으로 갈수록 원자번호와 원자량이 증가하기 때문에 잘 녹지 않고 잘 끓지 않아 녹는점과 끓는점이 높아지고 원자의 반지름도 커진다.

05 산소의 산화수가 가장 큰 것은?

① O_2 ② $KClO_4$

③ H_2SO_4 ④ H_2O_2

정답 01. ④ 02. ① 03. ② 04. ① 05. ①

>>> 산화수를 정하는 규칙에 의해 알칼리금속의 산화수는 +1, O의 산화수는 −2, H의 산화수는 +1, 분자화합물에서 각 성분의 산화수의 합은 0이어야 한다.
① O_2에서 산소의 **산화수는 0이다.**
② $KClO_4$에서 칼륨의 산화수가 +1이고 산소의 산화수는 −2이므로, 염소의 산화수는 +7이 된다.
③ H_2SO_4에서 수소의 산화수가 +1이고 산소의 산화수는 −2이므로, 황의 산화수는 +6이 된다.
④ H_2O_2에서 수소의 산화수가 +1이므로, 산소의 산화수는 −1이 된다.

06 황이 산소와 결합하여 SO_2를 만들 때에 대한 설명으로 옳은 것은?

① 황은 환원된다.
② 황은 산화된다.
③ 불가능한 반응이다.
④ 산소는 산화되었다.

>>> 반응식 : $S + O_2 \rightarrow SO_2$
• 산화반응은 어떤 물질이 산소를 얻거나, 수소를 잃거나, 전자를 잃는 반응으로 산화수가 증가한다.
• 환원반응은 어떤 물질이 산소를 잃거나, 수소를 얻거나, 전자를 얻는 반응으로 산화수가 감소한다.
• 황의 산화수는 0에서 +4로 산화수가 증가하였으므로 **황은 산화**되었고, **산소**는 0에서 −2로 산화수가 감소하였으므로 **환원**되었다.

07 다음 물질 중 이온결합을 하고 있는 것은?

① 얼음   ② 흑연
③ 다이아몬드   ④ 염화나트륨

>>> 화학결합에는 이온결합과 공유결합, 금속결합이 있다. 이온결합은 금속과 비금속의 결합으로 금속은 전자를 잃어 양이온이 되고 비금속은 전자를 얻어 음이온이 되어 이들 양이온과 음이온 사이의 결합이고, 공유결합은 비금속과 비금속의 결합으로 공유전자에 의해 형성되는 결합이며, 금속결합은 금속원자의 자유로운 전자에 의해서 형성되는 결합이다.
① 얼음(H_2O)은 수소와 산소 사이의 공유결합
② 흑연(C)은 탄소의 공유결합
③ 다이아몬드(C)는 탄소의 공유결합
④ **염화나트륨(NaCl)은 나트륨과 염소 사이의 이온결합**

08 H_2O가 H_2S보다 끓는점이 높은 이유는?

① 이온결합을 하고 있기 때문에
② 수소결합을 하고 있기 때문에
③ 공유결합을 하고 있기 때문에
④ 분자량이 적기 때문에

>>> F(플루오린), O(산소), N(질소)가 수소(H)와 결합하고 있는 물질을 수소결합물질이라 하며, 수소결합을 하는 물질들은 분자들간의 인력이 크고 응집력이 강해 녹는점(융점) 및 끓는점(비등점)이 높다. 〈문제〉의 물(H_2O)은 산소(O)가 수소(H)와 결합하고 있는 수소결합물질이고, 황화수소(H_2S)는 F(플루오린), O(산소), N(질소)가 아닌 황(S)이 수소(H)와 결합하고 있으므로 수소결합물질이 아니다.
따라서 **물(H_2O)이 황화수소(H_2S)보다 비등점이 높은 이유는 물(H_2O)이 수소결합을 하고 있기 때문**이다.

톡톡튀는 암기법 수소결합물질은 수소(H)가 전화기(phone)을 소리나는 대로 읽어 "F", "O", "N")와 결합한 것이다.

09 Alkyne 탄화수소의 일반식은?

① C_nH_{2n+2} ② C_nH_{2n}
③ C_nH_{2n-2} ④ C_nH_{2n+1}

>>> 탄화수소의 일반식
① C_nH_{2n+2} : Alkane(알케인)
    예 CH_4(메테인), C_2H_6(에테인) 등
② C_nH_{2n} : Alkene(알켄)
    예 C_2H_4(에틸렌) 등
③ C_nH_{2n-2} : Alkyne(알카인)
    예 C_2H_2(아세틸렌) 등
④ C_nH_{2n+1} : Alkyl(알킬)
    예 CH_3(메틸), C_2H_5(에틸) 등

10 나이트로벤젠에 촉매를 사용하고 수소와 혼합하여 환원시켰을 때 얻어지는 물질은?

①

②

③

④

>>> 나이트로벤젠과 아닐린의 산화 · 환원 과정

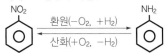

나이트로벤젠을 환원시키면 아닐린이 되고, 아닐린을 산화시키면 나이트로벤젠이 된다.

① : 피리딘

② : 나이트로톨루엔

③ : 아닐린

④ : 나이트로벤젠

11 커플링 반응 시 생성되는 작용기는?

① $-NH_2$

② $-CH_3$

③ $-COOH$

④ $-N=N-$

>>> 커플링 반응이란 주로 방향족화합물과의 반응을 통해 아조기($-N=N-$)를 포함하고 있는 아조화합물을 생성하는 반응을 말한다.
  ① $-NH_2$: 아민기
  ② $-CH_3$: 메틸기
  ③ $-COOH$: 카복실기
  ④ $-N=N-$: 아조기

12 표준상태를 기준으로 수소 2.24L가 염소와 완전히 반응했다면 생성된 염화수소의 부피는 몇 L인가?

① 2.24L ② 4.48L
③ 22.4L ④ 44.8L

>>> 반응식 : $H_2(g) + Cl_2(g) \rightarrow 2HCl(g)$
  균형반응식의 계수비 = 분자수의 비 = 몰(수)비 = (기체의) 부피비이므로, 수소기체와 염화수소기체의 부피비는 1 : 2가 된다.
  따라서 2.24L의 수소기체가 반응하여 생성되는 염화수소의 부피는 2.24L×2 = **4.48L**이다.

13 다음에서 설명하는 법칙은 무엇인가?

> 화학반응에서 엔탈피의 변화는 초기상태와 최종상태 사이만으로 결정되며 반응하는 과정 동안의 경로와 무관하다.

① 아보가드로의 법칙
② 라울의 법칙
③ 헤스의 법칙
④ 돌턴의 부분압력 법칙

>>> 〈문제〉에서 설명하는 법칙은 헤스의 법칙이다.
  ① 아보가드로의 법칙 : 같은 온도와 같은 압력에서 기체의 부피는 물질의 몰수에 비례한다.
  ② 라울의 법칙 : 일정한 온도에서 비휘발성, 비전해질인 용질이 녹아있는 묽은 용액의 증기압력 내림은 용매에 녹아있는 용질의 몰수에 비례한다.
  ④ 돌턴의 부분압력 법칙 : 혼합기체의 전체압력은 각 기체의 부분압력의 합과 같다.

14 염기성 산화물에 해당하는 것은?

① MgO
② PbO
③ SnO
④ ZnO

>>> 산화물의 종류
  1) 산성 산화물 : 비금속과 산소가 결합된 물질
    예 CO_2(이산화탄소), SO_2(이산화황) 등
  2) 염기성 산화물 : 금속과 산소가 결합된 물질
    예 Na_2O(산화나트륨), **MgO**(산화마그네슘), CaO(산화칼슘) 등
  3) 양쪽성 산화물 : Al(알루미늄), Zn(아연), Sn(주석), Pb(납)과 산소가 결합된 물질
    예 Al_2O_3(산화알루미늄), ZnO(산화아연), SnO(산화주석), PbO(산화납) 등

15 27℃에서 500mL에 9g의 비전해질을 녹인 용액의 삼투압은 6.9기압이었다. 이 물질의 분자량은 약 얼마인가?

① 6g/mol ② 64g/mol
③ 220g/mol ④ 640g/mol

정답   11. ④ 12. ② 13. ③ 14. ① 15. ②

⟫ 삼투압(π)은 이상기체상태방정식을 이용하여 구할 수 있으며, $PV = nRT = \dfrac{w}{M}RT$에서 압력 P가 삼투압(π)이다.

분자량을 구하기 위해 다음과 같이 식을 변형한다.

$M = \dfrac{w}{\pi V}RT$

여기서, π(용액의 삼투압) : 6.9atm
 V(용액의 부피) : 500mL = 0.5L
 w(비전해질의 질량) : 9g
 R(기체상수) : 0.082atm · L/mol · K
 T(절대온도) : 273 + 27 = 300K

$\therefore M = \dfrac{9}{6.9 \times 0.5} \times 0.082 \times 300 =$ **64g/mol**

16 탄소와 수소와 산소로 구성된 화합물 15g을 연소하였더니 22g의 CO_2와 9g의 H_2O가 생성되었다. 화합물에 포함된 산소는 몇 g인가?

① 4.5g　　　　② 8g
③ 8.5g　　　　④ 11g

⟫ 생성된 22g의 CO_2와 9g의 H_2O로부터 화합물에 포함된 탄소의 질량과 수소의 질량을 각각 구하면 다음과 같다.
• 탄소의 질량(g)

$22g\ CO_2 \times \dfrac{1mol\ CO_2}{44g\ CO_2} \times \dfrac{1mol\ C}{1mol\ CO_2} \times \dfrac{12g\ C}{1mol\ C}$

$= 6g\ C$

• 수소의 질량(g)

$9g\ H_2O \times \dfrac{1mol\ H_2O}{18g\ H_2O} \times \dfrac{2mol\ H}{1mol\ H_2O} \times \dfrac{1g\ H}{1mol\ H}$

$= 1g\ H$

화합물은 탄소와 수소와 산소로 구성되었으므로 화합물 15g 중에 포함되어 있는 산소의 양은 탄소 6g과 수소 1g을 뺀, 15 − (6 + 1) = **8g**이다.

17 수소원자의 선 스펙트럼의 원인으로 옳은 것은?

① 들뜬상태에서 바닥상태로의 전자전이에 의한 에너지 흡수
② 들뜬상태에서 바닥상태로의 전자전이에 의한 에너지 방출
③ 바닥상태에서 들뜬상태로의 전자전이에 의한 에너지 흡수
④ 바닥상태에서 들뜬상태로의 전자전이에 의한 에너지 방출

⟫ 수소원자의 선 스펙트럼은 **들뜬상태에서 바닥상태로** 전자가 전이할 때 **방출된 에너지**에 의한 것이다.

18 산화 · 환원에 대한 설명으로 옳지 않은 것은?

① 전자를 잃게 되면 산화가 된다.
② 전자를 얻게 되면 환원이 된다.
③ 산화제는 자기자신이 산화된다.
④ 산화제는 자기자신이 환원된다.

⟫ 1) 산화반응은 전자를 잃어 산화수가 증가하는 반응으로, 산화하는 물질은 다른 물질을 환원시키는 물질이 된다. 이를 환원제라고 하며, 환원제는 자기자신이 산화되어 다른 물질을 환원시킨다.
 2) 환원반응은 전자를 얻어 산화수가 감소하는 반응으로, 환원하는 물질은 다른 물질을 산화시키는 물질이 된다. 이를 산화제라고 하며, **산화제는 자기자신이 환원**되어 다른 물질을 산화시킨다.

19 pH가 4인 용액을 1,000배 묽힌 용액의 pH는 얼마인가?

① 3　　　　② 4
③ 5　　　　④ 6 < pH < 7

⟫ pH = − log[H^+] = 4인 용액의 [H^+] = 1.0×10^{-4}M이고, 이 용액을 1,000배 묽힌 용액의 [H^+] = $\dfrac{10^{-4}}{1,000}$ = 1.0×10^{-7}M이다.

따라서 묽은 용액의 pH = − log(1.0×10^{-7}) = **7**이 된다.

20 $CO(g) + 2H_2(g) \rightarrow CH_3OH(g)$의 반응에서 평형상수($K$)를 구하는 식은?

① $K = \dfrac{[CH_3OH]}{[CO][2H_2]}$

② $K = \dfrac{[CH_3OH]}{[CO][H_2]^2}$

③ $K = \dfrac{[CO][2H_2]}{[CH_3OH]}$

④ $K = \dfrac{[CO][H_2]^2}{[CH_3OH]}$

정답　16. ②　17. ②　18. ③　19. ④　20. ②

▶▶ 평형상수(K)

반응식 $aA + bB \rightleftarrows cC + dD$에서 평형상수($K$)

$= \dfrac{[C]_a \times [D]_b}{[A]_a \times [B]_b}$ 이다.

여기서, [ ]는 몰농도(M)이고, 고체와 액체는 평형상수식에 나타내지 않는다.

〈문제〉의 $CO(g) + 2H_2(g) \rightarrow CH_3OH(g)$ 반응의

평형상수(K)는 $\dfrac{[CH_3OH]}{[CO][H_2]^2}$ 이다.

제2과목 **화재예방과 소화방법**

21 4류 위험물을 취급하는 제조소에서 지정수량의 몇 배 이상을 취급할 경우 자체소방대를 설치하여야 하는가?

① 1,000배

② 2,000배

③ 3,000배

④ 4,000배

▶▶ 자체소방대는 **제4류 위험물을 지정수량의 3,000배 이상** 취급하는 제조소 및 일반취급소와 50만배 이상 저장하는 옥외탱크저장소에 설치한다.

Check **자체소방대에 두는 화학소방자동차 및 자체소방대원의 수의 기준**

사업소의 구분	화학소방 자동차의 수	자체소방 대원의 수
지정수량의 3천배 이상 12만배 미만으로 취급하는 제조소 또는 일반취급소	1대	5명
지정수량의 12만배 이상 24만배 미만으로 취급하는 제조소 또는 일반취급소	2대	10명
지정수량의 24만배 이상 48만배 미만으로 취급하는 제조소 또는 일반취급소	3대	15명
지정수량의 48만배 이상으로 취급하는 제조소 또는 일반취급소	4대	20명
지정수량의 50만배 이상으로 저장하는 옥외탱크저장소	2대	10명

22 특정옥외탱크저장소라 함은 옥외탱크저장소 중 저장 또는 취급하는 액체위험물의 최대수량이 얼마 이상의 것을 말하는가?

① 50만 L 이상 　② 100만 L 이상

③ 150만 L 이상 　④ 200만 L 이상

▶▶ 1) **특정옥외탱크저장소 : 저장 또는 취급하는 액체위험물의 최대수량이 100만 L 이상의 것**

2) 준특정옥외저장탱크 : 저장 또는 취급하는 액체위험물의 최대수량이 50만 L 이상 100만 L 미만의 것

23 위험물안전관리법령상 제2류 위험물인 철분에 적응성이 있는 소화설비는?

① 포소화설비

② 탄산수소염류 분말소화설비

③ 할로젠화합물소화설비

④ 스프링클러설비

▶▶ 제2류 위험물인 철분의 화재 시 적응성이 있는 소화설비로는 **탄산수소염류 분말소화설비**, 건조사(마른 모래) 또는 팽창질석 및 팽창진주암밖에 없다.

24 공기포 발포배율을 측정하기 위해 중량 340g, 용량 1,800mL의 포수집용기에 가득히 포를 채취하여 측정한 용기의 무게가 540g이었다면 발포배율은? (단, 포 수용액의 비중은 1로 가정한다.)

① 3배 　　　② 5배

③ 7배 　　　④ 9배

▶▶ 포수집용기 자체의 중량은 340g이고, 용기에 들어갈 수 있는 포의 용량(부피)는 1,800mL이다. 포수집용기에 가득히 포를 채취하여 측정한 용기의 무게가 540g이므로 여기서 포수집용기의 중량 340g을 빼면, 포의 질량은 200g이고 포의 부피는 여전히 1,800mL이다.

발포배율이란 용기에 가득찬 상태의 포가 반대로 발포되는 의미로서, 다음과 같이 포의 밀도를 역수로 표현한 값으로 나타낼 수 있다.

밀도 $= \dfrac{질량(g)}{부피(mL)} = \dfrac{200(g)}{1,800(mL)}$ 이므로 발포배율은

밀도의 역수인 $\dfrac{1,800}{200} = $ **9배**이다.

정답 **21.** ③ **22.** ② **23.** ② **24.** ④

25 위험물안전관리법령상 제3류 위험물 중 금수성 물질에 적응성이 있는 소화기는 다음 중 어느 것인가?

① 할로젠화합물소화설비
② 인산염류분말소화설비
③ 이산화탄소소화기
④ 탄산수소염류 분말소화기

≫ 〈보기〉의 소화기들 중에서 제1류 위험물 중 알칼리금속의 과산화물, 제2류 위험물 중 철분, 마그네슘, 금속분. **제3류 위험물 중 금수성 물질**에 공통적으로 적응성이 있는 것은 **탄산수소염류 분말소화기**뿐이며, 그 외의 소화기는 사용할 수 없다.

대상물의 구분		건축물·그 밖의 공작물	전기설비	제1류 위험물		제2류 위험물			제3류 위험물		제4류 위험물	제5류 위험물	제6류 위험물
소화설비의 구분				알칼리금속의 과산화물 등	그 밖의 것	철분·금속분·마그네슘 등	인화성 고체	그 밖의 것	금수성 물품	그 밖의 것			
대형·소형수동식소화기	봉상수(棒狀水)소화기	○			○		○	○		○		○	○
	무상수(霧狀水)소화기	○	○		○		○	○		○		○	○
	봉상강화액소화기	○			○		○	○		○		○	○
	무상강화액소화기	○	○		○		○	○		○	○	○	○
	포소화기	○			○		○	○		○	○	○	○
	이산화탄소소화기		○				○				○		△
	할로젠화합물소화기		○				○				○		
	분말소화기	인산염류소화기	○	○		○		○				○		○
		탄산수소염류소화기		○	○		○	○		◎		○		
		그 밖의 것			○		○			○				

26 위험물제조소등에 설치하는 포소화설비의 기준에 따르면 포헤드방식의 포헤드는 방호대상물의 표면적 $1m^2$당 방사량이 몇 L/min 이상의 비율로 계산한 양의 포수용액을 표준방사량으로 방사할 수 있도록 설치하여야 하는가?

① 3.5 ② 4
③ 6.5 ④ 9

≫ 포소화설비의 포헤드방식의 포헤드는 방호대상물의 표면적 $9m^2$당 1개 이상의 헤드를 **방호대상물의 표면적 $1m^2$당 방사량이 6.5L/min 이상**으로 방사할 수 있도록 설치하고, 방사구역은 $100m^2$ 이상(방호대상물의 표면적이 $100m^2$ 미만인 경우에는 당해 표면적)으로 한다.

27 다음 〈보기〉의 위험물 중 제1류 위험물의 지정수량을 모두 합한 값은?

> 〈보기〉
> 퍼옥소이황산염류, 과아이오딘산, 과염소산, 아염소산염류

① 350kg ② 650kg
③ 950kg ④ 1,200kg

≫ 〈보기〉의 위험물의 유별과 지정수량은 다음과 같다.
- 퍼옥소이황산염류 : 행정안전부령이 정하는 제1류 위험물, 300kg
- 과아이오딘산 : 행정안전부령이 정하는 제1류 위험물, 300kg
- 과염소산 : 제6류 위험물, 300kg
- 아염소산염류 : 제1류 위험물, 50kg

위의 위험물 중 제1류 위험물의 지정수량을 모두 합하면 300kg + 300kg + 50kg = **650kg**이다.

28 위험물제조소는 문화재보호법에 의한 유형문화재로부터 몇 m 이상의 안전거리를 두어야 하는가?

① 20m ② 30m
③ 40m ④ 50m

➤➤ 제조소의 안전거리기준
1) 주거용 건축물(제조소의 동일부지 외에 있는 것)
: 10m 이상
2) 학교, 병원, 극장(300명 이상), 다수인 수용시설
: 30m 이상
3) **유형문화재**, 지정문화재 : **50m 이상**
4) 고압가스, 액화석유가스 등의 저장·취급 시설
: 20m 이상
5) 사용전압이 7,000V 초과 35,000V 이하인 특고압가공전선 : 3m 이상
6) 사용전압이 35,000V를 초과하는 특고압가공전선 : 5m 이상

29 발화점에 대한 설명으로 가장 옳은 것은?

① 외부에서 점화했을 때 발화하는 최저온도
② 외부에서 점화했을 때 발화하는 최고온도
③ 외부에서 점화하지 않더라도 발화하는 최저온도
④ 외부에서 점화하지 않더라도 발화하는 최고온도

➤➤ **발화점**이란 **외부의 점화원 없이 스스로 발화하는 최저온도**를 말한다.

Check

인화점이란 외부의 점화원에 의해 인화하는 최저온도를 말한다.

30 가연물의 주된 연소형태에 대한 설명으로 옳지 않은 것은?

① 황의 주된 연소형태는 증발연소이다.
② 목재의 연소형태는 분해연소이다.
③ 양초의 주된 연소형태는 자기연소이다.
④ 목탄의 주된 연소형태는 표면연소이다.

➤➤ 고체의 연소형태의 종류와 예
1) 표면연소 : 코크스(탄소), 목탄(숯) 금속분 등
2) 분해연소 : 목재, 석탄, 종이, 플라스틱, 합성수지 등
3) 자기연소 : 제5류 위험물 등
4) **증발연소** : 황, 나프탈렌, **양초**(파라핀) 등

31 위험물안전관리법령상 분말소화설비의 기준에서 가압용 또는 축압용 가스로 사용하도록 지정한 것은?

① 일산화탄소   ② 이산화탄소
③ 헬륨   ④ 아르곤

➤➤ 분말소화설비에 사용하는 가압용 또는 축압용 가스는 질소 또는 **이산화탄소**로 지정되어 있다.

32 위험물안전관리법령상 물분무소화설비의 제어밸브는 바닥으로부터 어느 위치에 설치하여야 하는가?

① 0.5m 이상 1.5m 이하
② 0.8m 이상 1.5m 이하
③ 1m 이상 1.5m 이하
④ 1.5m 이상

➤➤ 물분무소화설비의 제어밸브는 바닥면으로부터 **0.8m 이상 1.5m 이하**의 높이에 설치해야 한다.

33 폐쇄형 스프링클러헤드는 설치장소의 평상시 최고주위온도에 따라서 결정된 표시온도의 것을 사용해야 한다. 설치장소의 최고주위온도가 28℃ 이상 39℃ 미만일 때 표시온도는?

① 58℃ 미만
② 58℃ 이상 79℃ 미만
③ 79℃ 이상 121℃ 미만
④ 121℃ 이상 162℃ 미만

➤➤ 폐쇄형 스프링클러헤드는 그 부착장소의 평상시 최고주위온도에 따라 다음 [표]에서 정한 표시온도를 갖는 것을 설치해야 한다.

부착장소의 최고주위온도	표시온도
28℃ 미만	58℃ 미만
28℃ 이상 39℃ 미만	**58℃ 이상 79℃ 미만**
39℃ 이상 64℃ 미만	79℃ 이상 121℃ 미만
64℃ 이상 106℃ 미만	121℃ 이상 162℃ 미만
106℃ 이상	162℃ 이상

정답   29. ③ 30. ③ 31. ② 32. ② 33. ②

34 위험물제조소등에 설치하는 옥내소화전설비가 설치된 건축물에 옥내소화전이 1층에 5개, 2층에 6개가 설치되어 있다. 이때 수원의 수량은 몇 m^3 이상으로 하여야 하는가?

① $19m^3$

② $29m^3$

③ $39m^3$

④ $47m^3$

➤➤ 위험물제조소등에 설치된 옥내소화전설비의 수원의 양은 옥내소화전이 가장 많이 설치된 층의 옥내소화전의 설치개수(설치개수가 5개 이상이면 5개)에 $7.8m^3$를 곱한 값 이상의 양으로 정한다. 〈문제〉에서 2층의 옥내소화전 개수가 6개로 가장 많지만 개수가 5개 이상이면 5개를 $7.8m^3$에 곱해야 하므로 수원의 양은 5개 × $7.8m^3$ = **$39m^3$**이다.

Check

옥외소화전설비의 수원의 양은 옥외소화전의 설치개수(설치개수가 4개 이상이면 4개)에 $13.5m^3$를 곱한 값 이상의 양으로 한다.

35 위험물안전관리법령에 따른 이동식 할로겐화물소화설비 기준에 의하면 20℃에서 노즐이 할론 2402를 방사할 경우 1분당 몇 kg의 소화약제를 방사할 수 있어야 하는가?

① 35   ② 40

③ 45   ④ 50

➤➤ 이동식 할로겐화합물소화설비의 하나의 노즐마다 온도 20℃에서의 1분당 방사량

1) **할론 2402 : 45kg 이상**

2) 할론 1211 : 40kg 이상

3) 할론 1301 : 35kg 이상

Check 이동식 할로겐화합물소화설비의 용기 또는 탱크에 저장하는 소화약제의 양

(1) 할론 2402 : 50kg 이상

(2) 할론 1211 : 45kg 이상

(3) 할론 1301 : 45kg 이상

36 할로겐화합물의 화학식의 Halon 번호가 올바르게 연결된 것은?

① CH_2ClBr – Halon 1211

② CF_2ClBr – Halon 104

③ $C_2F_4Br_2$ – Halon 2402

④ CF_3Br – Halon 1011

➤➤ 할로겐화합물 소화약제의 Halon 번호는 C – F – Cl – Br의 순서대로 각 원소의 개수를 나타낸 것이다.

① CH_2ClBr : C 1개, F 0개, Cl 1개, Br 1개로 구성되므로 Halon 번호는 1011이며, H의 개수는 Halon 번호에는 포함되지 않는다. Halon 1011의 화학식에서 C 1개에는 원소가 4개 붙어야 하는데 Cl 1개와 Br 1개밖에 붙지 않아서 2개의 빈칸이 발생하여 그 빈칸을 H로 채웠기 때문에 Halon 1011의 화학식에는 H가 2개 포함되어 CH_2ClBr이 된다.

② CF_2ClBr : C 1개, F 2개, Cl 1개, Br 1개로 구성되므로 Halon 번호는 1211이다.

③ $C_2F_4Br_2$: C 2개, F 4개, Cl 0개, Br 2개로 구성되므로 **Halon 번호는 2402**이다.

④ CF_3Br : C 1개, F 3개, Cl 0개, Br 1개로 구성되므로 Halon 번호는 1301이다.

37 제1종 분말소화약제의 주성분은?

① $NaHCO_3$

② $KHCO_3$

③ $NH_4H_2PO_4$

④ $KHCO_3$, $(NH_2)_2CO$

➤➤ 분말소화약제

분말의 구분	주성분	화학식	적응화재	착색
제1종 분말	탄산수소 나트륨	$NaHCO_3$	B·C급	백색
제2종 분말	탄산수소 칼륨	$KHCO_3$	B·C급	보라색
제3종 분말	인산암모늄	$NH_4H_2PO_4$	A·B·C급	담홍색
제4종 분말	탄산수소 칼륨과 요소의 반응생성물	$KHCO_3$ + $(NH_2)_2CO$	B·C급	회색

38 할로젠화합물소화기의 구성 성분이 아닌 것은?

① F

② He

③ Cl

④ Br

》 할로젠화합물소화기는 **탄소, 수소와 할로젠분자** (F_2, Cl_2, Br_2, I_2)로 구성된 증발성 액체 소화약제로서, 기화가 잘되고 공기보다 무거운 가스를 발생시켜 질식효과, 냉각효과, 억제효과를 가진다.

39 위험물의 운반용기 재질 중 액체 위험물의 외장용기로 적절하지 않은 것은?

① 유리

② 플라스틱상자

③ 나무상자

④ 파이버판상자

》 액체 위험물의 운반용기

내장용기		외장용기	
용기의 종류	최대용적 (중량)	용기의 종류	최대용적 (중량)
유리용기	5L	나무 또는 플라스틱상자 (불활성의 완충재를 채울 것)	75kg
			125kg
	10L		225kg
	5L	파이버판상자	40kg
	10L		55kg
플라스틱 용기	10L	나무 또는 플라스틱상자	75kg
			125kg
			225kg
		파이버판상자	40kg
			55kg
금속제 용기	30L	나무 또는 플라스틱상자	125kg
			225kg
		파이버판상자	40kg
			55kg

	금속제용기 (금속제드럼 제외)	60L	
	플라스틱용기 (플라스틱드럼 제외)	10L	
		20L	
		30L	
	금속제드럼 (뚜껑고정식)	250L	
	금속제드럼 (뚜껑탈착식)	250L	
	플라스틱 또는 파이버드럼 (플라스틱 내용기 부착의 것)	250L	

내장용기의 용기 종류란이 빈칸인 것은 외장용기에 위험물을 직접 수납하거나 유리용기, 플라스틱용기 또는 금속제용기를 내장용기로 할 수 있음을 표시한다.

40 위험물안전관리법령상 제조소 건축물의 지붕이 가벼운 불연재료로 구성되어야 하는 위험물은?

① 황화인

② 피리딘

③ 실린더유

④ 과염소산

》 제조소 건축물의 지붕은 폭발력이 위로 방출될 정도의 가벼운 불연재료로 구성되어야 하나, 제2류 위험물(분상의 것과 인화성 고체를 제외), 제4류 위험물 중 제4석유류, 동식물유류, 제6류 위험물을 취급하는 경우에는 지붕을 내화구조로 할 수 있다.
① 황화인 : 제2류 위험물
② **피리딘 : 제4류 위험물 중 제1석유류**
③ 실린더유 : 제4류 위험물 중 제4석유류
④ 과염소산 : 제6류 위험물

정답 38. ② 39. ① 40. ②

제3과목 위험물의 성질과 취급

41 다음 중 물과 접촉했을 때 위험성이 가장 높은 것은?

① S
② CH_3COOH
③ C_2H_5OH
④ K

》》 ④ K(칼륨)은 제3류 위험물 중 금수성 물질로, 물과 반응 시 수산화칼륨(KOH)과 함께 가연성인 수소가스를 발생한다.
• 물과의 반응식
$$2K + 2H_2O \rightarrow 2KOH + H_2$$

42 산화프로필렌에 대한 설명으로 틀린 것은?

① 무색의 휘발성 액체이고, 물에 녹는다.
② 인화점이 상온 이하이므로 가연성 증기 발생을 억제하여 보관해야 한다.
③ 은, 마그네슘 등의 금속과 반응하여 폭발성 혼합물을 생성한다.
④ 증기압이 낮고 연소범위가 좁아서 위험성이 높다.

》》 ① 무색의 휘발성 액체이고, 물에 녹는 수용성의 물질이다.
② 인화점은 −37℃로서 상온(20℃) 이하이고, 휘발성이 강해 가연성 증기를 발생하므로 증기발생을 억제해야 한다.
③ 수은, 은, 구리, 마그네슘 등의 금속과 반응하여 금속아세틸라이드라는 폭발성 혼합물을 생성한다.

톡톡 튀는 (암기법) 수은, 은, 구리, 마그네슘 → <u>수은구루마</u>

④ 제4류 위험물 중 특수인화물에 속하는 물질로서 **증기압도 높고 연소범위도 넓어서 위험성이 매우 높다.**

43 위험물을 지정수량이 큰 것부터 작은 순서로 올바르게 나열한 것은?

① 브로민산염류 > 황화인 > 아염소산염류
② 브로민산염류 > 아염소산염류 > 황화인
③ 황화인 > 아염소산염류 > 브로민산염류
④ 브로민산염류 > 아염소산염류 > 황화인

》》 〈보기〉의 위험물의 유별과 지정수량은 다음과 같다.
• 브로민산염류 : 제1류 위험물, 300kg
• 황화인 : 제2류 위험물, 100kg
• 아염소산염류 : 제1류 위험물, 50kg
따라서 지정수량이 큰 것부터 작은 순서로 나열하면 **브로민산염류 > 황화인 > 아염소산염류**의 순서가 된다.

44 동식물유류에 대한 설명 중 틀린 것은?

① 아이오딘가가 클수록 자연발화의 위험이 크다.
② 아마인유는 불건성유이므로 자연발화의 위험이 낮다.
③ 동식물유류는 제4류 위험물에 속한다.
④ 아이오딘가가 130 이상인 것은 건성유이므로 저장할 때 주의한다.

》》 ① 아이오딘가(아이오딘값)는 유지 100g에 흡수되는 아이오딘의 g수를 의미하며, 이 값이 클수록 자연발화의 위험은 크다.
② **아마인유**는 동유, 해바라기유, 들기름과 함께 **건성유에 속하는 물질**로서 **자연발화의 위험이 크다.**
③ 동식물유류는 제4류 위험물에 속하는 품명으로서, 지정수량은 10,000L이다.
④ 아이오딘가(아이오딘값)가 130 이상인 것은 건성유로 분류되며, 자연발화의 위험성이 커서 저장할 때 주의해야 한다.

45 금속칼륨의 일반적인 성질에 대한 설명으로 틀린 것은?

① 칼로 자를 수 있는 무른 경금속이다.
② 에탄올과 반응하여 산소를 발생한다.
③ 물과 반응하여 가연성 기체를 발생한다.
④ 물보다 가벼운 은백색의 금속이다.

》》 제3류 위험물인 칼륨(K)은 비중이 0.86으로 물보다 가벼우며 칼로 자를 수 있을 만큼 무른 경금속으로, 물과 반응하면 수산화칼륨(KOH)과 수소를 발생하며 **에탄올(C_2H_5OH)과 반응하면 칼륨에틸레이트(C_2H_5OK)와 수소를 발생**한다.
• 물과의 반응식
$$2K + 2H_2O \rightarrow 2KOH + H_2$$
• 에탄올과의 반응식
$$2K + 2C_2H_5OH \rightarrow 2C_2H_5OK + H_2$$

정답 41. ④ 42. ④ 43. ① 44. ② 45. ②

46 다음 위험물 중 물과 접촉했을 때 연소범위 하한이 2.5vol%인 가연성 가스가 발생하는 것은?

① 인화칼슘　　② 과산화칼륨
③ 나트륨　　　④ 탄화칼슘

≫ ① 인화칼슘은 물과의 반응 시 수산화칼슘과 함께 연소범위 1.6~95%인 포스핀이 발생한다.
  • 물과의 반응식
  $Ca_3P_2 + 6H_2O \rightarrow Ca(OH)_2 + 2PH_3$
  ② 과산화칼륨은 물과의 반응 시 수산화칼륨과 불연성 가스인 산소, 그리고 열을 발생한다.
  • 물과의 반응식
  $2K_2O_2 + 2H_2O \rightarrow 4KOH + O_2$
  ③ 나트륨은 물과의 반응 시 수산화나트륨과 함께 연소범위 4~75%인 수소가 발생한다.
  • 물과의 반응식
  $Na + 2H_2O \rightarrow 2NaOH + H_2$
  ④ 탄화칼슘은 **물과의 반응 시** 수산화칼슘과 함께 **연소범위 2.5~81%인 아세틸렌이 발생**한다.
  • 물과의 반응식
  $CaC_2 + 2H_2O \rightarrow Ca(OH)_2 + C_2H_2$

47 다음과 같은 성질을 갖는 위험물로 예상할 수 있는 것은?

• 지정수량 : 400L	• 증기비중 : 2.07
• 인화점 : 12℃	• 녹는점 : −89.5℃

① 메탄올
② 벤젠
③ 아이소프로필알코올
④ 휘발유

≫ 〈보기〉의 위험물 중 벤젠과 휘발유는 제4류 위험물 중 제1석유류 비수용성 물질이므로 지정수량이 200L이고, 메탄올과 아이소프로필알코올은 알코올류로서 지정수량이 400L이므로 정답은 메탄올 또는 아이소프로필알코올 중에 있다. 또한 〈조건〉에 증기비중이 2.07로 주어졌으므로 증기비중의 공식을 이용해 다음과 같이 이 위험물의 분자량을 구할 수 있다.

$$증기비중 = \frac{분자량}{29}$$

분자량 = 증기비중×29 = 2.07×29 = 60g이다.
〈보기〉 중 아이소프로필알코올은 화학식이 $(CH_3)_2CHOH$이며, 분자량은 12(C)g×3 + 1(H)g×8 + 16(O)g = 60g이다.

48 어떤 공장에서 아세톤과 메탄올을 18L 용기에 각각 10개, 등유를 200L 드럼으로 3드럼을 저장하고 있다면 각각의 지정수량 배수의 총합은 얼마인가?

① 1.3
② 1.5
③ 2.3
④ 2.5

≫ 아세톤(제1석유류 수용성)의 지정수량은 400L이며, 메탄올(알코올류)의 지정수량도 400L, 등유(제2석유류 비수용성)의 지정수량은 1,000L이므로 이들의 지정수량 배수의 합은

$$\frac{18L \times 10개}{400L} + \frac{18L \times 10개}{400L} + \frac{200L \times 3드럼}{1,000L}$$

=**1.5배**이다.

49 저장·수송할 때 타격 및 마찰에 의한 폭발을 막기 위해 물이나 알코올로 습면시켜 취급하는 위험물은?

① 나이트로셀룰로오스
② 과산화메틸에틸케톤
③ 글리세린
④ 에틸렌글리콜

≫ 제5류 위험물 중 질산에스터류에 속하는 고체상태의 물질인 **나이트로셀룰로오스**는 건조하면 발화 위험이 있으므로 **함수알코올(수분 또는 알코올)에 습면시켜 저장**한다.

Check
제5류 위험물 중 고체상태의 물질들은 건조하면 발화위험이 있으므로 수분에 습면시켜 폭발성을 낮춘다. 이 중 나이트로셀룰로오스는 물뿐만 아니라 알코올에 습면시켜 폭발성을 낮출 수도 있다.

50 다음 중 K_2O_2와 CaO_2의 공통적인 성질인 것은?

① 주황색의 결정이다.
② 알코올에 잘 녹는다.
③ 가열하면 산소를 방출하며 분해한다.
④ 초산과 반응하여 수소를 발생한다.

정답　46. ④ 47. ③ 48. ② 49. ① 50. ③

>> 제1류 위험물 중 무기과산화물인 K_2O_2와 CaO_2의 성질
> 1) 과산화칼륨(K_2O_2)
> 무색 또는 주황색의 결정이고, 알코올에 잘 녹는다.
> **열분해 시** 산화칼륨과 **산소가 발생한다.**
>   • 열분해반응식
> $2K_2O_2 \rightarrow 2K_2O + O_2$
> 초산과 반응 시 초산칼륨과 과산화수소가 발생한다.
>   • 초산과의 반응식
> $K_2O_2 + 2CH_3COOH \rightarrow 2CH_3COOK + H_2O_2$
> 2) 과산화칼슘(CaO_2)
> 백색분말이고, 물에 약간 녹고, 알코올과 에터에 녹지 않는다.
> **열분해 시** 산화칼슘과 **산소가 발생한다.**
>   • 열분해반응식
> $2CaO_2 \rightarrow 2CaO + O_2$
> 초산과 반응 시 초산칼슘과 과산화수소가 발생한다.
>   • 초산과의 반응식
> $CaO_2 + 2CH_3COOH \rightarrow (CH_3COO)_2Ca + H_2O_2$

51 과염소산의 운반용기 외부에 표시해야 하는 주의사항은?

① 물기엄금　　② 화기엄금
③ 충격주의　　④ 가연물접촉주의

>>

유 별	품 명	운반용기에 표시하는 주의사항
제1류	알칼리금속의 과산화물	화기 · 충격주의, 가연물접촉주의, 물기엄금
	그 밖의 것	화기 · 충격주의, 가연물접촉주의
제2류	철분, 금속분, 마그네슘	화기주의, 물기엄금
	인화성 고체	화기엄금
	그 밖의 것	화기주의
제3류	금수성 물질	물기엄금
	자연발화성 물질	화기엄금, 공기접촉엄금
제4류	인화성 액체	화기엄금
제5류	자기반응성 물질	화기엄금, 충격주의
제6류	산화성 액체	**가연물접촉주의**

52 트라이에틸알루미늄의 소화약제로서 다음 중 가장 적당한 것은?

① 마른 모래, 팽창질석
② 물, 수성막포
③ 할로젠화합물, 단백포
④ 이산화탄소, 강화액

>> 트라이에틸알루미늄은 제3류 위험물 중 금수성 물질이며, 탄산수소염류분말소화제 및 **마른 모래(건조사), 팽창질석 및 팽창진주암**이 적응성이 있다.

53 위험물안전관리법령상 제1류 위험물 중 알칼리금속의 과산화물의 운반용기 외부에 표시하여야 하는 주의사항을 모두 올바르게 나타낸 것은?

① "화기엄금", "충격주의" 및 "가연물접촉주의"
② "화기 · 충격주의", "물기엄금" 및 "가연물접촉주의"
③ "화기주의" 및 "물기엄금"
④ "화기엄금" 및 "충격주의"

>>

유 별	품 명	운반용기에 표시하는 주의사항
제1류	알칼리금속의 과산화물	**화기 · 충격주의, 가연물접촉주의, 물기엄금**
	그 밖의 것	화기 · 충격주의, 가연물접촉주의
제2류	철분, 금속분, 마그네슘	화기주의, 물기엄금
	인화성 고체	화기엄금
	그 밖의 것	화기주의
제3류	금수성 물질	물기엄금
	자연발화성 물질	화기엄금, 공기접촉엄금
제4류	인화성 액체	화기엄금
제5류	자기반응성 물질	화기엄금, 충격주의
제6류	산화성 액체	가연물접촉주의

54 제4류 위험물 중 비수용성 인화성 액체 탱크화재 시 물을 뿌려 소화하는 것은 적당하지 않다고 한다. 그 이유로서 가장 적당한 것은?

① 인화점이 낮아진다.
② 가연성 가스가 발생한다.
③ 화재면(연소면)이 확대된다.
④ 발화점이 낮아진다.

≫ 물보다 가볍고 물에 녹지 않는 제4류 위험물의 화재 시 물을 이용하면 위험물이 물보다 상층에 존재하면서 지속적으로 **연소면을 확대**할 위험이 있으므로 주수소화를 할 수 없다.

> ⌜Check⌟
> 물보다 무겁고 물에 녹지 않는 제4류 위험물의 화재 시에는 물이 위험물보다 상층에 존재하여 산소공급원을 차단시키는 역할을 하므로 질식소화가 가능하다.

55 다음 위험물 중 산화성 고체가 아닌 것은?

① 무기과산화물
② 과아이오딘산
③ 퍼옥소이황산염류
④ 금속의 수소화물

≫ 산화성 고체(제1류 위험물)
  1) 위험등급 Ⅰ : 아염소산염류, 염소산염류, 과염소산염류, **무기과산화물**
  2) 위험등급 Ⅱ : 브로민산염류, 질산염류, 아이오딘산염류
  3) 위험등급 Ⅲ : 과망가니즈산염류, 다이크로뮴산염류
  4) 그 밖에 행정안전부령이 정하는 것 : 과아이오딘산염류, **과아이오딘산**, 크로뮴, 납 또는 아이오딘의 산화물, 아질산염류, 차아염소산염류, 염소화아이소사이아누르산, **퍼옥소이황산염류**, 퍼옥소붕산염류

56 질산에틸에 대한 설명으로 틀린 것은?

① 향기를 갖는 무색의 액체이다.
② 물에는 녹지 않으나, 에터에 녹는다.
③ 휘발성 물질로, 증기 비중은 공기보다 작다.
④ 비점 이상으로 가열하면 폭발의 위험이 있다.

≫ 제5류 위험물 중 질산에스터류인 질산에틸($C_2H_5ONO_2$)은 비점 88℃, 비중 1.10이고, 인화하기 쉽고 제4류 위험물과 성질이 비슷하다.

> 💡 Tip
> 제5류 위험물은 모두 비중이 1보다 크고, 물에 녹지 않는다.

57 다음 중 인화점이 가장 낮은 위험물은 어느 것인가?

① 다이에틸에터   ② 아세트알데하이드
③ 산화프로필렌   ④ 벤젠

≫ 위험물의 인화점
  ① **다이에틸에터 : −45℃**
  ② 아세트알데하이드 : −38℃
  ③ 산화프로필렌 : −37℃
  ④ 벤젠 : −11℃

58 적린에 대한 설명으로 옳은 것은?

① 발화방지를 위해 염소산칼륨과 함께 보관한다.
② 물과 격렬하게 반응하여 열을 발생한다.
③ 공기 중에 방치하면 자연발화한다.
④ 산화제와 혼합한 경우 마찰·충격에 의해서 발화한다.

≫ ① 제2류 위험물로서 가연성 고체인 적린(P)은 제1류 위험물로서 산소공급원 역할을 하는 염소산칼륨($KClO_3$)과 함께 보관하면 위험하다.
  ② 적린은 물과 반응하지 않는다.
  ③ 적린의 발화온도는 260℃이므로 공기 중에서 자연발화하지 않는다.
  ④ **적린**은 가연물이므로 산소공급원인 **산화제와 혼합할 경우 마찰·충격에 의해서 발화**할 수 있다.

59 위험물안전관리법령상 물분무소화설비가 적응성이 있는 위험물은?

① 알칼리금속의 과산화물
② 금속분, 마그네슘
③ 금수성 물질
④ 인화성 고체

제1류 위험물에 속하는 알칼리금속의 과산화물과 제2류 위험물에 속하는 철분·금속분·마그네슘, 제3류 위험물에 속하는 금수성 물질의 화재에는 탄산수소염류 분말소화설비가 적응성이 있으며, 제2류 위험물에 속하는 **인화성 고체의 화재**에 대해서는 **물분무소화설비**뿐 아니라 대부분의 소화설비가 모두 적응성이 있다.

대상물의 구분 / 소화설비의 구분	건축물·그 밖의 공작물	전기설비	제1류 위험물 알칼리금속의 과산화물등	제1류 위험물 그 밖의 것	제2류 위험물 철분·금속분·마그네슘등	제2류 위험물 인화성 고체	제2류 위험물 그 밖의 것	제3류 위험물 금수성물품	제3류 위험물 그 밖의 것	제4류 위험물	제5류 위험물	제6류 위험물
옥내소화전 또는 옥외소화전 설비	○			○		○	○		○		○	○
스프링클러설비	○			○		○	○		○	△	○	○
물분무등소화설비 — 물분무소화설비	○	○		○		◎	○		○	○	○	○
물분무등소화설비 — 포소화설비	○			○		○	○		○	○	○	○
물분무등소화설비 — 불활성가스소화설비		○				○				○		
물분무등소화설비 — 할로젠화합물소화설비		○				○				○		
물분무등소화설비 — 분말소화설비 인산염류등	○	○		○		○	○				○	○
물분무등소화설비 — 분말소화설비 탄산수소염류등		○	○		○	○		○				
물분무등소화설비 — 분말소화설비 그 밖의 것			○		○			○				

60 피크린산에 대한 설명으로 틀린 것은?

① 폭발에 대비하여 철, 구리로 만든 용기에 저장한다.

② 알코올, 벤젠에 녹는다.

③ 화재발생 시 다량의 물로 주수소화 할 수 있다.

④ 단독으로는 충격·마찰에 둔감한 편이다.

》 피크린산(트라이나이트로페놀)은 제5류 위험물 중 품명은 나이트로화합물로서 찬물에는 녹지 않고 온수, 알코올, 벤젠 등에 녹는다. 단독으로는 충격·마찰 등에 둔감하지만 **구리, 아연 등 금속염류와의 혼합물은 피크린산염을 생성하여 마찰·충격 등에 위험해진다.** 또한 고체 물질로, 건조하면 위험하고 약한 습기에 저장하면 안정하다.

CBT 기출복원문제

2024 제3회 위험물산업기사

2024년 7월 7일 시행

제1과목 | 일반화학

01 헥세인(C_6H_{14})의 구조이성질체의 수는 몇 개 인가?

① 3개   ② 4개
③ 5개   ④ 9개

》 알케인의 일반식 C_nH_{2n+2}에 $n=6$을 대입하면, 탄소 수가 6개이고 수소 수가 14개인 헥세인 (C_6H_{14})이 되며, 헥세인은 다음과 같이 **5개의 구조이성질체**가 존재한다.

1)
```
    H  H  H  H  H  H
    |  |  |  |  |  |
H — C— C— C— C— C— C—H
    |  |  |  |  |  |
    H  H  H  H  H  H
```

2)
```
    H  H  H  H  H
    |  |  |  |  |
H — C— C— C— C— C—H
    |  |  |  |  |
    H  H— C—H  H
           |
           H
```

3)
```
    H  H  H  H  H
    |  |  |  |  |
H — C— C— C— C— C—H
    |  |  |  |  |
    H  H  H— C—H H
             |
             H
```

4)
```
            H
            |
          H—C—H
    H  H  | H  H
    |  |  |  |  |
H — C— C— C— C—H
    |  |  |  |
    H  H— C—H H
         |
         H
```

5)
```
            H
            |
          H—C—H
    H  |  H  H
    |  H— C—H |
H — C— C— C— C—H
    |  |  |  |
    H  H— C—H H
         |
         H
```

02 sp^3 혼성오비탈을 가지고 있는 것은?

① BF_3 ② $BeCl_2$
③ C_2H_4 ④ CH_4

》 혼성궤도함수(혼성오비탈)란 다음과 같이 전자 2개로 채워진 오비탈을 그 명칭과 개수로 표시한 것을 말한다.

① BF_3 : B는 원자가가 +3이므로 다음 그림과 같이 s오비탈과 p오비탈에 각각 3개의 전자를 '•' 표시로 채우고 F는 원자가가 −1인데 총 개수는 3개이므로 p오비탈에 3개의 전자를 'x' 표시로 채우면 s오비탈 1개와 p오비탈 2개에 전자들이 채워진다. 따라서 BF_3의 혼성궤도함수는 sp^2이다.

s	p		
••	•x	xx	

② $BeCl_2$: Be는 원자가가 +2이므로 다음 그림과 같이 s오비탈에 2개의 전자를 '•' 표시로 채우고 Cl은 원자가가 −1인데 총 개수는 2개이므로 p오비탈에 2개의 전자를 'x' 표시로 채우면 s오비탈 1개와 p오비탈 1개에 전자들이 채워진다. 따라서 $BeCl_2$의 혼성궤도함수는 sp이다.

s	p		
••	xx		

③ C_2H_4 : C가 2개 이상 존재하는 물질의 경우에는 전자 2개로 채워진 오비탈의 명칭을 읽어주는 방법으로는 문제를 해결하기 힘들기 때문에 C_2H_4의 혼성궤도함수는 sp^2로 암기한다.

④ CH_4 : C는 원자가가 +4이므로 다음 그림과 같이 s오비탈과 p오비탈에 각각 4개의 전자를 '•' 표시로 채우고 H는 원자가가 +1인데 총 개수는 4개이므로 p오비탈에 4개의 전자를 'x' 표시로 채우면 **s오비탈 1개와 p오비탈 3개**에 2개의 전자들이 채워진다. 따라서 CH_4의 혼성궤도함수는 sp^3이다.

s	p		
••	•x	•x	xx

정답   01. ③ 02. ④

03 다음 중 수용액의 pH가 가장 작은 것은?

① 0.01N HCl

② 0.1N HCl

③ 0.01N CH₃COOH

④ 0.1N NaOH

》 물질이 H를 가지고 있는 경우에는 $pH = -\log[H^+]$ 의 공식을 이용해 수소이온지수(pH)를 구할 수 있고, 물질이 OH를 가지고 있는 경우에는 $pOH = -\log[OH^-]$의 공식을 이용해 수산화이온지수 (pOH)를 구할 수 있다.
① H를 가진 HCl의 농도 $[H^+]$ = 0.01N이므로 $pH = -\log 0.01 = -\log 10^{-2} = 2$이다.
② H를 가진 HCl의 농도 $[H^+]$ = 0.1N이므로 **pH** $= -\log 0.1 = -\log 10^{-1} = 1$이다.
③ H를 가진 CH₃COOH의 농도 $[H^+]$ = 0.01N이므로 $pH = -\log 0.01 = -\log 10^{-2} = 2$이다.
④ OH를 가진 NaOH의 농도는 $[OH^-]$ = 0.1N 이므로 $pOH = -\log 0.1 = -\log 10^{-1} = 1$인데, 〈문제〉는 pOH가 아닌 pH를 구하는 것이므로 pH + pOH = 14의 공식을 이용하여 다음과 같이 pH를 구할 수 있다.
$pH = 14 - pOH = 14 - 1 = 13$

04 수용액에서 산성의 세기가 가장 큰 것은?

① HF ② HCl
③ HBr ④ HI

》 할로젠화 수소산의 세기는 결합에너지의 영향을 받는다. 결합에너지는 HI(298kJ/mol) < HBr (366kJ/mol) < HCl(432kJ/mol) < HF(570kJ/mol) 으로 결합에너지가 약할수록 강한 산이므로 산의 세기는 HI > HBr > HCl > HF이다.

05 95중량% 황산의 비중은 1.84이다. 이 황산의 몰농도(M)는 약 얼마인가?

① 8.9 ② 9.4
③ 17.8 ④ 18.8

》 중량% $= \dfrac{용질의\ g}{100g\ 용액}$ 이므로 황산용액 100g에는 H₂SO₄ 95g이 들어있고, H₂SO₄의 몰질량은 $1(H) \times 2 + 32(S) + 16(O) \times 4 = 98$g/mol이다. 황산용액의 비중은 물의 밀도가 1/mL에 대한 황산용액의 밀도이므로 황산용액 밀도 1.84g/mL

는 황산용액 1mL가 1.84g이다. 몰농도(M) $= \dfrac{용질의\ mol수}{용액의\ 부피(L)}$ 를 구하면 다음과 같다.

$$\dfrac{95g\ H_2SO_4}{100g\ 황산용액} \times \dfrac{1.84g\ 황산용액}{1mL\ 황산용액} \times \dfrac{1,000mL}{1L}$$

$$\times \dfrac{1mol\ H_2SO_4}{98g\ H_2SO_4} = \mathbf{17.8M}$$

06 다음 중 H₂O가 H₂S보다 비등점이 높은 이유는 무엇인가?

① 이온결합을 하고 있기 때문에

② 수소결합을 하고 있기 때문에

③ 공유결합을 하고 있기 때문에

④ 분자량이 적기 때문에

》 F(플루오린), O(산소), N(질소)가 수소(H)와 결합하고 있는 물질을 수소결합물질이라 하며, 수소결합을 하는 물질들은 분자들간의 인력이 크고 응집력이 강해 녹는점(융점) 및 끓는점(비등점)이 높다. 〈문제〉의 물(H₂O)은 산소(O)가 수소(H)와 결합하고 있는 수소결합물질이고, 황화수소 (H₂S)는 F(플루오린), O(산소), N(질소)가 아닌 황(S)이 수소(H)와 결합하고 있으므로 수소결합물질이 아니다. 따라서 물(H₂O)이 황화수소(H₂S)보다 비등점이 높은 이유는 **물(H₂O)이 수소결합을 하고 있기 때문이다.**

🔥톡톡튀는 암기법 수소결합물질은 수소(H)가 전화기(phone)을 소리나는 대로 읽어 "F", "O", "N"와 결합한 것이다.

07 질소 2몰과 산소 3몰의 혼합기체가 나타나는 전압력이 10기압 일 때 질소의 분압은 얼마인가?

① 2기압 ② 4기압
③ 8기압 ④ 10기압

》 분압 = 전압(전체의 압력) $\times \dfrac{해당\ 물질의\ 몰수}{전체\ 물질의\ 몰수의\ 합}$ 이며, 각 물질의 분압의 합은 전압이 된다.
1) **질소의 분압**
$= 10기압(전압) \times \dfrac{2몰(질소)}{2몰(질소) + 3몰(산소)}$
$= \mathbf{4기압}$

2) 산소의 분압

$$= 10기압(전압) \times \frac{3몰(산소)}{2몰(질소) + 3몰(산소)}$$

$$= 6기압$$

또한, 질소의 분압 4기압과 산소의 분압 6기압의 합은 전압인 10기압이 된다.

08 $CuCl_2$의 용액에 5A 전류를 1시간 동안 흐르게 하면 몇 g의 구리가 석출되는가? (단, Cu의 원자량은 63.54이며, 전자 1개의 전하량은 1.602×10^{-19}C이다.)

① 3.17

② 4.83

③ 5.93

④ 6.35

>> Cu(구리)를 석출하기 위해 필요한 전기량($C_{쿨롬}$) = 전류($A_{암페어}$) × 시간($sec_{초}$)이다. 〈문제〉에서 5A의 전류를 1시간, 즉 3,600초 동안 흐르게 했으므로 이때 필요한 전기량(C) = 5A × 3,600sec = 18,000C 이다.

반응식 $Cu^{2+} + 2e^- \rightarrow Cu$에서 1mol의 Cu가 석출되려면 2mol의 전자가 반응하므로 석출되는 구리의 양은 다음과 같이 구할 수 있다.

$$(5 \times 3,600)C \times \frac{1개 \ e^-}{1.602 \times 10^{-19}C} \times \frac{1mol \ e^-}{6.02 \times 10^{23}개 \ e^-}$$

$$\times \frac{1mol \ Cu}{2mol \ e^-} \times \frac{63.54g \ Cu}{1mol \ Cu} = \textbf{5.93g \ Cu}$$

09 2차 알코올을 산화시켜서 얻어지며, 환원성이 없는 물질은?

① CH_3COCH_3

② $C_2H_5OC_2H_5$

③ CH_3OH

④ CH_3OCH_3

>> 2차 알코올이란 알킬이 2개 존재하는 알코올을 말하며, 2차 알코올을 산화시키면 수소(H_2)를 잃어 케톤($R-CO-R'$)이 만들어진다. $(CH_3)_2CHOH$ (아이소프로필알코올)은 CH_3(메틸)이 2개 존재하므로 **2차 알코올**이며, 여기서 **수소 2개를 빼서 산화시키면** 아세톤이라 불리는 CH_3COCH_3(다이메틸케톤)이 만들어진다.

10 수성가스(water gas)의 주성분을 올바르게 나타낸 것은?

① CO_2, CH_4

② CO, H_2

③ CO_2, H_2, O_2

④ H_2, H_2O

>> 수성가스란 석탄 또는 코크스에 수증기를 반응시켜 만든 **일산화탄소(CO)와 수소(H_2)**를 주성분으로 하는 기체를 말한다.

11 다음 중 양쪽성 산화물에 해당하는 것은 어느 것인가?

① NO_2

② Al_2O_3

③ MgO

④ Na_2O

>> 산소(O)를 포함하고 있는 물질을 산화물이라 하며, 산화물에는 다음의 3종류가 있다.
1) 산성 산화물 : 비금속 + 산소
2) 염기성 산화물 : 금속 + 산소
3) 양쪽성 산화물 : Al(알루미늄), Zn(아연), Sn(주석), Pb(납) + 산소
① NO_2 : 비금속에 속하는 N(질소) + 산소 → 산성 산화물
② Al_2O_3 : 양쪽성에 속하는 Al(알루미늄) + 산소 → **양쪽성 산화물**
③ MgO : 알칼리토금속에 속하는 Mg(마그네슘) + 산소 → 염기성 산화물
④ Na_2O : 알칼리금속에 속하는 Na(나트륨) + 산소 → 염기성 산화물

12 1개의 $Fe(CN)_6^{4-}$와 4개의 K^+이 반응하여 $K_4Fe(CN)_6$이 만들어졌다. $K_4Fe(CN)_6$은 어떤 화합물인가?

① 분자화합물

② 공유결합화합물

③ 할로젠화합물

④ 착화합물

정답 08. ③ 09. ① 10. ② 11. ② 12. ④

>> 착물이 포함되어 있는 화합물을 **착화합물**이라고 한다. 착화합물의 결합은 중심이온과 리간드 사이의 배위결합과 착이온과 다른 이온 사이의 이온결합으로 구별할 수 있다.

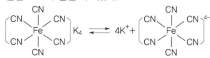

13 평형상태에서 액체의 증기압이 외부의 압력과 같을 때 관련있는 것은?

① 임계점
② 용융점과 녹는점
③ 어는점과 끓는점
④ 삼중점

>>

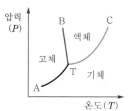

[물의 상평형도]

- 곡선 BT : 고체 – 액체 평형곡선, 용융곡선
- 곡선 CT : 액체 – 기체 평형곡선, 증기압력곡선
- 곡선 AT : 고체 – 기체 평형곡선, 승화곡선
- 점 T : 고체 – 액체 – 기체 평형점, 삼중점
- 점 C : 임계점

액체의 증기압력과 외부압력과 만나는 온도를 각각 **어는점**(액체 ⇌ 고체)과 **끓는점**(액체 ⇌ 기체)이라고 한다.

14 페놀에 대한 설명 중 틀린 것은?

① $FeCl_3$와 반응하여 보라색을 나타낸다.
② 산성 물질이다.
③ Na과 반응하여 수소를 발생한다.
④ 카복시산과 반응하여 에스터를 만든다.

>> 페놀(C_6H_6OH)은 **약한 산성**을 띠는 물질이며, 염화철(Ⅲ)용액과 반응하여 **보라색**을 나타내는 정색반응을 하고, 페놀의 −OH는 카복시산의 −COOH와 반응하여 에스터기(−COO−)를 생성하는 **에스터화반응**을 한다.

15 다음 중 질소를 포함하는 물질은?

① 프로필렌
② 에틸렌
③ 나일론
④ 염화바이닐

>> 보기의 화학식은 다음과 같다.
① 프로필렌 : C_3H_6
② 에틸렌 : C_2H_4
③ **나일론** : −(−NH−R−NHCO−R′−CO−)−$_n$
④ 염화바이닐 : C_2H_3Cl

16 저마늄(Ge)이 화학반응을 하면 어떤 원소의 최외각전자와 같아지게 되는가?

① Sn
② O
③ Kr
④ Mg

>> 저마늄(Ge)은 4주기 원소로, 옥텟규칙을 만족하도록 화학결합을 하면 18(8A)족 원소인 **크립톤(Kr)과 같은 $4s^2 4p^6$의 최외각전자**를 갖게 된다. $_{36}Kr$의 바닥상태 전자배치는 $[Ar]4s^2 3d^{10} 4p^6$이다.

17 유기고체물질을 합성하여 여러 번 세척한 후 얻은 물질이 순수한지 확인하는 방법은?

① 녹는점을 측정한다.
② 전기전도도를 측정한다.
③ 눈으로 확인한다.
④ 광학현미경으로 관찰한다.

>> 화합물의 용해도, 밀도, **녹는점**, 끓는점 등의 물리적 성질은 물질의 고유한 성질로, 순도를 결정하거나 화합물의 종류를 확인하는 데 매우 유용하다.

18 나이트로벤젠에 촉매를 사용하고 수소와 혼합하여 환원시켰을 때 얻어지는 물질은?

①
②
③
④

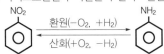
≫ 나이트로벤젠과 아닐린의 산화·환원 과정

$$NO_2 \xrightarrow[\text{산화}(+O_2, -H_2)]{\text{환원}(-O_2, +H_2)} NH_2$$

나이트로벤젠을 환원시키면 아닐린이 되고, 아닐린을 산화시키면 나이트로벤젠이 된다.

① : 피리딘

② : 나이트로톨루엔

③ : 아닐린

④ : 나이트로벤젠

19 금속산화물의 질량이 3.04g이고 환원된 물질의 질량은 2.08g, 금속의 원자량은 52일 때, 금속산화물의 화학식은?

① MO
② M_2O_3
③ M_2O
④ M_2O_7

≫ 금속산화물에 포함되어 있는 산소(O)의 질량은 금속산화물의 질량 3.04g에서 환원된 물질의 질량 2.08g의 차이로 구할 수 있다. 3.04g − 2.08g = 0.96g O. 금속(M)의 원자량 52와 산소(O)의 원자량 16을 이용하여 금속산화물의 실험식을 구하면 다음과 같다.

$$2.08g\ M \times \frac{1mol\ M}{52g\ M} = 0.04mol\ M$$

$$0.96g\ O \times \frac{1mol\ O}{16g\ O} = 0.06mol\ O$$

금속(M)과 산소(O)의 mol비를 가장 간단히 나타내면, 0.04 : 0.06 = 2 : 3이므로 금속산화물의 실험식은 M_2O_3가 된다.

20 ns^2np^3의 전자구조를 가지는 것은?

① Li, Na, K
② Be, Mg, Ca
③ N, P, As
④ C, Si, Ge

≫ 〈보기〉의 원소들의 족과 바닥상태의 원자가전자는 다음과 같다. 여기서 n의 주기를 나타낸다.
① Li, Na, K : 1A족 원소, ns^1
② Be, Mg, Ca : 2A족 원소, ns^2
③ **N, P, As : 5A족 원소, ns^2np^3**
④ C, Si, Ge : 4A족 원소, ns^2np^2

제2과목 **화재예방과 소화방법**

21 다음 물질의 화재 시 내알코올포를 쓰지 못하는 것은?

① 아세트알데하이드
② 알킬리튬
③ 아세톤
④ 에탄올

≫ 제4류 위험물 중 수용성 물질의 화재에는 일반 포소화약제로 소화할 경우 포가 소멸되어 소화효과가 없기 때문에 포가 소멸되지 않는 내알코올포소화약제를 사용해야 한다. 〈보기〉의 아세트알데하이드와 아세톤, 그리고 에탄올은 모두 수용성의 제4류 위험물이라 내알코올포를 사용해야 하지만 알킬리튬은 제3류 위험물 중 **금수성 물질**이기 때문에 내알코올포를 포함한 모든 포소화약제를 사용할 수 없고 **마른 모래 등으로 질식소화**해야 한다.

22 제3종 분말소화약제를 화재면에 방출 시 부착성이 좋은 막을 형성하여 연소에 필요한 산소의 유입을 차단하기 때문에 연소를 중단시킬 수 있다. 그러한 막을 구성하는 물질은?

① HPO_3
② PH_3
③ H_3PO_4
④ P_2O_5

≫ 제3종 분말소화약제인 인산암모늄($NH_4H_2PO_4$)은 열분해 시 메타인산(HPO_3)과 암모니아(NH_3), 그리고 수증기(H_2O)를 발생시키는데, 이 중 **메타인산(HPO_3)은 부착성이 좋은 막을 형성**하여 산소의 유입을 차단하는 역할을 한다.
• 제3종 분말소화약제의 열분해반응식
$NH_4H_2PO_4 \rightarrow HPO_3 + NH_3 + H_2O$

23 가연물의 주된 연소형태에 대한 설명으로 옳지 않은 것은?

① 황의 연소형태는 증발연소이다.

② 목재의 연소형태는 분해연소이다.

③ 에터의 연소형태는 표면연소이다.

④ 숯의 연소형태는 표면연소이다.

≫ ③ 에터(다이에틸에터)는 제4류 위험물 중 특수인화물에 속하는 물질로서 연소형태는 증발연소이다.

> **Check** 액체와 고체의 연소형태
>
> (1) 액체의 연소형태의 종류와 물질
>   ㉠ 증발연소 : 제4류 위험물 중 특수인화물, 제1석유류, 알코올류, 제2석유류 등
>   ㉡ 분해연소 : 제4류 위험물 중 제3석유류, 제4석유류, 동식물유류 등
> (2) 고체의 연소형태의 종류와 물질
>   ㉠ 표면연소 : 코크스(탄소), 목탄(숯), 금속분 등
>   ㉡ 분해연소 : 목재, 종이, 석탄, 플라스틱, 합성수지 등
>   ㉢ 자기연소 : 제5류 위험물 등
>   ㉣ 증발연소 : 황(S), 나프탈렌, 양초(파라핀) 등

24 제1석유류를 저장 또는 취급하는 장소에 있어서 집유설비에 유분리장치도 함께 설치하여야 한다. 이때 제1석유류는 20℃의 물 100g에 용해되는 양이 몇 g 미만인가?

① 5

② 0.5

③ 1

④ 10

≫ 제1석유류 또는 알코올류를 저장 또는 취급하는 장소의 주위에는 배수구 및 집유설비를 설치하여야 한다. 이 경우 제1석유류(20℃의 물 100g에 용해되는 양이 **1g 미만**인 것에 한한다)를 저장 또는 취급하는 장소에 있어서는 집유설비에 유분리장치도 함께 설치하여야 한다.

25 불활성가스소화약제 중 IG-541의 구성성분이 아닌 것은?

① N_2 ② Ar

③ He   ④ CO_2

≫ 불활성가스의 종류별 구성 성분
  1) IG-100 : 질소(N_2) 100%
  2) IG-55 : 질소(N_2) 50%와 아르곤(Ar) 50%
  3) **IG-541 : 질소(N_2) 52%와 아르곤(Ar) 40%와 이산화탄소(CO_2) 8%**

26 가연성 고체위험물의 화재에 대한 설명으로 틀린 것은?

① 적린과 황은 물에 의한 냉각소화를 한다.

② 금속분, 철분, 마그네슘이 연소하고 있을 때에는 주수해서는 안 된다.

③ 금속분, 철분, 마그네슘, 황화인은 마른 모래, 팽창질석 등으로 소화를 한다.

④ 금속분, 철분, 마그네슘의 연소 시에는 수소와 유독가스가 발생하므로 충분한 안전거리를 확보해야 한다.

≫ ① 제2류 위험물 중 황화인과 적린 및 황의 화재 시에는 물로 냉각소화 한다.
  ② 금속분, 철분, 마그네슘의 화재 시에는 주수소화해서는 안 되고 질식소화 한다.
  ③ 마른 모래 또는 팽창질석 등은 금속분, 철분, 마그네슘, 황화인뿐만 아니라 그 외의 모든 위험물의 화재에 사용할 수 있는 소화약제이다.
  ④ 금속분, 철분, 마그네슘의 연소 시에는 각 물질들의 산화물이 생성되며, **수소와 유독가스는 발생하지 않는다.**

27 위험물안전관리법령상 옥외소화전설비는 모든 옥외소화전을 동시에 사용할 경우 각 노즐선단의 방수압력을 얼마 이상이어야 하는가?

① 100kPa   ② 170kPa

③ 350kPa   ④ 520kPa

≫ 옥외소화전설비는 모든 옥외소화전(설치개수가 4개 이상인 경우는 4개의 옥외소화전)을 동시에 사용할 경우에 각 노즐선단의 방수압력이 **350kPa 이상**이 되도록 해야 한다.

> **Check**
>
> 옥내소화전설비는 각층을 기준으로 하여 당해 층의 모든 옥내소화전(설치개수가 5개 이상인 경우는 5개의 옥내소화전)을 동시에 사용할 경우에 각 노즐선단의 방수압력은 350kPa 이상이 되도록 해야 한다.

28 위험물안전관리법령에 따르면 옥외소화전의 개폐밸브 및 호스접속구는 지반면으로부터 몇 m 이하의 높이에 설치해야 하는가?

① 1.5   ② 2.5
③ 3.5   ④ 4.5

≫ 옥내소화전과 옥외소화전 모두 개폐밸브 및 호스접속구는 바닥면으로부터 **1.5m 이하**의 높이에 설치해야 한다.

29 위험물안전관리법령상 옥외소화전이 5개 설치된 제조소등에서 옥외소화전의 수원의 수량은 얼마 이상이어야 하는가?

① $14m^3$ ② $35m^3$
③ $54m^3$ ④ $78m^3$

≫ 옥외소화전설비의 수원의 양은 옥외소화전의 설치개수(설치개수가 4개 이상이면 4개)에 $13.5m^3$를 곱한 값 이상의 양으로 한다. 〈문제〉에서 옥외소화전의 개수는 모두 5개이지만 개수가 4개 이상이면 4개를 $13.5m^3$에 곱해야 하므로 수원의 양은 **4개×$13.5m^3$ = $54m^3$**이다.

Check

위험물제조소등에 설치된 옥내소화전설비의 수원의 양은 옥내소화전이 가장 많이 설치된 층의 옥내소화전의 설치개수(설치개수가 5개 이상이면 5개)에 $7.8m^3$를 곱한 값 이상의 양으로 정한다.

30 벼락으로부터 재해를 예방하기 위하여 위험물안전관리법령상 피뢰설비를 설치하여야 하는 위험물제조소의 기준은? (단, 제6류 위험물을 취급하는 위험물제조소는 제외한다.)

① 모든 위험물을 취급하는 제조소
② 지정수량 5배 이상의 위험물을 취급하는 제조소
③ 지정수량 10배 이상의 위험물을 취급하는 제조소
④ 지정수량 20배 이상의 위험물을 취급하는 제조소

≫ **지정수량의 10배 이상**의 위험물(제6류 위험물은 제외)을 취급하는 위험물제조소에는 피뢰침(피뢰설비)을 설치하여야 한다.

31 위험물제조소등의 스프링클러설비의 기준에 있어 개방형 스프링클러헤드는 스프링클러헤드의 반사판으로부터 하방 및 수평방향으로 각각 몇 m의 공간을 보유하여야 하는가?

① 하방 0.3m, 수평방향 0.45m
② 하방 0.3m, 수평방향 0.3m
③ 하방 0.45m, 수평방향 0.45m
④ 하방 0.45m, 수평방향 0.3m

≫ 개방형 스프링클러헤드는 스프링클러헤드의 반사판으로부터 **하방(아래쪽 방향)으로는 0.45m, 수평방향으로는 0.3m 이상**의 공간을 보유하여 설치하여야 한다.

32 위험물안전관리법령상 제1석유류를 저장하는 옥외탱크저장소 중 소화난이도 등급 I에 해당하는 것은? (단, 지중탱크 또는 해상탱크가 아닌 경우이다.)

① 액표면적이 $10m^2$인 것
② 액표면적이 $20m^2$인 것
③ 지반면으로부터 탱크 옆판 상단까지가 4m인 것
④ 지반면으로부터 탱크 옆판 상단까지가 6m인 것

≫ 옥외탱크저장소의 소화난이도 등급 I
1) 액표면적이 $40m^2$ 이상인 것(제6류 위험물을 저장하는 것 및 고인화점위험물만을 100℃ 미만의 온도에서 저장하는 것은 제외)
2) **지반면으로부터 탱크 옆판의 상단까지 높이가 6m 이상인 것**(제6류 위험물을 저장하는 것 및 고인화점위험물만을 100℃ 미만의 온도에서 저장하는 것은 제외)
3) 지중탱크 또는 해상탱크로서 지정수량의 100배 이상인 것(제6류 위험물을 저장하는 것 및 고인화점위험물만을 100℃ 미만의 온도에서 저장하는 것은 제외)
4) 고체위험물을 저장하는 것으로서 지정수량의 100배 이상인 것

정답   28. ①   29. ③   30. ③   31. ④   32. ④

33 위험물제조소등에 옥내소화전설비를 압력수조를 이용한 가압송수장치로 설치하는 경우 압력수조의 최소압력은 몇 MPa인가? (단, 소방용 호스의 마찰손실수두압은 3.2MPa, 배관의 마찰손실수두압은 2.2MPa, 낙차의 환산수두압은 1.79MPa이다.)

① 5.4
② 3.99
③ 7.19
④ 7.54

≫ 옥내소화전설비의 압력수조를 이용한 가압송수장치에서 압력수조의 압력은 다음 식에 의하여 구한 수치 이상으로 한다.
$P = p_1 + p_2 + p_3 + 0.35\text{MPa}$
여기서, P : 필요한 압력(MPa)
  p_1 : 소방용 호스의 마찰손실수두압
    (MPa) = 3.2MPa
  p_2 : 배관의 마찰손실수두압(MPa)
    = 2.2MPa
  p_3 : 낙차의 환산수두압(MPa)
    = 1.79MPa
P = 3.2MPa + 2.2MPa + 1.79MPa + 0.35MPa
= 7.54MPa

Check **옥내소화전설비의 또 다른 가압송수장치**
(1) 고가수조를 이용한 가압송수장치
  낙차(수조의 하단으로부터 호스접속구까지의 수직거리)는 다음 식에 의하여 구한 수치 이상으로 한다.
  $H = h_1 + h_2 + 35\text{m}$
  여기서, H : 필요낙차(m)
    h_1 : 소방용 호스의 마찰손실수두(m)
    h_2 : 배관의 마찰손실수두(m)
(2) 펌프를 이용한 가압송수장치에서 펌프의 전양정은 다음 식에 의하여 구한 수치 이상으로 한다.
  $H = h_1 + h_2 + h_3 + 35\text{m}$
  여기서, H : 펌프의 전양정(m)
    h_1 : 소방용 호스의 마찰손실수두(m)
    h_2 : 배관의 마찰손실수두(m)
    h_3 : 낙차(m)

34 표준관입시험 및 평판재하시험을 실시하여야 하는 특정옥외저장탱크의 지반의 범위는 기초의 외측이 지표면과 접하는 선의 범위 내에 있는 지반으로서 지표면으로부터 깊이 몇 m까지로 하는가?

① 10 ② 15
③ 20 ④ 25

≫ 특정옥외탱크저장소(액체위험물을 100만L 이상으로 저장하는 옥외탱크저장소)의 지반의 범위는 기초(탱크의 바로 아래에 받침대 형태로 설치하는 설비)의 외측이 접해 있는 **지표면으로부터 15m까지**의 깊이로 정하고 있다.

35 다음 중 알칼리금속염으로 구성된 소화약제는?

① 단백포 소화약제
② 알코올형포 소화약제
③ 계면활성제 소화약제
④ 강화액 소화약제

≫ 강화액 소화기의 특징
1) **탄산칼륨(K_2CO_3)의 알칼리금속염류**가 포함된 고농도의 수용액으로, pH 12인 강알칼리성이다.
2) A급 화재에 적응성이 있으며, 무상주수의 경우 A·B·C급 화재에도 적응성이 있다.
3) 어는점이 낮아서 겨울철과 한랭지에서도 사용이 가능하다.

36 연소의 3요소를 모두 포함하는 것은?

① 과염소산, 산소, 불꽃
② 마그네슘분말, 연소열, 수소
③ 아세톤, 수소, 산소
④ 불꽃, 아세톤, 질산암모늄

≫ ① 과염소산(제6류 위험물인 산소공급원), 산소(산소공급원), 불꽃(점화원)
② 마그네슘분말(제2류 위험물인 가연물), 연소열(점화원), 수소(가연물)
③ 아세톤(제4류 위험물인 가연물), 수소(가연물), 산소(산소공급원)
④ **불꽃(점화원), 아세톤(제4류 위험물인 가연물), 질산암모늄(제1류 위험물인 산소공급원)**

정답 33. ④ 34. ② 35. ④ 36. ④

Check 연소의 3요소
(1) 가연물
(2) 산소공급원
(3) 점화원

37 위험물제조소의 환기설비의 설치기준으로 옳지 않은 것은?

① 환기구는 지붕 위 또는 지상 2m 이상의 높이에 설치할 것
② 급기구는 바닥면적 150m²마다 1개 이상으로 할 것
③ 환기는 강제배기방식으로 할 것
④ 급기구는 낮은 곳에 설치하고 인화방지망을 설치할 것

≫ 위험물제조소의 환기설비의 설치기준
① 환기구는 지붕 위 또는 지상 2m 이상의 높이에 설치할 것
② 급기구는 바닥면적 150m²마다 1개 이상으로 하고 그 크기는 800cm² 이상으로 할 것
③ 환기는 **자연배기방식**으로 할 것
④ 급기구는 낮은 곳에 설치하고 인화방지망을 설치할 것

38 다음 중 제조소 및 일반취급소에 설치하는 자동화재탐지설비의 설치기준으로 틀린 것은? (단, 예외는 없음)

① 하나의 경계구역은 600m² 이하로 하고, 한 변의 길이는 50m 이하로 한다.
② 주요한 출입구에서 내부 전체를 볼 수 있는 경우 경계구역은 1,000m² 이하로 할 수 있다.
③ 2개 층을 하나의 경계구역으로 할 수 있다.
④ 비상전원을 설치하여야 한다.

≫ 제조소·일반취급소에 설치하는 자동화재탐지설비의 설치기준
1) **자동화재탐지설비의 경계구역은 건축물의 2 이상의 층에 걸치지 아니하도록 한다**(다만, 하나의 경계구역의 면적이 500m² 이하이면 그러하지 아니하다).
2) 하나의 경계구역의 면적은 600m² 이하로 하고, 건축물의 주요한 출입구에서 그 내부 전체를 볼 수 있는 경우는 면적을 1,000m² 이하로 한다.
3) 하나의 경계구역에서 한 변의 길이는 50m(광전식 분리형 감지기의 경우에는 100m) 이하로 한다.
4) 자동화재탐지설비의 감지기는 지붕 또는 벽의 옥내에 면한 부분에 화재발생을 감지할 수 있도록 설치한다.
5) 자동화재탐지설비에는 비상전원을 설치한다.

39 분말소화약제 중 칼륨과 탄산수소이온이 결합한 소화약제의 색상으로 옳은 것은?

① 백색
② 담회색
③ 담홍색
④ 회색

≫ 분말소화약제의 구분

구 분	주성분	주성분의 화학식	색 상
제1종 분말소화약제	탄산수소 나트륨	$NaHCO_3$	백색
제2종 분말소화약제	**탄산수소 칼륨**	$KHCO_3$	**담회색 (보라)**
제3종 분말소화약제	인산암모늄	$NH_4H_2PO_4$	담홍색
제4종 분말소화약제	탄산수소칼륨 + 요소의 반응생성물	$NaHCO_3$ + $(NH_2)_2CO$	회색

칼륨이온(K^+)과 탄산수소이온(HCO_3^-)이 결합한 화합물은 탄산수소칼륨이고, 소화약제의 색상은 **담회색(보라)**이다.

40 질식 효과가 주된 소화작용이 아닌 소화약제는?

① 할론소화약제
② 포소화약제
③ 이산화탄소소화약제
④ IG 100

≫ 1) 질식소화가 주된 소화작용인 소화약제
㉠ 분말소화약제
㉡ 이산화탄소소화약제
㉢ 포소화약제
㉣ 마른 모래
㉤ 팽창질석 및 팽창진주암
2) **억제(부촉매)소화**가 주된 소화작용인 소화약제
: **할로젠화합물소화약제(할론소화약제)**

정답 37. ③ 38. ③ 39. ② 40. ①

제3과목 위험물의 성질과 취급

41 다음 물질을 적셔서 얻은 헝겊을 대량으로 쌓아두었을 경우 자연발화의 위험성이 가장 큰 것은?

① 아마인유　　② 땅콩기름
③ 야자유　　　④ 올리브유

》 제4류 위험물 중 동식물유류는 건성유, 반건성유, 불건성유로 구분하며, 이 중 건성유는 아이오딘값이 130 이상으로 자연발화의 위험성이 크다.
① **아마인유 : 건성유**
② 땅콩기름 : 불건성유
③ 야자유 : 불건성유
④ 올리브유 : 불건성유

42 제2류 위험물과 제5류 위험물의 공통적인 성질은?

① 가연성 물질
② 강한 산화제
③ 액체 물질
④ 산소 함유

》 ① **제2류 위험물**은 가연성 고체이고 **제5류 위험물**은 가연성 물질과 산소공급원을 함께 포함하는 자기반응성 물질이므로, 두 위험물 모두 **공통적으로 가연성 물질에 해당**한다.
② 제2류 위험물은 자신이 직접 연소하는 환원제이며, 제5류 위험물은 산소공급원을 포함하고 있는 산화제이다.
③ 제2류 위험물에는 고체만 존재하고 제5류 위험물에는 고체와 액체가 모두 존재한다.
④ 제2류 위험물은 산소를 함유하지 않으며, 제5류 위험물만 산소를 함유한다.

43 다음 중 $KClO_4$에 관한 설명으로 옳지 못한 것은?

① 순수한 것은 황색의 사방정계 결정이다.
② 비중은 약 2.52이다.
③ 녹는점은 약 610℃이다.
④ 열분해하면 산소와 염화칼륨으로 분해된다.

》 제1류 위험물인 $KClO_4$(과염소산칼륨)은 순수한 것은 **무색 결정**이며, 비중은 약 2.52이고, 약 610℃에서 열분해하여 염화칼륨(KCl)과 산소를 발생시킨다.
• 과염소산칼륨의 열분해반응식
　$KClO_4 \rightarrow KCl + 2O_2$

44 위험물안전관리법상 다음 내용의 ( ) 안에 알맞은 수치는?

> 이동저장탱크로부터 위험물을 저장 또는 취급하는 탱크에 인화점이 ( )℃ 미만인 위험물을 주입할 때에는 이동탱크저장소의 원동기를 정지시킬 것

① 40　　　　　② 50
③ 60　　　　　④ 70

》 이동저장탱크로부터 위험물을 저장 또는 취급하는 탱크에 **인화점이 40℃ 미만인 위험물**을 주입할 때에는 이동탱크저장소의 원동기를 정지시켜야 한다.

🛢Tip
위험물안전관리법에서 정하는 위험물을 주입하거나 주유할 때 원동기를 정지시켜야 하는 경우의 위험물의 인화점은 모두 40℃ 미만입니다.

45 제5류 위험물 중 나이트로화합물에서 나이트로기(nitro group)를 올바르게 나타낸 것은?

① -NO
② -NO₂
③ -NO₃
④ -NON₃

》 유기물에 **나이트로기($-NO_2$)**를 2개 이상 결합하고 있는 물질은 제5류 위험물 중 나이트로화합물에 속한다.

46 최대 아세톤 150톤을 옥외탱크저장소에 저장할 경우 보유공지의 너비는 몇 m 이상으로 하여야 하는가? (단, 아세톤의 비중은 0.79이다.)

① 3　　　　　② 5
③ 9　　　　　④ 12

옥외탱크저장소의 보유공지는 지정수량의 배수에
의해 결정된다. 아세톤은 제4류 위험물 중 제1
석유류 수용성 물질로 지정수량이 400L이므로
지정수량의 배수를 구하기 위해서는 〈문제〉의
아세톤 150톤, 즉 150,000kg을 부피(L) 단위로
환산해야 한다.

부피 $= \dfrac{질량}{비중}$ 이므로

부피 $= \dfrac{150,000kg}{0.79kg/L} =$ 약 190,000L이다.

이와 같이 비중 0.79인 아세톤 150,000kg은 부피가
190,000L이며, 지정수량의 배수는 $\dfrac{190,000L}{400L} =$
475배가 된다.

따라서 **지정수량의 475배는 지정수량의 500배
이하**에 해당하므로 다음 [표]에서도 알 수 있듯
이 〈문제〉의 옥외탱크저장소의 **보유공지는 3m
이상으로 해야** 한다.

지정수량의 배수	옥외탱크저장소의 보유공지
500배 이하	**3m 이상**
500배 초과 1,000배 이하	5m 이상
1,000배 초과 2,000배 이하	9m 이상
2,000배 초과 3,000배 이하	12m 이상
3,000배 초과 4,000배 이하	15m 이상
4,000배 초과	옥외저장탱크의 지름과 높이 중 큰 값(최소 15m 이상 최대 30m 이하)

47 자연발화를 방지하는 방법으로 가장 거리가
먼 것은?

① 통풍이 잘되게 할 것
② 열의 축적을 용이하지 않게 할 것
③ 저장실의 온도를 낮게 할 것
④ 습도를 높게 할 것

» 자연발화의 방지법
1) **습도를 낮춰야 한다.**
2) 저장온도를 낮춰야 한다.
3) 퇴적 및 수납 시 열이 쌓이지 않도록 해야 한다.
4) 통풍이 잘되도록 해야 한다.

48 제5류 위험물의 제조소에 설치하는 주의사항
게시판에서 게시판의 바탕 및 문자의 색을 올
바르게 나타낸 것은?

① 청색바탕에 백색문자
② 백색바탕에 청색문자
③ 백색바탕에 적색문자
④ 적색바탕에 백색문자

» 위험물제조소등에 설치하는 주의사항 게시판의
내용 및 색상

유 별	품 명	주의사항	색 상
제1류	알칼리금속의 과산화물	물기엄금	청색바탕, 백색문자
	그 밖의 것	필요 없음	–
제2류	철분, 금속분, 마그네슘	화기주의	적색바탕, 백색문자
	인화성 고체	화기엄금	적색바탕, 백색문자
	그 밖의 것	화기주의	적색바탕, 백색문자
제3류	금수성 물질	물기엄금	청색바탕, 백색문자
	자연발화성 물질	화기엄금	적색바탕, 백색문자
제4류	인화성 액체	화기엄금	적색바탕, 백색문자
제5류	자기반응성 물질	**화기엄금**	**적색바탕, 백색문자**
제6류	산화성 액체	필요 없음	–

49 다음 중 적린과 황린의 공통점이 아닌 것은
어느 것인가?

① 화재발생 시 물을 이용한 소화가 가능하다.
② 이황화탄소에 잘 녹는다.
③ 연소 시 P_2O_5의 흰 연기가 생긴다.
④ 구성원소는 P이다.

» 제2류 위험물인 **적린(P)**은 물과 **이황화탄소(CS_2)
에는 녹지 않고** 브로민화인(PBr_3)에 녹으며, 제3류
위험물인 황린(P_4)은 물속에 보관하는 물질로
물에는 녹지 않고 이황화탄소에는 녹는다. 또한
두 물질 모두 구성원소는 인(P)으로서 연소 시
오산화인(P_2O_5)이라는 흰 연기를 발생하며, 화재
발생 시 물로 냉각소화가 가능하다.

50 C_5H_5N에 대한 설명으로 틀린 것은?

① 순수한 것은 무색이고, 악취가 나는 액체이다.

② 상온에서 인화의 위험이 있다.

③ 물에 녹는다.

④ 강한 산성을 나타낸다.

>> 피리딘(C_5H_5N)
① 제4류 위험물로서 순수한 것은 무색이고, 자극적인 냄새가 난다.
② 인화점 20℃로 상온에서 인화의 위험이 있다.
③ 제1석유류 수용성 물질로서 물에 잘 녹는다.
④ **약한 알칼리성**을 나타낸다.

51 다음 중 이황화탄소의 액면 위에 물을 채워두는 이유로 가장 적합한 것은?

① 자연분해를 방지하기 위해

② 화재발생 시 물로 소화를 하기 위해

③ 불순물을 물에 용해시키기 위해

④ 가연성 증기의 발생을 방지하기 위해

>> 이황화탄소(CS_2)는 물에 녹지 않고 물보다 무거운 제4류 위험물로서, 공기 중에 노출 시 공기에 포함된 산소와 반응하여 이산화황(SO_2)이라는 가연성 증기를 발생하므로 이 **가연성 증기의 발생을 방지하기 위해 물속에 저장**한다.
• 이황화탄소의 연소반응식
$$CS_2 + 3O_2 \rightarrow CO_2 + 2SO_2$$

52 다음은 제4류 위험물에 해당하는 물품의 소화방법을 설명한 것이다. 소화효과가 가장 떨어지는 것은?

① 산화프로필렌 : 알코올형 포로 질식소화한다.

② 아세톤 : 수성막포를 이용해 질식소화한다.

③ 이황화탄소 : 탱크 또는 용기 내부에서 연소하고 있는 경우에는 물을 사용하여 질식소화한다.

④ 다이에틸에터 : 이산화탄소소화설비를 이용하여 질식소화한다.

>> 제4류 위험물 중 수용성 물질은 일반 포를 이용할 경우 포가 파괴되어 소화효과가 없으므로 알코올형 포를 이용해 소화해야 한다.
① 산화프로필렌 : 특수인화물로서 수용성이므로 알코올형 포로 질식소화 할 수 있다.
② **아세톤** : 제1석유류로서 수용성이므로 일반포에 속하는 **수성막포를 이용하면 포가 파괴되어 소화효과가 없으므로** 알코올형 포를 이용해 질식소화 할 수 있다.
③ 이황화탄소 : 특수인화물로서 비수용성이면서 물보다 무겁기 때문에 물을 사용하여 공기를 차단시켜 질식소화 할 수 있다.
④ 다이에틸에터 : 특수인화물로서 비수용성이므로 일반 포소화설비뿐만 아니라 이산화탄소소화설비를 이용해 질식소화 할 수 있다.

53 다음 중 인화점이 가장 낮은 위험물은 어느 것인가?

① 글리세린

② 아세톤

③ 피리딘

④ 아닐린

>> 〈보기〉의 위험물은 모두 제4류 위험물이고, 품명과 인화점은 다음과 같다.
① 글리세린[$C_3H_5(OH)_3$] : 제3석유류, 160℃
② **아세톤(CH_3COCH_3) : 제1석유류, −18℃**
③ 피리딘(C_5H_5N) : 제1석유류, 20℃
④ 아닐린($C_6H_5NH_2$) : 제3석유류, 75℃

54 제1류 위험물과 제6류 위험물의 공통적인 성질은?

① 환원성 물질로 환원시킨다.

② 환원성 물질로 산화시킨다.

③ 산화성 물질로 산화시킨다.

④ 산화성 물질로 환원시킨다.

>> 제1류 위험물 산화성 고체와 제6류 위험물 산화성 액체의 공통적 성질은 산화성이다. **산화성 물질은 다른 물질을 산화시키고** 자신은 환원되는 물질이다. 또한 제1류 위험물과 제6류 위험물은 자신은 불연성 물질이면서 다른 물질이 산화되는 것을 도와주는 조연성 물질이다.

55 위험물안전관리법령에서 정한 제1류 위험물이 아닌 것은?

① 수소화칼륨　　② 질산나트륨

③ 질산칼륨　　　④ 질산암모늄

》》 **수소화칼륨(KH)은** 제3류 위험물 중 금속의 수소화물에 속하는 물질이며, 그 외의 〈보기〉는 모두 제1류 위험물 중 질산염류에 속하는 물질들이다.

56 위험물의 지정수량이 큰 것부터 작은 순서로 올바르게 나열된 것은?

① 브로민산염류 > 황화인 > 염소산칼륨

② 브로민산염류 > 염소산칼륨 > 황화인

③ 황화인 > 염소산칼륨 > 브로민산염류

④ 황화인 > 브로민산염류 > 염소산칼륨

》》 〈보기〉의 위험물의 지정수량은 다음과 같다.
- 브로민산염류(제1류 위험물) : 300kg
- 황화인(제2류 위험물) : 100kg
- 염소산칼륨(제1류 위험물) : 50kg
따라서 지정수량이 큰 것부터 작은 순서로 나열하면 **브로민산염류 > 황화인 > 염소산칼륨**의 순서가 된다.

57 제6류 위험물인 질산에 대한 설명으로 틀린 것은?

① 강산이다.

② 물과 접촉 시 발열한다.

③ 가연성 물질이다.

④ 분해 시 산소를 발생한다.

》》 제6류 위험물인 질산(HNO_3)은 자신은 **불연성**이고 산소를 함유하고 있어 가연물의 연소를 도와주는 조연성이다. 물과 **발열**반응하고, 강산화제이며, 저장용기는 산에 견딜 수 있는 내산성 용기를 사용해야 한다. 또한 분해 시 물(H_2O), 적갈색 기체인 이산화질소(NO_2), 그리고 **산소(O_2)를 발생**한다.
- 분해반응식 : $4HNO_3 \rightarrow 2H_2O + 4NO_2 + O_2$

58 다음 물질 중 발화점이 가장 낮은 것은?

① 황　　　　　② 적린

③ 황린　　　　④ 삼황화인

》》 〈보기〉의 위험물의 발화점은 다음과 같다.
① 황(S) : 232℃
② 적린(P) : 260℃
③ **황린(P_4) : 34℃**
④ 삼황화인(P_4S_3) : 100℃

59 다음 보기 중 비중이 가장 큰 액체는?

① 경유　　　　② 이황화탄소

③ 벤젠　　　　④ 중유

》》 제4류 위험물은 비중이 대부분 물보다 작으며 물에 녹기 어렵다. 또한 대부분의 제4류 위험물에서 발생된 증기는 공기보다 무겁다. 〈보기〉의 위험물의 품명과 비중은 다음과 같다.
① 경유(제2석유류) : 0.82~0.87
② **이황화탄소(특수인화물) : 1.26**
③ 벤젠(제1석유류) : 0.95
④ 중유(제3석유류) : 0.9

60 나이트로셀룰로오스에 대한 설명으로 틀린 것은?

① 물에 안 녹고 알코올, 에터에 녹는 액체 상태의 물질이다.

② 셀룰로오스에 질산과 황산을 반응시켜 제조한다.

③ 건조하면 발화 위험이 있으므로 함수알코올을 습면시켜 저장한다.

④ 직사일광에서 자연발화 할 수 있다.

》》 ① 나이트로셀룰로오스는 제5류 위험물로 품명은 질산에스터이며, 물에 안 녹고 알코올, 에터에 녹는 **고체상태**의 물질이다.

부록. 신경향 예상문제

저자가 엄선한 신경향 족집게 문제
(앞으로 출제될 가능성이 높은 예상문제 60선)

Industrial Engineer Hazardous material

이 파트에서는 가장 최근의 출제경향을 분석한 결과 이제까지는 출제된 적이 없거나 한 두 번밖에 출제되지 않았으나 앞으로 출제될 가능성이 높은 필기 예상문제를 엄선하여 수록하였습니다.

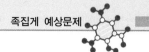

신경향 예상문제

출제 가능성이 높은 예상문제 60선

> 주양자수와 오비탈의 관계를 이해해야 하는 문제로서 향후 자주 출제될 가능성이 높은 문제형태이다.

01 주양자수가 4일 때 이 속에 포함된 오비탈 수는?

① 4
② 9
③ 16
④ 32

》 오비탈이란 전자를 수용할 수 있는 공간으로서 그 종류로는 s오비탈, p오비탈, d오비탈, f오비탈이 있다. 아래의 〈그림〉에서 알 수 있듯이 **주양자수가 4일 때**에는 s오비탈 1개, p오비탈 3개, d오비탈 5개, f오비탈 7개가 존재하므로 이 속에 포함된 **총 오비탈의 수는 1개＋3개＋5개＋7개＝16개**이다.

전자 껍질	주양 자수	오비탈의 종류			
		s	p	d	f
K	1	••			
L	2	••	•• •• ••		
M	3	••	•• •• ••	•• •• •• •• ••	
N	4	••	•• •• ••	•• •• •• •• ••	•• •• •• •• •• •• ••

정답 ③

---

02 아세토페논의 화학식에 해당하는 것은?

① C_6H_5OH
② $C_6H_5NO_2$
③ $C_6H_5CH_3$
④ $C_6H_5COCH_3$

》

화학식	물질명	분류	구조식
C_6H_5OH	페놀	특수가연물(비위험물)	OH
$C_6H_5NO_2$	나이트로벤젠	제3석유류 비수용성	NO₂
$C_6H_5CH_3$	톨루엔	제1석유류 비수용성	CH₃
$C_6H_5COCH_3$	**아세토페논**	제3석유류 비수용성	O‖C-CH₃

정답 ④

03 할로젠원소의 설명 중 옳지 않은 것은?

① 아이오딘의 최외각 전자는 7개이다.
② 할로젠원소 중 원자 반지름이 가장 작은 원소는 F이다.
③ 염화이온은 염화은의 흰색침전 생성에 관여한다.
④ 브로민은 상온에서 적갈색 기체로 존재한다.

>> ① 플루오린(F), 염소(Cl), 브로민(Br), 아이오딘(I)은 7족의 할로젠원소로서 최외각전자
수는 7개이다.
② 같은 족에서는 원자번호가 작을수록 원자 반지름도 작으므로 할로젠원소 중 원자
반지름이 가장 작은 원소는 F이다.
③ 염화이온(Cl⁻)과 은(Ag⁺)이온이 화합하면 염화은(AgCl)이라는 흰색침전물을 만든다.
④ **브로민은 상온에서 적갈색 액체**로 존재하는 물질이다.

정답 ④

ⓘ 위험물의 성질에 관한 문제이지만 일반화학 과목에도 출제되는 문제이다.

04 귀금속인 금이나 백금 등을 녹이는 왕수의 제조 비율로 옳은 것은?

① 질산 3의 부피+염산 1의 부피
② 질산 3의 부피+염산 2의 부피
③ 질산 1의 부피+염산 3의 부피
④ 질산 2의 부피+염산 3의 부피

>> 제6류 위험물인 질산(HNO_3)은 대부분의 금속을 녹일 수 있지만 금과 백금은 녹일 수
없다. 그러나 **질산과 염산(HCl)을 1 : 3의 비율로 혼합하여 제조한 왕수**는 금과 백금도
녹일 수 있다.

정답 ③

05 $CO + 2H_2 \rightarrow CH_3OH$의 반응에 있어서 평형상수 K를 나타내는 식은 어느
것인가?

① $K = \dfrac{[CH_3OH]}{[CO][H_2]}$ ② $K = \dfrac{[CH_3OH]}{[CO][H_2]^2}$

③ $K = \dfrac{[CO][H_2]}{[CH_3OH]}$ ④ $K = \dfrac{[CO][H_2]^2}{[CH_3OH]}$

>> $aA + bB \rightarrow cC$의 반응식에서

평형상수 $K = \dfrac{[C]^c}{[A]^a[B]^b}$ 이다.

여기서 [A], [B]는 반응 전 물질의 몰농도이고 [C]는 반응 후 물질의 몰농도이며 a,
b, c는 물질의 계수를 나타낸다.
〈문제〉의 반응식 $CO + 2H_2 \rightarrow CH_3OH$에서 CO는 몰농도가 [A], 계수 $a=1$이며, H_2는
몰농도가 [B], 계수 $b=2$이다. 그리고 CH_3OH는 몰농도가 [C], 계수 $c=1$이다.

따라서, **평형상수** $K = \dfrac{[CH_3OH]}{[CO][H_2]^2}$ 이다.

정답 ②

06 분자구조에 대한 설명으로 옳은 것은?

① BF_3는 삼각 피라미드형이고, NH_3는 선형이다.

② BF_3는 평면 정삼각형이고, NH_3는 삼각 피라미드형이다.

③ BF_3는 굽은형(V형)이고, NH_3는 삼각 피라미드형이다.

④ BF_3는 평면 정삼각형이고, NH_3는 선형이다.

≫ 1) BF_3(삼플루오린화붕소)

3가 원소인 B(붕소)의 전자는 "●"으로 표시하고 -1가 원소인 F(플루오린)의 전자는 "x"로 표시하여 전자점식으로 나타내면 다음 그림과 같다. 이때 B와 F가 서로 전자를 공유하여 만든 공유전자쌍 3개는 **평면 정삼각형의 형태**가 된다.

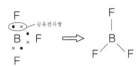

2) NH_3(암모니아)

5가 원소인 N(질소)의 전자는 "●"으로 표시하고 1가 원소인 H(수소)의 전자는 "x"로 표시하여 전자점식으로 나타내면 다음 그림과 같다. 이때 N과 H가 서로 전자를 공유하여 만든 공유전자쌍 3개는 평면 정삼각형을 구성하고 N의 전자로만 쌍을 이룬 비공유전자쌍 1개는 반발력으로 N을 공중에 떠 있는 형태로 만든다. 이렇게 만들어진 암모니아 분자의 구조는 평면 외에도 또 다른 극을 갖는 구조로서 **삼각피라미드 형태**가 된다.

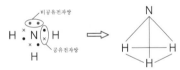

정답 ②

○ H의 원자량이 1이기 때문에 H가 원소 질량의 표준이 되는 것처럼 생각되지만 원소 질량의 표준은 C이다.

07 원소 질량의 표준이 되는 것은?

① H

② C

③ O

④ U

≫ 각 원소의 질량은 원자량이 12인 탄소(C)의 질량에 대한 상대적인 양으로 정해진다. 따라서 **원소의 질량을 결정하는 표준 원소는 탄소(C)**이다.

정답 ②

08 다음 중 카보닐기를 갖는 화합물은?

① $C_6H_5CH_3$

② $C_6H_5NH_2$

③ CH_3OCH_3

④ CH_3COCH_3

≫ 카보닐기란 화합물의 중간에 -CO-를 포함하고 있는 형태로서 "케톤"기라고도 부른다. 〈보기〉 중 **CH_3COCH_3(아세톤)**은 메틸(CH_3)과 메틸(CH_3) 사이에 'CO'를 포함하기 때문에 **카보닐기를 갖는 화합물**이 된다.

정답 ④

09 공기 중에 포함되어 있는 질소와 산소의 부피비는 0.79 : 0.21이므로 질소와 산소의 분자수의 비도 0.79 : 0.21이다. 이와 관계있는 법칙은?

① 아보가드로의 법칙　　　　　　② 일정성분비의 법칙
③ 배수비례의 법칙　　　　　　　④ 질량보존의 법칙

》》 아보가드로의 법칙은 표준상태(0℃, 1atm)에서 기체 22.4L의 부피 안에는 6.02×10^{23}개의 분자가 들어있다는 것이다. 이는 질소 22.4L의 부피에는 6.02×10^{23}개의 질소분자가 들어있고 산소 22.4L의 부피에도 6.02×10^{23}개의 산소분자가 들어있다는 의미이기 때문에 질소와 산소의 부피비는 질소와 산소의 분자수의 비와 같다는 것을 알 수 있다. **따라서 질소와 산소의 부피비가 0.79 : 0.21일 때 질소와 산소의 분자수의 비도 0.79 : 0.21이 되는 것은 아보가드로의 법칙**과 관계있다.

정답 ①

10 같은 분자식을 가지면서 각각을 서로 겹치게 할 수 없는 거울상의 구조를 갖는 분자를 무엇이라 하는가?

① 구조이성질체　　　　　　　　② 기하이성질체
③ 광학이성질체　　　　　　　　④ 분자이성질체

》》 ① 구조이성질체란 분자식은 같아도 구조가 달라 성질도 다른 화합물을 말한다.
② 기하이성질체란 이중결합 화합물이 대칭을 이루지만 공간상 배치가 다른 화합물을 말한다.
③ **광학이성질체**란 실물이 거울상에서는 서로 겹쳐질 수 없는 것과 같이 동일한 분자식을 가진 화합물이지만 **각각을 서로 겹치게 할 수 없는 거울상의 구조**를 갖는 화합물을 말한다.
④ 분자이성질체는 일반적으로 분류되는 이성질체의 종류에 해당하지 않는다.

정답 ③

11 염소 원자의 최외각전자수는 몇 개인가?

① 1　　　　　　　　　　　　　② 2
③ 7　　　　　　　　　　　　　④ 8

》》 염소(Cl)는 원자번호가 17번이고, 원자번호는 전자수와 같으므로 염소의 전자수는 17개이다. 다음 그림에서 알 수 있듯이 전자 17개를 가진 염소의 **최외각주기에 존재하는 전자수는 총 7개**이다.

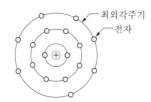

정답 ③

> 동위원소의 평균분자량을 구하는 공식을 암기하면 쉽게 풀 수 있는 문제이다.

12 염소는 2가지 동위원소로 구성되어 있는데 원자량이 35인 염소는 75% 존재하고 37인 염소는 25% 존재한다고 가정할 때, 이 염소의 평균 원자량은 얼마인가?

① 34.5   ② 35.5

③ 36.5   ④ 37.5

》 원자번호는 같지만 중성자수가 달라 질량수가 달라지는 원소를 동위원소라 한다. 〈문제〉의 **원자량이 35인 염소와 원자량이 37인 원소는 서로 동위원소**이며 이 원소들이 **각각 75%와 25% 존재하는 염소의 평균 원자량**은 다음과 같다.

∴ $35(Cl) \times 0.75 + 37(Cl) \times 0.25 = \textbf{35.5}$

정답 ②

13 다음 중 CH_3COOH와 C_2H_5OH의 혼합물에 소량의 진한 황산을 가하여 가열하였을 때 주로 생성되는 물질은?

① 아세트산에틸
② 메탄산에틸
③ 글리세롤
④ 다이에틸에터

》 **아세트산(CH_3COOH)과 에틸알코올(C_2H_5OH)에 황산을 촉매로 가하면 탈수반응을 일으켜** 다음과 같이 **아세트산에틸($CH_3COOC_2H_5$)과 물(H_2O)이 생성**된다.

$$CH_3COOH + C_2H_5OH \xrightarrow{H_2SO_4} CH_3COOC_2H_5 + H_2O$$

정답 ①

14 한 분자 내에 배위결합과 이온결합을 동시에 가지고 있는 것은?

① NH_4Cl ② C_6H_6

③ CH_3OH ④ $NaCl$

》 배위결합이란 비공유전자쌍을 갖고 있는 분자나 이온이 비공유전자쌍을 다른 이온에게 제공함으로써 다른 이온이 이 전자쌍을 공유하는 결합을 말한다.

① NH_4에 포함된 NH_3는 최외각전자수(원자가)가 5개인 N의 전자를 "●"으로 표시하고 최외각전자수(원자가)가 1개인 H의 전자를 "x"로 표시하여 다음 그림과 같이 전자점식으로 나타낼 수 있으며 N이 갖고 있는 비공유전자쌍 1개를 H^+이온에게 제공함으로써 H^+이온이 이 비공유전자쌍을 공유해 배위결합을 이룬다.

비공유전자쌍

$$H \overset{\times}{\underset{\times}{:}} N \overset{\times}{:} H + H^+$$
$$H$$

따라서 〈보기〉 중 ① NH_4Cl은 NH_3의 비공유전자쌍을 H^+이온과 공유하는 **배위결합**과 NH_4^+(양이온)와 Cl^-(음이온)이 결합하는 **이온결합을 동시에 갖고 있는 물질**이다.

정답 ①

ᗒ 산소의 수에 따라 명칭이 결정되는 문제이므로 어렵지 않게 암기할 수 있다.

15 분자식 $HClO_2$의 명칭으로 옳은 것은?

① 차아염소산
② 아염소산
③ 염소산
④ 과염소산

≫ 〈보기〉 물질들의 화학식
① 차아염소산 : $HClO$
② **아염소산 : $HClO_2$**
③ 염소산 : $HClO_3$
④ 과염소산 : $HClO_4$

정답 ②

16 아세틸렌계열 탄화수소에 해당되는 것은?

① C_5H_8
② C_6H_{12}
③ C_6H_8
④ C_3H_2

≫ 알카인(C_nH_{2n-2})에 $n=2$를 적용하면 $C_2H_{2\times2-2}=C_2H_2$(아세틸렌)을 만들 수 있다. 각 〈보기〉마다 주어진 n의 값을 C_nH_{2n-2}에 적용해 보면 다음과 같은 탄화수소를 만들 수 있다.
① $n=5$를 적용하면 $C_5H_{2\times5-2}=C_5H_8$
②, ③ $n=6$을 적용하면 $C_6H_{2\times6-2}=C_6H_{10}$
④ $n=3$을 적용하면 $C_3H_{2\times3-2}=C_3H_4$

정답 ①

ᗒ 저마늄과 크립톤과 같은 생소한 원소들을 활용한 문제로서 난이도가 높다.

17 옥텟 규칙(Octet Rule)에 따르면 저마늄이 반응할 때 다음 중 어떤 원소의 최외각전자수와 같아지려고 하는가?

① Kr
② Si
③ Sn
④ As

≫ 원소들은 전자를 주고받을 때 가장 안정한 상태인 0족 기체, 즉 최외각전자가 8개가 되려는 경향을 띠는데 이를 옥텟 규칙이라 한다.
오른쪽 그림의 원소주기율표에서 알 수 있듯이 4주기의 탄소족(4B)에 속한 저마늄(Ge)은 반응할 때 옥텟 규칙에 따라 같은 4주기의 0족 기체인 Kr(크립톤)의 최외각전자수와 같아지려는 경향을 가진다.

4 B	5 B	6 B	7 B	0		족
탄소족원소	질소족원소	산소족원소	할로겐족원소	비활성기체		주기
				4.0026 0 He 2 헬륨		1
12.01115 2 +4 C 6 탄 소	14.0067 ±3 N 7 질 소	15.9994 -2 O 8 산 소	18.9984 -1 F 9 플루오린	20.179 0 Ne 10 네 온		2
28.086 4 Si 14 규 소	30.9738 ±3 P 15 인	32.064 -2 S 16 황	35.453 -1 Cl 17 염 소	39.948 0 Ar 18 아르곤		3
72.59 4 Ge 32 저마늄	74.9216 ±3 As 33 비 소	78.96 -2 Se 34 셀레늄	79.904 -1 Br 35 브 롬	83.80 0 Kr 36 크립톤		4

정답 ①

18 공유결정(원자결정)으로 되어 있어 녹는점이 매우 높은 것은?

① 얼음
② 수정
③ 소금
④ 나프탈렌

》 〈보기〉 중 녹는점이 가장 높은 것 즉, 가장 잘 녹지 않는 물질은 수정이다.
① 얼음(H_2O) : 분자결정
② **수정**(SiO_2) : **공유결정(원자결정)**
③ 소금($NaCl$) : 이온결정
④ 나프탈렌($C_{10}H_8$) : 분자결정

정답 ②

◇ 반감기의 의미를 잘 이해하고 있는지 판단하기 위한 응용문제로서 중요도가 높다.

19 반감기가 5일인 미지 시료가 2g 있을 때 10일이 경과하면 남은 양은 몇 g인가?

① 2
② 1
③ 0.5
④ 0.25

》 반감기란 원소의 질량이 반으로 감소하는 데 걸리는 기간을 말한다. 〈문제〉의 **반감기가 5일인 시료는 5일이 지나면 처음 질량 2g의 반으로 줄어 1g만 남게 되고 10일이 지나면 1g에 대해 또 반으로 줄어 0.5g만 남게 된다.**

정답 ③

◇ 용어
1) 캐노피·처마·차양·부연·발코니 및 루버 : 주유취급소의 지붕 또는 천장을 일컫는 말
2) 수평투영면적 : 하늘에서 내려다 본 모양의 면적

20 옥내주유취급소란 캐노피의 수평투영면적이 주유취급소 공지면적의 얼마를 초과하는 것인가?

① 2분의 1
② 3분의 1
③ 4분의 1
④ 5분의 1

》 **옥내주유취급소**
1) 건축물 안에 설치하는 주유취급소
2) 캐노피·처마·차양·부연·발코니 및 루버의 수평투영면적이 주유취급소의 공지면적의 **3분의 1을 초과하는 주유취급소**

정답 ②

21 무색의 액체로 융점이 −112°C이고 물과 접촉하면 심하게 발열하는 제6류 위험물은?

① 과산화수소
② 과염소산
③ 질산
④ 오플루오린화아이오딘

》 **과염소산**(제6류 위험물)의 성질
1) **융점 −112°C**, 비중 1.7인 무색 액체이다.
2) 대부분 제6류 위험물은 **물과 반응 시 발열반응**을 일으킨다.
3) 산화력이 강하며, 염소산 중에서 가장 강한 산이다.

정답 ②

22 아르곤(Ar)과 같은 전자수를 갖는 양이온과 음이온으로 이루어진 화합물은?

① NaCl ② MgO

③ KF ④ CaS

》 원소의 원자번호와 전자수는 같다. 따라서 아르곤(Ar)의 원자번호는 18번이므로 전자수도 18개이다.

① NaCl : Na^+과 Cl^- 이온으로 이루어져 있으며 여기서, Na^+은 Na이 전자 1개를 잃은 상태이므로 Na^+의 전자수는 Na의 전자수 11에서 전자 1개를 뺀 $11-1=10$개이며, Cl^-는 Cl가 전자 1개를 얻은 상태이므로 Cl^-의 전자수는 Cl의 전자수 17에서 전자 1개를 얻은 $17+1=18$개이다.

② MgO : Mg^{2+}과 O^{2-} 이온으로 이루어져 있으며 여기서, Mg^{2+}는 Mg이 전자 2개를 잃은 상태이므로 Mg^{2+}의 전자수는 Mg의 전자수 12에서 전자 2개를 뺀 $12-2=$ 10개이며, O^{2-}는 O가 전자 2개를 얻은 상태이므로 O^{2-}의 전자수는 O의 전자수 8에서 전자 2개를 얻은 $8+2=10$개이다.

③ KF : K^+과 F^- 이온으로 이루어져 있으며 여기서, K^+는 K이 전자 1개를 잃은 상태이므로 K^+의 전자수는 K의 전자수 19에서 전자 1개를 뺀 $19-1=18$개이며, F^-는 F가 전자 1개를 얻은 상태이므로 F^-의 전자수는 F의 전자수 9에서 전자 1개를 얻은 $9+1=10$개이다.

④ CaS : Ca^{2+}과 S^{2-} 이온으로 이루어져 있으며 여기서, Ca^{2+}는 Ca이 전자 2개를 잃은 상태이므로 Ca^{2+}의 전자수는 Ca의 전자수 20에서 전자 2개를 뺀 $20-2=18$개이며, S^{2-}는 S이 전자 2개를 얻은 상태이므로 S^{2-}의 전자수는 S의 전자수 16에서 전자 2개를 얻은 $16+2=18$개이다.

보기 중 ④ CaS(황화칼슘)에는 양이온인 Ca^{2+}의 전자수도 18개가 존재하고 음이온인 S^{2-}의 전자수도 18개가 존재하므로 전자수가 18개인 **아르곤과 같은 전자수를 갖는 양이온과 음이온으로 이루어진 화합물은 CaS이다.**

정답 ④

23 제6류 위험물 위험성에 대한 설명으로 틀린 것은?

① 질산을 가열할 때 발생하는 적갈색 증기는 무해하지만 가연성이며 폭발성이 강하다.

② 고농도의 과산화수소는 충격, 마찰에 의해서 단독으로도 분해 폭발할 수 있다.

③ 과염소산은 유기물과 접촉 시 발화 또는 폭발할 위험이 있다.

④ 과산화수소는 햇빛에 의해서 분해되며, 촉매(MnO_2)하에서 분해가 촉진된다.

》 ① 질산을 가열할 때 발생하는 적갈색 증기는 **인체에 유해**하다.

② 60중량% 이상의 고농도 과산화수소는 충격, 마찰에 의해서 단독으로도 분해 폭발할 수 있다.

③ 제6류 위험물인 과염소산은 산소공급원이라서 가연성의 유기물과 접촉 시 발화 또는 폭발할 위험이 있다.

④ 과산화수소는 햇빛에 의해서 분해되어 산소를 발생하며, 촉매로서 이산화망가니즈(MnO_2)을 사용하면 분해가 더 촉진된다.

정답 ①

24 판매취급소의 배합실에서 배합하거나 옮겨 담는 작업을 하면 안 되는 위험물은?

① 도료류   ② 염소산염류
③ 윤활유   ④ 황화인

》》 판매취급소의 배합실에서 배합하거나 옮겨 담는 작업을 할 수 있는 위험물
1) 도료류
2) 염소산염류
3) 황
4) 인화점이 38℃ 이상인 제4류 위험물
※ ③ 윤활유는 제4석유류로서 인화점이 200℃ 이상 250℃ 미만의 범위에 속하므로 인화점이 38℃ 이상인 제4류 위험물에 해당한다.

정답 ④

> ⭘ 특히 화재 시 연기가 충만할 우려가 있는 장소에 설치해야 하는 소화설비의 종류를 구분하기 위한 문제이며, 실기시험에서 출제된 바 있다.

25 소화난이도등급 Ⅰ의 제조소 또는 일반취급소에서 화재발생 시 연기가 충만할 우려가 있는 장소에 설치해야 하는 소화설비는 무엇인가?

① 스프링클러설비   ② 옥외소화전설비
③ 옥내소화전설비   ④ 소형수동식 소화기

》》 소화난이도등급 Ⅰ의 제조소 또는 일반취급소에는 옥내소화전설비, 옥외소화전설비, 스프링클러설비, 물분무등소화설비를 설치해야 하며, 이 중 **화재발생 시 연기가 충만할 우려가 있는 장소**에는 **스프링클러설비** 또는 이동식 외의 물분무등소화설비를 설치해야 한다.

정답 ①

> ⭘ 제조소에 설치하는 배출설비의 배출능력은 국소방식과 전역방식 모두 중요하므로, 꼭 두 가지 모두 암기해야 한다.

26 제조소에 설치하는 배출설비 중 전역방식의 배출능력은 바닥면적 $1m^2$당 몇 m^3 이상으로 배출할 수 있어야 하는가?

① $15m^3$ ② $16m^3$
③ $17m^3$ ④ $18m^3$

》》 제조소에 설치하는 배출설비 중 국소방식의 배출능력은 1시간당 배출장소 용적의 20배 이상인 것으로 하여야 한다. 다만, **전역방식**의 경우에는 **바닥면적 $1m^2$당 $18m^3$ 이상**으로 할 수 있다.

정답 ④

> ⭘ 주유취급소에 설치된 셀프용 고정주유설비의 기준은 필기시험뿐만 아니라 실기시험에서도 출제빈도가 높은 내용이다.

27 휘발유를 주유하는 셀프용 고정주유설비의 1회 연속주유량의 상한은 얼마인가?

① 50리터   ② 100리터
③ 150리터   ④ 150리터

》》 셀프용 고정주유설비의 1회 연속주유량의 상한은 **휘발유는 100리터**, 경유는 200리터로 하며, 주유시간의 상한은 모두 4분 이하로 한다.

정답 ②

28 옥외저장탱크의 보유공지를 1/2 이상으로 단축시킬 수 있는 설비는 무엇인가?

① 물분무설비
② 고정식 포소화설비
③ 접지설비
④ 스프링클러설비

≫ 옥외저장탱크에 **물분무설비**를 설치하면 옥외저장탱크 **보유공지를 1/2 이상의 너비**(최소 3m 이상)로 할 수 있다.

정답 ①

29 다음 중 한 명의 운전자로도 장거리에 걸치는 운송을 할 수 있는 위험물은 무엇인가?

① 제2류 위험물 중 황
② 제4류 위험물 중 특수인화물
③ 제5류 위험물 중 유기과산화물
④ 제6류 위험물 중 질산

≫ 위험물운송자는 장거리(고속도로에 있어서는 340km 이상, 그 밖의 도로에 있어서는 200km 이상을 말한다)에 걸치는 운송을 하는 때에는 2명 이상의 운전자로 할 것. 다만, 다음의 하나에 해당하는 경우에는 그러하지 아니하다.
1) 운송책임자를 동승시킨 경우
2) 운송하는 위험물이 **제2류 위험물**·제3류 위험물(칼슘 또는 알루미늄의 탄화물과 이것만을 함유한 것에 한한다) 또는 제4류 위험물(특수인화물을 제외한다)인 경우
3) 운송 도중에 2시간 이내마다 20분 이상씩 휴식하는 경우

정답 ①

30 제조소의 지붕은 폭발력이 위로 방출될 정도의 가벼운 불연재료로 해야 하지만 취급하는 위험물의 종류에 따라 지붕을 내화구조로 할 수 있다. 다음 중 제조소의 지붕을 내화구조로 할 수 있는 위험물의 종류가 아닌 것은?

① 제4석유류   ② 철분
③ 동식물유류   ④ 질산

≫ **제조소의 지붕을 내화구조로 할 수 있는 위험물**
1) 제2류 위험물(분상의 것과 인화성 고체를 제외한다)
2) 제4류 위험물 중 **제4석유류·동식물유류**
3) 제6류 위험물 중 **질산**
※ 다음의 기준에 적합한 밀폐형 구조의 건축물인 경우에도 제조소의 지붕을 내화구조로 할 수 있다.
1) 내부의 과압 또는 부압에 견딜 수 있는 철근콘크리트조
2) 외부화재에 90분 이상 견딜 수 있는 구조

정답 ②

31 나이트로셀룰로오스에 관한 설명으로 옳은 것은?

① 용제에는 전혀 녹지 않는다.
② 질화도가 클수록 위험성이 증가한다.
③ 물과 작용하여 수소를 발생한다.
④ 화재발생 시 질식소화가 가장 적합하다.

≫ 질산의 함량에 따라 질화도를 구분하며, 질화도가 클수록 폭발성도 커진다.
　① 나이트로셀룰로오스(제5류 위험물)는 물에 녹지 않고 **용제에는 잘 녹는다.**
　③ 물 또는 알코올에 습면시켜 보관하는 물질이므로 **물과 작용해 수소를 발생하지 않는다.**
　④ 제5류 위험물은 자체적으로 가연물과 산소공급원을 포함하고 있으므로 **냉각소화가 적합**하다.

정답 ②

32 옥외의 이동탱크저장소의 상치장소는 1층인 인근 건축물로부터 얼마 이상의 거리를 확보해야 하는가?

① 1m 　　　　　② 3m
③ 5m 　　　　　④ 7m

≫ 옥외의 이동탱크저장소의 상치장소(주차장)는 화기를 취급하는 장소 또는 인근의 건축물로부터 5m 이상(인근의 **건축물이 1층인 경우에는 3m 이상**)의 거리를 확보하여야 한다.

정답 ②

33 다음 중 이동저장탱크에 저장할 때 접지도선을 설치해야 하는 위험물의 품명이 아닌 것은?

① 특수인화물 　　② 제1석유류
③ 알코올류 　　　④ 제2석유류

≫ 제4류 위험물 중 **특수인화물, 제1석유류 또는 제2석유류**의 이동탱크저장소에는 **접지도선을 설치**하여야 한다.

정답 ③

> 일반취급소에 대한 문제는 출제빈도가 높지는 않지만, 그 중에서 충전하는 일반취급소의 기준은 암기할 필요가 있다.

34 제조소의 안전거리와 보유공지의 기준이 예외 없이 적용되는 일반취급소는?

① 세정작업의 일반취급소
② 분무도장작업 등의 일반취급소
③ 열처리작업 등의 일반취급소
④ 충전하는 일반취급소

≫ 대부분의 일반취급소는 일정한 건축물의 기준 등을 갖추면 제조소에 적용하는 안전거리와 보유공지를 제외할 수 있으나, "**충전하는 일반취급소**"는 어떠한 경우라도 안전거리와 보유공지를 확보해야 한다.

정답 ④

35 **다층 건물 옥내저장소에 저장할 수 있는 물질이 아닌 것은?**

① 황화인

② 황

③ 윤활유

④ 인화성 고체

> 다층 건물의 옥내저장소에 **저장 가능한 위험물**은 제2류(**인화성 고체 제외**) 또는 제4류(인화점이 70℃ 미만 제외)이다.
>
> 정답 ④

다층 건물에 설치된 옥내저장소에 위험물을 저장하는 것은 단층 건물보다 위험성이 크므로 저장할 수 있는 위험물의 종류를 제한한다.

36 **다음 중 소화난이도등급 I 에 해당하는 주유취급소는 어느 것인가?**

① 주유취급소의 직원 외의 자가 출입하는 부분의 면적의 합이 1,000m²를 초과하는 것

② 주유취급소의 직원 외의 자가 출입하는 부분의 면적의 합이 500m²를 초과하는 것

③ 주유취급소의 직원이 사용하는 부분의 면적의 합이 1,000m²를 초과하는 것

④ 주유취급소의 직원이 사용하는 부분의 면적의 합이 500m²를 초과하는 것

> **소화난이도등급 I 에 해당하는 주유취급소**는 주유취급소의 **직원 외의 자가 출입하는 부분의 면적의 합이 500m²를 초과**하는 것이다.
>
> 정답 ②

37 **다음 중 이동탱크 측면틀의 최외측과 탱크의 최외측을 연결하는 직선의 수평면에 대한 내각은 얼마 이상이어야 하는가?**

① 60도 이상

② 65도 이상

③ 70도 이상

④ 75도 이상

> 탱크 뒷부분의 입면도에 있어서 **측면틀의 최외측과 탱크의 최외측을 연결하는 직선의 수평면에 대한 내각이 75도 이상**이 되도록 하고 최대수량의 위험물을 저장한 상태에서 해당 탱크 중량의 중심점과 측면틀의 최외측을 연결하는 직선과 그 중심점을 지나는 직선 중 최외측선과 직각을 이루는 직선과의 내각이 35도 이상이 되도록 해야 한다.
>
> 정답 ④

38 **제4류 위험물은 총 몇 개의 품명으로 구성되어 있는가?**

① 5개

② 6개

③ 7개

④ 8개

> 제4류 위험물은 다음과 같이 **총 7개의 품명으로 구성**되어 있다.
>
> 1) 특수인화물   2) 제1석유류
> 3) 알코올류   4) 제2석유류
> 5) 제3석유류   6) 제4석유류
> 7) 동식물유류
>
> 정답 ③

제4류 위험물이 '알코올류'를 제외한 6개의 품명으로 구성된 것으로 알고 있는 경우가 많다. 제4류 위험물은 '알코올류'를 포함하여 총 7개의 품명으로 구성되어 있다는 것을 기억하자.

39 염소화아이소사이아누르산은 몇 류 위험물인가?

① 제1류 위험물   ② 제2류 위험물
③ 제3류 위험물   ④ 제4류 위험물

》 염소화아이소사이아누르산은 행정안전부령으로 정하는 **제1류 위험물**이다.

정답 ①

○ 지정과산화물 옥내저장소의 '격벽 두께'를 묻는 문제는 출제된 적 있지만, 지정과산화물 옥내저장소의 '외벽 두께'를 묻는 문제는 출제된 적이 없었으므로 꼭 암기해두자.

40 지정과산화물 옥내저장소의 저장창고 외벽을 철근콘크리트조로 할 경우 두께는 얼마 이상으로 해야 하는가?

① 20cm 이상   ② 30cm 이상
③ 40cm 이상   ④ 50cm 이상

》 지정과산화물 옥내저장소의 저장창고의 기준
    1) 격벽 : 두께 30cm 이상의 철근콘크리트조 또는 철골철근콘크리트조로 하거나 두께 40cm 이상의 보강콘크리트블록조로 하고, 해당 저장창고의 양측 외벽으로부터 1m 이상, 상부 지붕으로부터 50cm 이상 돌출되게 하여야 한다.
    2) **외벽** : **두께 20cm 이상의 철근콘크리트조**나 철골철근콘크리트조 또는 두께 30cm 이상의 보강콘크리트블록조로 하여야 한다.

정답 ①

41 이동탱크저장소의 위험물 운송에 있어서 운송책임자의 감독·지원을 받아 운송하여야 하는 위험물의 종류에 해당하는 것은?

① 칼륨   ② 알킬알루미늄
③ 질산에스터류   ④ 아염소산염류

》 이동탱크저장소의 위험물 운송에 있어서 **운송책임자의 감독·지원을 받아 운송하여야 하는 위험물**은 **알킬알루미늄과 알킬리튬**이다.

정답 ②

○ 동일 품명을 저장하더라도 저장량을 구분하여 상호간의 간격을 필요로 하는 경우도 있다는 것을 알아두자.

42 위험물안전관리법령상 다음 ( ) 안에 알맞은 수치는?

> 옥내저장소에서 동일 품명의 위험물이라도 자연발화할 우려가 있거나 재해가 현저하게 증대할 우려가 있는 위험물을 다량 저장하는 경우에는 지정수량의 ( )배 이하마다 구분하여 상호간 ( )m 이상의 간격을 두어 저장하여야 한다.

① 5, 0.3   ② 10, 0.3
③ 5, 0.5   ④ 10, 0.5

》 옥내저장소에서 동일 품명의 위험물이라도 자연발화할 우려가 있거나 재해가 현저하게 증대할 우려가 있는 위험물을 다량 저장하는 경우에는 **지정수량의 10배 이하마다** 구분하여 **상호간 0.3m 이상**의 간격을 두어 저장하여야 한다.

정답 ②

43 옥내탱크저장소 중 탱크전용실을 단층 건물 외의 건축물에 설치하는 경우 탱크전용실을 건축물의 1층 또는 지하층에만 설치하여야 하는 위험물이 아닌 것은?

① 제2류 위험물 중 덩어리 황
② 제3류 위험물 중 황린
③ 제4류 위험물 중 인화점이 38℃ 이상인 위험물
④ 제6류 위험물 중 질산

》 ③ **제4류 위험물 중 인화점이 38℃ 이상인 위험물**의 탱크전용실은 단층 건물 외의 **건축물의 모든 층수에 관계없이 설치**할 수 있다.
※ 옥내저장탱크의 전용실을 단층 건물이 아닌 건축물의 1층 또는 지하층에만 저장할 수 있는 위험물 : 황화인, 적린, 덩어리상태의 황, 황린, 질산

정답 ③

44 옥외탱크저장소의 소화설비를 검토 및 적용할 때 소화난이도등급 I 에 해당되는지를 검토하는 탱크 높이의 측정기준으로 적합한 것은?

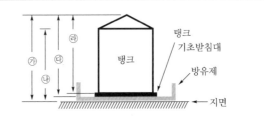

㉮ 지면으로부터 탱크의 지붕 위까지의 높이
㉯ 지면으로부터 지붕을 제외한 탱크까지의 높이
㉰ 방유제의 바닥으로부터 탱크의 지붕 위까지의 높이
㉱ 탱크 기초받침대를 제외한 탱크의 바닥으로부터 탱크의 지붕 위까지의 높이

① ㉮   ② ㉯   ③ ㉰   ④ ㉱

》 소화난이도등급 I 에 해당하는 옥외탱크저장소의 조건은 **지면으로부터 지붕을 제외한 탱크 옆판의 상단까지 높이**가 6m 이상인 것(제6류 위험물을 저장하는 것 및 고인화점 위험물만을 100℃ 미만의 온도에서 저장하는 것은 제외)이다.

정답 ②

45 방향족 탄화수소인 B.T.X를 구성하는 물질이 아닌 것은?

① 벤젠   ② 톨루엔
③ 크레졸   ④ 크실렌

》 B.T.X는 3가지의 물질로 구성되는데 이 중 B는 **벤젠**(C_6H_6), T는 **톨루엔**($C_6H_5CH_3$), X는 **크실렌**[$C_6H_4(CH_3)_2$]을 의미한다.

정답 ③

46 과산화바륨에 대한 설명 중 틀린 것은?

① 약 840℃의 고온에서 산소를 발생한다.

② 알칼리금속의 과산화물에 해당된다.

③ 비중은 1보다 크다.

④ 유기물과의 접촉을 피한다.

》 **과산화바륨은(BaO₂)**은 바륨(Ba)이라는 알칼리토금속에 속하는 원소를 포함한 과산화물
이므로 **알칼리토금속의 과산화물**에 해당한다.
① 제1류 위험물로서 약 840℃로 가열하면 분해하여 산소를 발생한다.
③ 제1류 위험물은 모두 비중이 1보다 크다.
④ 유기물(탄소를 포함하는 물질)은 가연성을 가지므로 산소공급원인 제1류 위험물과의
접촉을 피해야 한다.

정답 ②

47 알코올에 관한 설명으로 옳지 않은 것은?

◦ 1가 알코올과 1차 알코올은 알코올이 무엇을 포함하고 있는 가에 따라 결정된다.

① 1가 알코올은 OH기의 수가 1개인 알코올을 말한다.

② 2차 알코올은 1차 알코올이 산화된 것이다.

③ 2차 알코올이 수소를 잃으면 케톤이 된다.

④ 알데하이드가 환원되면 1차 알코올이 된다.

》 ① 1가 알코올은 OH의 수가 1개인 것이고, 2가 알코올은 OH의 수가 2개인 것이다.
② 2차 알코올은 알킬의 수가 2개인 것이고, 1차 알코올은 알킬의 수가 1개인 것이다.
1차 알코올이 산화(수소를 잃거나 산소를 얻는 것)하더라도 알킬의 수는 변하지 않
으므로 **1차 알코올의 산화와 2차 알코올과는 아무런 연관성이 없다.**
③ 2차 알코올인 (CH₃)₂CHOH(아이소프로필알코올)이 수소를 잃으면 CH₃COCH₃(다
이메틸케톤＝아세톤)이 된다.
④ CH₃CHO(아세트알데하이드)가 환원(수소를 얻는다)되면 1차 알코올인 C₂H₅OH(에
틸알코올)이 된다.

정답 ②

48 위험물안전관리법령에서 정한 탱크 안전성능 검사의 구분에 해당하지 않
는 것은?

① 기초 · 지반 검사　　　　② 충수 · 수압 검사

③ 용접부 검사　　　　　　④ 배관 검사

》 **탱크 안전성능 검사의 종류**
1) **기초 · 지반 검사**
2) **충수 · 수압 검사**
3) **용접부 검사**
4) 암반탱크 검사

정답 ④

49 다층 건물의 옥내저장소의 모든 층의 바닥면적의 합은 몇 m^2 이하인가?

① $1,000m^2$

② $1,500m^2$

③ $2,000m^2$

④ $2,500m^2$

> 다층 건물의 옥내저장 소는 단층 건물의 옥내저 장소와 달리 $2,000m^2$ 이하의 바닥면적은 존재 하지 않는다는 점이 중요 하다.

>> 단층 건물의 옥내저장소와는 달리 **다층 건물**의 옥내저장소는 제2류 위험물(인화성 고 체 제외) 또는 제4류 위험물(인화점 70℃ 미만 제외)만 저장할 수 있으며, 옥내저장소 의 **모든 층의 바닥면적의 합**을 $1,000m^2$ **이하**로 해야 한다.

정답 ①

50 제4류 위험물 중 지정수량을 수용성과 비수용성으로 구분하는 품명이 아 닌 것은?

① 제1석유류

② 제2석유류

③ 제3석유류

④ 제4석유류

> 제4류 위험물에는 비 수용성과 수용성의 구분 없이 지정수량이 동일한 품명도 있지만, 비수용 성과 수용성에 따라 지정 수량이 달라지는 품명도 있다는 것을 기억하자.

>> 제4류 위험물의 지정수량

품 명	지정수량	
	비수용성	수용성
특수인화물	50L	
제1석유류	200L	400L
알코올류	400L	
제2석유류	1,000L	2,000L
제3석유류	2,000L	4,000L
제4석유류	**6,000L**	
동식물유류	10,000L	

정답 ④

51 옥외저장소에서 덩어리상태의 황만을 지반면에 설치한 경계표시의 안쪽에 서 저장할 때 2 이상의 경계표시를 설치하는 경우 각각의 경계표시 내부 면적의 합은 몇 m^2 이하로 하여야 하는가?

① $100m^2$

② $500m^2$

③ $1,000m^2$

④ $1,500m^2$

> 덩어리상태의 황만을 지반면에 설치한 경계 표시의 안쪽에서 저장 할 때 하나의 경계표시 의 내부 면적에 대한 문 제는 출제가 되고 있지 만, 각각의 경계표시 내 부 면적의 합은 지금까 지 출제된 적이 없다.

>> 옥외저장소에서 덩어리상태의 황만을 지반면에 설치한 경계표시의 안쪽에서 저장할 때 하나의 경계표시의 내부 면적은 $100m^2$ 이하로 해야 하고, **2 이상의 경계표시를 설치하는 경우** 각각의 경계표시 내부 면적의 합은 $1,000m^2$ **이하**로 해야 한다.

정답 ③

52 액체 위험물의 운반용기 중 금속제 내장용기의 최대용적은 몇 L인가?

① 5L ② 10L
③ 20L ④ 30L

운반용기				수납위험물의 종류								
내장용기		외장용기		제3류			제4류			제5류		제6류
용기의 종류	최대용적 또는 중량	용기의 종류	최대용적 또는 중량	I	II	III	I	II	III	I	II	I
금속제 용기	30L	나무 또는 플라스틱상자	125kg	○	○	○	○	○		○	○	○
			225kg						○			
		파이버판상자	40kg	○	○	○	○	○		○	○	○
			55kg		○	○		○	○		○	

정답 ④

53 지정수량의 배수에 따라 공지를 정하는 제조소등의 종류가 아닌 것은?

① 제조소
② 옥내저장소
③ 주유취급소
④ 옥외탱크저장소

주유취급소는 주유를 받으려는 자동차등이 출입할 수 있도록 **너비 15m 이상, 길이 6m 이상의 크기로 공지를 결정**하지만, 제조소, 옥내저장소, 옥외탱크저장소, 옥외저장소 등은 지정수량의 배수에 따라 공지의 너비를 결정한다.

정답 ③

> 하이드라진(제4류 위험물)과 하이드라진 유도체(제5류 위험물)를 혼동하지 말자.

54 하이드라진의 지정수량은 얼마인가?

① 200kg ② 200L
③ 2,000kg ④ 2,000L

하이드라진(N_2H_4) : 제4류 위험물의 제2석유류(수용성)로 지정수량은 **2,000L**이다.

정답 ④

55 위험물제조소의 연면적이 몇 m^2 이상일 경우 경보설비 중 자동화재탐지설비를 설치하여야 하는가?

① 400m^2 ② 500m^2
③ 600m^2 ④ 800m^2

제조소 및 일반취급소는 **연면적 500m^2 이상**이거나 지정수량의 100배 이상이면 **자동화재탐지설비를 설치**해야 한다.

정답 ②

56 위험물안전관리자의 선임 등에 대한 설명으로 옳은 것은?

① 안전관리자는 국가기술자격 취득자 중에서만 선임하여야 한다.
② 안전관리자를 해임한 때에는 14일 이내에 다시 선임하여야 한다.
③ 제조소등의 관계인은 안전관리자가 일시적으로 직무를 수행할 수 없는 경우에는 14일 이내의 범위에서 안전관리자의 대리자를 지정하여 직무를 대행하게 하여야 한다.
④ 안전관리자를 선임한 때는 14일 이내에 신고하여야 한다.

》 안전관리자를 선임한 때에는 **14일 이내에 소방본부장 또는 소방서장에게 신고**하여야 한다.
　① 안전관리자는 국가기술자격 취득자 또는 위험물안전관리자 교육이수자 또는 소방공무원 경력 3년 이상인 자 중에서 선임하여야 한다.
　② 안전관리자가 해임되거나 퇴직한 때에는 해임되거나 퇴직한 날부터 30일 이내에 다시 안전관리자를 선임하여야 한다.
　③ 안전관리자가 일시적으로 직무를 수행할 수 없거나 안전관리자의 해임 또는 퇴직과 동시에 다른 안전관리자를 선임하지 못하는 경우에는 대리자를 지정하여 **30일 이내**로만 대행하게 하여야 한다.

정답 ④

> 옥외탱크저장소의 방유제의 용량 및 높이를 묻는 문제는 출제되고 있지만, 방유제의 두께 또는 지하매설깊이를 묻는 문제는 지금까지 출제된 적이 없다. 하지만 앞으로는 출제될 확률이 높다.

57 옥외탱크저장소의 방유제의 높이, 두께 및 지하매설깊이가 올바르게 짝지어진 것은?

① 높이 0.3m 이상 2m 이하, 두께 0.1m 이상, 지하매설깊이 1.5m 이상
② 높이 0.3m 이상 2m 이하, 두께 0.2m 이상, 지하매설깊이 1m 이상
③ 높이 0.5m 이상 3m 이하, 두께 0.1m 이상, 지하매설깊이 1.5m 이상
④ 높이 0.5m 이상 3m 이하, 두께 0.2m 이상, 지하매설깊이 1m 이상

》 옥외탱크저장소의 방유제는 **높이 0.5m 이상 3m 이하, 두께 0.2m 이상, 지하매설깊이 1m 이상**으로 한다.

정답 ④

58 옥내저장소에 채광·조명 및 환기의 설비 대신 가연성의 증기를 지붕 위로 배출하는 설비를 갖춰야 하는 조건에 해당하는 것은?

① 인화점이 50℃ 미만인 물질을 저장하는 경우
② 인화점이 70℃ 미만인 물질을 저장하는 경우
③ 인화점이 100℃ 미만인 물질을 저장하는 경우
④ 인화점이 150℃ 미만인 물질을 저장하는 경우

》 옥내저장소에는 제조소의 규정에 준하여 채광·조명 및 환기의 설비를 갖추어야 하며 **인화점 70℃ 미만인 위험물**의 저장창고에 있어서는 내부에 체류한 가연성의 증기를 지붕 위로 배출하는 설비를 갖추어야 한다.

정답 ②

59 위험물제조소등에 설치해야 하는 각 소화설비의 설치기준에 있어서 각 노즐 또는 헤드 선단의 방사압력기준이 나머지 셋과 다른 설비는?

① 옥내소화전설비　　　　　　② 옥외소화전설비
③ 스프링클러설비　　　　　　④ 물분무소화설비

》 ① 옥내소화전설비 : 350kPa
　② 옥외소화전설비 : 350kPa
　③ **스프링클러설비 : 100kPa**
　④ 물분무소화설비 : 350kPa

정답 ③

60 불활성가스 소화설비의 소화약제 저장용기 설치장소로 적합하지 않은 것은?

① 방호구역 외의 장소
② 온도가 40℃ 이하이고 온도변화가 적은 장소
③ 빗물이 침투할 우려가 적은 장소
④ 직사일광이 잘 들어오는 장소

》 불활성가스 소화약제 용기의 설치기준
　1) 방호구역 외부에 설치할 것
　2) 온도가 40℃ 이하이고 온도변화가 적은 장소에 설치할 것
　3) **직사일광 및 빗물이 침투할 우려가 적은 장소**에 설치할 것
　4) 저장용기의 외면에 소화약제의 종류와 양, 제조년도 및 제조자를 표시할 것

정답 ④

위험물산업기사 기출문제집 필기

2019. 4. 10. 초 판 1쇄 발행
2025. 1. 8. 개정 7판 1쇄(통산 11쇄) 발행

지은이 | 여승훈, 박수경
펴낸이 | 이종춘
펴낸곳 | BM ㈜도서출판 성안당
주소 | 04032 서울시 마포구 양화로 127 첨단빌딩 3층(출판기획 R&D 센터)
     | 10881 경기도 파주시 문발로 112 파주 출판 문화도시(제작 및 물류)
전화 | 02) 3142-0036
     | 031) 950-6300
팩스 | 031) 955-0510
등록 | 1973. 2. 1. 제406-2005-000046호
출판사 홈페이지 | www.cyber.co.kr
ISBN | 978-89-315-8429-5 (13570)
정가 | 25,000원

이 책을 만든 사람들
책임 | 최옥현
진행 | 이용화
전산편집 | 이지연
표지 디자인 | 임흥순
홍보 | 김계향, 임진성, 김주승, 최정민
국제부 | 이선민, 조혜란
마케팅 | 구본철, 차정욱, 오영일, 나진호, 강호묵
마케팅 지원 | 장상범
제작 | 김유석